U0282855

它熔作者毕生研究成果和人生感悟于一炉，以人性观察虫性，将昆虫世界化作供人类获得知识、趣味、美感和思想的美文。

——巴金

昆虫记彩图馆

（法）法布尔 著

蔡莎 编译

中侨彩图馆

刘凤珍 主编

中国华侨出版社

图书在版编目（CIP）数据

昆虫记彩图馆 /（法）法布尔著；蔡莎编译 . — 北京：中国
华侨出版社，2015.12
　　（中侨彩图馆 / 刘凤珍主编）
　　ISBN 978-7-5113-5904-9

　　Ⅰ．①昆… Ⅱ．①法… ②蔡… Ⅲ．①昆虫学－普及读物
Ⅳ．① Q96-49

中国版本图书馆 CIP 数据核字（2015）第 307069 号

昆虫记彩图馆

著　　者 /（法）法布尔

编　　译 / 蔡　莎

丛书主编 / 刘凤珍

总 审 定 / 江　冰

出 版 人 / 方　鸣

责任编辑 / 晨　枫

装帧设计 / 贾惠茹　杨　琪

经　　销 / 新华书店

开　　本 / 720mm×1020mm　1/16　印张：27.5　字数：1116 千字

印　　刷 / 北京鑫国彩印刷制版有限公司

版　　次 / 2016 年 5 月第 1 版　2016 年 5 月第 1 次印刷

书　　号 / ISBN 978-7-5113-5904-9

定　　价 / 39.80 元

中国华侨出版社　北京市朝阳区静安里 26 号通成达大厦 3 层　邮编：100028

法律顾问：陈鹰律师事务所

发行部：（010）64443051　　　　　传真：（010）64439708

网　址：www.oveaschin.com　　　E-mail: oveaschin@sina.com

前　言

PREFACE

　　一个人耗费一生的光阴来观察、研究虫子，已经算是奇迹了；一个人一生专为虫子写出一部皇皇巨著，更不能不说是奇迹；而这部书居然一版再版，先后被翻译成50多种文字，直到百年之后还在读书界一次又一次引起轰动，更是奇迹中的奇迹。著名作家巴金曾这样评价："它熔作者毕生研究成果和人生感悟于一炉，以人性观察虫性，将昆虫世界化作供人类获得知识、趣味、美感和思想的美文。"这些奇迹的创造者就是法布尔和他的《昆虫记》。

　　19世纪末20世纪初的法国，一本集自然科学和人文关怀于一体的昆虫百科全书——《昆虫记》出版了。全书共10卷，长达二三百万字。在《昆虫记》中，作者将专业知识与人生感悟熔于一炉，娓娓道来，在对一种种昆虫的特征和日常生活习性的描述中体现出作者对生活世事特有的眼光，字里行间洋溢着作者本人对生命的尊重与热爱。该书一出版便立即成为畅销书，在法国自然科学史与文学史上都具有举足轻重的地位。它不仅是一部研究昆虫的科学巨著，同时也是一部讴歌生命的宏伟诗篇，被人们冠以"昆虫的史诗"之美称，法布尔也由此获得了"科学诗人""昆虫界的荷马""动物心理学的创导人"等桂冠，并因此书于1910年获得诺贝尔文学奖的提名。这样的作品在世界上诚属空前绝后，没有哪位昆虫学家具备如此高明的文学表达才能，也没有哪位作家具备如此博大精深的昆虫学造诣。法国20世纪初的著名作家罗曼·罗兰称赞道："他观察之热情耐心、细致入微，令我钦佩，他的书堪称艺术杰作。"

　　法布尔数十年间，不局限于传统的解剖和分类方法，选取了蚂蚁、蟋蟀、圣甲虫、大孔雀蝶、蝉等读者最感兴趣的昆虫，生动详尽地记录下这些小生命的体貌特征、食性、喜好、生存技巧、蜕变、繁衍和死亡，然后将观察记录结合思考所得书写成具有多层次意味、全方位价值的鸿篇巨制，使昆虫世界成为人类获得知识、趣味、美感和思想的文学形态。1923年，《昆虫记》由周作人译介到中国，90年来一直受到国人的广泛好评，长销不衰。到20世纪90年代末，中国读书界再度掀起"法布尔热"。目前，《昆虫记》已被列入教育部语文新课标必读书目，并受到中国科普作家协会鼎力推荐，成为上千万青少年的成长必读书。本书译者本着优中选优、独立成篇的原则，精心编就此书，熔思想性、艺术性、文学性于一炉，具有很高的欣赏价

1

值。全书叙述生动，保留了原著的语言风格，并进行了通俗易懂的演绎，向读者奉上一道宝贵的精神盛宴。

本书将昆虫写得有声有色，有情感有性格，自然亲切，妙趣横生，再加上几百幅精美的图片，让读者如同进入了栩栩如生的昆虫世界。文中还附有"知识档案""知识链接"等百科内容，将昆虫知识进行拓展，对主体内容进行补充和深化。更值得一提的是，《昆虫记》除了真实地记录了昆虫的生活，还透过昆虫世界折射出人类的社会与人生。书中不时语露机锋，提出对生命价值的深度思考，试图在科学中融入更深层的含义。书中将昆虫的生活与人类社会巧妙地联系起来，把人类社会的道德和认识体系搬到了笔下的昆虫世界里，然后透过被赋予了人性的昆虫反观社会，传达个人的体验与思考，得出对人类社会的见解，无形中指引着读者在昆虫的"伦理"和"社会生活"中重新认识人类思想、道德与认知的准则。读完本书，可以让我们去思考很多问题，如该如何面对自己短暂的人生、如何让一个渺小的生命在奋斗中得以升华。

《昆虫记》的确是一个奇迹，这样一个奇迹，在地球即将迎来生态学时代的今天，也许会为我们提供更为珍贵的启示。

目 录

CONTENTS

第一卷

第一章　我与荒石园 …………………………… 3

第二章　童年的回忆 …………………………… 10

第三章　登上万杜山 …………………………… 16

第四章　美丽的水塘 …………………………… 22

第二卷

第一章　睿智的红蚂蚁 ………………………… 33

第二章　萤火虫的习性 ………………………… 43

第三章　绿色蝈蝈儿的故事 …………………… 51

第四章　蟋蟀的歌唱和交配 …………………… 57

第五章　蝗虫的角色和发音器 ………………… 66

第六章　襄蛾和它的产卵 ……………………… 72

第七章　迷人的大孔雀蝶 ……………………… 83

第三卷

第一章　蜘蛛的迁徙 …………………………… 97

第二章　蟹蛛的世界 …………………………… 103

第三章　我的邻居圆网蛛 ……………………… 108

第四章　蛛网的几何学 ………………………… 115

第四卷

第一章　螳螂捕食 …………………………………… 121

第二章　螳螂的爱情 ………………………………… 127

第三章　螳螂窝的建造 ……………………………… 131

第四章　螳螂卵的孵化 ……………………………… 136

第五章　圣甲虫的习性 ……………………………… 139

第六章　圣甲虫的造型术 …………………………… 145

第七章　西班牙粪蜣螂的母爱 ……………………… 149

第五卷

第一章　昆虫的着色 ………………………………… 157

第二章　昆虫的毒素 ………………………………… 163

第三章　昆虫与蘑菇 ………………………………… 168

第四章　昆虫的反常 ………………………………… 175

第五章　矮个的昆虫 ………………………………… 181

第六章　昆虫的几何学 ……………………………… 187

第七章　以蛆虫为食的寄生虫 ……………………… 193

第八章　昆虫的植物性本能 ………………………… 199

第九章　昆虫的催眠与自杀 ………………………… 204

第六卷

第一章　黄足飞蝗泥蜂的生活 ……………………… 211

第二章　泥蜂的返程能力 …………………………… 217

第三章　砂泥蜂的故事 ……………………………… 223

第七卷

第一章　黑蛛蜂与长腹蜂的食物 …………………… 229

第二章　土蜂的问题 ………………………………… 235

第三章　树蜂的问题 ………………………………… 241

第四章　蜂类的毒液 ………………………………… 249

第五章　隧蜂与寄生蜂 ……………………………… 257

第六章　隧蜂的守护者 ……………………………… 266

第八卷

第一章 天牛和它的幼虫 …………………… 277

第二章 负葬甲 …………………………………… 283

第三章 大头黑步甲 …………………………… 292

第四章 金步甲的婚俗 ………………………… 298

第五章 锯角叶甲 ……………………………… 303

第九卷

第一章 粪金龟和公共卫生 ………………… 311

第二章 穿金黄色衣服的花金龟 …………… 318

第三章 朗格多克蝎子的栖息所 …………… 327

第四章 朗格多克蝎子的婚恋 ……………… 333

第五章 朗格多克蝎子的家庭 ……………… 339

第六章 老朋友绿蝇 …………………………… 345

第十卷

第一章 蝉和蚂蚁的寓言 …………………… 353

第二章 蝉的动人歌唱 ………………………… 361

第三章 松毛虫的窝和社会 ………………… 367

第四章 豌豆象的产卵 ………………………… 373

第五章 椿象的美感 …………………………… 379

第六章 笃蓐香树蚜虫的迁徙 ……………… 388

第七章 吃蚜虫的昆虫 ………………………… 394

第十一卷

第一章 树莓桩中的居民 …………………… 405

第二章 各种类型的寄生理论 ……………… 414

第三章 本能与鉴别力 ………………………… 422

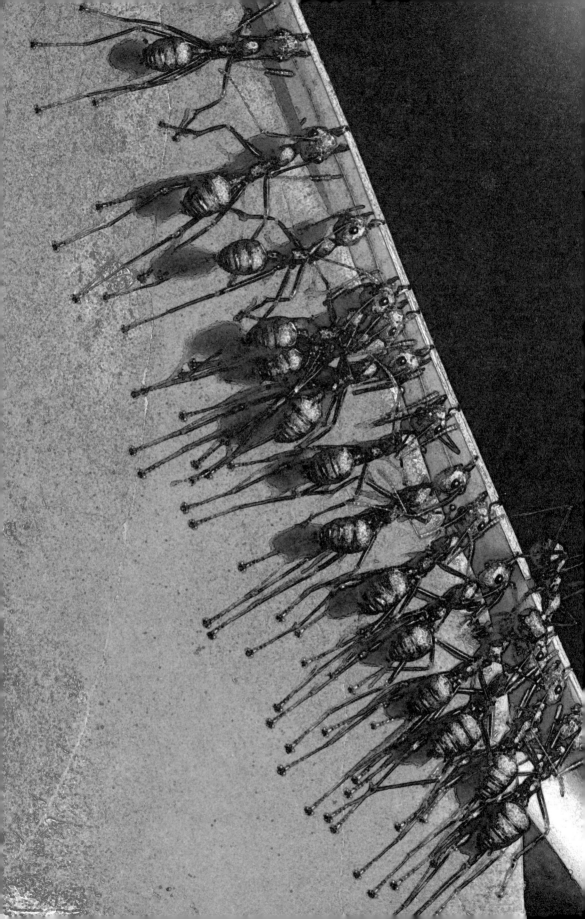

第一卷

第一章

我与荒石园

　　只为活命，吃苦是否值得？我常常思忖这样的问题。我向来想为自己在荒郊野外准备一间实验室，然而这并不是一件简单的事情，何况我每天还要为填饱肚子而费心。凭着我不依不饶四十年如一日与贫苦打交道的勇气，我终于等到了有实验室的这一天。过程无须再提，梦寐以求的实验室终于到手了！为此，我也可以拥有更多的闲暇了。想想从前，我真像一个腿上拖着镣铐的犯人。梦想实现并不论早晚。虽然除了那些已经失去的东西，我无悔于这二十年的时光，但同样不再怀有期待——种种世态炎凉令我心灰意冷。虽然当初那广阔无垠的视野如今已经缩小低垂，并且日益变得狭窄，但我也不用再担心桃子成熟的时候牙齿已经不在。可爱的虫子们啊！

　　这里是我的梦想之地，我最钟情的地方。那样一块地，哦，一块不需要太大的土地，然而自成世外桃源一般，有围墙与公路上的诸多麻烦隔开；一块经受雨打风吹的不毛之地，然而是矢车菊和膜翅目昆虫的好去处。没有过往行人的打扰，我可以专心致志地与砂泥蜂和泥蜂对话。当然这种对话是通过实验；既不用消耗时间出远门，又不用伤神到处奔走，只要按照我的计划，设计圈套，然后耐心观察结果就可以了。我的世外桃源，是的，那里有我的愿望和梦想。

　　放眼望去，四周都是废墟，只有中间矗立着一堵以石灰和泥沙作为基础的断墙——它就是我对科学真理热爱的写照。有人说，我的语言不严谨，说白了，就是没有学院的干巴气。他们总觉得，读起来不费劲的作品就是没有表达真理，那么只有佶屈聱牙的文章才算思想深刻喽。不管你们这些带螫针和盔甲上长鞘翅的小伙伴们有多少，都来为我辩护吧。我跟你们是多么亲密，我观察你们是多么耐心，记录你们的行为又是多么仔细。你们一定会异口同声地作证说，是的。我的作品没有空洞的公式和不

认识昆虫

　　昆虫几乎群集于每一个地方，陆地上、大气中、水中都有它们的踪迹，而且它们是地球上数量最大种类又最多的动物。昆虫属无脊椎动物中的节肢动物门。至今，已经有100多万种昆虫被发现，可能尚有更多的昆虫还有待于被鉴别。昆虫的身体很特别，它有6条带关节的腿和一副很硬的外骨骼，整个躯干可以分成3个部分：头部、胸部和腹部。头部长有一对触须和一对大大的复眼，还有一张适用于特殊食物的嘴巴，胸部长有腿和翅膀，腹部有肠和生殖器官，实施体内受精，有完全变态（改变形状，如黄蜂、甲虫和蝴蝶）和不完全变态（如豆娘）两种过程。

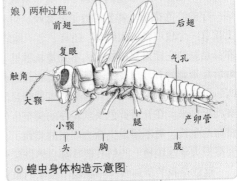

◎ 蝗虫身体构造示意图

◉ 研究活生生的昆虫比将它们变成标本更有实际意义。

懂装懂的白话，只是准确地记录我所看到的，一分不多，一分不少。让那些不懂的人去问你们吧，你们一定会这样说的。我亲爱的虫子们，如果这些对你们不够生动的描述无法说服自谓"正直"的人，我将告诉他们："当你们剖开虫子的肚子时，我却在它们活蹦乱跳的时候研究它们；当你们把虫子变成恐怖或可怜的东西时，我让人们爱它们；当你们在实验室里将虫子切碎时，我与蓝天一起听着蝉鸣观察它们；当你们把细胞放进化学反应堆时，我在研究生命的本质；当你们关注死时，我关注生。"再进一步说明吧：博物学对青年来说原本是好专业，却出于科技的发达，已如此令人生倦。与其说我是为了对生命感兴趣的学者、哲学家们来写这本书，不如说我是为了年轻人。我多想让他们热爱这门已经变得恶心的博物学。这就是我坚持实事求是，又不采用学术写法——好像休伦人的土话似的——的原因。

哦，我灵巧的膜翅目昆虫啊，我能否用这份热爱来书写你们的故事呢？我的体力还可以支撑吧？为什么我这么久都对你们不闻不问呢？有的朋友已经在斥责我了。啊，告诉他们吧，告诉我们共同的朋友，并非我健忘、懈怠才把你们搁置一旁；我想念你们，一如我相信节腹泥蜂的巢里还有尚待探寻的秘密，飞蝗泥蜂的捕猎里也有令人惊奇的故事。我缺少的只是时间，还有旁人的支持，好使我能继续跟不幸的命运作斗争。先要活下去，才能够高谈阔论。这样告诉他们吧，他们一定能谅解的。

现在我要做的不是这些，而是要说说我的圣地——它将被我改造成活昆虫实验场。我是在一个荒僻的小山村里找到它的。当地人叫它"荒石园"，就是一块除了百里香和石头之外什么都没有的荒地。这种贫瘠的土地甚至不能通过勤于耕种来改良。不过我的这块圣地里有零星的红色土壤，所以长些植物，据说从前这里种过葡萄。当我为了种树而挖掘土地时，的确会挖些根茎，部分时间久远的都已经变成炭了。我唯一能使用的工具是三齿叉。过去的葡萄都没有了真是很遗憾。剩下的百里香，薰衣草，灌栎——它们连成的小荆棘丛人们一抬小腿就跨过去了——也都荡然无存。而这些植物对我来说是有用的，它们可以为膜翅目昆虫提供原料。不得已，我只能再把它们种回去。

在这片长期荒芜的土地里，长满了无须我照料的植物。排名第一的是狗牙草——一种可恶的禾本科植物，我与之作了三年斗争都没将它们清理干净；其次是矢车菊，用刺或星形的载把自己武装起来的它们看起来倔强极了，有两至生矢车菊、丘陵矢车菊、蒺藜矢车菊、苦涩矢车菊，尤以第一种为多。在各种矢车菊的身影中，夹杂着凶神恶煞的西班牙刺芫，像蜡烛台似的，枝丫上绽放着火焰一样的红色花朵，刺茎像钉子那么硬。伊利大翅蓟比刺芫更高，那又直又高的茎有一两米高，头上顶着一个玫瑰色的大绒球。还有一名不能忘记的成员就是刺茎菊科植物。这个家族里恶蓟是老大，浑身是刺的它让采集植物的人不知道从哪里下手；第二种是阔叶披针蓟，它的叶脉边缘像矛头一样；最后是带刺的有玫瑰花结的染黑蓟。在这些蓟类的空隙中，长着荆棘的新枝丫，上面有浅蓝色的果实，拉成绳子状铺在地上。若想观察膜翅目昆虫在荆棘中采蜜，就得穿半高的靴子，不然腿上就得被扎出血来。在开满黄色头状花序的两至生矢车菊的地上，刺芫和大翅蓟总是借着土里残留的春雨拼命地生长。更不用说生命力顽强的刺棘了，它早就展示出妩媚的姿态了。但等到干旱的夏天，只要擦根火柴这块地上的枯枝败叶都会燃烧起来。

这就是我的伊甸园——我跟小虫子们亲密无间相处的地方。我可是经过了四十年的奋斗才得到

知识档案

膜翅目昆虫

锯蜂和树蜂

广腰亚目

约1万种，14科，包括扁蜂科（织网锯蜂，幼虫有的独居，有的群居在丝网中，或把自己卷在叶片中，用丝固定自己）；筒腹叶蜂科（分布在美洲和大洋洲南部，至少有136种，有些在桉树上取食，可能是有严重危害的食叶昆虫）；三节叶蜂科（超过800种；四海为家）；叶蜂科（多数为常见的锯蜂，5000多种；分布在温带北部地区；有些会制造虫瘿）；树蜂科（包括约85种木胡蜂或树蜂；除了美洲外，全世界均有分布；幼虫是针叶树的蛀木虫，如云杉中的泰加大树蜂）；松叶蜂科，包括欧洲松树蜂；尾蜂科（66种寄生树蜂；全世界均有分布；幼虫寄生在吉丁虫和树蜂的幼虫中）；茎蜂科（含100种，幼虫钻进草茎中，如钻进小麦茎秆中的麦茎蜂）。

寄生蜂

细腰亚目（寄生部）

据估计有20万种（有许多仍无记载），51科，6总科。可能并不是来自同一个祖先。主要包括寄生蜂或拟寄生蜂，产卵器仍具有产卵功能，幼虫为昆虫或其他陆生节肢动物的体内或体外寄生虫，包括姬蜂、瘿蜂、缪小蜂。

钩腹姬蜂总科

由钩腹姬蜂科组成，寄生在毛虫身上。

姬蜂总科

包括茧蜂科（茧蜂，约4万种）；蚜茧蜂科，寄生在蚜虫上；姬蜂科（姬蜂，约6万种）。

旗腹蜂总科

包括棍棒瘦蜂科，许多种类是独居型蜜蜂的卵和幼虫的盗窃拟寄生蜂。

小蜂总科

大概有8～10万种，包括榕小蜂科，在无花果树上造虫瘿；金小蜂科；广肩小蜂科（许多种幼虫以种子为食）；姬小蜂科；跳小蜂科；缪小蜂科（缪小蜂）和赤眼蜂科的成员都是昆虫卵的寄生虫。蚜小蜂科的昆虫寄生在蚂蚁幼虫身上；巨胸小蜂科中有一些是毛虫的超寄生蜂；长尾小蜂科中有很多是植食性昆虫；长痣小蜂科的多数会制造虫瘿。

瘿蜂总科

包括寄生蜂和瘿蜂；枝跗瘿蜂科的幼虫寄生在树蜂的寄生虫中。隆盾瘿蜂科的幼虫寄生在双翅目昆虫的蛹上；瘿蜂科，包括许多会住在别的瘿蜂的虫瘿中，如栎瘿蜂。

细蜂总科

包括锤角细蜂科，为蝇类的寄生虫；细蜂科成员的幼虫为甲虫幼虫的体内寄生虫；缘腹细蜂科（昆虫和蜘蛛卵的寄生虫）；广腹细蜂科（蝇类和粉蚧的寄生虫）。

黄蜂、蚂蚁和蜜蜂

细腰亚目（针尾部）

7万～8.5万种，41科，3总科。主要由非寄生蜂组成，产卵器特化为具防御功能的刺，也起麻痹猎物的作用。大部分种类的幼虫由母亲喂食。包括蚂蚁、猎蜂、纸巢蜂和蜜蜂。

肿腿蜂总科

至少有3500种，9科。包括肿腿蜂科，幼虫为甲虫和蛾幼虫的群居型皮外寄生虫；尖胸青蜂科，寄生在成熟的锯蜂幼虫身上；青蜂科，幼虫像杜鹃一样生活在别的黄蜂和蜜蜂的巢穴中；螯蜂科，叶蝉的寄生虫。

胡蜂总科

4万～5万种，12科。土蜂科和臀钩土蜂科的幼虫是金龟科甲虫的寄生虫；蚁蜂科含4000种，寄生在蜜蜂、黄蜂的幼虫和蛹上以及采采蝇的蛹中，或超寄生在金龟子的身上；蛛蜂科（猎蛛蜂）；胡蜂科（独居型的猎蛛蜂和群居型的纸巢蜂），包括胡蜂，大黄蜂或普通黄蜂等；蚁科（蚂蚁），约1.4万种，包括行军蚁、蜜罐蚁（蜜蚁属）、切叶蚁或阳伞蚁（切叶蚁属）、编织蚁（织叶蚁属）、黑蚁、血蚁、林蚁等。

泥蜂总科

约2.96万种，20科，其中9科为猎蜂（7600种），其余11科为蜜蜂（约2.2万种）。

猎蜂家族包括：长背泥蜂科（猎螳螂蜂）；泥蜂科（细腰蜂）；短柄泥蜂科（捕食弹尾虫、牧草虫和蚜虫）；小唇沙蜂科（捕食直翅类昆虫，有些吃臭虫）；结柄泥蜂科（捕食蝇类）；方头泥蜂科（捕食蝇类，有些吃甲虫）；角胸泥蜂科（沙蜂），包括捕食蝲蝉的泥蜂，以及有杜鹃习性几种泥蜂，是能在飞行中捕食蝇类的昆虫；大头泥蜂科（泥蜂是欧洲的"蜂狼"，这种泥蜂会危害蜜蜂，有的捕食象鼻虫和蜜蜂）。

蜜蜂家族包括：分舌蜂科的地花蜂，如分舌蜂和叶舌蜂；隧蜂科（包括一些群居型种类）；低眼蜂科；地蜂科所有的成员都长有短到中等长度的舌头；腹刷蜂科昆虫的花粉刷长在腹部底面上，而不是后肢上；切叶蜂科的蜜蜂舌头长，花粉刷长在腹部，包括石巢蜂和切叶蜂；蜜蜂科，包括挖掘蜂，都长着长舌头，飞行速度很快，惯于在地面筑巢，有些属为低等群居型的，其他有些具有杜鹃的习性；此外还包括兰花蜂，部分种类具有杜鹃习性的熊蜂，无刺蜂，以及11种蜜蜂，包括西洋蜜蜂。

它。它无愧于伊甸园这个称呼。虽说没有一个人愿意撒把萝卜子给它，但它却为膜翅目昆虫提供了天堂。波多尔佩雷教授是我发现新昆虫后的第一分享者，他对我的捕虫方法十分好奇——我总是能给他很多稀罕的，甚至是新品种的虫子。我不爱捉虫，也不太精通，比起被钉死在盒子里的昆虫，我更喜欢在长着茂密的蓟和矢车菊的草地上工作的虫。

地里的蓟和矢车菊对膜翅目昆虫来说是极大的诱惑。根据我以往的经验，从没在别的地方见过如此多的昆虫；从事各种职业的昆虫都来这里聚会，猎手、建筑师、纺织工、组装师、泥瓦匠、木匠、矿工，多得我都数不清了。这是什么呢？黄斑蜂。它在矢车菊网般的茎间刮来刮去，最后堆出一个棉花球，并洋洋得意地把它带到地上，用来做装蜜和卵的棉毡袋。那些奋不顾身争夺战利品的是谁？肚子上有黑色、白色或火红色的花粉刷的切叶蜂。它的目的地是附近的灌木丛。在那里它将剪下椭圆形的叶子组装成能盛放收获品的容器。穿着黑色绒衣的是谁呢？原来是在加工水泥和卵石的石蜂。要在石头上找到它们建筑的房子并不是一件难事。飞来飞去、嗡鸣大作的是谁呢？是定居在旧墙和附近向阳斜坡上的砂泥蜂。壁蜂在干吗呢？一只在空蜗牛的壳里工作；另一只为了给幼虫做圆柱形的房子而啄着干掉的荆棘；第三只想用断掉的芦竹做天然通道；第四只则闲在墙上石蜂的走廊上无所事事。大头泥蜂和长须蜂高高翘起属于雄蜂的触角；毛足蜂在自己采蜜的后足上插了支大毛笔，土蜂的种类繁多，隧蜂的腰细如杨柳……种类太多了，如果把菊科植物中的客人都介绍一遍，那就等于把采蜜族的蜂类都数了一遍。

冤家路窄，采蜜家族和捕猎者们偏偏住在一起。荒石园中，泥水匠为了砌围墙而运来的沙子和石头成了石蜂过夜的好去处。单眼蜥蜴凭借着粗壮的体型总在近处捕猎，无论人或狗都会成为它的猎物。为了守候过路的蜘蛛，它总有自己的洞穴。大耳鸟白身体、黑翅膀，仿佛穿了多明我会的服装，它栖息在高高的石头上，哼着乡间小调。它那天蓝色蛋的窝应当在某个石头堆里。后来这个讨人喜欢的邻居消失了。比起这位小多明我会修士，我倒是一点也不怀念单眼蜥蜴。

有些昆虫也会在沙子里筑巢。泥蜂清扫门洞，它身后留下的尘土像抛物线一般；朗格多克飞蝗泥蜂把距螽拖走；大唇泥蜂将捕到的叶蝉放入地窖。可惜的是，泥瓦匠又把这些猎手都赶走了。我想，等我哪天搞一个沙堆出来，它们就会再回来的。

还是有些虫子没有走的，沙泥蜂没有离开，春天、秋天我都见过它们，在荒石园的小路边的草地上飞来飞去，寻找幼虫。体型大些的则寻觅着狼蛛。荒石园里到处都是狼蛛的巢穴——一个竖井似的坑，边上有禾本科植物的茎秆作为护栏。坑底就是有着令人胆战心惊的、像金刚钻一样闪闪发亮的眼睛的狼蛛。即使对于蛛蜂来说，这样的捕猎都是危险的。现在快看，一个炎热的下午，雌蚁排队从窝里爬出来寻找奴隶。忙里偷闲，让我们看看蚂蚁是如何围猎的。另一边呢，一堆腐烂的草周围，土蜂没精打采地飞着，然后又一头扎进满是鳃金龟、蛀犀金龟和花金龟的幼虫的草丛里。

可以研究的对象实在太多了，数都数不完。闲置的园子总会被各种各样的动物占据。房前的大池塘里，有村庄的喷泉供水的渡槽源源不断地输入水。方圆一公里的两栖类动物总是在交配季节赶到那里。有盘子大的灯心草蟾蜍，约着来池塘洗澡约会，背上还披着窄黄的绶带；暮色深沉，雌蟾蜍放心地把一串李子核大的卵交给助产士雄蟾蜍。慈祥的父亲带着这袋小生命在池塘边跳跃，它自远方，只为把卵带放入水中，然后再离开池塘，躲起来呱呱歌唱。成群的雨蛙躲在树丛中，如果它们不想叫就去水中嬉戏。五月的夜幕使这水塘变成了吵闹的舞台。在桌前吃不下饭，在床上睡不着觉，必须用些严格的手段来整顿一下。不然怎么办呢？无法入眠的人心肠会变狠毒。

丁香丛里的是莺；定居在茂密的柏树下的是翠雀；瓦片下的碎布和稻草都是麻雀藏进去的；梧桐树上美妙歌声的主人是南方金丝雀，它的窝只有半个杏子那么大；晚上唱着单调如笛声的歌曲的总是红角鸮；刺耳的咕咕声只能是雅典之鸟猫头鹰发出的。

更无法无天的是膜翅目昆虫，它们占领了我的地盘。白边飞蝗泥蜂把家安在我家门槛的缝隙里，每次跨进家门之前，我得小心留意别踩坏它们的窝，别踩坏专心致志干活的工蜂们。整整二十五年我都没见过这捕食蝗虫的猎手们。第一次见它们的时候，我徒步几公里去拜访，而且头顶上的是八月火辣辣的太阳。而如今我在自己家门口看见它们了，我们成了亲密的邻居。关闭的窗框是长腹蜂的小宅，它们贴在墙壁的方石上的窝是土砌的，这种可以捕食蜘蛛的小虫从护窗板上偶然出现的小洞找到了回家的路。百叶窗的线脚上有几只孤单石蜂筑起的窝；黑胡蜂将有个大口短细颈的小土圆顶屋筑在了半开的屏风下。胡蜂和长脚胡蜂更是家中的常客，它们总在饭桌上尝尝葡萄有没有熟透。

这些动物的种类远远不是全部。假如我能跟它们交谈，就能给我孤寂的生命添加一份乐趣。无论是旧识或是新友，它们都挤在我眼前的这一方小天地捕食、采蜜、筑巢。就算要改变观察地点，几步开外的山上就有野草莓丛、岩蔷薇丛、欧石楠树丛。既有泥蜂喜欢的沙层，也有膜翅目昆虫喜欢的泥灰石坡边。我之所以逃离城市回归乡村，正是遇见了这些宝贵的财富。

人们在大洋洲和地中海边花许多钱建立实验室，为的是解剖那些没什么益处的海洋小生物；人们使用显微镜、精密的解剖仪、捕猎设备、船、人力、鱼缸，只为知道某种环节动物的卵黄如何分裂，我始终不明白这有什么意义。可是，人们看不起地上的小虫子——跟我们息息相关的小虫子们：有的为普通生理学提供了大量的有效资料；有些破坏庄稼和公众利益。我们需要一座昆虫实验室，研究不是那种泡在三六烧酒里的死昆虫而是活着的昆虫，研究这些小虫子的本能、习性、生活方式、劳动和繁衍，无论农学或哲学都需要严肃对待它们。彻底了解蚕食葡萄的虫子的历史，比了解一种蔓足亚纲动物的一根神经末梢是什么样子的更重要。通过实验来区分智慧和本能的界限，通过比较动物学系列的事实来证明，人的理性思维是不是会退化。所有的一切的一切都比甲壳动物触角的节数更重要。要解决这些问题，需要一支劳动大军，然而现在在我们仍然一无所有。人们能想到的只有软体动物、植性无脊椎动物。人们投入大量的拖网来探索海底，却对脚下的土地漠然。为了改变人们的观念，我开辟了荒石园作为活体昆虫的研究室。这个实验室不会难为纳税人，一分钱都不用他们掏。

知 识 链 接

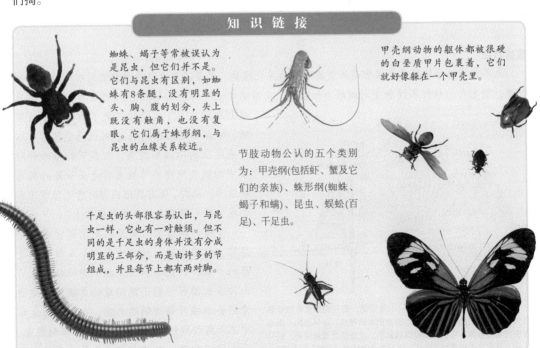

蜘蛛、蝎子等常常被误认为是昆虫，但它们并不是。它们与昆虫有区别，如蜘蛛有8条腿，没有明显的头、胸、腹的划分，头上既没有触角，也没有复眼。它们属于蛛形纲，与昆虫的血缘关系较近。

节肢动物公认的五个类别为：甲壳纲(包括虾、蟹及它们的亲族)、蛛形纲(蜘蛛、蝎子和螨)、昆虫、蜈蚣(百足)、千足虫。

甲壳纲动物的躯体都被很硬的白垩质甲片包裹着，它们就好像躲在一个甲壳里。

千足虫的头部很容易认出，与昆虫一样，它也有一对触须。但不同的是千足虫的身体并没有分成明显的三部分，而是由许多的节组成，并且每节上都有两对脚。

节肢动物身体结构

外表皮

节肢动物的外表皮是其成功发展的核心因素，它主要由一种多糖几丁质纤维构成，形成很薄的一层，并嵌在蛋白质层中。在同一层中，纤维平行排列，但在连续层之间却稍稍扭转。因此节肢动物的外表皮虽极轻巧，却具有相当的强度。蛋白质交联（昆虫为苯醌，蛛形动物为硫桥）使外表皮硬化；甲壳动物和一些多足动物则通过沉淀的钙盐使外表皮硬化。内表皮较柔软，并且每次蜕皮时就会再生。薄薄的上表皮位于最外层，由蛋白质和脂质构成。陆生节肢动物的上表皮还有防水的蜡质层，并且通常有一层坚韧的、具有保护作用的黏质层。

体节

节肢动物每一体节的顶部是背板，底部是胸板，再加上两侧的腹膜，就好比一个小盒子。附肢从腹膜的下侧伸出，有发达的肌肉（牵引肌和牵缩肌）与身体的各板相连，以抬起或落下附肢。其他肌肉连接相邻的体节，使身体屈伸，或连接体节的背板和胸板，使身体变得扁平。只有神经束、肠和心脏纵贯全身。

关节

体节上有分节的附肢是节肢动物名称的由来。由于关节通常只能在一个平面上运动，因此，每条附肢需要好几个蹄节，以满足运动时的机动性。坚硬的外表皮形成的"管"在各关节处被更柔韧的表皮连接起来。因此当一只节肢动物的身体完全展开后，就好像一个管锁进另一个管中一样。当屈起来时，靠外的体节可绕着一个外表皮延伸部分形成的轴做90°的旋转。表皮的内部延伸部分，称为表皮内突，为关节肌肉的附着点。

感官系统

大多数节肢动物的感觉器官是外表皮自身的异化结构。最普遍存在的感觉器官为刚毛，运动的时候，刚毛内的神经末梢会受到刺激（如碰触、或因水或空气的运动而振动）。刚毛也有可能会感觉到化学反应（这种情况更多的时候是被附肢、口器和触角感觉到）。其他感觉器官包括外表皮上的沟槽和凹点，与其下的薄而神经集中的膜共同感应节肢尤其是关节处的张力和压力。此外，还有其他内部的感觉器官（本体感受器）附着在外表皮或肌肉上。

节肢动物最显而易见的感觉器官是视觉器官。很多节肢动物只有含一个或数个感受器的单眼。但昆虫和大多数甲壳动物都生有由许多长圆柱形的小眼组成的复眼，表皮通常还会形成外部透明的角膜，在大多数复眼中呈六角形排列。角膜后面是晶锥（帮助聚光）和小网膜细胞，与拥有视觉色素的高度皱褶

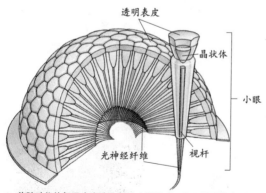

透明表皮
晶状体
小眼
光神经纤维
视杆

⊙ 节肢动物的复眼由多达3万只小眼组成，每只均为含有独立晶状体和色素细胞的视觉单元。小眼有很窄的视域，与邻近的小眼相互拼接重叠影像；它们之间挨得越紧密，成像的质量就越高。每只小眼上都有2个聚焦的"镜头"：透明表皮形成的"角膜"和晶状体。

的内表面共同形成视杆。这些细胞与视觉神经纤维（轴索）相连，从那里通入大脑。小眼产生相互拼接的影像，远不如人眼看得清晰，却比人眼更能敏感地捕捉高频运动的物体。此外，节肢动物的眼睛又圆又大，如外凸的球，视域很广，通过覆盖在小网膜细胞上的色素运动进行调节后，可以在不同的光线条件下工作。复眼对色彩也极其敏感，可以分辨紫外线和偏振光。

神经系统

所有节肢动物的神经系统都差不多，并集中在头顶部的大脑处。昆虫的脑由三部分构成，其中有两部分主要负责接收从眼睛和触角传入的信息。螯肢动物（如蜘蛛）没有触角，因此缺少从触角传入的这一部分信息。神经从脑部出发，穿绕过肠道，在肠道底部会合为数对纵向神经索，并在各体节形成神经节。每个神经节都持续传送神经图案至各体节的肌肉内并接收感觉信息；中心的运动神经激发图案能被相邻体节轻微异相地重复，以达到协调运动。

消化

节肢动物的肠形如一根分三段的管：构成前肠及后肠的物质与真皮相同，故而有脱落的表皮内层；无内层的中肠是分泌酶及吸收营养的主要中心。大多数节肢动物有唾液腺来润滑食物，还可喷射毒液和唾液对猎物进行麻痹和预消化。部分节肢动物前肠的嗉囊是一个复杂的食物存储和粉碎区域。中肠上一般还有封闭的分支（盲囊）来增加其表面面积。后肠是调节排泄物的重要场所，大部分排泄物呈固体团状，经由肛门排出。

排泄及盐分平衡

无鳃昆虫、蛛形动物及多足动物能对身体里的盐分和水分进行体内调节。它们有马氏管（盲端，肠的侧分支）能分泌溶解盐和废物，还有可以根据需要摄入盐分和（或）水的复杂后肠。

海洋甲壳动物能迅速散发氨，使其血液与周围环境保持大致的渗透平衡。河口及淡水甲壳动物也使用氨，却是通过鳃和靠近口器的特殊"环保腺"摄取盐来调节盐分和水分。而就陆生甲壳动物而言，尿酸取代可溶氨成为主要的含氮废物。

呼吸系统

大多数水生物种都有鳃——可渗透外表皮延伸出的细密皱褶部分。甲壳动物的鳃位于其腿部；水生昆虫的鳃则常位于其腹部末端；部分蛛形动物保留了鳃状结构（书鳃）；有的则有卷在身体中的类似的呼吸器官（书肺）。但大多数陆上节肢动物——昆虫、多足动物、部分蜘蛛——则另有一套精密的表皮管系统（气管），该系统从胸腔和腹部表面的呼吸口（气门）向内扩展，使氧气直接到达组织。这一系统在陆地上最为理想（鳃在陆地上会损毁和脱水），因为在陆地上，密集的气孔能限制水分的流失，氧气供应也会非常快。但每次蜕皮时旧的气管会被替换掉。

循环系统

节肢动物的血液通过与背部的心脏分离的很少的血管，在体腔（血管体腔）内循环。血管上有些小洞（心门），血液从那里被摄入，再将其输送到头部和其他活动部位，尽管也有可能直接被体腔的隔离物引导至附肢和肠道外，但最后还是会回到开放的体腔。

血液（血淋巴）通常为无色或黄绿色，来往于所有组织之间，携带着关键营养物质、废物及激素。节肢动物中，不包括昆虫和蜘蛛，它们的血液也将氧气从鳃传送到组织。血液还携带预防疾病侵害和对肌体进行修复的细胞；对柔软身体的而言，血液还能从肌肉转移力，即"流体静力"类型的运动力。

第二章

童年的回忆

我的童年时代，无忧无虑，几乎和昆虫不分彼此。那时的我几乎和鸟类一样，充满着对鸟巢、鸟蛋和张着黄色鸟喙的雏鸟的渴望。我喜欢把山楂树当作床，把鳃金龟和花金龟放在一个扎了孔的纸盒里，然后放在那张床上喂养。我很早就被蘑菇那绚丽多彩的颜色迷住了。当那个稚嫩的小男孩第一次穿上吊带裤，被那些不易读懂的书籍吸引时，就好像是我第一次发现鸟窝和第一次采到蘑菇时一样激动。人到了晚年，就总是喜欢回忆过去，现在就让我来说说这些重大的事情吧。

中午时分，一窝小鹑正在太阳底下安静地休息，被一位路过的行人惊吓后，急忙四下逃散。这些小鸟像漂亮的小绒球似的，争先恐后地逃离，转眼消失在荆棘丛中；等四周恢复平静之后，伴随着第一声呼唤，小鸟们又都跑回来争相躲在妈妈的翅膀下。这幅情景唤醒了我那沉睡的童年记忆。我的好奇心开始从那朦朦胧胧的无意识中摆脱出来。在久远的回忆之中，我重新回到了那美好的岁月，那是多么幸福的时光啊。往事就像一群雏鸟，在生活中的荆棘行走时被粘掉了羽毛。有些从灌木中逃出来时头被撞得疼痛不堪，晃晃悠悠的，连路都走不稳；还有些消失不见了，也许已经闷死在荆棘丛的某个角落里；还有些精神依然不错。然而，在记忆里最富有生命活力的依旧是那些最早发生的事。在儿时记忆的软蜡膜上这些事情所留下的印迹，已经变成了青铜般不可磨灭的记忆。

我那天的运气可真不赖，有一个苹果作点心，还可以自由地活动。我打算到附近那座被我当作是世界边缘的小山顶上去看看。那儿有一排树，它们背风站立，就像要被连根拔起飞走似的。它们不停地摇摆着弯腰鞠躬。柔软的脊背引起了我极大的兴趣，今天它们安静地屹立在蓝天下，明天当云飘过时就会摇摆起来。我欣赏它们的淡定，也为它们惊恐不安的样子而难过。它们是我的朋友，我常常都能够见到它们。穿过我家的小窗户，我不知多少次看到它们在暴风雨中频频低头摇摆，看见北风从山坡上刮过，卷起滚滚雪暴，这些树们在被撼动的大地上绝望地摇摆。这些饱受摧残的树在山顶上做什么呢？清晨，太阳从淡淡的天幕后升起，散发出耀眼的光芒。太阳来自哪里？登上高处，我也许就能够找到答案。

我往山坡上爬去。脚下的草地已经被羊群啃得稀稀落落，幸亏没有荆棘，要不然，说不定我的衣服会被划得破破烂烂，回家后还得为此被家人责问；这儿也没有大岩石，只有一些稀稀疏疏的扁平大石头，要不然，攀登时还可能出危险。道路很平坦，只管一直向前走就是了。但是这里

⊙ 世界上最重的昆虫是花金龟科大甲虫，主要生活在非洲赤道一带。一般情况下，成熟的花金龟科大甲虫的雄虫体重约70.9 ~ 99.2克。

的草地像屋顶那样，有坡度，我得不时地往上看。而且斜坡长得很，但我的腿却很短。我的那些朋友，也就是山顶上的树木，看着也并没有变得近一些。小伙子，勇敢点！努力往上爬。呀，刚刚有什么东西从我脚边经过？原来是一只漂亮的鸟刚刚从藏身的大石板下飞出来。有个鸟窝，是用髦毛和细草编造起来的。这是我发现的第一个鸟窝，真是太走运了！在鸟窝里共有六个蛋，它们挨在一块儿很好看。蛋壳就像在天蓝色的颜料中浸过似的，蓝得那么好看。这是鸟类带给我的第一次欢乐，我被幸福的感觉包围了，干脆趴在草地上，观察起来。

但就在此时，雌鸟一边慌乱地从一块石头飞到附近的另一块石头上，一边嗓子里还发出塔格塔格的声响。那个年龄时的我还不知道什么是同情，我甚至对母亲的担忧挂念也无法理解，真是个十足的大笨蛋。当时我的脑子里正计划着想要抓这些小动物。我想在两周之后再回到这里，在这些鸟儿长大飞走之前掏鸟窝。不过现在嘛，就先拿走一个鸟蛋，就一个，用来证明我这个伟大的发现。

我害怕会把那个脆弱的蛋打破，便把它用一些苔藓垫着放在一个手心里。童年时没有体验过那种第一次找到鸟窝时欣喜若狂的心情的人们，你们想指责的话就指责吧。我干脆不再向上爬了，下次再去山上看太阳升起的地方的那些树木吧。我走下山坡，小心翼翼地握着鸟蛋，以免一脚踩空把

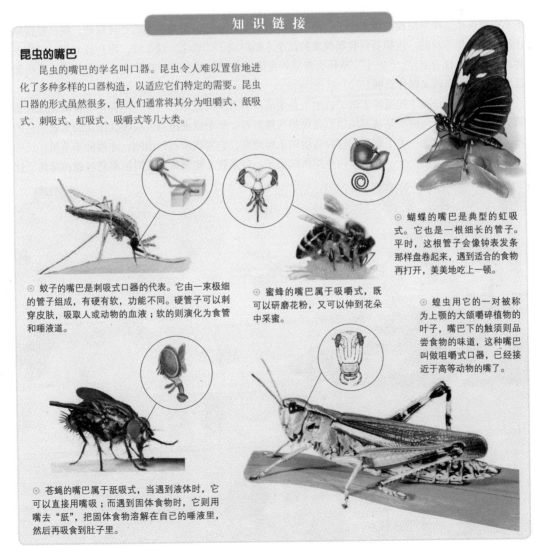

知 识 链 接

昆虫的嘴巴

昆虫的嘴巴的学名叫口器。昆虫令人难以置信地进化出了多种多样的口器构造，以适应它们特定的需要。昆虫口器的形式虽然很多，但人们通常将其分为咀嚼式、舐吸式、刺吸式、虹吸式、吸嚼式等几大类。

⊙ 蝴蝶的嘴巴是典型的虹吸式。它也是一根细长的管子。平时，这根管子会像钟表发条那样盘卷起来，遇到适合的食物再打开，美美地吃上一顿。

⊙ 蚊子的嘴巴是刺吸式口器的代表。它由一束极细的管子组成，有硬有软，功能不同。硬管子可以刺穿皮肤，吸取人或动物的血液；软的则演化为食管和唾液道。

⊙ 蜜蜂的嘴巴属于吸嚼式，既可以研磨花粉，又可以伸到花朵中采蜜。

⊙ 蝗虫用它的一对被称为上颚的大颌嚼碎植物的叶子，嘴巴下的触须则品尝食物的味道。这种嘴巴叫做咀嚼式口器，已经接近于高等动物的嘴了。

⊙ 苍蝇的嘴巴属于舐吸式，当遇到液体时，它可以直接用嘴吸；而遇到固体食物时，它则用嘴去"舐"，把固体食物溶解在自己的唾液里，然后再吸食到肚子里。

它捏烂。在山脚下，我碰上了牧师，他边散步边看日课经。他注意到了我走路时那紧张严肃的模样，像是一个搬运圣物者似的。很快，他就发现了我的手里藏着什么东西。

他问道："孩子，你手里是什么东西？"

我有点忐忑不安地伸开手掌，那枚躺在苔藓上的蓝色的蛋就露了出来。

"啊！这是'岩生'，你是从哪儿弄来的？"牧师说道。

"山上，从一块石头的底下。"

我招架不住他的一再追问，很快就把自己的小过失全盘招认了。我并不是特意去掏鸟窝的，而是偶然地发现了一个鸟窝，那里面共有六个蛋，我就拿了一个，就是这个。我想等其他的蛋孵化，等到小鸟的翅膀上长出粗羽毛管时，再去捉它们。

牧师答道："你不能这样做，我的孩子。你不该从母亲那里抢走它的孩子，这个家庭是无辜的，你应该尊重它，让上帝的鸟长大，然后从鸟窝里飞出来。它们帮助我们清除庄稼的害虫，是庄稼的朋友。要是你想做个好孩子，就不要再去动那个鸟窝了！"

我答应了，牧师继续散他的步去了，我也回到了家里。那时，我孩童时期近乎空白的大脑中播下了两颗优良的种子。刚才牧师那一番威严的话语让我明白，破坏鸟窝是一种糟糕的行为。虽然我还不知道鸟是怎样帮助我们消灭虫子、消灭破坏收成的害虫的，但是在我的心灵深处，我已经感到让母亲伤心是不对的。牧师看到我所找来的这个东西时说了"岩生"这个词。瞧！我心想，动物也和我们人类一样有名字。"岩生"是什么意思？是谁给它们起的名字？在草地上和树林里，我所知道的其他一些东西又叫什么呢？

若干年之后，我才知道拉丁语"岩生"是生活在岩石中的意思。当年，当我正全神贯注地盯着那窝鸟蛋时，那只鸟确实是从一块岩石飞向另一块岩石。那个以突出的大石板为屋顶的巢就是它的家。从一本书中我进一步了解到，这种鸟也叫土坷垃鸟，它喜欢多石的山冈，在耕种季节里，从一块泥土飞到另一块泥土上，找寻犁沟里挖出的虫子。后来我又知道普罗旺斯语里它叫做白尾鸟。这

个生动形象的名称让听到的人很快就联想到，它在休耕田上突然起飞做特技飞行表演时，那展开的尾巴就像是白蝴蝶。牧师口中随意脱口而出的那个词，向我打开了一个世界，一个草木和动物拥有自己真实名称的世界。有一天，我将用它们的真实姓名，与田野这个舞台上数以千计的演员和小路边成千上万朵小花们打招呼。还是将来再去整理卷帙浩繁的词汇吧，今天我只是先回忆一下"岩生"这个词。

我们村子西面的山坡上，鼓突的矮墙围起层层梯田，墙面上布满了密密麻麻的地衣和苔藓。那里有层层分布的果园。李子和苹果成熟了，看着就像是一片鲜果瀑布。在斜坡流过一条小溪，无论站在哪个地方都能一步跨到对岸。在水面开阔的地方，有一些半面露出水面的平坦石头，让人们踩着过溪。最深的地方也不会没过膝盖，因此孩子不见时，母亲们也不用担心孩子是否跌落到了深水涡流中。可爱的溪水，如此的清澈、宁静，而又安详。后来我见过一些波澜壮阔的河流，也见过浩瀚无垠的大海，但在我的记忆中，没有什么能与那涓涓细流相媲美。你是给我留下印象的第一章神圣诗篇，因此才能在我的心目中有这样的地位。但是一位磨坊主竟然想打这条穿过牧场的欢快溪流的主意。

他在半山坡上依着坡的斜度开出一条沟渠，让水分流，然后引进一个蓄水池里，为磨盘提供动力。这个水池被围墙围了起来，围墙脏兮兮的，长着蔛草胡须。它所处的地方在一条小路边，那儿人来人往。一天，我骑在一位伙伴的肩膀上，从高处向里张望。我眼前是深不可测的死水，上面漂浮着黏黏糊糊的绿色种缨，滑腻腻的绿毯露出一些空洞，空洞里懒洋洋地游动一种黑黄色的蜥蜴，那时我觉得它像眼镜蛇和龙的儿子，就是我们半夜三更无法入眠时讲的恐怖故事里的那种怪物。现在其实应该把它称为蝾螈。我的天哪，我可看够了，还是赶紧下去吧。

再往下走一段，水汇成溪流，两边的赤杨和白蜡树弯下腰，枝叶相互交错，形成了绿荫穹隆；粗根盘错，盘构成了门厅，门厅往里就是幽暗的长廊，那里是水生动物的藏身所。在这个隐蔽场所的门口，光线透过树叶的缝隙洒落下来，形成了椭圆形的光点，不停晃来晃去。我们悄无声息地

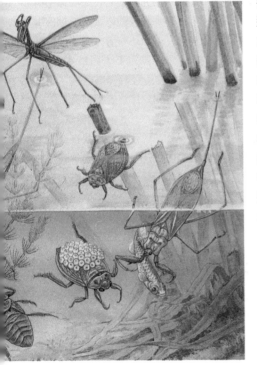

往前移动，趴在地上观察。在洞里住着红脖子鲢鱼。那些喉部鲜红的小鱼真漂亮！它们腮帮子一鼓一瘪的，没完没了地漱口。大家成群结队，齐头并进地逆流而上。要是想在流动的水里保持不动，就轻轻地抖动尾巴。一片树叶落入了水中，刷！那群鱼顿时消失得无影无踪了。小溪的另一边是一片山毛榉小树林，树干像柱子似的，光滑笔直。小嘴乌鸦在它们茂盛的树冠间呱呱地叫着，从翅膀上啄弄下一些被新羽毛替换来的旧羽毛。地上铺着一层苔藓，我在这柔软湿润的地毯上还没走几步，就发现了一个尚未开放的蘑菇，看着就像是随处准备下蛋的母鸡丢下的一个蛋。这是我采到的第一个蘑菇，一种好奇心唤起了我观察的欲望。我把它拿在手里好奇地打量着它的构造，反反复复地看。

没过多久，我又陆陆续续地找到了其他的蘑菇。这些蘑菇形状各异，大小不一，颜色纷呈，有的像铃铛，有的像灯罩，有的像平底杯，有的长长的像纺锤，有的凹陷则像漏斗，还有的圆圆的像半球。让我这个刚刚入门者眼界大开。我看到一些蘑菇瞬间就变成了

◎ 鼻涕虫常常以蘑菇和伞菌为食。它们利用齿舌吞噬真菌。齿舌是一种包含数百颗微型牙齿的口器。

蓝色，还看到一些烂掉的大蘑菇上爬着虫子。还有一种蘑菇像梨子，这是我见到的最奇怪的蘑菇。它干干的，顶上有个像烟囱一样的圆孔。当我用指尖弹它们的肚子时，就会有一缕烟从烟囱里冒出，等里面的烟散发完了，就只剩下一团像火绒一样的东西。我在兜里装了一些，这样有空时就可以拿来冒烟玩。

我在这片欢快的小树林中获得了无穷的乐趣，自从第一次发现蘑菇后，我又多次光顾。就是在那里，在小嘴乌鸦的陪伴下，我懂得了关于蘑菇的基本知识。渐渐地，我就采了好多蘑菇，但我的收获物没有得到家人的欢迎。那种被称作"布道雷尔"的蘑菇，在我家人那里名声很臭，说是吃了它会中毒，母亲将它们从餐桌上清除了。为什么外表那么可爱的"布道雷尔"，竟会那么危险呢？我不明白。但是最终我还是相信了父母的经验，所以，虽然我莽撞地和这种毒物打过交道，但一直都没出什么事。

我继续到山毛榉树林那儿去。我得找出规律，这样才能容易记住，这就促使我发明了一种分类法。最后我把自己发现的蘑菇归成三类。第一类最多，这类蘑菇的底部带有环状叶片；第二类的底面衬着一层厚垫，上面有许多不容易发现的洞眼；第三类有个像猫舌头上的乳突那样的小尖头。很久以后，我得到了一些小册子，我从那上面得知我归纳的三种类型早就有人知道了，而且还有拉丁语名称。但我并没有因此而失去兴致。拉丁文名称为我提供了最初的法文和拉丁文互译练习，使蘑菇变得高贵起来；这种教区牧师颂弥撒时所用的语言，也给蘑菇笼罩上了一层光辉，它在我心目中的形象高大起来。看来它真的很重要，才配得上有名字。这些书上还写着，那种曾经以冒烟的烟囱引发我好奇心的蘑菇，名叫狼屁。这个名称听着挺粗俗的，使我不太满意。旁边还写着一个体面一些的拉丁文名称，"丽高释东"，但这也不过是一种表面现象，因为有一天我根据拉丁语词根才弄明白，原来"丽高释东"正是狼屁的意思。植物志里总是保存着大量并不总是适宜翻译的名称。从古代遗留下来的东西没有我们今天的那么严谨，而植物学往往不顾及文明道德，保留了粗俗直接的表达方式。

那段美好的童年时代，对有关蘑菇的知识充满特别的好奇心的岁月，现在已经离我多么遥远了啊！贺拉斯曾感叹，时光飞逝啊！确实，岁月在飞快地流逝，尤其是当快到尽头时。它曾经是快活的溪流，悠然地穿过柳林，顺着几乎察觉不到的坡面流淌着，而今却成了裹挟着无数残骸、奔向深渊的急流骇浪。光阴稍纵即逝，还是好好珍惜利用吧。当夜暮降临时，樵夫急急忙忙地捆好最后几捆柴火。同样，已经垂垂老矣的我，作为知识森林中一名普通的樵夫，也想着要把粗柴捆整理好。在对昆虫的本能所作的研究中，我还有哪些工作要做呢？看起来没有什么大事，最多也不过剩下几个已经打开的窗口。窗口所指的那个世界值得我们给予充分的重视，它正等待着我们的开发。

我自童年起就青睐有加的蘑菇，它们的命运将更为糟糕。我至今依然和它们保持着联系，从来没有断交过。在晴朗的秋日下午，我步履蹒跚地拖着沉重的步伐去着望它们。那些从红色的欧石楠地毯上冒出来的大脑袋牛肝菌、柱形伞菌和一簇簇红色的珊瑚菌，我总是怎么看也看不够。寒里昂是我的最后一站，那里的蘑菇争奇斗艳，令我应接不暇。周围长着茂盛的圣栎、野草莓树和迷迭香的山上遍地都是蘑菇。这些年，那么多的蘑菇使我异想天开，我要把那些无法按原样保存在标本集里的蘑菇，绘成模拟图收集起来。我把附近山坡上各种各样的蘑菇开始按照实际的尺寸绘制下来。我不懂水彩画的技法，不过无所谓，不曾学过的事，也可以摸索着去做。开始可能做不好，但慢慢就会顺利起来。与每天爬格子写散文那份费神工作相比，画画肯定能让人轻松愉快一些。

最后，我终于完成了几百幅蘑菇图。画面上的蘑菇，不论是尺寸还是颜色都和自然的没有多大差异。如果说我的收藏在艺术表现手法上尚有不足，但它至少是真实的，因此具有一定的价值。一些参观者纷纷慕名前来，每到周日就有人前来观赏，都是些乡亲。他们单纯地看着这些画，不敢相信不用模子和圆规，仅仅用手也能画出这么美丽的图画来。他们一眼就认出了我画的是什么蘑菇，还能说出它们的俗名，说明我画得栩栩如生。

但这么一大摞花费了那么多精力才得来的水彩画，将来又会面临怎样的命运呢？也许刚开始的时候，我的家人会小心地珍藏我的这份遗物，但是迟早有一天，它们会变成他们的负担，从一个柜子移到另一个柜子里，从一个阁楼搬到另一个阁楼上，而且总有老鼠前来光顾，然后渐渐粘上污渍。最后，它们会落入一个远房外孙的手中。那孩子会将图画裁成方纸，然后折成纸鸡。这是不可避免的。那些我们抱着幻想、以最挚爱的方式珍惜爱抚过的东西，最终在现实面前，很可能会遭到无情的踩躏。

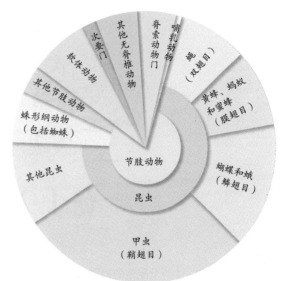

⊙ 从根据地球上所有动物的数量画的这个示意图可以看出，其中节肢动物占据了惊人的比例，而昆虫纲又以其种类达上百万种成为节肢动物中最庞大的一族。新的昆虫种类仍在不停地被发现并被分类，鞘翅目的甲虫以其到目前为止已发现的30多万种成为昆虫纲中最大的一个目。相比之下，科学家们迄今为止仅发现了不到5000种哺乳动物。

第三章

登上万杜山

    在普罗旺斯一个与世隔绝的地方，坐落着一座对我来说非常重要的山——万杜山。那是一个不毛之地，四面都受到各种大气因素的影响，万杜山就矗立在这种环境之中。它高耸突兀，是阿尔卑斯和比利牛斯山之间最高的山峰，生长着各种依气候分布的植物种类，可以供人们十分清楚地进行研究。山顶上覆盖着层层白雪，生长着来自于极地海滩的北方花朵。山路上生长着茂密的橄榄树和各种灌木植物，它们需要像南方那样强烈阳光的照射才能茁壮成长。从山脚一路走到山顶，你能看到地球上各个地方的植被带，这就相当于一次在统一子午线上开始的从赤道到两极的长途旅行。在山麓，生长着一簇簇芳香四溢的百里香，它们如此旺盛，覆满了山地的平原和山丘，像地毯一般无限延伸；再走几个小时，你能找到长着对生叶的虎耳草，这是7月份在斯匹茨卑尔根海边登陆的植物学家最想见到的东西，它们就软软地待在你的脚下，像一块暗色的小垫子。在海拔比较低的地方，你可以在篱笆下采撷石榴树猩红色的花朵；在海拔高处，你可以采摘小小的毛茸茸的虞美人，它开着黄色阔瓣的花，异常美丽。这样鲜明的景物对比，是不是很有趣呢？

    我已经登过25次万杜山了，但这对我来说还远远不够。我对这座山还有着许多的新鲜感和好奇心。起先还有很多朋友愿意陪我来爬山，一起走走，看看山上的风光，享受一下日出带来的满足感，但后来再也没有人愿意陪我一起来了，因为这实在是一段艰苦的旅程。从你踏上那碎石嶙峋的山路时，登山便开始了。万杜山就像是一座海拔两千米的碎石堆，有时是小石块，有时是大岩石，它们耸立在没有斜坡也没有一级台阶的平原上，使得登山变得异常困难。而且这里根本没有什么清新的草地、欢快的小溪、长着青苔的岩石或百年老树的巨大树荫，这里有的就只有绵延无尽的石灰岩。那碎石组成的瀑布还时时发出坍塌的声音，震得人心跳加速。

如果有人打算登万杜山做植物学的考察，那我建议他切不要在星期天的傍晚到达山下的小镇贝都安。因为在星期天晚上，这里总是人来人往，一片杂乱的景象。人潮的吵闹声和没完没了的高谈阔论声是主旋律，弹子房弹子的碰撞声和杯盏交错的叮当声当作伴奏，酒后的低唱和路人的夜歌充当配乐，旁边酒吧管弦乐的喧闹也掺和进来，让原本平静的夜晚变得喧嚣异常，连睡觉都成了困难。得不到充足的休息的人，又怎么会有精力攀登这座艰险的山峰呢！

我在贝都安跟向导交涉好，商定了出发时间，讨论并准备了食物。但遗憾的是，喧闹的夜晚弄得我疲惫不堪，根本不能好好休息。我辗转反侧了一夜，等到天空泛白，就干脆起床收拾行装了。早上四五点，向导就带着我们上路了，他牵着骡子和驴子走在队伍的最前面，我的植物学同事们走在后面，边走边观察着路边的植物。我随队伍走着，肩膀上挂着晴雨计，手上拿着笔记本和铅笔。

再往上走，温度变得越来越低，绿色的橄榄树和橡树慢慢从视野里消失了，然后是葡萄和杏树，再之后是桑树、核桃树、白桦树。我们接着走进了一片十分单调的地区，那里只有漫山遍野的黄杨，除此之外没有任何农作物，主要的植被就是一些高山的风轮菜。风轮菜的细叶里充满了香精油，味道有点苦涩，是一种味道很冲的香料，洒在小乳酪上吃味道很是美妙。在我们都饥肠辘辘的时候，一些生长在乱石中的铁矢状叶子的小酸模映入了我们的眼帘。那是多么珍贵的食物啊，我们蜂拥而上争着去采摘这自然赋予的美味。

咀嚼着酸酸的叶子，我们兴致勃勃继续前进，来到了山毛榉生长的地带。最先见到的是些藤蔓曳地的灌木，稀稀落落地散布在山坡上；很快又见到一棵棵挨在一起的小矮树，最后见到的是枝干粗壮、浓密而阴暗的灌木林。这片树林十分广阔，至少要走一个小时才能完全穿越过去，从远处看，着林带就像一条又黑又长的带子围在了万杜山的山腰上。山毛榉冬天积雪压枝，一年四季都遭受着密斯托拉风凶猛的吹打，许多树枝都断了，树身弯曲成奇怪的形状，甚至还会直接躺倒在地上。在山毛榉地带的上面，就只剩下一些稀稀落落的灌木了，这时我们也坚持不下去了，必须选个好地方来吃午饭、好好休息一下了。

我们选择了拉格拉斯泉边作为我们的小憩之地。山毛榉树搭成的长凹槽里，引来了一股从地里冒出来的涓涓泉水，山里的牧羊人都把羊赶到这里来喝水。泉水的温度凉得不可想象，大约只有7℃，这对我们这些每天围坐在火炉旁边的人来说简直是无法忍受的。所幸这里的景色还是很美的，真的是个适合野餐的好地方。那一泓清泉流淌在阿尔卑斯山植物铺成的地毯上，长着欧百里香叶子的指甲草闪闪发光，它那宽大而细薄的花蕾就像银色的鳞片，一层一层地铺在上面。我们把食物从鞍囊里拿出，把酒从稻草层中取出。涂着蒜汁的羊后腿和面包被随意地堆在了一起，淡而无味的小鸡放在另外一边，留着一会儿当零食打发时间。万杜乳酪、驴梨小乳酪、阿尔红香肠还有各种的橄榄和卡瓦翁的西瓜，看看吧，我们的食物是多么丰富啊！对了，我们还带了鳀鱼罐头和撒着调料的小牛腿，还有很多装在不易破碎的器皿里的啤酒。我们把啤酒放在了泉水中，这样等我们饱餐一顿后就能尽情享受凉爽的冰镇啤酒了。

我的植物学同事中有两个巴黎人，一开始它们还对这些食物很惊讶，可不一会儿，他们就露出了赞赏的表情，狼吞虎咽地大吃了起来。这可真是人生中难忘的一餐。你看这几个人都露出了饥不择食的样子，一块块地扯着羊的后腿，一片片地咬着面包，把所有的食物都接连不断地塞到嘴里，那速度快得简直惊人。吃得越来越多，我的速度也逐渐降了下来，开始边吃边聊天。大家都对这些食物赞不绝口，一边称赞还一边享用着饭后的甜点——蘸着盐生吃的玉葱。等到所有人都撑得动不了了，我们便横躺在了草地上，抽着烟斗和雪茄，晒着温暖的阳光。

好像只休息了不到一个小时，我们又上路了。行程是那么紧，我们必须继续向前走。向导带着行李向西边去了，他去了海拔1550米的地方，那里有一个石头砌成的羊棚，导游会在那里过夜，等我们从山顶回来再跟他会合。我们则继续去爬山，从山脊一路爬到山顶，等到太阳下山后再从山顶下来。我们顺着刚刚爬过的斜坡向前走，一直走到了山坡尽头。那里峰壁笔直，状如阶梯，陡峭得惊人。同伴把一块摇摇晃晃的岩石轻轻一推，那岩石便顺着悬崖掉到了深渊，还发出了可怕的轰响。

我在这里有了意外的发现。我看到了毛刺砂泥蜂这些老相识，它们藏在一块扁平的石头下，但却是以惊人的数量群聚在一起。要知道，这些小家伙平常总是孤苦伶仃的样子，我还从没见过几百只挤在一起的样子呢。就在我好奇地寻找原因时，一场大雨悄然而至，铺天盖地的阵雨立刻把我们包围了，天也变得格外阴暗，两步以外就什么都看不见了。糟糕，我最要好的朋友去山里寻找一种稀有植物岩生大戟去了，他可能已经走丢了。我用手掌做成话筒，在山里扯着嗓子拼命喊他的名字，可我的声音很快就被雨水的声音淹没了，根本起不到一点作用。我们便只能出发去寻找他。

为了不落下一个人，我们手牵着手在山里寻找着出路。不到一会儿，我身上就已经被大雨浇透了，衣服水淋淋的，裤子贴在腿上就像一张不透气的羊皮，难受极了。我们兜兜

转转，来来回回，什么方向都辨不清了。我们的面前有几条斜坡，那是我们唯一可以选择的道路，可是其中有的路通向悬崖，一不小心我们就会掉入深渊粉身碎骨，还有的路能直接通向我们想去的羊棚。据我猜想，我的好朋友有可能利用最后一刻晴朗的天气跑回羊棚去了。

有的人建议我们今晚就待在这里，等雨停了再去。但我敢打赌，这绝对是个糟糕

透顶的主意。雨看样子会下很久，而我们又浑身湿透了，只要夜里温度稍微低一点，我们就全会冻死在山里。于是我们只好根据一路所观察到的来推测方向。带来雨的那片黑云是从南边飘来的，而我们应该从雨打来的方向下去；我摸了摸自己的衣服，发现左边比右边湿得厉害，这就证明我的推论没错，风向一直没有变。

我们再一次手拉着手上路了。如果幸运不眷顾我们，那我们就必死无疑了，但我们还是抱着冒险的心情开始了这一段探索。还没有走出二十步，我们的疑虑就完全消失了，因为我们已经踏踏实实地踩了碎石地上面，而不是我们害怕的万丈深渊。为了看清脚下的路，我们必须弯着腰贴着地面向下走。雌雄异株的荨麻此时成了我们的唯一希望。在漆黑的环境里，我们只有靠它才有可能找到羊棚，因为它总是长在人们经常走过的地方。我边走边用手在空中摸索，每当手被刺一下，就是碰到了荨麻。我们就用这种手部的疼痛弥补了眼睛的不足，并最终顺利到达了羊棚。

我的好朋友和向导就在那里躲雨了，等我们赶到之后，就立即点起了熊熊烈火，换上了干衣服。大家又开始谈笑风生了。我们把山毛榉叶铺成床垫，躺在上面过了一夜。偶尔有人睡不着，便会起来给炉子添一点火。可是这屋子根本没有通风口，所以满屋子烟雾缭绕，简直可以熏鱼了，又怎么能让人睡得舒服呢？因此不到凌晨两点的时候，我们就都起床了。

雨已经停了，满天的星斗闪闪发亮，空气也变得异常清新。我们要爬上最高的山顶去看日出了。因为疲劳，也因为早上的空气比较稀薄，我们很快便感觉到恶心、两腿无力、气喘吁吁，爬得非常非常慢，走几步就得休息一下。终于到了山顶，我们立刻就钻进了粗陋的圣女克努瓦小教堂，在那里喝了点小酒暖暖身子，来抵御彻夜刺骨的寒冷。

很快，太阳升起来了。万杜山三角形的影子投射到了天边，在阳光下泛着紫红色的光。西边和南边的平原在薄雾中延伸，罗讷河犹如一条银线躺在大地上。北面和东面，有一片白色棉花糖似的云层在我们脚下软绵绵地飘动着，低处的黑色山峰偶尔会从云层中穿插出来，露出一个调皮的小山角。在阿尔卑斯山的那边，还有几座挂着冰川的山峰在阳光下闪闪发光。

此时正是8月，已经错过了很多植物的花季。如果你真的想来看看这神奇的花园，那你最好在7月上山，赶在羊群把植物吃掉以前好好地领略一下这里的神奇。那长着一根嫩红色花蕊的优雅可人的绒毛雄蕊白花，那开放在闪亮的石灰石上有着蓝色大花冠的塞尼山紫堇花，那天蓝色的可与蓝天媲美的阿尔卑斯勿忘草……所有的花上全都闪烁着早晨的露珠。美丽的白翅蝴蝶懒洋洋地在花丛中飞来飞去，这真是个自然博物馆啊！

这番景象只有你亲自来看过才能体会得到，我也就不多加赘述了，现在让我们回到那成群蜷缩在石头下的毛刺砂泥蜂身上吧！

飞行的动力

——昆虫鼎盛的主要因素

任何人若被困在摇蚊群中，就能切实感受到昆虫飞行的能力。那些倍受其困扰的人为老是打不着恼人的青蝇而丧气之余，也许会纳闷这些虫子的飞行特技真是令人难以捉摸，居然能头朝下地停在天花板上。

毫无疑问，大多数昆虫成年后的生活几乎都在飞行中度过。在三维世界中，飞行能使它们保持高度的活跃性和主动性，以便开拓用其他方式无法到达的栖息地，包括岛屿。昆虫的飞行能力早在距今3.54亿~2.95亿年前的石炭纪就进化出来。一种理论认为，早期的大型昆虫依靠体侧的延伸部分滑行，随后进化为盘旋，以达到更有效的控制，最后发展为振翼。另一种理论则认为，小型昆虫的翅膀是由那些通过不断拍打实现某些功能的部分进化而来的，比如用于气体交换的鳃或用于性信号的胸腔的延伸部分，飞行可能通过运用肌肉偶然发生了一次，起作用的肌肉在缨尾目中不会飞的衣鱼体内也有大体相似的部分。

在昆虫朝更高速度和更强控制力的飞行方式的进化过程中，有几个发展趋势。由于较少的褶皱或凹槽能给翅膀提供纵向的坚硬度，那些最初呈网状的翅膀脉络逐渐简化。一对单一的振翼结构被进化出来的形式包括：身体一侧的两只翅膀长在一起，或通过缩小其中一对翅膀的尺寸来形成防护甲片（如螳螂和甲虫），或形成其他名为平衡棒的平衡器官（如双翅目蝇类）。产生动力的肌肉变得与控制肌肉迥然不同，而最初这两种功能是由同种肌肉实现的（如蜻蜓）。此外，身体也逐渐朝着更短更厚的方向发展，随之而来的是其内在稳定性的降低和控制能力的显著增强。最后，飞行的成功极大地归功于一种专门的翼肌肉的进化，这种肌肉收缩的频率比其他肌肉高得多，如部分小的蝇类，其频率能高达每秒1000次。

翅膀振动的形式十分复杂。翅膀向下拍时，其前缘向下倾斜；翅膀向上拍时则向上倾斜。对蝇类而言，在每次振翼后会自动盘旋翅膀，但是盘旋的程度可被小的肌肉所调整。除最低等的以外，大多数昆虫飞行的动力都通过作用于骨片（胸部表皮外骨骼的片状物）上的肌肉间接得来。

翅膀的振动受到如下几种结构支持：首先是具有弹性的关节，构成这种关节的蛋白名为节肢弹性蛋白，这种关节能使翅膀在振翼达到最顶处和最底处反弹；其次是缘自于掣爪机制的弹性，这种机制能使翅膀在中位附近（类似于灯开关）不稳定；再次，是肌肉本身的弹性。通过提高翅膀盘旋的次数和振翼的频率，均能使动力提升。飞行的方向通常靠改变一侧的振幅或盘旋来控制，还可利用长的腹部或步足作为方向舵来辅助实现，例如蚱蜢。

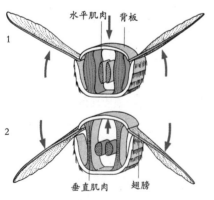

水平肌肉　背板

垂直肌肉　翅膀

⊙ 新翅类昆虫的振翼模式。1.翅向上拍时，其背腹部肌肉将背板垂直下拉，翅膀随之升起，胸腔被拉长，使水平肌肉扩张。2.当肌肉收缩时，背板升高，把翅膀向下推。某些昆虫就通过这种利用肌肉改变翅膀的倾斜度或振幅来间接辅助飞行。

有些昆虫可以原地盘旋，像直升机那样通过身体近乎垂直状和翅膀向上拍打时的翻转来实现。有的昆虫在其翅膀扇到最高处时同时拍打，然后从前缘处分开翅膀，使空气如漩涡状流通，从而产生举升力。蜻蜓、食蚜蝇及黄蜂盘旋时身体呈水平状，利用浅浅的振翼盘旋于空中——其空气动力学原理尚未被完全掌握。

就行程所需要的能量消耗而言，飞行的能耗比较少，

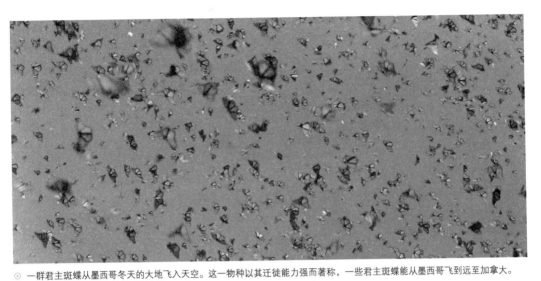

⊙ 一群君主斑蝶从墨西哥冬天的大地飞入天空。这一物种以其迁徙能力强而著称，一些君主斑蝶能从墨西哥飞到远至加拿大。

可能少于爬行或奔跑。然而单位时间内的能耗却相当高，特别是当它们背负重物盘旋空中的时候（如黄蜂带着猎物），或当它们以超高速飞行时——有些昆虫可以高达每秒20米，能量消耗可达150焦／千克，因此飞行肌肉要有非常有效的供氧系统——在血淋巴中有高浓度的碳水化合物，利用激素也能推动养分在体内循环。这样一来，足够的能量供给就得到了保证。

飞行中高频的能量消耗会产生相当可观的热量，这些热量对小型昆虫来说极易散失，但对大型昆虫而言却容易聚集。飞行肌肉已适应了在高达40℃的温度中工作，许多昆虫必须先晒太阳或振颤翅膀来预热，才能顺利起飞。大黄蜂有一套更为完善的机制，它们是热血生物，其起飞所需的临界温度可以通过某种化学作用产生热量而达到。当它们在寒冷的早晨开始起飞时，这一作用就显得格外重要了。

飞行时，为了避免过热，有的昆虫能将热血从胸腔分流到腹部——腹部就像汽车的散热器一样工作。而那些缺少这种机制的昆虫，它们的飞行只能被限制在诸如夜间这样比较凉爽的时间进行。蝴蝶、蜻蜓和蚱蜢这样白天活动的飞虫，依靠翅膀振翼间隙的滑行来节约能耗并防止身体过热，它们的后翅有延展的后叶能支持这种滑行。

飞行昆虫必须具有可操控性的机制以抵消翻转、倾斜或摇摆的倾向。帮助维持这种稳定性的感觉器官包括复眼、单眼以及存在于触角、头、翅、腹部尖端的尾毛等处的机械性刺激受器。许多钟形感受器位于飞虫平衡棒上，这种平衡棒能像回转仪一样记录运动偏差。介壳虫和捻翅目昆虫在其退化的前翅上也有相似的机制。

因此，昆虫翅膀的进化是彼此制约的结果。翅膀的重量必须轻得足以保持其内在负荷在肌肉的可承受范围之内，同时还必须有足够的体力，不仅能对抗空气的阻力，还能支撑身体和其他额外负重——猎物或花粉。它们的翅膀必须兼具结构强度和灵活性。昆虫飞行的机制及其相关的生理学原理十分协调，而推动这种复杂、功能化的整体向前发展的动力则应归功于自然选择。

许多昆虫目都有不会飞的种类，其中很少是完全不能飞的，比如跳蚤。飞行在成虫前的发育阶段和成虫时期的能量消耗都非常高，如果不存在这方面的需要，这种能力很快就被摒弃。失去飞行能力的昆虫包括那些演变成水栖的、能钻洞且身体能变形的、寄生于脊椎动物身上的和居住在小岛上的——那里的风使飞行行为变得很危险。对其他昆虫而言，飞行可能被局限于成体的某一特定阶段，在此阶段以后，其飞行肌肉可能萎缩，翅膀退化（如白蚁）。此外，由于季节的变化，有的昆虫某几代会飞，而其他几代则不会，如一些水虫和蚜虫。

第四章

美丽的水塘

已然步入老年的我，每次看到那片水塘还是能够回忆起童年那段欢乐的时光，那些与这片池塘有关的欢声笑语。就算是现在，对于这片水塘我也依然保存着童真的心，时常会享受水塘中的美景带给我的身心放松与愉悦。别看水塘面积不大，区区几步宽，可就是在这块小水池里面却有着大自然无限的活跃与生机。玩纸船玩到厌烦的孩子们可以在这里重新找到乐趣。同样，对于一个细心的观察者来说，这片水塘绝对是一块藏宝之地，在他不懈的努力之下许多关于生命的秘密就会被发掘。

看这小小的天地中有着多么热闹的气氛啊。绿色的水波中，数不清的小生命们在游玩。看那片黑黑的东西，原来是蝌蚪的队伍，这些癞蛤蟆的孩子们栖居在水塘边，静静地休息或是欢乐地遨游。还有北螈，它们有着橙色的肚皮，那条尾巴就像是船桨一样在水中不断地摇摆，细滑柔软。还有一些石蛾，它们停靠在灯芯草中，将自己身体的一半伸出来，木篓篱和贝壳小塔忽隐忽现。

⊙ 仰泳蝽

呈十字状伸展开来双桨，仰泳蝽炫耀着自己高超的仰泳技巧。龙虱由于身体里有空气，所以能够潜水。灰蝎蝽的身子长得很平扁，因为它有点貌似蝎子，因此起名为灰蝎蝽。灰蝎蝽成群结队地游水，它们挥舞着自己的长手臂，就像鞋匠在使用飞针缝鞋的技术，娴熟得很。龙虱的胸部下面有着一个气层，就像银铠甲一样金光闪闪；而鞘翅末端则是气泡。蜻蜓幼虫的行进方式有些奇特，它们是靠水力器官的倒退而使身体前进的。它们的身体后面有一个比较大的漏斗，这个漏斗里面装满了水，将水排出后，幼虫就会自然地向前了。蜻蜓幼虫的外表看起来很脏，因为全身都裹满了淤泥。像珍珠一样闪闪发光的黄足豉虫在水上展示着自己的芭蕾舞艺，不停地旋转自己的身体。

除了上面提到的小生命外，软体动物也是水塘的一大景观。别看水塘很小，但是软体动物的种类却不少，而且它们还都是和平的爱好者。黑蚂蟥为了庆祝自己已经猎到了食物——蚯蚓，它毫不掩饰地站在猎物的身上手舞足蹈。蚊子的幼虫也在不停地旋转着，它们的队伍很庞大，成千上万，淡红色的一片全都是它们的同胞，就好像海豚将身体弯曲一样美丽。在水底还有大肚子的田螺，它们显得比较谨慎，只将自己的房门打开很小的一块。另外还有椎实螺、扁卷螺和瓶螺，它们也在水面上尽情地玩耍着。

如此让人沉醉的场面不禁让我回想起了自己的童年，那时候的我也才只有七岁，但是这片水塘俨然已给儿时的我留下了美好的回忆。

我的家乡土壤比较贫瘠，气候也不适应农作物的生长，所以村民们的收成都不是很好。地主们

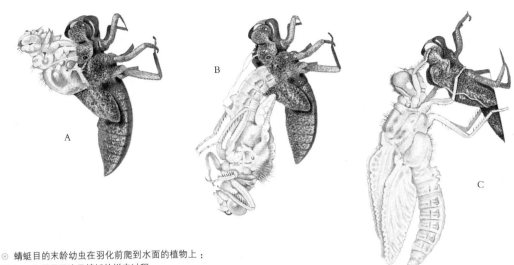

◉ 蜻蜓目的末龄幼虫在羽化前爬到水面的植物上：
图 A ～ C 显示了这只蜻蜓的蜕皮过程。

会饲养绵羊，因为他们拥有几阿尔邦面积的草地。他们会用摆杆步犁把自己最好的土地平整为梯田，然后用石墙拦住作为防护。梯田里会中上马铃薯，为了催肥，他们用驴子把牲畜棚里的粪便都运到田地，马铃薯在肥力的催化之下长得非常好。等到成熟之后，马铃薯就是人们在冬季里的主食。煮熟的马铃薯热气腾腾，盛在用麦秸编织成的小篮子里，多么诱人啊！

如果家里面的粮食能有结余，那么就会把这些多出来的食物拿来养猪。猪对于当时的农民来说是极其宝贵的动物，猪油和火腿都是珍宝。园子里种植着甘蓝和萝卜，炼乳和黄油则由牛群来供给。有时候还有几个蜂箱，它们隐藏在树林里较为偏僻的地方。如果哪家人拥有了上面提到的这些东西，那他们可以算得上是富裕人家了。

然而我的家庭却是穷困的，除了那座小房子和小花园，房子还是母亲得到的遗产。不富裕的我们经常面临着挨饿的危险，如何解决温饱已经成了非常紧急的问题。爸爸妈妈成天为了这件事睡不安稳。每当他们在谈论这件事的时候，我都会像童话中的小普塞一样偷听他们的谈话。只不过小普塞是藏在樵夫的矮凳子下面，而我则将两个胳膊肘搭在桌子上，假装睡觉。不过我听到的事情并没有让我感到伤心，相反，这个消息让我的精神无比振奋。

妈妈对爸爸说："听说鸭子现在在城里卖得非常不错，不然我们也养一些吧？可以让亨利来看鸭子，就去小溪那边放。"

昆虫广阔的生活空间

　　成年昆虫的体长范围介于不到0.2毫米长的寄生蜂（比某些原生动物还要小）到某些超过30厘米长的竹节虫之间，最大型的昆虫体重可能达到70克。问题是，为什么现代的昆虫再没有超过这个尺寸的呢？倒是3000多万年前出现过体形更大的种类。答案也许在于大型昆虫的生存空间都被兴旺的脊椎动物（比如鸟类）占据了。但其实正因为昆虫的体形受到限制，它们的栖息地就不会太单一，生活方式也同样不会太单一。

　　外表皮上完美的防水层和气门阀使昆虫能在干燥的陆地上生活，包括极热和极冷的地区。比如蟋蟀能在降雪期也过得很活跃，而各种各样的甲虫和蟑螂占据了热带沙漠地区。很多昆虫通过冬眠和夏眠度过对它们不利的季节——有时以卵的状态或蛹期，有时以静止的幼虫或成虫状态。昆虫体内甘油的存在也能帮助它们抵御霜冻，当干燥的季节来临时，它们会躲到洞穴中去保持静止状态。非洲蚊蚋的幼虫甚至可以让身体组织完全脱水而不会死亡，几年后再把这种处于隐生状态的幼虫重新放进水中，它又能很快地活过来。

　　蝇类，包括蚊子，还有其他一些目昆虫的幼虫期，甚至某些种类的成年期，会变为次水生——栖息在各种各样的淡水环境中。此外，因为得益于快速的分布和短暂的生命周期，许多种类的昆虫非常善于开拓新出现的栖息地，比如日渐缩小的冰川地带、火山爆发地区、地震区或者火灾后的地区。

23

爸爸听后回答说："鸭子是不好养的啊，不过还是应该去试试。好吧，那就养鸭子吧。"

原来在教堂的附近，也就是村落地势低的地方，那里的一处有很大股地下泉水涌出来，并且与山谷中的小溪汇合。就是在那个地方，有一个工匠开了一个小型的油脂厂，他以前是当兵的，退伍后回到了乡下。听说他那里卖一种能够催肥鸭子的饲料，是一种含有蜡烛臭味的残渣，很便宜的价格。听到这些让人兴奋的消息之后，那一晚我做了美梦，梦到我进了天堂。

之后的日子里我就与小鸭子们为伴了。我想象着小鸭子有着金黄色的绒毛，就像丝绒袍子一样华贵。我会带着它们到水塘里玩耍，等到回家的时刻，我会把几只看起来累坏了的小鸭子放在篮子里。我日盼夜盼的小雏鸭终于在两个月之后出生了，总共二十四只，分别是由两只母鸡孵出来的。不过只有一只母鸡是我们家自己的，另外一只是从邻居大娘那里借的。我们家的母鸡长得肥大，而且黑，它可是我家的主人。

其实抚养这些小鸭子只需要一只母鸡就可以了，它会对自己的这些孩子做到尽心尽力。我们准备了一个小木桶来充当小鸭子的水塘，大约两指宽的大小。在阳光和暖的天气里，母鸡会看护着这些小鸭子在木桶中洗澡。可是仅仅半个月过后，这只木桶就派不上用场了。因为鸭子喜欢吃的住满贝壳的水田芥、蝌蚪和蠕虫，这只小木桶中都没有。这些让我们全家都很焦急，看来是时候在水中搜罗这些东西了。

我们家住在离水源较远的村子上面，而且地势也高，所以喂养鸭子是一件比较困难的事情。但是有些人家的鸭子就比较好运了。有个住在小溪旁边的磨坊主，他的鸭子长得就很好。还有那个油脂厂的退伍军人，他的鸭子也挺漂亮，这也得益于他家的地理位置——靠近溪水的地方。

可是我们家的情况就不妙了，夏天有的时候连水都喝不上。我家附近有一块大石头，它位于挖凿的岩石里的小坑底端，这块石头的凹陷处有一股很细小的溪流。这就是我家周边的四五户人家的水源。有时候学校老师的母驴也会饮用那边的水，再加上几户人家会经常用木桶在那里储备水，所以水坑很快就没水了。等到差不多一天一夜过去后，这个水坑中才会重新积满水。就这么稀少的水源，用来供给人们的生活用水都不够，更何况鸭子了。所以这里肯定不是鸭子游戏的天堂，那么怎

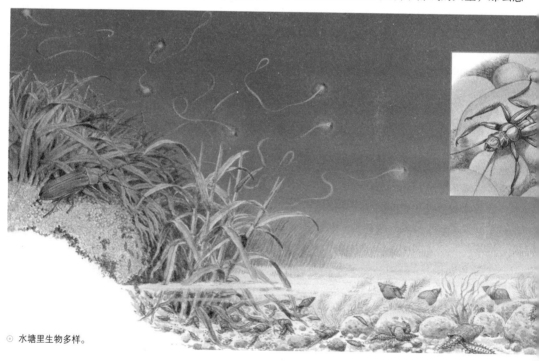

⊙ 水塘里生物多样。

样才能让我的小鸭子们也有地方玩耍呢?

可是除了这个水坑之外就只有那条小溪是有水的地方了,只是那里对于鸭子来说是非常危险的。这危险来自于猫和狗。一条坏小狗很可能会将一群鸭子驱散,猫就更不用说了,它们可是捉拿家禽的高手。要是等到鸭子被驱散开来,那要想再次将它们聚合可是一件非常困难的事情。还是不要把事情搞得那么复杂了,就让我和鸭子找个平静安全的地方尽情地嬉戏吧。

我终于想到了一处宝地,一块长满了绿草的小平原。它位于山冈上一条小路的拐角处,这条小路在城堡的后面,向一座岩石堆成的小山延伸。有一条小溪从山中流出,最终形成一个宽阔的水塘。我带着小鸭子们走过了寂静的山路,很容易就来到了这个难得的天堂,那天它们玩得非常尽兴。

我这个放鸭子的小孩儿,在刚开始的日子里是多么快乐啊,可惜美好总是短暂的。由于我每天都光着脚在石子堆里走来走去,细嫩的皮肤不断与土地摩擦,很快我的脚后跟处就起了一个大大的水泡,疼得厉害。后来我就只能拖着双腿、抬着脚后跟在石堆上面行走了,甚至连我放在衣橱里面的节假日和星期天穿的那些漂亮鞋子都不能穿了。我跌跌撞撞地跟在鸭子后面走着,手里还拿着一根竹竿。小鸭子们唧唧喳喳地唱着、跳着,它们摇摇晃晃地向前进,穿着灵巧的凉鞋。不过走过一段路程之后就得在树荫下停下来休息一会儿,不然疲倦的它们肯定不愿意继续前行。

水塘里的水又浅又和暖,中间还有一块土,上面盖满了泥浆,像一个碧绿的小岛似的。我的小鸭子们对这个水塘非常满意,它们在水中嬉戏玩耍,好不热闹。在水较深的水洼处,小鸭子们翘着尾巴在水中游动,开心得不得了。鸭子嘴一直在搜罗食物,咯咯直响。每当它们往嘴里送上一口吃的,随后就会有透亮的小水泡冒出来。让这帮小鸭子们去劳作吧,我可要享受一下这里的美景了。

我看到了一条细长的黑带子,它安静无力地躺在污泥上面。这有可能是牧羊女在编织黑色短筒袜子时丢掉的,因为她们觉得活做得不够好,所以又把线抽掉重新来过。我把其中的一段拿起来放在了手掌中,感觉有点粘,软软的。这条黑带子还会在我的指头间滑动,我根本没办法将它拿住。最后带子上面有几个结节破了,里面掉出了一个小球,也是黑色,像大头钉的头一样大小,还有一条扁平的尾巴跟在后面。原来是癞蛤蟆的蝌蚪!我对蝌蚪没有一点新鲜感,还是把它放回去吧。

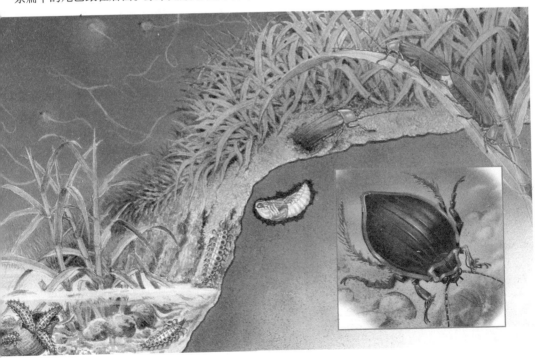

不过那段黑带子还是能够激起我的兴趣的，我还准备了一个小盆，想要捉几条放进去。它们的黑色脊梁在阳光的照射下闪闪发光，并且在水面上不停地打转。事实上我根本无法将它们捉住，我的手刚要去抓，它们就消失不见了。我很想在近处观察一下它们，这回可惜了。

水中隐藏的秘密让我倍感兴趣，同时也让我震撼。从嫩绿色的麻韧皮纤维盒子下面冒出了很多的气泡，我想先把这些放在一边不管，来看看水底世界吧，那可是五花八门新鲜事物聚集的地方。脊背上有来回飘摇的鳍，它们是一些有着羽毛饰和缨子的小虫子。我不知道这些小东西叫什么名字，也不知道它们在干什么，观察了很久也不知道。还有漂亮的贝壳，密密的螺圈在它周围高高地压着，好像扁豆一样。

我发现了一个让我兴奋无比的小东西，它就是金龟子！当然这不是在水塘里发现的，而是在水塘周边的草原，由于水的滋润，那里长出一小片榿木丛。这只小家伙就藏在那里。它居然长得比樱桃核还要小，它有着碧绿的色彩，我想天使所穿的袍子大概就是这种颜色了！我找来一只死了的蜗牛壳，把金龟子放在了里面，还拿着一片树叶来撩动蜗牛壳。躺在蜗牛壳中的金龟子显得更加美丽了，我一有空就会把它拿出来欣赏。

看完了金龟子，我又开始搜寻一些其他的乐趣，这回轮到了制作水磨。水塘中的水都是由泉水从岩石缝中流进来的，干净又清凉。这些泉水聚集在一个石盆中，像手心一样大小，积满了就会溢出，涓涓细流就是这么形成的。水流在下落的过程中寻找着水磨。水磨由两根麦秸形成，它们在一根轴上精巧地交叉着。旁边树立的两块石头俨然成了水磨的支撑，这对于水磨的运转来说绝对是好事。果然，水磨非常自如地转动着。我成功了！只可惜没人来跟我一起庆祝，不过我还有我的小鸭子们。

新鲜的东西总是很快就让人厌倦，水磨也难逃这样的命运。我不得不再次开始搜寻新奇的玩意儿。这次我想要修一个水坝，它有着阻挡水流，然后形成一个水池的功能。修水坝的第一项工作是石头的搜集，这个并不困难。我挑选着最为合适的石头，把那些过于大块的石头砸碎。在收集石头的过程中，我甚至把修水坝这件事情都忘记了。

当我砸碎了其中一个大块石头后，我把自己的拳头伸进了石头缝隙中那个较大的洞。洞穴上盖满了复眼，它们全部都六个六个地聚集起来。在这个洞的底部我看见有东西在发光，它们透过复眼，在阳光的照射下变得金光闪闪。我以前见到过这样的光，那是在节假日期间，教堂的枝形吊灯将上方的星星照亮。还有在烛光的照耀下发出光亮的宝石坠子，都是这个样子。

看见发光的石头，我突然想到了夏天的时候，一群孩子在打谷场的麦秸上围坐在一起谈论着有关宝石的故事，大家都说有一条龙在地下埋藏着一些宝石。虽然对宝石的概念不太清晰，但是我却知道这代表着高贵和辉煌，公主的项链和国王的皇冠都是此类。看来那条龙把这些宝藏留给了我，它对我真是慷慨啊！我从此拥有了大量的宝石和金刚石之类的东西，它们闪烁出动人的光芒。我看到母亲的戒指上有发光的物体，我在砸碎乱石的时候会看到比这个更加昂贵的东西吗？继续去寻找吧。

细小的水流从岩石的缝中流出，它们落在细沙床上，并且在沙里冲积出一个小漩涡。我在水流降落的那一点似乎看到了金光闪闪的东西，我俯下身子仔细观察着。它像金子锉屑一样旋转着，难道这就是那种罕见的贵重金属吗？用来铸造路易的贵重金属就是它吗？简直太过闪亮了！我用手抓起一小

◎ 金龟子

撮沙子放在手掌中，我看到沙子里面有着很多非常小颗的闪着金光的东西。它们太小了，以至于我不得不用唾沫将麦秸尖弄湿后再去把它们黏起来，这可是一个让人不耐烦的过程。还是放弃它们吧，太麻烦了。我应该去寻找更大的、更有价值的东西，它们隐藏在岩石的深处。这个问题我会在后面提到，甚至还有爆破山岳的故事，大家期待吧。

当我再次将一块石头砸开之后，发现了一个很奇怪的东西。它看起来像是绵羊角，也有些类似贝壳，确实很奇怪。偏偏在砸这块石头的时候，这个奇怪的东西完整地掉了出来，就像是下雨天从旧墙缝隙里面爬出来的蜗牛一样，扁平的螺旋形状。这个奇怪的东西还有着像公羊小角一般的多节瘤边缘。

不知不觉中夜晚就快要降临了。爱好收藏的我已经将自己的兜里塞满了各式各样的卵石，鼓起高高的一块。我的小鸭子们也已经吃饱喝足了，回家的时间到了。探索发现的乐趣让我暂时忘记了脚后跟还有一个大水泡，也不觉得疼了。我还有一个最大的安慰，那就是钻进蜗牛壳里的小金龟子。它好像在对我说着什么，言语十分亲密，让我觉得好像在梦里一般。它告诉了我一些关于岩石中的小秘密，还有宝石以及贵重金属物。这个小家伙在蜗牛壳里面低语着，还时不时地动弹几下，这些全都让我兴奋极了。

我带着一大包猎获品兴致勃勃地回到了家中，可是刚刚进门我的口袋就破了，因为里面的东西实在太多，有个尖尖的小玩意将它扎破了。爸爸看到这样的情况后居然骂起了我："臭小子！你去捡些没用的石头做什么？家门口没有石头吗？！我是让你去放鸭子的啊，赶紧把这些没用的东西给我扔了！"母亲也同样对我感到失望："拔草可以，可以喂兔子吃嘛。但是玩石头有什么用呢？还要把口袋弄破。那些虫子也会让你的手遭殃啊。你的脑子受谁控制了吗？专门让你倒霉啊。养孩子怎么会养成你这样来越糟糕的呢？我真是太难过了。"

我听着爸爸的话，把我辛苦采集来的东西全都扔进了门口的垃圾堆。我的贵重金属、宝石、类似公羊角的东西以及金龟子全都没有了。可是妈妈啊，我听了您的话以后是多么难过啊。我可怜的妈妈，您的思想还是单纯的。对于连肚子都吃不饱的人来说，他是痛苦的；但是如果他在这样的困苦之中还想要充实自己的头脑，那这个人所要经受的磨难将会远远大于那些只是温饱问题没有解决

昆虫之最

寿命最长的昆虫

光亮甲虫是世界上已知的活得最长的昆虫。1983年，在英国埃塞克斯郡普律特维尔的一户人家中发现了一只光亮甲虫，当时，它已至少经历了51年的幼虫期。

◎ 光亮甲虫

最小的昆虫

"毛翼"甲虫和棒状翼的"仙女蝇"（一种寄生黄蜂）是人们所知道的最小的昆虫。这两种昆虫甚至比些单细胞原生动物还要小。

据测算，没吃饱的单个的雄性吸血带虱和寄生蜂的体重仅0.005毫克，而每颗寄生蜂的卵就更小了，它的重量只有0.0002毫克，超出常人想象。

飞得最快的昆虫

一般的昆虫，还有像鹿马蝇、天蛾、马蝇和几种热带蝴蝶一类的昆虫，持续飞行时，其最高速度为每小时39千米。而澳大利亚蜻蜓在进行短距离的冲刺时，速度可达每小时58千米，是世界上已知的飞得最快的昆虫。

◎ 澳大利亚蜻蜓

繁殖最快的昆虫

地球上繁殖最快的昆虫是蚜虫。

蚜虫是世界上比较普遍的一种昆虫，在全世界有2000多种，中国大约有600多种。蚜虫不仅仅种类繁多，其繁殖速度更是惊人，比如说有一种叫做棉蚜的蚜虫，有研究表明，它们基本上4～5天就能繁殖一代，更奇怪的是，刚刚出生4～5天的棉蚜就已经开始繁衍后代，1只棉蚜1年能繁殖20～30代。

当然，蚜虫的繁衍习性是不同的，所以它们的繁殖速度不能一概而论，上面讲的棉蚜是胎生的，有的蚜虫是卵生的，卵生蚜虫虽然没有胎生蚜虫那么快的繁殖速度，但是和一般的昆虫繁殖速度比起来也是相当快的。

淡水生活环境比较分散，因此动物需要找到合适的时间和地点来进行繁殖。飞行的昆虫能够很好地应付这个问题，因为它们可以很容易地从一个地方飞到另一个地方。

蚊子可以通过感知空气中的潮气而找到水的所在，但是很多其他昆虫包括蜻蜓在内，都是依靠视力来寻找的。偶尔，它们也会犯错，比如龙虱，有时会在月光照耀的夜晚一头撞到花房上，因为它们将闪亮的玻璃错当成池塘的水面了。

的人。我属于吃不饱饭的孩子，但我恰恰又是那个寻找精神上满足的孩子，我这样做是何苦呢？妈妈，您说得没错，我是被鬼迷了心窍，我今天也明白了它的魔力。

那个时候的人们都像我的母亲一样，思想上是落后的，但是我的思想却有着进步的倾向。也正因此，我知道我的未来有着更多的苦难需要经受。我的生命难道要模仿那些大多数的愚钝的人吗？他们看不到水塘中生命的奥秘，他们只知道赶鸭子。他们不能够享受知识带来的快乐，他们是可怜的。他们只会在田野里面挖掘牛的走犁沟，这些全都平凡无奇。难道让我做这样的人吗？难道让我把理解世界的任务交予别人来做吗？决不！

如果我那样做了，那么上天带给我的智慧就白搭了，那真是极大的罪恶和浪费。人有着世界上任何生物都无法拥有的高级智慧，因此也只有人类拥有探索世界的能力。昆虫永远都不可能理解人类脑子中的"为什么"，当然更不可能了解这些"为什么"带给人类的尊贵与痛苦。可是，有很多人，甚至是绝大多数的人，他们的脑海里所想到的只有利润。利润是他们为生活奋斗的唯一动力，也是他们生命中的唯一目标。我们不能这样做，我们需要把"为什么"这三个字以更加强调性的语气讲出来，让这三个字远离铜臭的骚扰。

我们应该做的就是探索生命的奥秘，发现世界的奇妙，尽情地发挥上天赐予我们的才智，让它发挥到极限吧！当然，在探索的路途中我们也许会遭受困难的侵袭，那个时候的我们会备受打击，身心受到极大的折磨。可是，让我们振作起来，在这样一个恶劣的世界中继续前行吧。我们四处奔走，在世界各处探索发现，这里或是那里，真理就在平凡的事物之中。一个人的力量是渺小的，可是多个人的力量却是无限广大的。假如每个人都能为这个世界做出哪怕是一丁点儿的贡献，那么人类社会将会拥有多么无穷无尽的宝藏啊！

我受到过家人的责骂，那些责骂是合乎情理的。我也流下过泪水，那是辛酸与委屈的泪水。但是我还是要回到水塘那里去，因为只有那里是我的世界。不是所有人都有这般运气，不是所有人都能够遇到这样的水塘。这样的好运是有前提的，你必须穿上人生旅程中的第一条套裤，你必须有生

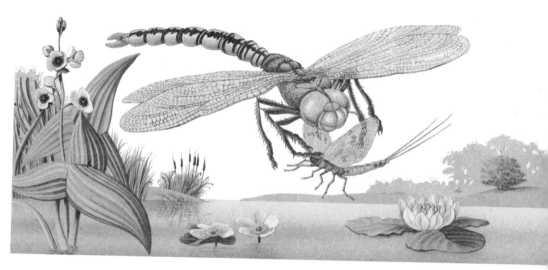

命中第一个想法。如此诱人的水塘在一生之中也就只有一两次的机会碰到。

与大部分其他种类的水生动物不同的是，仰泳蝽是倒着生活的。它们生活在池塘和沟渠中，浮在水面的下层，等待其他昆虫落到水面上。当一只昆虫到来时，仰泳蝽便会以后足为桨，向之划去。然后，便用其锋利的嘴部从下而上将猎物刺住。为了保证呼吸，仰泳蝽会在身体周围保存一些氧气。

我搅动着水塘中的污泥，我拔着水里面的水草和藻类，我把它们弄得七零八落。我仔细地搜寻着，我热切地注视着。虽然我的一生中遇到了很多个水塘，但是没有哪一个水塘能够像第一个水塘那样带给我最大的快乐与失望。它在我的记忆中经历着岁月的洗礼，历久弥新。从古到今，无数的水塘被人路过，被人观察，被人探测。这里面也不乏那些具有慧眼与经验的人，他们有着犀利的目光，他们有着探索的精神，他们有着智慧的头脑。

我需要一个小小的水塘，可是没有一个水塘能够满足我的愿望，也没有一个水塘能够与我的计划相契合。如果水塘过于广阔，在阳光的哺育之下会有大量的生物繁殖出来，那么这样的广阔就会将我吞没。不仅如此，既然我生活在这个世界上，那么我就必须按照这个社会运转的规律来办事。可是在这条路上进行探索，我将受到来自各方面的侵扰，我的研究将会变得难以付诸行动。所以，我只需要一个合适的小水塘，它属于我，我能够随心所欲地布置我的研究工作，我的探索发现旅程也能够按部就班地进行。

探索生命的奥秘并不需要巨大的开销，也不需要昂贵的机械设备来帮助研究的进行。相反，这些研究只需要用到一些简单的、便宜的、临时制作的器材。假如研究生命活动需要使用比较贵重的器材与设备，而且是在实验室中进行，那么我会对研究的成果表示怀疑。事实上，除了时间、精力和耐心之外，我对动物生命本能的研究并没有让我付出什么代价。

我时常担心我没有为科学的发展与进步作出贡献，所以尽管刚才说了那些话，我还是想要试试这种做法。在我的抽屉里有着二十法郎，这些是被我遗忘了的钱币。假如我将这些钱花了，并不会影响到我家庭的收支平衡，所以我决定用这二十法郎来对科学研究慷慨一次。我拿它去定做了实验仪器。

我找到了一个铁匠，他有时候也是木匠，为了养家糊口，这些人不得不多学几门手艺，这样就可以多做一些活儿，多挣一点钱。铁匠找了几个铁三角来，让它们做器械的构架。然后在这个构架上装了一个木制的底板，还用一块活动的板子做好了盖子。最后在铁架子的周围镶上了几块透明的玻璃。做完这些还没有大功告成，因为还需要装上一个排水的水龙头和一个涂着柏油的铁皮底。

铁匠对自己的作品非常满意，因为他从来没有做过这样的东西，很是新鲜。我的器械引来了作坊里人们的围观，他们天花乱坠地猜测着这个东西的作用。可惜很多人都是以功利的心态来待它的，因此也没能猜对。有的人说我想拿它来储存橄榄油，因为以前的那个瓶子已经旧了，而且还是石头做的。事实上他们根本猜不到我想要用它来做什么事情。相反，如果他们真的知道我将要拿这个昂贵的器械来放养虫子，他们一定认为我是个疯子。

蜻蜓可以用前腿捕捉半空中的其他昆虫。蜻蜓的眼睛结构比任何其他昆虫的都要复杂，这便于发现猎物。

⊙ 蚊子的幼虫需要空气。悬挂在水面之下,它们通过具有防水功能的"通气管"进行呼吸。

不仅是铁匠对这个器械感到满意,我自己也非常喜欢,它的很多地方都值得赞赏。这个容器的容量有五十立升左右,被放置在阳光照射的桌面上,格外耀眼闪亮。让我们给它取个名字吧。如果叫养鱼缸,这样会被人们所误解,会让他们想到金鱼、假山以及小瀑布之类的东西。这个名字名不副实。所以还是让我给它取个比较合适的名字吧,严肃的研究当然需要一个较为严肃的名称,我不想让别人把我做研究的水槽与沙龙里那些没有意义的东西混淆。

我对我的小水塘进行了精心的布置。我找了很多石灰质的结壳,这些结壳的内部有干枯了的灯芯草,外面还黏着一些始源物。还有一些牡蛎的短足丝,绿色的。它们是一些细细小小的刚毛,簇簇拥拥地就像草地一样。有了这些牡蛎的短足丝,水塘里面的水就会保持清洁,它们正是有着这样的功效。因为时不时地就更换水塘里的水会打扰到里面生物的正常生活与工作,我需要这片小水塘保持清洁和宁静,这也是研究成功的首要条件。结壳看上去像是珊瑚礁,非常轻便,中空如管。我把它们放了小水塘里。

假如没有植物的氧化功能,那么水塘很快就会变得肮脏不堪,动物残渣、臭味以及不适于呼吸的气体,这些都是让生物丧失活力的东西。但是有了那些拥有叶绿体的植物之后,这些问题就不用担心了。因为水质一旦被污染,它们就会发挥净化的功能。这样一来,我的小水塘永远都会适合生物的成长,水塘将会呈现出一片生机勃勃的景象。

水体在生物的活动和呼吸之下会产生很多废弃物,这时候的水中会有过多二氧化碳,不再适合生物的生存,然而海藻却能为我们解决这个难题。有化学知识的人就会知道,海藻能够用自己的叶绿体和阳光来将二氧化碳分解,把氧气释放到水中。之后,碳被存在了海藻的身体里,然后会转变为新的生理组织。海藻所释放出的氧气,有一些溶解在水中,另一些则以气泡的形式上升到水面,这些气泡中的氧气最终与外界的大气相融合。而溶解于水塘中的那些氧气已经足够生物们进行正常的生活了。

我十分喜欢这个精致的小水塘,我也会经常来到它的旁边进行观察。海藻虽然很普通,它所具有的清洁功能也是为人所知的,但是我依旧对这个现象有着强烈的兴趣。带着渴望与期待,我目不转睛地注视着它释放出来的气泡。这让我想到了古老的年代,当陆地上的污泥刚刚开始出现的时候,植物的前辈海藻就拥有了一种特殊的净化空气的能力。就在这个小水塘中,平凡而伟大的海藻们向我讲述着它们的经历,述说着它们是如何将地球上的空气进行净化的。海藻们静静地待在水塘的中央,我倾听着它们的声音。

第二卷

第一章

睿智的红蚂蚁

有这样一位睿智的观察者，虽然他不是那么了解收集在橱窗里的动物，但是却是研究原生态动物的专家。在他的专著《动物的智力》中，他说：

法国这种鸟，根据经验知道北方寒冷，南方炎热，东方干燥，西方潮湿。它可以通过丰富的气象知识判断方位，方便飞行。假如把鸽子放进篮子里，拿块布盖着，从布鲁塞尔把它们带到图卢兹，它们是没法凭借眼睛把路线记下来的，但是没有人能妨碍鸽子凭借自己对气温的印象，感觉到自己是向南进发的，所以它才会一直向北飞。一旦感到天空的温度跟自己家乡的温度相当，它就会停下来。就算不能马上发现旧所，它也可以向东或者向西飞上几个小时来寻找，以便纠正偏差的路线。

但是这种解释只适用于在南北方向移动这种情况。如果是在等温线上向东西方向移动呢？那就得另当别论了。再者，这种解释是不能在动物中被推广的。鸽子从几百里远的地方返回自己的鸽棚，燕子穿越海洋从远在非洲的越冬地重新回到旧窝，在这种漫长又艰辛的旅行中，动物是靠视力来指引方向的吗？猫咪从城市的一端跑回另一端的家里，穿越迷宫似的大街小巷，靠的不仅仅是视力，也不可能是气候变化的影响。同理，我的石蜂也不是靠视力辨别方向的。比如在密林里放出几只石蜂，它们不会飞很高，离地面大概只有二三米，既然无法一眼看出地形全貌以便画出地图，那么为什么要了解地形呢？它们盲目地在实验者身后转几个圈，犹豫了那么一会儿，便向北飞去了。那里有高耸绵延的丘陵，有茂密树林的遮挡，它们顺着不高的斜坡往上飞去，穿越这些障碍。的确是视力帮助它们躲开各种障碍，但视力不能告诉它们要往哪个方向飞。温度显然也不能起什么作用，仅仅是几公里的距离而已，气候是不会有什么变化的。我的石蜂没有从对热、冷、干、湿的经验中学到什么，更何况那还要耗费它们几个星期的时间。就算它们熟悉方位，但蜂窝和放飞地的气候都是

◎ 蚂蚁可以举起相当于自身体重 52 倍的物体。

一样的，它们怎么能对向哪个方向飞这种事情拿定主意呢？

能不能假设动物们具有人类所没有的一种特别的感觉呢？对于这些现象，我不禁想提出一种神秘的东西来解释。没有人想否定达尔文的权威，他得出的也是一样的结论。动物能够感受磁性吗？当它们身上紧贴一根磁针时，对它们的感觉会有什么样的映现呢？动物对地电会有什么样的感应呢？人类也拥有这样的感应能力吗？毫无疑问，我指的是物理学的磁力，而不是梅斯梅尔和卡缪斯特罗之流的磁力。如果水手本身就是罗盘，那干吗还要随行带罗盘呢？所以人类肯定是没有相应的能力的。

依然是这位大师的观点，身在异地的鸽子、燕子、猫、石蜂等动物能够找到方向，都是拜一种特别的感官能力所赐。这种能力人类不具备，甚至不能想象。我不能确定这是否是对磁力的感觉，但我已经尽我所能去研究这种能力，对此我感到满意。跟人类比起来，动物是多么伟大、多么先进啊。除却我们拥有的感官能力之外，动物又增加了一种。为什么人类没能拥有这样的能力呢？对"物竞天择，适者生存"的环境来说，这样的能力是多么有用的武器啊。如果像人们研究发现的，包括人在内的所有的动物都是从原细胞这一唯一起源产生，并且遵循自然规律在历史进程中自然进化，发展最好的天赋，摒弃最差的天赋，那为什么在低级的动物身上有这种奇妙的能力，而身为万物灵长的人类反而一丝一毫都学不会呢？这种能力远比胡子上的一根毛，或者尾骨上的一截骨头更值得保留啊。我们的祖先怎么会任凭如此优秀的能力在进化中逐渐遗失了呢？

如果这种感官功能真的没有遗传下来，那就缺乏足够的证据。为此，我请教了进化论者，并且期望从原生质和细胞核那里得到不一样的答案。

我们总是认为有某种未知的感官存在于膜翅目昆虫身上的某个部位，是通过某种特殊的器官来感知的。首先想到的一定是触角。我们总是习惯把昆虫那些不明了的行为归结于触角，想当然地认为触角上一定有什么特殊的构造来满足人们的争论，但我的确有充分的理由来怀疑触角带有指向的能力。当毛刺砂泥蜂寻找猎物幼虫时，的确不停地用像小手指一样的触角不断地拍打着地面。那些探测丝仿佛在指引昆虫去捕猎，它们能同时指引昆虫旅行的方向吗？这依然存疑的一点，如今已经被我弄明白了。

我齐根剪断了几只高墙石蜂的触角，然后把它们带到其他地方放掉。但它们像其他的石蜂一样，很容易就返回了巢穴。我用同样的方法试验了我们地区最大的节腹泥蜂栎棘节腹泥蜂，这种平时能捕捉象虫的节腹泥蜂也回到了它的地穴。由此，我们可以完全摒弃触角具有指向能力的说法。如果这种能力不存在于触角上，它又能存在于什么地方呢？我也不知道。然而，失去了触角的石蜂，回到蜂房并不马上恢复工作，而是盘旋在正在建造的蜂房前，休憩于石子上，停靠在蜂房的石井栏边。它们长久地凝视着没有完工的建筑物，看起来像是在悲伤地沉思。它们来来回回，赶走了所有的不速之客。可是它们也没有运进蜜或者煤灰。到了第二天，它们彻底消失了。一旦没有工具，工人就失去了工作的兴趣。触角是石蜂的精密仪器，如同建筑工人的圆规、角尺、水准仪、铅绳一样重要。当它砌窝时，需要用触角不断地拍打，探测，勘探，只有用触角才能把工作干得精确。

到目前为止，我只实验过雌性石蜂。基于母性，它们对巢穴总是比雄蜂忠实得多。假如实验的对象是雄蜂，那么结果会如何呢？我总是不太信任这些爱拈花惹草的家伙，有那么几天，它们"一窝蜂"似的在蜂房前面等待雌蜂出来；为了占有情人而互相争风吃醋。然后不管建设工程多么如火如荼地进行，它们都跑得无影无踪。我不明白，对它们而言，回到出生的蜂房或者在别处安居有什么差别呢？只要有老婆就行。没想到我居然想错了，它们也回窝了。由于它们比较弱小，我没有让它们飞太远，只有1公里左右。然而，对雄蜂来说，这也是一场在陌生场所里进行的远征。谁让我从来没见过它们长途跋涉呢？毕竟白天它们就观赏花朵或者参观蜂房，到了晚上就在荒石园的石堆缝里或者旧洞里藏身。

三叉壁蜂和拉氏壁蜂在石蜂丢弃的洞穴里建造房子，比较多的是三叉壁蜂。我要利用这个机会，好好了解一下方向感在膜翅目昆虫上的普及度——这可是个好机会。三叉壁蜂可是不论雌雄，都会返回窝里的。我高效率地解决了一些短距离的实验，结果则与其他实验的结果完全相符，所以我信服了。不论怎样，这些实验都证明，棚檐石蜂、高墙石蜂、三叉壁蜂和节腹泥蜂这四种昆虫都可以返回巢穴。那些例子能否证明所有的昆虫都具有从陌生地方返回的特殊能力呢？我可不想这样苟且，据我所知，有一种反例，非常能够说明问题。

在荒石园各式各样的试验品中，我的第一选择是著名的红蚂蚁。这种红蚂蚁好比人类中能捕捉奴隶的亚马孙人，但是它们不擅长哺育儿女，即使食物就在身边也不知道去哪里寻找。它们只能去寻找佣人来伺候它们吃饭，为它们打理家庭生活，为此红蚂蚁会去偷不同种类的蚂蚁邻居的蛹。这些蛹被运到窝里后，不久就会脱皮，羽化，这些蚂蚁中的异类就不得不承担起红蚂蚁家族中繁重的家务活。

炎热的夏天的下午，我常常能看到这些蚂蚁兄弟出来远征。蚁队能有五六米长。只要沿途没有什么值得注意的事情，它们就不会停止前进，一直维持队形。但是，一旦发现有蚂蚁窝的蛛丝马迹，领队的蚂蚁就会停下脚步，前排的蚂蚁乱哄哄地散开，又不能走远，只能在原地团团转。后排的蚂

◎ 各种各样的蚂蚁

1. 红蚂蚁是严重的农作物害虫，由于它们有毒，被咬过后，伤口有烧灼感，故得名。2. 美国蜜蚁的工蚁从不离开巢穴，以花粉和蜜露为食，是干旱时节集体的"活储存罐"。3. 澳大利亚公牛蚁地下的巢室、幼虫和卵。3a. 一只有翅的雄蚁。3b. 蚁后。3c. 两只工蚁在照顾蛹茧。

⊙ 红蚂蚁

蚁大步跟上，便会越聚越多。当出去打探情况的侦察兵回来，证实情况是错误的，它们又排成一队前进。这些强盗穿过荒石园里的小路，消失在草丛中，过一会儿又在远一些的地方出现，然后钻进枯叶堆，再大摇大摆地爬出来，看起来是在盲目地寻找。

终于发现了目标——黑蚂蚁的窝，红蚂蚁们就兴冲冲地冲进黑蚂蚁蛹的宿舍，然后很快带着战利品上来。但是在地下城市的门口，黑蚂蚁也在奋力保护着自己的财产，红蚂蚁像强盗一样横冲直撞。这场战斗触目惊心，但是由于双方力量悬殊，胜利的果实毫无疑问是属于红蚂蚁的。它们每一只都带着掠夺物，用大颚咬住还睡在襁褓里的蛹，匆匆忙忙地往回赶。如

果读者不了解奴隶制习俗的话，这故事读起来一定相当有趣。可惜这个亚马孙人的故事已经跟昆虫回窝的主题相差太远了，抱歉我不能再谈下去。

抢到了战利品的这伙强盗，来时候的路途远近取决于附近有没有黑蚂蚁。如果走上十几步路，或者五十步路能碰到黑蚂蚁巢穴，它们就会停下来。可是如果没碰到，它们可以走一百步路，甚至更多。有一次我就看见红蚂蚁攀越荒石园四米高的围墙，远征到荒石园之外远远的麦田处。走什么路，对这支所向披靡的队伍来说是无所谓的。草丛、枯树堆、乱石堆、不毛的土地、砌石建筑，它们都可以穿过。它们在道路的性质这方面并没有特殊的偏好。

去时候的路是不确定的，但是回来的路却是确定不变的，必须原路返回。无论去时的那条路是多么曲折，要经过多少障碍，就算那是最难走的艰难险阻，也必须回去重新面对。捕猎的偶然性使红蚂蚁常常要身不由己地选择非常复杂的路线。现在它们带着战利品回来了，依然是来的时候怎么走，回去就那么走。就算再辛苦，再危险，它们的路线是绝对不会改变的。

假如它们穿过的是厚厚的枯叶堆，那么这条路对它们来说就是一条随时会失足掉下去的布满深渊的魔障；一旦掉下去，就要从谷底爬上来，爬到摇摇晃晃不稳固的枯枝桥上，最后还要走出小路的迷宫，大部分红蚂蚁都会累得筋疲力尽。那又有什么关系？困难还是要克服的。即使负重增加了，它们依然会穿过这迷宫。要是它们能发现旁边的一条好路——十分平坦，离原来那条路几乎一步都不到，那就能减轻不少的疲劳。可是它们根本没有发现这条仅仅偏离了一点的路。

有一天，我把池塘里的两栖动物换成了金鱼。第二天，红蚂蚁们出去抢劫，恰好就是沿着池塘的护栏内侧，排成一个长队前进。没想到北风劲吹，从侧面向蚁队猛刮，把几排的士兵都吹到水里去了。金鱼连忙游过来，张开贪婪的大嘴把落水者都吃掉。这么一条充满艰辛的艰难道路，蚂蚁们还没过天堑呢，就牺牲了不少。我想，它们回来的时候该换一条别的路走了吧。可事情不是这样的，衔着蚁蛹的队伍还是走上了这致命的悬崖，金鱼像得到了天上掉下来的双倍食物：蚂蚁，以及它们嘴里衔着的猎物。蚂蚁们宁愿被大量地消灭，也不肯选择一条新的道路。

红蚂蚁们一路远征，左兜右转，没有两次相同的道路，一定是因为很难找到家的缘故，所以红蚂蚁去时走哪条路，回来还是要选择那条路。只要它们不想迷路，就不能随随便便挑一条路走，它

们必须走原来的那条路才能回家去。爬行毛虫，从窝里爬出来，爬到另一根树枝上寻找那些更对胃口的树叶时，在行走的路上织了丝线，毛虫是顺着这条线才能返回窝中的。这条丝线是它们回家的线索，是出远门就可能找不到回家的路的昆虫所能使用的最原始的方法。我们对靠原始方法回家的爬行毛虫的了解，可比对那些靠特殊感官定位的石蜂等昆虫的了解要多得多。

但是同属于膜翅目昆虫的红蚂蚁回家的方法却很有限，你看它们只能按照原路返回。难道它们也是在模仿爬行毛虫吗？它们的身上没有能够吐丝的劳动工具，所以路上不会留下指路的丝。那么它们是通过散发某种气味，比如甲酸味，再通过嗅觉来给自己指路的吗？大多数人们都同意这种说法。

如果说蚂蚁是通过嗅觉来认路的，而这嗅觉就存在于动个不停的触角上，我不太赞同。首先，我不相信触角上会有嗅觉，理由已经说明过了。另外，我也希望借助实验来证明，红蚂蚁并不是靠嗅觉来指引方向的。

我花了整整几个下午来侦察我的红蚂蚁们出窝，但是常常无功而返。于我而言，这太浪费时间了。我找了个不太忙的助手——我的孙女露丝，她对蚂蚁的事情非常感兴趣，她见过红蚂蚁大战黑蚂蚁，总是沉思蚂蚁抢劫褓褓中的小孩一事。露丝的脑子里充满了崇高的职责感，十分骄傲于自己小小年纪就能够为科学这位贵妇人效劳。遇到好天气，露丝可以跑遍荒石园去监视红蚂蚁，仔细辨认着它们走到被劫持蚁窝的路。我十分信任她的热情。一天，我正在写每天必写的笔记，露丝就砰砰地敲起实验室的门来。"是我啊，快来，红蚂蚁进了黑蚂蚁的窝,快来！""你看清楚它们走的路了吗？""是的，我还做了记号呢。""怎么做的记号啊？""像小拇指那样，我把白色的小石子撒在路上。"

我跑过去发现，正如这位六岁的合作者所说的那样，她事先准备了小石子，看到蚁队从兵营里出来，便一步步紧跟在后面。每当蚂蚁走过一段路，她就撒下一点石子。眼看红蚂蚁们的抢劫活动已经结束了，现在正在原路返中。离回窝的距离还有 100 来米的时候，我就已经胸有成竹地准备好了一切。

我用一把大扫帚，把蚂蚁的路线统统扫干净，宽度有 1 米左右，把路上的尘土统统换成了其他的材料。如果原来的泥土上有什么味道的话，现在都已经被完全消除了，我打赌蚂蚁们会晕头转向的，并且我把这条路的出口分割成彼此相隔的几步路之远的四个部分。

当蚂蚁们来到第一个切口的时候，它们显然相当犹豫，有的后退，再回来，再后退；有的在切口的正面徘徊不前；有的从侧面散开，好像要绕过这个陌生的地方。蚁队的先锋们开始还聚集在一起，后来就结成了几分米的蚁团，接着散开，宽度有三四米。但后续部队不断冲过来，导致场面十分混乱，蚂蚁们彼此堆在一起，乱哄哄的，不知所措。最后，有几只蚂蚁冒险走上了被扫过的那条路，其他的也紧随其后。也有少量的蚂蚁绕了个弯，走上了原来那条路。在其他的切口处，蚂蚁们同样

蚂蚁通常用气味标明食物的位置——找到食物的蚂蚁留下记号后，利用视觉定位法返回巢穴。气味标记经常地在欧亚大陆温带区的大黑蚁这样的蚂蚁中被使用。但负责其他种类的蚂蚁则会避免吸引太多的蚂蚁聚集过来，因此不会留下气味。一只返回到大块食物跟前的蚂蚁身后通常紧跟着同一巢穴中的同伴。很快地，一对一对的蚂蚁尾随出来。

吃下去的食物被反刍出来，然后传递给其他的蚂蚁，或喂给巢中的幼虫。两只成年蚁在传递食物（交哺现象）前，会互相轻拍触角。在林蚁和其他种类的蚂蚁中，乞求食物的那一只会敲打供应食物的蚂蚁的脸颊。如果触角的拍打相当猛烈的话，通常是在警告其他同类有潜在的危险。但大部分种类，如旧大陆的热带编织蚁，发出的警告信号是一种化学分泌物，这种分泌物中包括数种挥发性成分，以便在通向骚乱地点的路径上提供更强的刺激。喷射大量的化学物也是一种对付敌人的防御手段。人类很容易看见并闻到，或通过眼部的疼痛感觉到林蚁产生的蚁酸。

不同种类发出的化学信号（信息素）一般都不一样，但在近亲种类中，这种差别只是所含成分的比例不同，因此蚂蚁一般都是通过这种方式辨认不同种类的成员。此外，同种类不同巢穴的蚂蚁相遇后，通常会因不认识对方而斯打起来。

犹豫不决，但是它们还是走上了原来的道路，只不过有些直接，有些间接。尽管我设了圈套，还是没有骗过蚂蚁，它们回到了自己的家。

这个实验似乎说明，嗅觉在帮助蚂蚁回窝这件事上起了很大的作用。凡是道路被割开的地方，蚂蚁们都表现出犹豫，同样的犹豫。仍然有一些蚂蚁从原路回来，大概是因为扫除得不彻底，一些有味道的粉末还留在原地的缘故。一些蚂蚁绕过了干净的地方，大概是受到了被扫到一旁的残屑的指引。因此，无论是赞成嗅觉的作用，还是反对嗅觉的作用，都必须在更好的条件下进行实验，要百分之百去掉所有有味的材料。

在几天之后，我重新制定了计划，比上次要严谨一些。露西观察了不久，又很快向我报告，蚂蚁出洞了。我早就已经猜到了。那是一个六月闷热的下午，暴风雨马上就要来临了，这种时候这些红蚂蚁一般都会出发远征的。在蚂蚁行进的路上，还是洒满了石子，都是我选定的地方，我想这更有利于实现我的计划。我在池塘的一个接水口处接了一根用来在荒石园里浇水用的布管子。一打开阀门，汹涌的水流就冲断了蚂蚁的回路。那水流有一大步那么宽，长得没有尽头。就这样，用大量的水冲刷地面达一个小时之后，红蚂蚁们带着战利品回来了。走近这里时，我特意把水流调小，放慢了它的流速，减小了水的厚度。我故意为红蚂蚁设置了一条走原路不得不面对的障碍，当然越过这障碍并不十分费力。

蚂蚁们真的犹豫了很长时间，那些走在队伍后面的蚁兵们都有时间爬到前面来跟排头兵聚集在一起。于是，它们踩着露出水面的卵石走进水流里。但是脚下的基础一旦没有了，水流就把那些勇士都卷走了，它们依然没有丢掉胜利品，而是随波逐流，在水中的小洲上停靠，等到被冲到河岸边，它们又重新开始寻找可以涉水渡过的地方。几根麦秸被水冲散，就构成了蚂蚁们可以走过的渡河的桥，虽然它们都摇摇晃晃的。另外一些散落在水里的橄榄树的枯叶则是木筏，运载带了太多战利品的乘客。有一些勇士们靠着自己努力的跋涉和良好的运气，没有借助任何过河工具就上了对岸。我看到有一些蚂蚁被水流卷到河中间，离此岸或者彼岸都有一段不远的距离，它们就惊慌失措，不知

如何是好。即使是在这溃不成军的一片混乱之中，没有一只蚂蚁因为遭遇了灭顶之灾而扔掉自己的战利品。它们就算死也要跟战利品死在一块儿。实验的结果就是蚂蚁们为了沿着原路返回而凑合着过了急流。

在这场实验中，我觉得路面上的气味问题基本可以排除在外了。那片土地在不久之前刚被急流冲刷过，之后又一直有水流流过。就算是路上真的有甲酸的味道，我们的鼻子虽然闻不到，但是至少在被急流冲刷过之后应该闻不出来。在这一种极端的情况之后我想试验另一种极端的情况，就是用另一种强烈的味道来遮盖住原来的味道，看看这样会有什么情况发生。

我在蚂蚁即将返回的第三个路口处，用新鲜的薄荷叶把地面擦了擦。这薄荷是我刚刚从花坛里摘下来的。远一点的路面上，我用薄荷叶覆盖。蚂蚁回来的时候，毫不在意地经过了擦过薄荷的区域；只是在盖着叶子的区域上犹豫了一下，就走过去了。经过这场实验之后，我发现嗅觉不是指引蚂蚁沿着原路回窝的唯一线索，其他的一些实验应该会使我明白。

这次，我不改变地面的状况，只是用几张大报纸盖住了路中央，压上几块小石头。这个像地毯一样的玩意彻底改变了道路的外貌，却一点都没有改变地面的味道。可是蚂蚁居然在这个家伙面前犹豫了许久。比起我设计的其他诡计，甚至是急流，蚂蚁们这次要更加焦虑。它们从各个方向侦察，一再尝试前进和后退，试了许多次之后，才冒险走上了这片没见过的区域。等它们终于穿越过了这片铺着纸的地区，队伍才恢复正常行进。

离这几张报纸不远的地方，有另一个圈套在等待着蚂蚁们：我用一层薄薄的黄沙把路切断，这块地原来是浅灰色的，如今变成了黄色。仅仅是颜色的改变，一样使蚂蚁们惊慌失措了许久，但是最终这个障碍也被克服了，而且没用多长时间。

蚂蚁在沙带和纸带前面犹豫不决，停步不前，而除了颜色，报纸和黄沙的出现并没有改变路面的其他状况。这就说明蚂蚁能够找到回家的路并不是依赖嗅觉，而是视觉。不论我用什么方法改变

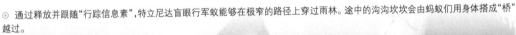

⊙ 通过释放并跟随"行踪信息素"，特立尼达盲眼行军蚁能够在极窄的路径上穿过雨林。途中的沟沟坎坎会由蚂蚁们用身体搭成"桥"越过。

路的外貌，用薄荷叶盖住地面，用扫把扫地，用纸当作地毯把路面遮住，用水流冲刷地面，用不同颜色的沙子截断道路，回家的队伍总是会停下来，犹豫不决，不停地探索，想知道究竟发生了什么变化。对，是视觉，不过蚂蚁们非常近视，只要移动几个卵石就足够改变它们的视野了。由于视野狭窄，一层沙、一片荷叶、一条纸带，哪怕只是挥动一下扫把甚至是更微小的改变，都会使蚂蚁眼中的景色全非。那些想带着战利品尽快回家的蚂蚁们就会停下来焦虑不安地等待。它们之所以能通过，都是因为在反复尝试通过的过程中，有些视力好的蚂蚁认出了这片区域，这是它们熟悉的、曾经穿越过的区域。而其他的蚂蚁相信这些视力好的蚂蚁，便勇敢地跟随它们走过去。

如果只是拥有视力，而没有对地点的精确记忆，这些蚂蚁依然不能顺利地回家。一只蚂蚁的记忆力跟人类的记忆力有什么区别呢？它究竟是什么样的呢？我无法回答。但是我只要用一句话就可以说明：只要是去过一次的地方，昆虫就会记得非常牢，更重要的是，它们记得准确。我多次见过这样的情形：被抢劫的黑蚂蚁向这些野蛮的亚马孙人提供了太多的战利品，它们甚至拿不了。于是在第二天，或者是两三天之后，这只远征军会再次出发。这一次就不同于第一次的沿途寻找，它们会直接奔向拥有许多蛹的蚂蚁窝，而且走的是第一次去时的那条路。我曾经沿着亚马孙人前两天曾经走过的路用小石子来设置路标。使我惊奇的是，它们两次走了相同的路！走过了一个石子，又一个石子。我在它们走之前预测，它们会根据石子路标，从这里走，从那里过。果不其然，它们沿着我矗立的石桥墩，从这里走，从那里过，甚至没有一点偏差。

已经过了那么多天了，难道气味能够一直留存在那里吗？谁都不能断然这样说，所以指引亚马孙人应该是视觉。当然除了视觉之外，还应该有它们对地点的记忆力。这种记忆力能够持续很久，至少能保留到第二天，甚至是更久。这种记忆力不见得比人类的记忆力不可靠，全是凭借它，队伍才能走过高低不平的各种地面，完全沿着前一天走过的路行进。

除了对路面的超凡记忆力之外，红蚂蚁们有没有像石蜂那种在小范围内可以指向的能力呢？如果是不认识的地方，红蚂蚁们怎么办呢？它们能不能返回它的巢穴或者跟它的伙伴会合呢？

这支强盗军团还没有称霸整个荒石园，它们喜欢收获丰富的北边，所以这群亚马孙人通常是把部队带到北边去抢掠。但是荒石园的南边就很少能看到它们的踪影了。可以说，它们对南边并不像它们对北边那样熟悉。现在我想试试在陌生的地方，红蚂蚁是如何行动的。

我站在蚂蚁窝附近，当部队捕猎奴隶归来时，我把一片枯叶放在蚂蚁的面前让它自己爬上来。我没有碰到它，只是把它运到离部队两三步远的地方，只不过是在南边。对红蚂蚁来说，这足够使它离开熟悉的环境，使它彻底晕头转向了。我看到这只离队的红蚂蚁大颚上衔着战利品，在地面上

◎ 忙碌的红蚂蚁

随意闲逛。它以为自己是在去跟伙伴们会合，其实它自己早就越走越远了。它尝试着各个方向，向北，向南，往回走，再走远去试试，朝着许多个方向探索过之后，它依然没有找到正确的路线。这个牙尖齿利的黑奴贩子迷路了，而且是在离队伍只有几米远的地方。我的印象里始终有这样几位迷路者，它们独自转悠了半个小时也没有找到大部队和回家的路，但是嘴上一直叼着来之不易的战利品。它们会怎么样？它们要这战利品有什么用？我对这些强盗，而且是愚蠢的强盗没有什么耐心。

我们前面已经看到，这亚马孙人拥有良好的记忆力，不仅记得牢靠，而且长久。那种记忆力究竟好到什么程度，能够把印象久久地铭刻在心里呢？亚马孙人到底是走了许多次这条路还是只需要一次就足以令它们在脑子里刻下深刻的记忆呢？我没办法在这个方面进行实验，我不能确定红蚂蚁这次走的路线是不是它们第一次走的路线，也无法规定这个军队到底走哪条路。当红蚂蚁们远征去掠夺猎物的时候，它们看起来随心所欲，一直向前走，我没法干预它们朝哪个方向走。那么拥有良好感官能力的膜翅目昆虫又是怎么做的呢？

可以肯定的一点是，红蚂蚁没有膜翅目昆虫所拥有的指向器官，它们只有良好的记忆力而已。只要偏离原路几步的距离，就足以使它们迷路，并且再也无法与家人团聚，但是石蜂却可以穿越几公里陌生的天空。能够指认方向的奇妙感官只有几种动物所有，人没有，我为此感到惊讶。毕竟两个比较项的差别这么大，难免引发争议。现在这种争议不存在了，因为我用两种非常接近的动物进行了比较，两种膜翅目昆虫。如果它们是一个模子里出来的，那为什么一只有那种神奇而特殊的感官，而另一只却没有呢？比起器官那种小问题来说，多拥有一种感觉能力可是重要多了。我期待进化论者给我一个靠得住的理由来。

我选择了蛛蜂，在另外一章中，我会详细介绍它的习性。它们之所以叫"蛛蜂"，是因为它们捕捉蜘蛛，先捉住蜘蛛把它麻醉，作为未来的幼虫的食粮，然后才去给幼虫们挖掘巢穴。对蛛蜂来说，到手的猎物是一种沉重的负担，根本不能带在身边去寻找适合筑窝的地方，所以它们习惯把蜘蛛放在草丛或者灌木丛上，防备像蚂蚁那样不劳而获的家伙们搞破坏——谁都可能在合法占有者不在时，把这个宝贵的猎物占为己有。把猎物放置在高处之后，蛛蜂就去寻找那些适合挖洞的地方。在挖掘的期间，它也不会放松警惕，不时去看看自己的蜘蛛。它会咬咬它，拍拍它，庆幸自己猎到这么好的猎物，然后它再回去继续挖掘洞穴。如果还是不时感到不安，它就会去把猎物放在离自己近一些的地方——近一些的草丛上。它的过程是这样的。我找到了可以插手的环节，以了解蛛蜂的记忆力究竟好到什么程度。

当蛛蜂正在辛勤地为自己的幼虫挖洞穴时，我把它的猎物偷走，放在离原来的地方大概半米远的空地上。没过一会儿，蛛蜂起身去看自己的猎物，它径直飞向原来的存放地去。看起来它是那么有把握，它对自己已经去过的地方那么熟悉。我也不太清楚以前是什么情况，那么第一次远征不算吧，再来几次就更有说服力。这次，它也毫不费力就找到了自己原来那只猎物的存放地，它在草丛上飞来飞去，仔细地探索，多次回到存放蜘蛛的地方。终于它相信猎物已经不在那里，就用触角拍打地面，仍不放弃地慢慢探索着。突然，它瞥

◎ 蛛蜂

见蜘蛛就在离它不远的空旷的地方，它惊奇地向前走，然后突然后退，似乎是在想："这是死的吗？还是活着的？这是我过去的那只猎物吗？"最后自己得出结论："才不是呢！"

但是它没有容许自己犹豫太久，猎手咬住了蜘蛛，拉着它后退，再一次把它放到离原来的存放地只有两三步远的草丛上，又是高处。接着蛛蜂又返回自己的挖洞工作中去。我趁着这个机会再一次挪动了猎物的临时存放地，把它放到了更远一点的光秃秃的地面上。在这种情况下就很容易考察蛛蜂的记忆力了。有两个草丛都曾是猎物的临时存放地：因为曾经来过多次的关系，蛛蜂毫不犹豫地回到了第一个草丛那里。但是第二个草丛，它只去过一次，留下的印象肯定是肤浅的。它没怎么考虑就选择了它，毕竟它只是把蜘蛛挂上去而已。这个地方一定是它第一眼看到的，而且只是匆匆经过。那么迅速的一瞥，足使它记住那个地方吗？除此之外，蛛蜂也极有可能搞浑第一个草丛和第二个草丛。

现在它已经离开了地穴，想要再一次确认蜘蛛。它径直向第二片草丛走去，它在那里找了很久都没有找到蜘蛛的影子。它知道蜘蛛是被放在这里的，坚持在这里寻找，完全没有打算去第一片草丛那里。它在那片光秃秃的地方找到了它的猎物。蛛蜂迅速找好第三片草坪来安放自己的猎物。我又开始了第三次的试验，这次，蛛蜂也完全没有犹豫向第三片草坪奔去。它的记忆力是如此可靠，以至于它对前两片草坪完全不屑一顾。接下来的两次试验，蛛蜂也都是回到了最后一次的存放地。我对这孩子的记忆力赞叹不已。人的记忆力能有这么好吗？我完全怀疑一个人匆匆忙忙看到一次的地方，第二次还能否清楚地回忆起来，何况蛛蜂还一直在地下辛苦地工作。如果我们可以认为红蚂蚁也有这样的记忆力的话，那么它始终沿着同一条路返回就没有什么值得惊奇的了。

这样的测试中也包含了其他的一些成果。蛛蜂在相信蜘蛛已经不在原来的地方的情况下，便四处寻找，很顺利就能找到，原因在于我把它放在了空旷的地方。一旦增加一点难度——用手指头把土面按出一个洞，把蜘蛛放进去再盖上一片叶子，这只蛛蜂便从叶子下钻过去，走来走去都没有发现蜘蛛就在下面。可见指引蛛蜂的是视觉而非嗅觉。虽然它的触角不停地拍打着地面，可我不认为这个器官能够起到闻嗅的作用。我还要补充一点：蛛蜂的视力实在很差，连蜘蛛离它只有两寸远的距离它都发现不了。

萤火虫的习性

"朗皮里斯"，这个希腊语中的词汇会让你产生怎样的联想呢？如果你知道了这个词语的本意是"屁股上挂灯笼者"，那么我想你一定能立刻猜出来，接下来我将为你介绍的就是那种家喻户晓的、屁股上挂着一只小灯笼的、能在黑夜里发光的昆虫——萤火虫。

萤火虫这个小家伙非常常见，几乎所有人都见过它用萤光表达自己快乐心情的样子，即使是那些没有见过它的人，也一定听说过它的名字。这位昆虫界的小明星身着斑斓的盔甲，提着灯笼在夜色中舞蹈，就像一粒火花突然从滚圆滚圆的月亮上坠下来，消失在了茂密的青草丛中。

我那些自诩浪漫的法国同胞把一个一点都不浪漫的名字送给了这粒火花，他们叫它"发光的蠕虫"。严格来讲这个名字并不科学，首先，萤火虫根本不是蠕虫，这一点在昆虫的分类学上再明确不过；其次，即使仅从外表上看，也不能把蠕虫的帽子戴在萤火虫的头上。

我想人们之所以叫它蠕虫可能是因为萤火虫在成年之前，确实有几分和蠕虫相像的地方，比如虽然雄性成虫到了交配成熟期后会长出鞘翅，就像其他真正的甲虫一样，但雌虫终身都会保持着幼虫的形态。即使是这样，"蠕虫"这个称呼也不恰当。因为蠕虫是没有脚的，但是那些暗夜中的舞者却足足有六只脚，虽然这些脚有些短，萤火虫却知道如何充分利用它们，甚至能迈着碎步小跑。再者，法国有句俗话说"像蠕虫一样一丝不挂"，这也就是说蠕虫是没有衣服的。看看那些萤火虫吧！它们衣服的色彩是那样的华丽，栗棕色、粉红色、艳红色，这斑斓的色彩涂抹在坚韧的外皮上，显得既华贵又英气。如此看来，那些赤裸裸的蠕虫和威风的萤火虫哪有一丝一毫的相像呢？

名称的问题可以暂且搁置一旁，我迫不及待地想要告诉读者关于萤火虫觅食的趣闻。曾经有一位美食家说过："告诉我你吃什么，我就能说出你是什么样

◎ 萤火虫

的人。”这句话对于昆虫来说同样适用，我们往往可以把昆虫的食物和捕食方法作为研究其生活习性的突破口。因为对于几乎所有动物来说，再没有什么事情比填饱肚子更重要了。

表面看上去小巧柔顺的萤火虫是一种食肉昆虫，而且它的捕食手段罕见地恶毒，这个事实大概会令很多人瞠目结舌。我之前阅读昆虫学家们的著作时就已经知道，蜗牛是萤火虫最爱的食物之一，但至于萤火虫是怎样捕捉并食用这些蜷缩在厚厚的硬壳中的美味的，我并没有从书籍里获得准确的答案。直到我对萤火虫进行了细致的观察和研究之后，这些谜团才最终被揭开。

萤火虫爱吃蜗牛，尤其是一种比樱桃还要小一些的变形蜗牛是它们的最爱。这些变形蜗牛喜欢生活在稻田里或者沟渠边，整个夏季这些地方都比较潮湿，且杂草丛生，非常适宜蜗牛居住。它们常常成群地附着在稻秆上，其他植物的干枯的长茎也是它们的乐园。这些蜗牛非常懒惰，而且反应迟钝，我经常看到它们一动不动地趴在植物的茎秆上，就连危险的天敌——萤火虫靠近都毫无知觉。萤火虫对这些食物的聚居地十分熟悉，所以常常潜伏在那里，只要一发现蜗牛就会迅速出击，用精湛的外科技巧将猎物麻醉，然后大快朵颐。

为了得到更准确的资料，我在家里养了一些萤火虫。很简单，只需要一个大玻璃瓶、一点青草、几只蜗牛，然后把萤火虫放进去就可以了。和这些外科大夫相处并不是一件困难的事情，只要提供给它们的变形蜗牛能令它们满意就行。为了品尝这美味的食物，它们会毫无保留地将高超的手术技巧展示出来。不像人类的手术总要持续很长时间，萤火虫对蜗牛的袭击往往是在一瞬间发生的，所以只有耐心地等待，甚至不眨眼睛地盯着玻璃瓶，才不至于错过最精彩的瞬间。

经过漫长的等待之后，我终于看到了惊险的一幕：被萤火虫盯住的那只蜗牛全身都藏在壳里，只在壳的边缘露出了一点软肉。萤火虫在旁边窥伺了很久，猝不及防地一头扎了过去，看上去像是轻轻地触碰了蜗牛的软肉一下。蜗牛并没有像我想象的那样“嗖”地缩回壳里，而是像中了定身咒一样，纹丝不动。这一切，不过是眨眼间发生的事。

接下来萤火虫就取出了它的手术刀——两片呈钩状的锋利的大颚，这需要借助放大镜才能看到，因为那大颚只有一根头发丝粗细，用肉眼难以分辨。如果把它放到显微镜下，还能看到弯钩上的细细凹槽。它的工具非常简单，却十分有效。萤火虫就用它轻轻击打蜗牛壳封口处的薄膜，就像在温和地敲门一样，动作轻柔地让人想起了孩子们嬉闹时互相用手指揉捏对方脸蛋的情景，孩子们那个接近搔痒而不是用力拧的动作被人们称作“扭”，萤火虫就是这样“扭”着蜗牛的。它的动作轻柔得完全不像笼罩着死亡阴影的蜇咬，仿佛只是温柔的接吻。

但对于蜗牛来说，萤火虫的吻是致命的。在萤火虫有条不紊地扭动下，蜗牛逐渐失去了生气，仿佛没了知觉一样。萤火虫还在不慌不忙地进行着手术，就像外科医生常常要歇口气、让护士帮自己擦擦汗一样，萤火虫每扭一次也会休息一下，它并不急于制服猎物，它需要不时地检验一下扭的效果如何。

知识档案

萤火虫是一种完全变态的昆虫，属鞘翅目萤科，体长1～2厘米。萤火虫的一生也要经过卵、幼虫、蛹和成虫4个时期。每年的6～7月，是成虫交配繁殖的季节。交尾之后，雌虫会在潮湿的草丛中产下小圆卵。一个月后，卵孵化成幼虫，呈灰褐色，样子就像一只梭子，中间圆圆的，两端尖尖的，身体上下扁平。这时它们的尾部已具有发光的能力，像一个小亮点隐藏在草丛中。冬天，肥胖的幼虫会钻进地里过冬。春天的时候，它们会爬出地面，首先寻找食物补充体力，直到5月中旬的时候才躲到地里化为蛹。经过20天左右，蛹变为成虫。成虫呈棕红色，胸部微红，外表色彩斑斓，身体每一节的边沿都点缀着两粒鲜红的斑点。多数种类的成年萤火虫终日不吃东西，急急忙忙地求偶、产卵，忙了20天左右，便结束了它们短暂的一生。

萤火虫

一般来说，萤火虫的麻醉剂药效非常明显，它只要轻轻地扭几下（最多六次），并在这个过程中利用带槽的弯钩把毒汁注入蜗牛身体里面，就足以使蜗牛彻底失去生气。在那表面温和的蜇咬背后，却是残酷的死亡，这在昆虫界里并不罕见。

死亡不仅残酷，还常常突如其来、防不胜防。比如我曾经看到过有蜗牛正在地上爬行，它的动作非常迟缓，就像在享受生活，但是萤火虫仿佛从空中坠落下来的杀手，瞬间就毁灭了它的惬意。蜗牛有时候根本来不及挣扎，只是流露出一丁点不安的情绪就迅速陷入了昏迷，接下来等待它的，就是在不知不觉中成为萤火虫腹中的食物。

为了更直接地验证萤火虫的麻醉技巧究竟有多高超，我从一只萤火虫嘴边抢走了它的食物。这只蜗牛已经被扭了四五下，萤火虫大概马上就要开始进餐了，但美味被人强行夺走，它一定非常愠怒，想到这些我微微有些歉疚。

我用细针轻轻刺了刺蜗牛身体前部的肌肉，它一点反应也没有；我继续戳刺它缩在壳里的身体，连微小的被刺痛后应该出现的颤动也没出现。这只蜗牛对针刺没有任何反应，难道它已经死了吗？

我之前怀疑过蜗牛在萤火虫的噬咬中会失去生命，因此才不会做任何反抗，但是我确信我没有起死回生的法术，所以当看到一只被萤火虫伤害了的蜗牛在昏迷两天后醒来的情景时，我就确信那些蜗牛只是陷入了麻醉状态。

当时我也是把一只被萤火虫咬伤的蜗牛抢了过来，把它单独放进一个玻璃瓶里，还给它洗了洗澡。两天后，这只蜗牛恢复了正常，它开始伸出触角、蠕动、爬行，当我再用针刺它的时候，它会迅速缩回壳里，这只"死而复生"的蜗牛的感觉器官就像之前一样敏锐，它不仅摆脱了昏昏沉沉、酩酊大醉般的状态，而且仿佛连当初发生的不幸的事情也都忘记了。

其实，会使用"麻醉"手段制服猎物的昆虫并不少见，尤其很多捕食性膜翅类昆虫都是此间的高手，它们就是通过这种方式捕捉食物，并把那些虽然活着但全无反抗之力的猎物丢给它们的幼虫。在人类发明类似的外科技术之前，大自然中的很多昆虫就已经无师自通，能用自己的毒液麻痹猎物的神经中枢。虽然我们不能因此就说动物比人类更加聪明，但毫无疑问我们能够通过观察大自然的秘密来寻求更多的启示。无数卓越的发明发现，就隐藏在各种神奇的自然现象背后。

其实蜗牛这种昆虫本性温柔平和，几乎不会主动与别的动物发生冲突。既然对手这么容易对付，萤火虫却还要使用麻醉的手段，是不是有点多此一举呢？关于麻醉技巧的必要性，我们可以通过一种叫稚萤的阿尔及利亚昆虫得出结论。

除了不发光，稚萤在生活习性、身体结构等方面与萤火虫都十分相近。稚萤的食物是一种圆口类的陆生软体动物，也是蜗牛的一种，有着优雅的陀螺形的外壳，不过它的自我保护方式比其他蜗牛高明一些，其他蜗牛壳的入口处通常只有一层软软的薄膜，只要用一根稍微坚硬些的草叶就能刺破，但这种昆虫却用一块结实的肌肉把一只盖子固定在身上，这盖子接近于石质，把甲壳封得严严实实。封盖就像一扇活动的门，蜗牛一缩回

⊙ 萤火虫看似温和，其实是凶猛的捕猎者。

萤火虫用它们的大眼睛捕捉视觉信号。它们的腹部末端含有发光化学物，发出的光在夜晚清晰可见。而且这种光能像灯一开和关，制造出有规律的同步闪光，而且不同的种类有不同的闪光模式。当雄性萤火虫发出光信号时，模样像幼虫的无翅雌性萤火虫如果看见了同类的闪光模式（闪光的时间长度和亮度非常重要），就会发出回应的信号，然后雄性会以惊人的准确度降落到雌性身边。肉食性的一些萤火虫会模拟另一种雌性的信号，属于后者的雄性萤火虫如果受到引诱的话，会给自己带来致命的后果。

壳里，门就自动关上，要出来时这扇门又很容易打开。这种防护措施看上去几乎万无一失，但稚萤却有办法破解。

要完成这项任务最需要的品质的是耐心。稚萤会分泌出一种黏液把自己粘在蜗牛的甲壳表面。蜗牛似乎感受到了外界的危机，它蜷缩在壳里一动不动，稚萤一点也不着急，也静静地等待时机，有时候甚至一整天都不动弹。

时光仿佛停止了流动，好像所有生命都在沉默地旁观双方的生死对决。

终于，缩在壳里的蜗牛忍耐不住饥饿的折磨，也受不了闭塞环境中的污浊空气了，它悄悄地打开房门，探出了身子——电光火石一般，等候多时的稚萤立刻扑到它身边，迅速把一只手插到微小的门缝里，这个时候蜗牛已经因稚萤的叮咬丧失了活动能力。蜗牛无法回撤，房门也就不能完全闭合，稚萤就这样成了战斗的胜利者。

胜利者大颚的力量还不足以在瞬间剪碎蜗牛的肌肉，所以它只好像其他的萤火虫一样对猎物进行麻醉，等到蜗牛完全没有能力反抗时，它才会钻进壳里安安稳稳地吞食这只倒霉的猎物。现在让我们回到最初的问题，假设稚萤并不麻醉蜗牛，而是用蛮力对付这个有着坚硬外壳的家伙，那会出现怎样的情况呢？

要知道，除了外壳的保护，蜗牛的肌肉也是强劲而有力的。当稚萤对蜗牛发起进攻之后，如果不能在瞬间完全胜利，那么蜗牛就会缩回壳里，同时也会用肌肉进行全力的反抗，如果稚萤的力气拗不过蜗牛，就意味它的进攻失败了。那么双方的对峙会重新开始，也许等不到下一次进攻，稚萤就会被饿死。萤火虫和这种阿尔及利亚昆虫采用的策略应该是相同的，可以说麻醉是它们捕获食物最关键的步骤。

萤火虫捕捉蜗牛时也会遇到困难。比如萤火虫其实很懒，它们之所以能获得食物往往靠的是好运气。萤火虫并不勤于寻找食物，一旦它们的进攻失败，或者扭动食物时力气过大，导致蜗牛从高高的植物茎秆或者墙壁上掉进了地面的草丛里，萤火虫就会放弃寻找。当然好运不是每天都有的，所以萤火虫必须小心翼翼地靠近猎物，轻手轻脚地加工食品，尽量避免白白浪费了难得的好运气。

再比如当蜗牛在地上爬行时，它壳前端没有盖子，身体前部会露出来，所以进攻会比较容易。但有时候蜗牛会贴在高处的茎秆上或一块光滑的石头上，这样它就拥有了一个临时的盖子，使企图攻击它的居心不良者无机可乘。除非这个盖子与蜗牛的身体之间存在裂缝，否则萤火虫根本没有办法用它那精巧的工具撬开猎物的房子。

在成功捉到蜗牛之后，萤火虫就会美餐一顿以犒劳自己。那么，萤火虫是怎样享用它的猎物的呢？是切成碎片细细咀嚼，还是另有他法？在观察中，我发现自己饲养的那些萤火虫的嘴角从未出现过任何固体食物的残渣，所以我设想它们可能并不是"吃"蜗牛，而是像人类饮水、喝牛奶一样把蜗牛"喝"到肚子里。

事实证明我的推测并非无稽之谈。萤火虫把蜗牛麻醉之后，很快就有客人络绎上门，它们三三两两地赶来，就像来参加宴会一样，猎物的捕获者对此不会有任何异议。

萤火虫们围在昏迷的蜗牛旁边，找好自己的座位，然后开始"扭"动猎物，我猜想在重复地轻轻蜇咬的同时，它们已经把体内某种专门的消化素输入到了蜗牛壳里，最后这只蜗牛就变成了肉粥，蜗牛壳像是一口大锅，好像每只路过的萤火虫都可以分一碗肉羹，它们同真正的拥有者一起大饱口福，不会发生任何争执。

萤火虫嘴里的那两个弯钩可能还承担着注射消化素的任务，这两只大颚不仅能叮蜗牛、注射麻醉药，还能把固体的蜗牛肉变成流质，真是把多功能的工具！在显微镜下可以观察到的那个凹槽形状很像蚁蛉嘴上的弯钩，但两者功能却不尽相同。蚁蛉只吮吸猎物的血，之后就会把被吸干的尸体扔到自己设计的漏斗状的陷阱旁边，来吸引更多的猎物；但萤火虫却会把猎物进行液化处理，然后全部吃掉。

我曾经把玻璃瓶中的一只蜗牛壳翻转过来，在此之前萤火虫们已经围着它享用了整整两天，当它的口朝向地面时，少量的肉汤流了出来。如果让宾客们继续吃下去，大概连这一点点残渣也不会被剩下了。

玻璃瓶中的外科大夫还让我见识到了它们做手术时是多么谨慎和仔细。蜗牛本身的平衡能力并不是很好，有时候如果它们使用的黏液不够多，只要玻璃瓶轻轻一晃，或者稍微一不小心，它们就会从瓶壁或盖住瓶口的玻璃板上掉下来，但是我时常会看到萤火虫已经吃饱喝足走开了，但空空的蜗牛壳还贴在玻璃上而没有掉下来，甚至连位置也没有移动。从这个角度也可以看出萤火虫的麻醉剂是多么有效，蜗牛毫无反抗之力地变成了肉粥，并在第一次被攻击的地方被吮干，当然，我们似乎也能看出萤火虫捕食时的动作是多么敏捷和巧妙。

萤火虫攻击附着在玻璃瓶壁上的蜗牛时不是飞上去的，光靠它那六条又短又笨的脚显然也难以做到，这时候，它需要借助黏附和行走器官，也就是六只短足末端的白点。

在放大镜下，可以清楚地看到白点上有十根左右短短的肉刺。这些肉刺有时会呈放射状分散，有时又会收拢聚成一团，通过肉刺的抬高和放低、张开和闭合，萤火虫就能上下爬动，将之完全打开又能使它吸附在支撑物上。这个器官使萤火虫不怕光滑，既能向上爬，又能随时把自己固定在某个地方，这样它才能接近高处的猎物并在旁边等候时机。除此之外，对于爱干净的萤火虫来说，这个器官还是上好的洗浴用具。这些肉刺规则排列着，就像一把小刷子，萤火虫常常要调制肉羹，身体上难免会黏着蜗牛肉的残迹，更何况即使每天只是到处攀爬飞行，也难免会沾上灰尘，所以它常常"洗澡"，并用这把刷子细心地刷遍全身。

其实以上所讲的这些很多人并不熟悉，也不是萤火虫的全部特异之处，它之所以家喻户晓主要还是因为它身体上点着的那盏明灯。

萤火虫从幼虫时期就能发光，它们尾部的发光小点是生来就有的，这是整个萤火虫家族的特点。成年之后，雌虫和雄虫之间会出现差异。成年雌萤的发光器长在腹部的最后三节，发光器的前两节几乎把它的腹部全部遮住了，呈现宽带状，发出的亮光在腹部才能看见，但这是萤火虫发光体中最亮的部分；最后一节的发光体要小得多，是两个新月状的小亮点，光芒可以从背部透过去，也就是说尾部的光不管从背部还是从腹部都能看得见。

泛着淡蓝色光芒的雌萤用绚烂的灯光宣告自己已经羽化为成虫，它在迎接即将到来的交配期。但雄萤就不同了，它们虽然像雌萤一样从孵化时起就有尾部的光点，但即使发育充分之后，也不会长出那腰带般的宽宽的光带。

雌萤和雄萤还有一处区别：成年雄萤拥有鞘

◎ 萤火虫既能向上爬，又能把自己固定在某个地方。

萤火虫的发光，简单来说，是荧光素在催化下发生的一连串复杂生化反应；而光即是这个过程中所释放的能量。由于不同种类的萤火虫发光的形式不同，因此在种类之间自然形成隔离。萤火虫中绝大多数的种类是雄虫有发光器，而雌虫无发光器或发光器较不发达。虽然我们印象中的萤火虫大多是雄虫有两节发光器、雌虫一节发光器，但这种情况仅出现于熠萤亚科中的熠萤属与脉翅萤属。因为中国台湾窗萤，雌雄都有两节发光器，两者最大的区别在于雌虫为短翅型，而雄虫则为长翅型。

萤火虫的发光器是由发光细胞、反射层细胞、神经与表皮等所组成。如果将发光器的构造比喻成汽车的车灯，发光细胞犹如车灯的灯泡，而反射层细胞就同车灯的灯罩，会将发光细胞所发出的光集中反射出去。所以虽然只是小小的光芒，在黑暗中却让人觉得相当明亮。萤火虫的发光细胞内有一种含磷的化学物质，称为荧光素。而萤火虫的发光器会发光，就起始于发光细胞的神经冲动，使得原本处于抑制状态的荧光素被解除抑制。发光细胞在荧光素的催化下氧化，伴随产生的能量便以光的形式释出。而反应所产生的大部分能量都用来发光，只有2%~10%的能量转化为热能，所以当萤火虫停在我们的手上时，我们不会被萤火虫的光烫到，所以有些人称萤火虫发出来的光为"冷光"。

翅和后翅，能够飞翔，但雌萤在羽化后也不会长出翅膀，不能飞翔，除了拥有更亮的发光体，它将一直保持幼虫的形态。

为了更清楚地了解萤火虫发光器官的构造，我借助自己因年老而微微有些颤抖的双手，还有那双浑浊的眼睛把一只萤火虫的光带的大部分分离了出来，我庆幸自己的心思没有白费，双手和眼睛居然还听我的使唤，这个解剖实验还算干净利落。

我把剥离的光带放在显微镜下观察，发现有一层细腻的黏性物质附着在表层，我相信这种白色涂料一定就是光化物质。与它紧紧挨在一起的是一根短而粗的气管，就像河流的干流一般都有多条支流一样，这根奇怪的管子上布满了分支，支流向四处延伸，遍布了整个发光层，甚至深入到了萤火虫的身体里。这种构造使我逐渐想明白了萤火虫发光的原理：萤火虫的发光器受呼吸器官支配，我看到的主干和分支都是输送空气（或者氧气）的通道，而白色涂层上就是可氧化的物质，当气管里的空气接触到这些物质后发生氧化，就会发光。

现在的问题是我依然不知道发光涂层上的物质究竟是什么东西。人们曾经一度怀疑那是磷，因为这种非金属元素有强大的自燃能力，在夜深人静的旷野里出现的"鬼火"就常常是磷燃烧的恶作剧。尽管人们有时把磷光称为荧光，但曾有人把萤火虫焚烧后化验了灰烬包含的元素，他们并没有通过这种方式证明磷就是萤火虫发光的原因。

我没有找到科学的方法解开这个谜团，只好转而去研究另一个我有能力解决的问题，那就是研究萤火虫对自身体携带的灯光的调节能力。我最后得出的结论是：萤火虫完全可以控制自己的灯光，它能够随意调整自己身上光芒的强弱，必要时候甚至可以熄灭它的光。

要办到这一点，萤火虫有一套非常巧妙的方法，那就是调节通过气管接触到光化层的空气流量。其实很简单，我们可以把萤火虫的发光机制想象成一盏燃烧着的油灯，如果减少到达灯芯的空气，那么油灯的光亮就会减弱，空气充足的时候，油灯就会非常明亮，同样的道理，当萤火虫通过调节呼吸或其他方式减少了从气管到达光化层的空气流量时，光度就变弱，但是如果萤虫增加了通气量，光芒就会变强，一旦空气流通的阀门被完全关闭，比如萤火虫像人一样屏住了呼吸，那么光芒可能就会慢慢变弱直至熄灭。

那么，萤火虫会在什么情况下调节灯光的亮度呢？

我夜里捉萤火虫时，明明已经看到了趴在青草上闪闪发光的小家伙，那灯光只是一个光点，所以很可能是一只幼虫，要么就是一只成年的雄萤，如果我走过去时一不小心晃动了旁边的小草，萤火虫就会立刻熄灭尾灯，就这样消失在我的手边了。这样的经历足以证明萤火虫的尾灯会由于某种不安情绪或突然的刺激而完全熄灭。

雌萤成虫身上的光带就不同了，即使受到强烈的惊吓，它也很少会受到影响。比如我把一只雌萤关在笼子里，然后在笼子旁边弄出巨大的声响，雌萤也许害怕得熄灭了尾灯，但它腹部的光带依然明亮，光芒丝毫没有因为突如其来的惊吓而有所减弱；我还尝试过用喷雾器将水雾洒在一群萤火虫身上，个别雌萤因为冰凉的水的袭击而减弱了光带的亮度，但没有一只雌萤彻底熄灭它的灯笼，就连那些光芒减弱的现象都是短暂的，很快亮度便恢复如初；我又把烟吹到笼子里，这一次终于有扛不住折磨的雌萤乖乖熄灭了身体里全部的光，但时间短暂到可以忽略不计，等到它们恢复平静后，灯又点了起来，甚至变得更加明亮。我开始有些不耐烦，抓起一只萤火虫用手指捏它，我的力量不大，它便一直继续发光，丝毫不把我放在眼里。

我们已经知道光带是进入交配期的雌萤所特有的装饰品，这大概也是它不肯熄灭光带的原因吧！它们对即将到来的欢愉时刻充满期待和热情，轻易不肯把它的灯全部熄灭。

虽然萤火虫能够自己控制发光器，使灯随意明灭，但有时候脱离了它的控制的发光器依然能够在短时间内保持或明或暗的状态，比如我在实验中解剖下来的那条发光带。我把一块表皮从光化层上剥离下来，并放进了玻璃管内，管口用湿棉花塞住以减缓蒸发，这时候这块表皮依然还在发光，虽然不像在萤火虫身上那么明亮，但它确确实实没有熄灭。我把同样的表皮放进含有空气的水里时，情况也是这样，当我把它放进经过反复煮沸已经没有了空气的水里后，情况才出现了变化，光熄灭了。这也就是说，萤火虫的发光是氧化的结果，只要与空气层接触，即使这空气不是通过气管输入的，它依然可以发光，与空气隔绝时，氧化无法进行，也就无法发光了。

童年的时候，我曾幻想过用萤火虫制作一盏小灯，当夜色降临后，就让这盏闪烁着白色灯光的，令人感觉到宁静和柔和力量的小灯陪伴我看书，有过这种想法的人应该不止我一个。但是这个梦想很难实现，因为那仿佛从满月里落下的小火花虽然明亮，但还不足以能够照亮一整片区域。当我们借助萤光看书读报时，虽然可以清楚地辨认出一个个字母，但它的光也仅限于一个字母的范围，甚至不能照亮一个完整的并不长的词。很多人的萤火虫灯之梦因此只是童年里的回忆，几乎不会变成现实。

即使把两只萤火虫放在一起，它们也不可能照亮彼此；若把一群萤火虫放在一起，混乱的光汇聚在一起之后只会模糊地连成一片，即使离得很近，我们也辨别不出任何一只萤火虫的形状。我还通过照相技术证实了这一点。当时我把20多只已经长出光带的雌萤关在了一个露天的金属网罩下，并在里面放上了一丛百里香。天黑之后，雌萤纷纷爬到罩顶，并各自发光，它们的身影投射在了下面的百里香花枝上，我拍下照片，期待能够借助它们的光亮拍摄出可以辨认出萤火虫身形的照片，但结果很令人失望，我最终只得到了一些或浓或淡的白色斑点，既看不到萤火虫，也没有任何百里香的痕迹。

虽然没有达到预期的效果，但这次试验让我得到了另一个有趣的发现。我们已经知道雌萤的光带是在腹部发光的，既然它不会飞，大多数时间只能趴在地面上，那么它腹部的灯光就是贴着地面的，但是雄萤总是在空中任意乱飞，或是爬在高处的树枝上，如果距离稍微有些远，它自然很难发现雌萤的亮光。那么，雌萤是怎样吸引情侣的呢？

我不得不承认雌萤真是天生的调情高手。夜幕完全降临后，被困在金属网罩下的雌性囚徒们开始不安起来，它们看起来就像准备去参加舞会的少女们一样躁动，后来，雌萤慢慢爬上了那一丛百里香丛中最显眼的细枝上，这根细枝就是它的舞台，虽然暂时还没有舞伴，但雌萤已经开始左右摇摆起来，它不停地扭动屁股，忽左忽右，尾灯就开始左右闪烁，腹部的光带也像追光灯一样不时射

⊙ 雄性萤火虫会用光向等在地上的雌性发出信号。每一种萤火虫都有自己的明暗间隔，随着雄性萤火虫在空中飞过可以留下不同的痕迹。图中是4种不同的萤火虫留下的闪烁明暗间隔图。

向雄萤可能飞来的所有方向。只要有寻偶的雄萤从附近飞过，它就一定能看到这盏明亮的并一直旋转着的灯。

自然界的昆虫们为了求偶和交配，进而繁衍后代真可谓煞费苦心，它们在进化过程中的很多变化也可能是出于这个目的。雌萤的调情手段只是一个方面，雄萤则为此专门准备了一套光学仪器，以便能在远处发现雌萤发出的灯光，这套仪器主要是它的眼睛。雄萤的两只眼睛大而突出，呈现球冠形，彼此相接，中间只有一条狭窄的槽沟让触角放进去。另外，它的盔甲就像一具盾牌，头顶处的护甲向上延伸，比头还高出了一些，像灯罩一样能够将视野缩小，并把目光集中到要识别的光点上。两只复眼缩在大灯罩所形成的空洞里，几乎占据了整个面部，让人忍不住会想到古希腊神话中的独眼巨人库克普罗斯。

雄萤发现雌萤之后，双方就会进行交配，它们似乎有些羞涩，所以雌萤会减弱腹部光带的亮度，只留下小小的尾灯。交配过后，雌萤就会产卵，和我们前面讲到的很多昆虫不同，这些发光的昆虫没有丝毫母爱，它们把白色的圆卵随便产在什么地方后就飞走了。

当萤火虫的卵还在雌萤肚子里时就能发光。有一次我不小心捏碎了一只雌萤，当时它肚子里已经装满了成熟的卵，我的手指上粘着的黏液闪闪发光，最初我以为这是它发光体上的物质，但通过放大镜观察才得知那是被挤出卵巢的卵。

这些卵产出来时就泛着浅浅的白色的柔光，孵化后的幼虫无论雌雄都有尾灯。刚出生的幼虫会在天气转冷后钻到地下三四法寸深的地方，即使在冬天它们的灯也是亮着的。当天气转暖后，大概在四月份时，幼虫又钻出地面，完成演化过程。

萤火虫的一生都在发光，从卵到成虫都是如此，这也是它能如此出名的原因吧。在萤火虫的研究过程中，我还有一个遗憾：虽然我已经知道了雌萤的光带的作用，但是对所有萤火虫都拥有的尾灯的用处我并不知情。或许我再也没有机会亲自解开这个秘密，只能期待后人能够参透这比书本上的物理学更加深奥的自然界的秘密了。

第三章

绿色蝈蝈儿的故事

蝈蝈儿可称得上是最漂亮的螽斯，它体态优美，苗条匀称，身着一袭嫩绿的衣裳，体侧有两条淡白色的丝带，两片大翼轻薄如纱。

这漂亮的虫儿是夜晚的低音歌者，它的发声器官是一个带刮板的小扬琴。蝈蝈儿的低音曲绵长而又喑哑，时而也会发出一声急促的响声，如银铃碰撞般清脆；乐段之间有静默的间歇，此外则是伴唱。在苍茫夜色中的绿叶丛里，蝈蝈儿的歌声并不起眼，仿佛轻声呢喃，又像是窃窃私语，我耳朵的鼓膜要十分努力才能隐隐约约地能捕捉到这窸窸窣窣的声音。

然而当四野蛙声和其他虫鸣暂时沉寂时，我所能听到的绿衣歌者的声音是如此柔和，恰似夏夜的静谧。在北方，沐浴在阳光中的蝉用它那骄阳般热情的歌声赢得了人们的青睐，又岂知，倘若这绿色螽斯的琴声再响亮一点儿，就是比蝉更胜一筹的歌者。

不过，绿色蝈蝈儿并不是田野合唱队唯一的出类拔萃者。在夜晚抒情歌曲方面，有一位演奏者远远超过了它，这就是意大利蟋蟀。当盛夏晚会的灯光师萤火虫点亮幽然的蓝色小灯笼，四面八方的意大利蟋蟀便赶到迷迭香上来参加合唱。这位演奏者身材很小，纤弱苍白，一对大翅膀细细薄薄、闪闪发光。靠着这双翅膀，它演奏起幽雅的小提琴，琴声响亮而富有颤音，与铃蟾忧郁缓款的歌声配合得恰到好处。

提到铃蟾，这是我花园中可亲的两栖类居民。七月中旬的薄暮里，有十来只铃蟾在我身边歌唱，它们大多数蜷缩在花盆中间，花盆一行行排得紧紧的，在我的房前形成一个前庭。每一位歌者都在唱着，它们的歌声节奏缓慢、抑扬顿挫，仿佛在吟唱一曲老歌。它们之中有的声音低沉些，有的尖锐些，但都短促而清晰，是极悦耳的清纯音色。

⊙ 绿色蝈蝈儿

⊙ 花丛中的蝈蝈儿准备歌唱了。

作为歌曲来讲，铃蟾合唱团的歌难免显得有些凌乱。这个喊一声"克吕克"，那个声音细的叫一声"克力克"，第三个是男高音，回上一句"克洛克"。就这样一直重复着："克吕克－克力克－克洛克"，"克吕克－克力克－克洛克"，就好像邻居家刚满五岁的小男孩儿，淘气地在键盘上随意敲打，不管什么八度音啊和弦音的，完全不循章法。然而用心去听，你会发现，这是铃蟾小伙儿求爱的清唱，是用歌谣谱成的情书。

不过，铃蟾夫妇婚礼结束的场面让我难以想象。当铃蟾小伙儿成长为一位慈爱的父亲，模样却变得让人完全认不出来了。它后腿的四周缠着一串梨子籽大小的卵，这是它的子女，这鼓鼓囊囊的包袱重重地压在它背上，铃蟾父亲跳不起来，只能拖着身子一小步、一小步地向前走着。

这位温情体贴的父亲啊，你背着这么重的负担，要走到哪里去呢？我要迎着潮湿和阳光前行，到附近的沼泽去，那里有小蝌蚪们生命所必需的温暖的水，是最适合它们发育的环境。在那里，黑色的小蝌蚪会孵化出来，一个一个，蹦蹦跳跳的，和水一接触就能挣破卵壳啦。

顽强的慈父继续它的远征，热爱干燥和阴暗的它，寻找着连做母亲的都不愿去的沼泽。终于，它找到了。它立即投入水中，腿相互摩擦着，那串梨子籽似的卵便脱落下来，父亲的潜水任务完成了。其余的事情会自动进行下去。远征者终于可以回到干燥的家中了。

还是让我们回到田野的联欢会吧，合唱还在继续。绿色蝈蝈儿似乎轻轻敲着小小的三角铁；意大利蟋蟀拨着小提琴 E 弦；铃蟾敲击着清脆的奏鸣曲；那有着金黄色眼睛的鸟儿，是"小公爵"长耳鸮，它正优雅地独唱忧伤的爱情歌曲；远处传来稍弱的、猫叫般的不和谐音，那是猫头鹰求偶的喊声。

就这样，在盛夏的暮霭中，我沉醉于田野间的联欢会，在大自然的音乐中沉静、思考。而此时，在村庄的广场上，人们用篝火的光照亮了教堂的钟楼，用灿烂的烟花点燃了夜空，孩子们的笑声与咚咚的鼓声交织在一起，这是个举国欢庆国庆的夜晚。不过，我敢打赌，即使是我们这平常如此宁静的小村庄，在这节庆的日子里，也离不开劣质烧酒和打架斗殴。难道为了更好地品味快乐，就一定要加上痛苦的味道？在庆祝国庆的最高形式隆香阅兵典礼上，死亡和伤痛都是意料之中的，是列入计划的。如果你不能理解，可以去看第二天的报纸。报上刊登的照片中，广场上到处插着写有"军人救护车""平民救护车"字样的红十字旗，看到这些你便会明白了。

我则更愿意远离尘嚣，独自一人，来到黑暗的角落，倾听这田野里夜晚艺术家们的音乐。昆虫们才不关心人类吵吵嚷嚷的纪念日呢，它们在为这丰收的季节欢呼，它们歌唱着生活的欢愉，歌唱着草叶上的晨露，歌唱着盛夏的如火骄阳，歌唱着夜幕下的静谧星空。

今天，我们充满信念地庆祝攻陷巴士底狱的胜利纪念日，可是在一两个世纪以后，又有几个人会谈起这件事呢？那时会有新的欢乐需要庆祝，有新的烦恼需要排解。人类和人类变化无常的喜与悲，和虫儿们有什么关系！绿色蝈蝈儿还是会哼着它低沉的抒情曲，长耳鸮还是会对着月亮歌唱它的"康塔塔"。在我们都看不到的未来，总有那么一天，人类会被自己创造的所谓文明所消灭。小铃蟾在意大利蟋蟀、绿色蝈蝈儿和其他动物的陪伴下，一直唱着它的老调子，而人类却会灭亡。在我们来之前它们就在地球上歌唱，我们死后它们还将继续唱着，歌唱太阳，歌唱大地。

不要在联欢会上流连了，我们还是回到昆虫的研究吧。

今年初夏，我那狭小的花园来了一群稀客。真是意外，去年还难以在我家附近寻到它们的踪影，我打算研究它们时，还不得不请求护林人的帮助，才得到了远在拉嘉德高原上的一对；或许是我的坚持不懈感动了命运女神，今年它们像约好了似的成群结队地前来，荒石园的草丛中到处是它们的鸣叫。这难得的客人就是身着绿衣的携刀者——绿色蝈蝈儿。

六月初始，我把不少的雌雄蝈蝈儿请到金属网罩里协助我的研究。对这些身材优美的虫儿，我十分满意，为了好好招待它们，我在瓦钵底铺上了一层细沙，也尽量找些合它们口味的食物。

不过就是在食物方面，我遇到了喂养白额螽斯时同样的麻烦。根据在草地上嚼食的直翅目昆虫的一般饮食制度，我判断网罩中的寄宿者们是虔诚的素食主义者。可事实并非如此：我喂它们莴苣叶，它们吃是吃，可是吃得很少，好像是做客的人为了给主人几分薄面才勉强吃上两口，而实际上明显对呈上来的菜肴不是十分满意。看来要找其他食物招待这些被研究者了，到底是什么呢，是鲜肉吗？命运女神再次对我微笑，一个偶然的机会我得到了答案。

清晨，我在门前散步，突然听到刺耳的吱吱声，感觉旁边的梧桐树上有什么东西落了下来。发生了什么事？我跑过去一看，一只蝈蝈儿正在享用它的战利品——奄奄一息的蝉的肚子。胜利者把头伸进蝉的肚子，一点儿一点儿地拉出它的肚肠，绝境中不幸的俘虏啊，它的哀鸣和挣扎无法改变被开膛破肚的命运。原来，这是一场发生在梧桐树上的战斗。清晨，当蝉在树枝上散步的时候，却不知已经被绿衣猎手盯上。蝈蝈儿纵身一跃，将猎物死死咬住，惊慌失措的蝉飞起逃窜，攻击者和被攻击者就从树上一起掉了下来。

绿衣强盗的屠杀在晚上更容易进行。沉沉夜色中，蝉已进入梦乡。它白天沐浴在阳光和盛夏的热浪之中，尽情地唱了一天，现在它累了，需要休息。但蝈蝈儿没有休息，它是狂热的夜间狩猎者，只要在巡逻时碰上半睡不醒或是酣睡中的蝉，就一定不会放过，它可以轻而易举地将猎物牢牢抓住，而这正是捕猎的关键所在。若是夜晚万籁俱寂之时，树枝上突然响起一声短促而尖锐的悲鸣，那多半是一只正安静休息的蝉悲惨地死去了。

这一身嫩绿服装的携刀者称得上是勇猛的猎手，它飞身捕蝉的情态像是鹰在空中追捕云雀。不过不同的是，以劫掠为生的鹰进攻比自己弱的东西；而蝈蝈儿则恰恰相反，它所选择的猎物与自己的身材大小悬殊，是强壮有力的庞然大物。但是，搏斗的结果我们已经看到了：没有武器的蝉几乎毫无还手能力，蝈蝈儿凭借它有力的大颚和锐利的钳子，总是能将它变成盘中美餐。

总算是找到了网罩中寄宿者喜爱的食物，我用蝉来喂养它们。它们对这道菜十分满意，吃得

知识档案

蟋蟀和蚱蜢

纲	昆虫纲
亚纲	**有翅亚纲**
目	**直翅目**

分为长角亚目和短角亚目，共39科2.2万余种。

分布： 除南北极地外，全球均有分布。

体型： 中型到大型，体长10～150毫米。

长角亚目　丝状触角
前胸背板

短角亚目

特征： 粗壮或细长的昆虫；有颚口器；触须丝状，有短有长；背板盾状或鞍状；前翅（如有）坚硬，以保护扇状折叠的后翅（如有）；后腿通常特化，善于跳跃；跗节有3～4节；尾须短小无分节；通常有听觉器官及发声器官（一般限于雄性）。

生命周期： 不完全变态发育；大型若虫大致类似无翅成虫。

津津有味，尤其喜食蝉的肚子。这是个好部位，虽然肉不多，但是在嗉囊里面，储存着蝉用喙从嫩树枝里吮吸来的糖浆甜汁，既有肉又有甜食，就像英国人爱吃的用酱做佐料的带血牛排，味道似乎特别鲜美，比其他部位更受欢迎。也许正因为这个原因，蝈蝈儿每次抓到蝉都先吃肚子。以至于两三个星期间，网罩中到处是残肢断腿、被撕扯下的羽翼和肉吃光后的头骨、胸骨，蝉的肚子部分早就被吃光了。

但是，在我国北方，绿色蝈蝈儿很多，那儿找不到它们在这里喜欢吃的带糖的蝉肉，那么它们一定还吃别的东西。

为了证实这一点，我还喂它们吃肥美的松树鳃角金龟，对这道新菜肴，它们欣然接受。第二天，漂亮多肉的松树鳃角金龟就被蝈蝈儿吃得肚子朝天了。我还给它们吃绒毛害鳃金龟，对于鞘翅目昆虫，这群肢解高手也十分喜欢，吃得只剩下鞘翅、头和足。为了变化食物的花样，我还给蝈蝈儿吃很甜的水果：几块西瓜、几颗葡萄、几片梨子，它们都很喜欢。不过，面对美味的食物，自私与妒忌也不少见。我扔入一片梨子，一只蝈蝈儿立即趴在上面，而且不管谁要来分享这块美食，它都要踢腿将其赶走。饱餐之后，它便让位给另一只蝈蝈儿，而另一只也立刻变得吝啬起来。这样一个接着一个，所有蝈蝈儿都能品尝到一口美味。

网罩中的寄宿者存在和修女螳螂一样的同类相食现象。诚然，在我的网罩中，蝈蝈儿们除了面对食物时有点小小的敌对，彼此之间相处还是十分和睦的，从没有发生严重的争吵和打架斗殴，更没有像修女螳螂那样捕杀姐妹、吞食丈夫的暴行。但是，如果某只蝈蝈儿死了，那么活着的贪吃鬼绝对不会放过品尝同伴肌体的机会。它们吃死去的同伴就像是吃普通的猎物一样，而且并不以饥饿为理由。另外，所有携刀者都不同程度地表现出这种爱好，即吃受伤的同类以自肥。

从以上例子中我们得到了许多资料，蝈蝈儿非常喜欢吃昆虫，尤其是没有过于坚硬的盔甲保护的昆虫；它十分喜欢吃肉，尤其是带有甜味的肉，但又不是修女螳螂那样的纯肉食主义者。它也吃水果的甜浆，死去的同伴也被列入菜单。有时没有好吃的，它甚至还吃一点儿草。

蝈蝈儿一天中大部分时间都在休息，天气炎热的时候更是如此。当饱餐之后，嗉囊已经装满，它用喙抓抓脚底，用沾着唾液的足擦擦脸和眼睛，躺在细沙上或是抓着网纱，以沉思的姿势，怡然自得地消化食物。

太阳下山后，蝈蝈儿们开始兴奋起来，晚上九点达到高潮。它们闹哄哄地来回走动，突然纵身一跃爬上网顶，又急急忙忙跳下来，然后又爬上去，圆形网罩里到处是神情激动的蝈蝈儿。狂热的雄蝈蝈儿鸣叫着，这儿一只，那儿一只，用触角挑逗从旁边走过的雌蝈蝈儿。蝈蝈儿先生心仪的女友半举着尖刀，神态端庄地溜达。内行人一看便知，蝈蝈儿先生要办它的人生大事了，这就是交配。我在网罩中饲养蝈蝈儿的主要目的，就是看看白额螽斯所揭示的奇怪的婚配习俗到底有多大的普遍性。因此对我来说，交配是主要的观察事项。

蝈蝈儿爱情的表白延续的时间非常长，坠入爱河的蝈蝈儿先生和它的女友面对着面，几乎是头碰着头，用柔软的触须长时间相互触摸着，探询着，就像是一对正在切磋剑术的对手，剑交叉来、交叉去，而双方没有打起来。雄蝈蝈儿时不

◉ 蝈蝈儿的有些习性和白额螽斯一样。

时地唱上两句，弹几下琴弓，然后就沉默了，是因为太过激动而继续不下去了吗？婚礼的前奏曲还在延续，而时钟已经敲到十一点了，我实在困得不行了，只好放弃了观看交配。

⊙ 距螽要经过很久才能找到合适的交配对象。

第二天上午，雌蝈蝈儿的产卵管下面垂着一个奇怪的东西，有豌豆那么大。这是一个乳白色的精子囊，中间有一条浅沟，把整个精子囊分成对称的两串，每串有七八个小球。当这位母亲走动时，囊泡擦着地面，沾上了几粒沙子。

就在这里，白额螽斯母亲那不可思议的婚配习性又在蝈蝈儿身上出现了，简直一模一样。当精子囊经过两个小时之后，里面已经空了，雌蝈蝈儿把黏糊糊的精子囊一块块地吃了下去；这块似乎非常美味的玩意被长时间地加工，被螽斯母亲津津有味地品尝。不到半天的时间，乳白色的囊泡消失了，被吃得一点儿不剩。

真是无法想象，螽斯母亲这令人恶心的盛宴竟是发生在地球上，这似乎是来自外星球的习俗。螽斯是地球上最古老的动物之一，它们的世界是多么奇怪啊！这种怪异的行为存在于整类昆虫中吗？我们再向另一种佩带尖刀的昆虫寻求答案吧。

七八月份的时候，我选择了距螽，它们很容易饲养，一些生菜叶和几片梨子就可以了。

雄距螽微微靠在一旁呼唤着它的女友。它弹奏的音乐是如此热烈而激情，使得它的整个身子都颤动不已。然后，它静默了。距螽先生和它的女友都很害羞的样子，它们踱着小步，慢慢地靠拢。这对情侣面对着面，都一动不动，前腿不自然地抬起，触须温柔地摇摆着，似乎在静静地说着情话。这爱情的告白持续了几个小时，但是，时机似乎尚未成熟。它们好像是闹别扭了，莫非是雄距螽这么长时间的表白还没有打动女友的心？好像也不是这样，因为第二天它们和好了，又开始了诉说甜蜜的情话，可惜还是没有结果。

第三天，重要的时刻终于来了。雄距螽按照蟋蟀的习性，小心翼翼地倒退着钻到雌距螽的身下，在后面伸直身子仰卧，紧紧地抱住产卵管作为支撑，交配完成了。雄距螽排出了一个巨大的精子袋，在这一番伟业之后，它已经体力不支、瘦得干瘪了。任务一完成，它就去一块梨子那儿补充能量了。而雌距螽则懒洋洋地小步溜达着，身上还带着有它身体一半大、雄性排出的精子袋。

这个精子袋和白额螽斯还有蝈蝈儿的长得差不多一样，像是装着大籽粒的覆盆子，颜色和形状令人想起一袋蜗牛卵。产卵管底部左右两边的两个结节，由一根宽宽的用透明材料黏结物做成的茎固定着，它们比其余的结节更加半透明，里面含有一个鲜艳的橘红色的核。

两三个小时之后，雌距螽像白额螽斯和蝈蝈儿那样开始了令人恶心的盛宴。它把身子蜷成一个环，轻轻扯下精子袋的皮，并没有弄破，袋里的东西不会流出来；它将皮咬成许多小块，长时间地咀嚼然后吞下去。整个下午它都在细嚼慢咽，

把卵藏起来

大部分的直翅目昆虫都会把卵产在土壤里或植物组织中；有些掘洞而居的品种，会把卵产在挖好的育卵室中。长角亚目的雌性成员有发达的剑形或圆柱形产卵器。产卵器有的短而宽，像半月形刀；有的则瘦瘦长长，常能比整个躯干部分还长。产卵的时候，它们的产卵器能插进植物组织或树皮裂缝里面——不同的种类选择的产卵地点不同。而它们选择的地点通常都很适合产卵器的形状。有瘦长产卵器的雌性，卵会被产在土壤里；而产卵器很短，像半月形刀的，则会把卵产在植物组织或缝隙中——母亲先咬出一个洞，然后锯齿状的产卵器顶会帮助将其"锯"进植物组织中。大多数长角亚目的雌性在产卵的时候会唱歌，常常，那些合适的缝隙和洞穴会被它们产的卵塞得满满的。

⊙ 产卵的螽斯

第二天覆盆子似的袋子就完全消失了。

有时事情没有这么快结束，特别是没有这么恶心。我曾记载过一只雌距螽一边拖着卵袋走，一边时不时地咀嚼。运输十分辛苦，卵袋从地上拖过，沾着沙砾和土块，大大增加了重量；有时甚至粘在一块土上拖不动，它还牢牢粘着雌距螽的产卵管，使得辛苦的母亲怎么努力也拔不下来。整个晚上，雌距螽都带着忧虑的神情，它拖着的袋子瘪了一点，对这之前爱吃的美味它似乎失去了兴趣，只是在表面上咬下一点儿。

第二天，事情没什么进展；第三天，除了袋子更瘪之外，没什么新情况。最后，在粘了整整两天之后，袋子里面装的东西倒出来了，已经干瘪瘪、皱巴巴的袋子也自己脱离了。也许是这东西粘了太多的沙砾，曾经那么爱吃它的距螽把它抛弃了。

另一种螽斯镰刀树螽，它部分补偿了我饲养螽斯时的烦恼。它长着完全像镰刀似的土耳其弯刀，我多次看到它弯刀的底部带着生殖附器；不过每一次由于条件的限制，我无法做全面的观察。它的卵袋挂在一根水晶带上，半透明，有 3~4 毫米大小，颈部几乎和鼓起的部分一样长。镰刀树螽没有品尝这个卵袋，而是让它自己干枯掉了。

至此，我们总结一下吧。白额螽斯、阿尔卑斯距螽、蝈蝈儿、距螽、镰刀树螽这五种不同的螽斯昆虫例子证明，像章鱼和蜈蚣一样，螽斯类昆虫是古代习性残存的代表，它为我们保留了遥远时代奇特的繁衍行为的珍贵标本。

第四章

蟋蟀的歌唱和交配

似乎所有身怀绝技的人，都无须要求工具的昂贵和复杂。想当年，鲁迅先生那些脍炙人口、流传至今的经典著作，是用最廉价的毛笔"金不换"所写出来的。当博物学家看到蟋蟀展示的歌唱工具时，没想到这位出类拔萃的歌唱者，使用的乐器是这样简单，和螽斯的乐器采用相同的原理：有齿条的琴弓和振动膜。

蟋蟀两只前翅的结构完全相同，就像是人的左右手，了解了一个就可以知道另一个。不过，它的右前翅除了裹住体侧的褶皱外，几乎把左前翅完全遮住。这与绿色蝈蝈儿、白额螽斯和距螽等近亲完全相反，它们是左撇子，而蟋蟀是右撇子。那么，就让我从右前翅开始说起吧。蟋蟀的右前翅几乎完全贴在背上，这个部分的翅脉比较粗壮，呈深黑色；在侧面，它突然折成直角斜落，将身体紧紧裹住，这部分的翼上有细细的翅脉，斜着平行排列。整个前翅好像是一幅抽象画，让人猜不出画的主题。

除了左右两只前翅相交的两点之外，前翅是透明的，呈非常淡的棕红色。前面的呈三角形，大一些；后面的呈椭圆形，小一些。这两处是蟋蟀的发声部位，细薄透明，上面都有一条粗壮的翅脉和一些细微的翅脉纹。前面的一块镶嵌着四五条人字形的皱纹；后面的一块则画着弓形的弧线。

蟋蟀的这两个部位与螽斯的镜膜有些类似。蟋蟀的前部镜膜比较光滑，被歌唱者涂上了一抹橘红色。两条翅脉呈平行的曲线状，将前部镜膜与后面分隔开来；它们之中的一条翅脉，是精致的锯齿状，约有150个三棱柱状的锯齿，

◎ 田间地头的蟋蟀

⊙ 蟋蟀的交流

吸引异性注意时，蟋蟀会发出悦耳动听的鸣叫声。

打斗时，雄性蟋蟀的鸣叫声非常有力。

这就是蟋蟀的琴弓。两条翅脉之间有凹陷，其间排列着五六条黑色的横脉，让人想起楼梯的梯级。这些小小的梯级就是摩擦脉，左前翅的和右前翅的一模一样。摩擦脉在演奏中发挥着重要作用，它们增加了琴弓的接触点，从而加强了振动。

蟋蟀的乐器确实比白额螽斯的精巧许多：白额螽斯只有一个柔弱的镜膜；而蟋蟀的琴弓上雕刻着多达150个三棱柱锯齿，它们与左前翅的摩擦脉相啮合，四个扬琴同时弹奏，下面的两个直接靠摩擦发声，上面的两个由于摩擦脉的振动发声。白额螽斯的歌声是低吟浅唱，它的声音只有在几步远的地方才能听得到；但是蟋蟀的歌声十分洪亮，甚至在几百米远的地方也能听到它高亢的歌声。这让我想起了底气十足的美声歌唱家，无须辅助的扩音设备，就能让浑厚的声音响彻整个剧场。

在法国北方，蝉用嘶哑的歌声赢得了人们的赞誉；蟋蟀的歌声和蝉相比毫不逊色，甚至比蝉更胜一筹。蟋蟀的歌声更加清亮、更加细腻，蝉重复着"知了知了"的单调曲子，蟋蟀却懂得抑扬顿挫。它的前翅在侧面伸出，形成一个宽边。宽边放低或者抬高，就会改变与腹部接触的面积，从而使得声音的强度产生变化。蟋蟀就是利用这个制振器，调节声音的大小高低，时而放情高歌，时而低柔清唱。

我在前面讲到过，蟋蟀的两只前翅一模一样，完全对称，但是我所见到的蟋蟀都是右撇子，用处在上方的右边的琴弓拉琴。而左边的琴弓似乎毫无用处，它没有放在任何东西上，不能和任何地方接触发音。

那么，会不会有聪明的蟋蟀交替使用这两把琴弓，用一把、歇一把，以此来延长演出的时间呢？或许，至少会有一种蟋蟀是例外的左撇子，用结构相同的左琴弓拉琴吧？然而，事实与我的猜测完全相反。我观察了许多的蟋蟀，它们都安分地遵循这条普遍的规则，没发现一个例外的左撇子。

我还是不明白，既然两只前翅完全对称，所需的演奏工具和右前翅是完全一样的，那么，只要把原来处于下方的左前翅移到上方来，就能用它演奏出和右琴弓一样的曲调。既然蟋蟀自己没有发现这个问题，那么我就试试用人为的方法来帮助它们利用这把闲置的琴弓吧。

我设法将蟋蟀的左前翅挪到右前翅上面，我小心翼翼地拿着镊子，大气也不敢喘，生怕手上一哆嗦弄伤了我的实验对象。还好，我的耐心和小心帮我顺利完成了任务，左前翅终于压在右前翅上面了，而且蟋蟀脆弱的胳膊没有脱臼，细嫩的翅膜也没有损伤，就好像它生来就是长成这样的，对于这次改造我非常满意。下面，就等待着整形后的蟋蟀用左琴弓拉出美妙的歌曲了。

然而，事情并没有朝着我所期望的方向发展。蟋蟀刚开始的时候还比较平静，但是没过多久，就对整形手术产生排异反应，费劲地将翅膀扳回原位。我又反复地试了几次，但是，蟋蟀都不能够接受这样的改变，最后，面对蟋蟀的顽强坚持，我终于放弃了。

我想，也许是因为成年蟋蟀的翅膜已经僵硬，纹理已经形成，所以无法接受突然的改变；那么，如果我从翅膀发育的初始时期就对它进行改造？如果翅膀从一开始就按照左前翅在上、右前翅在下的样子自然生长，蟋蟀会不会顺应这样的形势，改用左琴弓弹奏呢？

于是，我找来了蟋蟀的幼虫，留心它的羽化，这是它再生的重要时刻。此时的歌唱家，它的乐器还是稚嫩的四个小薄片，又短又小，还开着叉。我严密地监视着它的变化，终于等到了蜕皮。我清楚地记得，五月初的一个上午，大概十一点钟，一只幼虫褪去了它的旧衣，换上了一身栗红色的衣服，但前后翅是纯白色的。刚刚蜕皮的蟋蟀，翅膀又小又皱。后翅一直是退化的样子，前翅则开始慢慢展开、变大。起初，左右前翅还很小，没有相互接触到，是在一个平面上生长的；它们长得很慢，看不出来谁要盖住谁。慢慢地，两只翅膀的边缘碰到了一起，眼看着右前翅就要盖住左前翅了，到了我进行改造的时刻了。

为了保护这些稚嫩的薄翼，我抛弃了硬邦邦的镊子，选择一根草作为手术工具。我轻轻地将左前翅扳到右前翅的上面，但是小蟋蟀挣扎了一下，又给扳回了原位；我耐心地再一次将左前翅挪上来。这一次，它没有反抗，左前翅终于叠放在右前翅的上面，尽管只盖住了不到一毫米。这次改造较上一次更加棘手，不过我还是成功了。

随后的时间里，正如我所期盼的那样，蟋蟀的翅膀按照这种颠倒的次序生长着，左前翅终于盖住了右前翅。下午五点左右，蟋蟀的翅膀由白色变成了正常的成虫颜色，前翅终于发育成熟了。蟋蟀在我的干预下成长为一个左撇子，第二天、第三天，事情没有任何变化，看来它没有不良反应，这次整形应该说是取得了圆满成功。我们就耐心等待着这位使用左琴弓的演奏者为我们拉出美妙的音乐吧！

第三天，新歌手初次登台，等待已久的时刻终于来临。我听到几声短促的咯吱声，像是错位的齿轮相互摩擦的声音。哦，没关系，这只是演奏者在试音，在调弦，我们再等等。然而，下面的情形让我彻底失望了。整形后的左撇子还是要用它的右琴弓，前翅在颠倒的状态下已经长硬了、成型了，它还是坚持要把右前翅扳上来，弄得胳膊都脱臼了。在经历一番痛苦的挣扎之后，它终于将前翅恢复原位。

对此，我惭愧万分。我还欣喜地以为我创造出蟋蟀家族第一个左撇子演奏家，岂知将人为的推理和想象千方百计地强加给动物，最终也不能变成现实。我的那点技术和阴谋，终究抵不过蟋蟀的本能和坚强。正如我们人类大多数是右利手，不过牛顿、富兰克林、居里夫人，他们都是左利手的最佳代表。如果，除了罕见的例子外，左手能像右手一样灵活有力，那该多好啊！

可是，通过对蟋蟀的观察研究，我们得知，左边在平衡方面有一个天生的缺点，这个缺点永远无法消失，只能通过后天的训练和饲育得到一定程度的修正。所以，就算我从一开始就改变了蟋蟀前翅的叠放顺序，在它演奏的时候，还是会不顾一切地将它们扳回原位。至于左边这种天生弱势的原因，要求助于胚胎学才能弄明白。

不论如何，蟋蟀还是将左琴弓闲置不用，那么，这把与右琴弓同样精巧的齿条，存在的意义又是什么呢？除了寻求对称性，我实在想不出更好的理由了。然而，这个似是而非的理由明显是经不起质疑的。蟋蟀的近亲白额螽斯、蝈蝈儿，有的只有琴弓，有的只有镜膜，倘

◎ 意大利蟋蟀

若它们高举前翅问道："为什么我的亲戚蟋蟀有对称性,而我们螽斯都没有呢?"面对这样的质疑,我找不到合适的回答,我那原本就摇摇欲坠的理论大厦,被这小小昆虫的前翅轻轻一碰,就顷刻崩塌。

我们还是不要纠缠于左前翅的问题了,来听听蟋蟀的精彩演奏吧!它总是走出家门,在自家门口,一边沐浴着温暖的阳光,一边架起琴弓开始长久的演奏。它的琴弓发出"克利克利"的清纯声响,这音乐既柔和又响亮,既圆浑又充满律动。就这样,整个春天的闲暇时光,都被这些美妙的音符染上了快乐的色调。

蟋蟀刚开始是为了自己而拉起琴弓,是为了歌唱自己的幸福生活。在它的音乐中,流淌着柔美的阳光,闪耀着甜美的露珠;它用音乐赞颂太阳的永恒,感谢大地的慷慨;每一棵青草、每一个平静的隐蔽所,都能成为它音乐的主题。当然,它也经常演唱情歌,那是献给它喜欢的女邻居的动人歌声,歌者用音符来谱写爱意。

可惜,想要在田野中、在非囚禁的状态下观察蟋蟀的婚礼,难度非常大。这种昆虫不仅深居简出,而且十分胆小。我之前的每次尝试都是白费力气。看来,我还要耐心地等待机会,等待命运女神向坚持不懈者微笑。现在,我们只好仔细观察笼子中的蟋蟀了。

蟋蟀都喜欢待在自己家里,蟋蟀先生和蟋蟀小姐不住在一起。那么,婚礼要到谁的家中举办呢?

知 识 档 案

蟋蟀和蚱蜢

目前,直翅目昆虫的分类处于一个不断变动的阶段,没有一个权威性的分类被普遍承认。13个总科中,某些属、亚科,甚至是科的归置,在不同的书中常有不同的归类。然而,分类学的权威们至少同意把这个昆虫群体分为2个亚目,即短角亚目和长角亚目。以此为基础,下面按照直翅目昆虫触角的分节数量来划分。短角亚目昆虫触角的分节数少于30节,而长角亚目的要多于这个数字。

短角亚目

约1.05万种,分为31科和10总科。总体特征包括:腹部第一节上生有听觉器官;鸣叫机制(如果有)来自于前翅和附足上;雌性的产卵器由一对叉形的瓣组成。

枝蝗总科

130种,1科,即枝蝗科。分布于南美。身体很长(有近165毫米长);外形像细小的树枝或竹节虫,经常有人把它们和竹节虫弄混。

短角蝗总科

约1000种,9科,其中短枝蝗科和短角蝗科是最大的两科。短角蝗中较著名的有猴蝗;总体特征是没有翅膀,眼睛突出。

刀蝗总科

4种,2科,即刀蝗科和长角蝗科,见于北美。

癞蝗总科

4科中癞蝗科是最大的一科,共约有300种。多数见于干旱的环境中。南非的一种是直翅目中体型最大的昆虫之一,体长接近70毫米。

锥头蝗总科

约450种,仅锥头蝗科一科。全世界广泛分布,非洲最多。有些体色鲜艳的品种毒性很强,如果被儿童吃掉的话,可能带来致命的后果。有的如腺蝗属于农业害虫,会危害各种瓜类、花生、棉花等。有的体型巨大、体色鲜艳,后翅上常有闪亮的色彩。

叶蝗总科

15种,2科,细叶蝗科(窄叶灌木蝗)和叶蝗科(宽叶灌木蝗)。分布于东南亚。

蝗总科

所有总科中最大和分布最广的一科,约7500种,6科。最大的一科是蝗科,包括常见的蚱蜢和蝗虫,种类有蝼蛄蚱蜢和黄翅蝗。其中包括了一些最大个的蚱蜢和最具危害性的蝗虫,如沙漠蝗。这个群体最普遍的特征之一是前肢间长了一个小突起,而其他科的昆虫都没有这个。剑角蝗亚科包括了最常见的蚱蜢和很多有害的种类,如亚洲飞蝗。花癞蝗科广泛分布于全世界,包括了一些最大个的蚱蜢,体长超过120毫米。

菱蝗总科

约850种,2科,包括蚱科和长角菱蝗科。总的来说体型较小,蚱科的昆虫有时候被叫做"小矮人""松鸡蚱蜢""地蚱蜢"等。其中多数都栖息在水边或其他潮湿的环境里;有些能在水下游泳,甚至其中一个亚科是部分水生。

蚤蝼总科

2科,即蚤蝼科和泽蚤蝼科。小型昆虫,体长4~15毫米,住在水边的泥或沙里。蚤蝼科的昆虫有时候被称为矮恐蟋蟀,热带最多。

如果说，蟋蟀先生的歌声是它们双方唯一的联络方式，那么，应该是不出声的女友循着声音前往唱歌的男友家中。不过，事实恰恰相反。我根据自己的推测以及网罩中蟋蟀的现实行为，猜想雄蟋蟀很可能有一套独特的方法，用来找寻默不作声的女友的家。

那么，雄蟋蟀又是何时出发的呢？胆小的它选择在夜幕降临时悄悄启程。然而，这种夜间出行对它来说艰险万分。它平时足不出户，唱歌也只是在自己家门口，可以说，它对外面的世界一无所知，没有任何旅行经验的它基本上是个路痴。尽管路途只有二十步，对于它来说无异于长途跋涉；在千辛万苦找到女友的家之后，它要怎么回来呢？

这位夜间旅行者的命运真是令人担忧啊！它很可能找不到自己的家了；而且，完成了人生大事之后，它也没有力气再给自己挖一个新的洞穴了。它会流离失所，四处流浪。如果不是在网罩中，而是在田野里，筋疲力尽的它多半会成为夜间巡查的蟾蜍的夜宵。

不过，即使面临着这么大的危险，雄蟋蟀还是义无反顾地前往女友的家，在伸手不见五指的黑夜中，翻山越岭，来到女友家门口的空地上，去完成它传宗接代的任务。

虽然我们现在所了解的资料，只有网罩中发生的那点现实情况和对田野中发生的事的推测，但还是简要叙述出了事情的全部过程。我在一个网罩里放了好几对蟋蟀，它们相处和睦，四处溜达，

短足螽总科

1科（短足螽科），2属。其中一属见于巴塔哥尼亚，另一属见于澳大利亚。这个群体具有原始的特征，如此分散和孑遗种分布状态就是强有力的证据。它们有时被称为沙蝗或伪螽蟖，居住在土壤或沙下的地道里。

长角亚目

长角亚目的昆虫有着长长的角。主要特征包括：前胫节上的听觉器官；前翅的鸣叫机制（如果有）；雌性的产卵器常如一根长针，或如镰刀状。此亚目下有3总科：沙螽总科、蟋蟀总科和螽斯总科。

沙螽总科

约1500种，3科，即丑螽科、穴螽科和沙螽科。这个总科于近期经历了一些主要变化。6个科（怪螽科、蟋螽科、谜螽科、穴螽科、裂跗螽科和沙螽科）依次被确认。这一总科被认为是最原始的总科之一。

丑螽科

含8个亚科。怪螽亚科中包括从澳大利亚采集到的4个已知的"怪物"品种。包括一些体型最大的和最奇怪的直翅昆虫。来自新西兰的沙螽（18种，2属），常常在死木头或地表的沟沟缝缝中被发现，晚上，它们会从那些地方跑出来吃树叶子。

穴螽科

约500种，7亚科。常见的有穴螽斯和驼螽斯，包括的北美的穴螽斯。

沙螽科

5亚科。沙螽亚科的约38种，常被统称为沙螽，见于北美洲和中美洲。它们的体长为10～150毫米。

蟋蟀总科

即普通意义上的蟋蟀。约4200种，全世界均有分布。

蟋蟀科

最大的一科，包括最常见的家蟋蟀。经常有人把其中的一些亚科上升为科，如树蟋蟀亚科成为树蟋蟀科，钲蟋蟀亚科成为钲蟋蟀科。

蝼蛄科

约50种，全世界均有分布。统称蝼蛄。全部都长有掘土机一般善于挖洞的前肢。欧洲蝼蛄是温室害虫。

蚁蟋科

约65种，全世界均有分布。是体型小、身体扁平且无翅的昆虫，习惯与蚂蚁住在一起。

螽斯总科

长角亚目中最大的一总科，超过6000种。

螽斯科

包括大约23个亚科，草螽亚科、露螽亚科、树螽亚科和螽斯亚科囊括了这一科的大部分种类。俗称树螽、长角蚱蜢或灌木蟋蟀。全世界到处都有，大多数栖息在热带地区，食性很广，植物和动物残余物都是它们的食物。有些几乎只吃肉，还会咬人，如灰螽。其他螽斯种类还包括：橡树丛螽蟖；披甲树螽；锥头树螽等。

鸣螽科

4种，2属。分布于北美、北亚。包括隆背蟋蟀。也有人将该科称做原哈格鸣螽科。包含许多已灭绝的种类，被认为是螽斯的祖先。

⊙ 许多蟋蟀没有翅膀，不能飞行。图中的雄性蟋蟀抬起它的前翅，吸引雌蟋蟀爬上来吃它背部腺体的分泌物。

好像没有建造永久住所的计划，只是蜷缩在一片生菜叶下面。

不过，邻里之间的和睦很快被求偶期的争风吃醋取代，情敌之间经常发生激烈的争吵。它们面对着面，脸上似乎都带着妒忌的神情，或许不久之前它们还是一起歌唱的好兄弟，然而现在，它们将要为了爱情而大打出手。它们扭打在一起，互相咬住对方的头。战斗结束后，失败者灰溜溜地逃跑，而胜利者则引吭高歌，洋洋得意地炫耀自己的战绩，然后又跑到女友身边，轻声唱起情意绵绵的曲调。

它描眉画眼，以取悦女友，它把一根触角拉到大颚下，卷曲起来，用唾液涂上美容剂。它还用肢体语言不断向女方示好，它那镶嵌着红色饰带的长后腿向空中猛踢。它太激动了，尽管琴弓还在迅速拉着，可是却发不出声来，或者只是一阵没头没尾的摩擦声。

然而，这激动人心的表白并没有打动它的爱人。雌蟋蟀故作矜持地跑开了。两千年前的牧歌这样唱道："它向草丛逃去，一面窥视着求婚者。"两千年后的雌蟋蟀，竟然还是使用一模一样的恋爱宝典啊！

雄蟋蟀没有就此放弃，似乎它看出了女友芳心已动。它又开始了歌唱，歌声时而灵动，时而舒缓，时而有一会儿静默的间歇。女友终于被这动情的歌声感动了，它从草丛中走出来，迎着它的男友走去。男友也迎上来，它掉过头，转身趴在地上，倒退着朝后爬。经过了多次尝试，它终于以这种奇怪的姿势钻到此蟋蟀的身下，交配完成了。雄蟋蟀身体中涌出一个细粒，明年它将变成这对夫妻的后代。

接下来就是产卵了，这对夫妻住在了一起，却没有开始幸福美满的生活，家庭暴力一发不可收拾。丈夫被妻子打得肢残腿断，曾经为它演奏情歌的琴弓也没能幸免，被撕得破破烂烂。昨日还是亲爱的伴侣，现在却成了讨厌的家伙。可怜的雄蟋蟀，几乎快被它的妻子吃光了。如果不是在封闭的网罩里，而是在开阔的田野中，估计它就要逃命了。

母亲在交配后对父亲这种凶残的虐待，我们在蝈蝈儿和白额螽斯身上都见过。这些古代习性残存的代表告诉我们：母亲才是生命活动的主角，是真正的繁衍者和劳动者；父亲这个次要角色，只要完成了交配任务就该早早退出舞台。

不过，就算幸运的雄蟋蟀能够从妻子的屠刀下逃脱，勉强保住一条小命，也还是躲不过命运早已安排好的终结。六月，我网罩中的囚犯就全部死掉了。它们在与女友的快乐中，热情地消耗自己储存的精力，短暂的欢愉之后是生命的干涸，是死期的临近。

如果雄蟋蟀被单独囚禁起来，事情就完全不同了。它们是单身，它们没有因为片刻的欢愉而过度消耗身子。虽然它们没有完成雄蟋蟀的人生大事，但是它们都非常长寿。普罗旺斯以及整个南方的小孩子都喜欢把蟋蟀放在小铁丝笼子里饲养，这些被迫的单身蟋蟀就这样一直欢快地歌唱着，一直到草地上的伙伴们都永久地静默了，它们还在唱着。它们一直活到九月，多活了三个月，成年之后的生命延长了一倍。

在这里，我插一些题外话，虽然与主题关联不大，却也十分必要。有人说，热爱音乐的希腊人把蝉养在笼子里，听它们歌唱。我想说，它们养的一定不是蝉，却很有可能是蟋蟀。

首先，用笼子养蝉是不太可能的，除非里面有一棵梧桐树或是橄榄树；而且，蝉喜欢高飞，将它放置于一个狭小封闭的空间里，它会厌倦郁结而死的。其次，蝉的歌声十分沙哑，对耳朵来说，长时间听这种刺耳的鸣叫无异于自找罪受；拥有娇嫩耳朵的希腊人，会喜欢这样的歌声吗？

或许，就像人们把绿色蝈蝈儿和蝉混淆一样，希腊人将蟋蟀误认做是蝉了。蟋蟀深居简出，对生活空间几乎没什么要求，天生就能适应被囚禁笼中的生活。只要每天给它生菜叶吃，它就会高高兴兴地当囚犯，还会尽情地演唱着田野的欢歌。

我家附近还有三种蟋蟀，我对它们的研究不是很深入，也没有得到什么特别的结论。它们都居无定所，四处漂泊，今天住在土地的裂缝里，明天可能就躲在一堆枯草下；当然，它们似乎也不打算要建造一个永久的居所。它们使用的乐器和田野蟋蟀基本一样，只有细微的差别；歌声也是一样，只不过声音的大小程度不同而已。

这些蟋蟀中体型最为小巧的是波尔多蟋蟀，它的歌声是如此细微，以至于我耳朵的老骨膜要非常努力，才能够捕捉得到。但是，音量的大小丝毫不影响它的演奏，它毫不吝啬地敞开歌喉，在我家门前的黄杨树下歌唱。

虽然，我所居住的地区没有家蟋蟀，不能在厨房的地板缝隙里听到蟋蟀的鸣唱；不过没关系，只要你在夏夜走进田野，就能欣赏到它们演奏的交响乐。春天，田野蟋蟀迎着阳光拉起了琴弓；夏天，树蟋在静谧的星空下尽情歌唱。春日的暖阳和夏夜的恬静，它们共享这美好的季节；当田野蟋蟀收起琴弓、退下舞台，树蟋就弹奏起小夜曲。

树蟋又叫意大利蟋蟀，它细细瘦瘦，苍白纤弱，全无蟋蟀类所特有的笨重体形；一对大翅膀薄得让人担心，好像一口气就会被吹破。它喜欢住在高一点的地方，迷迭香、小灌木和长得高高的草，它就在这些植物上面四处漂泊，很少到地上来。

树蟋热爱炎热的夏夜，它是不知疲倦的夜晚歌唱家，从七月到十月，从日暮时分到深夜，它一直鸣唱着优美的小夜曲。它的交响乐团遍布田野，我们这里的每个人几乎都听到过它的音乐。然而，人们对这种习性神秘的蟋蟀知之甚少，还以为这幽雅柔美的抒情歌曲是普通蟋蟀唱的呢！其实，普通蟋蟀这时候还没长大，还不会唱歌呢。

⊙ 世界上至少有 2 万种蟋蟀和蚱蜢，甚至还可能更多。图中展示的只是生活在中美洲雨林中的一小部分蟋蟀和蚱蜢标本。

能发出声音（"唧唧"声）是直翅目昆虫的显著特征。它们可能在保卫地盘和对付敌人的时候会用到声音，但对人类的耳朵来说，最常听到的是它们交配时发出的声音。鸣叫声通常来自雄性，是求偶的重要手段，而且不同种类的直翅目昆虫有自己特有的叫声，以确保只有同种类的雌性才听得懂。此外，鸣叫也是使雄性彼此之间保持距离的重要信号。很多直翅目昆虫在求偶的时候还会来一段舞蹈——附肢和身体以一种复杂的方式运动。

用来唱响求爱颂歌的基本机制有两种，一种是摩擦前翅基部专门的翅脉，这种错齿发声技术主要见于长角亚目（蟋蟀、树螽、长角蚱蜢）的昆虫中。另一种主要见于短角亚目（短角蚱蜢和蝗虫），称为"洗衣板"的技术，其声音来自前翅的一个或多个发声翅脉与后翅内侧的脊部或一排突起之间的摩擦。除了这两种以外，也有很多其他的发声机制，但前两种是这一目的昆虫用得最多的。有些种类，雄性和雌性都会唱求爱颂歌，有些则只有雄性会唱。

橡树丛蟋蟀发声的方式很独特，它会抬起一只后腿，跗节像鼓一样敲打物体，发出咕噜咕噜的声音。还有很多种类则上下吧嗒它们的颚骨，发出像磨牙一样的声音——受到惊扰的蚱蜢常这么做。

请凝神细听，树蟋的音乐是"克里－依－依"、"克里－依－依"的声音，歌声轻柔舒缓，还带有轻微的颤音，像是温柔地拉着小提琴。爱好音乐的人可以从这音乐声中推断出，这位歌者的振动膜十分宽阔而细薄。它的歌声清朗而甜美，是田野合唱队中出类拔萃的歌者。我有多少个迷人的仲夏夜啊，是躺在荒石园中，在它们优美的音乐中度过的。

树蟋敏感胆小，还精通腹语，想要拜访它并非易事。如果草丛里没有什么声响，它就安心地唱歌；但是哪怕有一丁点儿的风吹草动，它就改用腹语唱歌。刚才还听到它在你身旁鸣唱；突然，它的声音又从另一边传来；当你蹑手蹑脚地走到那里时，声音又从原来的地方想起；可是似乎也不对，声音的方位忽左忽右，甚至有时从后面传来。单凭听觉去找到它真是太难了！我拎着提灯，屏住呼吸，小心翼翼，才幸运地抓到了几只。我把它们关进网罩里，现在，我终于能够近距离地观察这些神秘的歌唱者了。

树蟋的乐器十分精致，两只前翅都十分宽大，是呈半透明状的薄膜，薄得就像是包糖果用的糯米纸，整块糯米纸都能够振动。前翅下部浑圆，曲线优美。翅面上有三条翅脉，一条较长的纵脉斜着镶嵌在上面，两条横脉与之垂直相交，构成丁字形。当树蟋休息时，翅缘便裹住身体的两侧。

和田野蟋蟀一样，树蟋的前翅也是右前翅压在左前翅上。在靠近臀角的部分有一块厚茧，从那儿辐射出五条翅脉，两条朝上，两条朝下，第五条差不多是横向的，略成棕红色，这些翅脉上还横向排列着细小的锯齿，这就是树蟋的琴弓。前翅的其他地方还有另外几条相对较细的翅脉，这些翅脉不参与摩擦活动，只是把薄膜绷紧。左前翅的结构与右前翅的一样，只有细微的差别：左边的琴弓、厚茧和厚茧辐射出来的翅脉，是位于上部的。

左琴弓和右琴弓彼此倾斜交叉，当树蟋唱出最洪亮的歌声时，两把琴弓都高高竖起，彼此只是内缘相接触。这时，一把琴弓斜着与另一把琴弓相啮合，相互摩擦着，使绷紧的两片薄膜振动，发出鸣响。

那么它又是怎样巧妙地使用这两把琴弓，制造出声音的幻觉，来迷惑我们的耳朵呢？首先，它可以发出不同的声音，每把琴弓在另一个前翅的厚茧上摩擦是一种声音，在四条光滑的辐射翅脉上摩擦就是另一种声音了。这样一来，我们根据听觉的判断，就认为歌声似乎不是在原来的地方，而是突然将位置变换到了别处。

其次，它还善于改变音量的强弱高低，进而误导耳朵对歌声距离远近的判断。它想要高声歌唱时，就将前翅完全竖起；它想要压低声音时，就把前翅多多少少放下些。当前翅放下时，外缘也不同程度地压在它柔软的侧部，振动部分的面积相应缩小，声音也因此减弱了。

田野蟋蟀及其同属的歌者，也懂得这种调节音量的方法；可是，在声音的迷惑性方面，没有哪位歌者能够超过意大利蟋蟀。我们的乐器中有制振器，也有弱音器；但是，意大利蟋蟀的乐器结构更简单、效果也不错，完全可以和我们的乐器相媲美，甚至比我们的更好。

这位精通音乐的演奏家，只要感觉到一点风吹草动、感觉到一点不安全，它就把振动片的边缘放在柔软的腹部，声音忽远忽近，让想要抓它的人迷惑不解，不知道它到底躲在什么地方。只要你以一个倾听者的身份，而不是捕猎者的角色，静静地不打扰它的演唱，它清纯的音乐就会一直在迷迭香丛中回响。

⊙ 在求偶的时候，来自苏门答腊的一种雄性蟋蟀（右）会喳喳叫着，为雌蟋蟀唱起小夜曲。这种蟋蟀的整个求偶过程冗长而细腻，甚至包括少见的腿部舞动。

夏天，我喜欢在夜深人静的时候，来到荒石园，躺在草地上。不是为了看头顶星光熠熠的银河，而是为了听蟋蟀们的歌唱。在这里，我忘记了尘世的喧嚣，也忘记了生活的烦恼，整个身心都沉醉在蟋蟀们动听的交响乐中。这是一个阵容多么庞大的交响乐团啊！那些开着红花的岩蔷薇，那些枝叶摇动的野草莓树，都是它们的舞台；每一簇迷迭香上都有自己的小提琴手，每一束薰衣草上都有自己的抒情歌者。

这些田野中的小生命啊，它们忘情地歌唱着自己的欢乐；我徜徉在这生命的合唱里，甚至忘记了头顶那条璀璨的银河。天上的星星望着我们，但是目光中没有生命的悸动；它们光彩熠熠，却没有生命的色彩；它们辽阔宽广，却没有滋养生命的土壤。生命的快乐，它们感受不到；生命的苦痛，它们也无从知晓。

科学会告诉我们星星们的秘密，科学会告诉我们它们为什么闪闪发光，是凭借自己的力量，还是靠着太阳的恩惠；科学会告诉我们它们的运行轨迹和行动速度，帮助我们测算出它们在多少年后的几时几分离地球最近；科学会告诉我们它们的体积和质量，是比地球大还是比地球小……但是，在这些用仪器和数字探寻出来的秘密里，却唯独没有一个与生命相关。也正是因为如此，才不能拨动我们的心弦。

可是，这些在仲夏夜里陪伴着我的小生命啊，这些为生命而欢呼的歌手啊，是你们让我懂得了太阳照耀的意义，是你们让我触摸到了苍茫大地的灵魂，这就是生命。在我心里，那些遥远的庞大星球啊，永远也不会比草叶上一只小小的蟋蟀更能打动我。

第五章

蝗虫的角色和发音器

蝗虫如同扇子般突然展开的蓝色翅膀、红色翅膀；在我们的手心乱蹦乱踢的天蓝色，或者玫瑰红的带锯齿的长腿——我的那些孩子们在梦里见到的大概就是这些可爱有趣的小昆虫吧。与他们借助魔灯看到的东西一样，我也常在梦中与它们相遇。它们所带来的无邪与天真，时刻抚慰着孩子们和老年人柔软的内心。

捕捉蝗虫，可以被视作一种没有多大威胁，男女老幼皆宜的狩猎活动。蝗虫就是这样给我们带来了无比愉快的上午。我的助手能轻易地抓住那些已经老迈的蝗虫，然后与我在被太阳晒硬的草地上漫步，这种感觉是多么美妙啊！

身手敏捷的小保尔，具有一双极具观察力的眼睛。当他要捕捉蝗虫时，会先在灌木丛中仔细查看，这时候，被他惊到的灰蝗虫会像小鸟一样从那里飞出来。作为捕猎者，小保尔会拼命地追上去，随即失望地停下来——蝗虫已经逃之夭夭了，有了这次的经验，下一次他无疑会成为一个幸运的捕猎者。

玛丽·波利娜，年龄比小保尔更小些。与细心观察意大利蝗虫相比，背部有四条白色斜线，看上去像极了圣安德烈十字架的另一种蝗虫让这个小姑娘更为着迷。

这种蝗虫披着缀有几个铜绿色碎片的外衣，那模样如同各代的胸章。可爱的玛丽用她的耐心，一点点靠近那个蝗虫，随着手的落下，终于逮到了。蝗虫一个个被装进纸袋里，以至于在太阳变得炽热之前，我们已收获了种类繁多的蝗虫。

我将这些小个子家伙养在网罩里，它们可能会透露有关它们世界的一些秘密，如果我善于发问的话——在野地里，你们扮演什么角色？这是我对我的俘虏

◉ 蝗虫

提出的第一个问题。教科书告诉我们，你们是害虫，声名狼藉，可是否因此就该受到人类的指责呢？对此我充满了怀疑。不过，那些给亚洲和非洲造成巨大灾害的毁灭者不在此列。

你们的好处远甚于坏处，至少我这么认为。你们从没有给这个地区造成过伤害，这里的农民也没有对你们产生抱怨。绵羊不吃长着芒刺的植物，你们吃了，农作物中间那些让人讨厌的杂草也是你们热衷的食物。此外，长不出果实的东西，被其他动物抛弃，而你们却喜欢得不得了。事实上，当人们收割完麦子后，你

⊙ 图中这种带有警戒色的蝗虫广泛分布于世界上的温带地区。在西非和中非，这种锥头蝗科杂色蝗虫是一种农作物害虫。

们才现身，就算你们在菜园子里偷吃了几片生菜叶，那也不是什么不能宽恕的弥天大罪。

鼠目寸光之人，为了他那几个可怜的李子，将宇宙固有的秩序打乱，任用这样的人去处理昆虫，最终得到的只有毁灭。还好，他没有这种权力。我们可以观察一番，假如那些只对蔬菜地造成微不足道破坏的蝗虫彻底消失，会给我们造成怎样的后果。

九、十月间，孩子们赶着火鸡群来到收割后的田里。火鸡走过的地方，光秃秃一片，放眼望去，也就只有一簇矢车菊长着最后的几个绒球。可是孩子们还是把火鸡赶到了这里，这些饿得咕咕叫的火鸡要干什么呢？答案是，这里是火鸡们的饲料场。它们要在这里被喂得肥满，以便到了圣诞节成为餐桌上的一道美味。那么，火鸡的饲料是什么呢？是的，是蝗虫。人们在圣诞之夜吃的味道可口的烤火鸡，很大一部分就是靠上天赐予的、不用花费一分一文的美食喂养成熟的。

在农场周围转悠的珠鸡，毫无疑问，它们在寻找麦粒，但是请注意，它们首先关注的却是蝗虫。美味的蝗虫使得珠鸡的腋下长出一层脂肪，从而使肉质更为鲜美。爱吃蝗虫的还有母鸡，它对这种昆虫能促使自己产更多的蛋这一作用非常了解。如果将它放出鸡笼，它要做的第一件事就是领着小鸡去完成收割的麦田里，寻找营养价值极高的蝗虫。

如果你对法国南部丘陵地区的著名特产红胸斑山鹬情有独钟的话，恰好你又是一名猎人，当你熟练地将打下来的山鹬的嗉囊剖开，你就能找到这种长期被人污蔑的昆虫为别的动物作出贡献的证明。你会发现，十只山鹬中，有九只的嗉囊都装满了蝗虫。如果它们能长年尝到蝗虫的美味，对于植物籽粒的印象将会消失殆尽。普罗旺斯的白尾鸟是图塞内尔热情善于歌唱的黑脚族飞鸟中最为著名的一种。为了对这种鸟类的摄食习性进行了解，我捕捉到了它，并将它的嗉囊和胃里残存的东西详细记录下来，从而得知了这种鸟类的食物，包括排在最前列的蝗虫，其次是象虫、砂潜、叶甲、龟甲、步甲这样的鞘翅目昆虫。

这种鸟类，我们可以称为食虫鸟，它对野味从不挑剔，吃浆果是实在找不到可吃食物之后无可奈何的选择。在我48例的记录中，只有3例是吃植物的，而蝗虫是它们最常吃、吃得也最多的昆虫。除了白尾鸟，一些小候鸟的口味也是如此。蝗虫是这些小候鸟最无法舍弃的美味。在荒地里，它们总是争先恐后地捕捉自己的猎物，从而为自己的长途旅行做好能量的储备。

除了动物，人也吞食蝗虫。在多玛将军提到的《大沙漠》里，有着这样的记载：

蝗虫是人和骆驼的可口食物。将它的头、翅膀以及腿去掉，就可以和古斯古斯放在一起用火烤着吃。

把蝗虫晒干、碾碎，以牛奶拌匀，也可以和上面粉，之后加上盐，用油脂或者是牛油来炸。

骆驼特别爱吃蝗虫，在给骆驼准备食物的时候，我们先是把蝗虫放到炭火之间，烤干然后炒好。

玛利亚曾祈求主赠她一块无血的肉，主给她的是蝗虫。

一些人以蝗虫为礼物送给先知的妻子们，她们将蝗虫转送给其他女人。

欧麦尔曾说："我想吃满满一篮子的蝗虫。"这是当有人问起他是否允许吃蝗虫时，欧麦尔的回答。

由这些事例可以得知，主把蝗虫当作礼物恩赐给人类。

我不曾像这位阿拉伯学者一样，踏足过那么多的地方。如果人类想吃蝗虫，势必需要非常强健的胃，这样的胃并不是每个人都拥有的。我能确定的是，蝗虫是上天赠予诸多鸟类的食物。鸟类之外，对蝗虫格外倾心的还有爬行动物。令小女孩感到害怕的眼状斑蜥蜴挺着的大肚子就是一个极好的例证。我还多次看到墙上的小壁虎嘴里含着费尽心思才捕捉到的蝗虫的残骸。如果能有幸捕捉到蝗虫，鱼类也会感到高兴，不过，对于鱼类来说，蝗虫有时也是致命的，因为垂钓者经常以这种昆虫作为美味的诱饵。

好了，已不用我再多举喜欢吃蝗虫的还有哪些动物，它的重要作用已被我所熟知。它能变废为宝，以曲径通幽似的方式，让对食物极为挑剔的人类也能享用。不过有一点我还不能肯定，那就是人类是不是不喜欢直接食用蝗虫？

早在野蛮地将亚历山大图书馆摧毁的欧麦尔说出"我想吃满满一篮子的蝗虫"前，一些人早已食用蝗虫了，但那是在环境不允许人们享用其他食物的情况下，不得已而为之。我熟悉野蜜，石蜂的蜜罐里也可以找到这种野蜜，它完全可以食用，这样的话，我不免要问，那沙漠中的昆虫是否可以食用？就像所有的孩子那样，儿时，我也曾生吃过蝗虫的腿，那味道在我看来还是不错的。如今我们的生活有了提升，但我们不妨重温一下这道菜肴。

在肥大的蝗虫身上裹上奶油，撒上盐，再煎一煎。这就是一家的晚餐。大家认为这味道远比亚里士多德吹嘘的蝉可口多了。虽然可食用的肉极少，却有一股虾的味道，如果说它味道鲜美，一点都不过分，不过对我来说，不会再有这样的经历了。

独居和群居两种独特的生活方式，每一种都与当时的环境条件紧密联系，这使沙漠蝗虫呈现个性化的一面。当美味的绿色植物生长繁盛的时候，它们习惯独来独往，凡是有植被的地方，必定能发现它们的踪迹。在这种独居时期，生长中的若虫都是绿色的，与其所处的环境相匹配，长大后也会过着独处的生活。然而，当干旱来临，植被变得像大地上棕色的一块块补丁的时候，若虫通过蜕皮，会变化出较鲜艳的具有警示性的体色。同时，它们会聚集起来，使种群的密度戏剧性地变大。

沙漠蝗虫一旦形成群体，个体常常多达50亿只，能一下扫光1000平方千米的植被。这里面诱因很多。因此，人们要么去理解导致蝗灾形成的因素并找到对环境友好的解决方法，要么只能用昆虫灭杀剂浇透非洲和中东的大片地区来改变环境。

这道菜肴更适合大颚粗壮的黑人来享用，或者像欧麦尔那样胃口极好的人。不过就算我们的胃脆弱娇嫩，也丝毫无损于蝗虫的优点。生活在草地上的这些家伙，在专门制造食物的工厂里扮演着重要的角色。在旷野中，它们大量繁殖，而后将无用之物变为有用之物，提供给众多消费者享用，鸟是其中的一类消费者，而人类又多食用鸟类。肚子饿了就需要吃东西，这是不能讨价还价的，这也正是在生物界，为什么说获取食物是第一要紧的事情。也正因为动物们将自己最杰出的智慧、技巧、诡计用在了争夺餐厅的席位上，使得原本应该充满欢声笑语的宴会成了一种难以忍受的酷刑。即便如此，人类并没有完全摆脱饥饿的折磨，相反地，却是经常品尝饥饿的滋味。

不过，科学使我们相信，人类终有一天能够

摆脱饥饿。化学承诺,不久以后这个问题即可告终结,它的姐妹物理特意为此开辟出一条新的道路。让太阳更为有效地履行它的职责,这是物理学要做的事情,以为让葡萄长满琼浆,在麦穗上涂满金色,太阳与我们的账目就算清了。物理学要做的就是将太阳光收集并储存起来,我们想何时用就何时用。

这些被收集并储存起来的能量有诸多用处,比如生炉子、转动齿轮、将果实捣碎、让磨自动运转。就这样,由于四季的变换而辛劳费力的农业劳作,将会演变为与工厂劳动一样的作业方式,这样做的好处就是,不用费多大的力气与资金,却能收获比平日多得多的效益。在这方面,化学也会发挥其诸多令人眼花缭乱的作用。它帮助我们制造最富营养的食物。看上去是一个丸子,实际上它是一块面包;普通的肉冻,实际上它是一块牛排。这些都是化学的功劳,而野蛮时代的田间劳动,只能在历史学家的谈论中听到。总有一天,牛羊、麦粒、水果、蔬菜,都会成为过时的东西,继而消失。有人说这标志着人类的进步。

科学在创造剧毒物质时,的确有惊人的创造性。在我的实验室里就有很多这样的剧毒物质。假如人们发明了一种蒸馏器,以苹果为原料制造出大量烧酒,以便使我们成为头脑混沌的人,那么显然,工业将不会有任何限制。以人工方式制造出真正有营养价值的食物,则是另一回事。称得上食物的只有有机物,这是在实验室里无法生产出来的。因此,我可以说,生命是食物的化学家。也因为这个原因,我们很理智地将牛羊和农业生产保留下来,一如过去千百年传承下来的方式那样制造、储备我们的食物。相对于工厂的粗暴,我更相信人类自己细腻的办法,尤其是那些有着大肚子的蝗虫。它们同心协力为我们制造出圣诞节餐桌上必不可少的一道食物——火鸡。食谱就装在它们的肚子里,蒸馏器再怎么心怀嫉妒,也无法同蝗虫一样制造出火鸡来。

这种能为许多土著居民提供美味的昆虫,以弹拨身上的乐器来表达它们的欢乐。此刻,让我们观察一只蝗虫吧。它刚吃完午饭,躺在阳光下休息,同时进行消化活动。突然,这只蝗虫发出声音,这种声音重复了三四次,过了一会儿了,它又发出了同样的声音。声音很小,小得让我只好求助于听力超常的小保尔。音乐不甚动听,因为蝗虫没有绷得很紧的,如同音簧一样的振动膜。

意大利蝗虫就是此间的代表。这种蝗虫的后腿具有流线的外形,两条竖的粗肋条分布于每一面。

◎ 沙漠蝗虫群会毁坏庄稼。一个蝗群一次就能造成 16.7 万吨谷物的损失,这些谷物足够 100 万人吃 1 年。

在粗肋条的四周，排列着楼梯一样的"人"字形的细肋条，不论里面还是外面，都一样明显。所有的肋条都非常光滑，这一点让我尤为意外，但是它的前翅以及后腿并没有出奇之处。可想而知，如此简单，甚至鄙陋的发音器实验品，会弹奏出怎样的音乐。然而，就是为了这样微弱的声响，蝗虫不辞辛劳地抬高、放低自己的腿，并激烈地进行颤动。蝗虫对自己所做的一切感到心满意足，它以这种方式表达自己对生活的热爱。

当然不是所有的蝗虫都用这种方式表达自己的欢乐情绪。拿长鼻蝗虫来说，就算太阳晒得暖洋洋的，它也不作一声。我从没有看到过它摆动后腿。它那修长的大腿，除了跳跃，毫无用处。灰蝗虫的腿也很长，也是闷葫芦一个，但它有自己表达欢乐情绪的方法。在风和日丽之时，我总能看到它在迷迭香上展开翅膀，迅速拍打几分钟，那架势似乎是要飞起来。不过，虽然拍打得格外用力，我们却听不到一点声响。

比灰蝗虫更不济的还有红股秃蝗，它在遍地长满帕罗草的阿尔卑斯地区闲逛散步，它是地中海的客人，在雪一样洁白的花朵和玫瑰红的花芽周围，身着短紧上衣的红股秃蝗，犹如花园里的植物一样光彩夺目。在阳光没有被云雾遮蔽的高原地区，红股秃蝗的衣服优雅却又朴素。那看上去像淡棕色绸缎的是它的背部，它的肚子呈黄色，后腿的基节呈珊瑚红，异常漂亮的是它天蓝色的腿节。我不禁赞叹，它是那样的标致，不过即便如此，它依旧还是一只虫子，穿着短小的衣服。

这个家伙有着粗糙的前翅，相互隔开，就像燕尾服的后摆，其长度超不过腹部的第一个环节，比之更短的是后翅，它连前胸都无法遮住。头一回见到它的人们，会错误地将这个家伙看成若虫，然而它事实上已经是发育完全的蝗虫，可以进行交配了。红股秃蝗到死都是这样一副几乎没有穿衣服的尊荣。既然衣服如此的短小，指出它不可能歌唱是否还有必要？它没有前翅，没有突出的边缘，只有粗粗的后腿。别的蝗虫发出的声音不太响亮，红股秃蝗是根本发不出声音。不过我认为，这个一声不吭的家伙，一定有属于自己的办法表达快乐，并以此召唤它的伴侣，而我对此一无所知。

至于红股秃蝗为什么没有飞行器官，我也无从知晓。它终其一生，一直是一个笨拙的步行者。它似乎安于现状，毫无抱负，对做个步行者心满意足。它为什么不以那些拥有翅膀的近亲为榜样呢？它们从山顶越过积雪的斜谷，以飞快的速度越到另一个山顶；从一个收割完毕的牧场，轻松愉快地越到一个尚未开发的牧场，难道这样的好处没有任何价值可言吗？它其实可以将没有包裹着但没有用处的残破的翅膀从身体内部抽出来，对它来说，这有很多的好处，可它为什么不这么做呢？

进化停顿了。

有些人这么认为。这样的说辞与没有回答一样，我可以用另一种方式提出疑问：停顿为什么消失了？为了获得美好的未来，也就是能自由地飞翔，若虫的背上长了四个翼套，里面藏着各种有益的基因，这些基因都按正常的进化法则安排妥当。不幸的是，身体没有响应这一法则，成年

知 识 链 接

直翅目昆虫的耳朵长在腹部或前肢上，包括一层薄膜和与之在内部连接的专门的接收器。声音会引起薄膜振动，随之刺激接收器的神经细胞。有些种类雌雄两性的耳朵外形不同。许多灌木螽斯利用听觉来躲避蝙蝠等天敌，比如薄翅树螽能够探测到近30米外的蝙蝠，在蝙蝠们确定这些昆虫的方位前，它们早已经逃走了。

直翅目昆虫发出的声音有时出人意料地响亮。锥头树螽因为它发声器官的结构，是已知发出的声音最响亮的昆虫中的一种。而包括蝼蛄在内的很多科的成员还会专门制造声音放大器。比如，雄性蝼蛄洞穴的形状会把它的歌声放大，以至于在寂静的夜晚，2000米外都能听到它的声音。最近，人们还利用电脑几乎完全模仿蝼蛄洞穴的构造，研制出了目前最精密和先进的扬声器。

然而，并不是所有蟋蟀发出的声音人类都能听到。许多种类发出的声音属于超声波，而人类的听觉感受范围在20千赫内，因此无法听到任何超出这个范围的声音。澳大利亚的树螽，有两种以近1毫秒的超声波频率发出短的、音调单纯的声音脉冲。这两种树螽的发声频率不同，目的是为了使雌性能够准确辨认对方。

蝗虫依旧没有翅膀，它的衣服依旧是残缺不全的。这种情况是否与阿尔卑斯山艰苦的生活条件相关呢？这种可能性根本不存在，因为就在同一地区，其他的一些昆虫还是能够从若虫赋予的基因里获取长出翅膀的能量。

在条件允许的情况下，经过不断尝试，动物终于如愿以偿地获得了某种器官，这是人们早已形成定势的看法。他们的解释是动物们需要这么做，而不承认其他富有创造性的作用。其实那些蝗虫，尤其是生活于万杜山上的蝗虫，经过千百年的繁衍生息，原本可以从若虫外头的短小后摆长出前翅与后翅来。

的确如此，名头显赫的大师们，请你们告诉我，红股秃蝗为什么只保留了飞行器官的基因，却没有因此生出翅膀来。经历了千百年的岁月洗礼后，它肯定也会受到需要的刺激，当它跌跌撞撞地在岩石峭壁中艰难跋涉时，它会想到，如果能够通过飞行，摆脱这糟糕的情况，会是一件多么美妙的事情。它由此也经过了诸多努力，但所有努力的结果，都无法让它处于萌发状态的翅膀彻底地展开。

⊙ 灰蝗虫

依照你们的逻辑，在这些情况完全相同之下，诸如需要、食物、气候、习惯等等，有的发育成熟，能够飞翔，有的则以失败告终，始终是一个笨拙的步行者。这种说辞跟没有说有什么区别？我无法接受这样的荒谬的解释。我宁愿承认自己对此一无所知，而不做任何无意义地揣测。

把那些落伍者搁置一旁算了，不知道这个家伙为什么会落后这么长一段距离。尽管充满了好奇，对于身体发育中的前进、停顿或是跃进，都无法做出恰当的解释。这种现象必定隐藏着深奥的缘由，面对这个问题，最妥当的方法就是谦虚地承认自身的不足。

蓑蛾和它的产卵

春季来临的时候，无论是在灰蒙蒙的小路上，还是在破旧的城墙壁上，都会有一些奇怪的现象让我们费解。究竟是怎么回事呢？就像受到什么惊吓似的，原本静止的一些小柴捆却在突然间晃动起来。我们可以看到在柴捆里面有一条黑白色的小毛虫，看起来挺漂亮，长得也有点粗壮。待在柴捆里的它们就好像发动机一样，带着柴捆行动。小毛虫的前半身有六只爪子，它们只将自己身体的一部分伸出柴捆，那就是一半的身体和一个脑袋。假如听闻到外界的丝毫动静，它们就会立刻将全部身体都缩回柴捆，一动也不动。这些小东西的行为有什么目的呢？原来它们是在为自己将要发生巨大变化的身体寻找最合适的地点，所以才钻在柴捆里四处游荡。这也是柴捆为什么会动弹的原因。

知 识 链 接

所谓变态，是指某些动物在幼体发育为成体的过程中，身体的外部形态、内部生理结构，以及生活习性所发生的一系列显著的变化。在动物界中，昆虫类的许多动物都要经过变态过程才能发育成成体。此外，两栖动物中的蛙类也要经过变态过程才能从蝌蚪变为成熟的蛙。

某些昆虫要经过卵、幼虫、蛹、成虫4个时期，这称为一个完全变态的过程。幼虫与成虫在外形上有着极大的差异，它没有翅膀。幼虫长大之后，就停止活动，并生出一层坚韧的外壳，叫做蛹。蛹要经过几天或持续数周的休眠，在里面，它的躯干组织破裂，然后重新长成一个成年昆虫的形状。

为了让自己的身体不受伤害，在变化之前，毛虫让自己躲在柴捆之中。虽然简陋，但也不乏是一个不错的避难所。毛虫会一直躲在这个临时搭建的小屋子里，直到身体蜕变之后才会将它抛弃。这个小屋子是由棕色呢制成的，这种材料十分罕见，毛虫在里面就像穿着隐身衣似的，非常安全。这个小房子甚至比流浪者的麦秸顶篷马车要好得多。当然了，这些由零散的小树枝搭建编织起来的外衣的确有些扎身，特别是对于毛虫娇嫩的身子来说，更是如此。不过没关系，因为毛虫已经为它们自己编织了一层厚的丝绒里子。生活在多瑙河岸的农民们系着海生灯心草腰带，而且还穿着山羊毛制成的宽袖外套。锯角叶甲也穿着陶瓷般的衣服。与他们相比起来，毛虫的柴捆外衣更加显得质朴了。

这些钻在柴捆里面的小毛虫是蓑蛾家族的成员。"蓑蛾"一词代表着灵魂的意思，寓意古时候的普塞克。由于为昆虫专业词汇分类的那些人目光不长远，他们并没有真正弄清"蓑蛾"这个词的意思，只是想取个雅致一点的名字，所以蓑蛾这个名称显得有些名不副实。不过也的确找不到这以外的其他名字了。

在毛虫身体临近蜕变之时，它们通常会显得昏昏沉沉。我找到了一个最佳的观测场所，那就是阿尔邦卵石地，毛虫在这里成堆地聚集着。这时候正值四月，这些毛虫能够让我更好地对蓑蛾进行研究。由于现在还不能观察到其他的现象，所以我想先来对柴捆进行一番探索。

毛虫将自己的身体吊起，柴捆看起来像一个锤子的形状。有大约4公分的长度，前段是固定着的，后面的部分则比较松垮，因为这样的方式比较容易活动。整个柴捆编织得有条有理，非常整齐。但这貌似是一个不能够很好地挡风遮雨的房子，因为这里并没有其他的遮蔽物，除了用麦秸制成的房顶之外。不过我对这个柴捆只是进行了大致的观察，大概"麦秸"这个词并不适合用在这里。事实上，禾本科植物的茎秆很少被用到，这是有益于蓑蛾家族将来发展的。

我没有在中间是空着的小栅条内找到任何一件适合蓑蛾的物品。那里堆积着乱七八糟的东西，有尼姆的有翼蒴果的花亭和山柳菊；有禾本科植物的叶子、带鳞片的细枝、柏树和小块的木柴，当然木柴这种材料是在逼不得已的情况下才会被选用的；还有一些含有髓质的残渣，就像各式各样的菊苣似的，它们看起来非常轻薄、细嫩、小巧。有时候荷叶边上的宽大物体也会派上用场，这种物质可以被用在柴捆膜上，这是由于圆柱体零件的短缺造成的。总的来说，不论什么东西，只要能够将柴捆建造或缝补成功，蓑蛾都会用到。

蓑蛾对编织房屋的物质没有太多特殊的要求，除了对含有髓质物的偏爱之外。我在上面所举出的例子并不十分完全，蓑蛾毛虫认为任何物质都有其用途，所以它们总是会不加区别地对待这些东西。毛虫不会对找来的材料进行特别的加工，无论长度如何，也无论样子怎样，只要是干燥的、轻薄的、面积大小合适的，而且是能够在空气中长期停留受到浸渍的通通可以。就连屋顶上方的板条蓑蛾也不会对其进行切割，而只是原汁原味地将它们收集并且排列组合。蓑蛾对板条的排列呈叠瓦状，一根接着一根。它们只要把这些板条的前段固定下来就可以了。

在柴捆的前端部分并没有由小梁形成的覆盖层，那里有着比较特殊的结构。因为覆盖层比较坚硬，而且也比较长，所以有可能致使毛虫不能灵便地活动与劳作，甚至会完全阻挡毛虫的行动。为了保证毛虫活动自如，而且在放置新材料时能够让爪子自由活动，所以柴捆的前段需要非常灵活的结构。这就是一个圆筒似的颈状物，它能够让毛虫在任何一个方向上进行劳作而不受到丝毫妨碍。

颈状物上面布满了细小的木块，它们对于柴捆的牢固程度有着适当的加固作用，同时也不会降低柴捆的韧性。蓑蛾毛虫会用自己的大颚将原本干燥的麦秸磨碎，然后用残渣制成一个有绒毛的外壳，而颈状物的内部则是由纯丝做成。丝绒在风吹日晒之后褪去了原有的光润与丝滑，看起来有些陈旧。柴捆的尾部非常长，裸露着。其实这个部位只是一个附属品，它的顶端呈半开状。颈状物整体上呈现为丝质的网状结构，由于它能够让毛虫自如地进行活动，所以几乎所有的蓑蛾毛虫都会利

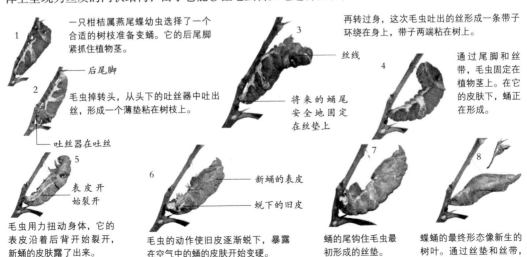

1 一只柑桔属燕尾蝶幼虫选择了一个合适的树枝准备变蛹。它的后尾脚紧抓住植物茎。

—— 后尾脚

2 毛虫掉转头，从头下的吐丝器中吐出丝，形成一个薄垫粘在树枝上。

—— 吐丝器在吐丝

3 —— 丝线

将来的蛹尾安全地固定在丝垫上

再转过身，这次毛虫吐出的丝形成一条带子环绕在身上，带子两端粘在树上。

4 通过尾脚和丝带，毛虫固定在植物茎上。在它的皮肤下，蛹正在形成。

5 表皮开始裂开

毛虫用力扭动身体，它的表皮沿着后背开始裂开，新蛹的皮肤露了出来。

6 —— 新蛹的表皮

—— 蜕下的旧皮

毛虫的动作使旧皮逐渐蜕下，暴露在空气中的蛹的皮肤开始变硬。

7 蛹的尾钩住毛虫最初形成的丝垫。

8 蝶蛹的最终形态像新生的树叶。通过丝垫和丝带，它仍固定在树枝上。

⊙ 蝴蝶或蛾从幼虫到蛹的变化

用它。每只毛虫的柴捆前端都会有这么一个摸上去很柔软，而且也易于弯曲的颈状物。无论各个毛虫柴捆的其他部位有多大的不同，颈状物这个东西都是不可或缺的。

接下来我想了解一下构成柴捆的栅条数量，所以我必须把柴捆一个个地拆掉。栅条被拆解后里面是一个空心的圆柱体，从前到后，每个柴捆都是如此。我们能够很清楚地辨认圆柱体的两端，它们都裸露在外面，有着非常结实的丝质组织，用手指根本不能将它们拉断。这种丝质组织的外部呈灰色，比较粗糙，还有一些小木片嵌在上面；而内部则是白色，细腻光滑。构成柴捆的栅条数目各不相同，有的柴捆甚至由八十根以上的栅条构成。

那么，蓑蛾毛虫是用怎么技巧来为自己制作这个柴捆外衣的呢？我们对这个问题探索的时机到来了。柴捆由合成材料制成，这层合成材料的上面还覆盖着一层灰粉色的木质棕色粗呢。这种物质不仅能够使柴捆变得结实牢靠，而且还能节约丝的使用。由于毛虫细嫩的皮肤需要与柴捆的内里直接接触，这层内里需要格外的柔软与光滑，因而组成合成材料的物质也需要柔软。它们是由丝绒还有一些其他的物质所组成的。此外，由叠瓦状排列而成的板条所形成的瓷器也是这层内里的组成部分。

我至今发现的蓑蛾有三个种类，虽然它们在柴捆的基本三重布局上都保持着一致，但是不同的柴捆在细节方面也有着很大的差异。像第二种蓑蛾的柴捆就有着与其他两类蓑蛾所造柴捆在细节上的不同之处。这种蓑蛾的柴捆无论是在大小上还是在建造的整齐程度上都胜过了另外的两个种类。

知识档案

蝴蝶和蛾

纲	昆虫纲
亚纲	有翅亚纲
目	鳞翅目

18万～20万种，分属127科和46总科。

分布：世界上有植被的地方均有分布，一直到雪线。

体型：成虫的翅展为0.3～32厘米。

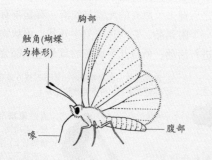

触角(蝴蝶为棒形)　胸部

喙　腹部

特征：成虫的翅膀上通常覆盖有层层叠叠的鳞片；特化的鳞片（常如纤毛状）包裹着身体的其余部分和附肢；大部分种类有长长的、司吸吮花蜜功能的喙，或称为"齿舌"；通常的防御手段包括鲜艳的警戒色或伪装花纹、刺或刺激性的纤毛、有毒物质或讨厌的味道，以及伪装成其他有毒种类。

生命周期：属于完全变形，一生经过卵、幼虫、蛹和成虫4个阶段；无翅的幼虫（毛虫）通常有适合以植物为食的咀嚼式口器。

我是在六月底的时候发现这类蓑蛾的，它们藏在一条土灰的小路上。它们的柴捆有着非常厚密的覆盖层，由很多的小木块镶嵌其中。一般的蓑蛾在身体的前段总会用枯叶做成一个类似头巾的东西，看上去有些笨重。这种头巾在第一种蓑蛾身上非常常见，它们作为装饰物已经变得非常流行了。但是我在新近发现的这种蓑蛾身上并没有找到这种头巾。不仅如此，除了颈状物这种不可缺少的部分之外，在这种蓑蛾身体的后部也没有发现裸露着的部位。蓑蛾的整个身体都由小栅条覆盖着。它们的柴捆虽然中规中矩，变化不多，但是在整齐与规整之中也透着一份雅致。我在这类蓑蛾的柴捆中也发现了很多组成物：纤细的麦秸片、源于禾本科植物叶子的长带子和中空的、不同性质的小段等。

这第三种蓑蛾在冬天快要逝去的时候就开始爬得到处都是，墙上、圣栎树、榆树、油橄榄树、坑洼以及枯树皮等，只要是能够藏身的地方，它们都会钻进去。这种蓑蛾的身体比起其他两种蓑蛾来是最小的，它们的柴捆外套也是最为朴素的。它们所居住的柴捆由一些腐烂的麦秸制成，随随便便的一堆麦秸就可以拿来用。蓑蛾将这些麦秸平行地、成叠状放置起来，再加上柴捆的内里层，这就是蓑蛾外衣的主要材料来源。它们的柴捆确实非常经济，这对它们来说很不容易。柴捆并不大，像个盒子似的，前后不到一公分。

还在四月的时候，我到处搜罗着第三种蓑蛾，然后将它们放置在金属的钟形网罩内。它们虽然在外表上显得普通而不被人注意，但是却能够为我们提供有关蓑蛾的最原始的资料。我不知道它们以什么为食，好在我现在也不想知道它们吃什么。至于其他的情况更是一无所知。这些蓑蛾毛虫在蜕变之前都是悬挂在树皮或是墙上面，不过我已经将它们拿下来放在了钟形网罩里。它们现在还是蛹，我看到有几只还比较活跃。它们为了让自己能够再次悬挂起来而不停地忙前忙后，用丝线将自己吊挂在钟形网罩的顶端。一番忙乱的景象之后，钟形网罩里面又恢复了原有的宁静。

到了六月末，这种蓑蛾的毛虫就蜕变了。雄蛾孵出来后，它的茧壳会留在柴捆中，有大约一半多的大小插在里面。这个柴捆外衣将会永远地留在原先的位置，在黏附点上面固定着，最终它将会被糟糕的天气销毁。毛虫蜕变时会把柴捆的前段，也就是正大门，固定在支撑物上，并且永远保持这个姿态。然后毛虫会将自己的身体完全掉转，最终它就是以这种翻转的姿势蜕变为蓑蛾的。等到蜕变完成之后，小蓑蛾只能通过柴捆后面飞出去，畅通无阻，自由飞翔；而除了这个地方以外的任何方位都是出不去的。这种飞出柴捆的方法不仅为第三种蓑蛾所用，其他的蓑蛾也是采用这种方式的。蓑蛾的房子都会有两个出口，前面的那个出口是用来服务毛虫的，它的结构更加细密，看起来也更为齐整一些。等到蜕变的时节，这个出口就会关闭，然后被毛虫很牢固地固定在黏附点上面。相比这个出口，后面出口就相形见绌了。这个出口是为蓑蛾服务的，它不够整齐，而且下陷的壁里还把这个口遮住了。最后，后面的这个出口会在蓑蛾的推动下呈现为半开的状态。

刚刚由蛹蜕变而成的小蓑蛾在我为它们准备的钟形网罩里四处飞舞，玩得十分尽兴。它们时而将翅膀扇动，划过地面；时而又兴冲冲地绕着网罩转圈。虽然这个钟形网罩与别的房子没有什么大的区别，但是小蓑蛾还是稳稳地立在茅屋上方，用羽毛饰探测着。它们的外表都不华丽，灰灰白白，翅膀非常之小，甚至还没有苍蝇的翅膀大。不过小巧归小巧，小蓑蛾的羽翼也不乏优雅之处。翅膀的边缘是丝状流苏穗子，触角上是非常美丽的羽毛饰。雄性小蓑蛾们各个激情饱满，它们的热情使得它们十分好辨认。几乎每只雄性蓑蛾都能够找到自己的另一半。与雄性小蓑蛾的激情洋溢不同，雌性小蓑蛾则安静地待在茅屋里面，从后面的小孔窥视着外面发生的事情。雄性小蓑蛾也是通过这个小孔占有它们的配偶。交配的双方通常都是临时组成的家庭，它们根本不认识对方。

我拿了玻璃试管，将刚才发生过关系的几只柴捆放在里面。几天后，雌性小蓑蛾从里面爬了出来。天哪！我简直不敢想象，它的样子竟会如此凄惨与丑陋，简直连初生的毛虫都不如。作为母亲的它绝对不能与它蓑蛾的名称相媲美，毫无优雅感可言。这只蓑蛾连翅膀都没有，也缺少了丝质毛皮。只是在它的腹尖处有个环形的软垫子，非常厚实，而且还有个看起来很脏的天鹅绒环圈，白色的。在蓑蛾的背部中心处以及每个体节上面还有着黑色的、大大的斑点，呈长方形。这些就是这只蓑蛾仅有的装饰品。

这只蓑蛾身上有一根长长的输卵管，就位于那天鹅绒的环圈中间。输卵管是由软硬两个部件组成的，硬的一个部件是输卵管的基础，而软的那个则插在硬部件里面，就像装在镜盒里面的望远镜一样。在茅屋的后面有一个开着的窗户，这可是蓑蛾的宝物。因为它不仅能够让雄性蓑蛾在交配后顺利地出去，而且能够安置卵；之后自己的孩子们也能够从这个口成群地迁移。最重要的是，雌性蓑蛾能够把它的探测器插入窗户里面，并且用它的六只爪子牢牢地将茅屋的下端抓住。孵卵时的蓑蛾将自己的身体蜷曲成钩状，它保持一个姿势长达 30 多个小时。

◎ 蓑蛾

⊙ 有些蛾有着尖细的翅膀和流线型的身躯，善于飞行。

这是为了把产下的卵放置在刚刚自己爬出来的那个地方。那个小茅屋就是它留给自己孩子的礼物和遗产。等到卵产下后，输卵管就被抽了出来。

蓑蛾母亲在非常贫穷的时候还有着一件衣服，这件衣服也是它为自己的孩子提供的保护屏障。它尾部的环圈也有一些下脚毛，能够把门关上。不仅如此，蓑蛾母亲自己的身体就是一个保护屏。由于它的身体在门槛上开始痉挛，以至于一直停在那里不再动弹，直到死去都是如此。之后它的遗体逐渐地干燥，除非是遇到了一些意外或是恶劣的天气，蓑蛾母亲的遗体都一直像一面屏障似的屹立在门口。

除了前面部分有着裂口之外，茅屋里面有着一个几乎完好无损的蛹壳。蓑蛾就是通过前面那个口出去的。雄性蓑蛾的羽毛饰和翅膀在它想要出去时给它制造了困难，所以它只好在自己还是虫蛹时就往门口前行，将身体的一半露出去。这样等到它蜕变之后，就可以很快地获得自由。而蓑蛾母亲则不用为此担心，因为它们没有翅膀和羽毛饰。它的身体长得像蓑蛾毛虫，全部裸露着，呈圆柱体的形状。它能够不受阻碍地在狭窄的通道里行走，爬行就更不用说了。蓑蛾的蛹壳被放置在房屋的底端下面，在茅草顶的下面很好地保存着。

蓑蛾母亲不仅把自己的天鹅绒环圈留给了自己的孩子们，而且还把蛹壳留给了它们，这是多么伟大的举动啊。脱落的蛹壳形成了一个羊皮纸袋似的容器，卵就是被存放在这个小容器里的。这种举动细致而谨慎。蓑蛾母亲将自己那个像望远镜似的输卵管插在这个容器底部，然后就开始产卵。产卵的过程显得井井有条，一点也不慌乱，卵被一层一层地铺在容器中，直到将容器装满。

之后我从柴捆里把一只装满卵的蛹壳拿了出来，单独将它放置在一支玻璃试管中，然后又把这支试管放在茅屋的旁边，为的就是更贴切和容易地观察接下来要发生的事情。到了七月的第一个礼拜，我就有了很大的收获，一个小蓑蛾的大家庭出现在我眼前。等待的时间一点都不漫长，相反，孵化的速度之快对我的观察发起了挑战。这是一个拥有四十余只小蓑蛾的家庭，它们都穿上了衣服，一家子其乐融融。

蓑蛾们在试管中肆意地欢腾着。这个试管很宽敞，它们东走走西逛逛，生活过得有滋有味。小蓑蛾有着一顶帽子，由高级的白棉絮制成，像是波斯人戴的，又好像是袄教僧侣所戴的圆锥形冠冕。不过暂且让我们称它为一只缺了冒顶细绳的棉质帽子吧。不仅是没有冒顶细绳，而且这顶所谓的帽子并不是用来戴在头上的，而是几乎遮挡了小蓑蛾的后半个身体。小蓑蛾们将帽子翻起来，差不多就要与支撑的表面成 90° 了。

除了帽子以外，小蓑蛾们的美好生活中还不能缺少食物。那它们究竟喜欢吃些什么呢？我对这一点并不清楚，于是开始一个一个地试。但是无论如何这些小家伙们都不肯吃我给它们的东西。看起来它们更爱打扮自己，食物在它们那里好像显得次要了。不过我想要知道的是这顶帽子是怎样制成的，还有制成它的那些材料都有些什么。对于这些问题的答案我是有机会知晓的，因为蛹壳里面还有没被孵出来的卵。这些剩下来的卵的数量差不多有蜜蜂那么多，它们在卵膜里随便乱动着。我把这些完全裸露的幼虫留在试管中，而把那些已经成熟了的安放在了别处。蓑蛾每次产卵的数量总共有五六打左右。在试管里面的这些幼虫身长大约一毫米，它们的脑袋呈淡红色。

这些剩下来的幼虫卵在第二天就长成了，它们逐个儿地成熟，单独地或是成群地爬出蛹壳。由于蓑蛾母亲在出壳的时候已经破裂出一个洞口，所以小蓑蛾们只需要从这个口钻出去就可以了，并不会将比较脆弱的盛卵容器弄坏。我还是不知道制作衣服的材料源于何处，因为留下来的这只袋子状的容器并没有被任何一只蓑蛾拿来使用，虽然这个袋子有着非常纤细的组织，还有着独特的龙檀香的味道。也没有一只蓑蛾用蛹壳里面的那层细棉絮作为制衣的材料，它们作为卵铺被铺在蛹壳里，对于那些怕冷的小虫来说有着很好的御寒作用。还有些绒毛也不会被拿来使用，因为它们的数量实在是少得可怜，怎么够这么多蓑蛾用呢。我相信用来制作衣服的材料很快就能够被发现。

我把柴捆放在虫茧的旁边，小蓑蛾们从虫茧中出来之后都直接奔赴柴捆的方位。这些小家伙在去往牧场或是进入外部世界之前都需要穿好衣服，因此时间显得有些紧迫。只见它们全都一股脑地抢夺旧的柴屋，穿上蓑蛾母亲遗留下来的衣服。有一些小蓑蛾径直地走进一根中空的小树枝内，它

⊙ 蛾的种类

1. 很有韧性的深色白眉天蛾能容易地在沙漠稀疏的植被中生存。2. 长舌头的马达加斯加天蛾常盘旋着吃东西，而蝴蝶则是停留在花朵上。3. 冬青大蚕蛾是阿特拉斯蛾中的小群体，全部来自亚洲，是蛾世界里的巨人。4. 维纳斯转蛾仅见于非洲南部，幼虫在树干里取食。5. 亮丽的东非的蛾习惯在大白天飞翔，翅膀闪烁着彩虹般的光，维多利亚时代的人造珠宝常使用这种款式。

们想要把树枝里面的棉絮收集到手。还有的小蓑蛾把柴屋的内壁刮了下来，那些内壁是白色的，最终被刮得干干净净。这些槽沟是在偶然的情况下被开凿成柴屋的。小蓑蛾们选用的材料都是上等的，所制作出来的衣服也白净亮丽。另外一些小蓑蛾制成的衣服是多种颜色的混搭，因为上面有褐色的细粒，所以白色的衣服显得不那么白了。

　　小蓑蛾的大颚就像一把锋利的剪刀，每一边都有五颗强劲的牙齿。大颚也正是小蓑蛾用来收集材料的工具。这把工具的精密程度不可想象，我用显微镜对其进行了仔细的观察，非常感叹。它们甚至能够将任何纤细的纤维拔起来。假如绵羊有着这样的大颚和牙齿，那么它们就可以从树根部的叶子起开始啃食，而不需要再低着头去吃地上长出来的青草了。小蓑蛾为了自己能够有一顶棉帽戴，它们个个儿都充满了体力与激情。它们的做工过程让我大开眼界。就在它们制作的完美成品以及整个制作方法中，我看到了许多不为人知的秘密。

　　第二种蓑蛾和第三种蓑蛾运用的方法相同。我不想再啰里啰唆地叙述重复性的东西，所以让我们赶紧来看一看第二种蓑蛾的技能吧。由于它们的身体长得比较大，所以观察起来也较为方便。我把它们放在蛋杯的底部，这里就成了第二种蓑蛾的主要活动地带。这些低矮的小虫子总共有好几百只，场面看起来壮观极了。再加上各种被截成几段的胚茎（骨髓最多和最干燥的）以及那些出生的卵膜，那样的热闹景象更加不容想象！

　　我用放大镜对这些家伙仔细地进行观察，我暂时将自己的呼吸屏住，为的就是不让小蓑蛾们因为我的呼吸而被吹倒或是被直接推到更远的地方去。这让我想起了米克罗墨加斯，他为了观察人类而屏住呼吸，生怕把弱小的东西吸进鼻孔里面，并且用自己颈圈上的钻石打磨成一个透镜。同样地，在这些小蓑蛾面前，我就像是一个来自天狼星的巨人。假如需要将它们放在更高倍的放大镜焦点中进行

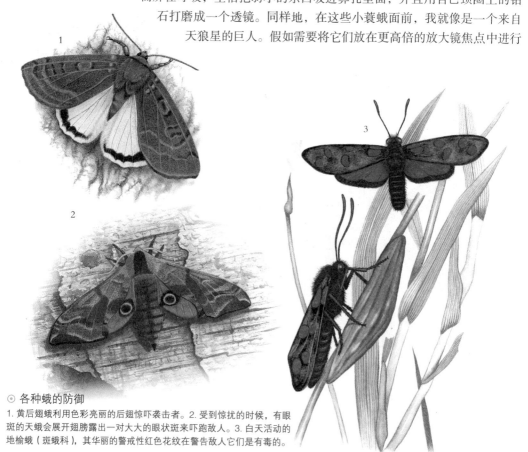

⊙ 各种蛾的防御

1. 黄后翅蛾利用色彩亮丽的后翅惊吓袭击者。2. 受到惊扰的时候，有眼斑的天蛾会展开翅膀露出一对大大的眼状斑来吓跑敌人。3. 白天活动的地榆蛾（斑蛾科），其华丽的警戒性红色花纹在警告敌人它们是有毒的。

观测，那我就会用一根涂过胶水的小树枝把它们粘起来，或是将细针用嘴唇舔过之后再去粘捕它们。一只小蓑蛾被粘起来后吓得惊慌失措，它不停地在针尖上面挣扎。它用尽力气将自己的身体缩进那件本来就不够完整的衣服——法兰绒背心，原本已经很小的身体收缩得更小了。狭窄的肩带在这个法兰绒背心上面只能将肩膀的部分盖上。我呼出一口气，小蓑蛾立刻就掉进了蛋杯里面，让它把自己的衣服做完吧。

小蓑蛾善于从自己已经死去的母亲的衣服中搜集材料，然后为自己量身定做一件新衣。为了能够将自己细嫩而脆弱的身体掩盖，它很快地就收集到很多小栅条。这只全身长着斑点的小蓑蛾看上去精力充沛、勤劳、动作灵活而敏捷。它孤单地来到这个世界，却有着制作莫列顿双面起绒呢的技巧。在对它们表示赞叹的同时，疑问也来了：拥有如此高超技能的小蓑蛾，它们有着怎样的本能呢？

第二种蓑蛾的成年虫子在六月底的时候就被孵化出来了。大多数的小蓑蛾通过丝质的小垫子将自己的衣服吊挂在钟形网罩上，钟乳石一般地吊着，与地面垂直。它们的柴屋在下面延伸，通过裸露的长门厅。还有一部分小蓑蛾并没有采取吊挂的方式，而是将身体的一半埋在沙土中，而另一部分则露在空气中，同样与地面成垂直的角度。这些蓑蛾没有离开土地，它们依靠丝质物的黏力让自己依偎着瓦钵内里牢固地扎在沙土中。第二种蓑蛾毛虫在蛹壳里保持静止姿势之前能够自由地翻转自己的身体，它们会时不时地把自己的头部上下转动，并且朝着出口的方向。虽然毛虫的活动自由度比不上成虫，但是这种上下转动头部的方式也能够保证它们顺畅地到达地面。这种倒置的状态也让第二种蓑蛾毛虫在准备工作中不用受到重力作用的引导。

第二种蓑蛾的蛹非常坚硬，它不能够翻转，但就是这个笨笨的蛹在不断地向前行进，将整个身体往前移，最终才能把雄性蓑蛾运往柴捆的大门口。由于蛹的丝质的大门口没有什么东西阻挡，所以它在门口自行将身体折断，然后用蜕下来的皮将门口堵住。雄性蓑蛾在门口会待一些时候，立在茅屋的顶部，等待着身体中湿气的蒸发，这样才能让翅膀坚硬，最终得以展翅飞翔。这一切都成功之后，雄性蓑蛾就会去寻找自己的另一半，它用自己华美的外表将对方吸引。

雄性蓑蛾为了寻找配偶而不停地飞着，它从一个柴捆屋飞到另一个柴捆屋，好像在为自己的约会地点进行勘探。假如遇到了令自己满意的场所，它就会在裸露的大门口停下来，然后轻轻地将自己那双美丽的翅膀抖动。第二种雄性蓑蛾穿着一身优雅的黑色，全身都呈半透明状，没有鳞片，除了翅膀边上的部分以外。雄性蓑蛾的触角是非常漂亮的羽毛饰，也是黑色。这些羽毛饰看起来宽大而雅致，如果加以放大，都可以与鸵鸟和秃鹫的羽毛媲美。甚至后两种鸟类的羽毛会顿时大失其姿色，只能退居到第二位了。第二种蓑蛾的婚礼与小蓑蛾的婚礼一样，并不接受太多的关注。雄性蓑蛾为了获得雌性蓑蛾的芳心而为自己穿上了华丽的外衣，但是这只雄性蓑蛾甚至看不见或是只能隐约地看到雌性蓑蛾。

雄性蓑蛾的生命非常短暂，大概在三四天之后就死了，它们悲凉地死于我的钟形网罩里面。这种状况使得雌性蓑蛾变得焦躁起来，因为时间隔得太长，雌性蓑蛾都没有另一个追求者前来查探，甚至等到晚生者孵化之前。太阳火热地照射着钟形网罩，奇特的事情发生在我的眼皮底下。茅屋门口不知道在什么时候变大了，膨胀了。之后便敞开了大门，从里面涌出来一堆絮团，一种云雾状的水汽，其纤细程度不可想象，甚至连经过梳理后的蜘蛛网变成絮团以后都不能与这种絮团相比。就在这个絮团的后面，更为奇特的事情发生了。

不同于之前麦秸的搜寻者，絮团外面出现了一种毛虫的半个身体和一个脑袋。这就是这所茅屋的女主人啊！它出来是因为一直等不到雄性蓑蛾前来追求，而且感到自己已经到了婚嫁的年龄，所以才采取了主动出击的方式。女主人主动地迎接雄性蓑蛾的到来，但是由于种种原因，这所房子不会再有异性光顾。这位女主人在天窗上低俯身体，静止不动。直到它等得有些烦躁了，这才慢慢地将自己的身体缩回窝里。

之后的几天里，这只雌性蓑蛾都会在上午时钻出自己的巢穴出现在阳台上面。阳光照在那摊絮团上面，显得格外耀眼。我用手轻轻地将絮团扇了扇，它们在瞬间就灰飞烟灭了。没有雄性蓑蛾再来这个地方，女主人最终在抑郁中死在了自己的房子里。我想之所以没有雄性蓑蛾再次光临女主人的门前，是因为我的钟形网罩阻挡了它们前行的道路。假如在自由广阔的田野之中，一定会有更多的追求者从四面八方赶过来。这样看来，害死这位女主人的罪魁祸首便是我的钟形网罩。

不仅害死了茅屋的女主人，钟形网罩还酿成了更惨的悲剧。由于雌性蓑蛾的身体一部分露在外面，而另一部分隐藏在屋中，所以它需要对自己身体的裸露程度进行估算，以保证自己身体的平衡。但是钟形网罩让它的这一判断变得不再准确，以至于一些雌性蓑蛾会在突然间摔落在地上，丢了性命。雌性蓑蛾的性命没了，那么它的孩子们也就跟着没了命。但这一惨状也并不一定全是坏事。由于蓑蛾的衰落没有致使茅屋的围墙受到破坏，所以我们可以清晰地、直截了当地看到这位悲惨的蓑蛾母亲。

有句谚语是这么说的："美丽的东西看上去并不美，除非它受到别人的喜爱。"这只蓑蛾母亲很好地为我们验证了这句古老的谚语。它的长相是多么粗陋难看啊，像是一个土黄色的小香肠、一个起了皱的口袋，它甚至比蛆还要丑陋。这只丑陋的东西正是拥有着高贵黑色外衣的雄性蓑蛾的追求对象。蓑蛾母亲正值青春年华，它是正当年的雌性蓑蛾。事实上它并不丑，相反，它美到了极致。所谓蜕变就是变得更加难看，前进就意味着后退。蓑蛾母亲用自己变丑的外表证实了它无与伦比的内在美。

我想要为这位殉难者作一个简单的描摹。蓑蛾母亲的头长得平凡无奇，非常小，在它身体的第一个体节里就消失得无影无踪了。当然了，对于一个只需要产卵以及将产下的卵装在袋子里的蓑蛾母亲来说，硕大的头部是派不上什么用场的，也因此退化得越来越小了。不过就在蓑蛾母亲这个小小的头上还长着一双眼睛，它们看起来就像两个黑色的点。由于大部分时间都藏在黑暗的洞穴里，所以蓑蛾母亲的这双眼睛一定是看不到物体的。只不过在雄性蓑蛾进行追求的时候，蓑蛾母亲才会将这双眼睛露出洞穴，而这种情况也是少之又少。

蓑蛾母亲的身体是淡黄色的，前半部分呈半透明的状态，后面的部分则塞满了卵，并不透明。这个盛着卵的部分是一个短的环形小软垫，是纤细丝绒和浓密发毛的残留物。蓑蛾母亲的前几个体节下面都有一个黑色的斑点，呈透明状，是嗉囊的残留物，它就像是穿着长袍的教士所佩带的领巾。蓑蛾母亲在自己居所中前后移动时将这种物质脱去，之后便形成了一个絮团。等到雄性蓑蛾前来与蓑蛾母亲结婚的时候，天窗就会被这个絮团装扮成雪白色。蓑蛾母亲的爪子不但短小，而且非常软弱，根本无法用来移动它的身体，虽然这爪子的形状不错。

⊙ 这只"袖珍"蛾（小翅蛾科）很像一片褶皱的枯叶——昆虫为了躲避敌人而采取的多种策略中的一种。模仿的精确度反映了鸟类和蜥蜴敏锐的视力，也从侧面反映了它们承受的强大的自然压力。

简单地说，蓑蛾母亲的身体几乎是由体内的卵撑起来的，没有什么能比蓑蛾母亲的身体更卑贱了。蓑蛾母亲的体内有一根条痕状的东西，它可以帮助身体里装满卵的母亲向前移动，无论是躺着、俯着还是侧着。这根条痕在盛卵袋子的后面形成，它把蓑蛾母亲分为两个部分，并且将它的身体拖住。这根条痕向前扩张的时候，它就呈破浪状向前扩散，波纹缓慢地到达蓑蛾母亲的头部，以此带动它向前进。一个波浪能够使蓑蛾母亲向前行进差不多一毫米的距离。如果是一个装着细沙的、长度为5厘米的小盒子，蓑蛾母亲需要花费一个小时的时间从这一头到达盒子的另一头。蓑蛾母亲就是利用这种缓慢前行的方式主动地移动到家门口，并且迎接求爱者的到来。回去的时候也是如此。

第二种雌性蓑蛾拖着自己的卵袋在荒芜的田野里凄凉地生活着，它的全身没有任何可以遮蔽的东西。它只是无助地、盲目地向前爬行，累了就停下来歇脚。雄性蓑蛾路过时只是用冷漠的表情回应它，没有哪只雄性蓑蛾会注意到这只可怜的雌性蓑蛾。如果它的家庭注定要被抛弃，如果它注定要遭受无情的对待，那它为什么还要坚持做母亲呢？这是自然的规律。由于意外，命运原本就够悲惨的蓑蛾母亲更是经受了灭顶之灾，它从自己的洞穴口掉在了地上。由于体力衰竭，也由于无法生育，它最终在孤苦中死去。

第二种雌性蓑蛾在柴捆的天窗上时非常小心，它们能够防止自己掉落在地上，顺利地回到家中。它们的繁殖能力最强。等到雄性蓑蛾来到并且与它们完成婚配之后，它们就缩回自己的洞穴不再出来。半个月过后，我把柴捆用剪刀纵向地剪了开来，我发现了一只蓑蛾母亲。蛾蛹蜕下了一层皮在柴捆的底部，即最宽敞的地带，正门的对面。这种皮呈琥珀色，非常脆弱，头部的尖端非常开阔地敞开着，并且面对出口通道。它像是一个袋子，很长。蓑蛾母亲就在这个袋子中，它把整个袋子填塞到鼓胀。不过，它已经死了。

这个袋子似的蛹壳的特点我们已经了解清楚了，长成的第二种蓑蛾带着非常丑陋的容貌走出蛹壳。成虫假如将自己的身体缩回到蛹壳中去，那它们看起来就好像是一体的，不可分割。成虫让蛹壳把自己包得紧紧的，我无法将它们分离。这是成虫在门口等待后回到房屋里的保护套，蛹壳被放置在一个非常安全的地方。由于成虫在家门口进进出出，它浓密的毛、花蝴蝶一般的漂亮衣服在与房屋内里的摩擦之中已经褪去了。它的外衣最终会变成光光的。兔妈妈为了给自己的兔宝宝制作一张柔软的毛绒床垫，它们会选用最好、最轻柔的毛来完成这项工程。这些柔软的毛长在门牙般的剪刀能够触得着的地方，在兔妈妈的肚子上和颈上。绒鸭也同样如此，它们为了给自己的孩子制作一张柔软舒适的床，便将自己身上的鸭绒褪去，用这些鸭绒来当制作材料。但是第二种蓑蛾所褪去的那层毛又有什么功效呢？

让我们来看看第二种蓑蛾拥有怎样的情怀吧，它们跟兔子和绒鸭有着一样的目的。蓑蛾母亲为了给自己的孩子提供一个很安全、很舒适的场所，它会将自己身上那层难以被觉察出来的绒毛脱下。然后用这些绒毛为孩子们制作一个玩耍的场所，一个在它们进入现实世界之前的坚实的安全所。就像是渗出少量絮凝粒的絮状物一样，这些绒毛就是蛹壳前面的一堆非常纤细的絮团。这个时候第二种蓑蛾正在朝窗前走去。这些纤细无比的物质并不是纱厂的平纹织物，而是只有在显微镜下才能够看清的鳞片状粉末。

每种做了母亲的动物都有它独特的预见性，哪怕这是一种最低等的动物母亲，蓑蛾母亲也不例外。我不能确定这种脱毛的方式是通过蓑蛾与房屋内里相摩擦完成的，因为没有任何现象能够证明这种说法。我的设想是，一个绒袋子通过自己身体的扭动，在狭窄的通道中来来

⊙ 图为阿根廷的一种蛾毛虫的 3 对附肢不起眼地集中在头部附近（顶部），粗短的伪足则在身体中部和后部清晰可见。

去去，最后终于将自己身上的绒毛脱下。为了给孩子们留下遗产，蓑蛾母亲甚至会从自己的嘴唇上把那些不容易脱掉的绒毛连根拔起。

蓑蛾毛虫从卵中走出来后会在蛹壳前面这些柔软的场地上进行暂时的歇息。这片轻柔的地方正是它们的母亲用毛发和鳞甲为它们制作的。蛹壳前这堆絮状物将房屋的门口堵住，这是一道安全屏障。房屋后方则呈敞开的状态。小毛虫在这片轻柔的絮状物上休息，这片刻的停留为的就是准备后面将要进行的工作。做成这层屏障的丝不但不稀缺，而且还非常丰富。柴捆的内里有着一层很厚的白色织缎。但是比起这厚实的毯子来说，毛虫们对鸭绒盖脚被更加钟情。

这些就是第二种蓑蛾为自己家庭所做的准备工作。现在，我想要知道它的卵存放的位置。三种蓑蛾中体型最小的那种也是相貌最不雅观的，不过它们的行动倒是非常自如，甚至自己的身体完全走出了柴捆。蓑蛾母亲产下的卵通过一个长长的输卵管被存放在一个容器之中。等到卵全部产完之后，蓑蛾母亲就要死去了。但是其他的两种蓑蛾并没有这种输卵管，它们只能通过漫无目的的爬行来移动自己的身体。这些也是蓑蛾们所独具的特性。雌性蓑蛾会把自己的絮状物留给孩子们。它从来都不会离开自己的家门半步，哪怕是结婚和产卵的时候。这就像古罗马的模范家庭中母亲所说的：让她在家里纺羊毛吧。

雌性蓑蛾等待雄性蓑蛾的示爱，之后这只相貌丑陋的雌性蓑蛾就缩回到自己的洞穴中去。它蜕去了自己的外皮，然后用这个皮袋子作为卵的存储地。袋子越来越鼓胀，直到所有的卵都到达目的地。其实严格地说，产卵这件事并不存在。因为卵根本没有离开过蓑蛾母亲的肚子，而只是存在了这个袋子里面。

袋子很快就变干了，这是由于蒸发的作用。等到完全变干后，我把蛹壳打开了。在放大镜的照射下，我看到了最后的纪念物：瘦肌肉束、神经小支、气管细线，还有一些已经缩减到最简单形式的生命力的象征。原来的蓑蛾母亲现在俨然已经成了一个大卵巢，里面有将近300来个蓑蛾卵。

第七章

迷人的大孔雀蝶

大孔雀蝶的毛虫拥有黄色的外表，这样的体色非常容易引起人们的注意。毛虫的体节尾部环绕着黑色的纤毛，这些纤毛稀稀疏疏地分布着。还有一些闪亮的蓝绿色珍珠也在毛虫体节的末端镶嵌着。老巴旦杏树叶是大孔雀蝶毛虫的食物，它们的茧通常都是与树根部的树皮紧挨着的。这些茧呈褐色状，好像渔夫的捕鱼篓一样，长相奇怪，而且非常粗大。

一只大孔雀蝶在五月六号的上午从我实验室桌子上的茧里孵了出来。这是一只雌性的大孔雀蝶，它就是在我的眼皮底下进行蜕变的。我赶紧把这只蜕变了的大孔雀蝶放进我的金属钟形网罩内。作为一个观察者，我只是把这只大孔雀蝶简单地关了起来，并没有对它做其他的什么处理。它浑身湿透了，这是因为孵化时的潮湿导致的。我对它的观察非常仔细，一刻也没有松懈，生怕会错过好机会。

大孔雀蝶拥有美丽的外表。它们穿着栗色的天鹅绒外套，还系着一条白色的皮毛领带。它的翅膀中间有一个圆形的斑点，就像是一只漆黑亮丽的眼睛。这个圆形的斑点拥有美丽的光环，像彩虹一样，栗色、鸡冠花红色以及白色等色彩交相辉映。翅膀的周边呈烟熏的白色状，而中间则有一条"之"字形的曲线穿过，同样是白色的。此外，大孔雀蝶的翅膀上还布满了灰色和褐色的斑点。

晚上快九点的时候，我的家人都已经进入梦乡了。然而就是在这个时间，我听到隔壁房间的一阵骚乱声。保尔好像在挪动着什么东西，他半裸着身子来回跑跳，双脚直跺，拼命地想要将椅子

◎ 大孔雀蝶

蝴蝶和蛾总科

下表通常用于区分鳞翅目的蛾和蝴蝶。除非有特殊说明，这些总科里的昆虫在全球均有分布。

蛾

小翅蛾总科（原始具颚蛾）

1科，约120～150种。是最原始的蛾类群体。成体很小，有咀嚼式口器，以花粉为食；幼虫生活在落叶构成的沃土中，以腐殖质为食。

贝壳杉蛾总科（贝壳杉蛾）

1属（贝壳杉蛾属）2种。分布在澳大利亚及西南太平洋地区。毛虫在贝壳杉的种子中进食；成虫没有"舌头"。

异石蛾总科

1属（异石蛾属）约9种。分布于南美洲温带地区。毛虫食用南山毛榉叶子；成虫没有"舌头"。

毛顶蛾总科（毛顶蛾）

约24种，多数属于毛顶蛾科。分布在全北区。体型微小；幼虫通常为潜叶虫。

棘蛾总科（原始举肢蛾）

至少有4种小型蛾。分布于古北区（包括欧洲、亚洲北部、阿拉伯半岛北部以及非洲的撒哈拉以北）及南美洲地区。幼虫为潜叶虫。

冠蛾总科（澳大利亚原始举肢蛾）

6种小型蛾。分布于澳大利亚。成虫有无功能的口器；幼虫情况未知。

卵翅蛾总科（原始铃蛾）

10种已命名的中型蛾（翅展可达27毫米）。点状分布，部分在东南亚地区，其余在澳大利亚和南美洲地区。

扇鳞蛾总科（新西兰原生蛾）

14种小型蛾。分布于新西兰。幼虫生活在潮土上的丝状结构中，以腐

殖质为食。

蝙蝠蛾总科（幽灵蛾和蝙蝠蛾）

大约520种小型到大型的蛾，有非功能性口器；幼虫常在植物的根部或者茎部进食。包括维纳斯蛾等。部分种类雄性的求偶行为不太常见。

微蛾总科（侏儒蛾及相关蛾类）

大约900种微型蛾；幼虫一般为潜叶虫。包括微蛾科和茎潜蛾科等。

曲蛾总科（切叶蛾、丝兰蛾及相关蛾类）

超过590种小型到极小型蛾，多数具有"金属"光泽；幼虫多为潜叶虫（如日蛾科成员）。也包括丝兰蛾（丝兰蛾属；丝兰蛾科）和长角蛾（长角蛾科）。

古蛾总科（冈瓦纳古陆蛾）

大约60种小型蛾。分布于南美洲及澳大利亚。幼虫早期为潜叶虫，后期将叶子编织成进食的"帐篷"。

冠潜蛾总科（卷叶蛾）

超过80种小型蛾。分布于北美洲、大洋洲。

伪蟆蛾总科（伪蟆蛾）

4种微型蛾。分布于澳大利亚、中国、印度。

谷蛾总科（衣蛾、蓑蛾及相关蛾类）

约4200种小型或极小型蛾，包括衣蛾（蕈蛾科）、蓑蛾（蓑蛾科），以及其他几科幼虫为潜叶虫的蛾。

细蛾总科

超过2000种小型蛾；幼虫是多种植物的潜叶虫。

巢蛾总科（巢蛾及相关蛾类）

超过1500种微型蛾。幼虫的习性包括潜叶、钻食茎秆，是严重的谷类作物害虫、群集在丝网中进食。

麦蛾总科（潜蛾和相关蛾类）

超过1.625万种的小型蛾类，分为15科。包括潜蛾（鞘蛾科）以及幼虫潜入草茎中的种类（草潜蛾科）。

斑蛾总科（地榆蛾、林蛾及相关蛾类）

超过2600种的小型或中型蛾类；成虫通常在白天出现，体色鲜艳且常有金属光泽，是有毒性的警告。幼虫同样具有鲜艳的颜色，具有化学性（斑蛾科）或物理性（刺蛾科）防御功能。成员包括斑蛾和林蛾（斑蛾科）及"蛞蝓"幼虫（刺蛾科）。

透翅蛾总科（透翅蛾及相关蛾类）

超过1350种小型或中型蛾类；通常在白天出没，利用透明的翅膀、图案及体色模拟黄蜂；幼虫食根或蛀食。有一科类似蝴蝶。包括透翅蛾（透翅蛾科）。

木蠹蛾总科（木蠹蛾及相关蛾类）

包括大约680种小型到超大型蛾类，最大的翅展可达236毫米；幼虫食茎秆或木头，例如山羊蛾（木蠹蛾属）。包括木蠹蛾（木蠹蛾科）。

卷蛾总科（卷叶蛾）

超过6200种的小型到中型蛾类；幼虫多数待在茎秆内，或者在用丝卷起来的叶管里进食。

拟卷叶蛾总科（蚬蝶蛾）

超过400种的小型蛾类，前翅常有金属光泽的斑纹。幼虫多为果树的害虫。

伪蛾总科（伪地榆蛾）

超过60种；成虫为小型到中等大小的微型蛾；幼虫以树的各部分为食。

豆蛾总科（豆蛾）

大约17种的小型蛾，与伪蛾总科是近亲；幼虫群居在织在豆科植物上的丝网中。

谢蛾总科（毛足蛾）

8种小型蛾类；幼虫以数种草本植物为食。

粪蛾总科（果实虫蛾）

超过310种的小型蛾类，幼虫通常在种子、水果、枝条或虫瘿内部进食；多数将特定树木作为宿主植物。

邻绢蛾总科

超过80种的小型窄翅蛾类，与果实虫蛾是近亲，以草本植物为食。

羽蛾总科（羽蛾）

大约1000种的小型蛾类，长有个性化的羽毛状分开的翅膀；部分科具有正常的翅膀（单羽蛾亚科）。包括在食物外部及内部进食的幼虫群体。

翼蛾总科（多翼蛾）

大约150种翅膀分开的小型蛾类，是羽蛾的近亲。幼虫一般蛀食花蕾、种子和果实，有些种类会制造虫瘿。

伊蛾总科（伊蛾）

超过245种的小型到中型蛾类。幼虫在某些种类的植物外部进食，包括泛热带地区的针叶树。

欧蛾总科（欧洲金蛾）

含6个已命名的中型种类，是色彩艳丽，带金色斑点的蛾类。共1科（南欧蛾科）。分布于北非到地中海一带。

驼蛾总科（柚蛾）

大约18种身体健硕的中型蛾类。分布在非洲和亚洲的热带区域。其幼虫露天进食，或在一些植物上用丝编织出一个"帐篷"，在里面进食。一般认为柚木驼蛾是数种热带硬质树木的害虫。

网蛾总科（画翅叶蛾）

超过1000种中型到大型蛾；成虫一般图案精美，有些类似枯叶；幼虫在植物茎秆内部取食，或在利用叶子编成的"帐篷"里进食。

瓦蛾总科

包括2种中型蛾，与网蛾总科是近亲。分布于马达加斯加。幼虫情况未知。

螟蛾总科（螟蛾和羽蛾）

已发现的超过1.6万种，而未发现的估计也有这么多。成虫腹部有鼓膜——"耳朵"；一般为小到中等体型；幼虫一般在各种植物的组织内部或者外部进食，也有少数食腐。

栎蛾总科（负袋蛾）

约200种粗壮的中型到大型蛾；幼虫常常具有鲜艳的色彩，居住在叶子构成的"帐篷"内，幼虫后期会建造由叶子碎片和丝网构成的轻巧的壳。

枯叶蛾总科（枯叶蛾）

含超过1600种小型到大型蛾，翅宽大、体色暗淡，身体大且覆盖着绒毛；一些种类的雄性个体在白天活动；幼虫体型大且多毛，或者沿着体节有硬的刚毛"垂片"。

尺蛾总科（尺蠖蛾）

超过2.05万种中到大型种类；色彩及翅型多样，包括从暗淡的到带有非常鲜亮"尾巴"的种类。幼虫具有"翻筋斗"步态，外形通常与小树枝非常像。包括燕尾蛾、巴狗蛾等。

钩蛾总科（钩蛾）

共675种，与尺蛾总科是近亲；成虫小到大型，还包括一些色彩鲜艳、在白天活动的种类；俗称源自其内弯的翅尖；幼虫在叶子"帐篷"外面或者在其中隐蔽地进食。

蚕蛾总科（蚕蛾、皇蛾及其相关蛾类）

超过3500种的中到超大型蛾类，包括乌桕大蚕蛾——蛾类中最大的一种；幼虫食性广泛，有时群居；蛹一般在由丝或者松散丝线单元组成的茧内。包括皇蛾（大蚕蛾科）、天蛾（天蛾科）、蜂鸟天蛾（长喙天蛾属）、鬼脸天蛾、乌桕大蚕蛾、蚕蛾、欧洲皇蛾，以及濒危的草原天蛾等。

旧大陆蝶蛾总科

共60种中型到大型蛾类，常日间飞行，类似蝴蝶。分布于东方及马达加斯加区域。已知的幼虫包括以蕨类植物为食的种类。

喜蝶总科（美洲蝶蛾）

大约40种1科。分布于中、南美洲。成虫为小型体型，主要在夜间活动。与蝴蝶是近亲。

夜蛾总科（夜蛾）

蛾类最大的群体，有超过7万个种类；成虫小到大型，外形、颜色、生态习性各异。关键特征是成虫胸腔的鼓膜器官，这是用于侦听蝙蝠捕食中发出的超声波的"耳朵"。幼虫形态习性各异，通常为杂食性。包括突出蛾（舟蛾科）、灯蛾（灯蛾科）、夜蛾（夜蛾科）、毒蛾（毒蛾科）、鹿蛾（鹿蛾科）等。

蝴蝶

蝴蝶共有5个科，分别归入2个总科：弄蝶总科和凤蝶总科。

弄蝶总科（弄蝶）

1科（弄蝶科）。大约3500种小到中型蝴蝶，身体结实，具有窄而尖的翅膀，触角尖，飞行距离短而迅速；有些具有短的尾巴；翅膀通常具有闪亮的斑纹。亚科包括弄蝶亚科（超过2000种）、花弄蝶亚科（1000种），绒毛弄蝶亚科（75种，分布在非洲、印度到澳大利亚地区）。幼虫一般生活在草或类似植物叶子组成的"帐篷"内。

凤蝶总科（蝴蝶）

超过1.36万种，共4科（凤蝶科、粉蝶科、灰蝶科、蛱蝶科）。

知 识 档 案

凤蝶总科（蝴蝶）的分支

凤蝶科（燕尾蝶及其相关蝶类）

大约600种。包括燕尾蝶（550种）、阿波罗绢蝶（54～76种），以及1种墨西哥种类。体型中到大型，善于飞行，通常具有大尾巴以及亮的斑纹。种类包括亚历山大女皇鸟翼凤蝶——已知最大的蝴蝶，以及濒危的斯里兰卡玫瑰蝶。

粉蝶科（白粉蝶、硫磺蝶及其相关蝶类）

大约1000种。包括白粉蝶以及粉蝶亚科中的700种，含白粉蝶种的大菜粉蝶；硫磺蝶和黄粉蝶（黄粉蝶亚科中的250种），含斑缘豆粉蝶种；新热带区的白粉蝶近100种等。中等体形；翅膀底色通常白色或黄色，有些相当鲜艳，许多种类有迁徙习性。

蛱蝶科（刷足蝶）

大约6000种，约占蝴蝶总数的1/3。目前认为该科包含10个亚科：蛱蝶亚科（约350种），含龟蛱蝶及南美洲三色紫玫瑰蝶等；猫头鹰蝶亚科成员分布于热带，包括枭蝶；眼蝶亚科（最大的亚科，含有2400种），含珍蝶亚科（12种）；毒蝶亚科（400种）包括北温带地区的豹纹蝶等；副王蛱蝶亚科（1000种）；螯蛱蝶亚科（400种），是非洲主要的一个强壮的蝴蝶群体；小紫蛱蝶亚科（430种），含紫闪蛱蝶；摩尔浮蝶亚科（230种），分布在新大陆热带地区以及亚洲、澳大利亚热带地区；绢蛱蝶亚科（8种），分布于远东地区；斑蝶亚科（470种），含王斑蝶和皇后斑蝶、新热带区的虎斑蝶等。主要分布在北温带地区，在热带地区也有。体型为中到大型，色彩非常艳

丽；习性多样，前肢均特化，有刷状的毛作为化学感受器。

灰蝶科（蓝蝶、蚬蝶以及细纹灰蝶）

超过6000种，目前分为5个亚科：灰蝶亚科（4000种），该亚科包括蓝蝶、细纹灰蝶（线灰蝶属），以及红灰蝶（红灰蝶属）；蚬蝶亚科（1250种），该名称来自它们的身体图案中有金属光泽的斑点和线条；蓝灰蝶亚科（530种），包括非洲和中国的"灰蝶"；蚜灰蝶亚科（150种），其幼虫捕食蚜虫；以及分布于远东地区的银灰蝶亚科（18种）。灰蝶一般为小型个体，主要分布于热带地区，主要生活在雨林；许多种类的翅膀的颜色是具有金属光泽的蓝色；幼虫食性多样，包括蚜虫、苔藓，以及与蚂蚁共生等。

推翻。我听到他的呼喊声，兴奋而激动："快来啊，房间里飞满了蝴蝶啊，像鸟一般大啊！"我急忙跑过去，看到的场面让我大吃一惊。在过去的时间里，还没有哪一种大蝴蝶能够如此般将我的居室入侵。数不过来的大孔雀蝶飞满了孩子的房间，并且已经有四只被抓住关在了麻雀笼子里。

看着这样的场面，我想到了早上被我关在金属钟形网罩中的那只雌性大孔雀蝶。我对保尔说："儿子，留下你的鸟笼，把衣服脱下来，跟我一起去看看究竟发生了什么古怪的事情。"我和孩子一起来到了我卧室右边的实验室。经过厨房的时候我们看到了同样受到惊吓的保姆，她正在用自己的围裙驱赶大孔雀蝶。一开始她还以为这些是蝙蝠呢。这些大孔雀蝶正是早上被囚禁起来的那只雌蝶招来的，想必它们已经把我的整个房子都占领了。幸亏有一个窗户还开着，这能够让它们畅通无阻地从我的居所中出去。

走进实验室后看到的场景更是让我记忆犹新。一群大孔雀蝶围绕着关着那只雌蝶的钟形网罩飞着。它们一会儿飞过来，一会儿又飞走。来来回回，时而停歇，时而继续飞翔，与天花板等实物的碰撞发出了噼噼啪啪的声音。整个实验室就像是一个招魂卜卦者的洞穴，非常危险。儿子因为害怕而紧紧地抓住我的手，他想让自己变得胆大起来。大孔雀蝶有时会抓住我们的衣服，与我们的脸相擦，还会扑打我们的肩膀。有时候又向蜡烛扑过去，用翅膀将烛火拍灭。算上卧室和厨房里的那些，我的住所里一共飞来了四十只左右的大孔雀蝶。

谁都认识这种欧洲最大的蝴蝶，然而并不是所有人都见过今晚的这场大孔雀蝶晚会。这真是一场让我至今无法忘却的晚会啊。它们是飞来向这只雌蝶求爱的，然而这四十余只雄性大孔雀蝶是怎样获得信息的呢？蜡烛的火焰将这些冒失鬼的翅膀烧黄了不少，我们今天还是不要再打扰这些求爱者了。我想明天先拟好一张实验问卷，然后再来对它们进行研究。今天还是让我先把场地清理一下吧。

我对这群大孔雀蝶的观察持续了八天。在这八天之内，它们每次都是在同一个时间段出现在我的居所里，也就是晚上的八点到十点之间。这正是昏沉沉的黑夜时分，在外面的花园里根本看不到

任何东西。再加上是雷雨天，乌云密布的天空中一片黑暗。大孔雀蝶们除了要面对黑暗之外，它们还需要绕过前往我居所时要遇到的种种障碍。

大孔雀蝶需要迂回地穿过一片杂乱的树枝和深黑的夜色才能到达我的住所。我的家由于有着杉柏和松树的遮掩，所以不会遭受来自法国南部的西北风袭击。那是一种干燥、寒冷，而且异常强烈的风。整座房子都隐没在高大的法国梧桐树丛之中。在离居所大门几步远的地方有一道壁垒，那是由一些小的灌木丛形成的。还有一条通往居所的小路，就像房子的前厅似的，周边长着繁茂的蔷薇和丁香。

在这样的重重困难之下，大孔雀蝶居然义无反顾地飞来了，而且它们在飞行的途中根本没有撞上任何东西。这种困难的飞行道路，就连猫头鹰也不敢轻易地离开它在油橄榄树上的洞穴而尝试。然而大孔雀蝶却能依靠本能，在曲曲折折的路线中准确无误地把握方向。对于大孔雀蝶来说，黑暗其实就象征着光明。它们在穿越阻碍之后，身上毫无擦伤的痕迹。它们的翅膀完好无损地拍打着，精神状态也良好。

大孔雀蝶不可能是依靠强大的视觉来到这里的。因为即便是它们的视网膜能够感受到一般视网膜所无法感受的光线，但是这种视觉也不可能强大到能够在很远一段距离内得到感知，何况在通往我住所的这段路途中还有很多困难的阻隔。大孔雀蝶对于光线的指引非常敏感，它们在通常情况下都是直接前往光线所向导的地方。然而，由于光线有时候会出现折射，所以在这种情况下，大孔雀蝶也会走错地方。这种错误不会致使飞行的方向有大的偏离，只是会让它们对目的地确切地点的感知有一定的偏差。实际上，大孔雀蝶的直接目标是我实验室中的那只雌蝶。然而它们有的却出现在了我儿子的房间，甚至是厨房之中。这正表明大孔雀蝶所获得的信息并不十分准确。光线是让大孔雀蝶无法抵抗的强大力量，即便是一盏微弱的灯所发出的光亮。

嗅觉和听觉的情况也是如此。在我们需要准确地依靠这两种感觉对气味或是声音的发源地进行判断时，它们总是会存在这样或是那样的偏差。因为光线的引导而产生判断偏差的大孔雀蝶并不是稀疏的几只，它们也并不都是从那扇窗户中直接飞进来的。因为那扇窗户离关着雌蝶的钟形网罩只有几步之遥，那里绝对是通往正确地方的关口。我在实验室周围

◎ 雄性大闪蝶可以像人类手掌那么大，有着带有金属光泽的蓝色翅膀。这种蝴蝶通常喜欢在丛林的近地面"滑翔"，寻找它们最喜欢的食物——腐烂的果实。

⊙ 阿波罗绢蝶生活在亚洲、欧洲和北美洲的高山上。它们将蛹做在低矮的植物丛中，用丝网缠绕起来。

的其他地方也看到一些大孔雀蝶。它们有的从下面飞进来，在前厅中徘徊，顶多也就是飞到楼梯跟前。不过楼梯的上面是一扇紧闭着的门，这是一条死路。看来除了一般的光辐射带给大孔雀蝶通往目的地的信息的同时，还有另一种东西从远处为它们提供信息。这种信息把大孔雀蝶引到目的地的附近，让它们在徘徊中寻找确切无误的地点。

大家猜测为大孔雀蝶提供信息的另一种东西就是它的触角。雄性大孔雀蝶拥有具备探测器作用的宽触角，处于发情期的它们正是靠着触角发出的信号来到雌性大孔雀蝶的藏身之地的。那么，大孔雀蝶身上披着的那身美丽的外套就没有为它们提供一些信息吗？难道这身华美的羽毛饰就只是作为衣服来穿的吗？让我们做一个实验后再得出结论吧。

在我对这群大孔雀蝶进行观察的第二个夜晚里，我找到了八只在十点之后仍旧不肯离去的大孔雀蝶。它们在前一天的晚上也同样通过那扇畅通无阻的窗户来到了我这里。这八只大孔雀蝶在第二扇窗户的横档上停了下来，它们保持静止不动的姿势。这第二扇窗户是关着的。其他的大孔雀蝶在跳舞跳到十点之后都通过第一扇窗户离开了我的住所，然而这八只大孔雀蝶却依旧执着。它们为我的研究提供了很好的条件。

我将这八只大孔雀蝶的触角用剪刀剪了下来，并且是连根拔起的那种。这些被做了手术的大孔雀蝶似乎对这次的截肢并没有太大的反应，甚至没有几只拍打它们的翅膀。这种情况真的很好，也正是我想要的。它们好像并没有因为被剪去了触角为感到痛苦，又因为这样的痛苦而变得癫狂。这些大孔雀蝶只是在窗户上静静地停留着，直到这一天彻底过去。

除了为雄性大孔雀蝶截肢以外，我还需要对雌蝶做一些处理。为了得到更好的研究成果，我不能让它暴露在雄性大孔雀蝶的面前，而是将它转移到了另一个地方。我把这只雌蝶放在了住所中另一边的门廊下，将钟形网罩放在了地上。这个地方距离我的实验室大约有 50 米。

知识档案

弄蝶

组成弄蝶总科的弄蝶与其他科蝴蝶很不同，有些学者认为它们是与真正的蝴蝶不同的一群。其俗称暗指它们快速的、猛冲一般的飞行。而且它们在身体结构上具有很多不同的特征，比如有蛾类那样的触角——尖端变细，这与一般意义上的蝴蝶不一样。蛾类与弄蝶间的关系非常近，比如南美的大弄蝶亚科在过去就被认为是蝶蛾科的一部分。通常，弄蝶的体色较暗，但体色发亮的新热带区一类弄蝶身体是亮闪闪的蓝色，是个例外。

许多种类的幼虫用丝把自己固定在植物的管状部分中取食，蛹期也是在松散的丝茧中度过的，这两个特征都是与其他蝴蝶有区别的——其他科的蝴蝶，幼虫和蝶蛹都暴露在取食的植物上。大体上，弄蝶都食草，这大概能反映出弄蝶与那些在更高级的植物出现以前与植物的共同进化。

⊙ 图中这只褐色翅尖的弄蝶是弄蝶科分布在非洲的一员，当它的翅膀展开的时候，看起来像鸟粪。

夜晚到来之后，我对那八只被剪掉触角的雄性大孔雀蝶进行了最后一次观察。它们中的六只已经消失不见了，而剩下的两只则都掉在了地板上，看上去筋疲力尽，没有丝毫生气可言。假如我把这两只大孔雀蝶的身子翻得肚朝天，它们也没有任何力气再自动翻转回来。不，请不要认为这是因为我除去了它们的触角导致的，因为这完全是因为它们的衰老所造成的。假使我没有用剪刀对它们做截肢手术，结果也同样如此。那么，那六只消失不见的大孔雀蝶到哪里去了呢？它们由于精力还比较旺盛所以先行离开了。它们会不会再次找到装有雌蝶的，而且已经被换了地方的钟形网罩呢？

1

在蛹成形之前数小时，蝶的身体构造通过蝶蛹上的皮肤可以看见。黑色部分是蝴蝶的翅膀，底部的触角和腿也依稀可见。它需要 85 天才能从卵孵化成成虫。

2

蛹壳脱落

一旦昆虫完成蜕变，它就开始往头部和胸腔灌注流质，这有利于蝶蛹从脆弱处破裂，以便成虫能依靠腿的力量加速蜕化。

蓝色大闪蝶翅膀上部的蓝色光泽清晰可见

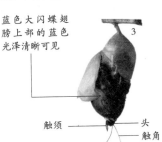

3

触须 — 头
— 触角

一旦蝶蛹表皮破裂之后，其破裂过程就会加快。膨胀不仅归功于头部和胸腔体液的流动，而且也归功于昆虫吸进的空气。虽然目前触角、头和触须可见，但其翅膀还很柔软和有皱痕，以致不易认出。

4

触角
膨胀的腹部

变成蛹后，蝴蝶的身体伸缩自如了。此阶段蝴蝶的体表骨骼柔软，所以它还可能膨胀更多。但如果因为某种原因破坏或限制了此阶段蝴蝶的发育，那么可能导致缺陷蝴蝶生成。

5

腿
头

伴随着蝴蝶蜕去蛹皮，很重要的一个任务便是排除腹腔和鼓起的翅膀中储存的废物。这使得血液从身体流到翅膀，此时蝴蝶就会经常将头抬得高高的，以便克服重力伸展开成皱痕的翅膀。

在许多情况下这些小滴是红色的而非黄色的，这也许就是中世纪的人们所说的蝴蝶产生"血雨"的缘故吧

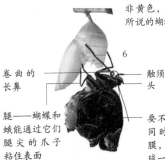

6

卷曲的长鼻

触须
头

腿 — 蝴蝶和蛾能通过它们腿尖的爪子粘住表面

要不是细小的韧带筋能同时连接上、下的薄膜，翅膀将会膨胀如气球一样的包

当血液注满翅膀的静脉的时候，就可以清楚地看到翅膀的伸展，这种伸展必须相当快速，否则翅膀就会因为没有得到充分伸展而干瘪。这一旦发生，蝴蝶就会残疾而不能飞翔。

7

已灌注血液的翅脉

在大约一二十分钟之后，蝴蝶的翅膀能够完全成形。现在蝴蝶就等着它的翅膀坚硬起来以备飞行。又过了一个小时左右，蝴蝶做了许多预备的开、闭翅膀的动作之后，它吸进了空气。通常，它会径直飞到一株植物或别的食物源上以寻求自己的第一顿膳食。

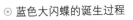

⊙ 蓝色大闪蝶的诞生过程

新的地点与旧地点之间有着一段比较远的距离，没有了触角的它们还会被雌蝶所吸引吗？

　　我准备了一个暂时安放雄性大孔雀蝶的房间，这个房间比较宽敞，显得很空荡。这里没有任何装饰，所以不会有东西能够对大孔雀蝶造成伤害。我时不时地提着灯笼来到安置雌蝶的钟形网罩面前，它位于露天的地方，那里相当黑暗。飞来的大孔雀蝶通通被我抓住，我对它们进行了一番辨别之后便把它们放进了刚刚准备好的临时房间。大孔雀蝶在我为它们准备的临时房间内能够享受到安静与自由的空间，而且这种准备性的措施会在我以后的试验中经常用到。我的这种方法能够对前来的大孔雀蝶做出准确的判断，绝对不会将同一只大孔雀蝶数上好几次。

　　我在十点半之后结束了这一晚的实验，因为没有什么情况会再发生了。我在收集到的二十五只大孔雀蝶中发现了一只被剪去触角的。这是一个比较微小的成果。也就是说，在昨天被剪去触角，而且依靠强壮的体力离开我居所的那六只大孔雀蝶中，只有其中的一只再次寻找到了雌蝶的所在地。这个实验结果并不能对触角的作用做出任何肯定或是否定性的判断，所以更大规模的实验迫在眉睫。

　　到了第二天早上，我再次对这二十五只大孔雀蝶进行了观察。我发现它们全都在萎靡的状态下存活着。但是令我感到惊奇的是，这些精神状态不怎么样的大孔雀蝶在被我用手指拿起来后似乎又有了生气。我对它们还有着期待，也许这些大孔雀蝶还

会出现在雌蝶面前载歌载舞。于是，除了那只已经被剪去触角的大孔雀蝶以外（事实上，它已经快要死去），我对其他的二十四只大孔雀蝶也实施了手术。之后，我把这间房间的房门打开来，让它们可以自由地离去。

同样地，为了保证实验的准确性，也为了让这些出走的大孔雀蝶接受实验，我又把装有雌蝶的钟形网罩换了地方。这次我把钟形网罩放在了底楼侧面的一个房间中，而且保证进入这个房间的通道没有阻碍。我想让大孔雀蝶们在门槛上就能够找到这只雌蝶。然而，在这二十四只被动了手术的大孔雀蝶中，已经有八只衰弱到快要走向死亡。只有另外的十六只离开了房间。我在第二天晚上又在钟形网罩周围抓到了七只大孔雀蝶，然而它们全都是新来者，因为它们拥有自己的触角。前一天晚上那离去的十六只大孔雀蝶中，没有一只再次找到这个钟形网罩。

这样看来，被剪掉了触角对于大孔雀蝶来说确实有些严重。但是在下这个结论之前，我还有一个很大的疑问没有解决。被剪去触角的雄性大孔雀蝶会不会是因为缺少了器官而羞于出现在雌蝶面前？就像小狗穆弗拉尔一样，它刚刚被人无情地割去了耳朵。然而这只小狗却依旧说道："我还敢出现在其他狗的面前，我的状态很好。"看来，小狗穆弗拉尔主人的担心是不必要的。大孔雀蝶的求爱欲望本来就十分强烈，而且非常短暂。那么，受到摧残的大孔雀蝶是不是也会有同样的顾虑呢？它们会因为失去触角而变得没有精力吗？我需要再次进行实验。

这是实验的第四个夜晚。这一次我抓了十四只大孔雀蝶作为实验的对象，它们全都是完好无损的新来者。我照旧找了一个临时安放它们的房间，并且让它们在那里过夜。到了第二天，我在它们一动不动的时候拔掉了它们前胸的一些毛。这种行为并不会对这些大孔雀蝶带来什么求爱方面的麻烦，因为它们没有缺少任何在钟形网罩面前所需要的器官。同样地，由于丝质下脚毛比较容易得到，所以我的拔毛行为并没有烦扰到这些大孔雀蝶。这些被拔掉一些毛的大孔雀蝶就是我这次实验的对象。

夜晚来临。我依旧对钟形网罩的位置做了变更。这十四只大孔雀蝶中没有一只因为被拔除了一些前胸毛而变得精疲力竭。它们全都在夜间开始了活动。两个小时过后，我一共抓到了二十只前来求爱的雄性大孔雀蝶。然而，只有两只是被我拔过毛的，其他的十二只全都没有再次出现。看来它们的求爱欲望已经完全消失了。

那么，在十四只被拔去一些毛的大孔雀蝶中，为什么只有两只再次找到了钟形网罩呢？其他的十二只也是具有触角的啊，这触角可是人们猜测的它们

6

7

⊙ 蝶的不同种类

1. 亚历山大女皇鸟翼凤蝶是世界上最大的蝴蝶。2. 长途跋涉后，红线蛱蝶会借着风势滑行，而不是采用通常的鼓翼动作。3. 阿波罗绢蝶能在高纬度地区生存，但是现在处境濒危。4. 同样属于濒危物种的一种灰蝶科成员目前只在圣地亚哥和加利福尼亚地区存在。5. 斑马纹蝶翅尖上醒目的条纹像触角，能转移敌人的注意力。6. 当枯叶蛱蝶收起翅膀的时候，它很像一片枯树叶。7. 橙色苜蓿粉蝶在北美很常见。

⊙ 交尾的时候，雄蝴蝶将精囊注入雌性体内，与它们体重相比，精囊的分量着实可观。它们的尾部相连，是蝴蝶交尾的典型姿势。

的导航器啊。但是为什么它们没有飞回来呢？每次雄性大孔雀蝶在我的强制之下度过一个夜晚后，我都会在第二天看到它们精疲力竭的状态。对此我唯一的解释就是：它们的求爱欲望已经没有了。不置可否，雄性大孔雀蝶一生的唯一目标就是求爱。这也是所有蝴蝶都具有的本能活动。这样的本能让它们飞过很长的距离、越过很多的障碍以及穿过深深的黑暗，最终找到了自己所喜欢的雌蝶。找到意中人的雄性大孔雀蝶会在两三个夜晚中，每晚都用上一两个小时在自己的爱人

面前表演与调情。它必须利用好时机，因为一旦错过了，就什么都完了。原本非常精确的导航器会坏掉，而且明亮的信号灯也会熄灭。假如没有了这些功能，那么雄性大孔雀蝶还有什么存活的意义呢？所以，失去这些本能的大孔雀蝶没有了求爱的欲望。它们在一个角落中等待着死亡的来临。

大孔雀蝶不会进食，它对胃没有任何概念。与那些终日忙碌于花朵与花朵之间的蝴蝶相比，大孔雀蝶绝对是一位禁食者。大孔雀蝶蜕变为蝴蝶是为了能让后代将自己的族类延续下去，这跟吃东西并没有什么关联。它们不需要依靠进食来恢复体力。此外，大孔雀蝶的口腔器官其实是个空洞的东西，一个不折不扣的半成品。这个口腔器官并没有任何实际运行的可能，完全是个假象。正如油灯中假如没有了油，那么这盏灯就会熄灭。大孔雀蝶由于不懂得吃东西，所以只需要熬上两三个夜晚，它们就会在精疲力竭中结束自己短暂的生命。

大孔雀蝶无论是接受了手术，还是拥有完好无损的身体，它们通通都会因为生命的短暂而变得没有活力。这与被拔去前胸的一些毛或是被切除了触角完全没有关系。失去触角的大孔雀蝶并不一定就不能够再次寻找到安放钟形网罩的地方，而被拔除一些毛的大孔雀蝶也同样没有受到什么大的损伤。大孔雀蝶的筋疲力尽与触角的缺失并没有什么联系，触角的作用依旧让人怀疑。

我的实验进行了八天，同样地，被我关在钟形网罩中的雌性大孔雀蝶也坚持了八天。它所在的钟形网罩在这八天里，每天晚上都要换一个地方。一大群的雄性大孔雀蝶都会在我的意愿之下，在雌蝶的引诱中前来求爱。在这群来客到访之后，我便把它们通通都抓了起来。然后将它们放置在我事先准备好的一个临时住所内。我让它们在那个房间中过夜，到了第二天我会拔掉它们前胸的一些毛。

在我所生活的地区，大孔雀蝶的数量是非常稀少的。这是因为大孔雀蝶所赖以生存的老杏树在这个地区比较少见。我曾经在两个冬日里对这些杏树进行过搜寻，然而搜寻的结果却是寥寥无几。它们的树根掩埋在一堆凌乱的禾本科植

雌性仿燕尾蝶模拟普通虎蝶

常见的虎蝶

物下面，就像穿上了鞋子似的。然而，在我的实验进行了八天之后，被我抓住的大孔雀蝶居然多达一百五十只。这可是一个让人感到不可思议的数字啊。这些大孔雀蝶都来自比较遥远的地方，有可能是两公里以外，也有可能比这个还远。那么，它们是如何得知在我的实验室中关着一只雌性大孔雀蝶的呢？

依靠视觉是不可能的。没错，大孔雀蝶在穿过我家窗户之后绝对能够依靠自身的视觉来寻找雌蝶。然而在这之前呢？它们即便是拥有神话中所讲的能够透过厚厚的墙看到事物的猞猁眼，那么也不可能在遥远的几公里之外就具备这种天才。因此，相信视觉向导的想法绝对是荒谬的。

除了视觉之外，还有两个因素可以进行探究。它们分别是声音与嗅觉。其实，依靠声音这种说法也站不住脚。挺着大肚子的雌性大孔雀蝶的确能够在很远的地方就对雄性大孔雀蝶进行召唤，但是它发出的声音往往很轻柔。即便是拥有最为灵敏的耳朵，听到的声音也是轻微的。在发情期，雌蝶由于受到情欲的驱动以及心灵的波动，它的身体在高度精准的显微镜观察下会显出微微的颤动。然而，雄性大孔雀蝶可是位于距离它几公里的地方啊。它们怎么可能听得到雌蝶的呼唤呢？

最后一种因素便是嗅觉。这种说法值得我们进行实验，因为气味的散发似乎比其他物质更容易说明大孔雀蝶为什么在赶到目的地后，需要经过一些徘徊后才能找到雌蝶准确的藏身之地。是不是真的存在气味这种散发物？我是无法察觉到的。不过我相信我们无法闻到的气味对于具有比我们更加灵敏嗅觉的大孔雀蝶来说能够做到。为此，我准备做一个比较简单的实验。我需要把雄性大孔雀蝶能够辨别出雌蝶的那种气味压制在另一种更加浓烈的气味之下，而且要使这另一种气味保持很久而不散发。这样，雌蝶微弱的气味只能在强烈的气味之中散发出来。

在大孔雀蝶来访之前，我在雌蝶所在的钟形网罩下面放了一只装满萘的容器。然后又在雄性大孔雀蝶夜晚所要暂时居住的房间内放入了足够的萘。大孔雀蝶来了。它们就像没有闻到萘的味道似

雄性仿燕尾蝶

修道士蝶

雌性仿燕尾蝶模拟修道士蝶

◎ 当一只无毒的蝴蝶长得像有毒的种类的时候，就会采用名为贝氏拟态的防御策略，但其种群的数量必须比模拟对象少：如果它们数量过多，敌人就会逐渐注意到二者在可食性方面的区别，而保护性的拟态也会失去作用。在非洲，雌性仿燕尾蝶为了避免种群的数量受到限制，演化出了3种形态（图中显示了其中2种），每一种都模拟另一种有毒的斑蝶。然而，这种蝶的雄性却仍只具有一种样式，因为变化的外形会减少它们成功交配的机会。

的，很准确地找到了雌蝶的位置。我的精心设计白费了。虽然我对气味的信心有些动摇，然而我已经不能够继续第九次实验了。因为连续的作业已经让禁闭在钟形网罩之内的雌蝶变得精疲力竭。这只雌蝶把卵放在了钟形网罩的网纱上，之后它就死了。没有了实验的对象，我没有什么事情可做，这样的状态需要一直持续到第二年。

为了让我将要进行的重复性实验能够顺利地进行，我准备了一些必需品。那就是夏天的时候，我向邻居家的小孩买大孔雀蝶的毛虫，每条是一苏的价格。那些小孩子们因此也非常开心。他们学完了枯燥的法语动词变位，跑到田间去抓大孔雀蝶毛虫。他们不敢用手碰触这种毛虫，而是用一根棍子的尖头部把它粘上，然后再交给我。当我用手指头去拿起那只毛虫的时候，他们每个人都显得非常惊讶。

我把大孔雀蝶毛虫喂养在我的昆虫小园子中，并且用扁桃树的枝杈抚育它们。不出几天，我的精心喂养就有了回报，它们向我提供了优质的茧，寒冬季节，我又在杏树下收集了许多这些宝物，与我趣味相投的朋友帮了很大的忙。在这些得来不易的茧当中，有十二只个头比较大，也很重，这些茧都是雌大孔雀蝶的。它在大冷天里饱尝了各种艰辛，茧羽化得很晚，羽化出来的，也只是一些反应迟钝的小家伙。

第三卷

蜘蛛的迁徙

成熟后的种子，离开孕育它的果实，散落在泥土的表面，开始了它盎然的小生命。

蝴蝶花的蒴果裂成三瓣，中间凹陷成一个吊篮。由于蒸发作用，果瓣的边缘会卷曲起来，原本在吊篮里面安睡的种子就会被挤出来，面对新的世界。

有一种葫芦科的植物，与椰枣差不多大，果实味道非常苦。它的学名叫"弹性喷瓜"，俗称"驴瓜"。这种植物成熟时，果肉融化成液体，给种子提供了一个温暖的游泳池。当这个游泳池的墙壁收缩，种子被挤到肉柄的底部，这时一个塞子似的东西堵住了出口，种子们只能慢慢倒流回去，而塞子脱落后，种子和果肉便气势磅礴地一齐从出口喷射出来。所以，当你摇动喷瓜植物时，记得要小心机关枪般的扫射，别被这莫名的袭击弄得狼狈不堪。

花园里熟透的凤仙花只要被人碰一下，花果就会卷曲成五个瓣，把里面的种子喷射出去好远。人们给它取名为"急性子"，生动地描绘了它不能忍受碰触的样子。另一种与凤仙花同属一科的植物，由于这种喷射现象而得到了一个更可爱的名字"别碰我凤仙花"。

那些很轻的种子，特别是菊科类的种子，有浮空器、冠毛、翼以及羽状冠毛，风一吹便飞离了依赖的花托，生命之旅由此开始。除了羽状花冠以外，最适合的靠风传播的器官就是翼了。黄色紫罗兰的种子借助膜状的鳞片，随风飞进岩石缝和老墙的墙缝里，在那里生长发芽。榆树的翅果有一个又大又轻的翼，中间嵌着种子；槭树的两个翅果连在一起，呈现鸟儿展翅的姿态；白蜡树的翅果如同桨叶，在暴风雨的席卷下才能进行遥远的迁徙。

植物传播种子、远途旅行的方式是如此多样。那么，昆虫是不是也像植物一样有旅行的工具呢？答案是肯定的。实际上，植物的种子和动物的卵都是一回事。

圆网蛛是一种了不起的蜘蛛，捕食的时候会在两棵垂直的灌木前拉开大网。我们这里最有名的就是一种身上横纹有黄、黑、白三色相间的彩色圆网蛛。它梨状的卵袋是一个丝绸缝制的小袋子，两极间随意地分布着棕

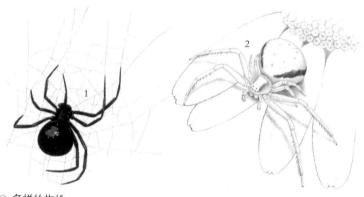

⊙ 多样的蜘蛛

蜘蛛的代表种类：1.黑寡妇；2.雏菊上的弓足梢蛛正在守候猎物；3.一只水蜘蛛将一尾鲤鱼抓进了它的潜水钟里；4.在蛛网上的一只横纹金蛛；5.草丛跳蛛。

色的经线，不禁让人感叹这小东西的精美绝伦。打开卵袋，你会更加惊讶，里面吊着一个顶针状的小丝袋，装着 500 枚左右的橘黄色的卵。这些漂亮的小宝贝们正幸福地享受母亲无微不至的呵护：小丝袋的外面有一团棕红色烟雾似的丝团，轻轻地笼着，就像一床暖暖的羽绒被。

这颗卵袋被太阳晒熟开裂以后，里面的几百枚卵会分散到不同的区域，各自找到一块领地，从来不需要担心邻里间的竞争。但是，这些脆弱的小生命，它们是运用了什么交通工具，才能找到遥远的归属地呢？我在一种比较早熟的圆网蛛中找到了答案。

五月，荒石园里一棵丝兰引起了我的注意。这棵植物去年已经开花，现在只剩干枯的花茎竖立在那里，大约有一米多高。剑形的绿叶上爬满了刚孵化出来的两窝小圆网蛛。这些小家伙的尾部有一个三角形的黑色斑点，今后它们将以背上三个白色十字图案清晰地告诉世界，它们不是彩带圆网蛛的孩子，而是冠冕圆网蛛的后代。阳光移动到荒石园的时候，这些小家伙们自发形成了热闹纷乱的集市。两群小圆网蛛中有一群非常激动，一只一只地爬上花茎，走一段又兴致勃勃地折回来，它们就这样丝毫没有倦意地反反复复。

这时，微风吹来，这群小家伙行动的队形被扰乱了，它们一只一只地从花茎上出发，就在我睁大了眼睛想看清楚它们的小动作时，这些小东西仿佛长了翅膀一样，一下子就消失在我的视线里。我当时多么希望这是在宁静的实验室里而非喧闹的露天，那样的话我也许能够更加清楚地看到刚才到底发生了什么。

我把剩下的小蜘蛛装进一个小盒子，盖起来带回了实验室，放在离敞开的窗户两步远、正对窗户的一张小桌上。想起刚才小蜘蛛爬高的喜好，我找了一捆半米长的细树枝给它们作为场所。一转眼，小家伙们全部爬到了高处，漫无目的地四处拉丝，形成了以树枝梢为定点，桌子边缘为底边的一张网。在阳光的照耀下，这些小生灵变成晶莹闪光的小点，悬挂在乳白色的细网上，就好像望远镜里那些遥远的星座。只不过这片星云不是静止的，而在不停地变化着。

许多小蜘蛛从网上摔下来，就在我担心它的安全时，它突然在空中停住，又安然地顺着那根丝重新爬上去。如此反复好多次，把丝捆扎成束。其他的伙伴们还在网上不停地忙碌，好像在编织一个网袋。原来丝不会自己从纺织器流出来，而是需要用力拉出来的。所以蜘蛛必须利用自己的重力往下掉，或者行走，才能得到一点细长的丝。

这时，我看见几只圆网蛛在桌子和敞开的窗户间跑。我明明知道它们不可能在空中划桨，经过上下左右观察，只看见小家伙的身后有一条细丝，有时候会显现出一闪即逝的光线。但是，在小蜘

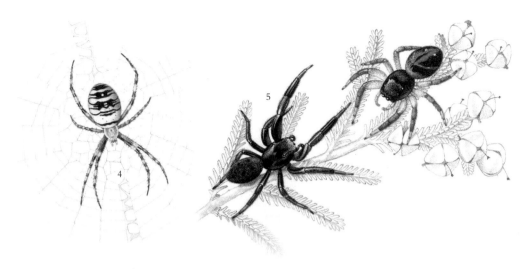

蛛们运动的前方，什么支撑物都没有看见。但事实证明，这座看不见的天桥的的确确是存在的。我用棍子在那只向窗口跑得蜘蛛前面劈下去，这一举动就好像施了一个魔法，小家伙们立即停止前进，直直地跌落下来。

原来，进行高空行走的蜘蛛，会同时拉出一根线来保卫自己的安全。因此它的身后有两根线，比较容易被看到；而在它前面只有单根细线，所以几乎看不出来。不论多小的微风都给予小蜘蛛帮助，将这一根看不见的丝线带走、拉长，就像房顶上袅袅的炊烟。我想起南美洲的印第安人借助藤蔓荡过山脉中的深涧，而小蜘蛛却是靠着看不见的不可丈量的天桥跨越空间。

在我的实验室里，敞开的门和窗给了小蜘蛛这个条件，而这阵风如此微弱以至于我看见烟斗冒出的烟往一个方向飘才恍然大悟。外面的冷空气从门口进来，房间里的热空气从窗户流出，小蜘蛛们利用空气的流动，悄无声息地出发了。

我关上门窗，用棍子将全部的天桥切断。迁徙者没有了空气的流动，就没有了出发的原动力。

不过多久，蜘蛛沿着一个意料不到的方向再次出发了。火热的太阳照到了地板上，使这里温度较高，向上涌起了一股轻轻的气流。蜘蛛们真的爬向了房间的天花板，只是绝大部分已经在之前飞向了窗户，剩下的数量不足以进行实验，我必须重新开始。

第二天，我又在那株丝兰上捉来了第二窝小圆网蛛，数量与第一窝差不多。在这群小家伙忙忙碌碌地做着出发前的准备工作时，我关上了房间所有的门和窗，使空间处于静止状态。

然后，我开始了准备工作：在桌子脚边点了一盏煤油灯，不是很热。我在灯上方、桌面齐平处撒了一把蒲公英毛，大部分都缓缓飞到了天花板上，因此我相信，产生的上升气流柱应该也足以把丝线拉送到高处。

一切准备就绪。我们在场的三个人依旧什么都没看见，但是一只圆网蛛正在慢慢地上升，八条腿悬在空气中划动，就像有魔法在召唤着它向上。其他的圆网蛛也开始出发了。如果你不知道其中的奥秘，一定会被眼前几百只蜘蛛上升的现象惊得目瞪口呆。

我不禁佩服起这些小家伙了。只有一个微小的卵球，小家伙们在没吃任何东西的情况下爬上了高四米的天花板，也就是说拉出了一根至少四米的丝。工厂加工铂线时必须把材料烧红，而小蜘蛛拉丝只需要阳光加热，这是多么精细的产品加工方法啊！

几分钟之内，大部分蜘蛛都爬到了天花板，还有一部分竭尽全力却停滞不前，甚至倒退下滑。那是一个很简单的物理题。丝线没有到达天花板，是飘动的，只要长度适当，尽管晃动依然可以支撑小蜘蛛的体重；但是小蜘蛛越向上爬，飘浮的线就越短，有时会出现重力等于向上的浮力达到平衡，到最后超过浮力的现象。这使得丝线更加缩短，所以虽然蜘蛛在向上爬，但看起来在倒退。

我不能让失败的登高者死去，不尽快找到停泊处吃点东西，它们无法再造出丝来。我打开窗户，煤油灯的热气带着蒲公英的毛缓缓飘向了窗外的世界。那么，小蜘蛛的迁徙应该也不成问题。

我看准了几根小蜘蛛身后的丝线，小心地用剪刀剪断，线是双股的，较粗，不会看错。这次又如同施展魔法一般，原本吊在细丝上的小家伙好像长了翅膀，优雅地随风穿过了窗户，消失不见了。微风啊，你要把这些柔弱的小生命带去什么地方呢？也许几步之内，也许百步之外。请给这些可爱的小家伙找一个适合的落脚点，因为它们完全听命于你，不能自己选择停止旅行的时间。

我相信，只要在广阔田野间，小家伙们天生的疏散本领绝对不需要人工的辅助。它们爬到细枝梢上，给自己身下留有足够的空间，随后从小小的制绳场里拉出一根细线。太阳炙烤的大地涌起了一股上升的气流，将细线轻轻地托起，使它在上升飘摇波动中不断地被拉长。纺丝主则悠闲地在上面散步，等待丝线终于被扯断的那一刻，旅行就开始了。

刚才这种带白色十字的圆网蛛，给我们提供了最一手的迁徙资料，但它用来蓄卵的容器只是一个很简单的丝球，与彩带蛛织的气球相比，实在是太寒酸了！为了得到最有价值的资料，我继续进行实验。

秋天，我用饲养雌彩带蛛的方法，储备了一些小蜘蛛。在这里我进行了充满期待的准备工作。我把大部分在我眼前织出来的气球分成两组，一半留在实验室里有小捆荆棘作为支撑物的金属网罩下，另一半放在室外的迷迭香树篱上。

可惜这样的处理并没有让我看见预想中与居住环境相应的壮观的迁徙场面。不过我还是记录了很多有价值的结果。

孵化是在近三月时进行的。我用剪刀把彩带蛛的圆形巢剪开，发现一些小蜘蛛已经完成了孵化，从小房间里爬出来，慵懒地躺在外边的绒被上，而其他的橘黄色的卵还簇拥在一起，静静地享受酣睡。小蜘蛛不是同时孵化的，断断续续地要持续两周。小彩带蛛有白色的肚子，前半段像覆盖了一层粉，后半段则是黑棕色，除了眼睛在前面形成黑框外，身体的其他部位都是浅棕色。这些懒洋洋的小家伙们，在羽绒被上一动不动。受到干扰时，它们没睡醒似的动动脚，或者再漫无目的地打几个转儿，仿佛还很眷恋这个地方，过段时间再出去吧。

它们的确还不够成熟。在接下来的四个月里，气球会慢慢变大。那是因为所有的小蜘蛛都从小房间里爬出来，在羽绒被上成长壮大。这个精美的丝团不仅是接待站，更是健身房。小家伙们在那里使自己的肌肉变得结实有力，做好准备在炎热的天气到来的时候面对广阔的新世界。

小蜘蛛们大约有六百只，这么多全部来自一个豌豆大的卵袋。蜘蛛是用了什么神奇的办法，让如此大的一个家族挤在里面并且不会因挤压而扭伤腿脚呢？

卵袋是一个底部呈弧形的短圆柱体，是用一块结实得像无法穿透的屏障似的白色绸缎缝制的。卵袋上面有一扇圆形的门，门里嵌着一个同样结实的盖子。柔弱的小家伙当然不可能穿过小盖子钻出来，那么，它们是怎样使自己解脱出来的呢？

假设这个盖子是活动的，不是封死的；假设这一窝圆网蛛是同一时间孵化出来的；那么可以想象，在所有小蜘蛛背部合力的推动下，那扇门会被轻而易举地推倒，就像沸腾的水把壶盖顶开一样，小蜘蛛们随即如潮水般一泻而出。然而，盖子和袋子是紧密连在一起的，孵化是断断续续的，并不是因为小蜘蛛的微弱力量聚集在一起而打开的。事实上，盖子应该是像植物的囊袋那样自动开裂的。在孵化期间，这个盖子会自动启封、翘起，让新生儿通过。

每一种植物都有一把神奇的锁，掌控着种子盒的开启关闭。而这把生命系统的钥匙，就是阳光的爱抚。龙头花的干果熟透时会打开三扇小窗；海绿果会分成两个像香皂盒形的球冠；石竹的果瓣会部分裂开，顶端打开一个星形的洞口。

而彩带蛛的"卵盒"也像干果一样，只要未完成孵化，盖子就锁得紧紧的；一旦感应到里面有小蜘蛛的动静，它就自动打开。

炎热的六七月来到了，小圆网蛛们也迫不及待地要享受它们最喜欢的季节了。

要从牢固的球壁上开辟一条通道是很困难的，盒盖必须自动开启。但是盒盖的开启并不遵循一般的设想，因为盖子是这个卵袋最后一道工序，所以我们总幻想盖子的边缘不会被完全焊牢，可以裂开。但不论我在什么季节，除非把整个建筑物毁坏，我的镊子都不能够把它撬开。最后，它的开启很不完美地展现在我的眼前：裂痕毫无规律，绸布像石榴皮似的在强日光下突然裂开。看着撕破的布都往外翻，我猜想爆裂应该是由于内部空气受阳光加热膨胀所造成的。喷出来的棕红色绒棉，再也不能充当小蜘蛛的温床，小家伙们显得惊恐不安。

让我们来看看室内和室外的区别。室外迷迭香树篱上的气球在骄阳下轰轰烈烈地炸开了，喷出了棕红色的丝团和小蜘蛛。在田野里，七八月的烈日照射到毫无遮拦的荆棘丛中，小蜘蛛的住所

知 识 档 案

蜘蛛亚目

中突蛛亚目

1科：巨型活板门蛛（节板蛛科，40种），或称为节板蛛。被认为是一类原始的蜘蛛，腹部有分节（一般情况下，蜘蛛的腹部没有作为节肢动物的分节的痕迹）；仅见于东南亚。

原蛛亚目

15科，包括：鸟蛛（捕鸟蛛科，800种），是非常大、毛茸茸的蜘蛛；眼睛小，排列很紧凑，分布在热带和亚热带，包括墨西哥红膝鸟蛛和巨型鸟蛛等。

活板门蛛（螲蟷科，400种），螯肢上长有耙子一样的齿，用来挖洞，洞口有活板门，大部分气候温暖的地方都能发现这种蜘蛛。

漏斗蛛（长尾蛛科，250种），织的网会有一个漏斗状的凹进。热带和亚热带都有分布。有些种类有毒，如悉尼漏斗蛛。

新蛛亚目

也就是"真正的"蜘蛛。超过90%的蜘蛛属于这一亚目。90科，包括：

管网蛛（石蛛科，100种），体长，织的网有管状凹进，并有放射状的触丝线。全世界都有分布。

喷液蜘蛛（喷液蜘蛛科，150种），只

有6只眼睛；圆屋顶一样的壳里包裹着大大的毒液腺或黏液腺；捕猎时会朝猎物喷出黏糊糊的丝和毒液的混合物。除寒冷的地区外到处都有分布。

缠网编织蛛（球蛛科，2200种），通常为小型蜘蛛，腹部如球形，织的网纠缠在一起，全世界都有。有的蜘蛛有毒，如美国黑寡妇。

钱蛛（皿蛛科，3700种），大部分体型微小或小型，织的网是一张一张的，全世界都有，偶尔像飞行员一样落在人身上。

圆蛛（圆蛛科，2600种），身体通常很宽，用黏黏的丝织网，全世界都有，包括常见的欧洲花园蛛和热带的流星锤蛛，后者织的网非常简单。

大颚圆蛛（肖蛸科），典型的肖蛸科蜘蛛体型细长，螯肢巨大，网有开放的轮状。还包括大金圆蛛，热带和亚热带地区都有。

球腹蛛（球腹蛛科，800种），能在大张的网上走得很快，全世界都有，包括常见的家蜘蛛。

狼蛛（狼蛛科，2200种），是体色昏暗的地面猎手，长有4只大眼、4只小眼，这类蜘蛛到处都有，数量丰富。

盗蛛（盗蛛科，600种），长得像狼蛛，但眼睛较小，有些会为幼虫织育儿网，许多都是半水栖（筏蜘蛛）；全世界都有。

夜行蛛（平腹蛛科，2200种），夜行性猎手。体色很暗，通常长有银色

的椭圆形眼睛。全世界都有。

管巢蛛（管巢蛛科，1500种），与平腹蛛相似，但体色较淡。母蜘蛛和幼虫一起待在卵囊中。全世界都有。

漫游蜘蛛（栉蛛科，350种），是相当大且跑得快的猎蛛，常有毒。热带和亚热带都有分布。

狩猎蛛（巨蟹蛛科，500种），体型很大，跑得快，附肢向侧面伸展（侧行）。见于热带和亚热带，包括泛热带区的香蕉蛛。

蟹蛛（蟹蛛科，2000种），大部分是惯于久坐的伏击猎手；附肢像蟹足（侧行）；前两对附足比后两对长。全世界都有。

跳蛛（跳蛛科，4400种），是生性活泼的猎手，善跳跃；常常体被迷人的色彩，前（中）眼很大，视力奇佳。全世界都有分布，热带最多。

灯罩网蛛（古筛器蛛科，10种），这是一类长腿的蜘蛛，织的网像灯罩。有两对书肺。分布地区很分散，包括北美、中国、塔斯马尼亚。

筛网蛛（主要包括隆头蛛科、卷叶蛛科、暗蛛科、缩网蛛科、怪面蛛科等，总共近1000种），用干燥如羊毛的丝编织有花边的，或一张一张的，或圆形的网。怪面蛛科的撒网蛛非常独特，它们将网撑在附肢之间，用网舀起昆虫。

泰莱穴蛛（泰莱蛛科，100种），分散在全世界。

⊙ 小蜘蛛们拉出一条条细线，随风飘走了。

炸开的情景仿佛在为它们饯行。而在温和的实验室里，大多气球都没有裂开，除非我插手。但是我观察到有几个气球上出现了一个圆洞，像是由钻头钻过的，显然这是里面耐不住寂寞的小蜘蛛轮流用大颚在某一点上钻洞的结果。

来到新世界的小彩带蛛们，在迁徙之前，要给自己换一身新衣服。一小部分的蜘蛛随着丝团被喷出来以后，绝大多数还在裂开的丝团袋子里面。小蜘蛛们一点都不着急出去，因为整装待发也不是同时进行的，好几天以后，小家伙们才一批一批疏散出去。

小蜘蛛们一边经受着阳光的洗礼，一边有条不紊地进行迁徙工作。它们跟冠冕圆网蛛一样都是纺丝的好手，拉出一条细线，随风飘荡着飞走了。同一天早晨只有小部分蜘蛛离开，场面冷冷清清，一点都不热闹。没有看到它们成群结队地飞走，我有点失望。

不过，这一次小蜘蛛在蜕皮前是倾巢出动的，也许是因为轻微擦伤的表皮大可不必换掉。圆锥形的袋子远没有气球形的袋子宽大，小蜘蛛们想从挤成一团抽出身来，很可能会扭伤，因此统一行动，到附近的小树枝上安顿下来再作打算。

同样因没有看见热热闹闹的迁徙场面而失望的，是对于丝蛛的迁徙。它也有一个非常精美的卵袋，一个仅次于彩带蛛的杰作：一个星形的圆盘封在钝圆锥形的卵袋顶上，制作袋子的布料比彩带蛛的更加厚实，因此更有必要自动破裂。开裂的原理似乎同样是空气受热膨胀，也需要七月的炎炎烈日。

小蜘蛛们共同编织，发挥集体的力量，很快就搭好了一顶透光的帐篷。它们在这个临时营地住上一周，完成蜕皮的过程，把旧皮堆积在营地的地面上。换上新衣的小蜘蛛们爬上高高的秋千，在那里养精蓄锐。等它们足够成熟的时候，就陆陆续续开始出发了。可是，它们不像用丝线飞行的蜘蛛那样大胆，相比而言，它们的旅途是一段一段的，显得亦步亦趋。吊在丝端的蜘蛛，在离地一柞高的地方垂直下落，一阵风把它摇晃地吹成了一个钟摆，好不容易落在附近的一棵小树上，算是到达了旅行的第一站。随后，蜘蛛又继续下落，将丝线拉到最长，等着微风把它送到充满期待的下一站。它挑剔地寻觅完美的居所，直到降临到一个满意的地方才会停止前进。

当然，如果风力大，远征也变得比较方便快捷。摆线一断，小蜘蛛就会被飞出的丝带到一定距离以外。总之，蜘蛛迁徙的方式在实质上都是一样的。彩带圆网蛛和丝蛛虽然是我们地区编织卵袋技艺最精湛的纺织姑娘，但迁徙时的表现都让我大失所望。我怀念冠冕蛛旅行时的气势，于是我将转向那些被我忽略的普通蜘蛛，重新看见了同样甚至更加惊心动魄的场面。

第二章

蟹蛛的世界

用拉丁语给动植物命名是学术界的一条规矩，但是这种规则之下常常衍生出令人不悦的现象：很多学术名词不能遵守古时的谐音，以至于默念它们时从口中发出的声音就像打喷嚏一样。这样一来，我偶尔会不敢说出我所热爱的那些昆虫的名字，因为那简直像是在咳痰一样把它们从口中咳了出来，这让人感觉非常不舒服。

当然其中也不乏优美的名字，圆网蛛在分类学中的正式名称是 Thomisus-onustus，或许你并不觉得这有什么特别之处，但至少说起来顺口，听起来很顺耳。令人感觉舒服且生动形象的昆虫名称也不少，比如我接下来要介绍的蟹蛛。

光听这个名字我们就能想象得出来，这种小昆虫就像蜘蛛和螃蟹的混血儿一样，它像其他蜘蛛一样吐丝，却像螃蟹一样横行。从外形上来说，蟹蛛和螃蟹的区别很大，虽然它的前步足也比后步足粗壮，但是它的两条前步足上并没有像螃蟹一样有着厚厚的、锐利的、令人心生怯意的钳子。更有意思的是，从生活习性上来说这种小昆虫和其他蜘蛛也有很大区别。

蜘蛛捕食大多要通过结网捕猎，它们在享受那些撞到蛛网上的美食之前，也常常会用自己吐出来的绳索把猎物捆绑起来，但是蟹蛛却不同，它既不用网也不用绳圈。

其实，从词源学角度来看，蟹蛛的名字有"用绳子捆绑"的意思，这个名字与很多蜘蛛的行为相符——为了制服猎物，它们确实会用丝把那些倒霉的自投罗网者捆起来，但问题在于蟹蛛比较另类，假如你有机会看到蟹蛛捕食的过程，就能知道它从来都不会效仿古罗马时期执法官手下那些专门把犯

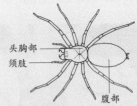

人绑在行刑柱上的侍从官。

根据我的观察，蜜蜂是蟹蛛最爱的食物之一，所以蟹蛛常常会埋伏在花丛中等待猎物的到来。我多次在花丛旁边见到可怜的蜜蜂和刽子手蟹蛛之间的生死搏斗。

勤劳的蜜蜂大概是工作最专注的昆虫之一。它们心中所想的无外乎多采些蜜，几乎从来不会主动攻击，即使偶尔蜇伤人或其他动物也常常是出于自卫。当蜜蜂寻找到一个采蜜区之后，会先用舌头探测一番，确定这里蜜源丰富之后就会很快沉浸在忙碌的工作里。它专心致志地工作时，完全不会开小差，以至于很难察觉到在美丽花瓣的背后，正有一双眼睛在虎视眈眈地盯着自己。

当蜜蜂把自己的花篮装满后，肚子就鼓了起来，它心满意足地准备离开。就在这个时候，隐藏在花丛下的蟹蛛会小心翼翼地爬出来，并慢慢地靠近忙碌的工作者。这时候蜜蜂还沉浸在收获的喜悦里，一点都预感不到即将到来的危险。

突然，蟹蛛迅捷地扑向了毫无防备的采蜜匠，猛地跃起并咬住它的后脖颈根部。蜜蜂似乎被猝不及防地袭击吓晕了，几乎没有任何反抗，即使偶尔有清醒者拼命挣扎，甚至用蜇针乱刺，但被美食诱惑着的饥饿的蟹蛛怎么都不肯松手。过不了多久，可怜的蜜蜂就死去了，而这场战斗的胜利者就会自在地享受一顿美餐——吸干猎物的血，然后抹抹嘴巴将干瘪的尸体弃置一旁，重新潜伏起来等待下一只猎物。

或许这一幕会让你以为蟹蛛是一种长相丑陋、面目可憎的吸血恶魔，但事实并非如此，我们甚至不能根据"onustus"这个词语来想象蟹蛛的样子，侧着身子走路和慢吞吞的步态都不足以用来还原蟹蛛的本来面貌。既然无法想象出它的样子，何不去实地观察一下呢。

蟹蛛捕杀蜜蜂时非常凶狠，但却又像很多柔弱的昆虫一样畏冷，所以它几乎没离开过橄榄树的故乡。如果读者能去参加在南方地中海地区常绿的矮灌木丛中举行的五月节，就一定能见到它，也便有机会亲眼见证这种蜘蛛的优雅姿态。

在那里有一种叫岩蔷薇的灌木，这种植物盛开的花朵是玫瑰色的，花季大概持续五到六周，这一个多月里，人们几乎在每天黎明都会看见新鲜绽放的花朵，但是花朵的寿命很短，每朵花都像一现的昙花只能维持半天左右，所以那些在今天开放的蔷薇花永远都见不到第二天的曙光。之所以会提到这种植物是因为它的花粉受到了蜜蜂们的热烈追捧，而争相拥来的蜜蜂又是引蟹蛛出现的最好的诱饵。

我曾经安静地守在花丛旁，一旦看见某只蜜蜂突然不动并渐渐僵硬起来，我就会小心地挪过去。正如我所猜测的，这样无声无息的袭击者多半就是蟹蛛了，我赶过去的时候它正躲在花瓣构成的玫瑰色帐篷下吮吸那只倒霉的蜜蜂的血。在这样的近距离观察中我不得不发出感叹：这样疯狂捕杀蜜蜂的昆虫竟是如此漂亮！

蟹蛛的身材看上去并不是很好，它像其他蜘蛛一样有三角形的躯干，身体下端左右两侧还各有一块乳突，就像驼峰一样。但是它的优雅不会因为肚子的臃肿而打折扣，因为它那绸缎一般的皮肤那样令人赏心悦目。即使是一个从来不曾像我一样醉心于昆虫世界的普通人，甚至是一个讨厌蜘蛛、畏惧蜘蛛的人，也不得不承认蟹蛛的优雅，令人敢于亲近。乳白色和柠檬黄是蟹蛛皮肤的两种主要颜色，还有一些蟹

⊙ 一只常见的雌性弓足梢蛛正在伏击蝇，它身上的保护色给自己进行了完美的伪装。它蹲伏的身形是大多数蟹蛛科成员典型的姿势。

蛛的腿上遍布着玫瑰红色的条纹，看上去就像那些爱美的女士们佩戴在身上的饰品一样。除了装饰品，它们似乎还热衷于"文身"，那文在背上的胭脂红色的曲线和胸部两侧的淡绿色条纹都是那么精致。

和我之前提到的彩带蛛相比，蟹蛛皮肤的色彩不够丰富，它不像彩带蛛一样有那么华丽的外衣，但是，这种简洁、精致的美却使它们拥有了更加优雅的气质。

当我看到这优雅的昆虫凶狠地捕食另一种昆虫时，偶尔会觉得自然界的规律竟然如此残酷且令人困惑，温和善良的动物成了野蛮暴力者口中的美食，像蜜蜂这样的辛勤劳动者最终死于蟹蛛这类游手好闲者的魔掌，我们无法对这种现象予以置评，因为在饥饿面前，即使自诩为万物之灵的人类也可能会犯错误，更何况任何事物之中都存在着无法拆解的矛盾。

比如你可能怎么都想象不出，这凶狠的吸血魔鬼在家里其实是个非常慈爱的母亲，它无情地食用别人的孩子，却很爱自己的孩子，它可能比自然界里很多温和柔顺的昆虫都要更爱自己的孩子。

蟹蛛那个累赘的肚子是用来储存丝的，但它几乎从来不会用腹中的丝制细丝线来捕食，而是将其作为给婴儿筑巢保暖的材料。说到蟹蛛的筑巢技术，一点都不比它的猎食技巧逊色。

在筑巢之前，蟹蛛会像金翅鸟、燕雀等鸟类建筑师一样先选择一块高地。不同的是鸟儿们的巢多在高高的树木枝头，蟹蛛选择的高处是它平时捕猎的岩蔷薇上的一根长得很高且被太阳晒得枯萎了的树枝；鸟巢往往用植物的纤维、侧根或者棉团等在小树枝上建巢，蟹蛛的窝多是把枯叶卷起来做成的；鸟巢多是贝壳形状，而蟹蛛的巢形状像微型的窝棚。

蟹蛛轻轻地上下摆动身体，纤巧的细丝就会左右缠连起来拉向四周，最终织成一个纯白的不透明圆锥形袋子，一部分露在外面，一部分被树叶遮蔽着，仿佛与枯叶融为一体，除非仔细观察，否则很难发现。这小巧而隐蔽的窝棚就是蟹蛛为自己即将出生的孩子准备的安乐窝。

蟹蛛会把卵产在窝里，然后用同样的白丝织成一个精巧的盖子把袋子密封起来，再用几根丝织成一个又圆又薄的像吊床一样的凹槽，然后蟹蛛母亲就在这个小小的掩体里休息，并守护自己的儿女。蟹蛛一般都平趴在那里，但看上去却像是一位谨慎而严肃的哨兵，它警惕地打量着周围的动静，只要稍微有一点风吹草动，它就会立刻进入战斗状态。

当我待在一个蟹蛛的巢旁边时，不得不加倍小心，甚至连呼吸都要放得轻一些、再轻一些，生怕惊扰了那因刚刚产完卵而倍加疲惫的母亲。但是，仍然时常有路过的流浪者激怒它。每当有其他昆虫接近，蟹蛛就会怒气冲冲地从巢里赶出来，张牙舞爪地驱赶那个不速之客。

蟹蛛产卵之后仍然留在这里难道只是为了保护它的巢而活着，它是不是非要等到孩子们大批迁移后才会离去？为了求证这一点，我做了一个小小的试验：我用一根草去拨弄它，目的是为了让它离开，但是我发现不费些力气很难做到，因为它一直在拼命反击，凶巴巴地和我的武器纠缠在一起，看上去比捕杀蜜蜂时还要疯狂。我稍微用了些力气，结果它却紧紧地抱住了窝里的丝线，我生怕再用力会伤害到它，只好放弃了。我手里的草叶刚刚脱离了蟹蛛的视野，这位勇敢的母亲就立即回到自己的哨位上，我想，它大概一分一秒也不想离开自己的孩子们。这让我想起了纳尔包那狼蛛，它和蟹蛛一样会为了保护那个像小球一样的卵和"敌人"殊死搏斗，勇敢而忠诚，令人心生敬畏。

但是后来的研究又证明我的猜想并不完全正确。这些伟大的母亲固然勇敢，却又有些盲目。它们往往分不清别人产的卵和自己产的卵，也分不清别人的织品或自己的织品，如果我们把狼蛛或者蟹蛛强行带到一个新的蛛网或者巢里时，前一分钟还表现得气势汹汹的小昆虫很可能会立刻安静下来，把那里当成自己的家，甚至会把别的蜘蛛产下的卵当作自己的。

在这一点上，狼蛛显得格外愚蠢，它们会毫不犹豫地接受替换给它的任何一个陌生的小球，并当成自己的卵来照顾，所以它们的母爱虽然狂热，但也是机械的，我曾经用锉刀锉成的软木球、纸团和线团扔给狼蛛，它们都会把这当成自己的卵袋而粘在纺丝器上，带着到处走来走去。蟹蛛可能稍微聪明一点，有一次我把蚕茧的碎片放进它的巢里，把碎片更细更平的那一面朝上，但是母蟹蛛显然发现了这个人工制造的袋子不是它的家，坚决不肯在此安住。

蟹蛛的聪明也就仅有这一点，它并不比狼蛛高明多少。我曾经把一只蟹蛛转移到了另一只蟹蛛筑造的形状相似的巢里，尽管那个袋子上的树叶排列规则与它之前住的地方大不相同，但它还是在那里安了家，并不再挪动。它就那样虔诚地保护着这个和自己毫无关系的领地，让人不禁有些好笑，这大概是因为之前那个人工巢模仿得太粗糙了吧。

不分昼夜守在巢里的蟹蛛变得又瘦又干，我心中不忍，就想给它一些蜜蜂。但是显然它并不喜欢我的讨好，它最爱吃的蜜蜂已经毫无吸引力，即使它可以毫不费力地抓住那些在耳边嗡嗡叫的美味，它也一点兴趣都没有。我越来越不明白，它这样不吃不喝很快就会死去，它究竟在等待什么呢？

一直等到小蟹蛛们从卵袋里爬出来的那天，我才懂得了蟹蛛母亲的良苦用心，明白了它那份母爱的坚贞和伟大。

原来，蟹蛛的袋子外面覆盖着一层坚韧的树叶，它永远不会像彩带蛛的袋子那样自动爆裂，并把小彩带蛛从袋子里弹射出来。只要包裹在卵袋外面的树叶没有撕裂，巢里的小蟹蛛就会一直被困在里面。蟹蛛母亲就是在等待合适的时机，当小蟹蛛们在卵袋里发育得差不多了，母亲就会拼尽最后的力气为孩子们在盖子上咬开一个洞，就像一扇天窗一样。

垂死的母亲感觉到了小蟹蛛们的渴望，但它们力气太小不可能撕破那厚厚的袋壁，于是它在顽强地生活了三周之后，用牙把卵室咬开。当小蟹蛛们混乱地钻出来时，它们的母亲已经紧紧贴在它的窝上，安然地死去了。

小蟹蛛们显然并未注意到那具贴在巢上的干尸，它们赶着去呼吸七月份那潮湿而充满活力的空气。之前的试验经验让我有了充分的准备：这些热衷于杂技的小家伙一定也会上演最精彩的表演，

⊙ 图中这些来自英国城市花园的小的灰色幼蛛是草场狼蛛，它们正聚在母亲的背上。在母亲身后的那个白色物体是已经空了的卵囊，很快就会被丢弃掉。

所以我提早给它们搭好了舞台。

我把几根细细的树枝安在了原来卵袋的盖子顶上，它们爬出来之后就争相聚集在上面，开始左拉一根丝，右牵一根线，很快就在那里织出了一个宽敞的临时场地。但接下来它们并没有像我预期的那样开始杂技表演，反而安安静静地躲在了那几根树枝里。

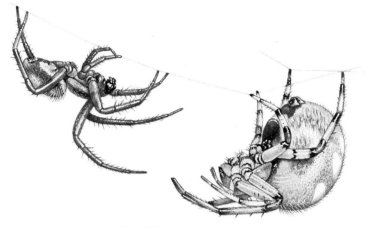

⊙ 一对蜘蛛夫妇正在展示它们的求偶行为。

于是我把其中一根树枝放在了窗台前的一张小桌子上的背阴处，突然的移动让附着在上面的蟹蛛陷入了混乱，有些小家伙因为紧张从树枝上跌落下来，但幸好它们有最好的降落伞——把丝向上收起，就能吊在空中并慢慢爬上去了。混乱只持续了一小会儿，小家伙们就又安静了下来，似乎并不急于迁徙。

或许它们对舞台的灯光效果不满意吧。想到这点，我就把那些载着小蟹蛛的树枝放到了窗台上，在强烈的阳光炙烤下，蟹蛛们纷纷爬到树枝的顶端，开始活跃起来。在这个露天舞台上，天才的杂技师们动个不停，纷纷从纺丝器里往外拉丝，就好像在制作一条最结实的高空缆绳。

小蟹蛛们开始出发了，最开始它们三四只作为一个小组同时出发，离开树枝后又朝着不同的方向飘去，仍然留在树枝上的后续部队好像有些焦急，不停地往上爬。当它们到达某一个高度后，就停止了攀登，我还没来得及看清楚，它们忽然就荡到了空中，像焰火一样盛开在空中，从身体里扯出来的丝闪耀着亮晶晶的光芒。

在阳光下，小蟹蛛们得意地晃动身体，像是即将远征的战士一样。随后，它们随着微风越飞越远，或高或低，渐渐地就消失不见了。

它们采取怎样的方式降落呢？会落到草丛里、灌木中、树枝上，还是岩缝里，我都不得而知，但我确定它们一定会落下来的，就像灵巧的夜莺总是在天上飞，在枝头高歌，但它最后也会落在肮脏的地面上从牲畜的粪蛋里寻找残存的燕麦粒，求食的本能让它明白它必须飞下来，蟹蛛又怎么能违背这样的自然规律呢？

那些刚刚离开了母亲为它们修筑的最安全的巢穴的小家伙们是那样弱小，这让我有些担心，我自然不能期待它们去捕食比自己身躯庞大很多倍的蜜蜂，但即使想捉住小小的飞虫，应该也非常困难吧。

尽管如此，我还是安慰自己：有什么可担心的呢？到了明年春天，我一定会再见到它们，那时候这些蟹蛛早已长大，或许已经成为潜伏在岩蔷薇丛中的秘密杀手了吧。

第三章

我的邻居圆网蛛

圆网蛛似乎是一个天才的继承者。它们无师自通地一出生就成了织网的高手，在此后的一生中，圆网蛛不断巩固本领，积累经验，但是织网的行为却从来没有什么创新。我们已经知道了新生儿的出色表现，现在再来考察一下年长者，看看随着时间的推移，大自然有没有对它们提出新的要求。

在盛夏的两个月里，当酷热的白天结束，暮色降临，晚上有一丝凉意的时候，我提着手提灯，去荒石园的迷迭香上拜访一位"邻居"。那是一只大腹便便、高傲漂亮的角形蜘蛛。它一身灰衣，两根暗色饰带勾勒在身体两侧，在后部汇聚成尖状。在短时间内，它从左右两侧把下腹胀得鼓鼓的。这位胖妇人是去年出生的，它那威风凛凛的富态样在这个季节是罕见的。它端庄地坐在一排柏树和一丛月桂之间，面向夜蛾常常光顾的小径，看来它很喜欢这个位置，因为整个夏天，我的邻居一直守在这个地方。

⊙ 蜘蛛织网时完全不知道自己要将网织成什么样子。这只蜘蛛只是按照本能行事，网便被慢慢织成了。

知 识 链 接

事实上，结网蜘蛛一生的时间几乎都与其吐出的丝线联系在一起。蜘蛛一出生就能织网——甚至不用上一堂课，它们天生就是技艺精湛的技师。蜘蛛们总是不停地进行复杂的运算，比如网要覆盖多大的面积、自己能吐多少丝、丝在哪几个点上固定，以及许多其他问题。实际上，蜘蛛具有一项令人印象深刻的本领，即根据周围环境灵活地运用织网的技艺。比如，尽管织一个网用三个点固定就行，但是如果有更多的固定点的话，蜘蛛们也会很乐意使用。如果某处的网不能捕获足够的猎物，它们就会考虑搬家。最让人吃惊的是，拥有这些本领的绝大部分蜘蛛都没有视觉，它们所能依靠的只有触觉而已。

蜘蛛的吐丝器里吐出来的丝又细又坚韧。外形像有许多小套管的莲蓬头的吐丝器最多有6个，且每个吐丝器都与一个专门的丝腺相连。蜘蛛的腹部最多会有7个丝腺，从每一个丝腺中吐出的丝都有不同的用途，包括结茧、包扎带、黏糊糊的小球、安全用途或牵引丝（用一个附着盘固定在蛛网或某些点上）。受惊的蜘蛛通常会吊在一根牵引丝上像石头一样落下去，等到危险过去后，又利用牵引丝爬回来。

圆蛛拥有所有类型的丝腺。而捕猎蜘蛛由于不织网，通常只有4个：壶状腺，提供牵引丝和干燥的用于蛛网主要架构的丝；梨状腺，提供两根丝之间的横向黏合细丝（附着盘）；葡萄状腺，提供精液网用丝和包裹猎物的包扎带，以及装饰蛛网的隐带用丝（羊毛状的）；柱状腺（成年的雄蛛没有这种腺）提供卵茧用丝。圆蛛除了这些之外，还有鞭状腺，能吐出黏性的螺旋状丝，通常这种丝被集合在一起用来粘住别的东西。球蛛科的缠网编织蛛也有鞭状腺。

这个大腹便便的妇人成了我关注的对象。在七月一整月和八月的大部分日子里，每晚八点到十点，我不必牺牲太多睡眠时间就可以追踪它那怡然自得的织网全过程。因为蛛网每晚在捕捉飞虫时多少有些毁坏，到了第二天，破得太厉害了，就必须重新编织。

黄昏的时候，我们全家都会准时去拜访它。它随意地在颤动的绳索上完成高难度的动作，轻巧又准确地拉出一条条建筑物的轮廓，这让大人小孩们都赞叹不已。不久，一个完全遵循几何规律的网就搭建好了。于是，这些天真的人们就再也不能忘记那一张晶莹剔透的丝网，在手提灯的照耀下，闪闪发光，令人怀疑这是不是月光幻化而成的宝物。如果我想弄清些细节，就在荒石园待晚点回家。全家人虽然都已经躺下，却都在清醒地等着我回来。"今晚它干了些什么？"家人问我，"它抓到夜蛾了吗？"我便讲述事情的经过。第二天，没有人舍得离开蜘蛛的工厂了，直到把整个过程看完才肯回去睡觉。

我把角形蛛的伟绩记录下来，首先了解了构成建筑物的框架的丝线是怎样纺成的。晚上八点左右，圆网蛛庄严地从白天蜷缩的柏树绿叶丛中出来，来到树杈梢。居高临下的它不慌不忙，首先对环境进行审查，当它感觉今晚会是一个晴朗的好天气时，我的邻居就开始编织计划了。

忽然它的八只步足伸得开开的，身体吊在从纺丝器抽出的丝上，垂直坠落下去。就像搓绳工有规则地后退，把绳子从麻里抽出来一样，圆网蛛利用自己的体重作为拉力，从纺丝器里把丝抽出来。但是它的下坠并没有因为重力而加速，这位胖妇人通过收缩纺丝器，或扩张或闭合纺丝器的纺管，使得它的下落显得华贵典雅。它在离地面两法寸的时候突然停住，原本悠闲地悬展在空中的步足得到了命令，紧紧地抓住刚刚拉出来的丝，回转身，一边纺丝一边迅速地从原路往上爬。这次的拉力不再是体重了，它通过后面的两只步足交替迅速运转，把丝从丝袋里扯出来，又逐渐把丝抛弃掉。这时我清晰地看见它爬过的身后结下了一根双股丝，而它前进的上方依旧还是轻细的一股丝。在手提灯光的笼罩和微风的吹拂下，隐约依稀可见它轻柔的存在。

原本这时应该是呈环柄状的双股丝发挥作用的时候，它会借着风力黏附到附近的细枝上，但我却不愿意等待那么长时间，便给了蜘蛛一点帮助。我用麦秸挑起飘浮在空中的环，把它放在一根高度适中的细枝上。

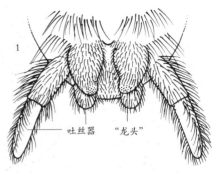

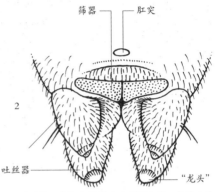

⊙ 吐丝的口实际上是长在吐丝器上的一个微小的"龙头"。1. 蜘蛛一般有 3 对吐丝器。2. 筛网蛛的第一对吐丝器特化为一块筛状的区域，即筛器，上面共有 4 万个能吐出极细极韧的蛛丝的"龙头"。

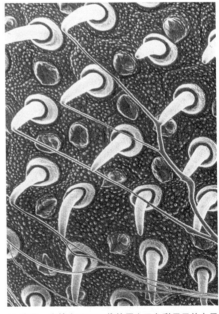

⊙ 这是一张放大了 170 倍的用人工色彩显示的电子显微照片——一只蜘蛛的吐丝"龙头"上正在吐出一股股的细丝，这些细丝在右下方合成一股。

⊙ 一只蜘蛛正在织网。我们能看见从吐丝器正往外吐丝。吐丝器是腹部底部一串短短的、手指状的附器。

圆网蛛对我的举动好像没什么不满意。它感觉到网被黏住，便从一端跑向另一端，每跑一趟都在丝桥上加一股线。于是，这座纤细的丝桥就慢慢成为丝缆了。

框架的主要部件悬挂缆就这样铺设好了。它看上去很简单，但两端却像开花似的分解成枝状。角形蛛来回多少次，便有多少个分叉。这一股股分叉的丝，黏着点各不相同，使得丝缆两端固着得更加牢靠。

如果圆网蛛的下方没有足够的空间使它得到双股丝时，它便使用另一种方法。它还是利用体重下落，然后又顺着丝线爬上来；不过这一次丝的一端就像蓬松的画笔，细又没粘在一起，就像从纺丝器的莲蓬头里洒出来一样。然后这根像狐狸尾巴的浓密细丝，就好像是用剪刀剪断似的延伸开去，整根丝拉长了一倍，达到了蜘蛛需要的长度。于是蜘蛛把一端固定好，另一端依旧静静地等待着，那阵吹向灌木丛的微风。

不论用什么方法，丝缆的搭建都是一个相当困难的过程。在这期间，不仅需要蜘蛛本身的高超技艺，还需气流的帮助，把细丝送到灌木丛中去寻找落脚点。如果遇上没有风，或者丝线挂到了不合适的地方，工程就会拖延很长时间。所以当好不容易架起又牢固、方向又好的悬挂缆以后，

除非发生极其严重的事件，圆网蛛一般就不再更换悬挂缆了。幸而这一根悬挂缆比整个网的其他部分都牢靠得多，所以能存在很久。每晚的捕食让网有所损坏，第二天傍晚几乎都要重新编织。虽然蜘蛛每晚都要翻新丝网，但是对于丝缆却一直采取保留的态度，它在上面走过，又走过，用新的线来加固。因为，重织的网是要悬挂在这根丝缆上的。

这根丝缆成了蜘蛛的活动基地，可以随意接近或者离开作为依托的枝丫，同时也是它拟建工作的上限。它从丝缆的最高处开始下滑，然后又沿着下降时抽出来的丝向上爬，形成了两股丝。当蜘蛛在大丝桥上行走的时候，双股丝一直延伸到系着丝桥的细枝，把丝自由地一端固定在细枝上，位置或高或低，这样便从左边和右边产生了几条斜向的横线，连接了丝缆和枝丫。

这些横线同时又支撑着其他各个方向都有变化的横线。当横线数目相当多时，蜘蛛拉丝的办法就轻松多了。它从一根绳索到相邻的绳索，一直用后步足拉丝，一步步把丝架好，由此产生了一系列不按顺序排列的直线的组合，保持在接近垂直的同一平面上。这样就划分出了一个相当不规则的多边形空地，而中间编织着一个非常规则的网。

我们曾经在幼年圆网蛛那里看见过这个杰作的产生过程。圆网蛛以中心瞄准点作为标杆，等距离铺设下辐射丝；都有辅助螺旋丝，这些临时的框架用完即丢；也有圈围紧密的捕虫螺旋丝。

这时，铺设捕虫螺旋丝这个微妙的操作让我捏了一把汗。在如此喧闹的环境中，它能不能静下心来工作呢？工程的要求需要严谨的规则性，它又会不会偶然慌乱地犯错误呢？我很庆幸，我在它身旁和灯光并没有使它受到影响，它依旧很平静地转动纺车，没有一点分心。这对于我进行实验来

说，是一个好兆头。

于是我们迎来了八月底的一个星期天，这天是村里的主保圣人节。星期二是庆祝的第三天，晚上九点的烟花象征着欢送节日。烟花就在我家门前的大路上燃放，蜘蛛正在几步路远的地方认真铺设大螺旋丝。这才是我关注的重点。当人们手举火把，身后跟着一群顽童，敲锣打鼓地走近时，天空绽放着金色的烟火，鞭炮噼啪作响，火花如雨般落下，红、白、蓝光乍现交织在一起。蜘蛛依然有条不紊地进行纺织工作，仿佛在宁静无人的夜里一样。

蜘蛛在休息区边缘猝然结束了大螺旋丝的铺设工作，便把中间的坐垫吃掉了，那是由节余的部分做成的。在吃掉这一口标志织网结束的消夜前，蜘蛛目中只有彩带蛛和丝蛛会对工程进行检查和盖章。它要从中心到休息区下部边缘铺上一条紧贴的白色"之"字形带子，有时在上部还要付第二条形状相同但稍短的带子，但并不是非有不可。

这些古怪的印章显然是年长的圆网蛛留下的痕迹，年幼的圆网蛛目前还对未来无忧无虑，不懂得节约丝，依旧每晚都兴致勃勃地重编织一张崭新的网。相反，到了秋末冬初，成年蜘蛛感到产卵期将至，便不得不精打细算了。它们盘算着卵袋、网面的耗丝量，在接下来的每一个工程中都尽量节约，使网更加耐用，以免在织卵袋的时候丝储存用光了。处于这个原因或我尚不知道的原因，彩带蛛和丝蛛会用一根横穿的带子来巩固他们的捕虫网，而其他圆网蛛的卵袋如此简陋，就像一个小丸子，不需要多大的用丝量，所以也没有用来加固丝网的"之"

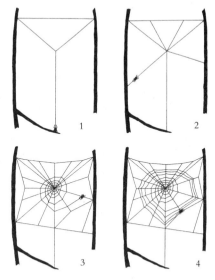

⊙ 1. 为了织一张圆形的网，蜘蛛必须首先拉一根桥线，然后从桥线上向下引一根丝线形成"Y"字形。2. "Y"字形的中点形成网的圆心，各半径线即从这个圆心伸出。3. 一旦基本的架构建立起来，并通过固定的丝线巩固之后，蜘蛛就会吐出一根临时的、无黏性的螺旋丝线。4. 最后一阶段始于蜘蛛返回圆心的时候，它会剪断那根临时的螺旋丝线，取而代之以一根有黏性的丝线。

知 识 链 接

织一个圆形网

垂直的、二维的圆形网也许是最容易辨认的蛛网。观察蛛网的建造过程通常需要运气和耐心，尤其是开始的阶段，工程常常会受到干扰而长时间地暂停。开始编织蛛网的时候，蜘蛛会挑一个比较突出的位置，借着微风的力量飘出一根极细的丝线。接着蜘蛛会静静地等待，好像钓鱼一样，直到这第一根丝（跨越线）粘到附近的某个物体上。直到丝固定住了以后，它会将其拉紧，然后顺着跨越线爬过去，同时将多根丝束在一起造一条更坚韧的丝线——桥线。接着，它将另一根丝线系在桥线的中点，然后拉它垂直下落，将它缚在下面的某个固定点上。收紧这根丝后，一个"Y"字形的结构就出现了，为建造中的圆形网提供了最初的3个半径，3个半径相连的那个点，就是网的圆心。

下一步就是继续引出更多的从圆心到圆周的半径线，数量为10～80条不等，视种类而定，圆周的轮廓已由结构线决定了。通常，蜘蛛会用自己的附肢丈量半径线之间的角度，这个角度非常一致——花园蛛所织的网，24～30根半径线之间的角度均为12°。此外，蛛网的下半圆中所包含的半径线比上半圆多，这就意味着下半圆的结构力被更多的半径线分担了，因此每根线上所承受的压力相对较小。

当蜘蛛忙于布置半径线的时候，一个绕着圆心的复杂网络结构就逐步显示出来了。当网完成以后，它会趴下来，用围绕圆心的3～4根圆形的线（加强区）将圆心附近加固。加强区中，一根临时的螺旋形线朝向圆周边缘展开，作为一根无黏性的导线将各半径线系在一起，一直用到当永久性的、黏性的螺旋线出现——蜘蛛返回圆心后会开始这项操作，同时剪断那根临时的螺旋线。当蜘蛛的某一个前肢触到下一根半径线时，第四肢会从吐丝器中扯出一根黏性的丝线，这根丝线被轻轻拍在半径线上，然后蜘蛛用力地拽它，于是这根线断成一串黏性的珠子。螺旋线会在接近圆心前中断，留下一块地方（自由区域）方便蜘蛛从网的一侧躲避到另一侧。

形带。它们很奢侈地每晚织一张新网，就像年幼的圆网蛛。

我的目光锁定在我的胖邻居角形蛛身上。暮色降临的时候，它离开柏树叶子，小心翼翼地来到捕虫网的悬挂缆上。审视一番后，它来到网上，大把大把地把废网收拢来。螺旋丝、辐射丝和框架，除了悬挂缆之外，全部都把到步足下面。蜘蛛用它灵巧的足，使劲把废网捏成了一粒小丸子，然后津津有味地吞了下去，就像对待捕获的猎物一样，一点也不剩。我在前面看到，蜘蛛完成织网以后，会对着中心的瞄准点吃下去，原来那只不过是微不足道的一口，现在它们品尝的整个蛛网才是丰盛的大餐。这些旧网的材料又被纺织工人重新利用，经过胃又变成液体，为将来的工程做准备。我们再一次看到了圆网蛛对丝的节省，那么除了对丝线的回收，它还可以通过什么方式来说明它的勤俭持家呢？

清理干净以后，场地上只留下一根悬挂缆，角形蛛就在上面开始编织框架和网。我替它谋划了一番：钩破的衣服补一补还能再穿，那么修补破网不也一样吗？而且，就在刚才，我的胖邻居不是已经向我展示了它聪慧节约的一面？但是我可没有那么大胆，能够断言它有如此清晰的思路：补上了裂开的网眼，更换断掉的丝线，把新旧部分衔接得天衣无缝，最后把毁坏的部分收拢起来。这个过程实在是太有意义了，蜘蛛是不是真的会修葺它的网呢？

我挑选了一天进行实验，试图解开疑团。那是一个天气极好的夜晚，树梢纹丝不动，正适合尺蠖蛾出来活动，蜘蛛的狩猎一定会有不少收获。角形蛛在晚上九点终于织好网，铺设完大量的螺旋丝。于是，它吃掉了中央的小坐垫，然后安居在休息区，静静等待当晚的猎物。

这时，我的实验也开始了。我用小剪刀把蛛网剪成两半，一经辐射丝的收缩，网上出现了一个可以放进三个手指头的空洞。我的近邻躲在丝缆上，对我这样不礼貌的举动并没有气急败坏、大动肝火。我剪完以后，它心平气和地走回来，当一侧身体的步足没有地方放，它很快就察觉到自己的工程已经被损坏了。它马上拉了两根丝横穿在缺口上，没有依托的那些步足伸到这两根丝上。然后它就满意地停下所有的动作，安心等待捕虫。

我有点吃惊，本以为它拉完两根线以后还有更进一步的缝补，至少在缺口的两端拉上密密麻麻的丝，即使不够美观，也足以像完整、有规则的网一样能有效使用。然而，这位纺织女一整晚居然再也没干什么事，它就一直用那张剪破的网将就着捕虫。直到我第二天晚上再去拜访，这张网依旧停留在昨晚我离开时的状态，完全没有任何缝补的迹象。

横拉在缺口上的那两根丝，并不能当作是试图进行修葺的证据。由于身体一侧的步足没有地方依托，蜘蛛要去打探情况时，便从裂缝中穿过去。来来回回的路途中，它像其他圆网蛛一样，留下了一根丝。不过，这只是不安走动所带来的结果，它还是没有缝补的想法。

是不是这位被试者认为，只要网还可以使用，就没有必要进行修补呢？我审视了一下被我剪坏的网，虽然分成了两半，但面积还跟原来的一样大；而且中间架起的两根丝，保证了蜘蛛就算在裂缝处也能找到步足的依托。我必须想一个更好的实验办法才行。

第二天，蜘蛛把前一天的网吞下后，又织出了新网。完成工作以后，圆网蛛一动不动地待在休息区。这时，我用一份麦秸小心翼翼地拨动螺旋丝并把它拉出来，同时不破坏辐射丝和休息区。我为什么要这样处理呢？因为只要辐射丝毁了，网就没用了，蜘蛛只能眼睁睁地看着尺蠖蛾从那里飞过，也不会被黏住。

可是我又一次失望了。圆网蛛一直待在休息区，守着这张无用的网，等待捕捉猎物。第二天早上，我发现网仍然像昨晚一样残缺不全。它明明已经经受了一整夜的饥饿，却还是不肯去稍稍修复那残破的大网。我开始揣测，这会不会对它的谋生手段来说要求过高了？毕竟铺设了大量的螺旋丝以后，它很可能将纺丝器里的丝用完了，不进食就不可能再连续吐丝。但是我还想再看看，到底它不修补是不是因为没有丝呢？

我的坚持终于有了回报。那一天我正密切注视着蜘蛛绕大螺旋丝，一只猎物不慎落入了残破的陷阱。角形圆网蛛立即停止织网，奔向那个冒失鬼，把它用丝捆绑起来，就在那里美餐。这是一个搏斗的过程，纺织女亲眼看见网的一角被狠狠地撕破了。事故就发生在蜘蛛的脚下，它不可能不知道；同时，纺织厂正在充分运转，纺织器不会没有丝。我很兴奋地想知道，面对这样一个碍事的大窟窿，影响了网的作用，蜘蛛会采取什么行动呢？

在这一个有利于织网的大好时机，圆网蛛居然对大洞置之不理。它把猎物吮了几口就扔掉了，想起来方才为了捕获尺蠖蛾而中断了工作，又跑回原来的地方继续铺大螺旋丝，而撕破的部分依旧张着大口子留在那里，就好比由机械齿轮控制的织布梭，没有回到破碎的布上。

是不是因为这位胖妇人心不在焉，偶然犯下了一个小错误呢？当然不是。其实所有的蜘蛛都有类似的不修补的怪癖，彩带蛛和丝蛛尤其值得注意。相比每晚都要将网翻新的角形蛛，彩带蛛和丝蛛越来越少修补自己的网。就算网已经破得不成样子，却仍然继续用它来狩猎。我每次都把那些我认为破损到极致的废墟的样子记录下来，但每天早上看到它依旧还是那样，甚至破损得更加厉害。圆网蛛居然从来没有进行过修补。

我为它们的名声而感到遗憾：蜘蛛完全不会补网。尽管它一动不动地摆出深思的样子，但却没有一点有用的思考，在因事故而产生的窟窿上补上一块布。

其他一些蜘蛛不会编织大网眼的网，比如家隅蛛，丝线随意交叉，它们的纺织品就成了连续不断的布匹。家隅蛛在我家的墙角铺开了一块宽大的丝布，固定在墙角突出的地方。业主的豪宅就在侧面的角落里，那是一根丝管，也是一个洞口呈锥形的长廊，能让蜘蛛安全地躲在里面，不被别人察觉地监视着外面的一举一动。这块布的其余部分，是我见过的最精细的平纹布料。这块布绝不是用来捕猎的，而是一座平台。在夜间，家隅蛛在上面巡逻，密切关注领地里的一切。

真正的捕猎工具是一堆张在丝布上的乱绳子。家隅蛛编织捕猎器的规则跟圆网蛛不同，它的网上没有黏稠的线，只有简单的圈。然而我们不能小看了这些密密麻麻的圈，一只小飞虫扑到这个错综复杂的陷阱里，就绝对逃不出来了，它越挣扎就越捆得紧。被缠住的虫子掉到丝布上，家隅蛛便

◎ 捕猎的技术：1. 圣安德鲁十字网蛛这样的织网者利用黏糊糊的蛛网捕捉蝇类和其他昆虫，猎物一旦被网粘住后，它会用丝把猎物裹起来，然后吃掉。2. 活板门蛛是伏击的猎手——等着突袭那些经过它们洞穴的猎物。3. 撒网蛛会织一张网，看准目标后将网扔过去罩住猎物。4. 蜘蛛强有力的颈部（螯肢）武装着毒牙。

知 识 档 案

巨人食鸟蜘蛛

这种巨型蜘蛛生活在苏里南和圭亚那的热带雨林中，它是世界上最大的蜘蛛。雌性蜘蛛比雄性蜘蛛还要重，可以达到80克左右，是雨林中最小鸟类的体重的十几倍。当这种蜘蛛繁殖时，雌性蜘蛛能够产下1000多个卵，存放在洞穴里的丝茧中。

跑过去把它卡死。

我迫切地想看看它的修补技能如何。我在家隅蛛的丝布上开了一个圆洞，有两个手指那么宽。这个洞一整天都张得大大的，但是到了第二天，我发现了一片很细的薄纱轻柔地盖在了缺口上，缺口黑漆漆的，与四周不透明的白布形成了鲜明对照。这薄纱不容易被看见，我用一根麦秸轻触薄纱，依据丝布的摇晃，我才意识到缺口已经被封上了。那么，应该是家隅蛛在夜里修补了它的网，给破损的网打上了补丁。我正要称赞家隅蛛比圆网蛛聪慧得多，进一步的研究又得出了另一个结论。

家隅蛛的网是个监视哨和开发地，也是一张捕猎网，昆虫被上面的吊索抓住并掉到丝布上来。因为墙上脱落的细泥灰会掉下来把丝布弄破，所以屋主必须不断地加固丝网，每天夜里都要在上面加一层丝，这样才能迎接撞上来的猎物。不过，屋主在网的表面加丝并不是一个精心设计的过程。每次从管状的隐蔽所出来或回去，它总是把系在身后的一根丝牵到所到之处。根据线的方向可以证明：这些线是随着散步者的心意或直或弯，但全部汇聚到管状的入口处。这样看来，它的行走就是在给丝布添线。

这一点跟松毛虫很相似，夜间从丝屋里出来觅食或者返回去休息时，它们总是在住宅的表面放上一点丝线，每次行动都会使房屋的围墙加厚一点。松毛虫们在我刚剪了一长条缝的丝袋上爬来爬去，似乎根本就不在意这条裂缝，正常地进行编织。过去在没被损坏的房屋上怎么做，现在还是怎么做。在这样不经意的工作中，裂缝渐渐弥合了，这仅仅是纺织习惯使然罢了。家隅蛛不也正是这样吗？每晚的散步都会给平台添上一层丝，不知不觉中，竟将大窟窿都修补好了。

不过，出色的结果并不能说明它意识清晰，这只是习惯性的工作。如果它真的有意修补，应该把所有的精力都放在那块撕破的地方，一次织出一块跟其余部分没多大差别的布来。然而我并没有发现蜘蛛那样的心意，只有一块几乎看不见的薄纱而已。所以，蜘蛛对它的工程中的每个部分都同样用心，它厉行节约，平均地把丝分配到整张网上。一层层的纱加固了蛛网，缺口也被慢慢地堵住了。

不过，这个过程花费了很长的时间。两个月以后，我打开天窗还可以看见这块丝布的曾经受到伤害的疤痕——在这块布没有光泽的白色上还露着一个黑点。

可见，不管是地毯女工还是纺织姑娘，都不会修补它们的作品。但是我们的缝衣女工，即使是最没有本领的，因为有上天给予的理性，都能补好袜子的破后跟；而那些织网的高手们，却从来没有那样的理性。我只能抛弃这种错误而有害的想法：蜘蛛网检察员的职业可能还是有必要存在的。

第四章

蛛网的几何学

　　我考虑再三，还是决定写下这一章。但是，这对于我的写作是一个极大的挑战，因为这需要读者们掌握一点几何学知识。怎么样才能让对昆虫感兴趣的人们读得津津有味呢？我不能只描述蜘蛛织网的精美过程，那样只能满足昆虫学家的爱好，他们对数学定理毫不关心；也不能只用学术公式夸夸其谈，那样的长篇大论只能让几何学家欣喜，可是却漏掉了生命本能中最光彩夺目的一笔。

　　因此，我选择两者并存的写作方法。让我们一起来欣赏圆网蛛精巧高超的织网技术吧。首先，可以看到等距离的辐射丝，以及从一根丝到另一根丝所产生的角。这样的角在网中数量很多，超过了 40 个，但所有角的角度明显相等。

　　它随意的走动看起来仿佛毫无秩序可言，但是结果却像用精密的作图工具画出来的一样。每一只蜘蛛都会把织网的营地划分成许多开度相同的扇形面，扇形面的数目几乎全部一样！仔细观察可以发现，每个扇形面内构成螺旋圈的横线彼此是平行的，间距随着与中心距离的缩进而减小。这些横线和连接横线的辐射丝所构成的恒定角度的角，一边为钝角，一边为锐角。

　　几何学家把从中心辐射出来的一切直线，或扇形面辐射线，以常数的辐射角值斜切，所得的曲

◎ 在巴西，丝城蜘蛛用巨大的网裹住植物，在上面建造丝帘。网中的居民会合力捕捉猎物。

⊙ 一张由四星圆蛛结好的网。织网时，蜘蛛通盘考虑到结构力学，在承重高的地方用更强韧和更粗的线。

线称为"对数螺线"，辐射中心称为"极点"。让我们假想有无数条辐射丝，那么圆网蛛所走的路程，就是这样一条对数螺线。然而，现实状况中，它的路程是一条内切于对数螺线的多边形线。

对数螺线绕着它的极点画出无限个圈，它一圈一圈地走，努力一点一点接近圆心，可是却怎么都不能到达。圆网蛛一直尽量遵循无限绕圈的规律，螺旋圈越靠近极点彼此越加紧密。到了一定的距离，螺旋圈突然停止了。这条线连着中心区的辅助螺旋丝。辅助螺旋丝向着极点绕得越来越密，几乎已经接上了。对数螺线的这种特性已经完全超出了我们的视力能够观察的范围，这也是科学家一直进行思考钻研的原因。即使在最精密的仪器下面，我们的眼睛也会跟踪不了那些密密麻麻的圆圈。但是，圆网蛛拥有这样的本领，几乎能够精确地接近极限。

我们设想一根可以弯曲的线绕在对数螺线上，如果把它拉开，一直拉紧，那么它自由的一端就会卷成跟原先完全一样的螺旋状，只是曲线改变了方向。对数螺线还有另一个特点，能让曲线在一条不确定的直线上绕圈，它的极点不断移动位置，但却一直在同一直线上。无休止绕圈的结果是一条直线，持续变化产生出来的却是一成不变。

科学家对于对数螺线总是无比钟爱。著名的几何学定理的发现者雅各布·伯努利就是其中一位。他把对数螺线和由此线产生的延长线作为荣誉，镌刻在坟墓上，并有一段相应的铭文："我原样复活我自己。"对他而言，似乎找不到比几何学更好的表达了。

阿基米德的墓志铭同样让人难以忘怀。这位叙拉古学者选择了引以为傲的墓志铭，西塞罗在西西里担任财政大臣的时候，在丛生的荆棘和野草中寻找，废墟中一个刻在石头上的几何图形吸引了他的目光。那是一个画成球形的圆柱体，无言却清晰地道出了学者的名字。因为阿基米德是第一个了解圆周与直径的近似比率的人，并由此得出了圆周和圆面积以及球面积和球体积。球的面积和体积，是圆柱体的面积和体积的三分之二。

这种特性奇怪的对数螺线，让科学家们如此乐此不疲地研究着，因为这是一张为生命服务的建筑图。

软体动物总是按照这条深奥的曲线在贝壳上绕螺旋斜线。这种动物经历了几千年的岁月，对这种曲线了如指掌。菊石自最远的时空向我们招手。它经历了陆地从海洋中显现的时刻，对我们而言，它无疑是最宝贵的化石。沿着它生长的方向切开磨光，对数螺线体面地露出来，构成一个漂亮的住宅，一根水管穿过，隔出无数的小房间。而今天，印度的海鹦鹉螺，是花纹贝壳的头足纲软体动物的最末代继承人。它是那么怀旧，不肯抛弃祖先的对数螺线的规则，但它稍稍做了改动，把水管的位置移到了中心，而不是放在背上。

贝壳动物喜爱对数螺旋的程度丝毫不亚于软体动物。在小草青青的沟渠里，那些扁平的扁卷螺也有高超的几何学知识，它们的对数螺线也很美丽。

长形贝壳动物虽然也受对数法则的支配，结构却要复杂得多。我有几种来自喀新里多尼亚的锥尾螺，尖尖的锥约一拃长，表面光滑且完全裸露，朴素到没有任何褶襞、结节、珍珠这些最平常的装饰。它自豪地维持它的风格，在锥上画了20多个圈，越来越细，直到一条细线把它们拦截下来，终于消失在顶端。用铅笔在这个锥体上随意地画出了一条母线之后，我发现，螺旋线以一种恒定值的角度切断这条母线。

且看我这样进行分析：锥体的母线投射到与贝壳轴线相垂直的平面上，变成了半径，而从底部转圈上升到顶部的细线，彼此辅合成一条平的曲线，这条以恒定不变的角度与半径相交的平曲线，就是漂亮的对数螺线。贝壳的条纹，也可以算作是对数螺线在锥形表面的投影。我们更可以假设一个与贝壳的轴线相垂直，并通过顶端的平面，和一条绕在螺旋线上的线。我们把这条线退出来拉得直直的，它的末端不会脱离平面，而是在平面上画出一条对数螺线。这里我们看见了锥形对数曲线变成了平面对数曲线，伯努利"我原样恢复我自己"衍化出的更复杂的变形。

这条著名的螺线，成为很多动物旋转的舞台。长圆锥形的贝壳动物，如锥螺、长辛螺、蟹瘦螺；扁圆锥形贝壳动物，如马蹄螺、嵘螺，都是几何学的高手。就连蜗牛这样普通的软体动物，也规规矩矩地遵循着对数的原则。这些软绵绵、黏糊糊的动物，掌握了让我们惊叹的科学。但是，它们是从哪里学会的呢？

有一种猜想是这样说的：软体动物是从幼虫衍生出来的。在进化的某一天，幼虫在阳光的照射下兴致勃勃，欢快地摇晃着尾巴，并把它拧成螺旋形，便突然找到了未来螺旋形贝壳的平面图。但是，这种说法不适用于所有情况，蜘蛛就是一个例子。蜘蛛与幼虫毫无血缘关系，也没有什么工具可以卷出一个螺旋状的东西，但是它却那么轻易就织出了对数螺线。

蜘蛛造出了一种粗糙的框架，速度很快，至多只要一个小时；软体动物为了它精美的螺塔，要花上整整几年的时间。为什么会有这种分别呢？因为蜘蛛只需要画出曲线的草图，就算作品粗糙也没有关系。但是，它对几何术的掌握程度，却是分毫不差的。

人们试图在圆网蛛的身体结构上找原因。

知 识 链 接

蛛网的发展

由于蛛网非常易碎，无法形成化石，因此我们只能从理论上来猜测蛛网进化的历史——主要还是根据我们目前能观察到的。毋庸置疑的是，蜘蛛和昆虫之间总存在某种演化竞赛，比如，为了躲避地面上的蜘蛛，昆虫长出了翅膀，而蜘蛛却又学会了织网来捕捉飞行的昆虫。许多4亿～3亿年前的早期的蜘蛛主要居住在洞中，并用丝线为自己织一个隐蔽的处所，它们可能利用伸出去的绊脚线来探测昆虫。这种简单的"管"网，在存活的某些科中仍有发现，被认为是蛛网的一种原型。

球蛛科蜘蛛所织的网相当厚实，且纠结在一起，是一种更加复杂的设计，在灌木丛或房屋的角落里经常被发现。十字形的丝线具有理想的抗压能力，并用黏性的物质固定起来，在一个中心纠结的网向上和向下伸出，下面吊着圆形身体的蜘蛛。经过的昆虫如果撞到与物体表面连结的蛛丝上，会发现自己立刻被粘住了，并随着蛛丝的收紧，被提到蛛网中。这个时候越挣扎就会被蛛丝缠得越紧，蜘蛛还会朝这只倒霉的猎物身上吐更多的黏性丝线，最后，蜘蛛会朝最近的昆虫附肢上咬一口来结束这一切。

比管状和纠结状蛛网的进化更复杂的形式可以在皿蛛科蜘蛛（钱蛛）所织的像吊床一样的或一张一张的网上看出来。这样的蛛网中，中间那团纠结网成了一种区别性的折片，当水平的那片网转换成垂直的片时，首个球形就出现了，这种蛛网是最经济有效的捕捉空中猎物的工具。

步足可以自由伸缩，就像圆规一样，能够凭借弯曲程度和长短决定螺线横穿辐射丝的角度，在每个扇形面保持横线的平行。步足的长度决定了丝的布置，如果圆网蛛的脚长一点，螺旋彼此的间隔就要更宽一些。这个观点我们能在彩带蛛和丝蛛那里得到证实。彩带蛛的步足比丝蛛长，蛛网上的横线间隔就要大一些。

然而，角形蛛、苍白圆网蛛和冠冕蛛，它们简直都是矮胖子，但是它们那带黏胶的螺旋线的距离却与彩带蛛不相上下，后两种的旋转螺旋丝的距离甚至更大。另外，圆网蛛在编织黏胶螺旋丝之前，它先编织了第一道辅助螺旋丝作为支撑点。这螺旋丝从中心出发到边缘，圈的宽度迅速变大。等到蜘蛛铺设黏胶螺旋丝时，它只剩下中央的部分。

于是，蜘蛛改变了它的机制，第二个螺旋丝以紧密的圈从边缘向中心推进，只用黏性的横线编织。这成为捕虫网的基本部分。两者都是对数螺线，但在方向、圈数和相交角上都完全不同。所以，步足是长还是短，都不能影响螺旋线的分布。

这是一种与生俱来的技巧，圆网蛛不会事先进行大量的计算，也不可能用眼睛对角度进行测量，只是在无形之中，它做出了符合精密几何学的工作。就像石头和枯叶，不论被抛出还是从树枝掉落，它们本身都不具有运动的意识，可偏偏都遵循抛物线这个巧妙的轨迹。

几何学家还惊喜地发现，一条曾经只能通过思辨得出的图形，居然通过抛物线找到了，那是由抛物线的圆锥面和一个平面相交产生的切线。

再从抛物线出发，如果它在一个无限的直线上滚动，那么这条圆锥曲线的焦点的运动轨迹是什么呢？于是，一个 e 数诞生了。它表示了抛物线的焦点画出的一条悬链线的代数符号，这条线形状非常简单，但 e 数却无法进行任何列举，且不管把这条线划分得多么细都无法表示出单位来。让我们来见识一下这个数的无限长级数：

如果有细心的读者对它的前几项进行计算，会得到 e=2.7182818……

然而，就到这里吧，因为自然数的无限级数迫使这种计算是没有尽头的。这个奇怪的数字告诉我们，小小的线段里蕴含了大量的科学。每当地心引力和扰性同时发生作用时，一条悬链弯曲成两点不在同一垂直线上的曲线，人们就能找到悬链线，如抓住一根软绳子两端垂下来，船帆被风吹鼓，母山羊下垂的乳房中装满了乳汁……这里都有 e 数的存在。

我相信在一切小事物中都有无尽的科学，一个挂在线段的小铅球，麦秸上挂着的一颗露珠，被微风拂皱的一洼浅水。只要对这些加以计算，我们的大脑就被大量的数字所充斥。就算我们有巧妙的公式，但面对如此巨大的工程，能不能发掘出更加智慧的方法呢？

我在浓雾的早晨，看到 e 数出现在一张夜间刚刚织好的蛛网上。黏胶丝上面凝结着一个个圆滚滚的水珠，把黏胶丝拉弯，形成了一根根悬链线。伟大的 e 数也绽放着美丽的光彩，因为当太阳拨开大雾时，这些小水珠就化成了耀眼的钻石，整个网就闪闪发光，诱人得就像正在展示的珠宝秀。

⊙ 这是变异圆蛛科岛艾蛛织的网，亮白色的螺旋隐带构成了蛛网的核心。对鸟类来说，这些加粗的带状线条使蛛网变得非常显眼。

几何，就像一个仔细的工程师，用精密的圆规测量了一切，然后悄悄地告诉了大自然。于是，我们欣赏松果鳞片的整齐排列，赞美蜗牛的螺旋上升斜线，惊叹圆网蛛黏胶网的精致，探索行星轨迹的神秘。不论是微小的原子世界，还是广阔的宇宙空间，几何无处不发挥着作用。

可能我的解释不符合目前流行的理论，但相比幼虫卷起尾巴的说法，我认为它具有更大的价值，正如我坚信几何学的高明一样。

第四卷

第一章

螳螂捕食

有一种昆虫跟蝉一样引人注目，同样生长在南方，但是名声跟蝉比起来，要略微小一些，因为它不像蝉一样，一天到晚唱个不停。如果它也能够像蝉一样，有一个小音箱，再加上它非常独特的外形，那么它的声望恐怕就会超过蝉了。这种昆虫就是修女螳螂，当地人叫它"祷上帝"。

螳螂在捕食前会摆出一种祷告的姿势，所以有很多人认为它是一个传达神谕的女预言家，可能有的人会觉得这是一种迷信的看法。但是在这一点上，科学家的术语和农民们朴素的词汇确实惊人的一致。它们都认为它是一个传达神谕的女预言家，是一个有着神秘信仰并潜心修炼的苦行女。其实早在此之前，就有古希腊人把这种昆虫称为"占卜士"、"先知"。农夫们在描述这些虫子的时候会把自己能应用的词语、有过的印象全部都用到一起。在火球一样的太阳下，螳螂优雅地半立着自己的身体，双手高高地举起，伸向天空，整个翅膀宽大、碧绿、轻薄如坠的长裙，简直是一名正在祷告、仪态万方的修女。

其实螳螂把我们所有的人都骗了，虔诚的祷告后并没有跟随着礼拜，而是一场残忍的盛宴。它的虔诚是假装出来的，残酷才是真正的本性。伸向天空的双手并不是转动佛珠用的，而是用来撕裂自己的俘虏。螳螂本来属于直翅目食草昆虫，可是因为它越来越与众不同的习性，现在它已经完全独立成螳螂目。它就那样优雅地埋伏在田野里，对肉类的痴迷、一对有力的前足、无懈可击的攻击套路，这些无疑都让它成为昆虫界的霸王，所谓的"祷上帝"其实是一个十恶不赦的恶魔。

先不说它那攻击力极强的捕捉足，单就外形来说，它真的是一个优雅的修女，仪态万方，身形细长，整体翠绿，头从胸腔里伸出来，能够左右旋转、仰头、低头，有点像人，能够自由地引导自己的视线。头上也没有食肉昆虫那有力的大

知 识 档 案

螳螂

纲	昆虫纲
目	螳螂目

含8科，1800～2000种。螳螂科是其中最大的科，包括欧洲祈祷螳螂和所有常见的北美螳螂。

分布：气候温暖的地区均有分布；热带最多。

体型：成虫的体型为中等到大型，体长1～15厘米。

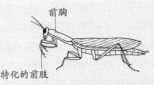

前胸

特化的前肢

特征：头部三角形，向下，活动自如；复眼大；胸部第一体节（前胸）很长；具有大型的抓握式前肢；体型和体色多能模仿植物。为日行性食肉昆虫，多见于灌木丛、树干、深草丛；以昆虫为食；其他陆生种类能捕食蜘蛛和其他陆生节肢动物。澳大利亚最多见的螳螂与其他螳螂科成员不同的是背部有一个短的甲片（前胸背板）护住前胸，且前肢的钩状部分没有刺。

生命周期：卵产于卵鞘内，不同种类的螳螂的卵鞘形状均不同。

⊙ 和所有的螳螂一样，这种前伸、尖状的双眼能够对距离作精确的判断，这对成功捕食是至关重要的。

颚，它的嘴甚至也是很秀气的，好像只能啄食地面上的小草一样，殊不知它的嘴上沾满了多少昆虫的血。整个螳螂看起来是这么优雅安详，谁能想到转瞬之间它就会变成一个优秀的杀手。

它的前足节很长，像织布的梭子，内侧有两排锋利的锯齿，为了迷惑被捕食者，它们还在这里做了一点点装饰，前胸的内侧有一个黑色的圆点，中间还有一点白色，两旁还装饰着珍珠一样的小圆点，看起来的确很美，被捕食者往往会被这样的外表所迷惑，甚至说是震撼，忘记了危险，忘记了逃脱，这样螳螂的目的就达到了。被它抓到的昆虫会很惨，因为螳螂独特的生理构造使得食物一旦被捕，就基本没有逃脱的可能。前足内侧黑色的长锯齿和绿色的短锯齿，共有12根，排列成长短交错的阵形，这样在撕咬食物的时候就会增加许多啮合点，使得它的进攻更加勇猛。而外面一排锯齿相对简单一些，只有四个刺齿，在内侧锯齿的最末端还有三根最长的齿，这就是捕捉足所有的构造。

胫节与腿节相连的地方也是一把有两面的锯齿，这里的小齿更加细密一些，当然反应也更加灵活，跗节上有一个十分锋利的硬钩，就像我们使用的最好的钢针一样。而钩的下面有一道细细的凹槽，里面是一把像用来修剪枝叶那样的双刃刀。其实就算不用描述，很多人也知道螳螂的捕捉足有多厉害，我也一样，为了观察它们，我不得不去抓几只回来看看，结果给我留下了很深刻的印象：很多时候当我抓住它的时候，它会拼命地挥舞前足来反抗，有的时候，捕捉足上的齿就那样咬进我手上的皮肤里。不过我自己却没有办法，我要用两只手稳稳地抓住它，这样一来只能求助别人把它的足从我的手上弄下来。我看着一根根或深或浅的齿从我的手中拔出来，那时就在想，我要是生生把它从我的手上扯下来，那我手的下场可能会有点惨，况且，我也不敢对它太用力，因为稍微用力些，可能就会把它掐死。可有的时候，我又很生气，我这样小心翼翼地对它，就是怕伤害它，可是它却对我用尽了所有的招数，让我甚至不知道该怎么办才好。

它不想狩猎的时候，就会把足高高地举起，装出一副虔诚祷告的样子，这个样子不会坚持太久，等到它想捕食、周围又有猎物经过的时候，它就会立刻展开自己无懈可击的攻击技巧，先把跗节上的硬钩尽量抛向远处，这样才能够钩回食物，然后就把猎物紧紧地夹在两个钢锯一样坚固的钳子中间，然后，胫节向腿节的方向弯曲，一切就这样结束了，老虎钳子已经合上了，不管被它夹住的猎物有多么强壮，只要这一系列的动作完成了，就别想再逃脱螳螂的铁钳，不管是扭动还是后踢，什么都没用了。螳螂还是会保持着自己优雅的姿态，直到自己的猎物精疲力竭，它就开始享受自己新鲜的盛宴了。

　　我想饲养几只螳螂，这样才能够清楚它们的习性。虽然抓螳螂的过程可能会遇上一些小插曲，但是饲养的过程其实很简单，因为它似乎只在乎自己的食物是什么，而不在乎自己是不是身处牢笼，所以我只要每天向玻璃器皿中放入丰盛的食物，这个凶残的捕食者还是很配合工作的。我找来一个瓦钵，在里面装满了沙子，然后点缀上一丛百里香，让螳螂的生活也有点乐趣，接着再放一块平滑的石头，这样它们以后才会有合适的地方产卵，最后，我用平时放在饭桌上挡苍蝇用的网罩罩在这个观察房的上面，平时大部分时间这里都是阳光充足的。

　　到了八月的下旬，肚子渐渐大起来的母螳螂越来越多，它们的食量也越来越大，我必须要比以前放进去的食物增加好多才能满足它们日益增大的胃口。当然其中还有一个别的因素，就是它们似乎知道我为了观察研究它们会很殷勤地往实验室中放置肥美的食物，所以，有很多新鲜的猎物它们只是吃了几口就扔在一边再也不理了，如果它们是在田野里，恐怕一定会把逮到的食物吃个精光。到了最后我不得不用面包和西瓜来收买我附近的小朋友，让他们帮我捉一些蝗虫和蝈蝈，我自己也提着网出去给这些挑剔的母螳螂们找一些更高级的珍馐佳肴。

　　当然我找到的美味也一样是有一定的危险性的，我很想看看，在昆虫界，到底什么样的成员才能从母螳螂的手中逃脱。我找到的食物中有的比母螳螂的个头大得多，像是灰蝗虫；还有的虫子拥有强壮有力的大颚，像是白额螽斯；当然还有我们这个地区最大的两种蜘蛛，说起来大得让我看到都有点害怕。这些各式各样的猎物被放到饲养室里后，母螳螂似乎并没有被这些平时不常见的家伙震慑住，它依然像往常一样，挥舞着自己的大钳子，把所有的猎物逐一收入囊中。我在想，我把这些食物放进饲养室中，它们都会这么奋勇地去捕猎，那么平时这些不常见的猎物出现在它们面前的时候，它们肯定会更加卖力。

　　在它对大蝗虫发起进攻的时候，我认认真真地观察了一次，因为它突然像触电一样浑身痉挛起来，警觉地面对眼前这个大家伙，然后放下自己优雅的身段和祈祷的双手，摆出了一个可怕的姿势。我被眼前的一幕吓到了，没想到它由平和到进攻的转变是如此之快。它先向两侧斜着打开自己的前翅，紧接着把后翅像两块大帆一样完全打开，腹部向上卷起又放下，不断重复、抽动着，像一根曲棍一样紧张、放松、再紧张，并且还会像火鸡开屏一样，发出"扑哧""扑哧"的声音。它似乎不着急进攻，慢慢地挺直身体，完全仁立在自己的四条后腿上面，捕捉足现在舒展地打开了，交叉成一个十字摆放在胸前，把自己胸前美丽的斑点和华贵的项链一一展示出来，然后它就保持着这个姿势不再变换，似乎要先在士气上压倒对方。

　　究竟有没有成功我实在是不得而知，因为这些小昆虫的表情实在是难以捕捉，我不知道它们是否真的被母螳螂先是凶猛后是华贵的气势压倒了，但是有一点我看得很清楚，当母螳螂决定收起架势开始进攻的时候，大蝗虫并没有像我想象的那样，用它有力的后腿猛地跳开。要知道，整个饲养室是很大的，如果大蝗虫想利用弹跳来逃脱一段时间是完全有可能的，让我吃惊的是它非但没有慌忙地逃脱，居然还呆

◎ 进食的螳螂

呆地向着母螳螂靠近。以前我只听说过小鸟在老鹰面前会被吓得不知所措，没想到昆虫也会这样。大蝗虫似乎真的已经走进了母螳螂的控制范围，此刻的它丧失了心智，似乎完全被母螳螂控制了，呆呆地等着成为别人的盘中餐。

这对母螳螂来说也许丧失了一些捕食的乐趣，但是它依然不会放弃这顿美味的大餐，又是那套几乎万无一失的捕捉技艺，当被母螳螂的钳子紧紧地夹住的时候，大蝗虫似乎才回过神来，但是这个时候已经晚了，螳螂很快就制服了试图挣扎的大蝗虫，然后就开始津津有味地享受自己的美食了。当然比起进食灰蝗虫和距螽的架势，后者就不需要那么多前奏了，母螳螂可以直接把自己的大弯钩抛出去，把猎物勾回来，然后按照往常一样的步骤开始进食就可以了。对付这种小角色甚至连恫吓都用不上了，只有对付那些走进了它的势力范围之内，它又没有完全的把握一击即中的猎物，它才会先使用蛊惑的方式。其实它在摆出这种奇怪的造型的时候，翅膀的作用是很大的。因为它的翅膀又宽又大，呈半透明状，透着淡淡的绿色，很多脉络在上面穿插生成垂直的网格，这样的大翅膀忽闪着打开的时候，恐怕没有人会不被它吸引。加上它的翅膀打开的时候，两翅之间的腹部末端除了上卷之外，还会不停地抖动，甚至发出"扑哧""扑哧"的声音，这样的一幕怎能让其他的昆虫不目瞪口呆，这样螳螂就可以乘机出手，大获全胜。

观察网罩里的雄性螳螂和雌性螳螂我发现，雌性螳螂的翅膀也跟雄性螳螂一样很宽大，这是为什么呢？我有这样的疑问是完全可以理解的，首先，跟它们附近的灰螳螂比较一下。灰螳螂中的母螳螂就没有宽大的翅膀，它们只需要拖着装满了后代的大肚子慢慢地移动就可以了，此时的翅膀已经完全退化了，缩成小小的一对，就像穿了一件燕尾服一样，后面有一对小小的、装饰性的翅膀。因为它们的习性就是生活在干草地和碎石头里，而且因为肥胖的身体它们也根本无法飞翔，所以退化掉翅膀才是正确的选择。那么，难道说修女螳螂还长着一对宽大的翅膀就是错误的吗？

当然不是，存在的就是合理的，修女螳螂之所以会长出宽大的翅膀是有自己的原因的，并且一定是有利于自己的生存的。之前已经说过，母螳螂的食量是很大的，而且并不是总有人为了研究它们而下很大的工夫去捕捉一些珍馐美味来侍奉它们，所以平常的日子里，它们要自己埋伏在石头后面、草丛里或是其他地方来等待猎物的出现一饱口福。但是前文也已经说过，并不是所有的猎物它们都有一击即中的把握，所以有的时候，它们需要用这对像白色幽灵一样的大翅膀先恫吓住对方，然后趁对方发呆的时候

◉ 螳螂在展示高超的捕猎技艺。

大举进攻，只要自己的铁钳子牢牢地合拢了，那么就胜券在握了。所以，为了成为一名英勇的猎人，一个能够自食其力的母亲，拥有一对大翅膀才是修女螳螂正确的选择。

有的时候，饿极了的母螳螂会把跟自己体型差不多大的猎物，甚至是体型比自己还要大一些的猎物极快地消化掉。有时候我会很吃惊，因为你不可能把一个篮球一样大的东西放进一个足球一样大的容器里，可是母螳螂却毫不费力地解决了这个问题。它的胃具有很强的消化功能，食物进到胃中，似乎不用等待，就立刻被溶解，消化，然后就排出体外了，恐怕也只有这样连贯而又迅速的消化过程才能满足它的食量吧。在我的网罩下，蝗虫是母螳螂们最平常的猎物，有的时候我会津津有味地观赏螳螂是怎样享受一只蝗虫的。它们用看起来并不像嗜血恶魔的嘴，就那么慢慢地把一整只蝗虫吃掉，最后只留下两只干硬的翅膀，就连翅膀根部的一丁点肉都不会放弃。有的时候我发现它们会先从蝗虫的大腿开始享用，这很好理解，就像我们也爱肥美的羊腿一样。

螳螂的进食方法让我想到了两种蟹蛛，就是金钱蟹蛛和满蟹蛛。之所以叫它们蟹蛛，是因为它们走起路来像螃蟹一样，满蟹蛛的腹部有一个红圈，而且装饰着叶状的斑点，通体黑得发亮；金钱蟹蛛的足上有一圈圈的环，红色的或是绿色的，身上却像白色的缎子一样。平日里它们很少像别的蜘蛛一样辛勤地织网以捕捉猎物，它们织的仅有的一点网是用来给自己的卵做卵袋用的。它们用的捕捉战术是埋伏在花朵之中，然后出其不意地袭击猎物，蜜蜂是它们最喜欢的野味。我不止一次看见它们死死地按住那些可怜的小蜜蜂，然后把自己有毒的钩子刺进蜜蜂柔软的后颈，不需片刻，蜜蜂就不再挣扎了。我之所以说螳螂的进食方法跟蟹蛛很相似，是因为螳螂也是执著地从猎物的颈部开始进食的恶魔。

很多次我看到螳螂抓到猎物，然后用一只捕捉足把猎物拦腰围住，另一只牢牢把猎物的头按下去，然后，昆虫们没有护甲的最柔弱的地方就这样暴露在母螳螂的面前，然后它就一口口地啃噬猎物的这个部位，非常执著，一直到这个地方被啃出了一个巨大的开口。猎物彻底地失去了感觉，这时候，螳螂就可以尽情地按照自己的喜好来享受它的战利品了。

母螳螂的身体优势其实要远比蟹蛛大，所以，我对蟹蛛的捕食过程很感兴趣，因为它们身为蜘蛛类的昆虫，却不使用网先来困住猎物，然后再慢慢制服猎物，而是就那样赤手空拳地跟猎物搏斗，我觉得这是一个更需要计谋的过程。于是我想找一个地方，观看一场完整的蟹蛛参加的战争。当然，如果完全靠自己的运气守在薰衣草洞边等待蟹蛛的出击是要耗费很多时间的，于是我决定主动给它制造一个环境。我把蟹蛛放进网罩里，然后在旁边放了一束薰衣草并且在上面滴上几滴蜂蜜，然后再放三四只富有生命力的蜜蜂进去，一切就完成了，我现在需要做的就是等待观察。

首先我不得不说的是，蟹蛛是一个很沉得住气的捕猎者，它开始只是缓缓地爬到花束的上面，在滴有蜂蜜的地方停下来，然后就没有了动作。网罩里的蜜蜂此时还没有意识到自己同一个屋檐下的伙计是一个多么残暴的家伙，它们还满心欢喜地飞来飞去，甚至时不时地停落在薰衣草上，狠狠地喝一口蜂蜜。蟹蛛并没有采取什么行动，还是默默地趴在蜂蜜的旁边，慢慢地，蜜蜂们越来越大胆，开始长时间地驻足在蜂蜜上面，尽情地饮用，这时的它们并没有意识到先前那位按兵不动的邻居此刻要采取恐怖的行动了。蟹蛛还是那样等着，不同的是，它缓缓地张开并且抬高了自己的足，然后保持这个姿势，等待时机成熟。果然，又一只蜜蜂经不住诱惑落到了蜂蜜上面，只见蟹蛛迅速地扑上去，用自己有毒的钩子一下子钩住了蜜蜂的翅尖，这个小小的冒失鬼现在才意识到了危险的到来。它拼命地挣扎，但是已经晚了，蟹蛛迅速地爬到它的背上，这样蜜蜂的刺就完全没有了用处，蟹蛛只要看准时机把自己有毒的刺插进蜜蜂的后颈，这场战斗就宣告结束了。蜜蜂失去知觉后，蟹蛛还在享受着它体内的汁液，但仅仅是畅饮而已，一个地方的血液干涸了之后，它就会换另外一个地方继续自己的盛宴。我之前还对此有过疑问，为什么有的时候我看见蟹蛛在吸食的部位是不一样的，现在就解释得通了，当我看到蟹蛛在蜜蜂颈部吸血的时候，就是它刚刚俘获战利品，

这个地方的血液还没有干涸，而当我看见它在猎物其他部分吸食血液的时候，就证明最初位置的血液已经干涸了。但是蟹蛛只是吸食蜜蜂的血液而已，对于蜜蜂的肉，它是一点都不感兴趣的。它就这样一个地方接一个地方地移动着，直到整个猎物已经没有一个部位可以再吸得出血液为止。就算到了这个时候你从外表上依然看不出蜜蜂受到了什么伤害，甚至以为它只是酣睡着，但实际上，它已经死了，并且血液已经干涸了。

这一点和狗也一样，我们来说一个有点偏离中心的话题，狗在进攻的时候也会选择咬住对方的脖子不放，虽然狗牙是没有毒液的，不能因此在短时间内麻痹对方，但是可以利用这个方法使得对方的头部转动不得，不能再进攻，而血流如注的脖子最终也将成为敌人死亡的原因。但是蟹蛛就不一样了，跟蜜蜂比起来，它的力量不够大，也不会飞，所以移动也相对不算灵活。如果这个时候还要靠持久战来获得战利品，是很不可靠的，所以蟹蛛要用最快的速度爬到蜜蜂的背上，尽管途中可能被蜜蜂刺到，但是它还是会不顾一切地爬到蜜蜂的背上，然后咬住它的后颈，因为它知道这样不过几秒钟，自己就会成为胜利者。

⊙ 螳螂在捕食时，通常会先将头部对准猎物，然后将头转动到一侧，使头部挤压到一丛感觉毛上，让大脑辨别自己与猎物之间的距离。这样，螳螂不仅知道猎物所在的方向，而且能够精确地测算出距离，从而提高了命中率。

现在我们再回过头来说说螳螂，螳螂身上是没有任何部位有毒的，那么它要怎样才能够抵御猎人的反击呢？是要先撕扯它们有力的后腿，还是要先卸掉它们跟自己相差不多的大刀，还是先把它们的翅膀剪掉，以免它们逃走呢？这些方法都无法保证猎物能够在短时间内被制服，如果情形是这样的话，对它自己也是有危险的。但是不用担心，虽然螳螂没有蟹蛛那样的毒液，但是它的做法跟蟹蛛有同样的功效。蟹蛛是依靠毒液来麻痹自己的猎物，螳螂也深知这个道理，所以它们会选择猎物的后颈，并且执著地朝这个地方咬，直到破坏了猎物的神经中枢，那时，它们就无力反抗了。这样一来，再庞大再凶猛的猎物都可以放心食用了。

以前我只把那些狩猎能力很强的昆虫分为杀害猎物和麻醉猎物两种。现在恐怕还要加上母螳螂这种先咬断猎物的颈部神经再慢慢地享用猎物的优雅杀手了。

第二章

螳螂的爱情

我还想再一次重申，把螳螂叫做"祷上帝"的人，你们真的是被它的外表所蒙蔽了。难道你们真的以为它捕猎前高举的双手是在向上帝祷告吗？难道你们真的认为它是一个很善良的只会吃草的昆虫吗？当然不是，抛我之前讲述它在猎食的时候，执著地、凶狠地只啃噬对方的后颈这一点来说，还有一件事让它显得更加丧失品性，甚至连最臭名昭著的蜘蛛都不如。

这件事是我在实验观察中发现的，我当时甚至不敢相信眼前的一幕。为了给螳螂们更宽敞的活动空间，我减少了桌面上网罩的数量，这样一来，有的网罩里面就会有几只母螳螂，有的甚至有一打那么多。我知道让它们这样同居在一起是有一定危险的，但是考虑到母螳螂们都拖着大大的肚子，缓缓地行动，因为身体太重，它们也不会具有很强的攻击性。何况减少了网罩之后，整个空间也变得大了很多，它们还是有足够的可以活动的空间，何况在田野里时，这群家伙在这个时期不也同样静静地等待猎物的到来，而鲜少主动出击吗？尽管我知道在母螳螂的这个时期，它们是很不愿意争斗的，但是我也很清楚这个网罩中危险的存在。因为同居的邻居变多了，自己的食物自然就会受到威胁，那么就算是驴子住在一起也会厮杀的，更何况是这些嗜肉的家伙。因此我一直注意着网罩里蝗虫的数量，不等到母螳螂发出猎物紧缺的信号，我就会及时地往里面放入另一些新的食物，我其实也想研究它们同族之间的斗争，但绝不希望是因为食物的匮乏而引起的。

刚开始的时候，一切的发展都跟我想象的一样好，我以为是自己勤劳地向里面放入了足够的食物的原因。它们都在各自的领域里悠闲地补充着能量，不会去向周围的邻居们肆意挑衅。但是很快我就知道，它们的相安无事只是暂时的，并且也不是因为我不停地向里面放入足够的蝗虫的缘故。它们的肚子一天比一天大，它们渐渐地到了发情期，肚子里成百上千的卵都等待着交配，这也使得它们变得比较急躁，终于，强烈的嫉妒心开始作祟了。尽管我没有在这个网罩里放进雄性螳螂，它们暂时还不会因为争夺雄性螳螂而产生争斗，但是这并不意味着争斗不存在。我每天在网罩外面观察着，观察的结果是有史以来最为惨烈的厮杀，不是为了争夺食物，不是为了划分地盘，仅仅是发情期的嫉妒在作祟。它们一个个张起了幽灵一般的翅膀，上身高高地直立，前足夸张地打开，放肆地抖动自己肥大的腹部，我想它们之前恫吓任何一个猎物的时候都没有这样卖力过吧。可是我实在猜不出原因是什么，前一刻还相安无事的两个邻居这一刻就剑拔弩张。

◎ 外表优雅的螳螂其实是凶狠的捕猎者。

⊙ 各种环境中的螳螂

我看到的两只螳螂就是这样，突然毫无征兆地直立起上身，轻蔑地看着对方，甚至左右打量。它们的腹部都开始发出"扑哧""扑哧"的响声，很明显，它们已经吹响了冲锋号，做好了战斗的准备。很明显，它们想要的不仅仅是恫吓对方，因为如果不想开始这场争斗，它们可以摆出一个示威的姿态，把两只前足像摊开的书本一样放到胸部的两侧，这样做的意思才只是想恫吓对方，或是一场轻微的摩擦就好。可是现在它们居然摆出了拼死的姿态。一只螳螂突然松开铁钩，并迅速地伸向对方，一击即中，然后再迅速地后退以便防守，另一方也做出了相同的举动。这种有点像击剑一样的斗争通常谁也预料不到结果是什么。有的时候，一只螳螂的腹部被划破了一点，流血了，那么另一方宣告胜利；可是有的时候，双方各自尝试之后，可能什么结果都没有，战争就也这么不了了之。但其实不管结果是怎样的，双方都在酝酿着下一场战争。可是有的时候战争的结果是不那么平静的，胜利者会像往常一样，死死地钳住失败者，而后者也是曾经的捕猎好手，如今怎么会不知道自己要面临的是怎样的境地，于是它会摆出拼死一搏的姿态。但是失败终究是失败，它甚至知道自己是怎样一步步走向死亡的，因为它曾经就是这样消灭掉自己的猎物。胜利者开始了自己的屠戮，就像咀嚼一只蝗虫或是一只蝈蝈儿一样，它还是那么大快朵颐，丝毫没有意识到自己正在消灭的是自己的同胞，而其余的围观者也丝毫没有表示出一点惋惜，甚至还跃跃欲试地希望自己下一次也可以这么做。

真是凶残之极的做法，都说狼是一种狠毒的动物，却尚且不杀害自己的同类，但螳螂似乎毫无忌讳。最让我不能接受的是，我并没有减少网罩中蝗虫的数量，也就是说，它们都有足够的食物来享受，可是在这种情况下，它们却选择了屠戮自己的同胞。这跟那些喜欢吃人肉的恶魔有什么区别呢？更让我没有办法接受的还不仅仅是这些，让人发指的事情还在后面。

现在我回想起来，还觉得母螳螂在怀孕时候的古怪行径让我难以接受。在我的实验里，为了观察雄性螳螂和雌性螳螂的交配，我特地挑了几对螳螂把它们单独放在不同的网罩里，这样就不会有外界的打扰了，我还在它们各自的小窝里放上了足够的粮食，我不想自己的实验观察因为饥饿的因素而被破坏。时间很快就到了八月末，又瘦又小的雄性螳螂大概觉得时机差不多成熟了，于是它鼓起勇气去向雌性求爱。站在雌性螳螂的面前它真的太微不足道了，甚至显得有些卑微，挺着胸膛，但是却侧着头弯着脖子，不停地朝雌性螳螂发送求爱的信号。再来看看雌性的反应，似乎不是很满意，一副有点冷漠的态度。可是雄性似乎毫不气馁，继续自己的示好，终于，它似乎得到了一个关于允许的回应，甚至兴奋得浑身上下都抽搐起来，然后迅速地爬到雌性螳螂的背上开始了交配，整个过程相对于其他的小昆虫来说是很长的，大概有五六个小时。

交配结束后，两只螳螂就分开了，但是很快又腻在了一起，这个一无所有的穷小子大概还在为自己抱得美人归而倍感兴奋吧，或许它是为自己有了后代而感到欣喜若狂，但是有一点我想我不会猜错，那就是这只雄性螳螂不会因为自己马上就成为妻子的食物而高兴至极。是的，我没有说错，在交配过后很快的时间里，顶多不会超过第二天，雌性螳螂就会把雄性螳螂，刚刚才交配完的雄性螳螂一口一口地吃掉，就像它以前吃其他的昆虫或是自己的同胞一样，先从后颈开始，咬断中枢后一点点地把雄性螳螂吃得只剩下一堆翅膀。这次连嫉妒也没有了，我当时真的认为这是一种不正常的心理。

我很想知道它接下来会怎么样，于是我又往这个小窝里放进了第二只雄性螳螂。我本以为这只雌性螳螂不会那么轻易地投入下一只雄性的怀抱，可事实上，我的猜测又是错的，它很快就同意了这次交配，然后又像吃掉第一只雄性螳螂那样吃掉了这一只。紧接着，还有第三只、第四只、第五只……在短短的两个星期里，我就这么看着这只雌性螳螂吃掉了七只雄性螳螂，几只雄性螳螂的命运都是差不多的，先热切地求爱，得到允许后就开始繁衍自己的后代，不出一天，自己就成了妻子的食物。雌性螳螂的兴致跟天气也是有关系的，天气非常热的时候，它们就会显得异常兴奋，我挑选这样的时候去观察过群居的雌性螳螂和单独居住的夫妻们。得到的结论就是，在炎热的天气里，群居的雌性螳螂们会更加兴奋地厮杀，而独居的夫妻们，丈夫会更加被当作一个普通的猎物被享受掉。

有时候我在想，是不是在田野里的雄性螳螂就没有这么悲惨的命运，因为是我强行把它们关到了一起；如果它们的周围没有网罩，那么说不定雄性螳螂交配之后就可以飞走了，从而逃出雌性螳螂的魔掌。但是网罩中的雄性螳螂似乎并没有要逃走的意思，就算没有被立刻吃掉，它们也该知道自己的命运将会是什么样子，但是它们似乎丝毫没有惊慌不安的意味。我想这也许就是它们在自然中的样子吧。

有一次我还看到让我感到更为震撼的一幕，一只雄性螳螂正在雌性螳螂背上交配，它把雌性抱得紧紧的，可是我往雌性的背上一看，这只可怜的雄性小家伙的脖子早已被咬断了，头已经被吃掉了，而它居然还那样痴情地抱着雌性螳螂。再看看此时的雌性，正享受着自己背上的美味，尽管背上的雄

知 识 链 接

冒着风险交配

雌性螳螂以吃配偶而闻名，但这种情况并不如人们想象得那样常见。有一种美国螳螂就从来不会做这种事，不是因为雄性学会了如何避免被吃，也不是因为雌性不同类相残，而是这个种类的螳螂中压根就没有雄性存在。这种螳螂的后代从没有受精过的卵中长出，而且全是雌性。这种现象叫孤雌生殖。但是大多数种类的螳螂都还是两性生殖。

然而，有时雄性螳螂还是会在交尾前、交尾过程中或之后被雌性吃掉。在自然条件下，这种行为仅仅被看做在极少数种类中发生的事情，比如薄翅螳。这样做最明显的益处是雌性享用了很有营养的一餐。它仅和以恰当的方式向它求爱的雄性交尾，并吃掉那些方式不太合适的（时有出现）。它也会确保其配偶的后代也继承父亲成功的求偶行为，且一直活到留下它们自己的后代。对于雄性来说，如果它在交尾时避免了被吃掉的命运，理论上它此后还会和其他雌性交尾，并生下更多的子女。然而，关于螳螂精液优先的模式人们了解得不多，无法说明这种策略的效果。对雄性螳螂之间争夺交配权的行为的观察，使人们了解到不止一次的交尾对繁殖多少有些好处。

为了使繁殖成功率最大化，螳螂已经逐渐掌握了一套使自己被吃掉的风险最小化的方法。它们会非常缓慢、谨慎地、尽量从后面靠近雌螳螂，一旦距离合适，雄性螳螂会一下跳到它背上。至关重要的是，它绝不能处在雌性螳螂前肢能够到的位置——对雄螳螂较有利的是，它的体型通常小一些。但是，两个不同种类的螳螂交尾的情形也时有出现，在这个过程中，雄性螳螂不太可能正确地表现任何必须的求爱"保险"行为。这样看来，交尾时包含的风险可能并没有如前面所设想的那么大或那么常见。

事实上，某些种类（也许是大多数）的雄性并非在交尾时因为雌性不太乐意而强行地、侵略性地"耍花招"，而是对雌性积极的"召唤"的回应，这样一来，被吃掉的风险也同样被最小化。中南美洲的状如死树叶子的螳螂，雌性没有翅膀，通过从腹部腺体释放信息素向有翅膀的雄螳螂提出恳求。前来回应的雄螳螂会受到没有任何威胁性的欢迎。它们交尾后，雌性为了显示对雄性的"公平"待遇，会停止释放信息素。

交尾期间，雄螳螂会把精囊注入雌性体内，而雌性此时会进入一种恍惚的状态。交尾结束后，因为雄性有可能遭遇危险，所以某些种类的雄螳螂会立刻逃之夭夭。

⊙ 螳螂不仅捕食异类，还吃同类。

性还在源源不断向自己的体内输送着精子，可是它还是津津有味地吃着。这样残酷的事实不是应该只在电影中或是小说中才会有的吗？怎么真的会有这样的事情呢？

也许雄性螳螂在交配的时候是全神贯注的，这时雌性想要杀它，它是没有准备的；也许雄性原本就做好了为爱牺牲的准备，即便知道必死无疑，还是勇往直前。这种习性可能是从某个地质时代残存下来的记忆，也许在那个食物急缺的年代，雌性和雄性交配完之后就要立刻把雄性吃掉，这样才能保证充足的能量去抚育自己的后代。螳螂家族的这种做法也许就是承袭了这个记忆。我曾经还试着把一只雄性螳螂放进一只已经吃过很多雄性螳螂的雌性螳螂的小窝里，这只可怜的雄性甚至还没有交配就被吃掉了，雌性螳螂就是这样，它的卵巢不再需要精子以后，雄性的螳螂就是美味的食物，多么残忍的一种昆虫啊，善良的人们，不要再被它的外表蒙蔽了。

第三章

螳螂窝的建造

除了惨无人道的爱情，螳螂当然也有那些看起来好的方面。就拿螳螂的窝来说，那简直就是个奇迹，科学的称呼是"卵鞘"，我不愿意滥用古怪的字眼。既然有人喜欢说"燕雀窝"，而不愿意说"燕雀巢"，那么，在指螳螂窝的时候，我为什么非要巢或者卵鞘不可呢？在朝阳的地方，几乎都能看到修女螳螂的窝：石头、木块、葡萄树根、灌木枝、干草秸，此外还有砖块、破布、旧皮鞋的硬皮这些人造的物体。只要能把窝牢牢粘住、固定，任何东西都可以拿来做窝，没有什么区别。

这样的窝，通常说来长 4 厘米、宽 2 厘米，色泽如同金黄的麦粒。在火中烧它会很旺，有淡淡的微焦的味道弥漫而出。实际上，做窝的材料与丝极为相似，只不过不能像丝那样拉长，而是与泡沫一样成团地凝固。如果窝固定于树上，小树枝就会被它的底部紧紧包裹。它的外形会随着支撑物的变化而发生改变，假如这个窝固定在一个平面上，它的底部就会变成平面状，与平面粘贴在一起，这个时候，窝会变成一个椭圆形，一头圆钝，一头细长而尖锐。通常情况下，窝还有一个与船头相似的短短的延长物。

窝的表面总有一个规则的突起，无论在什么状态下都是如此。突起物的中间部分是最窄的，像房屋的瓦片一样重叠的那些东西是两行并排的小鳞片，在它空空的边缘上有两行微微伸展的缝隙，这是螳螂若虫孵化后的出口。

有一个刚被螳螂抛弃的窝，它的中间部分是满满的小螳螂褪下来的外皮，只要一有微风吹动，它就会摇晃起来。在经过一阵风雨侵蚀之后，这些外皮就会消失不见。这个部分是螳螂事先安排好的，通过这个出口，小螳螂才能获得自由。除了这部分，在能哺育众多后代的摇篮里，别的地方都是无法通行的。摇篮两侧的地方占据了椭圆形窝的大多数领地，表面粘接得非常牢固。这些坚硬的部分使刚出生的螳螂根本不可能从这里通过。窝的两侧有数以万计的横条纹，这些条纹是窝内壁分层的标志，标志的后面分布着螳螂卵。

当我将窝横向切开，立刻发现，螳螂的

◉ 螳螂

卵与长长的核极为相似，它看上去很坚硬。两侧覆盖着一层多孔的厚厚的外皮，似乎与凝固的泡沫有些类似。内核的上部，有着紧密排列的弯弯的薄皮，可以做极小幅度的活动，在它的最上部就是小螳螂的出口，淡黄色的角质外壳里面紧裹着的就是卵。它沿着圆圈分层排列，出口的所在汇聚着卵的头部。这种排列方式使我知道了螳螂的若虫是如何出来的。新生儿就是从那狭窄的通道——虽然极难通行，但是借助我在不久以后将要研究的工具，这些小家伙还是能顺利通过。就这样，它们来到了中央地带。在重叠的鳞片的下面，它们将面对两个出口。有一半的卵会从左边的门出去，另外一半则从后边出去。每一层的结构都是如此。

没有亲眼见过窝的结构的人，很难彻底地搞清楚其中的道理。窝里所有的卵都以窝的中心线为聚会场所，层层聚集。这样就形成了海枣核一样的形状。它的外面是一层保护膜，就像凝固的泡沫。只有到了保护膜的中间区域，并列的两片薄片才可能代替如同泡沫一样的多空层。

我研究的对象，是观察螳螂这个家伙以怎样的方式一砖一瓦地搭建自己的家。虽然过程费尽心机，然而我毕竟做到了。这是因为这个家伙总是在夜里产卵，而且是那样随意。在诸多无功而返之后，我终于抓到了难得的机会。九月五日，我终于亲眼目睹了一只在八月二十九日受精的雌螳螂，在凌晨4点，在我的面前产卵的情景。

金属网罩里头众多的螳螂窝——请一定要注意这点：它们的支点无一例外都是金属网纱。我曾经想给它们制造更为符合它们生活习惯的居所，比如一堆凹凸不平的石块，还有几束百里香，在野外，螳螂的窝多用这些作为支撑物。但是令我感到意外的是，这些家伙对此无动于衷，它们更偏爱铁丝网。这是因为它们可以把最为舒适的建筑材料嵌进铁丝网的网眼里，这对窝的牢固度非常有帮助。

螳螂的窝没有任何可供遮挡的地方，这是在野外的情况。在这样的环境下，它的窝必须要经受冬季寒冷的气候，还必须抵挡住风雪雨霜的侵袭。为了避免遭殃，产妇们对凹凸不平的支撑物情有独钟，依靠这种支撑物，产妇可以把它的家粘连得更加牢固。当然，如果条件允许的话，螳螂会选择更好的居所。也许正因为这样，它才会看中金属网纱。

这只螳螂是我看到其产卵的唯一一只。它攀附在网罩顶的附近，倒悬着身体，就算我用放大镜近前观察也打扰不到这个家伙。它全身心地沉浸在产卵的过程中。即便我打开金属网罩，随意地转来倒去，也不能让它中断自己的工作。我的动作的确鲁莽了些，但我有什么办法呢？螳螂产卵的速度过于迅速，而我观察起来却充满了各种困难。由于螳螂的腹部末端始终放置于一团泡沫之中，使得我不可能将它产卵的过程毫无遗漏地摄入眼帘。那团泡沫颜色灰白，带点黏性，感觉上更像肥皂泡。螳螂窝绝大多数的多孔材料正是由这些带着气体的泡沫形成，使得窝的体积远要比螳螂的肚子大。

气体并非来自螳螂的身体，而是从空气中吸收而来。这样看来，螳螂的窝主要依靠空气建造，窝才能抵御各种恶劣的气候。螳螂以极快的速度将臀部两个小裂瓣展开又闭拢，如同钟摆一样从左到右，又从右到左摆动个不停，这是它产卵时的动作。它每摆动一下，就意味着它在窝里产下了一层卵。同时，在

⊙ 图中这种螳螂在夜晚相当活跃。

窝的外皮上就有了一条小横纹。这个过程很快，包裹着的泡沫也越来越多，这对我的观察没有任何好处，我只能通过它是否摆动臀部，来判断它是否产卵。

与产卵过程相伴的，是如同倾盆大雨般的黏液，在螳螂尾部两个小裂瓣的搅拌下，黏液变成泡沫，然后涂满窝的底部和每层卵的外层。在泡沫以及螳螂臀节的助压下，窝的底座就被挤到了金属网眼里。随着螳螂的卵巢逐渐排空，海绵状的外皮也渐渐地形成。我想，在窝的最内部，是比外层更为均匀的物质包裹了卵，这是因为在那里面，泡沫是螳螂用它直接排出来的物质形成的，而非用小勺搅拌而成。螳螂产下了卵，这才使得臀部

⊙ 树皮螳螂会沿着树干快速爬行。

的两个小裂瓣搅起泡沫，将卵包住。因为我无法观察到产卵的具体过程，所以上述的内容也不过是我的猜想。

在窝的出口涂着一层有细密气孔的物质。这种物质就像白石灰一样洁白光滑，与灰白色的窝形成了鲜明对比。如同糕点师把蛋清、糖、淀粉掺和起来，用来制作装饰蛋糕的东西一样，这层物质也有这样的作用。当它脱落后，我们就能清晰地看到那个出口。现实的风雨迟早会将这层物质撕去，这也正是螳螂的窝为什么没有留下一丝雪白痕迹的原因。

不仔细看的话，人们很容易误会，这层物质与窝其他部分的材料是一样。螳螂是否用了两种不同的材料来建筑它的家呢？这种可能性是不存在的。通过解剖我发现，它所用的物质是同一类型的。肠道分泌了这些物质，然后将其分为两段，每段20根左右，都装满了黏稠的无色液体。液体的外表都是相同的，无论从哪个角度看都是如此。分泌白石灰色液体的迹象在肠道内并不存在。另外，洁白物质的形成方式也会让人们打消所用材料不同的这一看法。只要稍微有点耐心，这种事实就可以被我们确认，我们也能得到满意的结果。

当我们的视线落到窝中间部分时，我承认，观察将变得很困难。在这个区域，螳螂在两行重叠的小鳞片下，给它的孩子安排了安全的出口。对这个问题，我所知不多，我只能说，螳螂的腹部末端由上至下如同刀口般长长地裂开，在刀口的上端，它纹丝不动，但是在其下部，则左右摆动，排出泡沫的同时将卵排出。我发现，刀口上端部分始终浸于中间区域的突起处，在尾部末梢汇集起来的白且细的泡沫中间。那两根尾末，我很想将它形容为两根敏感的手指，正在指挥难度很高的建筑工程。

我还有一个疑问，两行鳞片以及鳞片下端遮盖住的出口裂缝，又是怎么形成的呢？我对此一无所知，即便是猜也猜测不出。这个问题还是留给别人来解决吧。这是多么令人感到奇妙的器物啊。它有条不紊、迅速地将内核中心的角质物排出，其间还包括排出用来保护泡沫、中间为长条的白色泡沫，还有卵和大量的液体。如果我们来做这一切，肯定会手足无措，但是螳螂显得从容不迫。它一动不动地攀附在金属网上，至于身后正在发生的一切，它根本不瞧一眼。它也不需要任何帮助，它自己就能完成一切事情。这是机械活，而不是出于本能的需要。螳螂更加高明的地方还在于，它的窝出色地应用了物理学有关保温的最好的物体，螳螂超过了我们，至少在导热体的认识上。

知 识 链 接

世界已知螳螂有1585种左右。中国已知约51种。其中，南大刀螂、北大刀螂、广斧螂、中华大刀螂、欧洲螳螂、绿斑小螳螂等是中国农、林、果树和观赏植物害虫的重要天敌。

物理学家拉姆福特以他出色的实验证明了空气的不传热性。这位科学家将一块冰冻奶酪放到经过搅拌的鸡蛋泡沫中，之后放入炉中加热，没多久，他拿到了一块泡起来的蛋卷，不过，蛋卷中间的奶酪一如刚才那般凉。螳螂又做了些什么呢？这位昆虫界出色的物理学家用搅拌后的黏液得到了一个发泡的蛋卷，它被用来作为核中心所有胚胎的保护层。与拉姆福特相反的是，螳螂的目的不是产生高温，而是要抵抗严寒。螳螂是如何得到这一知识的呢？它怎么就轻易地做到了用泡沫包裹大块的卵，固定在树枝上，或是石头上，经历风雨却毫发无损？

我唯一了解的螳螂种类，也就是我家旁边的那些螳螂，那些凝固的泡沫有时被它们用来当作隔热外套，有的则放弃不用，主要依据所产的卵是否要过冬而决定。与修女螳螂有很大差别的是雌灰螳螂，这种螳螂没有翅膀，它的窝就像樱桃核那么大，外皮上覆盖着一层厚泡沫皮。它是出于什么目的需要这层起了泡沫的外套呢？原因是，与修女螳螂一样，雌灰螳螂的窝也需要过冬。身材如修女螳螂一般硕大的椎头螳螂，建造的窝却和灰螳螂一样小。

椎头螳螂的窝由三四行连在一起的小空间组成，看上去很简朴，虽然也是固定于树枝或石头上，但没有起泡的外套，也没有不导热的外套，由此我知道，椎头螳螂所适应的气候条件与其他螳螂不同。它的卵产于天气很好的时段，而且产后不久就孵化了，因此它的窝不会受到严寒的侵袭。

螳螂采取的保护措施如此得当、合理，这只是出于偶然吗？如果这个说法成立，那么在这个荒谬可笑的结论前坚定你的看法吧，由此承认偶然性的选择竟然也有这样让人惊奇的洞察世事的能力。

建造一个温馨的家，对修女螳螂来说，是一件很轻松的事情，只要不间断地工作两个小时，就可以完成整个工程。产下卵后，雌螳螂便会抱着与己无关的态度离开，我一开始还满心期待它能回过头来看看自己的孩子，表现出一丝母爱，但是它没有任何表情，即使作为母亲的喜悦感也不存在。它甚至不会去注意那爬上它窝的蝗虫，不过，这只蝗虫很温和，如果蝗虫做出要破坏幼虫窝的举动，不知道螳螂会不会对它们采取特别的行动。从那无动于衷的表情来看，我相信它不会。产完卵后，它就不会再关心窝的命运了。

在交配后，雄螳螂都被雌螳螂吃掉，这一点，我已经说过。这是悲惨的结局。在短短两星期之内，我就看到一只雌螳螂连续七次登上新婚的殿堂，每一次交配完成后，它都会将它的配偶毫不留情地吃掉。通过这个习性，我认为这只雌螳螂会多次产卵，事实证明了我的猜想。从所建造的窝的数量上，我知道了螳螂能产下多少卵。就我了解的是，一个形体正常的窝，约能容纳400枚卵，建造了三个窝的雌螳螂，最后一个窝要小一半，这样推算也能留下1000个胚胎。如果是两个窝，卵的数量就是800枚，即使是产卵量最小的螳螂，也有三四百个卵，显然，这是一个庞大的族群，如果没有有效的精简方案，很快就会"虫满为患"。

比起修女螳螂，小个子的灰螳螂就小气了许多。在网罩里，这个小家伙只造了一个窝，只产下了60来个卵，与修女螳螂相比，灰螳螂的窝也有很大的不同。首先，灰螳螂的窝体积小，长只有2毫米，宽不过5毫米；另外，灰螳螂建造的窝中间隆起，而两侧弯曲，中线突出成为一道脊梁，微微有些不平。这些是它与修女螳螂的窝最大的区别。

灰螳螂的窝没有重叠的薄片形成的出口区域，也没有出口区域的雪白的物质。它层层排列的卵，嵌在没有洞孔的角质物质上。与修女螳螂一样，灰螳螂也是在夜晚建造自己的家，不过对像我一样的观察者来说，这无疑是个不便的条件。体积硕大、结构奇特的修女螳螂，不可能不让普罗旺斯的农民对其产生兴趣。事实上，修女螳螂被人们称为"梯格诺"，在乡村特别有名，声誉很高。不过，对于螳螂窝是如何建造的，人们并不知情，当我说"梯格诺"就是常见的"祷上帝"时，总会引起纯朴邻居的惊讶。螳螂在夜晚产卵可能是他们对此一无所知的原因。不过，这并没有什么关系，至少它的存在引起了人们的注意，从这点考虑，它应该对我的邻居有某种功效吧。我们总有个天真的想法，能在奇异的事物中寻找能使我们减轻痛苦的东西，在任何时候，我们都会这么想。

普罗旺斯的乡村药典一致吹嘘"梯格诺"就是对冻疮最起作用的良药。它的使用方法很简单，将螳螂劈成两半，挤压，然后用流出汁液的地方摩擦冻疮。据当地人说，这种药的药效非常灵验，只要有谁患了冻疮，就一定要涂抹"梯格诺"，事实上果真如此吗？

螳螂对治疗冻疮毫无作用，我在我自己和家人身上做过试验，结果令人失

⊙ 螳螂夜晚造窝，白天则比较悠闲。

望。可以想见，这种所谓的药对别人也不会有作用。虽然结果很明显，但是这种药依然名声在外，这可能是因为药与病的名称相同的缘故。冻疮，在普罗旺斯语中，也被称为"梯格诺"。在我生活的村庄，或许就在某个角落，"梯格诺"就是指螳螂的窝，它还有一种功效，就是能治疗牙痛，只要将它们随身携带，就能消除牙痛的折磨。

在月光皎洁的晚上，天真的农妇就会想办法将螳螂窝收集起来，然后虔诚地放置于衣柜的角落，或是缝到衣兜里面，生怕一不小心把它给弄丢了。如果有邻居牙齿有了毛病，那些农妇就会借给他，同时也会叮嘱他，"不管怎样，都不要弄丢了"。不要对这种奇怪的良方进行嘲笑，一些列在报纸第四版上的药物不见得比它更有疗效，再则，乡村里的朴素想法，根本比不上某些古老的书籍。比如，16世纪的英国博物学家托马斯·穆菲，就为我们讲了一个有关在野外迷路的孩子向螳螂问路的故事。

昆虫伸出爪子，向孩子指明道路，它从来没有指错过方向。轻信的博物学家说"这个家伙的判断力是如此的奇妙，小朋友向它问路的时候，它总是能给予正确的指引，从没有欺骗过人"。这个英国人是从哪里听到这个故事的？不可能在他的国家，那里不适合螳螂的生存；也不是普罗旺斯，这里找不出这类幼稚故事的迹象。博物学家无疑是在臆想，而我更倾向于认为，这是对"梯格诺"神奇功效的最大赞誉。

第四章

螳螂卵的孵化

　　阳光明媚的六月中旬，时间约在上午的十点，是修女螳螂卵孵化的最好时光，出口区域，也就是螳螂窝的长条部位，是幼虫获得自由的地方。一个半透明的圆块缓缓地从出口区域的每一个鳞片下面钻出来，然后我们会看到两个大黑点，那是它的眼睛。经过鳞片下慢慢滑动的过程，幼虫已经解脱了将近一半。这还不是接近成虫形态的小螳螂，这只是一个过渡形态。幼虫的头圆圆的，有点发肿，全身由于血液的涌入而颤动不止；身体的其他地方为淡黄色中带点红，有层膜包裹着全身，在它的下面，能清晰地看出因这层膜的覆盖而变得模糊浑浊的眼睛，以及处于前胸的口器，还有向后紧贴身体前方的足。如果抛开异常显眼的足，幼虫的脑袋、眼睛还有腹部的体节，都会让人将它与蝉从卵中钻出来的模样相比较。

　　事实上，这又是一种具有二态现象的虫子，这种虫子的使命，就是钻出出口，将螳螂若虫带到这个世界上来。蝉一出生，身体就包裹着一层褓褓，这是为了顺利地从狭窄的布满碎木纤维以及空卵壳的通道里走出来。螳螂若虫也遇到了类似的障碍，它的通道弯曲而拥挤，如果把纤细的身体长长地舒展开来，那个通道就根本无法将其容纳。那些原本在草丛中用处极大的器官，诸如像高跷一样的足、以杀戮为主要作用的弯钩，以及纤细的触角，现在却成了它走向世界的累赘，为了解决这个问题，螳螂的幼虫一出生也像蝉一样，浑身包裹着一层褓褓。

　　我从螳螂和蝉的身上归纳出一条规律：若虫并非总是直接在卵里出生，为了应对破壳而出时要

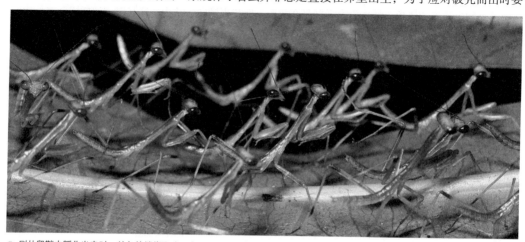

⊙ 刚从卵鞘中孵化出来时，幼年的螳螂聚在一起。此后它们开始第一次蜕皮然后开始分散开来。

面对的种种艰难，它势必要有一个过渡的形态，这种形态我更乐意称为初龄幼虫。初龄幼虫出现在出口区域的鳞片下面，它的头部汇集了丰富的液体养料，它是一个半透明的水泡，颤动不止。它的作用是准备为幼虫蜕皮。小家伙每颤动一次，脑袋就胀大一点，在最后的时刻，前胸拱起，头部冲向胸弯曲得极为厉害。经过一番"痛苦"的挣扎，小家伙的足就从外鞘中解脱出来，与它一起出来的还有两根平行的长触角，现在，全身只有一根碎细带与螳螂窝相连，它只要再稍微用点力就可以完全脱身了。在这之后，我们见到的才是真正意义上的若虫形态。

很遗憾，观察灰螳螂孵化的最好时机被我错过了，但对它的情况我还是稍微了解了一下。那些易碎的、脆弱的泡沫附在窝尾端向前突出的尖尖的细角上，就像一块白色无光的斑点。泡沫塞住的圆形气孔是幼虫唯一的出口，它的作用与修女螳螂的鳞片相差无几。灰螳螂的若虫只有一个接一个快速地通过这个气孔，才能目睹外面的世界。我没有看到这种壮观的场面，不过，我看到了悬挂于气孔外面的一堆破烂的白色外套，这是若虫来到外部世界后扔掉的衣服，是它们处于过渡形态的证据。就这点来说，灰螳螂也有初龄幼虫的阶段。

知 识 链 接

保护弱小的子女

根据种类的不同，雌螳螂一次产卵10～400粒，卵产在由腹部腺体分泌的泡状卵鞘中，这些泡泡遇到空气就会硬化，于是卵就在这层角状囊的保护下成长。有时除了这层角状囊之外，还有一层坚韧的、海绵状的"外衣"。不同种类的卵鞘的形状、大小、结构也有所不同。很多种类，包括欧洲和北非的薄翅螳螂，会把卵鞘粘在树干、栅栏柱或石头的平坦表面上。有些则把卵鞘环绕在小树枝或植物的茎上，有些甚至把卵鞘埋在土里。

尽管有一层保护性的"外衣"，还是有些寄生生物会在螳螂幼虫从卵鞘中孵化出来的时候钻进卵中，尤其是某些黄蜂。螳螂幼虫通过卵鞘中上部一些已存在的小孔出来。有些属的螳螂，母亲会一直守着卵鞘，直到幼虫孵出来，它们的卵鞘是长长的形状，母亲能跨骑在上面，给卵鞘以最大的保护。有的种类的雌性会挑选一个隐蔽性极好的地点保护卵鞘，但有些种类的母亲们则在露天的小树枝上护卫它们的卵，这种螳螂的身体上有醒目的警戒色，能帮助防御靠视力捕食的敌人的袭击，如鸟类。

新孵出的螳螂幼虫是父母的弱小版，最终会四散出去开始它们的捕食生涯。经过数次蜕皮后，它们的体型逐渐变大，原先的翅芽也日益长大。最后一次蜕皮后，幼虫变为成虫。成年的雄螳螂基本上都有完整的翅膀，雌螳螂的翅膀却多数退化甚至消失。

好了，让我们再将视线投向修女螳螂，它窝里的卵并非在同一时间集体孵化，而是有阶段性的，中间的过程能有两天或更长时间，一般来说，最后产下的卵孵化得最快，这种情况与窝的形状有关。窝最为尖细的那部分，更容易受到阳光的照射，里面的卵成熟得也就更早些。虽然卵的孵化总是断断续续的，然而有些时候，出口区域也会被孵化出来的幼虫所包围，那场面真的非常惊人——一个小家伙刚露出眼睛，其他幼虫的眼睛也突然出现在你面前。从窝里出来没多久，小家伙们就掉落在地上，机灵的也会爬到附近的草地上。修女螳螂卵的孵化过程我经常看到，有时是在荒石园的露天地里，有时是在实验室的角落里。荒石园里放着我在冬闲时从各处收集来的螳螂窝，而实验室里的那些，则是我原本出于想将那些家伙更好地保护起来的愿望。我就这样看到了无数次的孵化过程，那种屠杀场面令人震惊。虽然修女螳螂一次性能够产下上千枚的卵，但如果一出生就要被那些吞噬者消灭，那这个数字还远远不够。

螳螂的危险来自蚂蚁，我每天都能看到这些凶恶的客人，我也曾驱赶过它们，但毫无作用。螳螂窝里那些可口的娇嫩肌肉让它们垂涎欲滴，虽然在窝上打开一个缺口对它们来说过于艰难，但是它们不会放过任何一次机会。那真是一场惨不忍睹的战争，蚂蚁抓住小螳螂的肚子，将猎物拉出外壳，用嘴撕咬成碎片，而新生儿所能做的，只是无谓的乱踢乱撞。战争在片刻间就结束了，只有极少数幸存者逃脱了这场劫难。

让蝗虫胆寒的草丛屠夫，在刚出生后，却被蚂蚁吃掉了，这个过程真是不可思议。不过当小螳螂变得强壮一些，蚂蚁遇到它们就得乖乖让路了。螳螂锋利的前腿，随时出击的样子，都让蚂蚁

⊙ 螳螂（上图）和螳螂蝇（下图）都有一对可以用来捕获和刺伤猎物的前腿，但是它们并不是近亲。它们这对相似的前腿是通过趋同进化而各自得来。

感到害怕。然而有一种动物不怕螳螂的前腿，它就是墙壁上的那条小灰蜥蜴。它用长长的舌尖将小螳螂从窝里舔进自己的嘴巴，虽然只有那么一丁点食物，但看那样子，似乎味道非常鲜美。我曾非常生气地将这个在我面前实施打劫的混蛋赶走，但是没多久，它又回来了。我只好对它采取非常行动，如果我对它的存在无动于衷，它将吃掉所有的小螳螂。不过螳螂的天敌不止蚂蚁和蜥蜴。小个子长着钻孔器的膜翅目寄生蜂也是可怕的敌人。

膜翅目寄生蜂将自己的卵产在刚刚落成的螳螂窝里，于是，跟蝉的后代遭遇的命运一样，螳螂的胚胎被这种寄生蜂无情地攻击，这也正是我收集的螳螂窝多半是空的的原因。同时，我也遇到了一个问题，用什么来喂养这些幸存者呢？它们对爬满绿蚜虫的玫瑰花枝无动于衷，于是，我给它们拿来了小飞蝇，它们是无意间撞到网纱里来的，可是小螳螂对这种食物依旧提不起兴趣。经过一番折腾，我终于找到了我想要的东西，那就是刚孵化出来的小蝗虫，这是成年螳螂最爱吃的食物。不过小螳螂是否会接受呢？答案是否定的，这些家伙被它们的猎物吓跑了。

我实在猜不出来了，你们到底想吃什么呢？难道你们这些小家伙只吃素食？我尝试着做过几次，比如最嫩的叶子，但还是被它们拒绝了，我所有的努力都归于失败，小家伙们全都饿死了。后来我想到，小螳螂们应该有属于自己的过渡食谱。

蚂蚁和蜥蜴使螳螂的后代大量减少，这是否会使螳螂的生殖能力逐渐提升呢，以便多产卵来平衡大量幼虫的死亡呢？一些人士同意这样的看法，但他们缺少证据，那些人只喜欢将动物身上发生的变化看成是环境造成的结果。

一株很大的樱桃树生长在离我窗前不远的池塘边。它与我的祖先无关，是偶然长在那里的，每当到了四月份，它那受人尊敬的巨大的树枝就会变成一个无与伦比的冠盖，在那里还有另外一幅欢快的景象。麻雀成群结队地来到这里吞吃熟透的樱桃，和它们一起来的还有翠雀和黄莺。树下也同样热闹，樱桃掉落地上使得所有在路上经过的动物欢喜雀跃。到了晚上，田鼠会把其他动物啃过的果核收集起来，藏到它的家里，这是它们在冬闲时最好的食物。要想找到接班人延续这种繁荣，樱桃树只需要一颗种子。

你是否会因此告诉我们，这种树最初的果实也很稀少，为了在掠夺者手中生存下来，它们才变得如此慷慨，就像你描述的螳螂那样？实际上，千百年来，有多少不为人知的加工者在开采矿产，这样的结果难道只是让我们说出 2+2=4 吗？鱼类是从无机物开始的各种生产者中产量最多的一种。只要稍微问一下鳕鱼为什么有那么多的鱼子，答案就非常明了了。

和鱼类一样，螳螂也可追溯到遥远的时代，它的形状和习性已经透露了这个秘密，加上卵巢的丰富更说明了这点。草坪变绿的时候，我清楚地看到蝗虫正在啃食青草，而螳螂则吃蝗虫。当它产下数以千计的卵并成功孵化后，蚂蚁就不请自来了。这些蚂蚁很快就能获得战利品，身材高大的螳螂远不是蚂蚁的对手，不过，蚂蚁也并不是最后的赢家。在壳里的时候，小蚂蚁就被雏鸡吃掉了，它是家禽的一种，很难逃离养鸡场的束缚，正因如此，它们注定成为那些自称文明人的枪口下的猎物。

现在该是我做总结的时候了，生殖力超强的螳螂以它独特的方式产生有机物，它的继承者是蚂蚁，而后它的位置又由别的动物取代，可以这样说，螳螂产下的卵只有一小部分是为了繁衍后代，而大部分为生物的野炊活动作出自己的贡献。这让我想起这样一句话：结束是为了重新开始，死亡是为了生存。

第五章

圣甲虫的习性

我们沿着山路高兴地走着，一边谈天说地，一边寻找着圣甲虫的踪迹，或许它在我们不知道的时候已经在安格尔沙土高原上出现，正在滚动着被古埃及人视为代表世界形象的粪球。在这五六个人中，我是年纪最大的，是他们的老师；而他们呢，则是一群充满干劲的年轻人，有着火热的激情、丰富的想象力和充沛的活力。我们都热爱着这神秘的自然，并且渴望能对它有更多的了解。我们想了解梭形尾巴像珊瑚枝的小蝾螈是不是藏在山脚的溪水里，躲在了绿毯般的浮萍下；小溪里的刺鱼是不是已经带上了天蓝和紫红相间的结婚领带；刚刚归来的燕子是不是正在焦急地寻找着一边跳舞一边产卵的大蚊子；而长着眼状斑的蜥蜴是不是正趴在阳光下的砂岩上，展示着它布满蓝斑的臀部。总之，我们就是这样一群对动物深深痴迷的人，我们怀着愉悦的心情来到这里，用我们自己的方式，来庆祝整个春天的回归。

山路两旁长满了接骨木和英国山楂树，树上的伞房花序散发出了一阵阵苦涩的香味，就连金花龟也陶醉在了这样的香味里。我们伴着这样的香味，找到了令我们兴奋的东西。小溪里的刺鱼

知识档案

甲虫

纲　昆虫纲

亚纲　有翅亚纲

目　鞘翅目

已知的种类约30万种，166科，4亚目。

分布：世界各地，除了海洋。

体型：体长0.25毫米至20厘米。

触角
上颚
鞘翅
前胸
后翅
腹部

特征：一对前翅特化为保护后翅的硬壳（鞘翅）；口器前伸，为咬合式。

生命周期：发育包括幼虫期和蛹期，属于完全变形（全变态发育）。

已经梳妆完毕，它的鳞片闪着白银般的亮光，胸前的朱红色也变得格外扎眼。当居心叵测的黑色大蚂蟥接近时，它背部和鳍部的刺便会立刻竖起来，把敌人吓得灰溜溜地逃跑。扁卷螺、瓶螺、椎实螺等软体动物在水面上呼吸着新鲜的空气。它们总是一副与世无争的样子，就算被水鬼虫和它丑陋的幼虫袭击，这些和平爱好者们也好像什么都没发生一样。而在悬崖那边的高原上，绵羊们正在悠闲地吃着青草，马儿们紧张地练习着赛跑。它们全都给食粪虫带来了丰富可口的食物。

把地上的粪便清除干净，这便是鞘翅目食粪虫的工作，也是它们的崇高使命。食粪虫拥有各种各样奇异的工具：有的用来翻动粪土，把粪土捣碎、整形；有的用来挖洞，以便日后用来储存它们

的战利品。这些工具就好像博物馆里陈列的挖掘工具，极其精巧实用，有的像是仿造了人类的技艺，而有的则完全出于它们的原创。

西班牙粪蜣螂的额前有一个强有力的角，脚尖向后翘，像十字镐的长柄。月形粪蜣螂不但拥有类似的角，它的胸部还长着两片犁铧形状的尖片，两个尖片之间，还伸出了一根十分突出的尖骨作为刮刀。生长在地中海边的水牛布蜣螂和野牛布蜣螂额前有一对岔开的角，前胸有一片水平的犁铧伸到两角之间。蒂菲粪金龟的前胸长着三片直指前方的平行尖犁，两边的长，中间的短。公牛嗡蜣螂的工具是两个像牛角的弯长钳子，而叉角嗡蜣螂的工具则是一根双刃长权，竖立在扁平的头上。即使是最差劲的食粪虫，它的头上或胸前也长着突出的硬疙瘩。

很多食粪虫的衣着鲜艳得像首饰盒上的宝石。似乎是作为对干脏活的补偿，不少食粪虫都能散发出麝香的味道，而且腹部闪耀着金属般的光泽。一般来说，食粪虫的颜色都是黑的，但也有很多例外，粪堆粪金龟的腹部就发出了金和铜的光泽，而黑粪金龟的腹部则更加美丽，呈现出了紫晶的色彩。有些生长在热带地区的食粪虫显然更加幸运，因为它们拥有同类中最亮丽的外表。生长在埃及的骆驼粪下的圣甲虫有着祖母绿般的色彩，而圭亚那、巴西、塞内加尔的蜣螂则有着红宝石般耀眼的光芒。

我观察过很多食粪虫的工作场景，那是多么忙碌的一番景象啊！就连在加利福尼亚寻找金矿的淘金者们，也没有食粪虫的这般干劲。太阳还不太热，数百只大小不同、形态各异的食粪虫便已密密麻麻地挤在了一起，谁都希望能在这共同的糕点上多分得一杯羹。有的负责梳理粪堆表面，有的负责在粪堆深处挖掘巷道，有的则忙于挖洞，以便一会儿把战利品贮藏起来。身强力壮的一般都在前面冲锋陷阵，而个头比较小的就站在一边，把偶尔坍落的一小块粪便切碎。有的小虫子初来乍到，看到美味兴奋不已，便当场饱餐一顿。而大多数虫子还是有着长远的打算，它们会把食物储存到一个隐秘的地方，以备不时之需。要知道，在这宽广的草原上找到这样一堆新鲜的粪便有时候比中彩票都难。

方圆一公里内粪香四溢，所有的食粪虫都循着这香味急急忙忙地赶过来。看，那里有一只来晚了的虫子，它正迈着小碎步向粪堆走过来。它的长腿生硬又笨拙地向前移动着，好像是被某种装在肚子里的机械推动着前进；红棕色的触角像扇子一样张开，显示了它对不能分到足够的食物所产生的担忧。终于，它挤倒了一些捷足先登者，抢先来到了粪堆旁边。它伸出强壮巨大的前足，一抱一抱地对粪球做着最后的加工，然后走到一旁静静地享受自己的劳动成果。这浑身黝黑、粗大异常的家伙，便是大名鼎鼎的圣甲虫。

圣甲虫用它特有的步骤制造出了一个个粪球。在它的额头有六个排成半圆的角型锯齿，那是用来挖掘和切削的秘密武器。圣甲虫用这把子来剔除不能吃的食物纤维，把最精华的部分聚集起来。如果是为了自己采集食物，圣甲虫才不会如此挑剔，可是如果是为了制作育儿室，在粪球中挖一个孵卵的小洞，那就必须精挑细选，用最精华的粪便筑成小洞的内层。这样，幼虫破卵而出时便能在住所的内壁找到营养丰富的精细的食物，为将来储备能量。在筛选自己的食物时，圣甲虫似乎显得有点漫不经心。

◎ 圣甲虫在粪堆上辛勤工作。

它把带锯齿的额突转入粪堆里，在强壮有力的前足的配合下，很轻易地进行着挖掘的工作。如果需要翻越障碍在粪团最厚处开辟通道，它便用它那带锯齿的腿用力一把，清理出一个半圆周的空间来，再把耙过的粪便聚拢到腹下的四只腿之间。剩下的工作便交给后足去完成了：检查和修正球体的形状。实际上，这些腿的作用就是帮助粪球成形。这些经过粗加工的粪团在四条腿之间摇摇晃晃，逐渐趋于完美。

朋友和敌人

自从人类建立居所以来，甲虫就已经与人类和人类的家园建立了联系，它们常在人类的神话和传说中占有一席之地。在古埃及，圣甲虫就被视为重生和不朽的象征，那时的人们看见成年的圣甲虫把自己埋入地下，并在来年以后代的形式重现，就把圣甲虫与好运联系起来。直到今天，还有人佩戴圣甲虫饰物作为护身符。人们熟悉的红色和黑色瓢虫也同样地被人们视为与好运有关。而其他一些甲虫就恶名远扬，人们将其与诅咒和杀戮联系在一起。有的锹甲则被认为会给马房的茅草屋顶招来闪电。

就这样，一粒小小的粪丸在眨眼之间变成了苹果那么大的粪球。这些工匠们在烈日下如痴如醉地干着活，它们的速度总是让我感到惊异。我还曾经见过它们制造出的拳头大的粪球，那么大，估计够这些贪食者享用很久。

圣甲虫习性中最惊人的特征体现在其搬运食物的方式上。食物制作好了，圣甲虫们便从混战中退了出来，开始进入搬运的过程。它们没有丝毫迟疑，立刻上了路，用那两条长长的后腿抱着粪球，把足尖的爪子卡进粪球里作为旋转轴，两只中足用作支撑点，长着锯齿的前腿交替着地。它们就这样倾斜着身子，头朝下身子朝上地倒着走。两条后腿在这里起了重要的作用，它们来回运动，变换着旋转轴，使得重物能够保持平衡。而两只前腿的左右交替也推动了重物向前移动，使粪球表面的各个点轮番与地面接触，由于压力分布均匀，粪球外层的各个部分也都变得一样坚实，外形逐渐趋于完美。

当然，事情总不会一帆风顺的。瞧，圣甲虫遇到了第一个困难。在翻越一个陡坡时，沉重的粪球顺着斜坡滚了下去，圣甲虫也被重物拖倒，翻了个跟头，六条腿冲着空中乱挥。不过它才不会轻易放弃，转眼间，它又翻了过来，奔跑着去把粪球抓住。倔强的圣甲虫不愿意走那平坦的谷底，它又站在了那造成严重后果的斜坡前，再一次开始了它的攀登。它小心翼翼地往后退，千辛万苦地把巨大的粪球推到了一定的高度，可是一个不小心，粪球又带着圣甲虫滚了下去。一次次的攀登、一次次的跌下，在这艰难的路上，圣甲虫往返重复，小心翼翼。可二十几次徒劳的攀登终于磨平了它的耐性，或者说，使它变聪明了些，只有在这时候，它才肯选择那条平坦的小路。

圣甲虫并不总是单独搬运珍贵的粪球，它会经常给自己找个搭档，或者说，会有另外一只主动参与进来。当粪球做好后，一只圣甲虫便会带着粪球倒退着离开，企图早点摆脱战局，而这时候，旁边的同伴便会放下自己的工作跑来协助它。在两个人的共同努力下，粪球总会顺利到达终点。我很好奇，这是不是一种雌雄的联合呢？一对配偶即将成家立业，于是它们共同协作来谱写一曲家庭牧歌。可是雌雄圣甲虫外表没有任何特征能将它们区分开来，于是我便解剖了两只搬运同一粪球的圣甲虫，事实是，它们经常是同一性别的伙伴。

既然不是一家人，也不是劳动伙伴，那么这种表面的合作是为了什么呢？哦，原来这纯粹是一场有预谋的抢劫。狡猾的搭档以帮忙为借口参与到粪球的搬运中，而一有机会，这个阴谋论者便会把粪球抢走据为己有。在粪堆里自己做既需要耐心又很辛苦，而把别人做好的粪球抢过来显然要轻松得多。如果物主不警惕，帮忙者便会带着财富溜走；而如果物主监视严密，使得帮忙者没有机会作案，那么最后的结果通常是两个人共同享用美味的午餐，因为它至少帮忙过。有一些野心更大的圣甲虫抢劫起来就更明目张胆了，它们也不假装好心，而是直接出现在半道上，用武力把做好的粪球抢走。并且这种拦路抢劫的事情还常常发生。一只圣甲虫安详地坐在路上，独自滚动着它辛辛苦苦做成的粪球。不知从哪里飞来另一只圣甲虫，猛地落下，把黝黑的后翅收到鞘翅下面，用带锯齿的手臂把物主推倒在地，而物主因为推着重物，常常无法招架。当物主意识到自己被抢劫时，它会不顾一切地守住自己的财产。看，那只被抢的圣甲虫翻转了过来，冲着抢劫者又踢又蹬。而抢劫者反而看起来比较淡定，它只是静静地站在粪球上，前腿收在胸前，静候事态的发展，随时准备攻击。它已经占据了能打退进攻者的最有利的位置，它要做的只是盘踞在粪球的圆顶上，监视着失主的一举一动。一旦对方立起身子准备攀登，它便挥臂一击打到对方的背上。

为了让敌方垮下来，被抢者必须施展挖坑道的战术，那就是破坏粪球的下部，使得摇摇晃晃的粪球带着抢劫者一起滚动。而强盗为了不让自己掉下去，只能像做体操一样，尽量在滚动的粪球上保持身体的平衡。如果它一不小心出现了失误，从粪球上掉了下来，那么战斗便会转化为拳击，双方会胸贴着胸厮打起来。在厮打中占据上风的一只会找机会重新回到粪球上去，费尽心思把粪球据为己有。当强盗幸运地获胜之后，它便套上车把夺来的粪球随便推到什么地方；而可怜的物主只能逆来顺受地回到粪堆上去，重新制作一个又一个的粪球。

我无法查明到底是什么原因使得圣甲虫养成了抢劫的习惯，为了一块粪团而对同伴动用武力，但我能够肯定，抢劫是这种虫子的天性之一。蒲鲁东的"财产即盗窃"和外交家们"力量胜过权利"的主张都能在圣甲虫身上得到很好的体现。为什么这些小虫子这样厚颜无耻，能够和同伴肆无忌惮地你抢我夺，这是个奇怪的动物心理学问题，只能留给未来的观察者去解决。在这里我只想讨论一下这两个共同搬运粪球的合伙人。

首先，我必须纠正书本上流行的一种错误的说法。我在布朗夏尔先生杰出的作品《昆虫的变态、习性与本能》中读到了下面这段话：

我们的昆虫有时被一个无法逾越的障碍挡住，粪球掉进了洞里。这时圣甲虫表现出一种对局势的惊人的了解，以及一种在同类之间进行联络的惊人能力。由于已经意识到无法带着粪球越过障碍，圣甲虫似乎放弃了粪球，飞到远处。如果你充分具备这种称为耐性的伟大而高尚的品德，那么你就待在这个被丢弃的粪球旁边吧。不一会儿，圣甲虫又来到这个地方，不过，它不是独自回来的，它身后有两个、三个、四个、五个同伴，全都扑向这个宝物，同心协力地把重担抬起来。圣甲虫找到了援军，这就是为什么在干旱的田地上，常常看到好几只圣甲虫共同搬运仅有的一个粪球的缘故。

我在伊利热的《昆虫学》杂志上还看到：

一只墨侧裸蜣螂在造用来装卵的粪球时，粪球掉到洞里去了，它长时间拼命想独自把粪球拉出来，却是白费力气，浪费时间。它于是跑到临近的粪堆找来三个伙伴，它们共同出力，终于把粪球从洞里拉了出来，然后那些帮手又回到各自的粪堆里，继续自己的工作。

这两种说法完全相似，无疑是同出一源。可是恳请大师布朗夏尔原谅，事情肯定不是这样的。伊利热的杂志根据十分不合逻辑，所以不值得盲目相信，只是提出关于墨侧裸蜣螂的奇遇，并把它照搬到圣甲虫身上。两只同种的昆虫共同帮忙滚动粪球，或是从一个地方把粪球拉出来，是件非常罕见的事。但这样的合作并不能证明处于困境的圣甲虫会向同伴求助。

我算是相当具有耐性的人了。我曾经长时间地和圣甲虫朝夕相处，千方百计想要看清楚它的习性，可是在我的观察中，我从没看过它有任何想找同伴帮忙的迹象，哪怕是一闪而过的念头也好。我也曾经对圣甲虫做过实验，而且实验的难度比粪球掉进洞里的难度大得多。比如我曾经给它设置比重新爬上斜坡更严重的障碍和比任何时候都更需要帮忙的局面。可是展现在我眼前的，从来就不是同伴互相帮忙的画面。所以我对这一问题的见解是：几只圣甲虫出于掠夺的目的而一起拥到同一个粪球上，结果却被误会成了呼唤同伴来帮忙的故事。由于观察得不充分，人们把这样一个拦路抢劫者，说成了一个放下自己的工作去帮助同伴的人。

在实际的情况中，圣甲虫的伙伴关系其实更微妙。一般来说，来帮忙的圣甲虫其实是带着阴谋硬加进来的，而物主是因为害怕更严重的灾祸，才勉强接受帮助的。它们的相处方式看起来很和平。两个人共同驾车，物主占据着首席，在主位，从后面推重物，后腿朝上，低着头；伙伴在前面仰着头，带锯齿的前腿放在粪球上，常常后腿拖着地。它们的力气很不协调，助手背朝着前面的路，而物主的视线又被粪球挡住了，于是两者经常笨拙地摔倒在地。

入伙者在表现了好意之后，便开始破坏合作的体制。它把腿收在腹下，赖在粪球上面，跟粪球成为一体。它牢牢地趴在上面，一声不吭，无论如何都不肯松手。这时候如果前面出现个陡坡，那就有好戏看了。它变成了领头人，在上面抓住沉重的粪球，而物主只能在下面费尽力气把粪球推上斜坡。当物主已经筋疲力尽再也使不出力气的时候，另一只则毫不费力地赖在粪球上，随着粪球一道滚落，再一道被推上来。

我进行过各种各样的实验，目的是要检验这两个合作者在面对重要麻烦时，解决问题的能力如何。我用一根长而粗的大头针把粪球钉在地上，粪球一下子停住了。那只圣甲虫不知道我的诡计，以为遇到了什么天然障碍，所以它加倍地使劲，拼命干，可粪球仍然一动不动。现在是真正需要帮助的时候。如果它向蹲在圆顶上的伙伴求助一声，事情应该很容易解决，但没有任何迹象表明它会这么做。

圣甲虫顽强地摇动着粪球，各个角度都尝试过了，但没有丝毫效果。这时候，在上面休息的同伴也意识到了什么，于是从粪球上下来，绕着圈进行观察。它们从底部对粪球进行探测，终于发现了大头针的秘密。如果我能给它们意见，我会告诉它们："必须进行挖掘，把固定粪球的大头针拔出来。"这种办法对它们来说，太简单不过了，因为它们是天生的挖掘工。可惜我的意见并没有被采纳，甚至连试都没试一下。

这两个伙伴一个从这头，一个从那头钻进了粪球下面，粪球随着它们钻进的程度，开始滑动起来，顺着大头针向上升。由于粪便松软，它们很快便在桩头下面挖出了一条通道，很快粪球便被悬在与这两只圣甲虫身体厚度一般高的地方。它们趴在地上，用背部顶着粪球，靠腿用劲一点一点地把粪球撑起来，最后终于使粪球从大头针顶脱离了出来。于是，它们把被铁桩戳破的粪球马马虎虎地修补了一下，又开始了它们的运输。

这两只小虫子并没有意识到，它们之所以能逃出这个困局，是因为我大发慈悲帮了它们，否则就算它们怎么挺直身子也达不到大头针的高度。我捡来一小块平平的石头放在粪球下满，用来把粪球垫高，让圣甲虫在这个平台上继续干活。起初，它们似乎没有理解我的意图，还是按照之前的方法尝试。不过无意间，一只圣甲虫终于爬到了石片的上面，或许是感觉到粪球轻轻地擦着它的背，它又恢复了信心，再一次开始使劲。它们借助我不断添加的石块作为支点，坚持不懈地工作，直到把粪球完全拉了下来。

既然圣甲虫能想到利用我放的石块来完成这项工作，那它为什么想不到用自己的背来垫高另一只虫子以便它能够着粪球呢？唉！它们根本想不到这样的办法。通力合作对它们来说，似乎是不可能发生的事情。就算是遇到再大的困难，每只圣甲虫也只是独立努力，从没想到过配合。如果圣甲虫没有同伴，情况也还是一样的，它还是会用完

⊙ 两个合作者在奋力滚动粪球。

知 识 链 接

圣甲虫起源于3.5亿年以前，当时，还没有任何哺乳动物出现。科学家们起初推测，圣甲虫可能是以恐龙的粪便为食的，可是，在发现的恐龙粪便化石上从来没有发现过圣甲虫化石。自从全世界出现了大型哺乳动物并四处蔓延开来，圣甲虫的种类和数量也以同样的方式多样化地激增。这两种现象是平行发生的，所以有一些研究者指出，如果没有圣甲虫帮助它们清除其粪便，从而让它们赖以为食的一些植物持续生长，那么，大型哺乳物可能永远也不会形成如今的非洲草原上随意可见的大批群落。

全一样的方法去摆脱困境。这就证明，同伴对圣甲虫来说完全没有意义，那么，它去找一群同伴来又有什么意义呢？

为了增加记录的客观性，我又进行了一次实验。这次我挖了一个相当深而且陡的小洞，把圣甲虫和粪球一起放到了洞底，使它无法滚动着沉重的负担爬上洞壁。圣甲虫一再努力毫无结果，相信自己已经无能为力，便飞得无影无踪。在这种情况下圣甲虫会叫同伴来帮忙吗？我等了好久，一直希望它能带几个增援的好友回来，但结果却令我大失所望。

两只搭档的圣甲虫滚动着粪球，穿过百里香、车辙和斜坡的沙地，漫无目的地往前走，滚动使粪球有了一定的硬度，也许这样的粪球正合它们的口味。找到合适的地方后，主人开始动手挖餐厅，而伙伴却趴在粪球上面装死。圣甲虫主人用带锯齿的腿把沙子一抱一抱地挖出来，慢慢地消失在洞穴中。每次它带着一抱沙土回到露天时，这位挖掘工总要向粪球瞧一眼，看看它是否还安然无恙。

随着工程变得越来越大，圣甲虫主人出来的次数逐渐减少，这可是盗贼的好机会。看，那只睡着的圣甲虫终于醒来了，奸诈地溜了下来，背朝外迅速地推着粪球，一溜烟儿就跑掉了。窃贼已经到了几米开外，失窃者才从洞里出来，它四处张望，却什么也没找到，凭借嗅觉和观察，它迅速确定了窃贼的行踪，并迅速追了上去。可是结果却出乎意料，两只圣甲虫在碰面的一瞬间似乎达成了某种和解，它们就好像什么也没发生过一样，又一起把粪球运回了洞里。如果小偷来得及跑远，或是能够巧妙地掩盖自己的踪迹，那灾祸便无可补救了。但即使是这样，圣甲虫也不会泄气，它会搓搓双颊，伸伸触角，吸吸空气，然后飞向附近的斜坡重新开始觅食，这就是圣甲虫值得赞美的刚毅的性格。假设它没有遇到不请自来的同伴，那它会在疏松的沙地里挖一个拳头那么大的洞。食物一储存好，它便把洞口封住，只留自己在洞里独自享用那美味佳肴。

圣甲虫的宴会开始了。光是粪球就几乎占满了整个餐厅，食物从地板一直堆到了天花板。在这美妙绝伦的小世界里，圣甲虫们三三两两地挤在一起，欢快地享受着美味的午餐。它们没有因为分心而漏掉一口饭，也没有因为傲然的挑剔而浪费一粒粮食，所有的粪球都被它们认认真真地吃了进去。这是一项十分奇妙的化学工作。你想想，肮脏的粪土都变成了赏心悦目的鲜花和圣甲虫的鞘翅，它们装点着春天的草坪，使春天变得异常美丽。

圣甲虫天生具有一种神奇的消化能力，这就是它能在最短的时间内化粪土为神奇的秘诀。我对它们那极长的肠子感到惊奇。那肠子反复蠕动着，经过多次的循环，把粪土完全消化吸收掉，什么都没有剩下。庞大的粪球一口一口地进了圣甲虫的消化道，留下营养成分，然后再从它的尾部出来。当粪球整个进到胃里之后，它又重新回到地上去寻找机会。

从五月到六月，圣甲虫欢乐的生活一直持续着。当炎热的夏天来临的时候，圣甲虫便会躲到阴凉的土壤里，企图躲避那炎炎烈日。等到第一场秋雨落下，它们便会再度出现，不过数量远远不及春天时多，也没有春天那么积极。这段时间，它们的头等大事是孕育种族的未来。

第六章

圣甲虫的造型术

粪梨，是圣甲虫为自己的幼仔提供的食物，不要简单地以为这只是它们胡乱地在地上滚出的粪球，首先，梨形的粪球不可能在地上随意滚动；其次，雌性昆虫也不会让粪梨在地上随意滚动，因为粪梨的颈部是圣甲虫的孵化室，这个承载幼小生命的地方是经不起颠簸的。所以，在了解事实后，我觉得这是一件精致的充满母性的艺术品，而不是像那些迷信的人们想的那样——圣甲虫会随意滚动盛放自己的幼卵的粪梨。

如此一件艺术品，圣甲虫要经过怎样的雕琢呢？它们喜欢把自己关在地下室制造粪梨，就像很多艺术家喜欢把自己关在工作室潜心创作一样。圣甲虫制作粪梨的方式有两种，一种就是把在粪堆里找到的精华提炼出来，一块块粪便在它们眼里是松软可口的食物，圣甲虫会把这些食物原地储藏起来，等到要用的时候再根据需要分成不同的小块。被我带回实验室的圣甲虫通常会采用这种储藏食物的方式，因为我在饲养笼里放的沙子都是筛选过的，使得它们很容易找到自己认为方便挖洞的地方。也就是说，在田野里，如果圣甲虫把从粪便里提炼出来的食物原地储藏的话，那就证明附近有合适的地方，地质松软，便于挖洞。不管是在田野还是在我的工作室里，圣甲虫这种储藏方式的工作效率是异常惊人的，有的时候，前一天晚上我去观察的时候，饲养笼里还是一堆零散的、看起来并不美观的粪便，待到我第二天早上再看的时候，就会发现这个艺术家正得意地欣赏它的作品呢，那些难看的粪便块消失了，取而代之的是一个完美的粪梨。

当然，这种在原地储藏食物的方式是不多见的，因为这种储存方式要求粪便附近的土质适合圣甲虫挖地洞，但是田野里的土地多是粗糙并且略微坚硬的，而且碎石较多，不适合挖洞，所以，通常，圣甲虫会把找到的粪便简单地堆成球形，然后滚着这个重重的食物一路前行，直到找到合适的挖洞地点。也许正是这一行为使得很多人对圣甲虫的粪梨制造过程产生了误

◎ 食粪虫们先是寻找粪堆，之后便在上面辛勤工作起来。

解，认为粪梨是圣甲虫靠不断在地上滚动形成的。起初我也是这样认为的，但当我经过对饲养笼里的圣甲虫的观察之后才知道，其实它们只是以这种方式将粪便搬运到自己的地下工作室，然后再把粪便打碎，重新整理，制作粪梨。

我首先在广口瓶里装进筛过并且弄湿的泥土，然后夯实，再把紧紧抱着自己的食物的圣甲虫放进瓶子里，接下来我要做的就是耐心地等待了，事实证明我的等待是很有意义的，最终我看到了这个艺术家精美的作品——一颗直立在洞底的精细完美的粪梨。与最初放进瓶内的粗糙的粪球不一样，粪梨的表面十分光洁，只有底端与泥土接触的部分才有一点点沙粒。这个结果完全地推翻了人们长久以来的观念，认为粪梨是圣甲虫在地下的洞穴里滚动而成的，恰恰相反，制作粪梨的整个过程都没有滚动的步骤。

那么粪梨是怎样形成的呢？答案就在圣甲虫的前臂上。圣甲虫虽然不像灵长类动物一样有灵活的上肢，但是小棒槌一样的前臂却可以像双手一样灵活地拍打揉搓粪球，丝毫不用滚动，直到粪球变成一颗精美的小梨。有的时候，圣甲虫会把外边已经滚得有些硬壳的粪球再重新捣碎。不明就里的人可能会认为这个小家伙被突然的新环境吓得有些摸不着头脑，但这其实是圣甲虫对后代负责的一种表现，是一种聪明的、卫生的筑巢方法。因为很多昆虫都会在粪梨中孵化下一代，不仅仅是圣甲虫，还有嗡蜣螂、蜉金龟等都会利用动物粪便里的营养物质来孵化自己的下一代。所以，圣甲虫必须确保自己辛辛苦苦寻得的粪便在搬运过程中没有滚进夹杂着其他昆虫卵的粪便。因为一旦发生这样的情况，后果是不堪设想的。

嗡蜣螂和蜉金龟也许不是有意把裹有自己的卵的动物粪便放进圣甲虫准备用来做粪梨的材料内的，但不管是有意的还是无意的，圣甲虫必须确保经过自己长途搬运的粪梨材料没有敌人的后代，如果这种不幸的事情发生，那么自己的后代在孵化成幼虫之后就得不到充足的养分，所以雌性圣甲虫必须把粪球一点点细细地捣碎，然后认真地检查，尽管这样有些费时费力，但是为了确保后代的安全，雌性圣甲虫还是会一丝不苟地完成这项工作。不过，有的时候，圣甲虫会把地面上的粪球原封不动地搬运到地下洞穴里，因为眼前的粪球是在圣甲虫一路的严格监视和看护下被搬运到目的地的，它可以确保里面没有其他昆虫的卵。

这样的情况其实是很多见的，所以我们看到的粪梨多数是外表不光滑的，这也就是很多人认为粪梨是圣甲虫在地上滚动粪球制成的。其实不然，外表不光滑的粪梨只是因为雌性圣甲虫可以确保粪便内没有其他昆虫的卵，所以没有捣碎粪便重新制作。在我的实验室里，由于我人为地把圣甲虫的作品转移到了广口瓶内，这些艺术家便不能确定粪便里是否有其他昆虫的卵，所以它们才会把粪球打碎，细细检查、重新制作，最终呈现在我面前一个异常光滑细腻的粪梨。我在欣赏这样的艺术品的同时，也明白了很多人的传统意义上的观念——圣甲虫的粪梨是靠它在地上来回滚动粪球得到的，是错误的。我们通常所看到的表面不光滑，甚至沾满沙粒的粪梨是雌性圣甲虫在确保粪便内没有其他昆虫的卵后，将粪球进行简单的拍压，拉伸后形成的。所以粗糙的外表并不是圣甲虫在自己的工作室内来回滚动粪球的标志，只是说明了圣甲虫为了找到一个合适的工作地点经常会滚动着粪球前进。

当然，要目睹这一艺术品的制作过程是很不容易的。像大多数的艺术家一样，圣甲虫也是一个有些固执的家伙，那就是它所处的工作环境不可以有一丝光线，它似乎要在黑暗中找寻自己的灵感。这给我出了一个很大的难题：想要观察圣甲虫制作粪梨的全过程就要有光线，这样才方便我观察记录，但是有光线的环境下圣甲虫又拒绝工作。最后我制作了这样一个装置：找一个短颈广口瓶并在瓶底铺上几指厚的泥土，然后在泥土上支起一个高10厘米左右的三脚架，再在三脚架上安放一个直径和瓶子相同的枞木片，这样做才可以得到一个四周透明的观察室。然后我又在棕木片的边缘处切了一个小缺口，圣甲虫可以通过这个缺口进出或者运送它的粪球，然后再枞木片上再堆一层土，让我们的艺术家有地上地下的区别感，最后把这个观察室严严实实地围起来，这样，一个便于观察的"艺术家工作室"就大功告成了。我在这个短颈广口瓶外面罩上一层黑色的纸罩，这样就满足了雌性圣甲虫黑暗作业的工作条件，等到我想要做记录的时候又可以突然掀开纸罩来观察。一切准备就绪后，我就开始寻找第一个住进我制作的工作室的"艺术家"。事情和我料想的一样，用了不长的时间我便找到了我需要的，接下来就开始了我的观察记录。

不得不说，圣甲虫是一位执著的母亲，它穿过上面的枞木片上的薄土，待向下挖掘到枞木片的时候，它可能还固执地以为这是跟田野中那些碎石块一样的东西，然后开始研究冲破这一障碍的方法，聪明的圣甲虫很快就会发现我在枞木片上制作的缺口，这对它来说，无疑是一个天然的通道，通向地下那个"豪华"的工作室，当然，这只是我自己的想法。

我不得不一直告诉自己，要按捺住自己的好奇，耐心地等到这个雌性圣甲虫被移到观察室的第二天才开始做观察记录。因为我想它可能需要一些时间来做准备工作。把圣甲虫放进观察室前，我事先打开了整间实验室的门，我怕自己半夜到访时的声音惊动这个敏感的艺术家，导致它因为害怕或是愤怒或是别的原因而停止工作，那样一来，我便得不到真实的结果。在可以观察的第一天，我甚至穿上了让自己走路可以没有声音的拖鞋，然后小心翼翼地走进实验室，轻轻地靠近装有雌性圣甲虫的短颈广口瓶，猛地掀起黑色的纸罩，很好，我看到了我想看到的：这位小小的艺术家显然被突如其来的灯光吓到了，起初甚至连动也不动，呆呆地立着，甚至忘记了自己长长的前足还放在已经初具形状的粪梨上。我明白，如果以后每次想要这种突如其来的观察都能够取得效果，那么这种冒失的做法维持的时间就不能太长，因为我已经看到了圣甲虫转身离去的背影，有些笨拙，有些害怕，甚至有些不知所措。我迅速地记录下广口瓶中粪梨的位置、形状和方向，然后重新盖好黑色的纸罩，回到工作室重新回忆刚才见到的粪梨的情况：这件作品已经具有粪梨的雏形了，不再只是一个圆圆的粪球，而是一个一端有一个大突起的圆形粪团，就像一些史前瓦罐的微型雕塑一样，初具雏形的粪梨肚子圆、开口浅并边缘部分很厚，颈子部分还用一条微小的凹槽来收紧，圣甲虫的这种制作方法，与第四纪人类制作器具的方法是一样的，只是那时候的人们还不知道拉坯转轮。

在粪球颈部的小凹槽就是后来粪梨突起部分梨颈的起点，第一次观察的时候，这个地方只是隆起一个又圆又钝的小包，雌性圣甲虫会把这个突起的中心部分向下压，这样，中心部分的粪料就会被挤压到两边去，就像一个火山口一样，边缘不规则，但这些都不要紧，粪梨制造的初期阶段，圣甲虫不需要去关注粪梨的精细程度，只要把大体的形状制作出来就可以了。中间的粪料被压到四周，这样边缘就比较厚，圣甲虫会把边缘部分再轻轻地向中间拍打，积压，待到中间部分的凹槽变浅了之后，再挤压中间的部分，这样循环往复，粪梨的颈部就渐渐被提拉起来了。

当然这些都是在我的第二次突然袭击之后发现的，有的时候我会觉得自己的实验有一点残忍，上一次圣甲虫笨笨的背影还留在我的脑海中，还不到一天的时间，我又要"袭击"它第二次。这个伟大的艺术家此时此刻只是一位努力为自己的后代建造家园的母亲，刚刚忘记上午时候的惊慌，重新投入工作，此刻我又突然掀起黑色的纸罩，它再一次停住了手中的工作，手足无措地看着突如其来的光芒，也许它一辈子也没有经历过这样的状况吧，它怎么也不会想明白，为什么不到一天的时间里，自己历经了两个昼夜，这是以前从来没有过的情况，它又一次回到了枞木片上面的

◎ 圣甲虫和它的梨形粪球

黑暗中去，这一次步伐有些缓慢，有些犹豫，自己为后代辛苦建立的家园已经初具规模，这一次离开不知道会面临什么样的结局。我赶紧记录下这个时候粪梨工程的进展：在粪球的凸起部分上，之前的火山口变得更深了，而边缘部分也不像之前那样没有规则了，圣甲虫靠它长长的前臂把火山口渐渐拍打变薄，一点一点拉长、收拢，粪梨的颈部已经初步形成了，还有一个小小的天窗等待加工。

这一次记录更加印证了我之前的观点——粪梨并不是圣甲虫靠在地洞里滚动粪球这种方法制作的，而是圣甲虫靠自己的前臂一点一点拍打而成的。因为粪梨现在的所在地跟我上午记录的是一致的，包括颈部所指的方向，都没有变化，更不要说上下或者左右对调这种情况。所以，整个粪梨的制作过程都没有滚动，只是拍打，揉捏。

第三次观察是在第二天，我打开黑色纸罩的时候，有一些失望，因为这位伟大的艺术家已经开始对自己的作品做最后的修补了。它围绕着自己的作品，不停地拍拍打打，力求让每一个地方都变得光滑细腻。昨天还有一个小天窗的粪梨颈部现在已经封口了，我没有亲眼目睹这个复杂工程的全过程，但是根据自己的记录，大致可以猜到整个孵化室内的建造过程。

很难想象的是，圣甲虫长而有力的前足就像两只大钳子一样，这样的工具在整个工程中应该只是采集粪便和推动粪球的工具，但是孵化室这样光滑细致的工程也真真切切是它们的功劳。当初它们用来大刀阔斧地钳起粪料的前足，如今可以轻柔细致地伸进粪梨颈部，摇身一变，像一把带绒毛的小刷子一样，把整个育婴室的内壁都打造得光滑无比。圣甲虫此时不仅是位艺术家、充满爱心的母亲，还是一名技艺高超的工人，把自己的前足变成钳子、斧子，又变成抹刀和小刷子，最终为自己的后代打造一个舒适的孵化室。

收尾的地方还有一个让我感叹圣甲虫智慧的细节：跟其他光滑细腻的地方不一样，梨颈的顶部有几根粗粗的纤维竖立在那里。雌性圣甲虫是一位一丝不苟的母亲，它把其他的地方都打造得如此平滑，难道是忘记了整个工程的收尾部分？当然不是，这几根纤维其实是用来封住颈部开口的小塞子。圣甲虫本可以像拍打其他地方一样，用力地拍打这个部分，直到它变得光滑细腻，那么它为什么没有这样做呢？因为自己产下的卵就在这个塞子的后面，所以这个部分是经不起用力拍打的，那样很可能伤害甚至是杀死圣甲虫的胚胎。但是一个完整的孵化室不可以没有封口，所以圣甲虫就在这个地方放了一些纤维作为堵住颈口的小塞子，这样既可以保证粪梨的完整，又可以使得空气流通，更为重要的是，可以很好地防止因为拍打而对自己的卵造成伤害。

⊙ 圣甲虫造好了粪梨，还会精心地修整一番。

第七章

西班牙粪蜣螂的母爱

西班牙粪蜣螂的生殖能力是无法跟其他昆虫相比较的，它的生殖能力很有限。那么为什么它的后代跟其他昆虫的后代一样家族庞大呢？就是因为雌性粪蜣螂伟大的母爱和它们高超的制造粪球的技能。

很多生殖能力很强的昆虫，因为可以繁殖出很多后代，所以对繁衍下的后代不是很悉心照顾，对于自己的后代，很可能是在一个粗略的安排后就不再过问，很大程度上把自己的后代交给命运来照顾，它们的后代也因此会有一定数量的或是很大数量上的损失。可能它们每次会产一千颗卵，但也许活下来的还不到一百颗

⊙ 蜣螂和地下巢穴中的幼虫

甚至更少。可能是因为这些昆虫知道自己的生殖能力很强，所以它们的母爱相对薄弱甚至是没有，它们不在乎后代的生长状况，更不会为自己的后代精心准备一个良好的成长环境或是留下充足的食物，它们的后代很可能因为生存空间的争夺或是食物的争夺而自相残杀，最后只留下一小部分。而西班牙粪蜣螂就不一样，正是因为它们没有强大的繁殖能力，所以它们对自己的后代格外细心，对于它们的母爱和制作粪球的技能，我是有很多感慨的。

之前我一直在强调粪蜣螂每次产卵的数量是很少的，到底少到什么地步才会让这位伟大的母亲在产卵之后放弃自己的一切活动来好好地照顾自己的后代呢？粪蜣螂每次产卵的数量只有三四颗，如此小的数目在其他每次产卵成千上万的昆虫面前简直是沧海一粟。粪蜣螂很明白，对于自己稀少的后代而言，任何的争夺或是危险的问题都可能是一场灭门之灾。

在田野里痛快地寻找挖掘粪料对于所有的食粪昆虫来说是一件极其快乐的事情，但是西班牙粪蜣螂在产下卵之后，是不会像其他的雌性昆虫一样，继续去外面做让自己快乐的事情的，它们寸步不离地守着自己的卵，甚至都不会在夜里出来小小地舒展一下身体。它们陪在自己的孩子身边，时刻保持着高度的警惕。它们小小的身体一直在忙忙碌碌地工作着，时刻环视自己的粪球内有没有什么状况发生。修补粪球上的破损或是裂痕，赶走会争夺自己孩子的食物的敌人，像是嗡蜣螂、蜉金龟，还有小的隐翅虫或是粉螨、双翅目昆虫的幼虫等，这些看起来不起眼的昆虫幼卵最后很可能成为粪蜣螂的后代成长中致命的敌人。从六月开始筑巢，然后把卵产在巢内，之后就一直守护自己的后代，雌性西班牙粪蜣螂就这样一直坚持到九月，才会带着已经不需要监护的后代来到地面上。也许真的没有一种昆虫比粪蜣螂拥有更多的母爱，直到自己的子女能够独立生活，它们才会放松警惕，找回自己的时间，恢复到以前无拘无束的生活。

　　我感叹西班牙粪蜣螂的筑巢技术，并不是因为它的技术有多么高超，相反，跟许多食粪虫相比，粪蜣螂算是比较笨拙的，我感叹的是它的执著和认真。从外形上看，粪蜣螂并没有有利于制造粪球的工具——长而有力的前足。那么它是怎样制作粪球的呢？从常理上来想，没有制造粪球的工具，那么它就不会像圣甲虫一样，把这件工作视为一种艺术，制造粪球对它来说没有任何骄傲感可言。而且从开始制作粪球算起，粪蜣螂就要有将近三个多月的时间没有自由而言。最后这个小小的虫子做出了一个还算是完美的蛋形的粪球，但随之而来的疑问产生了：没有见过蛋的粪蜣螂是怎么有灵感做出如此形状的粪球的呢？

　　圣甲虫在制作粪梨的时候，自己长而有力的前足会像一个圆规的支脚一样，缠着自己的作品；侧裸蜣螂也跟圣甲虫一样，有着长而有力的前足，但是粪蜣螂就不同了，它的前足又短又不灵活。很难想象它是怎样用这样的前足为自己的后代修窝筑巢的，有的时候我甚至怀疑它是否能够成功，但是观察的结果真的让我大吃一惊：粪蜣螂完成一件半成品——一个圆圆的摇篮所要花费的时间不会超过三天，甚至通常会在两天之内完成。再过些日子一个完整的蛋形粪球就会呈现在我面前，这个精致的小窝长约40毫米，宽大概有34毫米左右，粪球的表面被雌性粪蜣螂夯得很实，像一层坚硬的盔甲，但是轮廓不见得都很明显，有的甚至不太看得出蛋形，更像是一颗圆形的粪球。因为没有很长的前足的缘故，粪蜣螂的粪球的确没有其他昆虫的粪球那样好看，它的粪球更像是那些夜行性禽类的蛋，团团的，只有顶端有一点点的突起。如果细细地观察这个地方，我们不难发现，这里有一圈淡淡红晕，而且稀稀疏疏地插着几根短短的纤维。的确有些昆虫会在建造的粪球顶部插一些粗粗的纤维，这样做的原因有几个。第一，这样不完全把粪球封死，高温和潮湿依然会透过纤维传到粪球内，这样的环境会更加有利于粪蜣螂幼卵的成长和发育；第二，粪蜣螂是靠拍打和挤压粪料来制造粪球的，当它把卵产在粪球的顶端以后，用力的拍打可能就会伤害到粪料下面的小生命，所以为了保护自己的后代，粪蜣螂在制作粪球顶部的时候，只是慢慢地把粪料收拢，然后留一圈空隙，稀稀疏疏地插上短短的纤维就好，这样自己的后代就不会因为自己拍打粪球的力量而受到伤害了。还有一个原因也同样是出于安全方面的因素考虑的，如果粪球的顶端也采用粪料来制造，那么一旦粪料坍塌，对粪蜣螂的幼卵也同样是致命的伤害，所以粪蜣螂的粪球顶端通常都会插着几个粗粗的纤维。

　　当一个蛋形的窝竖立在我的面前时，我不禁有点疑惑：为什么西班牙粪蜣螂要费尽周折地去完成一个对它来说算是浩大的工程？它的前足很短，这样很不利于它筑巢，而且在筑巢的过程中，它无法像其他昆虫一样，用长长的前足来衡量自己制作的蛋形粪球是否是一件曲线端正的作品。它只能辛勤地从粪球的一边踱到另一边，然后用自己短短的前足来修正歪曲的地方，这样坚持不懈的努力使得它跟其他的昆虫一样，能够为后代建造一个温馨的小窝。

　　至于为什么粪蜣螂会选择这么有难度的蛋形粪球，原因就是炎热的天气。前面已经说过，粪蜣螂从六月开始建造粪球，之后把卵产在粪球内，一直寸步不离地守护着自己的后代，直到九月，它带着可以独立生活的后代走上地面时，这颗粪球才算光荣地完成了自己的使命。粪蜣螂要在粪球内待上整整三个多月，也是一年中气候最闷热的三个月，而蛋形的粪球是粪料内的水分最不容易蒸发的一种粪球形状。虽然制造蛋形粪球对于只有短短的前足的雌性粪蜣螂来说，不是一件容易的事情，但如果不把粪球制造成这个形状，那么后果是不堪设想的，整个粪球内的水分会很快流失，坚持不到三个月就已经硬到无法食用，那么它的后代就面临着饿死的危险，也许对于别的昆虫来说，死掉三四个幼虫是很稀松平常的事情，但是对于西班牙粪蜣螂来说，这意味着整个家庭的消失。

　　虽然外形和夜行性禽类的蛋有些相像，但是粪球产生的化学原理却是和蛋大不相同的。鸟蛋进行呼吸要用到钙质外壳上的气孔，虽然这样是对蛋壳的一种消耗，但与此同时也是对蛋壳内的生命的一种补给，再分解的同时也在生成，但是最后，总的内容含量是在减少的。但在食粪昆虫的卵里，情况可就大不相同了。热热的空气流动到孵化室里，不仅仅使得它们充满活力，更重要的是，空气中的热量使得粪料内的养分得以蒸发，而幼虫体表那层薄薄的膜是允许这些东西渗透进来的，所以我们通常会看到，幼虫在很短的时间内，体积迅速成倍地增大，甚至有原先的两倍或是三倍大。可能我们没有留意这种变化，但是当某一天突然发现原来还很不起眼的幼虫突然变得和母亲一样大的时候，我们就会大吃一惊了。

孵化期大概要持续15~20天左右，不用担心，这些营养足够维持这么长时间的。粪蜣螂的卵因为不停地透过自己薄薄的表皮壁吸收外部蒸发的养料，所以当它们长成幼虫的时候就会很大，完全不是我们想象中的那样娇弱的小东西。观察粪蜣螂幼虫的时候，我发现它已经完全有了一只成年粪蜣螂的雏形，尤其是那个富有特征感的小抹刀，真的跟它的妈妈一模一样，它丝毫没有初来乍到的恐惧，在自己的小窝里幸福地扭动着自己胖胖的身体。我看见在粪球内壁上，有一些暗绿色的泥浆，有一点像刚刚压制出来的土豆泥，呈半流动的状态。起初我认为这是粪蜣螂的母亲为了照顾自己孩子的娇弱的胃而吐出来的食物，是新生儿的第一顿美味佳肴，但是当观察了几种食粪昆虫之后，我发现很多昆虫的粪球内部都会有这样的泥浆，于是我又想，这会不会只是一种普通的渗透，就像营养液渗透到过滤网内一样。为了证实我的想法，我拿小小的粪蜣螂幼虫做了一个实验。

首先我不得不承认，我做了一件有一点不忍心的事情——偷了一个粪蜣螂的粪球。我从饲养笼内把这颗粪球拿出来之前，它的主人甚至还在得意洋洋地欣赏着自己的作品呢。在粪球表面刮去一块，然后在这个地方戳一个大概一厘米深的洞，接着把一只粪蜣螂幼虫放在里面，也就是说，现在这只幼虫所处的环境中没有一点半流动状的暗绿色液体，不管是雌性昆虫吐出来的还是外界渗透的，我想看看这种半流动的液态物质到底是不是新生儿的必需品。事实证明我之前关于这是雌性粪蜣螂为自己的后代吐出的食物的猜测是错误的，这只粪蜣螂幼虫所处的环境中起初没有这些半流动状的液体，但是圣甲虫幼虫并没有感到不安，慢慢地，粪球内壁上开始出现这种液体，这时候幼虫会比较容易找到它。实验告诉我们一个事实，这种细腻的浆液并不是雌性食粪昆虫为自己的后代准备的，只是一种单纯的渗透而已，粪蜣螂幼虫的确很享受这种食物，但是并不是必需品。

在观察这些小昆虫幼虫的时候，我还发现了一个问题，那就是粪蜣螂幼虫的记忆是阶段性的，让我得出这个结论的实验是，我把一只小的粪蜣螂幼虫的粪球顶部捅破了一个小洞，大概只有几毫米见方，之后立刻就有一只小虫子慌张地探出头探查情况，然后不安地回到自己的窝中。我选的这只粪蜣螂幼虫还很小，没有随时随地分泌黏合剂的能力，我很想看看它是怎么处理这个问题的。这个可爱的小东西先用自己的大颚从粪球的内壁上拱下来几小块粪料，然后把它们一块一块堆在洞口，但是这样的修葺可想而知一点都不结实，只要我轻轻地摇晃一下，那些堆好的小粪块就会全都掉下来。但我并没有这样做，我想看看它接下来会怎么做，堆砌完屋顶之后，这个小家伙立刻跑到洞里猛吃，紧接着就开始努力地生产黏合剂，然后把这些黏合剂迅速喷到堆在屋顶的小粪块上，这样等到黏合剂干了之后，天花板就结实了。

但是当我选择一个"年纪"相对较大的粪蜣螂幼虫，它选择的就不是这种方式了。我同样把它的粪球顶部戳破了一个小洞，然后等

◎ 蜣螂将粪便滚成一个球后用来产卵。

待着它的反应。同样，它也显得很慌张，这个成长阶段的粪蜣螂幼虫已经可以随心所欲地使用自己的黏合剂，于是它回到窝中，以自己的身体为转轴开始转圈，不一会儿，我猜它肯定积攒了足够的黏合剂，然后重新出现在屋顶的破损处，不同的是这次朝上的是它的抹刀。然后就有一股黏合剂喷到洞口的破损处，但是可能由于时间太仓促或是它太紧张了，制造出的黏合剂似乎质量不过关，水分太多了，而且分量又大，使得黏合剂一落到洞口的破损处就立刻向四周散开，很难起到补好洞口的作用。但是这只粪蜣螂幼虫一点都不气馁，一次又一次地向外喷射着水泥，坚持不懈的努力最终取得了成功，但是却耗费了大半天的时间。

其实它大可以向自己的弟弟妹妹学习一下，先用粪球内壁上的粪块把洞口补上，然后再在上面喷洒黏合剂，这样效率就高多了。所以我说，这类昆虫的技艺是有年龄性的，每个阶段的昆虫幼虫都有自己独特的技艺，或者说，每个阶段的昆虫幼虫只能掌握这个阶段的技艺。没有充足的黏合剂的时候，它们懂得先用累"砖头"的方法把洞口补好，然后再利用水泥黏合，但是等到它们有足够的黏合剂的时候，却又忘记了这种简单快捷的方法，只能耗费更多的时间和精力来完成破损处的修补。直到它们长成一只成年的昆虫，才会慢慢重拾并且熟练所有的技艺。我之所以有这样的结论，是因为之后的时间里，我又补充了一些实验来证明这个观点，除了这个目的，我还想知道，雌性粪蜣螂母爱是针对自己家庭的，还是针对整个家族的。

我实验室的饲养笼里的粪蜣螂粪球都是十分规则甚至称得上是细致的，为了达到实验的效果，我在田野里选了几个外形和饲养笼里的粪球完全不相似的粪球，这些外来的粪球看起来有些粗制滥造。表面并不光滑，外形也根本谈不上规则，由于我把它们运回来的时候埋在红色的沙土里，所以现在它们的外皮是一层淡红色的硬壳。这样一来，跟在饲养笼的粪蜣螂所做的粪球就完全不一样了，这位机警的母亲很容易看出这不是自己劳动的产物，那么它会怎么做呢？

第一颗外来者被放进了饲养笼里，然后我盖上了黑色的纸罩等待结果。大约半个小时后，我掀开了纸罩，原来正在专心守护着自己的粪球的粪蜣螂此时正在这颗外来的粪球上忙忙碌碌，对于我突如其来的到访，它并没有像我想象的那样，惊慌失措地逃到一个黑暗的角落里，相反，它似乎没有注意到光线的变化，依然在自顾自地忙碌着。既然它不在意，那我索性更加安心地观察起来：它有条不紊地把我放进去的粪球外面的硬壳剥掉，然后再从这些剥掉的皮上扒下一些碎屑，搬运到被我捅了一个缺口的粪球的顶端，堆在洞口处，一点点堆满后就在上面喷洒上黏合剂，黏合剂干掉以后，这个就变成结实的天花板了。速度快得有点惊人，前前后后大概只有20分钟而已。事情到此并没有结束，雌性粪蜣螂继续忙碌着，屋顶修葺好之后，它又开始对这颗外来的粪球的全貌进行了修缮。首先把所有的硬壳都细细剥掉，然后对外形不规则的地方进行修正，有的地方曲线不是很明显，它会用自己的前足慢慢拍打，这一切之后，这颗外来的粪球几乎和它为自己的后代制造的粪球没有什么两样了。我很好奇雌性粪蜣螂是否因为自己的母性没有得到完全发挥才会对这颗外来的粪球进行精心的修补，于是我又放进了第二颗从田野里捡来的粪球，结果是一样的，这位伟大的母亲又以自己极大的热情改造了第二颗外来的粪球。值得一提的是，为了达到实验的效果，我在第二颗粪球上开的洞要远比第一颗大，里面的小幼虫显然对这场突如其来的规模巨大的灾难很惶恐，它在洞内焦躁地转动着身体，大量地喷涌着黏合剂，若是真的靠它自己来修葺坏掉的屋顶，我想可能要用上一整天或者更多的时间吧。但是在雌性粪蜣螂的帮助下，只要一个下午，这个巨大的破洞就完好无损了，并且这颗外来的粪球的外表看起来跟其他三颗也差不多了。

我又放进了第三颗、第四颗、第五颗……一直到这个饲养笼里再也放不下更多的粪球了，当然，我调整了每两颗粪球放入的时间间隔，因为这位伟大的母亲是需要休息的。但是最终的结果是，饲养笼里的雌性粪蜣螂修补好了所有我后来放进去的粪球，要知道，这是一个很庞大的工程，因为当最后粪球堆满了整个饲养笼的时候，雌性粪蜣螂若是想从一颗粪球转移到另一颗比较远的粪球上，中间的路途无疑是一个令它头痛的迷宫，但是最终，它还是出色地完成了所有的工作。

也许读到这里，有人会开始为粪蜣螂无私的母爱所感慨，因为它甚至可以为别人的子女忙碌个不停，但是我要说的是，粪蜣螂的母爱的确很伟大，但却不是无私，因为它一直以为自己修补的是自己子女的粪球。以粪蜣螂的记忆来说，在幼虫时期它们就无法记住自己每个时期所掌握的技艺，即便是成年以后，它们的智商依然没有得到太大的改变。虽然可以同时使用堆砌和喷射黏合剂两种技艺，但是它们的智商还没有高到可以分辨得出哪颗是外来的粪球、哪颗是自己的粪球，所以在它们的印象中或者说在它们的思维里，它们修补的这些没有人看管的幼虫的粪球都是自己孩子的粪球。所以说，对于这些雌性粪蜣螂来说，粪蜣螂的后代中没有什么你的孩子或是我的孩子的区别，所有的幼虫都是粪蜣螂的后代，它们对这些有些娇弱的小东西都会承担起看护的责任，这是为了确保在自己很低的繁殖能力下粪蜣螂家族还可以繁荣发展的一种做法。

但不论是智商不高还是出于责任，雌性粪蜣螂的母爱都是不可置疑的。每个雌性粪蜣螂在为自己的后代建造完城堡之后，还会搬运几个大粪块到地洞中，这不是给自己的食物，而是给后代在成长过程中的补给，也就是说，在看护自己后代的三四个月里，粪蜣螂是以一种绝食的状态存在的，但这种绝食并不是被逼无奈的，相反，是它们自愿的，它们一步也不放心离开，要时时刻刻地守护着自己的孩子。也许有人会问：食物就在身边，为什么不稍稍吃一点？粪蜣螂搬进地洞的食物是准备平均分给自己的子女的，如果自己吃了，不管是多是少，自己的孩子就至少会有一个吃不饱，这不是它想要看到的结果。可能有人知道，母鸡在孵小鸡时，也会因为专心而有几个星期都不吃东西，但是小小的粪蜣螂却愿意从一个贪吃鬼变成一个整个季度都不吃东西的守护者，其中对孩子的感情的确是让人感动的。

有时候我会不时地抬起饲养瓶上的黑色的纸罩，因为我好奇这位母亲这么长时间都不吃东西，那么它在做些什么。观察得到的结果让我很满意，解决了我的疑惑。每次我掀开黑色的纸罩的时候，几乎都会看见粪蜣螂在粪球上忙忙活活的样子，有的时候是把曲线还是有些不完美的地方继续修改得比较完美，这样才能最大程度上减少养料的流失；有的时候它就用自己小小的前足把整个粪球修磨得更光滑细腻，很少会看见它在粪球中间打盹儿偷懒。当我掀开纸罩，它感觉到有阳光射进来的时候，不会再感到很不安，只是从它正在劳作的粪球上面滑下来，然后慢慢躲到一个光线不那么强烈的地方，或许是粪球堆里，或许是饲养瓶的角落。如果我在掀开纸罩之前把灯光调节到一个比较暗的程度，那么我掀开纸罩之后，它甚至都不会停下手中的工

◎ 西班牙粪蜣螂正在修葺外来的粪球。

作，就那么塞塞窣窣地忙碌着。

这位母亲真的很可敬，三四个月的时间里，没有伙伴，没有食物，它几乎要时时刻刻地忙碌着，但是它却一直坚持着自己的工作。也许有的人会问，是不是我选的玻璃器皿使得它们即便不想做这份工作了也没有办法逃出来，当然不是，我没有一次看到这位母亲它是在试图挣脱这个环境的，相反，它很沉醉于这项工作，或者对于它来说，更像是一项神圣的使命。它就这样安心地待在饲养瓶中守护着自己的后代，尽管这个几乎封闭的容器里没有任何危险可言，但是它还是警惕地修补着、打磨着眼前的粪球，还时不时把自己的触角贴在粪球外壁上，探听自己宝贝的成长状况，然后再继续心满意足地忙碌着，直到里面的小家伙可以破"土"而出为止。

粪蜣螂守护的这个小东西到底是什么样子的呢？其实粪蜣螂幼虫的外形跟圣甲虫幼虫是差不多的。背部夸张地隆起，有一把灵活的小抹刀，也同样掌握修葺洞口的技艺。它的幼虫期长达一个月甚至一个半月，七月末的时候卵会孵化成金黄色的蛹，然后慢慢地变成醋栗红色，从头开始，然后是触角、前胸，最后是足，但鞘翅却是白色的。到了八月底，蛹就变成了成虫。成虫的外形会微微受到一些化学变化的影响，此刻它脱掉了硬壳一样的外套，鞘翅还是白色，但是中间掺杂了一些黄色；头部和胸甲还有足呈栗红色；肛门比胸甲红得还要鲜艳；腹部却依然是白色，这似乎是很多甲壳虫的共性——臀部染上颜色的时候，其他地方似乎还都是苍白的。再过半个月，粪蜣螂幼虫，不，此时它已经不再是一只小小的娇弱的幼虫了，此时的粪蜣螂胸甲变得更硬了，整个外表看起来都是黑黑的。它已经做好破壳而出的准备了。雌性粪蜣螂终于可以胜利地完成自己的使命了。

在田野里，这个时候就会开始大量地降雨了，但是我的饲养瓶里却不会有大自然的雨水。这场雨预示着充满炎热、尘土的燥热的夏天过去了，一些花朵都开始绽放了，一切都显得生机勃勃。大雨过后，泥土就会变软，在地下洞穴里的粪球也会变得松软，这样，粪蜣螂就可以破壳而出了。但是现在问题出现了，我的玻璃瓶里没有雨水，这些小东西们开始焦躁起来，因为它们短短的足根本不可能摧毁这个牢笼。因为我还做了另外一组实验，就是不向玻璃瓶中浇水，最后里面的幼虫全都饿死在粪球内，成虫也死去了。所以我开始时不时地向玻璃瓶中浇水，没有几天，玻璃瓶中的小粪球就都软化了，里面的粪蜣螂历经了四个月的封闭，终于真正地来到这个世界上。雌性粪蜣螂在外面仔细探听着里面的动静，我猜适当时候它会打破粪球，帮助自己的后代来到自己的身边，尽管它曾经无时无刻不在保护这个粪球的完整，一点缝隙或是裂痕都要立刻修补，但是现在破碎的意义是不一样的，是这项任务的最后一步。但之所以说这一切是我猜测的，因为很遗憾的是我总是没有等到恰当的时机，没有亲眼看到它们帮助自己的子女走出粪球的那一刻，或者说，是因为这最后的时刻它变得更加谨慎，只要光线一射进，它就立刻停止自己手中的工作，也许它不想自己的努力功亏一篑。

最后一次掀开黑色的纸罩，我事先在玻璃器皿外面放了美味可口的"糕点"，然后细心地观察着。在母亲的带领下，这些小隐士们第一次见识了外面的世界，紧接着就对我事先准备好的食物发起了猛烈的攻击。粪蜣螂的子女不过只有三四个，最多的时候也只有五个而已，其中儿子的特征比较明显：角相对长一些，可是女儿就没有什么明显的特征。粪蜣螂的任务终于完成了，把自己的后代带到地面上后，它们的表现、态度就完全地发生了180°的大转变，对自己的子女们显示出一种冷漠的态度，但即便是这样，也不能让我这个见证者忘记它四个月里的辛勤。

粪蜣螂的母爱的确是伟大的，为了自己的子女，这么一个小小的食粪虫要放弃自己的乐趣，甚至放弃自己的食欲，整整四个月守在盛有自己子女的粪蛋旁，不停地忙碌，直到可以光荣地带着自己的子女走上地面，然后才开始了自己的生活，可以尽情地享受寻找和品尝粪料的乐趣，可以尽情地做自己的事情，不用再时刻保持着机警，累的时候也可以好好地休息。

真的是让人敬佩的爱，平凡而伟大。

第五卷

第一章

昆虫的着色

我们常说，爱美之心，人皆有之。在自然界中，也不乏爱美并且懂得怎样美的生命。比如说我们的推粪工人食粪虫，它们从事辛苦的劳动，身穿朴素的衣服，但是喜欢佩戴华美亮丽的珠宝作为装饰。比如，黑粪金龟身体背面披着暗夜般的黑衣，在腹面则为自己抹上黄铜矿石的颜色；某一只金龟则用稳重的酱红色装点它的鞘翅，另一只也不甘落后，在前胸佩戴上佛罗伦萨的青铜色宝石；粪生粪金龟在阳光下也身穿一袭低调的缁衣，但是为朝着地面的腹部挑选了华贵的紫晶做装饰。

在搜寻挖掘污物的虫类中，还有一位珠宝工人兼珠宝艺术家很值得一提，这就是潘帕斯草原上最漂亮的食粪虫亮丽亮蜣螂。它名字的意思是灿烂、光亮、辉煌，这真是一个极响亮的名号了。它也确实不是浪得虚名，这位对美有着绝妙感知的珠宝艺术家，将宝石的光辉和金属的光泽完美地结合起来，阳光凌空而下，它便能放射出绿宝石的光彩和红铜的光亮。可以说，亮丽亮蜣螂称得上是昆虫珠宝工的成功楷模。

爱美之心，虫皆有之。除了食粪虫类，还有很多其他种类的昆虫也表现出了形形色色的、高水平的装饰技艺。比如天蓝色单爪丽金龟，它拥有一种罕见的蓝，这种蓝只有在赤道地区某些蝴蝶的翅膀上，在某些蜂鸟的颈部才能够找得到。这是一种绝妙的蓝色，它比天空的蓝更柔美，比海浪的蓝更恬静。吉丁、步甲、金匠花金龟、叶甲等昆虫在装扮自己方面，也都表现得十分出色，堪与食粪虫媲美。有时候，这些珠宝与色彩的爱好者们聚集在一起，各种美妙的光彩交相辉映，真是美不胜收。

然而，昆虫这些绝美的宝石是从什么矿山中找寻到的呢？它又是如何加工而成的呢？探寻美的根源是一件令人开心的事情。而且，根据我的判断，颜料化学能在这项研究中获得令人惊喜的成果。但是，难度似乎很高，科学至今还不能回答昆虫这些美丽的装饰品到底来自哪里、到底怎样制成。不过，我相信，在未来的某天我们一定会找到这个问题的答案，虽然这个答案永远都在不断的完善之中。那么，我目前所得到的一点实验

◎ 美丽的吉丁

知 识 链 接

色彩万花筒

蝴蝶和蛾的翅膀具有鲜艳夺目的颜色，极少有其他动物能与之媲美。该群体中的每个种类都有自己独特的彩色图案，有的甚至不止一种，不同的群体和性别也表现出不同的图案组合。事实上，这些颜色即使它们死后也不会褪去，这使得鳞翅类动物成为能够被深入研究的一个群体。蝴蝶的收集可以追溯到16世纪初瑞士动物学家康拉德·杰斯特纳建立动物学博物馆的时候。现存的最古老标本是1702年捕捉的云粉蝶，它完好的保存状态给人留下深刻的印象。这意味着这类昆虫风干后基本可以完整地保留它们固有的颜色。

这些颜色和图案提供了两种指示信息。一是为了展示给同类的：或者是雄性之间的竞争，或者是给潜在的伴侣留下深刻的印象。并且，人类仅能够看到光谱中的靛兰到红色段，而鳞翅目及其他的一些昆虫种类却可以看到紫外光部分，由此它们可以分辨出人的视力所不能及的颜色。

二是为了展示给将鳞翅目昆虫当作攻击和食用对象的群体。作为目标群体，它们的颜色和图案传递出一种信息，即自己是很难吃的食物。另一方面，这也能为它们提供伪装，使它们逃过脊椎动物的捕杀。

鳞翅目昆虫鳞片颜色稳定性的秘密在于这些鳞片上有永久性的色素，或者是具有能产生干涉色的精微表面结构。这种色彩的持久性和蜻蜓等昆虫色彩的短暂性形成了鲜明对比，后者死后，其色彩马上消失。最普遍的一种是黑色素，它使昆虫身上产生黑色，这种色素来自于昆虫体内释放的化学物，能够硬化蜕皮后的皮肤或表皮，和人体黑头发和黑皮肤的色素是一样的。其他的色素来自于幼虫的食物或者毛虫本身。

成果，也许能成为这个答案中的一小部分。

那是很久以前了，当时我正在研究捕猎性膜翅目昆虫从卵到茧的演变情况，笔记本里几乎记下了我居住地区的所有昆虫猎手。让我们先说一说黄翅飞蝗泥蜂的幼虫吧，它身材适中，是很好的实验对象。

这只幼虫在孵出不久，透明的皮下就显露出一些细小的白色斑点。随后，这些斑点的面积迅速扩大，数量急剧增加。最后，除了头两个或头三个体节外，全身都布满了白色斑点。剖开幼虫后，我们得知这些斑点是脂肪层的附属物。它不但数量非常多，而且渗透得很深，一直深入到脂肪层的底部。

让我们在显微镜的帮助下进一步探寻脂肪层里的秘密吧。脂肪层组织由两种椭圆囊状物组成，形状和体积都相同，它们乱七八糟、毫无次序地组合起来，就形成了脂肪层。其中一种囊状物呈淡黄色，透明，充满含油的小滴，它属于营养性储备物质，通俗地说，就是肥肉。另一种则是淀粉的白色，不透明，里面还有一种颗粒很细的粉状物，它展开成模糊的长条状，使得椭圆囊鼓胀起来。在显微镜的载玻片上，这种包含粉状物的椭圆囊状物意外地破裂。根据以上观察，我推断白色斑点是由这第二种椭圆囊状物形成的，看来我们要花些工夫研究一下这些斑点了。

在显微镜的载玻片上，我用硝酸分别与两种椭圆囊状物作用。饱含脂肪的椭圆囊状物不受硝酸的侵蚀，只是稍微有点变黄而已。与此相反，白色椭圆囊状物中那种不透明、不溶于水的细小微粒，在遇到硝酸后，沸腾起泡，不一会儿就消失不见了。用硝酸溶解封闭在椭圆囊状物的这些微粒时，情况也是一样的。

于是，我扩大了实验规模，从许多只幼虫身上抽取脂肪组织，与硝酸作用，也产生了强烈的沸腾起泡的反应。但是，当沸腾平息后，有残余物漂浮起来，是一些很容易分离的黄色凝块，它们来自于细胞膜和脂肪组织。然而，那些白色的微粒在被硝酸溶解之后，没有留下一星半点儿的残留物，它们变成了透明的液体。

这些白色微粒到底是什么物质呢？我试图向先驱们寻求帮助，可是前人没有留下任何相关的资料。我只能自己一次次摸索。我将白色微粒溶解后的溶液放置在一个小瓷圆皿里，然后将圆皿置于热灰上，溶液蒸发了。我在圆皿底上滴几滴氨水或是几滴水，得到了一种漂亮的胭脂红色，这种染料就是红紫酸铵。因此，使得白色椭圆囊状物鼓胀的物质就是尿酸，更准确地说，是尿酸盐。至此，谜团终于解开了，求得正解的成就感真让人快乐！

然而，我认为这样一个重要的生物学现象不会是一个特例，据此，我展开了更大规模的实验。我对我居住地区的所有捕猎性膜翅目昆虫幼虫和处于蛹态期的蜜蜂进行了相同的实验，在前者的脂肪组织里和后者的体内都找到了尿酸微粒。同样地，在其他处于幼虫或是成虫状态的昆虫身上，我也观察到了这种微粒。我为大家详细展示一下两种昆虫猎手的幼虫：泥蜂的幼虫和水龟虫的幼虫。想必在它们身上也同样存在着尿酸或是类似的酸吧。然而，实验证明，这种酸在泥蜂幼虫的体内积存着，在水龟虫幼虫的脂肪层中却没有发现。这是为什么呢？

这是因为，泥蜂幼虫正处在变态时期，身体的排泄通道都不能够打开，消化器官的尾部如同被绳子捆绑扎紧一般，致使固体排泄物无法排除。尿酸既然找寻不到出口，就必然找寻一个地方容身，被尿酸选中的这个场所就是幼虫的脂肪组织。这样，脂肪组织就成了一个仓库，用来存放器官加工的剩余物和有待于加工的塑性物质。这种情况让人想起高等动物切割肾脏之后的状态。尿素在血液中原本只是不明显的微量存在，但是，当它的排出通道被阻断之后，它就只能够积存于机体之内，于是血液中的尿素就变得明显起来。

而水龟虫幼虫的情况刚好相反，它体内的排泄通道从一开始就是畅通无阻的。因而，只要有尿酸产生，立即就能通过这条通道将其排出体外，就不用把脂肪组织变成仓库将其收存起来了。

研究尿酸剩余物是一个重要的课题，也很有趣，不过这似乎远离了我们的主题。我们现在要着重讨论的是昆虫的着色问题，还是将尿酸剩余物的进一步探索留到以后吧，让我们言归正传。

我们还是接着看看泥蜂幼虫提供的资料。它全身都是半透明的，只有一个地方除外，这就是幼虫皮下那个长长的消化袋囊。这个袋囊盛满了幼虫享用过的食物，因而鼓鼓囊囊、暗淡无光，还带有红葡萄酒的颜色。在它那半透明而又模模糊糊的皮层之上，我们能清楚地看到白色尿酸椭圆囊状物，它们数量极多，数不胜数。这些洁白的微粒是艺术家的杰作，如果再仔细观察，你会发现这正是泥蜂未完成的美丽衣衫。

正如捕猎性膜翅目昆虫的幼虫利用尿酸残余物在自己的身上装饰虎纹一样，还有一些其他的昆虫，它们身上都有用来排泄自身残余物的器官，它们就利用这个便利条件，将身体产生的废物变成身上的华美服装。对于这些昆虫来说，这种就地取材的服装制作方法是极为常用的。不过也有一些昆虫没有这样得天独厚的条件，它们的排泄通道是畅通的。为了把自己装扮得更加美丽，它们之中的一些能工巧匠就去收集、保存别的昆虫排出的废物，然后制成漂亮衣服和华美首饰穿戴在自己身上。

白额螽斯就属于这种心灵手巧的昆虫。这位普罗旺斯动物种系中最为健硕的携刀者，它对自己的容貌和穿着都十分讲究。它有着一张象牙色的宽脸，肚皮呈奶白色，一对大翅膀细致地点缀着褐色的花斑。七月，盛夏伊始，这是它身穿华丽的结婚礼服的时期，我选择在这时对它进行深入的研究。

我在水下将它剖开，它的脂肪组织丰满，显出暗黄白色，呈不规则的网状，里面鼓胀着一些粉状物，它们集结成白垩色的斑点，在透

⊙ 膜翅目昆虫拥有华美的服装。

明的底层上清晰可见。我取得一小片这样的脂肪网状物放在一滴水里，它们立即像云一样散碎开来。在显微镜的帮助下，我们可以看到这些云状物之中含有大量不透明的细微颗粒，不过并没有从中找到食用油脂的小星体。与之前的实验一样，我也用硝酸来溶解这些脂肪组织，它们遇酸后也产生了与溶解白垩一样的化学反应，沸腾起泡，继而产生大量的红紫酸铵，将一满杯子的水都染成了美丽的胭脂红。据此，我们可以知道，白额螽斯的脂肪组织里也含有尿酸盐。

这种情况真是令人费解！白额螽斯的脂肪组织里找不到一丝一毫的食用油脂，那么也就意味着脂肪组织中没有营养储备，而这些脂肪网状物又浸透着大量的尿酸盐，这样的脂肪物真是太奇怪了！七月是白额螽斯结婚的时期，对它来说，西登极乐的日子也不远了，它无须为将来保存积蓄。在这段数着分针秒针度过的日子里，它所需要的、所希望的，只是把自己打扮得漂漂亮亮。

于是，它将原来的营养储存室变成了颜料加工厂房，产生白垩色的尿酸糊，在它半透明的皮下就覆盖上一层这样的颜料。它将这种颜料涂抹在脸部和额部，面颊就拥有了考究的象牙色；它将颜料涂抹在肚子上，它的大肚皮就拥有了奶白色。

这种分析螽斯服饰的研究十分有趣，令人印象深刻。不过，对此感兴趣的热带地区的朋友可能会问：在我居住的地方找不到白额螽斯这样的实验对象，该怎么办呢？没关系，我向大家推荐十分常见的葡萄树螽。这种昆虫的腹部也披着乳白色的薄纱，这颜色也源自尿酸。在螽斯家族中，还有一些体形小巧者，研究它们要多花些工夫，不过它们也都会不同程度地向我们展示同样的结果。

如果说白额螽斯的一席白色衣衫是一种低调的华丽，那么接下来出场的这位，它的服装就是一种光彩照人的华美。这位色彩达人就是大戟天蛾的幼虫，它的身上五彩斑斓，在黑色的打底衫上，还装饰着铬黄黄、朱砂红和白垩白的刺绣，绣花的样式也各式各样，有斑点状的、有星光状的、有彩带状的，各种颜色和形状交相辉映。它仿佛是身着盛装的舞会皇后，难怪雷诺米尔赞美它是"美人儿"。

让我们来仔细探究一下它这身漂亮的刺绣衣服吧。剖开幼虫，用硝镪水处理染着黑色的部位，

⊙ 这只雌性长角圆蛛橙褐色的体色在警告潜在的敌人：它们的味道很差。

它并未受到这种化学物质的侵蚀，在反应前和反应后，这个部位都呈现出暗淡的颜色。然而，染着其他颜色的部位却有所不同。

在放大镜下我们可以看到，在皮下除了染着黑色的部位外，还有一个色素层。它是一种黏性分泌物，有的呈红色，有的呈白色或黄色。我小心翼翼地从这层五颜六色的膜层上取下一个皮片，让它与硝酸作用，又产生了我们所熟悉的状况：色素遇酸后沸腾起泡，然后产生了紫红酸铵。据此可以判定，幼虫这件色彩亮丽的刺绣衫也是用尿酸制成的，尿酸存在于幼虫的脂肪组织里，但数量很少。色素层在被试剂除去颜色之后，变得非常透明，与黑色部位完全相反。

这只美丽的幼虫衣衫就是靠着黑色碎片和其他颜色的碎片形成的。前者实际上是染料的产物，它之所以不被硝酸溶解、侵蚀，是因为染料已经完全渗透到这些碎片的内部，与之融为一体、无法分离了。而那些红色、白色和黄色的碎片，它们是另一种涂层，就像是刷在墙上的一层油漆。在它们半透明的薄片上有尿浆，是产生于从脂肪层的细管向它们流输的液体。

当被硝酸处理过之后，在黑色碎片那暗淡的深黑底色上，显现的是原来红色、白色和黄色碎片所在位置的透明星点。

接下来，让我们在蛛形纲中选择一位服装出众的代表，我选择了彩带圆网蛛。它身着的服装，无论在色彩的鲜艳丰富，还是花纹的独特别致上，都能够与大戟天蛾幼虫的盛装相媲美，甚至在花纹设计方面更胜一筹。它粗大的腹部表面，有暗夜的深黑、向日葵花瓣似的鲜黄和雪花一样的亮白，三种颜色交替成飞舞的彩带；腹部末端，它只选用了对比度强烈的黑、黄两种颜色，其中，黄色从纵向排成

◎ 巴西蚬蝶身上闪烁的蓝光源自其结构，是由鳞片表面精微的凸起产生的。

两条带子，延伸到纺织器旁边时，就由黄色渐变成了橘黄；它的胸侧有一种颜色淡淡的图案向周围扩散，这图案十分抽象，很难看出到底是什么。

在放大镜下从外面观察这只彩带圆网蛛，可以看到黑色部分是同质的，各处的强度相同。而染有其他颜色的部分，呈网状，其网眼十分紧密，是由多角的颗粒构成的，这些小网堆积成小堆。

将它解剖后，我们发现这些红、黄或是白色的碎片，它们的颜色来源于一种色素涂料，可以很容易地用画笔尖扫开。我们还可以看见，在黑色或者黄色的条带部位，皮层是黑色或是黄色的；而在白色条带的部位，皮层则是半透明的。揭去白色条带部位的皮层，可以看到一些排成带状的白点，这些白点呈多角形，排列得时密时疏。正是这些透明的白点，为蜘蛛构制成一条洁白的飘带，与其他色彩艳丽的饰带相得益彰。

我将蜘蛛身上这些染有颜色的部位的微粒放在显微镜的载玻片上，将它们与硝酸作用，没有出现像前面那些昆虫一样的沸腾气泡现象，因此我可以断定，这种染料与尿酸无关。我推测，蜘蛛在皮下用来制作黑、黄、红、橘色彩带的色素是鸟嘌呤，它是一种蛛形纲动物尿的生物碱。总之，这种蜘蛛是用鸟嘌呤来制作盛装打扮自己的。

叙述到这里，让我们来总结一下吧，黄翅飞蝗泥蜂的幼虫、临近婚期的白额螽斯、大戟天蛾的幼虫还有彩带圆网蛛，它们告诉了我们什么呢？由机体的残余物尿酸、鸟嘌呤和其他生命运转所产生的废物，在昆虫的着色方面起着非常重要的作用。

昆虫的着色分为染色和涂色两种情况。

所谓染色，这种方法的材料是染料，在对皮层上色时，染料浸透到皮层深处，两者相互化合，融为一体、无法分离，因而用画笔尖无法将其清除。就像是染布的颜料深入到纺织品的纤维中，于是原来没有颜色的布料就变成了彩色布。

所谓涂色，就是用涂料给皮层着色，皮层本身是无色的、半透明的，这种涂层是尿的产物，用画笔尖一扫就能扫掉。这有点像在布料上贴花，是将颜色涂抹、黏合上去的，很容易就能揭下来。

染料与涂料这两种材料，在使用与分配方面迥然不同；那么，它们的化学性质也有同样大的区别吗？这种说法不太能够使人信服。大戟天蛾幼虫的背上装饰着黑色和白、红、黄色的斑点，染料和涂料在它身上并存。虽然对于这两种物质的共同根源，目前我们还不能用化学试剂来揭示；但是，这两者最接近的相似处却肯定了它们的共同根源。

对昆虫染料的研究是一个比较曲折的过程，目前我们所能观察到的明确现象仅仅是：染色质的发展演变。让我们向草原上的圣甲虫咨询一下吧，或许会有更多的收获。

圣甲虫新近褪下了蛹的旧衣，换上了一身有点奇怪的衣服，这套服装与成虫身穿的深黑色衣衫似乎毫不相干。除了鞘翅和腹部是白色之外，它的头、爪和胸都呈现出鲜艳的铁砂红，色调就像大戟天蛾幼虫背上的红色一样。同样的染色质，由于分子的排列形式不同，它在腹部和鞘翅的皮层中也一定处于转化状态；因为没过多久，圣甲虫的腹部和鞘翅也变成了红色，它的全身都是红的了。最初的褐色雾状物，开始在头部和前足的细齿上出现，随着时间推移，逐渐蔓延至全身，代替了红色；最后，又都变成了成虫的黑色。至此，圣甲虫时装表演似的换衣活动终于结束了。

在不到一个星期的时间里，圣甲虫由无色到有色，由红色到褐色最后到黑色，这是由于一种新的分子结构的作用。就像是一套积木，木块本身没有变化，但是你可以根据不同的排列次序，将其摆成一座高耸的大厦或是一片小别墅。

这种简单的分子结构的不同排列，能够产生令人惊喜的奇迹。银被化学方法分割到极限，本质就是一种看起来像是烟灰的尘土。然而，当这些尘土置于两个坚硬物体之中压紧之后，分子重新进行排列组合，它就具有了金属的光泽，变成了我们所熟知的银。尿酸的衍生物红紫酸铵，溶解于水之后呈现出亮丽的胭脂红色，结晶变成固体后又散发着金绿色的光泽。

因此，获得金属光泽不需要大费周章改变染料本质，只要找到一种合适的排列次序就可以了。想必粪蜣螂、双凹蜣螂和其他许多昆虫都是用这种聪明的办法来打扮自己的。亮蜣螂用红铜和绿玉的光辉代替了最初单调的红色，圣甲虫则用发亮的黑色代替了最初的红。

让我们来总结一下，昆虫所穿的服装和所戴的宝石，都是源于同一种物质，这就是尿的排泄物的衍生物，根据分子排列组合的不同方式，产生了亮蜣螂的金属质感的红色、圣甲虫的亮黑色。这种物质在粪堆粪金龟和黑粪金龟的背面显现出黑色，又变换排列组合，把前者的腹部染成紫晶色，把后者的腹部染成黄铜色。它根据昆虫身体的不同部位，变换不同的颜色和光泽。

然而昆虫们华丽的服装和光彩熠熠的宝石，与阳光毫不相干，昆虫在制作这些美丽的装饰物时，不需要光线的帮助。当粪金龟和亮蜣螂离开昏暗的洞穴时，当吉丁结束它的幼虫期从树干深处走出来时，它们就都已经拥有了最终的饰品。从黑暗中出来之后，阳光的照耀并没有使饰品变得更加绚烂，或是再度改变饰品的颜色。

虽然如此，我还是认真地进行了一次实验。我将圣甲虫、粪金龟和花金龟各分成两组，一组置于黑暗的环境当中，另一组接受日光的照射。为了避免阳光过热的温度对蛹造成伤害，我用置放在薄玻璃之间的水屏使光线变得柔和一些。最终，实验证明，阳光并没有参与昆虫的制衣和宝石加工工作。两组昆虫的颜色变化情况完全相同，阳光既没有加速这个过程，也没有使其延缓。

昆虫用尿的残渣作为染色质，这种染色质在很多高等动物的体内也能找到，爬行动物也用类似的物质来装饰它们的皮毛。经过沸滚的盐酸的长时间处理，一种美洲小蜥蜴的色素就变成了尿酸，这并不是一个孤立的例子。鸟类也差不多是这样，它们绚丽多彩的羽毛，都多多少少与尿的排泄物有关系。

大自然这位神奇的设计师，这位伟大的艺术家，它将黑乎乎的碳变成夺目的钻石，它将昆虫身体中废弃卑俗的残余物制成美丽的装饰品。谁能想得到，野鸽的虹彩、翠鸟的海蓝宝石、蜂鸟的紫晶、亮蜣螂的红宝石，这些熠熠生辉的饰物，它们的源头竟然是一点尿。真是让人不得不赞叹大自然巧夺天工的杰作。

第二章

昆虫的毒素

通过之前的实验和研究，在毛虫使人产生痒痛的问题上，我们已经了解到两点。虽然我们了解到的内容实在有些少，但至少是一点进展。

首先，我们明确了昆虫的毒素不是来自毛虫的浓毛，在引起人们皮肤痒痛方面，毛皮只是个配角。昆虫毛皮将毒素和碎的毛粉尘贴在我们身上，让我们的皮肤饱受折磨；风一吹，粉尘就四处飘散。既然毒素不是源于浓毛，那么是否来自毛虫的某种特别的腺体器官呢？我想，或许毛虫就像膜翅目昆虫一样，拥有一个制作和分泌毒素的腺体器官。但是，通过解剖我们发现，引起痛痒的毛虫和良性毛虫的器官结构相似，并没有什么特别的器官。

我推测，既然不能确定毒素的准确来源，那么它就有可能存在于全身，是否会像高等动物一样，以尿素的方式存在于血液中呢？当然，这只是我们的推测，到底是不是事实，还是让我们用实验来证明吧！

这次的实验对象是松树上爬行的毛虫，我用针从五六条毛虫身上取得了几滴血，并用血浸湿一小块吸水纸。我用绷带把这块吸水纸贴在我的前臂上，接下来就是焦急的等待。实验的结果在夜晚降临，我在疼痛中醒来，我皮肤上的肿胀、瘙痒、灼热感以及脓疮，它们告诉我，松毛虫的血液中确实含有毒素。

这些毒素让我的身体遭受折磨，可是我却为这种苦痛感到高兴，因为它用特别的方式证明了我推测的正确性，也让我们能够在此基础上更进

知识链接

化学战争

放屁虫如气步甲属的甲虫，威吓潜在的敌人的时候，会喷出滚烫的醌——一种有毒的化学物，表皮沾到后会起疱，来吓跑蚂蚁和蟾蜍。但甲虫本身不会受害，因为身体里面的醌只是暂时存在的。醌的前体——对苯二酚和过氧化氢，由甲虫体内专门的腺体制造出来，储存在腹部小腔中。需要的时候，这两种化学物会注入二级"燃烧"腔，与过氧化酶反应，然后产生醌、水、氧气和相当的热量。由于氧气产生的推力，醌能被"噗"的一声从腹部末端的一个小嘴喷射出去。滚烫的热度作为一种附加的威慑手段使多数的液态醌转化成刺激性的气体，并形成一小块云状烟雾。

通过旋转可动的腹部末端，甲虫能向任何方向瞄准，也能向前伸和向后缩，非常精确。它能一点一点地喷射，一直持续到毒液库存货被耗尽。

很多躲在暗处的甲虫也会喷射醌，如有些不像放屁虫那么灵活的拟步甲属种类甲虫会低下头，抬起腹部朝脊椎动物的面部喷射毒液。由于这类甲虫其余部位并不那么难吃，某种老鼠掌握了躲避甲虫这一招的防御机制，它把甲虫抓住后，会飞速把甲虫的腹部插进沙子里面，这样，醌就不起作用了，然后老鼠就把它从头往下地吃掉。

◎ 放屁虫

一步。血液中的毒素不是参与器官运转的活性物质，而是生命有机体的废弃物。如果我的推测是正确的，那么我们将在松毛虫的粪便中再次找到这种毒素。

现在，我要在我的手臂上进行新的实验了。我将一点松毛虫的干粪在乙醚里浸泡了一两天，溶液变得脏又绿；溶液经过过滤和自然蒸发，浓缩成几滴。我用这几滴液体浸透一张一折为四的吸水纸，然后将它贴在我前臂内侧细嫩的皮肤上；再用不透水的胶布盖在上面，保证毒素不会减少；最后用绷带绑紧。结果究竟如何，让我们耐心等待吧。

真理伴随着疼痛一齐降临，为了探寻这小小的毛虫使我产生痛痒的原因，我付出了巨大的代价。下午，我将吸水纸放在手臂上；当天的整个晚上，瘙痒令我煎熬难挨，刺痛和灼烧感折磨着我，让我每时每刻都有冲动把这块吸水纸揭下来。第二天，在与这块让我痛苦的吸水纸接触了 20 个小时之后，我终于把它拿下来了。

不过，痛苦没有因此而停止。由于我用量太多，毒液蔓延到纸片四周的地方，皮肤红肿、起皱、灼痛甚至坏死。第三天，肿胀加剧，扩展到整整一大块肌肉里；创口呈胭脂红色，并向四周扩散，随后出现液休外渗现象；瘙痒更加厉害，让我辗转反侧，彻夜难眠，不得使用硼砂凡士林和碎布。

五天内，皮肤受损的部位出现了令人恶心的溃疡，以至于每天早晚给我换药的护士见到了都想呕吐。三个星期过去了，皮肤逐渐康复，但是脓疮在我的手臂上留下了红斑，红斑一直很红，持续了好长时间。又过了一个月，瘙痒和灼热还没有完全消退。最后，又过了半个月，除了红斑外其他症状都消失了，红斑逐渐变得轻微，三个多月之后才完全消失。

我为了找寻答案，让自己的身体尝尽苦痛，然而这并不会减少我寻得真理后的快乐，现在，我们距离答案更近了。实验证明，松毛虫的毒素是生命有机体的废弃物质，它一边形成一边随着粪便排出体外。粪便包含两部分，其中大部分是消化的残渣，还有一小部分是尿的残渣。至于毒素到底源自哪一部分，我们稍后再谈，先谈谈松毛虫为什么要产生使人痛痒难忍的毒素吧。

◎ 图中是许多将亮红的色彩和一排具保护性的刺，以及纤毛相结合的毛虫，如果被它们刺到的话，会造成被刺者长时间的疼痛。为了增添一层保护，这种毛虫常常聚在一起生活。

　　这些沾染毒素的浓毛是为了震慑敌人吗？未必，因为我知道许多例子能够推翻这种假设。比如说杜鹃，它非常喜欢食用毛虫，它的胃里装满了毛虫的毛，但是却毫发无损。再比如说皮蠹，它驻扎在松毛虫的丝屋里，以死毛虫为食，对食物身上的浓毛没有丝毫顾虑。可以说，涂抹了毒液的浓密毛发，对那些特殊的胃来说，并没有什么抵挡作用。

　　那么，这些毒素是为了自我保护吗？我认为答案未必是肯定的。在昆虫的社区内，装备着浓毛的虫子和裸露身体的虫子，并没有什么大的区别。和这些能够让人痛痒的虫子相比，裸露的虫子没有威胁敌人的浓密长毛，似乎更应该让全身浸满毒素。像松毛虫这样的虫子，并没有更多制作毒素来保护自己的理由啊！

　　既然，松毛虫的毒素是生命运转的废弃物质，那么也许所有毛虫，裸露的还是有毛的，都具有一种毒素。只不过，在身上装备长毛的虫子中，有些技艺高超或是具有某些我们还不确定的有利条件，它们通过痛痒使其他人知道自己身上带有毒素；而另一些，它们使用毒素的技艺还不到火候，所以我们才没有发觉。

　　下面，就让我们用实验找出这些尚未被发现的毒素吧。这一次，我选择了蚕，这种皮肤光滑、几乎完全无害的虫子。不过，蚕的无害只是表面现象。我用和处理松毛虫粪便一样的方法，将蚕的粪便用乙醚浸泡后浓缩成几滴，贴在前臂。相同的症状又出现了：瘙痒、灼痛、肿胀和溃疡，它们向我证明我前面的推理是正确的。这种令人的皮肤痛痒、溃疡的毒素，存在于所有昆虫的体内。

　　这次实验也让我找出村里养蚕的妇女前臂奇痒、眼睛红肿的原因。由于劳动时人们经常挽起袖子，当人们清理蚕沙、更换桑叶的时候，前臂难免要和蚕沙接触。而蚕沙中混有蚕的粪便，这种粪便给我的前臂带来的痛苦大家也都看到了。人们若是不注意，把手碰到眼睛上，这种肿痛瘙痒的痛苦便传染给眼睛了。至于蚕本身，是不会对人们造成损害的。

　　在蚕的实验后，我又进行了多次同样的研究，也都取得了一样的结果。我随机性地选择各种昆虫的粪便进行实验，多氯蛱蝶、大孔雀蝶、二尾蛾、甘蓝粉蝶、豹蠹蛾、野草莓尼蛾等幼虫，它们的粪便都引起了与之前松毛虫粪便相同的痛痒症状，只不过程度不同而已。由此，我可以得出这样的结论：所有幼虫的排泄物都带有毒素。然而，在它们之中，有些并没有使用自身的毒素；只有很少的一部分虫子，使毒素产生了真正的损害效果。为什么会有这样的差别呢？仔细观察和回忆昆虫的生活习性，就会明白了。

　　我观察到，不会引起痛痒的毛虫通常独来独往，四处漂泊，没有永久性的居所。例如灯蛾毛虫，它身上装备着浓密的长毛，这是集纳含有毒素的粪便的好东西。然而，它对于人来说却是没有什么损害性的，这是为什么呢？灯蛾毛虫来来去去皆是独自一人，也没有一个固定的住处，它将粪便排泄在田野中，这些带有毒素的东西没有机会也没有时间和浓毛相接触。因此，灯蛾毛虫看似可怕的浓毛，实际上是无害的。

　　也许有人会产生疑问：为什么蚕生活在狭小的空间里，终日与含有它们粪便的蚕沙为伴，蚕身上却没有沾染上废弃物中的毒素呢？有两个原因。第一，蚕通体光滑如绸，不像松毛虫那样穿着用浓毛织成的衣服，因而很难收集和保存毒素。另外，蚕并没有与排泄物直接接触，在两者之间有桑叶相隔，而且养蚕人每天会多次更换桑叶。因此，尽管蚕聚集生活在满是蚕沙的空间中，却不会沾染上粪便中的毒素。

　　与上面所述相反，带有侵略性毒素的毛茸茸的毛虫们，比如松树和橡树上成串爬行的毛虫，它们都过着集体生活。我曾经和大家谈过松毛虫的窝，这是一个半丝半叶的卵形居所，松毛虫除了晚上的一部分时间走出家门享用鲜美的树叶之外，绝大部分时间都待在家里。而这个家的卫生状况极差，虫窝里的每条丝线上都悬挂着小念珠一样的粪便。对这种状况，松毛虫毫不介意，对它们来说这个垃圾场就是遮风挡雨的避难所，它们就堆堆挤挤地待在里面。这样一来，虽然我们看到的松毛虫身上没有黏着可恶的排泄物，但由于和粪便的长期接触、摩擦，其浓密的长毛已经涂上了能使人痒痛的毒素。

在谈下一个问题之前，我们在这里先总结一下。所有毛虫的排泄物当中，都含有一种相同的有毒物质，这种毒素在接触皮肤后，能使人产生痛痒甚至更为严重的症状。但是，毛虫只有在粪便堆积的地方长时间停留、与之接触，才能使毒素发挥作用。在使我们遭受痛痒的这场阴谋中，毛虫的粪便是主犯，它提供毒素；而皮毛是从犯，它收集和传播毒素。

现在，我们来处理一下前面留下的问题：毛虫的毒素存在于粪便当中，那么，它是来源于粪便中消化的残渣呢，还是来自尿的残渣？想要解决这个问题，就要单独收集到这两样东西分别进行实验，看来，我要着手收集昆虫变态的产物了。飞蛾在羽化的时候，会排出浓稠的液体，这些废弃物是器官运作的残余，其主要成分是尿，里面没有消化的残渣。

为了取得这样的残渣，我求助于荒石园老榆树上那些多氯蛱蝶的幼虫。我将一百多条幼虫放入金属钟形罩中，认真喂养，耐心等待它们的羽化。六月上旬，蛹变态的时间终于到了，我在钟形罩下铺上了一张白纸，用来保存我们实验所需要的东西。美丽的蛱蝶从蛹中诞生，它抛弃了做毛虫时身体的残余物。这些残余物是一种红色的稀糊，掉在白纸上晕出一颗大大的红色斑点。

实验过程大家已经很熟悉了，用乙醚处理、蒸发、浓缩、用吸水纸浸透溶液贴在手臂上。这次的结果呢？我实在不想重复之前的症状，因为这与我使用松毛虫粪便时的结果完全相同：奇痒难挨、灼热刺痛、肌肉肿胀、创口溃疡，最后留下红斑，三四个月后红斑才消失。

我饱受苦难、伤痕累累的手臂啊，你已经为我的好奇心受了太多的苦。有的朋友疼惜我的身体，建议我使用动物。可是，我的好奇心又和它们有什么关系呢？它们在自己的世界里过得好好的，我们探寻的秘密它们并不关心，也没有必要知晓，我们又有什么理由用它们的生命证实我们的猜想呢？在我看来，世界上的任何生命都没有贵贱高低之分，再卑微的生命也需要尊重、值得珍惜。既然是我们想要探究的问题，那就应该亲自上阵，在寻求真理的道路上，一点皮肉之苦又算得了什么呢！

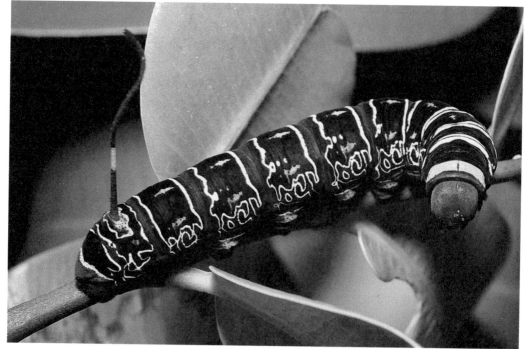

⊙ 毛虫体内的毒素，其实是尿的产物。

退一万步来讲，就算我狠下心残忍地将动物作为实验品，也不能够达到实验的目的。动物在遭受痛苦时，只能用扭曲的肢体告诉我们一件事：疼，但是我们并不能据此了解更多。瘙痒、灼热、刺痛，这些只有在我自己的身上才能丝毫无差地被感觉。不过，我的皮肤现在已经遭受了太多折磨，以后的实验我决定点到为止，能够做出结论就揭下带着毒素的吸水纸。

让我们忘记手臂的苦难，回到实验和推理中来吧。单凭着多氯蛱蝶的例子，我还不敢肯定地宣布我的结论。于是，我又收集了松树蛾、蚕蛾和大孔雀蝶羽化时排出的尿，实验结果也与之前的完全一样。由此，我可以判定，松毛虫的毒素在所有毛虫身上都有，它是生命有机体的残余物质，是尿的产物。

◉ 其实蜜蜂体内也含有毒素。

这个问题解决了，新的问题又接踵而至。在树上爬行的毛虫身上所具有的这种特性，在整个昆虫世界中，又具有多大的普遍性呢？除了鳞翅目昆虫，其他昆虫是否也在尿的残渣中注入毒素呢？

让我们先询问一下膜翅目昆虫吧。在我的金属钟形罩里，养着一些绿色叶蜂的幼虫，从它们那里我得到了大量的黑色细粒粪便。这些粪便在我的皮肤上发挥的毒素的作用，引起了明显的痛痒症状。随后，我又向直翅目昆虫寻求论据。灰色蝗虫和葡萄树上的距螽，它们的粪便也都会引起某种程度的痛痒。至此，我又在昆虫毒素的研究上迈进了一大步。

是时候了，正如我饱受苦难的手臂所呼喊的，适可而止吧！我已经掌握了翔实的论据，最后得出以下的结论：成串爬行的毛虫体内的毒素，在其他昆虫身上也都存在，可以说是在所有昆虫身上都存在，而毒素的真实面目是昆虫的尿的产物。

第三章

昆虫与蘑菇

　　这是一个非常有趣的问题，如果只是回忆我与牛肝菌和珊瑚菌的奇妙的缘分，而不让昆虫参与进来，那就显得太乏味了。有很多菌种都是可以吃的，有的名声还很响，但也有一些是有毒的。那些植物并不是每个人都能够接触到的，要是不对它们进行研究，又怎么能够区别无毒和有毒呢？人们普遍相信，只要是昆虫以及幼虫和蠕虫会吃的菌都可以放心地食用；而只要是昆虫不吃的蘑菇就绝对不能去碰。昆虫的健康食品也就是我们的健康食品，对它们有害的东西会对我们有害。人们没有考虑不同动物的胃对不同食物的消化能力是不一样的，仅仅根据事物表面上的逻辑关系就作出了这样的推理判断。这一信条究竟能否站得住脚呢？这也正是我打算研究的。

　　昆虫非常善于开发蘑菇，尤其是幼虫。昆虫消费者可以分为两类。一类是一点点地啃下蘑菇，咀嚼，嚼烂之后吞下去，是真的"吃"；另一类是像食肉的蛆虫那样，先把食物变成粥，然后吸进肚子里。总的来说，第一类食客为数不多，光从我在附近所看到的情况来看，属于咀嚼食物类的昆虫有：四种鞘翅目昆虫、衣蛾的幼虫，以及软体动物鼻涕虫，或更确切地说，是小个子蛞蝓，它的棕色外套膜边缘有一条红色花边，但是它们十分活跃，很擅长侵蚀，尤其是衣蛾幼虫。

　　有一种巨须隐翅虫，在鞘翅目昆虫中算是最喜欢吃蘑菇的了，它们身着红、蓝、黑三色搭配的美丽服装。它们依靠后面一根柱子的支撑行走，和它的幼虫一起常常到杨树伞菌那儿去，春天或者秋天，我常在这些地方碰到它们。它们吃的东西比较单一，但是它们完全称得上是美食家，因为它们的选择很有品位。杨树伞菌虽然白得有点吓人，外表也常有裂痕，伞盖下的褶皱边还附着红棕色的孢子，看上去有些脏，但千万不可以貌从外表判断蘑菇的优劣。要知道，它是最好的菌种之一。

有些形状漂亮颜色鲜艳的蘑菇恰恰是有毒的，而某些外表丑陋的反倒是好蘑菇。

　　还有两种身材比较矮小的昆虫专吃蘑菇。一个是鞘翅呈黑色的闪光隐翅虫，它的头和前胸都是棕色的。它的幼虫吃一种长着直毛的带刺多孔菌，这种蘑菇又肥又大，往往侧贴在老桑树的树干上，有时也长在胡桃树和榆树上。另一个是桂皮色的大蚕蛾，它的幼虫只生长在块菰中。吃蘑菇的鞘翅目昆虫中，最有意思的是盔球角粪金龟，它的叫声如同小鸟歌声一样，它还挖了垂直的洞穴来寻找日常食用的地下蘑菇，同时，块菰也是它喜爱的菜肴之一。我曾经拿走了住在洞底的盆球角粪金龟的足间的一块块菰，这是一种榛子般大的块菌。我试着饲养它，想看看它的幼虫长什么样。我把它放在一个盛满新鲜沙土的罐子里，笼上网罩。因为找不到地下蘑菇和块菰来，我用几种稍微硬些的有点像块菰的蘑菇代替来喂它，其中有马鞍菌、珊瑚菌、鸡油菌和盘菌，可它丝毫没有领情。而当我提供给它叫做茯苓的植物时，却很顺利。这种植物长得就像小马铃薯，常常能够在松林的浅土层里甚至地表上见

◉ 蘑菇

到。我在饲养笼里放了一些这种食物，我在夜晚几次看到盆球角粪金龟从洞里出来，在沙土里搜寻着，想找一块自己能拖动的不太大的食物，再偷偷地把它滚到家里去。但茯苓像一堵墙似的，大了些，无法塞进家门，于是它把食物留在门口，自己进了家门。第二天，我看到那块被啃咬过的食物放在那儿，但这有下面有被咬的痕迹。

　　盆球角粪金龟得自个儿待在地下室里吃东西，它们可不喜欢在露天的公共场合用餐。要是它们无法在地下找到食物，就会到地面上来寻找。一旦找到可口的食物，要是能塞进家门，它们就会将食物搬到地下室，要是搬不进去就只能把食物留在地洞门口。然后它们就在洞里面啃咬食物的底部，不再露面。迄今为止，我只知道它们吃地下菌、块菰和茯苓这些食物。这三种我所举出的食物表明，盆球角粪金龟会在食谱上变各种花样，也许它们会不加区别地把所有的地下菌都收入腹中，而不像巨须隐翅虫那样只吃一种食物。

　　与之相比，衣蛾幼虫的取食范围更广泛。菌类最主要的就是由这种弱小的幼虫开采的，它们将在被糟蹋过的蘑菇下编织一个小小的白丝茧，然后羽化为一只微不足道的蛾、一只纤小不起眼的蛾。在大部分菌类中都能发现大量聚集的衣蛾幼虫，从菌柄一直向菌盖上扩散。它们长五六毫米，身体洁白，头部黑亮，喜欢吃菌柄，因为菌柄吃起来有股难以形容的滋味。它们通常居住在牛肝菌、珊瑚菌、乳菇和红菇上，除了个别菌科里的几种菌以外，什么菌它们都吃。除了蛞蝓以外，一些贪食的软体动物也值得一说。它们在蘑菇里安了一个宽敞的窝，自由自在地在里面大吃大喝，它们对各种蘑菇都来者不拒，只要个头不算太小就行。与其他的开采者相比，它们一般都离群索居，数量也并不算多。它们用锋利得像刨刀的大颚从蘑菇里掏出一个个大洞，所造成的破坏一目了然。从被啃过的蘑菇上留下的咬痕和掉下的蛀屑，我就能认出是哪位食客留下的残羹。它们有的切割，有的挖沟槽，有的在蘑菇里挖出洞壁很清楚的隧洞，有的腐蚀内部而使外表保持完好。

　　还有一类会液化蘑菇，它们都是双翅目昆虫的蛆虫，它们通过化学作用腐蚀蘑菇，利用化学反应溶解食物。它们在蝇科中地位卑贱，种类有很多，如果想要加以区别，必须依靠饲养的方法得到成虫。但那不仅不有趣，还会浪费很多时间，所以我还是用蛆虫来称呼它们吧。为了能看到它们工作，我让它们开发撒旦牛肝菌。撒旦牛肝菌是最大的菌种之一，在我家周围随处可见。它的菌盖是白色的，看着很脏，菌管口呈鲜明艳丽的橘黄色，菌柄肿胀像鳞茎，上面的胭脂红脉络很漂亮。我把一个长得很好的撒旦牛肝菌切成两等份，放在两个并列的深盘子里。一份原封不动地放在盘里作为参照，另一份的菌管层上则放着24条从另一个腐烂的牛肝菌上捉来的蛆虫。当天，这些实验对象就发挥了蛆虫溶剂的作用。先是牛肝菌的表面变成了鲜亮的红色，管状层变成了棕色，渗透出来的液体垂挂在斜面上就像是黑色钟乳石一样。菌肉很快就遭到了腐蚀，没过几天就变成了一种像沥

青似的糊状，其流动性几乎能够和水相比。蛆虫在糊状液体中扭动着，屁股一拱一拱的，尾部的呼吸孔不时地露出液面，和以前灰蝇和反吐丽蝇的蛆虫液化尸体时的情形一模一样。另一半没有放蛆虫的牛肝菌，依然和原来一样结实，只是外表由于蒸发的缘故有些干燥。

由此可知，液化是蛆虫的专利，是它们的工作。但液化仅仅是一种简单的变化过程吗？当人们刚开始看到固体在蛆虫的作用下很快就变成了液体时，会这么认为。有几种菌确实会自发地液化，成为一种黑色的液体，如担子菌。其中一种有个非常形象的名称叫做墨盒担子菌，它会自动变成墨水。有时，液化的速度非常惊人。有一天，我从菌柄上摘下一个很好看的担子菌，这个刚采下两小时的鲜蘑菇还没等我画完就已经消失不见了，桌上只留下一滩墨水。只要我稍稍推延一下时间，没有把握好时机，我就会失去一个罕见的奇怪宝贝。但我无法从中推出其他菌类，特别是牛肝菌，也是如流星划过天空那样无法保存的。

牛肝菌赢得了人们的喜爱，备受好评。我用它进行实验，想要从中提取一种可用于烹调的李比希调味素。于是，我把牛肝菌切成小小的一块块，一些放在清水里煮，另一些放在加了小苏打的水里煮，煮了整整两小时。要知道，如果不用烈性药物来对付的话，牛肝菌肉是很难被驯服的。而如果想得到我期望的结果，就不能用这样的药物上阵。在沸水中长时间煮，甚至加小苏打对它也无可奈何的牛肝菌，却在瞬间就被蛆虫分解成了流质，就像蛋白被蛆虫变成液体一样。在两种情况下，液化都是悄然进行的，也许是特殊的蛋白酶在起作用；但肉食液化器采用的是一种蛋白酶，牛肝菌液化器采用的则是另一种，两者使用的酶可能有所差别。

一种黑色的好似沥青一样很稀的流质把盘子填得满满的。要是让水分蒸发，稀糊就变成了一个易碎的硬块，很像是甘草提取物。蛆虫和蛹由于嵌在这个硬块里抽不出身而死了，这是化学溶剂带给它们的劫难。液体不断地在我的大碗里汇聚，当它变成一整块固体时就把那些居民杀死了。但当侵蚀发生在地面时则完全是另一种情况。地面吸收了滴在地上的液体，蛆虫便因此获得了自由。

要是让蛆虫对紫牛肝菌和撒旦牛肝菌进行作用的话，也会产生同样的结果，我最终看到的都是一种稀糊状的黑色液体。我发现，这两种菌在被切割后，特别是压碎后会变成蓝色，而普通的牛肝菌切开后肉色始终呈现出白色，被蛆虫液化后变成的液体则变成浅褐色。我用毒蝇菌作为它们的作用对象，它就变成了一种如同杏子酱一样的粥。所有的菌在蛆虫作用下都变成了糊状，只是有的浓，有的稀，颜色各异。这是我用不同的菌为对象做实验所证实的一条规律。

长着红色菌托的紫牛肝菌和撒旦牛肝菌，为什么会变成黑色的稀糊呢？我好像找到了答案。两者切开后颜色都发生了明显的变化，变成了蓝色，还夹杂着绿色；菌盖也好，菌柄或是菌托也罢，只要稍有磕磕碰碰的，碰伤的地方立马就会起皱，刚开始是清一色的白，然后变成很好看的蓝色。我把它放在二氧化碳中，不管将它挫伤、压碎，还是磨成浆，怎么都不会出现蓝色。但是从被压碎的牛肝菌中取出一些来，它一遇空气，立马就变成了好看的蓝色，让人联想起某种染色方法。浸渍在石灰、硫酸铁和绿矾溶液中的靛青，将因为缺氧而褪色，变得可溶于水，就像它原本在没有经过加工的木蓝草里以无色液体的形态存在时一样。但如果放一滴这样的液体在空气中，液体就会立即氧化，又变成了不可溶于水的靛青。牛肝菌之所以会迅速变成蓝色的道理也是如此。

这些牛肝菌中真的含有可溶解的无色靛蓝吗？要不是某些特性引发了一些质疑，我们几乎可以肯定地给出这个答案。那些变成蓝色的牛肝菌要是在空气中暴露得久一些，不但没能保留住可能是真正的靛蓝标志的蓝色，相反却褪色了。即便这样，这些菌里还是含有一种在空气中易变色的颜料。而其他的菌类被蛆虫液化后就不会变成沥青色，例如肉质为白色的普通牛肝菌。莫非，这就是牛肝菌被蛆虫液化后发黑的原因？

那些切开后变成蓝色的牛肝菌全部都臭名昭著，书上说它们很危险，至少也是需要警惕的对象。称其中一种为撒旦，就足以证明我们对它们的恐惧。但蛾幼虫和蛆虫给出了不同的意见，它们把我们惧怕的那些菌当作美味佳肴。而且与此同时，撒旦牛肝菌的狂热爱好者，都奇怪地对我们认为赞誉有加的蘑菇毫无兴趣。最有名的如红鹅膏菌，罗马帝国时期的罗马人以及古代的美食家，将这种诸神的佳肴誉为恺撒伞菌。在我们食用的各种菌中，它的模样最为好看。当它蓄势待发，准备从干裂的泥土中钻出来时，是一个整个被菌托包裹着的美丽的卵形小球。然后袋子渐渐裂开，透过星形的洞口就能看见一部分好看的橘黄色球体，像是水煮蛋。剥去外膜，留在囊袋中的伞菌就成了被剥掉蛋壳的滑溜溜的鸡蛋。刚刚长成的伞菌就如同一个剥去了部分蛋白，露出一点蛋黄的鸡蛋，给当地人留下了极为深刻的印象，把它称为"蛋黄"。不久之后，菌盖充分地舒展开来，把它平铺着就像一张唱片。它看上去比金苹果更灿烂夺目，摸起来就像绸缎一样柔软顺滑，在玫瑰红色的欧石楠

中显得风情万种。

但这种被视为诸神的佳肴的漂亮恺撒伞菌却被蛆虫毫不客气地拒绝了。在那么多次的野外观察中，我从来没有看到过一个被虫咬过的红鹅膏菌。我把蛆虫囚禁在广口瓶里，不给它任何别的食物，迫使它去吃红鹅膏菌，但是在液化完成之后，那些蛆虫就试图离开，捣烂得像果酱似的红鹅膏菌看来依旧不受它的欢迎。可见，它们对这种食物毫无情趣。软体动物也是如此，蛞蝓完全不是红鹅膏菌的狂热爱好者。只有当它经过伞菌身边，而且又恰好没有更好的食物时，才会停下来，吃那么一口，并非追随这种食物。要是我们非得让昆虫甚至于蛞蝓来帮我们识别哪些菌是可以吃的、哪些菌味道不错，我们岂不是要与最好吃的蘑菇失之交臂？另一种菌盖边缘有美丽花纹的鹅膏菌也是一种精美的食物，几乎可以与红鹅膏菌相媲美，我把它称作小灰菌，它的颜色一般是灰色的。不论是蛆虫还是胆子更大些的衣蛾幼虫都从不碰它，豹皮鹅膏菌、春鹅膏菌和柠檬黄鹅膏菌也同样没有被接纳，不过这三种鹅膏菌都是毒菌。那些模样好看的红鹅膏菌虽然没有成为幼虫的食物，但却依旧遭到了破坏，不过不是被幼虫，而是被一种红色的真菌。这种真菌使蘑菇上出现紫红色的斑点并腐烂。除了它之外，我没有见过别的昆虫开发红鹅膏菌。

总而言之，不论那些鹅膏菌对我们而言，是琼浆玉液还是可怕的毒菌，蛆虫都没有接受，只有蛞蝓有时会咬上一口。我并不清楚它们拒绝的理由，例如豹点鹅膏菌，人们认为它含有的生物碱会对昆虫构成危险，因此才会被拒绝。但引人深思的是，没有任何毒性的红鹅膏菌和恺撒鹅膏菌为什么也一样被拒绝了，是不是因为缺少能引起食欲的辛香料，口感不够好？毕竟，生的鹅膏菌咀嚼起来的确没有任何诱人的香味。那么，带辛辣味的菌又会怎么样呢？在松林中有一种羊乳菌，长有卷毛，边缘卷成涡形，它的辣味赛过卡宴的胡椒。除非有一个特殊的胃，要不就别想吃这种食物了。它的名字就叫做"多米诺绥司"，意思就是"引起腹痛的食物"，真是名副其实。但蠕虫就有这样的胃，它们就像大戟天蛾的幼虫吃可怕的大戟叶那样，有滋有味地吃辛辣的羊乳菌。但对我们来说，吃这两种东西简直跟嚼火炭没什么两样。

虫子需要的是怎样的辛香料？它们根本不需要调味料。在松林里还有一种美味的乳菌，橘红色，形状像漏斗一样，上面绣着一圈一圈的纹线，非常漂亮，要是用手揉搓，那些地方会变成灰绿色，这可能是与牛肝菌变蓝有关的靛蓝的变种。这种菌身上没有羊乳菌那种辛辣的味道，生嚼起来味道不错。然而，不管是温和的乳菌还是辛辣的乳菌，虫子都吃得津津有味。对它们而言，无论是温性的还是带刺激性的，无论是没什么滋味的还是辣的，都没什么差别。用"诱人"这个词来形容伤口滴血的蘑菇，未免太过夸张。没错，乳菌是可以吃的，但它是一种不易消化的粗纤维食物，它的实际价值被溢美之词夸得有些离谱了。我家里就不喜欢用它来做菜，宁可把它浸在醋里，当醋渍小黄瓜食用。

为了能合虫子的胃口，是不是需要某种介于坚硬的乳菌和柔软的牛肝菌之间的中性物呢？那让我们来看看橄榄树伞菌吧，这是一种漂亮的枣红色菌。它的俗名不太切合实际，要知道，虽然它确实在老橄榄树下比较常见，但是我也在黄杨树、圣栎树、李子树、柏树、杏树、绣球树等树底下采到过这种菌。由此可见，它所赖以生长的树木的性质并没有太大关系。它与其他菌类最明显的区别在于，它会发出磷光，但只有它的底面那儿才会发出一种白色的、像是萤火虫所发出的那样的光。它是为了庆祝婚礼和散播孢子才一闪一闪地发出光亮的。但它的发光其实是一种缓慢地燃烧，是一种比正常呼吸更为急促有力的呼吸，而与化学上的磷没什么关系。这种光在流通的空气中能一直发光，但在氮、二

◎ 这些蘑菇萌芽于地下真菌，它们使得真菌能够到处传播。

氧化碳等不适用于呼吸的气体中就会熄灭，在煮沸的没有空气的水里就不闪光了。这种光芒非常微弱，只有在很暗的地方才能察觉到。夜晚，甚至白天，如果在小地窖中预先待一会儿然后再去看这种伞菌，就会发现它所发出的奇妙的光就像一轮明月那样美丽。

但虫子是被这些闪闪发光的信号灯给吸引了吗？不，根本不是这么回事。蛆虫、衣蛾幼虫和蛞蝓对发光的蘑菇毫无兴趣。但先别忙着说橄榄伞菌中含有毒性成分，用这个理由来解释它们对这种菌的拒绝。在咖里哥宇那充满矮灌木丛并且多石子的土地上，长着刺芹伞菌，它像橄榄伞菌一样结实，被普罗旺斯人称为"贝里古洛"。它应该算是最有价值的菌种之一，但是却并不受虫子的欢迎。我们视为琼浆玉液，它们却毫无兴趣。没必要做更多的调查了，不论在哪儿都会得到一样的结论。昆虫的胃与我们的胃不同，我们认为有毒的蘑菇它却吃得津津有味，而我们觉得不错的蘑菇它却认为有毒，

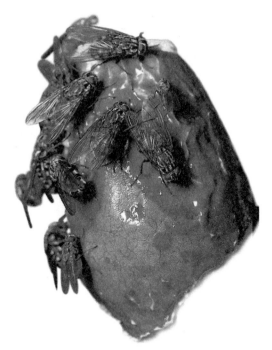

◎ 图中一些苍蝇正在享用鬼笔菌顶部分泌的黏液。

因此选择性地吃蘑菇的昆虫，根本不能告诉我们哪种蘑菇能吃、哪种蘑菇不行。那么，对于我们这些在植物学方面知识有所欠缺的大部分人而言，既没时间也没有兴趣去获得这方面的知识，采集蘑菇时需要注意哪些规范呢？这里的规范其实非常简单。

我在塞里昂已经住了 30 年。我们这里蘑菇的消费量很大，特别是在秋天的时候，家家户户都到山上去采蘑菇，这些蘑菇很宝贵，它们可以补充食品的不足。人们采的是怎样的蘑菇？其实每种蘑菇都多少会采集一些。还从没有听说过村里有谁吃蘑菇中毒的事。我数次跑到附近的树林里去，那里有很多采蘑菇的男男女女。我总是翻看他们的篮子，他们也自愿给我翻看。我常能找到紫牛肝菌，这种蘑菇被列入了最危险的菌种之列，也为真菌学家所不喜。

一天，我批评一个男人怎么采了紫牛肝菌。"你竟然说它是有毒的！"他惊异地看着我道，边说还边用手指碰了碰肉乎乎的紫牛肝菌，"先生，行了吧。这可是牛精髓，是真正的牛精髓。"

他笑话我小心谨慎得太过了，对我懂得的有关蘑菇的知识也并不在意，就这么离开了。

我在那些篮子里还见到过环状伞菌，它被蘑菇专家佩尔松认为有剧毒。但这也是他们最常食用的一种菌，因为数量有很多，特别是在桑树下。此外，我还发现了撒旦牛肝菌、像羊乳菌一样辛辣的带乳菌，以及光头鹅膏菌，它有一个从菌托里长出来展开得很好看的菌盖，边缘上绣着一些像络蛋白片似的粉渣，它所发出的那股令人作呕的肥皂味难免让人对这种象牙色的菌盖产生警惕心理。这样没什么顾忌地进行采摘，人们是如何防止意外的呢？

在我们村子以及远方的村庄里，人们按照惯例，总是要把采来的蘑菇用水洗一下，放在沸水中煮一下，稍微加点盐，接着再放在冷水里冲洗几遍，这就算处理妥当了。然后，人们根据自己的需要将各种菌分开。先在沸水中煮再用水漂洗，这样就能去除主要的有害成分，因此那些可能有毒的蘑菇经过这种方法的加工后也就变得无害了。

这种乡下的土方法非常有效，我个人的经验就证实了这一点。我和我的家人就常常吃那种被认为毒性很强的环状伞菌，但是经过沸水的消毒，就会成为一道赢得赞誉的菜。同样经常出现在我家

餐桌上的，还有经过沸水煮过的光头鹅膏菌。要不是用这种方法进行处理，吃这种菌难免会有危险。我也吃过紫牛肝菌和撒旦牛肝菌，也就是那位不听我的慎重劝告的采菇人所赞誉的牛精髓，这种菌其实很普通。有时，我也吃一种在书本上被描述得很糟糕的豹点鹅膏菌，但却没有带来任何不好的后果。我向一个医生介绍了用沸水煮的处理方法后，他也非常想试试，就选用了和豹点鹅膏菌一样臭名昭著的柠檬鹅膏菌作为晚餐。事情进展得不错，他并没有碰上哪怕一丁点的麻烦。我的另一位盲人朋友是个木匠，他曾经和我一起品尝过罗马美食家所推崇的木蠹，他选择了橄榄伞菌这种人们认为非常可怕的菌类作为盘中之餐。要是说这道菜还算不上美味，那么它至少也是对人无害的。这些事实表明，把蘑菇先在沸水中漂洗一下，是防止蘑菇中毒的最好的办法。

如果说昆虫对蘑菇的选择性食用，对我们选择吃什么食物不吃什么食物毫无帮助，那么至少乡下人的智慧，他们长年累月的经验的结晶，就教会了我们一种简便易行同时又行之有效的方法。当蘑菇诱惑你去采摘，而你又无法完全肯定它们究竟是不是有毒的时候，那么你就把它们放在开水里耐心地煮一下。那些原本可能存在隐患的蘑菇在开水锅里煮过之后，心中的石头就可以落下，尽情地大快朵颐了。但人们也许会认为这种烹饪法粗劣野蛮，会认为蘑菇在沸水中被煮成酱，而且会破坏所有的鲜味。这种说法其实错得离谱，要知道，蘑菇是非常经得起煮的。我曾经想从牛肝菌中提取溶液，却不能够使它溶化。把它浸在水中并加点小苏打长时间煮，别说是把它变成糊状，对它几乎甚至连丝毫影响都没有。其他一些很适合做菜的蘑菇也同样经得起煮，它们的鲜味也丝毫没有丧失，香味依然如故；而且煮过的蘑菇会变得更易于消化吸收，对于一种不易消化的菜来说，这一点是不容忽视的。因此，我家里把采来的蘑菇做成菜肴时，总是习惯于先把它们放在沸水里煮一下，即使是自视甚高的鹅膏菌也同样如此。

我关心的是平凡的老百姓，尤其是田间的劳动者，而不是美食家。因此，我在菜肴方面是个门外汉，是个很难经受住美食诱惑的野蛮人。要是能让普罗旺斯人烹调蘑菇的秘诀为更多的人所知晓，让人们用蘑菇来尝个新鲜，换个口味，无论这是多么的不起眼，当人们不需要学会复杂方法来鉴别蘑菇有无毒性也能吃到可口的蘑菇时，那么我想这就是对我十年如一日的研究的最好回报。

第四章

昆虫的反常

人们总是对能够被称作"规则"的事情，加以习惯性地认同。不会轻易质疑，更不会费尽心思刨根究底。通常来说，规则是根据整体的一致性归纳得来，自有其存在的理由，打破沙锅问到底只能使自己陷入无意义的怪圈。反常之物都存在于我们所知的规则之外。

昆虫界的规则是，虫子一般都有六只足，且每只足上都有一个跗节。如果你非要搞清楚为什么它们的足是"六"和"一"，而不是其他的数字，跗节为什么是一个而不是几个，这种问题我想都没有想过，因为它们没有任何意义，就像一个人非要弄明白人类为什么长着十根手指而不是九根或十一根一样，只会招人嘲笑。

规则因为这样的事实而得以存在，并得到人们的肯定。反常的事物会使我们感到不安，思绪纷乱。每个怪象背后似乎都有一股反秩序的力量，它们是否会在某个地方留下印迹？我们也许会产生这种疑问——狂乱的不协调的音符粉碎了人们对和谐乐章的期待。

粪金龟的幼虫是我观察过的昆虫中最奇怪的一种。当我准备罗列众多反常的例子时，想到的首先是这个家伙。我第一次遇见这个小家伙时，它给我的感觉是未老先衰，它的形象因足的残疾而大打折扣，我丝毫看不出年轻人该有的锐气。

最初我以为粪金龟幼虫衰弱的身体和畸形的后足是后天因素所致，比如适应狭窄的食物仓库，以便能正常的活动。但是后来我渐渐发现，那些冠冕堂皇的理由根本不存在，粪金龟天生就是残疾。

由此可知，后天遭遇的类似扭伤的事故与它成为瘸子的事实并无必然联系。我曾经用放大镜仔细观察过新生儿出壳的过程，并且在它羽化成虫后，也进行了长期的跟踪研究。我可以用我亲眼所见到的事实说话。

粪金龟的幼虫刚孵化出来时，由于腿过于纤细，无法支撑身体，导致腿的末端离开地面，向背部弯曲，贴在背上的后足看上去像个弯曲的秤钩，对幼虫来说，它毫无用处，仿佛粪金龟随时准备把什么东西扔出去一样。

成虫后，粪金龟就不能再像孩子那样享受父母为它们准备好的食物，

◎ 金龟子长有很多薄片组成的梳子状的触角，用来感知雌性的信息素。

它们必须独自觅食，并学会如何为它们即将出生的孩子储备干粮。在这种情况下，它们只好把后足当作压榨机使用，例如把粪球压制成粪肠，可见成虫的后足是非常有力的，我们几乎想象不出在幼虫时代后足蜷缩、畸形的样子。不过，幼虫的另外两对足倒还算正常，它们的前足缩在身体前部，相对短小。前足在粪金龟住在粪球里时，被用来夹住啃咬过的食物；中足长而有力，看上去就像竖立着的两根坚实的柱子。粪金龟常常翻到在地，之所以会出现这种情况，是因为肚子太大，从背后看，长着圆鼓鼓腹部的粪金龟，就像一个被两根高跷支撑着的圆球，十分滑稽。

导致粪金龟幼虫在移动中不时摔上一跤的原因除了它那鼓鼓的肚子，更因为那贮藏着修建蛹室所需的材料的驼背，这结构为什么会这么奇怪呢？我们知道，粪金龟的幼虫是个夸张的驼背，那个驼背看上去像面包状，却实在是个沉重的仓库，小家伙背着它爬来爬去，腿脚又不够利索，难免会显得有几分蹒跚。

粪金龟幼虫如此奇怪的身体结构令我难以理解，那两条畸形的后足更是让人费解，如果这两条后足变成爪钩不是很有用吗？幼虫在长长的食物洞里爬上爬下时就能更方便地勾住墙壁。对于要不停爬行的昆虫来说，来来回回地寻找中意的食物，拥有足够健康的后足是多么重要啊！

当我看着幼小的残疾者来回奔波时，不由得想起了另一种比它幸运很多的昆虫——躲在小洞里的圣甲虫幼虫，它未成年时就躲在食物洞里，饥饿时只要用肩臂膀轻轻一推，就能把一片食物送到嘴边，它几乎不需要运动。造物主是多么的不公平：身体健全者饭来张口，而足有残疾者却必须辗转奔波。

但是圣甲虫的幸运并没有持续很久。我只知道圣甲虫以及与它同属的半刻金龟、阔背金龟、麻点金龟，当它们在长成成虫形态时，不仅后足出现了萎缩，就连它们的前足也出现了异常——前足上竟然没有跗节！目前为止，我只了解这四种金龟子的残疾，它们这种看似特殊的残疾却是整个金龟子家族的共同特征。我很想找出隐藏在这有悖常理的现象背后的神秘力量。

⊙ 金龟子幼虫住在土壤和腐木中。

讲到金龟子，我不得不将自己对某些构词者的不满表达出来。在一本内容肤浅的专业分类词典中，编者竟怪异地用"阿德舒斯"这个名称来取代古老而又可敬的"金龟子"。"阿德舒斯"，这个拉丁词的意思是"无兵器者"，如果非要用这个词作为某种昆虫的名字，那么入选者会有很多。想出这名称的不见得是一位很有灵感的人，因为许多食粪虫，例如与圣甲虫极相似的侧裸蜣螂，也都不带护身武器，但是，一位缺乏创意的人士偏偏用"阿德舒斯"这个名称称呼"金龟子"，甚至将这个名字写进了一本专业的分类词典，这让我不得不对它的"专业"程度提出质疑。仅以一个很多昆虫都具备的特征来指称其中的某一种，这是不科学的，只见树木不见森林，造词者们常犯这种错误。既然他们想根据这类昆虫的特征来命名，那么他们就应该造出一个表明前足无跗节这个特征的词来，或许更能令人信服。因为在整个昆虫界中，前足没有跗节的只有圣甲虫和它的同属们。但人们似乎对这个重要的特点并不了解，因此也没有想到。

关于金龟子为何不像其他昆虫那样，按照惯例长着指形爪尖，却要留着一双爪端平截的残肢呢？有些人做了一番貌似合理的解释。他们说这些昆虫在狂热地滚粪球时头朝下尾朝上，它们倒立行走时，身体和粪球的重量就会全部压在足上。与坚硬的地面的长期磨砺下，前足的端部就这样被磨平了。

这种解释乍一听，还是挺有道理的。但是，新的疑点很快又出现了：如果说在这种会对身体造成伤害的艰苦的劳动条件下，纤细的跗节被消磨掉，那么截肢手术又是何时进行的、如何完成的呢？会不会像现在常见的那样，在作坊里干活时出了意外事故而损害掉的？那也就是说金龟子最初是有跗节的，但是为何从来没有人见到过金龟子的前足上有跗节呢？就连那些刚刚开始从事滚粪球的新手也没有跗节。所以，这种"后天截肢"说并不成立。

我可以通过另一种推论来证明这种猜测的不合理之处，如果在很久以前，一只金龟子祖先遭遇一次意外而不幸失去了两条前足上这两个不实用的、几乎是没有用处的跗节，这场事故只是让它感觉到了一时的疼痛，然而之后它发现失去跗节后劳动起来反而更加方便了，于是它便巧妙地利用遗传把这没有跗节的平切前足遗传给了后代，所以我们现在看到金龟子只拥有一双光秃秃的前足。这种假设听上去似乎也很有说服力，只是冒出了诸多重大的疑点。人们不禁要问：从前昆虫怎么会一时兴起地把一些注定会因为不太实用而被淘汰的附器加在身体上呢？难道昆虫在构造自己的身体时是毫无逻辑可循，完全没有预见性的吗？难道它们是叛逆地朝着与习性相矛盾的方向生长的吗？那些结构是在事物的矛盾冲突中盲目地形成的吗？昆虫怎么会把注定会被淘汰的零件附加在身体这部巨大的机器上呢？

所以，更合理的解释其实是这样的：金龟子们从来没遇到任何意外，当它们的幼虫还在蛹壳里的时候，前足上就没有跗节。如果你不相信，我可以提供两位证人——它们根本没有这么回事，还是赶紧打消这个愚蠢的想法吧。圣甲虫现在没有跗节，以前也不曾有过，它们一开始就是现在这个样子，根本没有在运粪球时摔断跗节。这是谁说的？是侧裸蜣螂和赛西蜣螂告诉我们的。这两位不容置疑的证人也是滚粪球运动的忠实爱好者，它们滚粪球时也像圣甲虫一样头朝下尾朝上倒着滚粪球，像圣甲虫那样用后足尖支撑所有重量。它们的前足尽管也会在地上受到严重的摩擦，它们受到的待遇也和圣甲虫几乎完全相同，但它们却和别的昆虫一样长着跗节，长着圣甲虫不想要的纤细跗节。难道当其他昆虫都老老实实遵守着规则的时候，唯独只有圣甲虫独树一帜，搞起了特殊吗？

粪金龟和圣甲虫的问题还没解决，我又遇到了另一个叛逆的家伙，有哪个智者能帮我回答这个平庸的问题呢，我多么乐意听取他的高见啊！如果能够知道为什么其他昆虫都有一个并排的、秤钩状的爪钩，而沼泽鸢尾象的跗节末端却只有一个爪钩，我会感到非常满足。

在沼泽鸢尾象所属的长喙部落里，它的族人们都长着两个爪钩，按照常规，它也应该长两个才对，可是沼泽鸢尾象却少了一个爪钩。是因为没用吗？看来不是。残留的小爪钩是攀缘器，有了它，象虫不仅可以在光滑的细枝上爬行时，把爪钩当作攀缘器，还可以倒挂在光滑的蒴果上行走。所以，如果多一个爪钩走起来不是更稳当吗？象虫少了一个爪钩的事实非常隐秘，必须要在放大镜下才能观察得到，但是，我们却不能因为它很微小就放弃对这种现象的关注。

在茫茫的阿尔卑斯草地上，生长着一种蝗虫，红股秃蝗。这种常年生活在万杜山地区的蝗虫居然不会飞，因为它放弃了飞行器官。在拉丁语中，这种蝗虫被称作"步行蝗"，就像这个名字所表达的那样，它是个十足的"步行者"。一般来说，蝗虫在它羽化后都会长出翅膀，但是成为成虫的红股秃蝗仍然保留着幼虫的样子，虽然在临近交配期时腿节上会出现珊瑚红色，胫节也会出现蓝色，但是它的变化也就仅此而已，进入了交配期和产卵期的成虫，除了能蹦跳之外，还是没有获得飞行的本领，与它的拉丁语名称"步行者"所表达的意思完全相符。

与红股秃蝗相比，蓑蛾更为奇怪。蓑蛾只

知识档案

蝽

蝽与其他半翅类昆虫的不同之处在于，它们能把静止的时候放在身体下面的"喙"转向前。口器精确的方向感使它们能获得的食物不仅仅只是植物组织，这一点比其他半翅类昆虫要强。许多异翅亚目昆虫都是食肉动物，有些专吃植物种子。所有的水栖臭虫都属于蝽一类。

蝽的生物多样性表现在其体形的多样化。已知的5万个种类分属于75科。蝽的特点在于它们没有一致化的前翅——部分膜质、部分硬化。

所有的异翅亚目臭虫都长有防御性的臭腺。若虫的臭腺长在腹背。到了成虫期，腹部被翅膀盖住，胸部下面或侧面会长出一个或一对不同的腺体。许多臭虫都会用亮丽的、警示性的色彩告诉敌人，它们的味道很差；其他有些有保护色，同时把臭腺作为第二道防线。

◎ 短翅天牛

有雄性才能羽化成蝶，它们披着漂亮的羽饰，就像穿着黑丝绒礼服的绅士，在空中翩翩起舞，但它们似乎并不准备邀请一位女士共舞，因为雌虫即使在成年之后，也一直保持着蠕虫的体态。对于鳞翅目昆虫来说，拥有一双长满鳞片的翅膀是无比重要的，但当雄性蜕变成令人称羡的彩蛾时，担负着更重要的繁衍职责的雌蛾却没有翅膀。为什么两性中最重要的一方，一直像根小肥肠形，而另一方在蜕变后却成了令人称羡的彩蛾？

昆虫界的反常现象真是无处不在啊，很快我又发现了一对短翅天牛，它体形健美，可与山楂树上的栎黑天牛媲美。只要是属于鞘翅目的昆虫，总会长出鞘翅把身体包住，以保护脆弱的后翅和容易受伤的柔弱的腹部。可是，令人奇怪的是，短翅天牛却无视这一常规，它肩上长着的两片鞘翅格外短小，失去了防护的作用。人们或许会把它当作一种奇怪的大胡蜂，它大概偶尔会借着别人的威风吓退那些心怀不轨的敌人吧。短翅天牛到底是因为缺少布料做不起燕尾服，还是因为吝啬才穿起了小马夹呢？既然是真正的鞘翅目昆虫，在鞘翅上偷工减料有什么好处呢？它真是吝啬得让人吃惊。

无独有偶，鞘翅出现残疾的鞘翅目昆虫还不止短翅天牛一种。隐翅虫算得上是鞘翅目昆虫中的大家族，但它们丝毫没有大户人家该有的风范，反而像是一群衣不蔽体的乞丐。这些昆虫把长长的肥肚子露在外面，看上去非常不雅，这是因为它们的鞘翅只有正常尺寸的三分之一或四分之一。

还有一个不会长鞘翅的昆虫——真蟥。"鸠占鹊巢"这个词语完全就是用来形容它的。真蟥往往会把它的幼虫产在斑纹隧蜂的蜂房里，不仅如此，它还会残忍地把原来的主人吃掉。它那两个宽大的后翅上并没有鞘翅的保护，但如果仔细看，就会发现它的肩上有两个小鳞片长在肩膀的位置，这就是被废弃了的鞘翅的原基。它又是一个不会长鞘翅的昆虫，或者说得更确切些，它没能使这两个不起眼的小鳞片长成完美的鞘翅。

如果我继续罗列有关反常的例子，这个叛逆的群体就会增加。我向植物请教反常的情况，或许它们能告诉我们这究竟是怎么回事。有首拉丁诗是这样写的："这只是一个关于玫瑰的谜语：兄弟共五个，两个长胡子，两个没胡子，一个半边长胡子。"对植物缺少观察和研究的人一定会感到困惑，这五兄弟和玫瑰是什么关系呢？

其实，这首诗里的五兄弟不是别的，正是玫瑰花萼的五个萼片，我一片一片地观察它们，发现其中两个萼片向两侧延伸，这两个萼片是从叶子变化而来的，看起来有点像胡须，也就是诗中所说的长着胡子的两兄弟。另外两个萼片，两侧都没有毛状物；而剩下的那个萼片，一侧边是光秃秃的，另一侧边却有胡须，所以诗人称它"一个半边长胡子"的兄弟。

造型各异的"五兄弟"组合不是偶然现象，每朵玫瑰的萼片都分成没胡子、有胡子、半边长胡子这三种形态，这就是玫瑰花萼需要遵循的既定规则。另外，最常见也最易归纳出的是五个一组的排列顺序，这个植物界的法则就像维特鲁威艺术统治着我们的建筑风格一样重要。这个简洁典雅的法则在植物那里是这样表现的：花朵的五个花瓣以螺旋层叠的方式延展，依次转圈排列，构成两个螺旋层，每转一圈都形成一个不规则的圆形。

事实上，每个萼片的大小并非我们假设的那个圆的五分之一，它们要更宽一些。现在我让萼片的基部变得更宽，使它们围成一个不留缝隙的圈。于是，我看到处在"一"和"三"两个分割点上的萼片完全被排在轮圈之外；在"二"和"四"两个分割点上的萼片则被相邻两侧的萼片压住了；第五分割点上的萼片则一侧边被旁边的萼片压住，另一侧边露在外面。

了解了萼片的排列规则之后，我们来看看这样的构造会产生什么样的影响吧！那些自由生长，不会被其他萼片挡住的花萼，由于有别的花瓣压在上面，所以向外伸展，结果在"一"和"三"两点的位置上形成了两个带胡须的萼片；在"二"和"四"两点上的萼片下巴都光秃秃的没有胡须；在第五点上的萼片一边有胡须，一边没有胡须的缘由就不需要再解释了吧。

由于潜在地涉及了代数中的定理，使玫瑰花的秘密似乎变得更加复杂，但只要你静下心来思索一番，或者干脆自己动手制作一套模板，就很容易弄明白。表面看来，五个萼片上关于胡须的差异，似乎是反常的，然而实际上这种不合理的结构偏偏是遵循数学定理的必然结果。这真是个有趣的现象。但是有许多种花冠的组合方式偏离了正轨，比如唇形科和面具科的花冠，它们的花瓣的确是五个一组，不同的是五个花瓣又分成两个小组，一组两瓣，一组三瓣，前者在上，后者在下，就像人因为吃惊而张开的嘴巴。

像唇形花一样，面具形花也分成两片唇，上唇有两个花瓣，下唇有三个花瓣。下唇的三个花瓣隆起呈拱形，这里是形成花冠的入口，如果用手指压在这三片花瓣的边缘，上下两片唇会张开，松开手指，唇瓣又会闭合起来。由于看上去像一张兽脸，或者说像兽的吻端，所以人们把这种植物形象生动地叫做"龙头花"，也有人称它是"金鱼草"。我自己倒觉得它更像演员们套在头上的夸张的面具，所以我更愿意称它是"面具花"。

双唇形花的反常之处不仅在于结构，雄蕊也发生了些微妙的变化。五根雄蕊中有一根消失了，作为它消失的证明，在基部留下了些许的痕迹，另外四根雄蕊组成高度不等的两对，高的一对似乎一直在排挤短的一对。对于鼠尾草来说，雄蕊之间的称霸斗争进行得更加彻底。一般来说，花朵的雄蕊上都会有一个花药，花药一般有两个叫药隔的单层囊构成。鼠尾草的构造也遵循着这个规则，但是它的药隔比较奇特，它不是单层薄膜，而是像天平状的东西。它只是保留了繁衍后代最必不可少的那一部分，其余部分都因花冠追求怪异的风雅而牺牲掉了。

为什么这些"反常"会引起花的基本结构的改变呢？为了把原因梳理得更清楚，请允许我打一个建筑学上的比方，工匠以圆弧形作为石桥的标准造型，这种弧型也称作半圆周，后来又称作半圆拱形的桥梁。这种桥梁最大的缺陷就是看上去结实、雄伟，但是稍显得单调，不够精巧。后来的建筑师们用一种更具时尚感的桥梁造型对旧标准进行了突破——两个圆心不同的拱相交，会得到一个秀丽挺拔的尖拱，还可以在上面附加漂亮的纹饰。

植物界中那些合乎常规的花冠就相当于建筑的半圆拱，不论造型像钟还是像壶，呈轮形还是星形，甚至其他的形状，合乎规则的花冠都是由相似的材料，依照着圆周排列组合而成；而不合乎规则的植物花冠就是后来出现的富有大胆创意的尖拱桥梁，比如只有两根雄蕊的鼠尾草，比如面具草，它们虽然不及山楂树与黑刺李的玫瑰形花那般小巧精致，却具有诗篇一般的无序之美。它们多么像加入音阶的半音，打破常规的小小旋律让高亢的主旋律富有了变幻色彩，又多么像衬

托出和谐音的游离音调，使交响乐也因此变得更加美妙。

既然如此，我们是不是同样可以把昆虫界里的"反常"现象理解为飘荡在主旋律之外的游离音调呢？用同样的理由可以解释，为什么"步行红股秃蝗"不长翅膀，而在高山上的虎耳草里蹦蹦跳跳？为什么隐翅虫、短翅天牛穿的都是短上装？为什么真蟖拥有双翅目昆虫的外表？它们都以自己的方式为生物界涂上了一抹更加亮丽的色彩。当这特殊的音符和整体的旋律配合在一起时，我们才更充分地感受到了生物、自然，乃至地球的神奇魅力所在。

即便如此，我还是不太明白：为什么粪金龟的前足没有跗节？为什么沼泽鸢尾象只有一个爪钩，为什么粪金龟生来就是残废？为什么会有这些细微的反常现象？为了回答这些问题，我再一次请教了那些渊博且无私的植物。我这次请教的老师是原产于秘鲁的印卡百合，当然我没有千里迢迢地奔赴那个陌生的国度，只是把这种奇怪的植物移栽到了我的温室里。

印卡百合这种奇怪的植物给我出了个难题。初看起来它的叶子就像随处可见的柳叶，不值得细细观察；但是仔细一看，就会发现它那扁扁的像丝带似的叶柄实际上是扭曲着的。整株植物看上去无精打采，仿佛一个患了非常明显的歪脖子病的病人。我把自己当成了医生，试图用手指矫正它的歪斜。我轻轻地帮它恢复原状，扭曲的带状叶柄平平地展开来。然而接下来我却惊奇地发现：叶柄恢复正常之后，叶子也会随之恢复正常。奇怪的事还在后头，将恢复常态的印卡百合的叶子翻个面，背光的一面趋向了光亮，趋光的一面成了背光面。如此一来，叶子的方向改变了，叶子应有的功能便无法正常发挥。

这种扭转的直接动因就是阳光。我想验证一下如果我进行人为的干预是否会使这种情况发生改变，我找了一根小棍和一根细绳，把一株印卡百合的茎压弯，用细绳把它头朝下固定在小棍上。由于天生对阳光的渴求，这株受到捆绑的百合很快伸展开来，重新变成了带状，依旧是光滑绿色的那面朝着阳光，浅色而又多叶脉的一面背向阳光，不过这时候斜颈不见了。植物的歪脖病得到了治愈，但它却不得不过起了首尾倒立的生活。

回到这一章内容的开始，如果我们再早一点感受到不和谐音符所带来的美好感觉，是不是就不会感到深深的不安了呢？知道不美的音色也能带来和谐美就好了！可是最明智的做法往往却成了令人怀疑的东西。

对那些反常现象不断提出质疑的时候，我脑海中常常浮现出一个巨大的"？"，这是在所有的书写符号中最贴切的一个。它的下面是一个圆点，这是地球；上面站着一个大大的弯钩，像古罗马人占卜用的曲棍，象征占卜棍询问着未知的但令人无限好奇的事物，我愿意把这个符号看成是永远探究如何和为什么的科学象征。

随着人类知识的进步，一层层奥秘被艰难地揭开，在这些奥秘之外还有什么呢？也许是无限的光明，是为什么中的为什么，是原因之原因，最后是世界方程式中的大 X。永不满足、穷追不舍的发问和研究之后，我们可能会发现隐藏在未知世界之后的秘密，揭开众多在"为什么"背后最根本的原因。

我已尽我所能研究了昆虫发生反常的基本原因，然而，令人信服的答案还未找到，因此在结束这一章时，有许多发现仍然存在疑点，我在本页最醒目的位置上保留着这个如曲棍一样的问号，用来提醒自己，所以，我的工作还没到终点。

第五章

矮个的昆虫

　　世界上没有两片完全相同的树叶，也没有两个性格完全相同的人。一成不变的标准在生物界并不存在，存在的只是因人而异的不同价值取向。既然连不同的道德观都有它们各自的追捧者，那么像驼背、独眼、罗圈腿、畸形这些不常见的身体特征，我们就不能一概以"怪异"或"缺陷"这些词语来形容。

　　在某些人看来难以接受的东西，对另一些人或许具有强大的吸引力。这就是大自然与人类社会都存在的互补法则，就像普罗旺斯的一条谚语说的那样："任何一把茶壶都能配上壶盖，任何一个人都能找到合适的配偶。"当然，所谓的"合适"因人而异。所以，当你看到昆虫界里那些看上去不太般配的伴侣时，千万不要像我这样大惊小怪。

　　在一次偶然的情况下，我得到了一对蒂菲粪金龟。我找到它们时，这对夫妻正在洞底忙着挖掘泥土，令我惊讶的不是那位女主人的美丽和优雅，而是它那矮小的丈夫！雄蒂菲粪金龟身材瘦弱，身高只有12毫米，正常情况下这种雄性昆虫一般都会长到18毫米。它的体积几乎只有普通雄性的四分之一，除此之外，就连它们特有的胸前那三根并排长矛都出现了畸形：正常情况下这三根刺都应该弯向头顶，但现在中间那一根又短又小，两侧的两根也只长到和眼睛等高的位置。我感到奇怪，

那位漂亮的姑娘为何偏偏选中了这样一位既不潇洒也不帅气的侏儒丈夫呢？

　　这种情况我并不是头次遇到。我曾经为一位英俊而魁梧的雄性蒂菲粪金龟寻找伴侣，不幸的是，姑娘说什么都不肯接受我为它锁定的配偶，为了撮合这门婚事我绞尽脑汁，最后，我不得不为这个小伙子另配佳偶。连拥有好身材、好相貌的雄虫都会被拒绝，那么这只矮小的粪金龟怎样俘获了漂亮姑娘的芳心呢？难道我们要用"爱情是盲目的"这句话来解释这种不太般配的结合吗？

　　虽然心有疑惑，但我的注意力并不在那里，还有更加有趣的事情值得我推敲：按照遗传学的观点，子女的身高、相貌多少都会受到父母基因的影响。这是不是意味着这对极不般配的

◎ 小小的粪金龟

夫妻所生下的孩子中，会有一部分长成母亲那样的瘦高个，而另一部分像父亲一样矮小？

为了得到确切的答案，我决定把它们圈养起来。遗憾的是我没有合适的牢房，如果能用木板做一个高高的空心木柱，再在里面装满泥土，那就再合适不过了，但眼下的条件并不允许，所以我只好找了一个做昆虫实验用的试管，往里面装进沙土和食物，随后将这对蒂菲粪金龟放了进去。

对于环境的变化，它们似乎并不关心，或者说没有完全意识到这一点。就像在野外的洞穴中一样，雌虫挖土，雄虫清理垃圾，并开始把堆在外面的粪球挪到洞里。很快，雌虫挖到了试管底部，它们这才发现无法继续劳动。由于试管中的土壤厚度无法满足蒂菲粪金龟对于洞穴深度的要求，很快，这对夫妻死去了。

实验失败，破解侏儒之谜的线索也断了。我想到的是，这只雄虫为何成了侏儒？莫非它的父辈或祖辈就是矮个子？它的子女也会把父亲的身材当作遗产继承吗？如果这一切与遗传无关，又是什么因素导致？一连串的问题让我感到头痛。关于遗传的问题我因缺乏专业知识无法验证，只能希望通过力所能及的实验寻找突破口。想到人类中那些因缺乏食物而面黄肌瘦的孩子，还有因营养过剩而令人操心的小胖子，我开始怀疑食物的供给量也会对昆虫的身高构成影响。

一根有弹性的绳子会根据拉伸力度的大小出现长短变化，一个可伸缩的袋子会因为放入物体的多少发生体积缩胀，假如把昆虫的身体当成绳子或袋子，这种现象就不难理解了。昆虫的进食量应该有一个范围，低于最低值，昆虫会饿死；之所以出现了矮子，可能是因为它摄入的食物量不够；如果在最低限度之上增加数量，同时又不超过可承受范围，就会得到一个身高正常或偏高的生命。如果这一套可伸缩理论不算荒唐，那么我是不是可以随意制造矮子或巨人？是不是通过控制它们的食物摄入量就能做到呢？

但是，昆虫们有自己的智慧，通过强迫进食来制造巨人恐怕只会白费力气，因为它们一旦吃饱就会停止进食。所以我的实验只能在最低级和最高级之间进行，以保证它们既不会被饿死，也不会因超量的食物而苦恼。

如何确定幼虫正常的食物定量是我遇到的第一个问题。一般来说，绝大多数昆虫父母都会为它们即将出世的孩子准备取之不竭的食物，幼虫们想吃多少就吃多少，除非胃再也无法负担，否则就没有限制。其中育儿经验最丰富的要算食粪虫和膜翅目昆虫了，它们预备的食物往往数量适中，绝不会出现不足的情况，也不会因过多而造成浪费。

蜜蜂类昆虫也是分配食物的一把好手，它们不仅预备了足够多的蜂蜜，而且会根据幼虫的性别分配食物：雌虫个子大一些，就多分点食物；雄虫个子小，就少分一点。像蜜蜂一样按性别为幼虫分配食物的还有鞘翅目昆虫。我曾经尝试过破坏这些母亲精心的分配，将雌虫的食物匀一部分给它的兄弟们，这虽然没能制造出巨人和矮子，但成虫的身高确实受了影响。

这让我的想法更加坚定，食量确实能影响身高，我将通过更多实验证明这一点。接下来的任务是挑选我的实验对象，膜翅目昆虫被我排除，原因是，它们的幼虫过于娇弱，很可能夭折于实验之中。而那些身体健康、胃口较好、大小明显的圣甲虫则完全符合我的要求。

圣甲虫会把粪球揉成大小不同的梨形，分配给每一条幼虫。或许也是因为性别不同，幼虫们得到的梨形食物有大小上的差别，对此，我没有做实验性质的认证，而是像当初改变蜜蜂母亲的分配一样，将圣甲虫母亲自认为最恰当的配给进行了调整。

我在五月初做了一项削减食物的实验。我把四个包裹着虫卵的粪梨横向切开，然后把球冠形的梨腹扔掉，而把寄居着虫卵的梨颈分别放在四个广口瓶里。广口瓶的好处在于，能给孵化中的幼虫提供恰到好处的外部条件，因为瓶子内部既不干燥，也不太潮湿。在食物被削减了一大半的情况下，这几条幼虫只能依靠有限的粮食完成生长过程。可能是由于瓶里的舒适程度比不上洞穴的温暖和湿润，两条幼虫很快就死掉了。为了观察其余两条幼虫的生长情况，我在粪球外壁挖了一个小洞作为

⊙ 许多熊蜂（蜜蜂科）的巢穴都建在地下，但欧洲小花园熊蜂把巢穴建在密集的草丛表面。注意那些有特色的、随意收集来的哺育蜂房（被幼虫或蛹占据的）和装有花蜜的储存蜂房。

观望口，两个小家伙一直尝试着用粪把它堵上，终究没有办到。

在结束幼虫期以后，幸存的两条小圣甲虫比那些依靠整只粪梨长大的同类确实瘦小一些，不仅如此，幼时食物不足对它们身高的影响将延续下去。两只圣甲虫于九月份从蛹中羽化而出。那些在野外自由生长的成虫最小的也有 26 毫米，但这两只圣甲虫只有 19 毫米，而且它们的体积也只有正常同类的一半左右，确实算得上圣甲虫中的侏儒了。

这些圣甲虫体积缩小的比例与食物减少的比例几乎是一致的，这证明了某些昆虫的身体与可伸缩的袋子确实相像。不过我并未因此感到满足，起码我还不知道那只启发我进行昆虫身高研究的蒂菲粪金龟到底遭遇了什么事故，是否也因为食物短缺呢？

或许是因为那位善于分配食物的母亲一时疏漏，把分量不足的粪球分给了某个孩子；或许是因为食物缺乏，所以最后一颗卵只能勒紧腰带；还有可能是母亲在分配食物时遇到了突发事件，只能中止工作。不论是哪种情况，唯一确定的是那条营养不良的幼虫挺过了饥荒的童年，虽然没能长成个大个子，总归还算健康。虽然明知可能性不大，但我还是想试试看增加食物供给会不会增加昆虫的身高。我给实验室里的圣甲虫们提供的食物是它们的母亲所分配的定量的两倍多，但正如我所预料到的，这些小虫吃饱之后就没了食欲，大概是因为胃的容量有限吧！所以它们并没有长成像来自阿雅克修和阿尔及利亚的圣甲虫那样的巨人。那两个地方的圣甲虫一般体长 34 毫米，若单纯比较体积，塞里昂乡间的圣甲虫的体积是用节食法得到的矮子的两倍，科西嘉和非洲圣甲虫的体积比矮子们甚至多出了四倍。我猜想这些昆虫一定具有超大的胃口，非洲的气候环境或许就像辣椒和芥末一样刺激着它们的食欲。这样的环境我无法仿造，也就没有办法将本地的圣甲虫养得像非洲虫子一样。

　　以后的实验，我选择了花金龟为对象。一般来说，这种昆虫生活在腐烂的树叶堆里，它们的母亲从来不会对它们的粮食进行合理地规划，将它们产在充裕得不受任何限制的食物堆里后，它们的母亲就认为完成了自己的任务。四月初，我从荒石园里的一堆腐叶中捉来了36只发育良好的花金龟幼虫，不出意外，它们会在接下来的一段时间内大量进食，以储备化为成虫的营养，并在夏天到来时织起虫蛹。

　　我把捉来的幼虫分成三组，每组12只，分别放进一个铁皮罐里，为了避免水分蒸发过快，又把罐子密封起来。这三组幼虫享受的待遇是不同的：第一组拥有充裕的食物，而且食物随时都能得到补充，住在这里甚至比那松软的沃土堆还要舒服；第二组幼虫隔几天就能得到一些腐叶，但数量有限，根本填不饱肚子；第三个罐子就是饿鬼们的地狱了，里面铺着薄薄的一层粪，饥饿的花金龟幼虫只能在上面散步，但它们得不到任何食物。

　　炎热的夏天很快就到来了。三个罐里的幼虫分别变成了什么样子呢？我怀着好奇心打开第一个罐子后，看到了12只美丽的花金龟，它们都很健康，发育得很充分，放到荒石园里后根本无法把它们和自然长大的花金龟区分开，不过，这个现象同样说明，充裕的食物不能增加它们的身高。

　　第三个罐子里那些彻底禁食的花金龟幼虫中大部分因为饥饿而死亡，只有两只结成了蛹，蛹的尺寸也比较小。它们迟迟不肯破蛹而出，第一个罐子里的花金龟都已经爬来爬去了，这两个蛹还没裂开。到了九月中旬，我实在没有耐心继续等待这两个花金龟自己钻出来，便动手破开了蛹壳，原来里面的幼虫已经死了。在完全没有食物的情况下，即使有两只幼虫靠着顽强的毅力活了下来，但最终也没完成蜕变，它们所做的最后的努力就是把周围的粪黏合成一层外壳，似乎是要为自己穿上最后的寿衣。

　　看过处于两种极端环境中的花金龟之后，让我们来看看情况介于两者之间的第二个罐子里发生了什么吧！打开罐子后，我看到里面12只花金龟幼虫中有11只饿死，只有一只蛹壳孤零零躲在一边。看上去除了比正常的蛹要小一些之外，结构还算正常。同样到了九月中旬，在确定它没有任何自动开裂的迹象后，我打开了那个蛹壳，我本以为两只虫蛹的悲剧会在这里重演，但让我万分惊喜的是，里面居然有一只活着的花金龟，它像那些在松软土壤、可口腐叶中长大的同类一样漂亮，皮肤甚至还闪耀着金属般的光泽，白色条纹外衣让它看上去像位风度翩翩的绅士。遗憾的是，这位绅士的身材实在太矮小了——从头顶到鞘翅末端的长度只有13毫米，在这之前，我还从来没捉到过这么小的花金龟。如果和在正常条件下成长的花金龟相比，这个侏儒的体积大约只有它们的四分之一。饥饿造成了如此严重的后果，我的推测得到了越来越多的事实的佐证。

　　禁食造成的影响是深刻而长久的，这只被我从蛹壳里剥出来的花金龟仿佛耗尽了所有的力气，无法从壳里爬出来，我只好亲自为它打开牢房。虽然破壳而出的时间已经过去了很久，但它似乎一点都不喜欢已经到手的自由，它懒懒地趴在地上，一点也不动，除非我用手去拨弄它，它才会走。我想这只花金龟的虚弱应该是饥饿导致的，于是把它的同类们最爱吃的香甜的无花果扔给了它，这块无花果已经熟透，味道一定非常不错，如果是一只在荒石园中长大的花金龟，它一定会扑上去狼吞虎咽起来。但是这只被强行解放出来的虫子宁可睡觉，也不肯进食，这让我产生怀疑：如果我不把它强行从蛹中放出来，它会不会踏踏实实地待在壳里过冬呢？

　　我在圣甲虫那里得到的结论在这只矮小而虚弱的花金龟幼虫身上得到了再次的验证：在昆虫界，身材矮小很可能与先天无关，而是后天饮食不足的结果。我很想知道这些通过饥饿实验得来的昆虫中的侏儒是否能生育后代，并将矮小的身体特征遗传给它们的子孙，但这将会是一个艰难的实验，我根本无法确信一只本身已经非常虚弱的花金龟能够活到求偶、生育的那一天。我不得不去考虑一切消极因素，如果我执意而为，最终可能会一无所获，这样倒不如换个思路，去研究一下那些植物好了。

⊙ 许多雄蜘蛛的体型比它们的雌性配偶要小。如图中蛛网顶端的就是个头很小的雄蜘蛛，与它期望中的配偶（下边的雌蛛）一比，它像个侏儒似的。

⊙ 花金龟

四月份，在那些长期潮湿的地方生长着一种叫做春葶苈的植物。它们要忍受被人多次踩踏过的、坚硬的土地，它们看上去很虚弱，那是因为养分过于贫乏。

比起对圣甲虫或花金龟进行试验而感到费心费力，对植物进行试验就容易得多。我只需收集一些这种弱小植物的种子，然后在合适的季节把它们撒在土里，基本上就大功告成。前提是这里的土壤要非常肥沃，起码不贫瘠。第二年春天，这些春葶苈长出了很多根高达一米多的茎，叶子宽大肥厚，就像莲花座一样，到了收获季节，果实挂满了茎干。植物恢复了正常的状态，侏儒症似乎已经得到了彻底的治愈。

通过各种试验得出的结论，我推测，如果昆虫的矮小是由于人为因素或是意外不测而造成的，那么只要它们还有生育能力，并且能保证它们的后代在正常的条件下成长，那么诸如驼背、肋缘外翻和上肢残缺一类的身体特征就不会遗传。

昆虫的几何学

　　黄斑蜂依靠自己精湛的技艺，利用毫无艺术价值的绳条为自己修建了一个由小隔间连接起来的居所。它的杰作是在很短的时间内完成的。这个居所由各种绒毛植物提供的类似棉花性质的材料筑成，外表柔软而光滑，像雪一样白净。整个居所的外形就像一个酒杯，又像是一顶粗毡帽。它差不多半个杏子那么大，摸起来有天鹅绒的感觉，甚至比天鹅绒还要细腻柔软。小隔间由一个一个的棉袋子组合起来，由于缺少空间，它们在相互挤压之中都走了样。然而这并不影响黄斑蜂的居所成为一个精巧无比的艺术品。

　　昆虫在建筑方面所具有的才能是十分让人赞叹的，可谓是奇迹。特别是对于膜翅目昆虫来说，更是如此。卵石石蜂的巢穴在还没有完全建好的时候，看起来就像是一个用石子搭建起来的棱堡。这是因为它们为了节省涂抹墙壁的材料，在砂浆凝固之前，用一些比较碎小的砾石嵌在墙壁中。这种方式同样能够增加房屋的牢固程度。卵石石蜂在坚实的地面上刮下一些粉末，然后用自己的唾沫把它们制成砂浆。这就是它们用来糊墙的水泥。在整个工程开工之前，卵石石蜂会先在卵石上勾勒出一个几何形状的小塔。

　　泥水工筑巢蜂凭借自己的审美建造了一间蜂房，里面还有一个修饰着马赛克的圆柱体。这些蜂掌握使用抹子的技巧。在建造第一个蜂房的时候是没有任何要求的，然而后面所要建造的蜂房都要以第一个蜂房为基础。让两间蜂房合用一堵墙壁可以节省建筑材料，而且能够使整个蜂巢更加牢固。每个小蜂房中都有一个圆柱体，而且蜂房两个两个地连接在一起，这要求圆柱必须在一条线上紧挨着，而不是在一个大的范围内使用同一堵墙壁。按建筑的基本规律来说，如果圆柱相互之间有空隙，那么整个蜂巢的稳定性将受到很大的挑战。那么，我们的泥水工筑巢蜂又是怎样对这一点进行调节的呢？

　　原来它将圆形的小蜂房变成了不规则的多边形。这样一来，每个原本是由圆柱体连接在一起的蜂房所产生的空隙就由多边形的角填满了。圆柱体的形状虽然被改变了，但是每个小蜂房的容积却保持不变。这种形式的蜂房对于幼虫的生活是非常有利的。

　　当整个蜂巢都修建好的时候，从外表看上去就像是一个泥团。原本规则的小蜂房在泥水工匠不停地修建当中逐渐变成了不规则的形状。而且为了让蜂巢更加牢固，泥水工还在表面涂上了一层厚厚的泥浆。这样蜂巢就能够抵挡强风以及恶劣天气的侵袭。原先那个装饰有马赛克图文的圆柱棱堡已经看不出来了。原本造型优美的小隔间已经从外面看不到了，取而代之的是一个由一层厚厚的水泥涂料覆盖的团状物。

　　黑蛛蜂为自己幼虫准备的唯一的食物就是蜘蛛，这只蜘蛛被关在了一个黏土壳里，像樱桃核一般大小的小壳。小壳的外面有呈结节状的扎花滚边修饰着。单个的黏土壳看起来就是一个没有脑袋的椭圆形物体，是一个非常规则的形状。由于黑蛛蜂不在蜂巢的外部加任何装饰性的东西，所以成品做好后也能够看出原来的特征。

与黑蛛蜂不同的是，陶艺师长腹蜂根本看不起黑蛛蜂的这种筑巢方法。长腹蜂在向阳一面的墙壁缝隙处建造它的蜂窝，这样的隐蔽之地是陶艺师们施展才艺的最佳场所。它们存放食物的小坛子组合在一起，成排成行。整个陶器呈椭圆状，但是实际建造出来的成品与理想中的产品还是有一定的差距。由于每个小坛子的底部都相连着，坛子之间的挤兑使得凸起的地方都被磨平，所以最终陶瓷成品的底部就形成了一个平面。建成后的蜂巢与构成它的小坛子的样子大不一样。

比起黑蛛蜂与长腹蜂，阿美德黑胡蜂的筑巢技术更加高明。它们能够把自己的巢穴建造得像莫斯科维也纳大教堂，也像东方风格的小亭子。在巢穴的顶部有一个洞口，形状就像一个双耳尖底瓮的开口，这个口子是为了把毛虫送进去以便幼虫进食。假如食物已经装满了巢穴，而且在其中有一粒卵被一根线悬挂着，那么这个时候蜂房的洞口处就会有一块凸起的黏土将蜂巢堵上。阿美德黑胡蜂的巢穴在太阳的炙烤下显得非常高贵而雅致。它通常会把自己的蜂巢建筑在一块大大的卵石上面，而且还需要找一些多棱角的砾石，让这些砾石的一部分嵌入巢穴的圆顶。这项工程是由泥浆黏合而成的，然后黑胡蜂会在自己巢穴的封口处放上一块小石头，这是一块扁平的小石头。有时候一个小的蜗牛壳也是一个不错的选择。于是一个胶泥暗堡便制作完成了。

黑胡蜂的暗堡在太阳的照射下看起来格外美丽，然而这个漂亮的东西马上就要不见了。因为黑胡蜂想要在圆顶上面再修建一个圆拱形的小屋子，而已经修好的这座暗堡的墙壁就要与新修建的小屋共用。这样一来，圆形就不能够再被使用了，取而代之的是有棱角的多面体。整个蜂巢除了顶部和四周保留着原先的样貌之外，其余的部位都已经变了样。蜂巢的表面就像是一片上下起伏的丘陵，而每个丘陵就是一个幼虫的小隔间。假如不是蜂巢顶部那个长得像双耳尖底瓮开口的洞口，恐怕我们将不能认出这个巢穴就是由黑胡蜂所建造的。完成后的蜂巢根本不如先前的美丽。

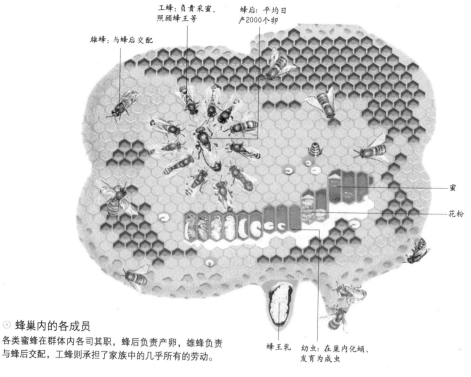

⊙ 蜂巢内的各成员

各类蜜蜂在群体内各司其职，蜂后负责产卵，雄蜂负责与蜂后交配，工蜂则承担了家族中的几乎所有的劳动。

比阿美德黑胡蜂弄得更难看的蜂巢是有爪黑胡蜂。在它为自己的蜂巢涂上一层泥浆之前，整个蜂巢的样子与阿美德黑胡蜂的蜂巢相媲美。有爪黑胡蜂的蜂巢也有一个喇叭口形状的开口，表壁上也有装饰性的物质。然而为了让蜂巢更加牢固，有爪黑胡蜂选择在这个美丽蜂巢的表面涂上一层泥浆。这种做法与仿石蜂和长腹蜂的做法如出一辙。看来对危险的恐惧最终还是代替了对美的追求。

然而，一些体型比较小的黑胡蜂所建造的蜂巢却有着不同的一面。这些蜂巢的表面没有镶嵌砾石，也没有那层泥浆的涂抹。小黑胡蜂用黏土结核来替代砾石，这些黏土结核零散地分布在蜂巢的表面。这些蜂房一般都是单个的，以小灌木的枝条作为支撑物。同样地，蜂巢的圆顶部也有一个漂亮的洞口。

两种黑胡蜂修建蜂巢的方式不一样。第一种黑胡蜂把自己的蜂房组合在一起，它根据第一个蜂房所留出来的空隙来决定整个蜂巢的大小。原本具有优雅曲线的设计，由于环境的限制，最终被断裂的线条所代替。而另一种黑胡蜂的蜂房则没有挨在一起，是分开建筑的。这就有效地避免了第一种黑胡蜂巢穴的情况。每间小蜂房的造型与大小通通一样。整个蜂巢看起来十分完美。

看看蜂房，好像是孩子们玩耍的气球。就算在童话世界中，我们也找不到比这个东西更漂亮的气球了。当然了，这可不是什么气球，这是名副其实的胡蜂蜂巢。有人在百叶窗的窗台下面发现了这个东西，并且送给了我。这扇窗子在一年四季中基本上都是开着的。胡蜂的蜂巢中，每只幼虫都拥有一个独立的隔间，互相之间不受任何妨碍。整个蜂巢呈现出一个规则的几何形状，只不过根据胡蜂的技艺在形状上有一定的变化。

这个类似气球的蜂巢除了与窗户的连接点以外，其他部位的任何一点都是独立的，就好像是一个用中国或是日本生产出来的丝绵纸吹起来的气球一样，拥有平缓优美的弧线。这样的建筑我们也可以在圣甲虫梨形的巢穴中看到。虽然食粪虫的体型比较笨重，但是它们与身材修长的胡蜂一样，都能够建造出一个具有优美线条的巢穴。

胡蜂在建造自己的蜂巢时并不一定单靠胡蜂母亲的力量，有时候全家的成员都会集体动。胡蜂母亲只是在最开始的时候为蜂巢搭建一个顶篷，之后它的孩子们就会赶过来相助。一个巨大的蜂巢是在一群工蜂的共同努力下修建起来的，这里面安置着所有的卵。虽然修建蜂巢的胡蜂数量很多，但是这丝毫没有影响到它们协调的操作。每一只工蜂都是单独地干自己的那份活儿，然而它们最终却能够修葺一个和谐的整体。蜂巢的角度不断地变化，直径越往顶部就变得越小，直到最后减缩成了锥形。一个小洞口被留了出来。

从蜂巢的外面能够隐约地看到一些螺旋形网格的形状，从这点我们就能够猜到胡蜂是怎样修建它的蜂巢的。胡蜂先是织好一张网，然后再用自己的大颚涂上一层纸浆，用纸浆沿着网格的边缘进行旋转，方向朝下。这样一来，在胡蜂经过的地方就有一条用唾液浸湿的、柔软的带子。由于胡蜂身上的储备物质十分有限，所以这项工作会时不时地停下来。这个时候，胡蜂又跑到周围的植物上面，用自己的牙齿从上面刮下一些被湿润的空气渗透过的，而且被太阳晒白的木质茎。除此之外，胡蜂还必须把木质茎里面的纤维抽出来，然后再将这些纤维分成一丝一丝的条状物，最后捏成团。有了新的储备后，胡蜂再次回到蜂巢上面修建。这样的工作大概需要进行上千次。

不同的蜂种拥有自己修建蜂巢的独门技巧，也因此建立起与其他蜂种所不同的建筑组织。胡蜂形成了纸质气球组织，黑胡蜂形成了细颈圆罐拱组织，卵石石蜂形成了自己的小土塔组织，长腹蜂形成了黏土绳形线条组织，而黄斑蜂则形成了棉袋组织。昆虫们不需要经过后天的学习而天生具有几何学知识，虽然每个昆虫组织所使用的建筑技巧不同，但是在同一个组织中，修建蜂巢的几何学知识是恒久不变的。每种昆虫都会拥有一套自己的技能技巧。

软体动物能够为自己搭建起一个螺旋塔样子的外壳，而昆虫也能以同样的精准度为自己修建一个巢穴。我们的建筑师在开始修筑之前首先要设计图纸，并且进行计算。而昆虫则不需要这些事前的准备，它们天生就知道如何修建自己的巢穴。假如不受空间的限制，昆虫们就能够修建出一个精美绝伦的艺术品。但是外界的环境往往不允许昆虫这样做，在有限的空间内，昆虫为了节约材料，最终制成了一个不规则的几何体形状的巢穴。这就如同我们人类，在秩序的约束下生活，以避免混乱的产生。

我将别人送来的胡蜂蜂巢打开来看，我发现里面由两层组成。我想如果送我蜂巢的这个人再迟点拿来，那这个蜂巢一定会有更多的里层。每层之间的间隔很小。为什么胡蜂会让自己的蜂巢由好几层组成呢？我想胡蜂们应该比我们更懂得如何保暖。人们在冬季的时候知道用双层的窗户来保持房间内部的温度。我们根据物理学的知识了解到两层隔板之间静止的空气能够很好地保持温度的恒定性。然而，早在人类了解到这一点之前，胡蜂就已经懂得如何进行保暖了。它们那由三四层所组成的巢穴就是很好的证明。

这个蜂巢中只有一层开口朝下的六边形蜂房，我相信完整的蜂巢还会有另外的几层蜂房，它们在外形上应该与第一层蜂房相同。这些蜂房位于巢穴的上面，这才是真正的住所。而刚才我们说到的纸质围墙只是几层起到防御作用的层面。每一层蜂房都通过纸质的小圆柱与上一层蜂房相连，整个蜂巢中的蜂房加起来要有百余间左右。有多少间蜂房差不多就应该有多少只幼虫。

一些蜂种在产下卵后就大功告成，以后基本上没有什么事情了。它们提前把幼虫的食物都储存在蜂房的每个小隔间中，待卵被产下后就会将蜂房的门关上。待在里面的幼虫不需要帮助就能够轻易地找到身边的食物，它们独自成长。只要能够保证蜜蜂巢穴的安全，那么即便这个蜂巢修建得比较杂乱，即便它不好看，这都对幼虫的生命没有什么影响。相反，幼虫在食物丰富以及环境安宁的状态下能够长得更快。

然而胡蜂家族却有所不同，它们的幼虫因为不能自力更生而需要工蜂的照顾。工蜂终日忙碌于给幼虫喂食，它们必须一口一口地把食物送到幼虫的口中去，否则幼虫就会因饥饿而死。这种喂养的活动一直要持续到幼虫长大之后。胡蜂家族的哺育工作必须开展得井然有序，否则那么多的幼虫都需要喂养，岂不是天下大乱了。假如胡蜂的蜂巢也修建得像黑胡蜂、长腹蜂以及石蜂的巢穴那样不规整，那里面的情形就真的不容乐观了。所以胡蜂的蜂房修建得非常有条理。

工蜂在修建蜂房时有着商人看重时间的精神，它们认为时间与纸张的紧缺程度是对等的。因此，节约原材料就成了修建蜂房首要注意的问题。工蜂根据幼虫的数量来定夺蜂房的间数。它们必须利用仅有的空间来修建足够幼虫生存的隔间，而且不能让蜂巢出现缝隙，这是十分危险的。那么，建筑师们是怎样来施工的呢？它们怎么才能更加节省空间和原材料？怎样才能不让蜂巢留有丝毫的空隙？最终，工蜂们选择了规则的多边形以及两个隔间共用一堵围墙的方式，堪称完美。

然而，规则的多边形有很多种。三角形、正方形以及六边形等都属于此类。那么，工蜂究竟要选择哪一种多边形才能在最大程度上更好地利用有限的空间和材料呢？当然是选择最适合幼虫体型以及最接近圆形的六边形。胡蜂蜂房的每个小隔间都呈现为六面体。胡蜂的蜂巢可谓是完美的艺术品，和谐又极富美感，尤其是那个从下面往上重叠的蜂房，带着双层套。工蜂在修筑蜂巢时为了节约空间和材料，它们选择在基础部位采用金字塔形的方式，也就是三个菱形的组合方式。胡蜂几何状蜂巢的精密程度让我们难以想象，甚至它们可以让自己的蜂巢精密到度、分、秒等单位。

一些人认为胡蜂的房子修起来很简单，就像泡干豌豆似的。被放在一个瓶子里的干豌豆，加上一些水后就会因膨胀而相互挤压，呈现为多面体的形状。他们认为胡蜂的蜂巢也是以同样简单的方式来修成的。工蜂们各自盖着各自的房子，非常随意。由于它们把自己的房子挨在了其他工蜂所修筑的房子上，所以由于受挤压也变成了多边形。这种说法是多么的荒谬啊。只要我们仔细观察一下第一间胡蜂蜂房的修建过程，就可以轻易地否定以上的观念。胡蜂在没有任何参照物和合作修建者的情况下就能够完成第一间蜂房，那是一个规则的棱柱体。修建这间房屋的时候，

⊙ 图中是一只来自墨西哥的纸巢蜂蜂后，它正留意的巢穴是春天的时候由数只雌蜂用木质纸浆和唾液建造的。

⊙ 胡蜂

周边没有任何阻隔的事物。胡蜂完全可以随意地进行发挥，无论建成什么形状都可以。然而，它最终将自己的蜂房修建成了一个六面体的形状。

无论是马蜂还是胡蜂，让我们看看这些建筑师们进度并不相同的蜂房吧。由于很多蜂房还没有竣工，所以这些蜂房的周边都是空着的，并没有任何其他物体的阻碍和挤压。然而这些正在修建的蜂房还是以六面体的规则形状呈现在我们的眼前。

柏拉图在谈到创造力的时候，他总是把创造力的成果最终归结到几何形状的身上。这也正是我们对胡蜂蜂巢修建的正确解释。然而，另有一些臆想者却又把胡蜂的巢穴说成是由于球体在一种盲目的机械作用下发生了碰撞而形成的。他们用这种学说来取代刚才我们所提到的豌豆原理，同样荒唐可笑。难道像蜗牛这样按照对数螺线的曲线定律来为自己搭建房屋的软体动物，它们也是由于形状交错而形成的吗？我们根本不应该为这种问题而伤脑筋，太不值得。蜗牛的房子都是独立的个体，根本不存在两者或者多个房子相互挤压的问题。

第七章

以蛆虫为食的寄生虫

除了在挖掘中会碰上危险，反吐丽蝇还会在其他地方遇到其他危险。它们所处的世界，其实也是我们所处的世界，就如同一个杀戮的场所，谁导致了他人的死亡，自己到头来也会丧命于别人的手中；此时你是捕食者，也许很快就会成为别人的盘中餐。

腐阎虫是蛆虫的天敌，这点我很清楚。一起在沼泽里蠢动，它会不加区别将绿蝇、灰蝇和反吐丽蝇的蛆虫拖到岸边，一口一口地吞吃掉。在它看来，所有的蛆虫都一个模样。待在我们的房间里，灰蝇会感到不自在，腐阎虫和绿蝇也不会光临我们的屋子，正因如此，只有在野外，在强烈的阳光照射下，人们才能见到这些家伙。不过也有例外，反吐丽蝇来到我们屋里的次数就非常多，这也让它的命运较之前面几位有所改善。但是在野外，它也喜欢把卵产在它遇到的任何一具尸体上，因此，它的蛆虫也和别的苍蝇蛆虫一样，绝大多数都被腐阎虫这个恶魔吞入肚中了。

除了上述提到的，我还确信，如果它的竞争对手灰蝇所遭受的不幸降临在它的身上，那么结果将会是——反吐丽蝇的家庭成员的大批死亡。这将是最为浩大的劫难。反吐丽蝇和灰蝇，这两种双翅目昆虫的蛆虫极其相似，关于前者的情况会在后者那里得到毫无差别的观察结果。

那么，接下来我们就来看看实验的过程。就在刚才，我把一大堆灰蝇的蛹收集在一个养蛆虫的容器里面，这样做，是为了便于我观察它那个周围有一圈花饰、像火山口一样凹陷下去的尾端。等我用小刀尖挑掉尾部的体节后，发现在那个角质袋里，装满了数不清的蛆虫，不过除了这些，这个袋子里面并没有我期望发现的东西。我的眼睛只发现了一堆晃动的虫群，除了变成棕色硬壳的皮肤以外，藏身于此的原住民不见了。那里有35个侵略者，我将这些家伙重新放回属于它们自己的箱子里。被占领的还有另外一些蛹。里面究竟住着哪一种寄生虫的幼虫，我感到很好奇，在这种心情的驱使下，我将它们放在试管中进行观察。我无须等到它们羽化成虫，依据它们的生存方式我就能清楚地辨认出它们是谁。它们是动物肠道的微型害虫，属于小蜂科。

为了能尽早蜕变，象虫把自己包裹在大肠膜一样的薄膜气球中。在过去不久的寒冬，我从一个大孔雀蝶的蛹壳里掏出3499条同一种类的寄生虫，未来的蛾已踪影全无，而剩下的蛹壳却毫无缺损，那样子如同一个漂亮的俄罗斯皮袋。

幼虫占满了整个蛹壳，就算是大孔雀蝶，待在里面恐怕也不会撑得这样满当当的。里面的幼虫粘在一起，相互靠得很紧。我需要费一些力气和精力才能将它们分开。巨大的乳房已被这群幼虫吸干，不过正是依靠这只已经变成了尚不定型的乳制品的蛹，它们才得以健康成长。死者的物质变成了等量的活性物质，不过被分得很细。

每当我想到这些新鲜生活的肉体，被四五百个捕食者一点一点地蚕食时，就会不由自主地感到毛骨悚然、一阵恶心，猎物所遭受的折磨是我无法想象的，不过这种痛苦是否真正存在？对此我是表示怀疑的。痛苦能让受难者的身份地位显得崇高。对一个处在生命世界底层，尚未定型的生命来说，痛苦应该是微不足道的，甚至可以说，这种感觉是不存在的。蛋清这种物质是有生命的，然而它却能不带一丝恐惧与颤抖地忍受针刺。大孔雀蝶蛹在遭受捕食者的摧残时不也是如此吗？丽蝇和象虫的蛹难道不也同样如此？这种做法其实就是在将一些躯体重新熔炼之后转变成卵，进而诞生出一个全新的生命体。因此，对于它们来说，有理由相信，被分解成碎屑是宽容的做法。

灰蝇蛹壳里的寄生者羽化成虫，是在八月底的时候。随后，它们从被坚韧的大颚咬出的小圆洞里钻出身体。它们此时就是名副其实的小蜂科昆虫。我数了一下，每个蛹壳里住着大概有30只寄生虫，如果这个数字有所增加，里面就住不下了。尽管它们看上去漂亮迷人，身材也相当地苗条，但它们是那样的渺小，只有2毫米长，脑袋的宽度略大于长度。它们穿着铜黑色的服装，爪子是白色的，尖尖的腹部带一点小肉柄，呈心形。在卵体上接种的探针的痕迹在此时的身体上丝毫不见踪影。

对雄虫来说，也许交配是次要的事，因为雄虫的体格只有雌虫的一半大，数量上也比雌虫少许多。雄少雌多并不会给种族的繁衍造成太大的影响。在我安顿那群昆虫的管子里，为数不多的雄虫总是对过往的雌虫大献殷勤。有个问题需要解答：寄生虫是用了什么办法侵入到灰蝇蛹壳里的呢？我非常有幸地得到了那些被侵害的蛹，然而入侵者采用了什么计策，我还是无法知晓全部秘密。我从没有见过小蜂科昆虫开发容器里的蛹。我从没有想过要去观察它，我的注意力不在那里，不过，就算没能亲眼目睹，但依靠逻辑推理，大致的情况我也能略知一二。

入侵者不可能是穿过坚硬的蛹壳侵入到里面的，这一点很明显，那个矮子没有那种本事，它只能将卵输入蛆虫细嫩的皮肤，突如其来的产卵者，观察着在脓血中蠕动着的蛆虫，它是在挑选适合自己的寄生对象。不多会儿，它在蛆虫身上扎了一个很细的眼，把卵接种在里面。因为要安置30

知 识 档 案

捻翅虫：奇怪的寄生虫

捻翅虫是高度专一的其他节肢动物的体内寄生虫。过去，人们认为它们与鞘翅目昆虫的关系非常近，于是就把它们归入鞘翅目。如今，人们经过对它们特征的研究，发现它们某些特殊的生活方式又与其他昆虫群体如甲虫、膜翅目昆虫、蝎蛉有紧密联系，于是300余种捻翅虫被归入捻翅目，由5科组成。

成年的雌性捻翅虫与幼虫很相似，没有翅膀，从不离开它们的宿主。只把愈合头部和胸部从宿主身上露出来。原科成员是个例外，这一科的雌性非常活跃、无拘无束，它们常常跑到石头下面，还不时寄生到衣鱼身上去。

活跃而短寿的成年雄性约0.5～4毫米长，体色黑色或棕色；有一个大大的、横向发展的脑袋，眼睛膨胀突出，触角为扇形或梳子形。棒状或辫状前翅使它们拥有了"扭翅寄生虫"这一称呼。大大的扇形后翅上有退化的翅脉。当它们身体垂直的时候，腹部却转向水平方向。雄性捻翅虫通过释放性信息素来寻找未交配过的雌性。

雌性体外包围着末龄幼虫的皮，在这层皮和头胸部间，有一个纳精的"育腔通道"。在膨胀的腹部，会有1000多粒卵通过育腔通道进入育腔，并在其中孵出六足的幼虫——三爪蚴。在夏末，这种还未发育成熟的、自主生活的"传染"幼虫会进入宿主体内。进入冬天后，已经过了5龄或5龄以上的成熟幼虫，会把自己的头挤进宿主的腹部体节内化蛹。然后成年的雄性推开蛹盖从蛹中出来，而成年雌性会继续待在末龄幼虫期的表皮形成的蛹中。人们可以通过雌性在宿主体内的位置来辨别它的种类（图中为叶蝉体内的雌性捻翅虫）。捻翅虫具有高度的宿主专一性：有的寄生在蚱蜢体内；有的寄生在角蝉、叶蝉、沫蝉和蝼蛄体内；有的则寄生在蜜蜂和黄蜂体内。

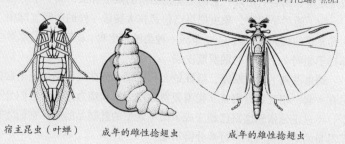

宿主昆虫（叶蝉）　　　成年的雌性捻翅虫　　　成年的雄性捻翅虫

个寄生者，所以蛆虫的皮肤需要承受多次的针扎。观察至此，我想到一个问题，一个非常有意义的问题。为了将这个问题说清楚，我必须说明另一件事情，这件事看似和研究的主题毫无关系，事实上却紧密关联。

很久以前，我希望通过研究朗格多克蝎子的毒液以及它对昆虫的作用，清楚地认识到能让我自己选择穿刺的部位，在这个过程中，我还希望能够按照自己的意愿改变毒液的剂量。我该怎样做到这一步呢？我不可能让自由活动的蝎子的毒针刺向受害者的特定部位，并有效控制毒液的释放剂量，这样做对我来说很危险。

蝎子没有胡蜂和蜜蜂都有的聚集和贮存毒液的球形容器。蝎子尾部那个形状如同葫芦一样的东西是其最后一个体节，在它的头上有一枚毒针，毒囊里只有一块肌肉，里面分布着分泌毒液的细管。由于蝎子没有贮存毒液的球形容器能让我割下来随意使用，它尾巴的那个藏有毒针的体节就成了我的唯一目标。我将取下来的体节放进水里碾碎，它待在里面的时间是 24 个小时。

如果它的葫芦里有毒液存在，可以想到，在溶液里必然会含有一些毒液成分。这样，我就得到了准备用于接种的溶液。尖头玻璃管就是我的接种工具。溶液被我用嘴吸入管子里，然后我再用嘴将其吹出。普通剂量为 2 立方米，根据需要我可以逐渐加大剂量。一般说来，角质皮的部位是我选择的第一注射点。注射器尖头很脆，容易折断，为了避免这类事情的发生，我先用针在注射点上扎好眼，再从针眼里给受害者注射毒液。完成这一步骤后，我将注射器的尖头扎进针眼，随后开始吹气，注射过程就这样完成。这个简陋注射器让我感到满意，它适合于进行一些较为精确的研究。实验得出的结果也让我满意。

由人工方式提取的毒液浓度远远超过了天然蝎毒，因此，注射液的毒性变得更强，被试者痉挛得更厉害。由于毒液浓度没有溶液那么浓，蝎子自己使用毒液时，它的效果和我用注射器注射的效果很难一致。我用相同的试剂多次反复实验。经过自然风干，然后加几滴水，再风干，再加水，几番过后，毒液就可以不断地使用。而且经过这一过程，毒性不但没有减弱，反而增强了。因注射毒液而死亡的昆虫，尸体会发生奇怪的变质现象，就我看来，这与真正的蝎毒无关，因为这种现象在我以前的实验中没有发现过。

其实毒性溶液不用连着毒针的最后一个体节，其他部位也能够制成。事实上，我从蝎子身上远离毒囊的地方取下一个体节，碾碎后浸在几滴水中，经过一天一夜的浸渍后，我获得了与先前效果一样的溶液。后来，蝎子呈现肌肉块的螯钳也被我用来制作溶液，得到的结果也令我满意。看来，蝎子身上无论什么部位，在经过一番浸渍后，都能制成毒液，这个现象引起了我极大的兴趣。

不管是里面还是外面，在试验者的各个部位都浸透了糜烂性毒素，但是对蝎子而言，它的毒液只存在于尾部，别的地方没有这种物质。我观察的结果也是由一种在任何昆虫体内普遍存在的，哪怕是最普通、最温顺的昆虫身上也会存在的某类物质引起的。为了结果的可靠性，我还观察了性情温和的椰蛀犀金龟以及葡萄蛀犀金龟。这次实验，我没有用研钵把昆虫整个捣烂，而只是将晒干的葡萄蛀犀金龟的外壳敲碎，之后掏出它的胸内组织，或者再取出腿中已经风干了的肉。对待松树鳃金龟、天牛、花金龟的尸体，我用的方式也是这样。这一次的实验成果一如往常，所有的溶液全都一样带剧毒，对我来说，这无疑迈出了一大步。

圣甲虫是我第一个用来检测溶液毒性的试验品，它的个头和体格，注定这个家伙都会非常适合参与这种实验。我的实验施行于 12 只圣甲虫的胸部和腹部，还有远离敏感的中枢神经的部位上，得出的结果都是一样的。不管我将溶液注射到哪个部位，这些家伙都会迅速地倒在地上，爪子乱抓，前足乱蹬，我让它们重新站立起来后，它们的形态就像是在跳舞，很显然，这是由于它们的脚在抽搐，它们的身体东倒西歪，向前迈进一步，突然又恶作剧般地向后倒退一步，完全失去了控制，无法取得平衡，当然更无法前进。

没错，深度的损害正在侵蚀这个家伙，原本能够轻松协调配合的肌肉力量完全被打乱了。这种惨状，就连作为施刑者的我，也极少看到。不管在什么地方，生命都是一样的，食粪虫也好，人类也罢。其本质没有什么区别，研究昆虫的生命，其实就是研究我们自己，就这点来说，看似残酷、幼稚，然而实际上我的研究应该给予高度重视，由于这种愿望的存在，我宽恕了自己的行为。如果今天我隐约看到的只不过是沧海一粟，而将来某一天它能帮助我们踏入知识殿堂，那么我就可以无愧于心了。

我把12个死去的受难者的尸体留在露天的沙地里。空气很干燥，但是令人感到奇怪的是，那些尸体没有像死于窒息的被作为标本的昆虫那样风干变硬，反倒变得软乎乎的。我摸了几下，这些尸体的关节很是松软，脱了臼，分解成易于分开的活动部件。这种现象在对天牛、松树鳃金龟、大头黑步甲、金步甲的实验中也是如此。突然失常，迅速死亡，关节松弛，很快腐烂的现象在所有被试验的对象中都会出现。

◎ 蝎子

蝎子刺伤了一只花金龟的幼虫，这只幼虫在被蝎子连续刺了好几针后却奇迹般地还能坚持下去，不过如果我将自己制造的毒性溶液注射到它身上任何一个部位，那么死亡就会马上与它相见，随即变成深褐色，两天后就成了黑色的腐尸。即便是对蝎毒不太敏感的大孔雀蝶，它对注射液的抵抗力，也不见得能超过圣甲虫或是其他昆虫。我曾在一雌一雄两只大孔雀蝶的腹部进行过这样的实验，刚开始，这两个昆虫似乎还能忍受，情况一切正常，但是没过多久，毒性就发作了，两只大孔雀蝶很快死去。它们死得很平静，没有像圣甲虫那样折腾得天翻地覆。次日早晨我发现，那两具尸体出奇的软，腹部的体节脱离开来，轻轻一拉扯就开裂了。尸体腐烂的速度也很快，在拔掉体毛后，我们能看到原先白色的皮肤已经变成了棕色，并且正在变黑。

这可能是我们讨论微生物和肉汤培养基的绝好机会，可我不想利用这个机会做任何事情。我对显微镜抱有怀疑态度，至少在不可见物质和可见物质的界限上，我持这样的观点。显微镜的存在容易让我的观察发生偏差，进而自认为好意地为理论提供心中所希望看到的所谓现实状况。再说，即便能通过显微镜寻找到微生物，我是说，微生物确实存在，那么其结果也只是转移了问题，而不是解决了问题。不过我想，是否能够用另一个同样隐晦的问题来代替对于注射引起身体毁灭的问题呢？前面谈及的有关微生物的机能它是如何发挥作用的？又是什么事情导致其毁灭的呢？其威力又在哪里呢？对刚才所讲述的事实，我该如何解释？好吧，我必须说，我不想作任何解释。我也想不出更好的办法来回答和解决这些问题，我只能在此打两个比方或是隐喻，这也仅仅是想使我们的思想在探索那幽暗渺茫的未知世界时能够放松一下。

我们每个人在儿时都喜欢玩推纸牌的游戏，纸牌当然是越多越好。纸牌被我们纵向弯成半圆形，竖立在桌子上，按一定的间隔一张一张地排列整齐。排好的纸牌整齐好看，是秩序决定了它们的美观，对生物也是如此。只要我们轻轻动一下手指，纸牌就会全部倒下，这是连锁反应在起作用。这是有序被无序代替必须付出的代价。我其实更愿意说是被死亡代替。我们只需要一个极小的推动力就能让纸牌依次倒下，这个力度与纸牌大片倒下时所产生的力度不成比例。

超饱和的明矾溶液我们可以用圆底烧瓶加热，当它开始沸腾时，立刻塞上一个软木塞，溶液会很快地冷却，冷却后的溶液是透明的，状态是流动的。这个现象的存在是因为那里存在着模糊的生命幻影。而后，我会拔掉软木塞，在里面放进一小块固体明矾，无论固体明矾多么小，里头透明的液体都会突然重新变成一大块固体并释放出热气。这到底是因为什么原因呢？其实是这样的，一旦明矾溶液与那块成为引力中心的明矾接触便会发生结晶现象，新的固体融合了周围的液体，进而引起周围液体的固化，就这样逐渐从中心向四周扩展。原子是这种推动力的来源，它不停地震动液体，从而使庞然大物发生了本质的变化。

我将这两个例子与我注射引起的结果进行对比，在很多人看来说明不了什么问题。的确是这样，我只是试图让人们能够隐约地看到些什么、了解些什么。纸牌接连倒下，是因为我们用手轻轻地碰触了第一张纸牌；明矾溶液突然变成固体，是受到了其中一块明矾的影响，与此相同，昆虫的痉挛和死亡是由一滴看似无害的、微不足道的液体引发的。

那么，溶液里到底有什么呢？水是首要的组成部分，但它没有任何作用，只是作为一个载体而存在。清水本身对昆虫没有丝毫威胁，我做过实验，将清水注入圣甲虫的任何一条足里，剂量远要比那致命溶液的剂量大。然而圣甲虫对此并没有什么反应。我将它放生后，这个家伙像平时一样站得很稳，重新回到粪球跟前。

除了水之外，在玻璃里的混合液体中，还有哪些成分存在呢？我看到里面有尸体的碎屑，碎屑的成分主要是风干的肌肉渣。我不能肯定的是，在这些可溶的物质中，是仅仅被碾成了细粉末呢？还是溶于水中了呢？不过即便我对此一无所知也没关系，因为知道与否并不重要，因为有一点已经被我知晓，毒性来自于溶液。死亡分子杀死了活性分子，破坏机体的元凶是停止生命的物质。

有一个事故应该还烙印在人们的头脑中，因为技术不够熟练，或是说是主观意识不强，一个学解剖的学生的手在解剖时被手术刀划伤，留下了一条细细的划痕。这条伤痕并不引人注意，被人忽略也在情理之中。因而，人们自然会像对待荆棘或其他东西划出的伤口那样对待它，这样做只有一个结果，那就是死亡。因为病毒被带入了伤口，除了死亡，没有别的可能。这不免让我想起被称作炭疽蝇的苍蝇，一些可怕的事件就是因为它们那沾染了尸体脓血的口器而造成的。总的说来，我在昆虫身上所做的事，与解剖刀带来的伤痕或者是炭疽蝇的叮咬相差无几。

除了使肉体坏死、变黑，炭疽病还会像蝎子的毒液一样导致生物痉挛。就痉挛的效果来看，蝎毒与我的肌肉注射液极为相似。我不禁产生疑惑，难道那些毒液不是一种破坏性物质吗？它应该是不断进行代谢的身体中的残渣。有毒物质终会成为垃圾而被身体排出。如果这些垃圾没有得到及时清理，那么就只能成为防御敌人的武器，从这点来说，它们并没有损失什么。

那么如果我想把昆虫的肉换成牛肉或者别的什么，是否会得到相同的结果呢？依照逻辑推理，得到的结果会如我所愿。在给六只花金龟注射李比希提取液前，我在水中加了一些非常宝贵的烹调原料，这六只花金龟，有四只是幼虫，两只是成虫。实验过程中，这些虫子一如往常般活跃，但到了第二天，那两只成虫就死了，到了第三天，抵抗力较强的幼虫也死去了。

死后的幼虫和成虫的颜色都变成了棕色，关节也变得松弛，这正是腐烂的标志。将这种液体注入人体的静脉中，我们也会看到相同的景象。有些事情就是这般奇妙，对循环系统可能是有害，对消化道却是益处良多；在一处是毒药，在另一个地方却成了食物。就拿李比希提取液来说，有的是有毒溶液，而有的是一种肉酱，蛆虫液化器在里面涌动不止。

让我再次回到灰蝇的蛆虫上吧。蛆虫长久地浸泡在脓血里，是否也会因它们视作食物的溶液而受到伤害呢？我怕会因为自身工具的简陋，加之我颤抖不止的双手，会在那些幼小脆弱的实验对象身上划出太深的伤口，它们的命运掌握在我的手中，我稍有不慎，就会置它们于死地。因此，这样的实验并不是我一个人就能完成的，好在我有一位能干的合作伙伴，它就是寄生虫小蜂科昆虫，我得向它寻求帮助。

⊙ 蛆是蝇的幼虫，没有附肢和翅膀。图中这些蕈蚊的蛆正乱糟糟地爬满一根布满真菌的木头。这一科中，像这样的群体迁徙很典型。

小蜂科昆虫会以在蛆虫的肚子上钻一个乃至几个洞的方式，把它的卵安插进蛆虫的体内。虽然洞眼很小，但是想要病毒侵入其中那是毫不费力的，这之后会发生什么呢？按照我看到的不同结果，容器内的蛹被分为不完全相等的三类：一类变成了灰蝇，一类被寄生虫取代，剩下的大约三分之一就处于没有动静的状态。我看到在前两种情况中，幼虫不是成为苍蝇，就是被寄生虫吃掉，这是属于正常的情况，属于意外的是第三种情况。受到从小蜂科昆虫钻的洞眼里侵入的病毒的感染，虽然蛆虫的皮肤变成了硬壳，但为时已晚，它们的身体已完完全全地感染。

虽然蛆虫面临着严重的生命威胁，但若想尽快地把地面上尸体留下的污秽物清除干净，这个世界就不能失去蛆虫，相反，我们需要更多贪吃的蛆虫。赵林奈所说：与一头狮子吃一匹马一样快的是三只苍蝇吃一匹死马。这话丝毫没有夸饰的成分。事实的确如此，灰蝇和丽蝇的蛆虫总是在用尖嘴吸吮，像是在寻找着什么。由于拥挤成一团，相互摩擦受伤是无法避的，如果要是蛆虫也有其他食肉昆虫一样的大颚，那么一旦这些受伤的伤口受到周围可怕的浆液的腐蚀，后果将是不堪设想的。

蛆虫是如何在这可怕的环境中保护自己的呢？它们采用一种奇特的饮食方法让自己避免受到不必要的伤害，它们不吃固体物，而是喝汤。这就不需要用那些危险的切割工具和解剖刀。以上就是有关蛆虫的点滴情况，我所知道的就是这些。

第八章

昆虫的植物性本能

　　很多种类的昆虫都知道自己应该在哪里产卵，无论这种昆虫强大也好、弱小也罢，也无论它是华丽也好，质朴也罢。在产卵之前，昆虫母亲的职能是对未来的关注。它们建立自己的家庭，而且为即将出生的小家伙们准备吃的东西和住的地方。我们能够在膜翅目昆虫和食粪虫那里看到这样的举动。这是昆虫本能够激发出的最有成效的行为。然而一旦昆虫母亲转变为一名产卵者，而且变为简单的生殖胚孢的实验室，它们所拥有的技能就消失得无影无踪了。

　　七月里的天牛母亲毫无目的地对橡树干进行着探测，它的背上骑着自己的雄性配偶。天牛母亲的输卵管不停地寻找着产卵的合适地点，它可以自由地插入裂开的树皮鳞片下。卵在被安放好的一刻，它也基本上受到了周详的保护。之后，天牛母亲就没有什么事情可干了。

　　八月，以花朵为栖居地的金匠花金龟把自己的壳在腐殖土中弄碎。然后它便到花朵上吃东西、睡觉，这是恢复体力的必经程序。在一堆腐烂了的树叶堆积地，金匠花金龟母亲找到一个最有利于产卵的温暖之地，它在这里产下了自己的卵。我们没有必要再追踪它接下来的行为，因为仅此而已。

　　同样地，拥有漂亮羽毛饰的松树鳃角金龟也是如此。它用自己的腹尖在沙质土地中进行挖掘，用力地往下面钻，直到自己的头部能够完全被掩盖。之后它就在这个洞穴中产下自己的卵。假如有人不小心在这个洞穴上扫了一把，那么它的整个功夫就白费了。

　　昆虫母亲除了知道自己应该如何产卵之外，对自己的幼虫毫不关心。幼虫通常都是依靠自身的力量和本能来适应困难的环境。天牛幼虫的卵壳还拖在身子的后面，它第一口咬下来的是不能吃的木质东西，然后再把这些枯萎了的树皮弄成粉末状，之后便在这里挖洞，因为这个洞穴能够让它到树干比较深的地方去。那里有着它能够吃上三年的食物。金匠花金龟幼虫刚出生就有能够吃的东西，它根本不需要额外去寻找食物，因为它们出生在糜烂的牧草上面。沙子下面柔软的、腐烂的植物根部是松树鳃角金龟幼虫寻找的

◎ 天牛

对象，因为那就是它们的食物来源。

与埋葬虫、蜣螂、泥蜂以及其他一些昆虫拥有的温情不同，许多野蛮的昆虫族类，它们的幼虫一经被生出来就处于流浪的状态。没有家庭的呵护，更没有任何受教育的权利。金匠花金龟就具有这种粗野的习性。与那些温情脉脉的昆虫不同，对这些粗野的昆虫族类的探究让昆虫学家们大失所望。因为它们身上值得载入历史的东西实在是太少了，没有非常值得探索的习性。

菊花象母亲除了会在蓟草的花冠里产卵之外，它还会做点别的什么事情吗？不会。昆虫的幼虫往往能够将母亲的不足弥补出来，因为它们一出生就具有本能所赋予的灵巧技能。菊花象幼虫会凭借自己的技能修建房屋，还会剪下毛来制作床垫子，而且还做出了一个类似羊皮袋的防御性武器，就好像城堡的主塔一样。那些没有任何经验的新生幼虫在蜕变之后便离开了自己亲手建造起来的屋舍，反而去一个碎石的堆积处住下来。这是为了躲避冬季恶劣气候的袭击，因为糟糕的天气很有可能会摧毁它的居所。这是多么富有预见性的举动啊。

人类拥有对过去记载的历书，根据这本历书，我们能够预见到未来的历书。然而昆虫并没有有关季节变化的任何记载，它们只能依靠本能。出生在酷暑难耐季节的昆虫，它们知道这样的日子不会持续很长时间。而那些从来没有遭遇过屋舍坍塌的昆虫也知道它们的房子将会在不久后倒掉。

本能告诉它们必须在房屋倒塌之前逃离。在依靠本能行事这一点上，象虫科昆虫做得最好。它们的幼虫能够预见未来，而且能够提前做好准备。即便象虫母亲再没有技巧，即便这是一只最蠢笨的象虫，它也同样会考虑一个比较复杂的问题。它依靠自己的本能来为自己的幼虫选择最佳的出生地点，那里生长着符合幼虫口味的食物。

甘蓝还没有开花，它的球冠紧紧地缩着。粉蝶飞到这样的植物上不知道能做些什么。而且这种黄色、简朴的花朵并不比其他的花朵更能够吸引蝴蝶。然而它的毛虫却依靠这种植物才能成长。由于蛱蝶的毛虫对荨麻比较喜欢，所以它们飞到了荨麻上。然而，荨麻上却没有什么东西是成虫可以吃的。这两种蝴蝶拥有比较好的记忆力，它们来到的地方虽然对于自身没有任何价值，然而对于自己的毛虫来说，却是美食的储备之地。

成年的松树鳃角金龟喜欢在夏至傍晚的微光中围着一棵它钟情的树跳婚礼芭蕾。它在这棵树上寻找几根针叶作为食物，这样它的体力就会得到恢复。之后它便离开这树林，到一片拥有沙质土地的地方去。这种地方对于松树鳃角金龟母亲来说，并不适合产卵。然而它依旧会把自己的卵产在这里。因为禾

◉ 松树鳃角金龟

本科植物的侧根会在这种沙质的土地中腐烂。浓烈的松脂香味吸引着昆虫母亲。大片的松树让这位母亲万分地高兴。它让自己身体的一半都埋在土里，然后开始产卵。松树鳃角金龟母亲还依稀地对这片糜烂的植物有着童年的回忆。

腐殖土那里根本没有适合金匠花金龟的食物，但是它还是执著地离开自己喜爱的蔷薇和山楂的伞状花序。它让自己在脏污的腐烂物中埋着。它有它自己的原因来到这个地方，不是为了喝香甜的蜜汁，更不是为了陶醉在浓香的汁液中。之所以来到腐殖土中，是因为金匠花金龟对从前有着模糊的记忆，那个时候的它还是在糜烂牧草中的一只幼虫。

⊙ 粉蝶为了自己的毛虫在植物上落了下来。

假如成虫有着与幼虫同样的饮食方式，那么它们很可能就拥有对幼虫时期的记忆。在食物方面产生的问题通过饮食的均一性得到了很好的解决。人们认为食粪虫的行为非常好，它们在自己吃粪便的时候，还不忘了为自己的家庭成员储备一些。这样一来，成虫和幼虫的食物就能够很好地交互，这种交互又能产生联想与回忆。

然而我们对捕食性的膜翅目昆虫却不知道做出怎样的解释。就像金匠花金龟原本拥有高级的花朵类食物，而它们的幼虫却在低级的腐烂叶中进食。这些昆虫的嗉囊中装满了蜜，但是它们却用捕获物来喂养自己的幼虫。飞蝗泥蜂为了让自己的体力得以恢复，它们选择在刺芹上进食。然而在体力恢复之后却迫不及待地飞走了，因为它们想对蟋蟀进行屠杀。节腹泥蜂也同样如此。它们离开了盛开着鲜花和流淌着花蜜的伞形花序，转而去刺杀象虫，因为这是它们孩子的食物。

怎样对这些行为做出合理的解释呢？会有人在这里提出记忆的问题。不，绝对不是。昆虫的这种行为跟记忆没有丝毫关系。人类在记忆力方面最有发言的权力，然而却没有哪个人会记得自己还是婴儿的时候在母亲怀中吃奶的情景。人们拥有对自己生命起源的联想只是因为看到了其他婴儿在自己母亲的怀中。小羊羔在母亲的乳头下吮吸着乳汁，它摇动着自己的尾巴，膝盖跪在地上。然而没有任何迹象表明长大后的它能够记得之前的吃奶场景。

婴儿期的食物是根本不可能被回想起来的。尽然连我们自己都无法将婴儿时期吃奶的情形回忆起来，那么我们为什么还对昆虫进行强求呢？人类可是没有经过身体的巨变而懵懂地成长起来的，那么昆虫们怎么可能在身体的蜕变之后还记得幼虫时期的活动呢？不可置信！

我不知道昆虫母亲怎样为自己的幼虫选择合适的食物，这是个永远不能解决的问题。昆虫母亲自己也不知道它的心脏和胃究竟有着怎样的奥秘和运作机制，它对这些一窍不通。同样地，产卵期的昆虫在为自己的孩子选择出生地时也什么都不懂。这种混沌的意识为粮食问题的解决提供了很好的条件。刚才我们才做过细致研究的菊花象就是一个很好的示范。它们会告诉我们怎样去选择有营养的植物，还能够让我们知道它们是使用怎样的植物性的机灵敏锐来进行的。

象虫科昆虫依靠一种敏锐清晰的植物性的辨别能力来选择将要产卵的小花。它们具有一种草药商的才能，所以在这里让我们对它们稍作一些描述吧。不是任何一只小花上都拥有某种特点的味道、稳定性以及浓毛等幼虫所喜爱的东西，因此选择小花进行产卵并不是一件随意的事情。明晰的植物性辨别能力能够让昆虫很快地知道哪里适合产卵而哪里不适合。

色斑菊花象对蓝刺头情有独钟，它们不会到处乱寻找其他的植物进行产卵。也只有蓝刺头的蓝色花球是它们的开垦之地，也只有象虫科昆虫才欣赏这种植物。色斑菊花象的这种永久不变的行为使得它们的后代很容易就能够继承。

春天来临时，昆虫离开自己的出生地，转而走向不远处的小小的遮蔽所。在这里，它们能够找到自己喜欢的植物，非常容易。植物已经发了新芽，昆虫们在瞬间认出了它们祖传的产业。它们高兴地爬上去玩耍，就像新婚时一样。昆虫们等待着蓝色的花球长成熟。蓝色的蓟草对色斑菊花象有着天生的吸引力，只有它们会相互欣赏。

与色斑菊花象不同的是，熊背菊花象所开垦的植物种类变得多起来。它们既能够在万杜山山坡上长着老鸦企属植物叶的飞廉上开辟天地，也能够在平原的伞状花序飞廉上进行开垦。假如我们不对这两种植物进行细致深入的分析，而只是流于表面的形式，那么肯定不会发现它们之间的任何相同点。就算是能够以犀利的目光区分不同种类的草的农民，他们也没有想过能用同一个名称来称呼这两种植物。而生活在城市中的文明人就更加对它们没有认识了。城市中任何其他事物的证据都要比植物学的多。

山朝鲜蓟是万杜人为这种飞廉植物所取的名字。这种花的肉质非常丰富，而且里面有着生吃依旧美味的榛子味乳汁。万杜人在收割完这些花后还会拿它们来炒鸡蛋，有一种非常独特的香味。有时候万杜人也把这种植物钉在羊圈的门上，当作湿度计来使用。它们在空气干燥的时候会把花打开，样子就像镶着金色鳞片的太阳似的，美丽华耀；而在空气潮湿的时候这些花又会将自己合拢。这种习性与耶利哥玫瑰恰好相反。耶利哥玫瑰在空气湿润的时候绽放，而在干燥中合拢。虽然这种植物比较有名气，但它只不过是个粗陋的小盒子而已。相比较耶利哥玫瑰而言，飞廉科植物是个土生土长的种类。假如它来自外国，那么很可能也会受到乡亲们的重视。然而现在对它的重视程度却远不如耶利哥玫瑰。

它的伞状花序长得十分修长，叶子比较细小，茎干也很长。它的花托还没有橡实的一半那么大，但是普通的花朵却集结在一起成了花束。它拥有宽大阔叶圆花饰，并且在地上攀爬的植物是长着老鸦企属植物的飞廉。这种飞廉没有茎，它阔大的叶子有点像科林斯柱子上的装饰物。一朵鲜艳的花朵在由叶子织成的篮子中央绽放着，这朵花就如同拳头一样，非常大。

七月和八月，我在徒步旅行中经常看见象虫在山朝鲜蓟上面忙碌着，它们对飞廉科植物十分了解。菊花象对这种植物的了解不是因为它们有湿度计的作用，这种作用对菊花象来说没有丝毫意义。菊花象是把飞廉作为食物和养料来对待。象虫就在受阳光抚育的鲜花下进行产卵。我不知道象虫母亲是否会在同一朵花上面产下好几只卵，因为我不了解那里是否有足够几只卵同时进食的东西。或许象虫母亲会像在伞状花序的飞廉上那样，只在那里安放一只卵，因为没有什么迹象告诉我这只小虫子不会为自己的家庭做精细的打算。或许象虫母亲知道如何才能更好地利用有限的食物来喂养自己所产下的卵。我无法在那个时候对象虫的行为进行细微的探索，因为那时候我的注意力已经转向了植物学。这让我感到非常遗憾。

假如上面的问题让我们感到迷惑，那么对于熊背菊花象的这点我们就应该感到有趣而且清楚了。

假如不是专门对这些植物进行研究，我们根本不可能分辨出这两种植物是同一个科类。然而熊背菊花象就知道这两种截然不同的植物都同属于飞廉科，而且都是它们的美食。熊背菊花象是目光非常犀利的草药商，它们能够分辨出纤细的蓟草和拥有华美圆花饰的植物是属于同一个种类。

一种拥有玫瑰红的头状花序的植物被色斑菊花象辨认了出来。色斑菊花象并没有因为这种针形蓟草的花色与拥有白色头状花序的植物不同就将其放弃。色斑菊花象也因此为自己的领地加入了一笔新的财富。这是一种比拥有白色头状花序的植物更为可怕的种类，但是却质量优良，高度不超过一拃。

◎ 象虫

色斑菊花象不是因为植物球冠的大小不同才能够对其进行分辨。因为三种蓟草的大花冠与细花飞廉的头状花序都同样常被使用。其实，色斑菊花象并没有根据植物的外表、香气、颜色或是树叶来对它们进行区分，而是利用那些开着黄花的绒毛肯特罗非茸草。这是一种被路上的尘土遮染了的可怜小花。

另一种叫做斯柯丽米菊花象的小家伙在分辨植物的能力上比色斑菊花象还高出一筹。它们在朝鲜蓟和刺菜蓟这两种外形比较庞大的植物上面进行劳作，这两种植物的蓝色球冠差不多有 2 米的高度。甚至还有人在一种比较普通的矢车菊上也看见过斯柯丽米菊花象的踪影。这可是一种长着比人的小指还要小的头状花序的植物，它的头状花序是拖在地上的。与色斑菊花象相比，斯柯丽米菊花象拥有着更为深厚的植物性本能。它们为自己开辟出了一些比较珍贵的场地，连绒毛肯特罗非茸草都是它们的活动场所。这让人产生无限的遐想与思考。

菊花象天生就知道的事情，我却只能通过后天的学习才能获得。虽然不同的蓟草对于我来说很难区分，然而菊花象却在夏天毫不犹豫地从一种蓟草那里飞向另一种蓟草。菊花象知道这些蓟草同属于一个科类，它的这种感觉从来都没有出过差错。而我们却在让人生疑的小旅店面前犹豫不决。菊花象的这种本领没有经过实验就已经拥有。它知道什么是朝鲜蓟的花盘，也知道什么最适合它的家庭。假如我被突然放在一个陌生的地方，假如我没有任何关于这个地方的信息，我根本不敢去吃这里的某种果实。

促使菊花象对植物进行分辨的是一种叫做本能的东西，这种本能能够为它们提供非常确切的信息，而且是在一个有限的范围之内。菊花象可以不经过学习就掌握到如何对植物进行区分，但是人类却需要靠学习来掌握。如果说菊花象的向导是它的本能，那么我的向导则是我的智慧。不同于菊花象无须学习就拥有的本领，我的智慧需要我经过不断地学习才能获得。在迷失道路之后重新找到道路，经过反复之后才能自由飞翔。智慧能够畅游的是整个宇宙，而本能却只能在宇宙中一个小小的点上活动。

昆虫的催眠与自杀

　　作为一个人，有谁会平白无故地装扮成自己所不了解的陌生人？又有谁会去模仿一个与自己毫不相识的人？同样的道理，只有对死亡有着一定的理解才能去装死，昆虫也是如此，可是从来没有一只小虫子告诉过我说它的脑子里曾经闪现过死亡的念头。人类对死亡有着了解，这种了解既是人类最大的痛苦却又是人类最伟大之处。一个能够为自己死后所待墓穴而焦虑的人一定是一个思想上达到一定程度的人。然而不论是昆虫还是除人类以外的其他动物，它们知道自己的生命有尽头吗？当然不知道，它们对死亡的无知让它们摆脱了因了解死亡而产生的苦痛。它们就像婴儿那样享受着生命带来的快乐，而对未来一无所知。

　　我想举一个例子，就发生在这一周，也是我身边一个活生生的例子。我家有一只时常带给全家人快乐的小猫，但是它由于疾病缠身而在昨夜里死去了。第二天清晨孩子们发现小猫躺在篮子里，全身僵硬，大家为此感到十分痛心，而以小安娜最为忧伤。安娜今年四岁，她用她那双童真的眼睛看着身旁这位好朋友。安娜不停地抚摸着小猫的毛发，还时不时地呼唤着它的名字，甚至还喂牛奶给它。安娜伤心地说：“小猫睡着了，它什么时候才会醒来呢？我还没有看见过它如此般的沉睡呢。它不愿意吃我给的东西一定是因为它生我的气了。”

　　听到安娜的呢喃，我赶忙将小猫从她的手中拿走，把它埋掉了。孩子在面对死亡时所表现出来的天真让我痛心疾首。后来每次吃饭的时间小猫都不曾再出现在饭桌旁边，安娜似乎已经了解到底发生了什么。是的，小猫再也不会出现在她面前了，死亡的概念第一次入侵到小安娜的头脑之中。孩子的思想虽然远不及成人深邃，但是他们却在发育之中，就算再不成熟也要比昆虫愚钝的脑力发达得多。那么昆虫们究竟能否感知死亡呢？火鸡向来是个诚实的动物，我想我们应该先向它咨询。我们不用把手伸向高深的科学，更不用急于下定论。

　　罗得皇家中学在以前就叫做中学，大概是因为社会不断发展的缘故，现在被叫做公立中学了。我想要回忆一下当时这所学校留给我的记忆，虽然短暂，但却鲜活无比。

　　在学过了十个希腊文词根以及做完了将外文翻译成法文的练习之后，在复活节马上就要到来的星期四之际，我和小伙伴们一窝蜂地跑到了山谷底下。我们是一同去阿维龙河捕鱼的，我们把裤腿卷过了膝盖，那样子就像朴实的渔夫。花鳅是我们最想捕获的鱼类，为此我们还带了三叉干，想着用叉子刺进花鳅的身体。由于花鳅时常在泥沙上的草丛中一动不动地待着，而且身子非常短小，就像指头一样，所以对我们有着很大的吸引力。一旦花鳅看到叉子向它刺过去的时候，它就会将尾巴摇三下，之后就消失不见。那次捕鱼的经历十分快乐，虽然收获不多，但是大家捕得很尽兴。

　　塞翁失马，焉知非福。虽然花鳅没有捕到，但是我们却摘到了苹果。苹果树种植在附近的草坪上，但它们并不属于我们这群捣蛋鬼。当苹果被揣进我们布兜里的时候，一种莫名的兴奋与满足感便油然而生，直到所有人的包里都塞满了苹果。

除了捕鱼和偷苹果，我们一群人还在火鸡那里得到了快乐。火鸡群随处可见，这些家伙四处游走，成了农庄周围蝗虫的天敌。我们玩火鸡的方式就是把它们弄到死掉或者是快要死亡的程度。每人手中都要抓到一只火鸡，然后就把火鸡头埋在翅膀下面，顺势再来回摇晃，片刻过后便把火鸡侧放在地上。这时候的火鸡已经完全动弹不得了。

假如没有被看管的人发现，我们就会这样一直玩下去，而且非常快乐。但是一定要留心农家妇女。只要被她们听到火鸡的叫声，她们就会立刻手拿着鞭子冲向我们。但那个时候我们的身子是多么灵活啊，边逃跑边发出阵阵的大笑声，一溜烟地就全都不见了。

与童年时代的欢乐玩耍不同，我现在对火鸡所要进行的是严肃而认真的实验，不知道今天的我是否还有着孩童时灵巧的双手。火鸡正睡得熟，它并不知道自己将要死于万人同欢的复活节。我按照小时候玩弄火鸡的方式对待着身边的这个家伙，把它的头埋在翅膀下面，然后就开始摇晃，这个动作持续了差不多两分钟左右。实验的结果表明，我现在的操作与孩童时期的玩弄并没有太大的出入。

火鸡毫无生气地躺在地上，一动不动，像是死掉了似的。还好它上下起伏着的羽毛告诉我它还有呼吸。火鸡的身体抽搐着，看上去非常悲惨。我心中掠过了一丝不安，它可千万不能死掉啊！慢慢地，它那冰冷的、蜷缩着足趾的爪子缩到了它的肚子下面。我的担心是多余的，它终于醒了。它缓慢地将那摇晃着的身体立起来，表情很凄惨，尾巴也是垂着的。就这样持续了很短的时间，这只火鸡又恢复到了它被摆弄之前的状态。

此后，火鸡被弄昏迷了多次，有时候半个小时，有时候只有短短的几分钟，前后之间也有一定的间隔。昏死状态的持续时间各不相同，这种状态介于睡眠和死亡之间。想要搞清楚为什么持续的时间和间隔的时间不同，这就像研究昆虫一样是一件极为麻烦的事情。之后我又对另外几种禽类进行了同样的实验。

我首先进行实验的是珠鸡，它的昏迷状态持续了有半个小时之多。与还能够看得出在呼吸的火鸡不同，从珠鸡的羽毛上根本看不到上下浮动的现象。我用脚轻轻地将躺在地上的珠鸡移了移，它仍旧一动不动。我有点担心了，以为这只可怜的家伙真的死掉了。然而当我再次移动它的时候，它居然把头伸了出来，然后就站了起来，稍微让摇晃的身体稳定了一些之后就跑掉了。看来这个实验比对火鸡的实验还要成功。

接下来被我做实验的是一只鹅。由于我家根本没有养鹅，所以邻居把他的鹅送给了我。刚刚来到我家的时候，这只鹅还显得生机勃勃，特别是它那富有特色的嗓音，沙哑而绵长，渗透在我家的每一个角落。但是没过多长时间它就看起来奄奄一息了，它的头埋在翅膀下方，整个身子都瘫在地上。就像前面所实验的火鸡与珠鸡一样，这只鹅的昏迷程度不亚于前二者。

之后我又对母鸡和鸭子进行了实验，不同的是它们昏迷的时间比较短。是不是因为体积小的缘故呢？为了证明这一点，我又对鸽子、雏鸟还有翠雀等身子更娇小的禽类进行了实验。果然如此，

◎ 装死的甲虫

鸽子在我的摆弄之下只昏睡了两分钟左右就起来了，而比它更小的雏鸟和翠雀仅仅躺了几秒钟而已。

实验所得到的结论和我原本的猜想是一致的：动物的体积越小，它经历的昏睡时间就越短，这是因为体积小的动物身体构造

知识链接

装死

　　食腐动物对自己的食物并不挑剔，但是食肉动物则只喜欢捕捉会动的东西。食肉动物对于那些静止不动的动物的兴趣比较小，而如果是已经死了的动物则更不愿理睬，这就给了猎物另一个逃生法宝——装死。如果被猎者有这项技巧，那么猎食者很有可能会离它们而去。

趋向高级。这与之前我们对昆虫所做的实验是相似的。与短小的亮丽吉丁相比，大粉吉丁显然体积要大很多，然而它在我的摆弄之下却一动不动，而亮丽吉丁却显得十分顽强，不停地挣扎着。还有大头黑步甲也是如此，它比光滑黑步甲要大得多，可是它装死的状态可以持续一个小时，而光滑黑步甲却远不及此。

由于对个头较大的动物研究不多，所以我们先将它们抛在一边不谈。从我对鸡鸭鹅所做的实验可以知道，一种简单的手法就能够使这些禽类进入暂时的昏迷状态。它们不可能是在装死，这一点毋庸置疑，所以它们的行为不是在跟摆弄它们的人要伎俩。它们只是被催眠了，因而会呈现出昏死的状态。这种能让家禽昏迷的手法是很多人都知道的，它们甚至有可能早于科学催眠术的产生。但是当时的我们，一群罗得皇家学校的小孩子，怎么可能懂得火鸡昏迷的原因呢？而且这也不是在书本上所学到的。

就在刚才，我又把手中的昆虫摆弄了几次。这让我想起了小时候伙伴们一起玩弄火鸡的样子，还要被农家妇女追着打，但想起来就觉得乐趣无穷。可是我们那些天真的行为背后却隐藏着一个非常严肃的问题。所有能够成为儿童游戏的事物都是不会间断的，玩弄火鸡的方式亦是如此。也许这种手法在很早以前就出现了，之后便代代相传，直至今天依旧没有改变。现在在我生活的塞里昂村，懂得催眠鸟类手法的人到处都是。我们不得不承认，有时候科学的源头是非常普通的技巧，甚至是低下的。也许那些捣蛋鬼的行为正是催眠术的源头。

由于每个人的睡眠程度不同，因此实施催眠术的方式也要因人而异。同样的催眠师使用同一种催眠术对两个不同的人实施催眠，可能前一个成功而后一个却是失败的。这样的道理放在昆虫界也同样适用。很多昆虫对我的实验都采取了反抗的态度，它们或者完全没有陷入昏迷，或者在非常短的时间后就又开始活动了。而大头黑步甲和大粉吉丁却十分听话，因此我选择了它们作为实验的对象。

被实验的昆虫所达到的状态有着与家禽惊人的相似。在昏迷或者说假死之后，昆虫和家禽同样显得萎靡不振、一动不动；而在快要苏醒的时候，它们的肢体都会摇晃抽搐。不仅如此，假死的状态还会因为外界的刺激而消失，只不过这种刺激不同而已。对于家禽来说，声音是最好的刺激物；而对于昆虫来说则是光照。假死的持续时间会因动物的体型大小而各有不同，一般来说，体积越肥大的动物假死的时间会越长。倘若要将假死或昏迷的状态延缓，外界环境就一定要保持安静和阴冷。

我们再来观察对昆虫的乙醚实验。在瓶子里的昆虫由于乙醚的蒸发而进入昏死状态，它们确实昏过去了，完全没有耍花招的嫌疑。倘若我迟一步将它们从瓶子中取出，那它们可能真的就归西了。我们想要观察的是昆虫从假死状态到苏醒之间究竟有什么状况发生，也就是说，昆虫身上有什么反应预示着它又活过来了呢？我们人类从睡眠中醒来就有很多种预示，如伸懒腰、打哈欠以及揉搓双眼等等。昆虫当然也不例外。它们的触须开始抖动，触角不停地摇晃，脚跗节也微微地颤抖着。这些表象都预示着小昆虫即将恢复生机。

还记得我们前面讲到的一个在熊面前装死的伙伴吗？我十分确定他不会在熊离开之后还需要伸展身体然后才慢吞吞地站起来走开，而是立刻拔腿就跑。显然，装死与真正的昏迷截然不同，表现出来的行为也不同。假如昆虫真的是装死，那它们根本没有必要在危险已经解除的时候还慢慢地抖动身体的各个部位，它们应该迅速站起来才对。

看看这只小虫子吧。它因为受到侵扰而肚子朝天地躺着，它的这种表现被人们误会为装死。在苏醒过来的时候，它身体上每一个细小的部位都开始慢慢抖动。难道一只小小的昆虫可以聪明到能够假装复活的动作？绝不可能。就像被乙醚熏晕后恢复知觉的状态一样，这只小昆虫的触须和触角都在慢慢地摇摆，只不过比起被乙醚麻醉的程度要轻微一点而已。所有的这些细小的身体活动都告诉我们，人们口中所流传的昆虫会装死的说法是不正确的，因为它们确实是被催眠了。

人类在受到威胁或者惊吓之后完全有可能陷入昏迷状态，那么一只弱小的昆虫就更有可能发生类似的眩晕了。轻微的碰触和突如其来的危险都会使小昆虫进入假死的状态，就像家禽在被摆弄之后全身瘫软在地上一样。外界轻微的躁动会让昆虫感到不安，如果程度较轻，昆虫就会蜷缩着身体停留片刻，等到外界恢复了平静之后再夹着腿逃跑。但是如果它们遇到的是很大的危险，那就会被吓到晕厥，好像被催眠似的，一动不动地躺在地上。

至今为止我还没有见到或是听到过有动物主动地结束自己生命的事情。动物们不可能装死，因为它们对死亡的确不了解。有些情商较高的动物会因为同伴的离去或者其他打击而陷入深度忧伤之中，这种忧伤很有可能让它们身体衰竭，最终导致死亡。但是这与自杀是扯不上关系的。但是我又听有人说蝎子会自杀，说蝎子在被火围困的时候就用身上有毒的螯刺来结束自己的生命。不过也有一些人否定了此事。是真是假，我还是亲自做个实验吧。

在我的实验室中养着差不多十来只白蝎子，它们的身材非常粗大。野生的白蝎子常常生活在丘陵上的石头底下，而且最好是日光充足的沙地之中。它们是离群索居的昆虫，非常让人讨厌，也很可怕。不过我是将这些蝎子放在一个大瓦钵里养的，里面垫着陶瓷碎片和沙土。它们不太符合我研究昆虫的习性，所以我要将它们用于别的实验。

被蝎子的螯刺伤过的人还真是不少，不过由于我在实验室中总是小心翼翼地与它们相处，所以还没有遭到这样的悲惨事件。但是为了让大家了解被蝎子蜇伤是多么痛苦，我请了一位深受其害的樵夫来讲述他的经历。这位樵夫看上去非常纯朴，他一边讲述着他的经历，一边用手比划着蝎子的大小。我并没有惊奇于这些，因为我见过的蝎子跟他描述的都差不多大。

"本来我喝完汤在柴堆中睡觉，刚进入梦乡就感觉有什么东西刺在了我的小腿上面，我被吓醒了，赶忙将裤腿卷起，发现一只可恶的蝎子正在用它那恶毒的螯刺蜇我。后来我的腿就逐渐变得红肿，越来越粗。原本我还想继续干活，可是也没有办法了。那只蝎子好粗大。我拖着伤腿跟跟跄跄地回到了家。到了第二天，我的腿已经肿得不成样了。第三天就连站都站不起来了。后来我用了一些消肿的碱性敷料涂在了腿上，就这样一直耗着，这才慢慢地有了好转。"除了他自己，他还说了另外一位樵夫被蝎子刺伤的事情。"那个人在捆柴火的时候被蝎子蜇了，他甚至连回家的力气也没有，只是像个死人一样躺在那里。后来还是过路的人把他背回家的，他们好像是在抬一具尸体。"

这位樵夫手舞足蹈地讲着，情绪有些激动，他的动作绝对多于他的言语。蝎子之间相互进攻时假如被对方蜇到，那么受伤的一方也很快就会死去。樵夫所讲的经历在我听来一点也没有夸张的成分，因为白蝎真的很残忍。对于这一点，我有实验为证。

我拿了一个短颈的大口瓶，在瓶子的底端铺上了一层沙土。然后在我所喂养的蝎子当中选了两只比较强悍的放入瓶中。两只蝎子都恶狠狠地看着对方，看样子它们是准备开战了。刚开始的时候，两只蝎子都互相向后退了几步。为了让它们具有更强的进攻性，我用麦秸尖轻微地挑逗它们，让它们离对方的距离再近一些。这两只小虫根本不会想到引发它们决斗的是我这个旁观者。

螯钳是蝎子在战斗时的防身武器，它们在准备进攻时都呈半圆形展开着。这样做的目的就是能够在相对较远的地方将敌人钳住。之后蝎子的尾巴也开始伸展，由背上往前伸。蝎子的毒液位于一个形似细颈瓶的器官里面，螯钳尖端挂着一颗水珠般的毒液。进攻开始了，其中一只蝎子将自己的毒刺刺向另一只。那只受伤的蝎子立刻倒了下来。看来蝎子的螯刺真的可以致对方于死地，其威力已经非常清晰了。

◎ 蝎子会螯伤人，螯钳是它们的武器。

那只最终获胜的蝎子不停地啃食着死去那只蝎子的肉体，尤其是头部和胸前的部位，更是不放过。它可以不停歇地啃上几天几夜，每一口都细细咀嚼，慢慢品味。人类在战争过后，获胜方没有将敌人的肉体吞食，这点我还是不理解。因为食用战败方的肉体是一件很正常的事情，是可以理解的。

人们告诉我蝎子只有在被火围困的时候才会有自杀的举动，果真如此吗？我想做个实验。我点燃一堆火焰，并用风箱把它煽得通红。然后我在那群蝎子中挑选了最为强壮有力的一只，将它放在火圈的中央地带。由于受到了炽热的烘烤和严重的惊吓，蝎子开始后退，它的身子也在地上不停地打转。它害怕极了，开始乱了方寸。前后左右处处都在包围之中，无论它转向哪一个方位，都会被火烧到。它挥舞着自己的防身武器，无所适从，原本强壮凶悍的蝎子开始绝望了。

我想传说中蝎子自杀的时刻就要来临了。果然，它的身子在突然间的抽搐中瘫在了地上，之后便一动也不动了。我没有看清它用钳子将自己刺伤的那一举动，不过我认为是这样的。因为蝎子进攻同伴时也用了同样的方式，而且敌人很快就倒地而死。我不知道这只蝎子是不是真的死了，不过表面上看真的很像。我将它从火圈中取出，放在了铺着沙土的地方。很快地我就有了答案。大约一个小时过后，原本瘫在地上的蝎子居然活了过来。之后我又拿了两三只蝎子进行了同样的实验，结果都是一样。蝎子在昏迷一段时间之后又醒了过来。

高温的炙烤让陷于无助的蝎子开始抽搐，不一会儿就会进入昏迷。看来蝎子的智商还不够高，相信它懂得自杀的人们只是被它的行为蒙住了。由于这些人认为蝎子是自杀死掉了，所以根本不会把它从火堆中拿出来，因此蝎子没有了复苏的机会。人们这才觉得蝎子真的会自杀。不过我的实验已经很清楚地反驳了这种说法。

世界上只有人类了解死亡的可怕，也只有人类深受苦难的折磨，因此也只有人类懂得用自杀这样的方式来让自己远离苦痛。比起其他动物来，人类的这种行为实在是高明。这也是人类比其他动物高级之处。然而，那些自杀了的人事实上也出于自身的怯懦，为了逃避世事的无奈，最终选择了离开。

一位哲学家曾说过这样的话："只要我活着，无论我被人伤了还是致残了，无论是我的胳膊没了还是我的腿瘸了，也无论我是患了痛风还是其他疾病，只要我还活着，我就知足了。"这几句言论倒是与孔子的言说有着相似之处。孔子是一位伟大的思想家和哲学家，他是黄皮肤的中国人，约生活在 25 世纪以前。有这样一个故事，孔子路过一片树林的时候看到一个陌生人正在准备上吊，于是孔子对他说："哀莫大于心死。哀皆可补，惟心死不能。勿以万事于子皆无可救。试以历多世而无争之理自服。此理为：活则无绝望之事。人能自至哀达至乐，自至难达至福。子其鼓勇若自今日起知生之所值。子其善用寸阴。"

自杀确实是人怯懦的表现，更是愚蠢的选择。生命对于人类来说是多么可贵，我们应当尽心尽力地对待自己的生命，而不应该将它提前结束。完全享乐地活着和完全在苦难中活着都不是生命的真谛，活着只是一种义务。在人生的旅途中难免会遇到这样或者那样的苦痛折磨，但这些坎坷绝不是我们选择自杀的借口。哲学家和孔夫子的言论是对的，虽然我们有着自杀的能力，但是我们不应该运用这种能力对世事进行逃避。

动物不了解死亡，动物也不懂得自杀，因此动物世界中缺少了我们人类所特有的欢快与痛苦。我们知道什么是人生苦短，我们也知道每个人都要面临死亡。我们敬重死去的人，我们也知道自己有一天也会消失于世。只有我们人类知道彼岸世界这个概念，而对于动物们只能够说："要相信，本能不会超出本能的范畴。"

至于那些所谓的科学，那些大肆宣称动物会自杀的荒谬结论，最终只是把动物的暂时性昏迷当作了死亡。对待这些低劣的研究结果，我们只能够采取更为精细、更为负责的研究态度和研究成果来对其进行回应与反击。

第六卷

第一章

黄足飞蝗泥蜂的生活

　　膜翅目昆虫在攻击时，往往能清楚地知道对方唯一的弱点所在，比如准确地寻觅出鞘翅目昆虫坚硬的盔甲间脆弱的连接处，将螫针准确无误地刺入这个地方。它们往往选择象虫和吉丁这一类神经器官相当集中的猎物来行刺，一击之下就可以刺伤三个运动神经中枢。但是如果碰上了软皮不带盔甲的昆虫，搏斗时无论被刺到什么部位都无所谓的敌手，膜翅目昆虫会怎么办呢？凶手杀人时，往往会选择心脏，让受害者在一击之下失去反抗的能力，从而减少自己的麻烦。膜翅目昆虫是不是也像节腹泥蜂一样，采用强盗的战术，宁愿刺伤运动神经节呢？但如果敌人的运动神经节不连在一起，即使被刺中一个神经节，其他的神经节也不会因此而失去作用，那凶手该怎样做呢？观察黄足飞蝗泥蜂捕捉蟋蟀时的举动，也许对我们解答以上问题有所帮助。

　　黄足飞蝗泥蜂破茧而出的日子在七月份。它从黑暗的地下摇篮中飞出来，在罗兰蓟带着刺茎的枝头上飞舞着，悠闲地度过美好的八月。罗兰蓟是一种普遍而茂盛的植物，往往盛开在盛夏的烈日下，为黄足飞蝗泥蜂提供蜜汁。然而八月一过，黄足飞蝗泥蜂就必须在道路两侧的边坡上选择一个小地方，开始挖掘和狩猎这些艰巨任务。

　　黄足飞蝗泥蜂通常都是成群地从事建筑工作，很少单独行动。它们往往十只、二十只或者更多的成员聚集在一起，共同开发选定好的场地。黄足飞蝗泥蜂总是经过精心考虑后选定家的位置。说起它们选择安家的场地，有两个条件是必不可少的，一是要有易于挖掘的沙土，一块没有遮挡和风吹雨打的水平场地自然是再合适不过了，但是必须保证朝阳，有充足的阳光照射，这也是场地必备的第二个条件。如果正当飞蝗泥蜂进行掘地工作时，突然下了一场暴雨，那它们就惨了，不得不弃置这项未完工的工程，正在建筑中的地道第二天就会被堵塞住的沙土弄得凌乱不堪。

　　筑窝是一项漫长而艰巨的工程，其过程往往要持续整个九月。如果你想要了解它们工作的状况，必须要一连好几天凝视着同一个工地，看那些勤劳的矿工们是如何敏捷地跳跃、迅速地活动、忙碌而热切地工作的。工地上尘土飞扬，工人们用林奈所谓的"犹如利刃"般的前腿上的耙子迅速地挖着土，一边工作一边快乐地哼唱着劳动的旋律，用时断时续、尖锐刺耳的歌声激励着身边的工友，伴随着双翅和胸腔的振动，抑扬顿挫仿佛在敲打着鼓点。多么欢乐的一群伙伴！如果碰

知识链接

尾巴上的刺

　　大部分真正的或有刺的黄蜂都是独来独往的猎人，但有些是群居，而蜜蜂是植食性的。那些有刺的拟寄生虫，其生活方式与寄生部的那些同胞具有相似性。

　　没有一只有刺的拟寄生黄蜂会自己筑巢。雌蜂往往会在其宿主身上产下一粒或多粒卵。尽管从生物学角度来讲它们是拟寄生蜂，但它们都没有真正的刺，起刺的作用的是产卵器，但这一器官却不具有产卵的功能。

上费力的大沙砾，它们就会像伐木工人一般猛一用力，发出一声犹如"嗨哟"的高喊，大家一起腿颚并用，加倍使劲，小洞很快就挖了出来。被它们一点一点耙出来的过大的沙砾会滚落到远离工地的地方，细小的尘埃则落在它们微微颤动的翅膀上。接下来，它们把整个身体钻进小洞，我们看不见辛勤的矿工的工作，但却仍旧能听到它们在地下不知疲倦地歌唱着。那么它们是如何工作的呢？飞蝗泥蜂身处隧道，一边向前挖新的沙砾，一边向后排碎屑，两种动作迅速交替，急促地来回运动着，跳跃着，腹部抽动，触角颤抖着，全身都在震颤发响，像是被一根弹簧拴住后用力的弹动。时不时地，它们会中断地下的工作，到阳光下伸伸懒腰，把落在细小的关节上的尘粒抖落下去，那些尘粒会妨碍它们自如地活动；或者在很短的休息时间内到周围去巡视一番。几个小时内，地道就会挖好了，飞蝗泥蜂们剩下的工作就是对整体工程进行最后的装修，搬开在它们细小的眼睛看来会妨碍活动的沙砾，刮掉墙壁上凹凸不平的地方，当然它们在做这些之前会先在地道的入口处高奏凯歌以庆祝完工。

要想好好观察飞蝗泥蜂完工的家，需趁它们远出捕猎的时机。在一处水平但并不平坦的地皮上，有覆盖着一簇草皮或是蒿属植物的凸出表面，抑或是植物的细根须牢牢扳结住的褶皱侧面，那便是飞蝗泥蜂建窝的理想地带。地道的入口先是一个水平的门厅，约有两三法寸深，这是食物储藏室和幼虫的卧室，也是通往隐藏所的通道。过了门厅是一个急转弯，向下延伸了两三法寸深的缓慢的坡度，洞穴深处是一个椭圆形的蜂房。为了避免坍塌，蜂房的沙土都被压得结结实实，地板、天花板、墙壁都经过认真地平整，这样幼虫的嫩皮就不会被粗糙的墙壁表面弄伤。虽然这里四壁萧然，但是足以看出经过了多么精心的设计和建构。这个蜂房的直径比较长，水平线就是最长的轴线。蜂房与过道相通的入口非常狭窄，仅仅够一只黄足泥蜂带着猎物通行。一个洞穴中通常有三个这样的蜂房，两个蜂房的情况较少，四个蜂房的情况更是不多见。飞蝗泥蜂在第一个蜂房产下一枚卵，为即将出生的幼虫备足食物后，便将蜂房的入口封住，在旁边挖第二个蜂房，同样产卵存放食物，然后再挖第三个，极少数的情况会挖第四个。到了这时，飞蝗泥蜂才把所有堆在门口的泥屑搬回洞里面，清除掉洞外留下的痕迹。通过对飞蝗泥蜂尸体的解剖可以知道，飞蝗泥蜂产卵的数目有 30 个，这样就至少需要 10 个蜂窝。

飞蝗泥蜂建造一个蜂窝和准备食物的时间很短，最多只有两三天，那是因为它们必须在九月底前全部完工。在这样短的时间里，勤劳的小虫必须要分秒必争地备好一打蟋蟀，把食物千辛万苦运回蜂窝，放进仓库，最后把窝封好，这是一系列多么繁琐的劳动啊！何况还会遇上因为刮风或者是阴雨连绵而无法捕猎的日子，任何工作都必须停止，飞蝗泥蜂只能躲在门厅里，夜间藏身，白天小憩，从洞口中露出富有表情的面孔和无所忌惮的大眼睛。黄足飞蝗泥蜂并不像那些把牢固的洞穴世世代代传下去的栎棘节腹泥蜂，它们的洞穴往往可以用很多年，一年比一年挖得更深，当我想参观它们的家时，即使用上了挖掘工具也挖不到头，常常弄得我满头大汗。相反黄足飞蝗泥蜂的洞穴就像是一顶匆匆忙忙搭起来，只用一天第二天就要收起来的帐篷一样，它们更热衷于白手起家，事必躬亲，而且要尽快做出成果。聪明的母亲知道给藏身处的蛹穿上三四层不透水的外套，添上母亲无法创造的东西，所以飞蝗泥蜂的幼虫虽然只盖着一层薄纱，却比节腹泥蜂薄薄的茧高明得多，这也弥补了洞穴不够坚固的缺陷。

大多数的黄足飞蝗泥蜂是在平地上，在自然的土壤中工作，我观察过很多这样的蜂群，但是一群把窝筑在大路边上的飞蝗泥蜂群却给我留下了深刻的印象。它们选择了路边的一些明显是养路工人用铲子挖小沟时堆出来的小土堆，其中一个半米多高的锥形土堆早就被太阳晒干了，从堆底到堆顶都布满了洞穴，离远一点看，这块圆锥形的干土外表像一块大海绵。飞蝗泥蜂们似乎很喜欢这个地方，在这里建了一个小村落，我从没见过一个有着如此众多居民的村落。村庄显然还没有完全建成，像是一个正在赶工的大工地，里里外外热火朝天，居民们你来我往忙忙碌碌，尘土顺着挖掘的巷道里流出，不时能看见满脸尘土的矿工出现在洞口或是进进出出。偶尔有一只飞蝗泥蜂忙里偷闲地爬上堆顶，像是要从高处欣赏自己的杰作。被捕的蟋蟀就被拖到这个锥形城市的斜坡上，存放到蜂巢的食品储存间里。啊！我多么想把这个村落连同它的居民们一同搬走，留住这诱人的劳动景象啊！但是土堆那么大那么高，我如何能连根拔起呢？不过是痴人说梦罢了。

现在一只嗡嗡叫着的飞蝗泥蜂回来了，停在离村落差不多一沟之隔的

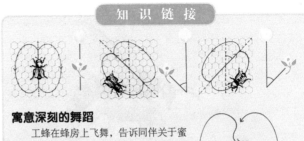

寓意深刻的舞蹈

　　工蜂在蜂房上飞舞，告诉同伴关于蜜源的信息。蜂舞构成的图案中央和垂直线相交的角度，恰与花蜜与太阳相交的角度相同。工蜂如果跳圆舞(如上图所示)，是指蜂房与蜜源相距仅有100米左右；如果距离挺远就会用跳"8"字舞来表达(如右图所示)。类似的是，工蜂跳舞的频率和圈数与距离成正比，距离越远，频率越高，圈数越多。

灌木丛上，大颚咬着一只胖乎乎的蟋蟀，累得筋疲力尽——那只蟋蟀看上去足有它几倍重。它休息了一会儿，用腿夹住猎物，用力一跃，跃过家门前的沟壑，沉重地落在了村落里。接下来，它跨在俘虏的身上，咬住俘虏的触角，昂首阔步地前进，仿佛无比自豪。虽然我坐在那里，但骄傲的狩猎者却一点儿都不害怕。余下的路程基本上是步行，如果地面平整，运输起来自然没什么难度，但是如果这条路上草禾盘根错节，它就会不小心被某一根草根绊住。那是多么有趣的场景啊！当发现自己有劲也使不出的时候，它仿佛惊呆了，前走走，后退退，绞尽脑汁想办法，最后才依靠着翅膀的力量前行，或者巧妙地绕开障碍，最终克服了困难，把蟋蟀拖到目的地——蜂巢。飞蝗泥蜂放下猎物，迅速下到地道里，几秒钟后又把头伸出洞外，一把抓住洞口蟋蟀的触角，猛地使劲，发出一声愉快的喊声，猎物就这样落到了巢穴的深处。

据我迄今为止所观察到的各种膜翅目掠夺者，都是毫不啰唆地用大颚和两条中足抱住猎物，径直拖进洞穴深处。只有杜福尔观察到的节腹泥蜂开始把工作复杂化，先暂时把吉丁搁在地下室的门口，自己退入地道以便用颚咬住猎物拖进洞里。但这种战术比起黄足飞蝗泥蜂来可是相距甚远。为什么黄足飞蝗泥蜂不直接把蟋蟀拖进地道而要经过那么一番复杂的程序呢？为什么在把猎物运进窝之前一定要检查一番呢？是不是因为它足够谨慎，在带着累赘的负担下洞之前，总是要对住所扫一眼，检查一切是否正常，以便赶走自己出门时钻进来的厚颜无耻的寄生虫呢？所谓寄生虫，就是各种双翅目的巧取豪夺的小飞虫，尤其是弥寄蝇，它们总是守在捕猎的膜翅目昆虫的门口，窥视着有利的时机，好把自己的卵产在别人的猎物身上。弥寄蝇的骚扰对象之一就是黄足飞蝗泥蜂，但是弥寄蝇绝不会进入飞蝗泥蜂的巢洞里去干坏事，它们不敢闯进别人的家中，不敢进入黑暗的过道，因为它们如果不幸碰到屋主，总会为自己鲁莽的行为付出昂贵的代价。何况它们完全可以利用飞蝗泥蜂暂时把猎物抛在洞口的机会，把卵产在蟋蟀的身上，把自己的后代托付给蟋蟀，所以这个解释是不成立的。黄足飞蝗泥蜂之所以要事先到窝里去看一下，是不是因为有某种更大的危险在威胁着它呢？

曾经有一次，我在一群紧张干活的黄足飞蝗泥蜂中间发现了一个不同类的猎手，那是一只黑色步甲蜂。在黄足飞蝗泥蜂干活的时候，别的膜翅目昆虫通常不被允许混在里面，但眼前这个不速之客却异常镇定自若，不慌不忙地把沙砾、干草茎碎屑和其他的小材料，一件件搬运来堵住一个与旁边的黄足飞蝗泥蜂窝口径一样大小的洞口。它工作得十分认真，令人不会怀疑这个工人的卵就埋在那地底下。我曾经多次看到过这样的黑色步甲蜂推着一只蟋蟀，我很愿意相信那是它的猎物，但它

顺着路上的车辙漫无目的的行走总是令我满腹狐疑——它的样子
太像是在寻找一个合意的洞穴了！它真的曾经不畏艰辛地从事挖掘
吗？我从未曾见过。更严重的是我曾见到它把自己的猎物扔掉，这样糟
蹋粮食，不正说明这猎物并不是它费尽心力捕捉而来的吗？所以我怀疑，这
蟋蟀是不是它趁着黄足飞蝗泥蜂把猎物丢在门口的时候，从那里偷来的。就在眼前这
只黑色步甲蜂努力填补洞口的时候，一只黄足飞蝗泥蜂惴惴不安地过来，看上去是这个窝的合法业
主，每当有异族入侵的时候，它肯定会扑上去追赶捍卫自己的家的，可是它好像受到了惊吓一样猛
地跑了出来，身后跟着另一只虫子，镇定自若地继续着自己的工作。

　　我查看了这两只膜翅目昆虫所争夺的洞穴，在洞穴中发现了一个装着四只蟋蟀作为储备口粮的
蜂房。这些食品远远超过了一只黑色步甲蜂幼虫所需要的口粮，我几乎要用确信代替怀疑了。你看
步甲蜂若无其事专心致志地封着洞口，谁会想到它不是这个窝的主人而只是个中途杀出来的强盗
呢？我不解的是，黄足飞蝗泥蜂比它的对手个子大，力气也壮，怎么会听之任自己辛苦工作的成果
被抢走而仓皇逃离了呢？那样不战斗而逃离不是太无耻了吗？是不是昆虫和人一样，成功的要诀在
于"大胆、大胆、再大胆"呢？那么眼前的这个强盗果然足够大胆，即使是面对着个头比自己大上
一倍的黄足飞蝗泥蜂，它也镇定自如地踱来踱去，相反，飞蝗泥蜂尽管急不可耐，却始终不敢向强
盗扑过去，抢回属于自己的领土。

　　我对便服步甲蜂也有着对黑色步甲蜂同样的怀疑。便服步甲蜂的腹部长着一条长长的白带，看
上去像白边飞蝗泥蜂一样。它也是把蝗虫当作幼虫的口粮。我从未见过它挖地道，但却见过它拖着
一只蝗虫，便服步甲蜂可能不会承认这东西归它所有，这显然并不是它们的捕猎对象。我开始思考
战利品的合法性，因为不同种类的某些昆虫间，口粮却有一致的可能性。我曾经亲眼目睹斛猴步甲
蜂堂堂正正地捉到了一只还没长翅膀的小蝗虫，并且挖了蜂巢把英勇战斗得来的猎物放在里面作为

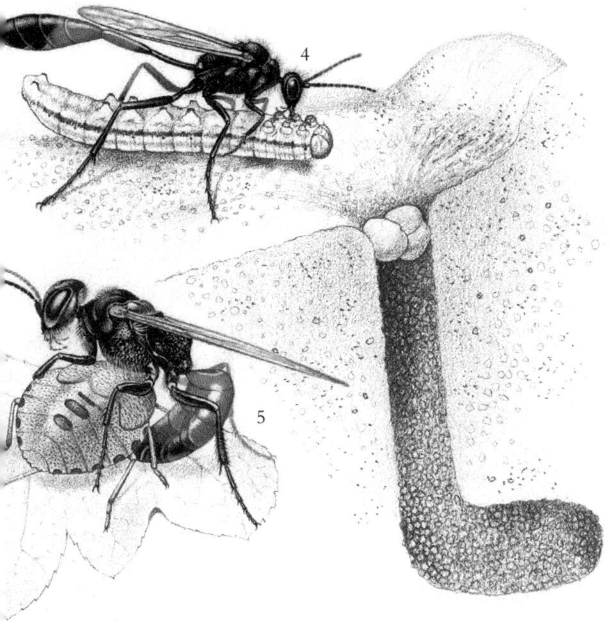

⊙ 各种蜂的觅食

1. 一只在巢穴的捕食象鼻虫的黄蜂。2. 雌性非洲泥蜂（左边）正被巢穴旁的两个敌人——无翅的雌性丝绒蜂（上面）和一只大绿青蜂（下面）注视着。3. 一只猎蝇蜂和它的猎物。4. 美国线腰蜂正带着它的猎物返回巢穴。5. 掘土蜂在刺一只盾蝽若虫。6. 正在吃苹果的玉龙黄胡蜂。尽管通常被视为麻烦，但胡蜂因为吃害虫而对果园有益。

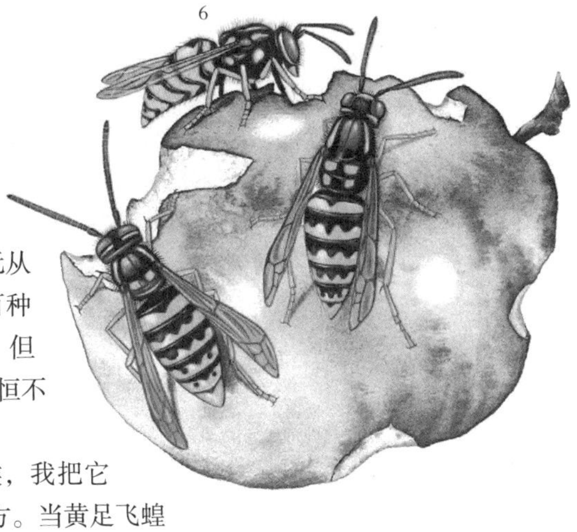

储粮。这部分弥补了我的怀疑对此类昆虫名誉的损害。

因此，对于黄足飞蝗泥蜂先下到洞底，然后才把猎物运进去的行为，我只能提出一些怀疑的解释给予说明。除了赶走趁它不在时钻进来的寄生虫之外，它是否还有别的目的呢？我无从知晓。人类的智慧太过贫乏，很难解释本能千百种的表现形式，如何解释黄足飞蝗泥蜂的心理呢？但我曾经做过一项实验来证明黄足飞蝗泥蜂这种永恒不变的行为模式，那是一项令我十分激动的实验。

当黄足飞蝗泥蜂下到地底巡视洞穴的时候，我把它丢在家门口的蟋蟀拿走，放在了几法寸远的地方。当黄足飞蝗泥蜂上来的时候，它像往常一样鸣叫着，左看看，右看看，最后发现了远处的猎物，于是从洞里出来，抓着蟋蟀放回洞口，独自走下了洞穴。我故技重施，又将蟋蟀挪走几法寸，飞蝗泥蜂上来后沮丧地发现蟋蟀又换了地方，只好悻悻地将猎物拖回来，自己却仍旧独自走下洞去。如此反复，我耐着性子对同一只飞蝗泥蜂做了四十多次实验，它对战术的固执击败了我实验的执著。一次又一次，它的战术没有丝毫改变。我继续在同一个飞蝗泥蜂村落，对所有令我感兴趣的飞蝗泥蜂进行同样的实验，证明了前面描述的那种不屈不挠的顽强性。这样的结果不禁令我反复思索了一段时间。我觉得，昆虫应该受着一种命中注定的禀性的支配，它的环境无法改变，行为也永远固定不变，它可能没有靠自己的力量来获得丝毫经验的模式。但是这种过于绝对的看法却在我接下来进行的观察中改变了。

第二年，我在适当的时间查看了同一个地方。为了挖掘洞穴，新的一代继承了上一代的场地，也忠实地秉承了上一代的战术。我的实验同去年的结果相同，飞蝗泥蜂们始终重复着同样劳而无功

⊙ 图中这只昆虫看上去很像只黄蜂，但其实是只游牧蜂。游牧蜂的行为很像杜鹃，它们把卵产在其他蜜蜂的巢里，然后幼虫会把巢里的食物吃掉。

的行动。而在远离第一个飞蝗泥蜂村落处的另外一处蜂群中，我实验了两三次之后，飞蝗泥蜂仿佛厌倦了这种折腾，大踏步地跨到蟋蟀身上，用大颚咬住蟋蟀的触角，立即头也不回地将蟋蟀拖进洞穴里去。正当我逐渐坚信了从前的推断时，例外在我逐渐陷入错误的判断时发生了。如此看来，傻瓜的人不就是我吗？狡猾的飞蝗泥蜂挫败了实验者的计划，那么在其他洞穴里，它的邻居们或早或晚也会一样揭穿我的阴谋，不再把猎物扔在洞口，而是直接拖进洞穴里。

今天的部落村民比我去年观察到的村民灵巧很多，它们仿佛来自于不同的祖先，子孙们总是愿意回到祖先选好的地方，祖先的精神才世代相传。根据祖先的特征，有的部族灵巧，有的部族愚笨，黄足飞蝗泥蜂和人类一样，地点不同，才智有别。

第二天，我又在另外一处村落进行同样的实验，这次我碰到了一群真正愚笨的村民，像我第一次观察到的一样，一个头脑迟钝的部族，让我的每次实验都取得了成功。

泥蜂的返程能力

　　昆虫的眼力和记忆比起人类而言，显然是大大高于我们。它们的身上有一种对地点的独特直觉，姑且称之为记性，那是一种我们无法比拟，又无以名状的能力。正是这种能力，令泥蜂准确无误地停落在它那跟滚滚黄沙融为一体的家门前，令砂泥蜂在花丛中徜徉一夜后仍然能找到它昨日心血来潮建好的竖井。我的眼睛无法分辨，记忆也不能完全清晰地指出洞穴所在，纵然我之前可能观察了好几个小时。那么昆虫究竟是怎样记住的呢？它们对地点的认知，是由于卓越的记忆力呢，还是通过什么我们不能理解的方式呢？如此种种令我对昆虫的心理大为好奇，于是我进行了一系列相关实验。

　　第一个实验。在上午将近十点钟的时候，我在一个斜坡上找到了一个栎棘节腹泥蜂的蜂群。这种节腹泥蜂以方喙象为食，它们有的正在挖掘洞穴，有的正在储备粮食。我在同一个蜂群里抓了十二只雌性节腹泥蜂，用麦秸沾着一种不会褪色的颜料，给每个节腹泥蜂的中胸点了一个白点，以便将来辨认。然后把它们每只单独封闭在一个纸袋里，放在盒子中，走到离蜂窝大约 3 公里的地方再放出来。这些初获自由的俘虏们骤见天日，纷纷四散飞往各处，没有统一的秩序和方向。不过它们只飞了几步就都停了下来，站在草茎上，用前腿揉一揉仿佛被阳光眩晕了的眼睛，努力辨认着方向。不一会儿就先后起身，毫不犹豫地挥动着翅膀向南飞去。那正是它们的家的方向。五个钟头后，我在之前的蜂窝里已经发现了两只胸前带着白点的节腹泥蜂正在窝里不慌不忙地干活儿，不一会儿第三只从田野里飞来，还抱着一只象虫，看来在归途中很有收获。不到一刻钟，第四只也很快飞来。我想我没有必要继续等待了，也许剩下的那八只正在归途中捕猎，也许已经躲到了窝的深处，不管它们现在在哪儿，一定也会像眼前这四只一样回到这里来的。运输的过程中，它们被关在纸牢里，根本不可能知道运输的路途和方向。我不知道节腹泥蜂的狩猎范围有多大，是不是它们对方圆两公里内的环境比较熟悉，才能如此驾轻就熟地找到自己的家呢？看来我有必要继续实验下去，把它们送到更远的地方去，而且出发的地方是它们绝对不可能知道的。

　　我从上午的同一窝节腹泥蜂中又取了九只雌节腹泥蜂，其中有三只接受过上一次实验。我在这次的节腹泥蜂胸前做了两个白点的记号，和上次胸前只有一个白点的实验品区分开来，然后把它们关在各自的纸袋里，放在一个黑漆漆的盒子中。这一次，我选择了距离蜂窝大约 3 公里处的邻近城市卡班特拉出发。节腹泥蜂是典型的乡下人，从来没有来过大城市。人口稠密的都市，鳞次栉比的房屋，烟雾缭绕的烟囱，这些对于长年生活在原野中的节腹泥蜂该是多么新奇啊！更何况又有 3 公里的距离，这是多么大的阻碍！因为天色已晚，我推迟了实验，让囚犯们在黑匣子里过了一夜。第二天早上八点左右，我在人口稠密的市中心大路上，把它们一只只释放，然后观察每一只飞走的方向。被释放的节腹泥蜂在获得自由的时候，都挥动翅膀奋力地垂直向上飞，仿佛要从这一排排楼房、一条条街道中摆脱出来。终于飞到了屋顶上，身处高处的节腹泥蜂视野骤然开阔，它们奋力一跃，迅速地向南方飞去，那正是我把它们带过来的方向，也正是它们的窝的方向。我一个个释放了所有的节腹泥蜂，每一次都惊奇地发现，即使是周围的环境完全陌生，甚至在与平时生活的原野一点相同之处都没有的城市，它们还是可以迅速地判断出正确的飞行方向，毫不犹豫地向家中飞去。

几个小时后，我回到了成为实验品的节腹泥蜂的家。我首先看到了好几只胸前带着一个白点的节腹泥蜂，它们是昨天的实验品。但胸前带着两个白点的俘虏却一个都没有见到。难道说刚才释放的俘虏们迷失在归途中，找不到自己的家了吗？它们会不会被两天来诡异的经历和陌生的城市吓坏了，躲在某个巷道里平复紧张的心情，或者醉心于原野中的捕猎呢？我不敢确定。第二天我又去视察，这一次，我欣喜地发现了五只胸前有两个白点的工人在工地上积极劳作着，仿佛什么事都没有发生过一样。

节腹泥蜂所展现出来的惊人的能力让我想到了鸽子，当鸽子被人们从窝里取出来，带到很远的地方，它也能够迅速地返回鸽棚。然而和节腹泥蜂相比，昆虫的体积只有 1 立方厘米，而鸽子的体积完全有甚至是不止 1 立方分米，足足比节腹泥蜂大一千倍！如果动物的体积和飞行能力成正比的话，节腹泥蜂要比鸽子强多少啊！节腹泥蜂运到 3 公里远的地方也能够返回自己的窝，鸽子如果想要公平竞争的话，至少要从 3000 公里远的地方开始飞，中间的距离是法国由南到北距离的最远处的三倍啊！我不知道有没有信鸽可以完成这样的壮举。然而，正如翅膀的强有力与否是不能用长度来衡量的，动物的本能的高低更不能用体积的比例来考虑，我只能说，节腹泥蜂和鸽子都是飞行的高手，当它们被人为地背井离乡时，都能迅速而准确地回到自己的家园，两者显然不分伯仲，各有千秋。

◉ 蜂类具有本能的地形感，从而找到自己的窝。

我的实验虽然证明了节腹泥蜂本能的地形感，却并不能解释这种本能。节腹泥蜂在我的实验中，都是被放在黑漆漆的密闭纸盒里，运到一个完全陌生的地方，自始至终它们都不清楚自己身处的地点和方向。对于没有经历的东西，昆虫是不可能有记忆力的。它们肯定不是靠着卓绝的记忆力找到回家的路的，纵使它们向天空奋力展翅，到达一个开阔的高处，记性也不可能成为一个好用的指南针，给它们指明家在哪里。可以说，在这个实验中，记忆力几乎没有起到一点作用。指引节腹泥蜂回到家园的，只能是一种比单纯的记忆还要好用的东西，一种专门的本领，一种独特的地形感。这种与生俱来的本能，在我们人类身上丝毫没有相似的东西，所以我们无法确立同样的概念，更不可能感知昆虫的感受。这种敏锐而精确的本领，在昆虫和鸟的身上体现得那样明显和普遍，但对于人类来说又是多么难得和可贵。为了进一步研究本能的优势和缺陷，我继续做了几项实验。

⊙ 图中这只蜜蜂工蜂在腹部的背面长有奈氏气味腺，弯曲腹部尾端的时候会露出来。腺体释放的信息素会把其他蜜蜂引过来。

泥蜂的洞穴搭建在滚滚黄沙中，每当它准备动身外出给幼虫寻找猎物时，它总会一面后退着从洞穴里出来，一面仔细地把沙子扒到洞口堵住入口，直到入口淹没在沙地里，和其他地方的沙子看起来没什么两样，它才放心离去。过了一会儿它带着猎物回来，很轻松地找到了洞穴的入口，这对它来说根本不是什么难事，找到洞口的方法我也已经介绍过，这里不加以赘述。我现在需要采取各种恶作剧的手段改变现场，让泥蜂认不出自己的洞穴。要怎样才能瞒住如此敏锐的泥蜂呢？我首先采取的办法是用一块平板石头把洞穴的入口盖住。过一会儿，泥蜂回来了，在它外出期间，家门口已经发生了重大的变化，但是它似乎并没有什么困惑，也没有丝毫的犹豫，立即向石头奔去，开始挖掘。它没有费多大力气在那块石头上，而是在与洞口相应的那个部位挖呀挖，由于障碍物过于坚硬，它很快放弃了。泥蜂围着石头左转转，右转转，似乎转了个念头，钻到了石头底下，开始朝着窝的准确方向挖了起来。看来这块平板石头根本难不住机灵的泥蜂，我只能换另外一个办法。

我用手帕把泥蜂赶到远处，不让它继续挖掘，以为眼看就要挖到洞穴了。泥蜂似乎受到了惊吓，好长时间没有回来，我在这段时间内，设下了另一个圈套。我发现在不远处的路上有牲口的新鲜粪便，路边还有木块，我把粪便挑了过来，一块块地摆好弄碎，洒在洞口和周围，至少有四分之一平方米，一法寸厚。临时做实验就要求实验者善于利用周围一切可以利用的东西。泥蜂肯定从来没有见过这样的家门，粪便的颜色、性质和气味可能把泥蜂弄得晕头转向不知所措。泥蜂会不会因此上当呢？在我的期盼中，泥蜂回来了。它站在高处审视了一番自己的家门，混乱的现场，已经完全不是它走时候的模样，情况显然出乎它的意料。过了一会儿，它跳到了粪便层的中央，钻进带有粗纤维的粪团中，正对着洞穴的入口挖扒起来，一直挖到有沙子的地方，在那里它立即找到了洞口。实验又失败了！我抓住泥蜂，再次把它赶到远处。即使窝已经用全新的方式掩盖起来，它还是无比准确地扑向了洞口，这证明了它至少不是单纯地靠着目光和记忆力指引来找到窝的。

那么，指明灯究竟在哪里呢？是嗅觉吗？刚才的粪便不是已经发出了逼人的气味吗？但昆虫并没有失去那种敏锐的判断力。我决定再用另外一种更强烈的气味来试一试。正好我的昆虫学工具囊中有一小瓶乙醚，我把粪便层扫干净，将一层虽然不厚但面积很大的青苔铺在沙上。远远看见主人回来。我立刻把瓶中的乙醚洒在上面。乙醚的气味太强烈了，泥蜂起初不敢走近，但它只是犹豫了一下，立刻扑向还在散发着强烈气味的青苔，迅速地穿过障碍物，钻进自己的窝里。不管是乙醚的气味还是粪便的气味，都没能让泥蜂迷失，看来指引它找到窝的，是一种比味觉更可靠、更有把握的东西。

人们可能会认为，指引昆虫行动的感官存在于触角当中。为了证实这种说法，这一次，我抓住泥蜂，把它捏在手中，连根剪断它的触角。昆虫在我的手中疼得瑟瑟发抖，惊恐万分，我一松手它就一溜烟儿地逃走了，好久都没有回来。就在我等得不耐烦，快要放弃希望的时候，它还是回来了。而且一回来就准确地扑向了自己的窝——已经被我在足够的时间内装饰一新的窝：我用核桃大的卵石整个盖住了泥蜂的窝所在的位置。对于昆虫而言，这卵石无疑超过了布列塔尼的拱形建筑物，超过了卡纳克的前期遗留下来的巨石林。但是已经被剪断触角的昆虫并没有因此而掉入我的迷魂阵，它和器官完整的昆虫一样，轻而易举地找到了入口，仿佛从来没有受到过任何外来的伤害。

颜色、气味、材料甚至是肢体伤害，没有一种方法能阻挠泥蜂找到它的窝，甚至不能让它对家门的位置产生丝毫犹豫。我已经无计可施了。我很难理解，在视觉和味觉都被我设计发生偏差的情况下，昆虫究竟是凭借着什么我们所难以理解的官能，抑或是某种神秘的指引，找到自己的家呢？

接连四次的失败让我很是颓然。过了几天，我又进行了第五次实验，这次的结果让我走出了谜团，开始从一个全新的角度思索这个问题。我们当然了解，母蜂执意要回到蜂房的目的，就是为了幼虫的食物，要走到幼虫那里，就必须首先找到蜂房的入口。幼虫和入口是这整个行动的关键所在。我觉得，这两个问题可以分开来单独考证，要进行观察可能相当麻烦。于是，我用刀刃把沙子一点点刮掉，把泥蜂的窝的天花板整个掀开来，但没有破坏它里面的原貌。所幸这个窝埋得并不深，几乎是水平放置的，泥沙也并不坚硬，我操作起来没有遇到什么困难。这时候，蜂房的整个屋顶都没了，原本在底下的房屋成为一条露天的、弯弯曲曲的小沟，像一条未完工的渠道。渠道有2分米那

知 识 链 接

舞蹈语言

蜜蜂工蜂通过"舞蹈"向巢穴的同伴说明食源的信息。舞蹈是在蜡质蜂巢的垂直面那一排排蜂房造成的黑暗中进行表演的。舞者总是会受到数只"追随者"的注意。

觅食的工蜂如果在离蜂房25米内的地方找到食物的话，就会返回蜂房表演绕圈跑一般的"圆舞"，其中伴随着方向的变化，变化的频率时多时少。变换方向的频率越高，就表示目的地的食物所含的热量价值越高。

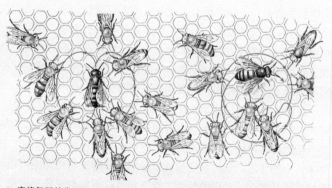

◎ 蜜蜂舞蹈的类型。觅食者返回巢穴并表演两种基本形式的舞蹈。左边，蜜蜂正在表演"摇摆舞"，而右边的那只在表演"圆舞"。

如果食物距离巢穴的距离为25～100米，那么蜜蜂的舞蹈介于圆舞和摇摆舞之间，用来表示距离较长的摇摆舞是一种约定好的"8"字舞。蜜蜂跳这种舞的时候，会在舞蹈两端两个半圆的直线轨迹上左右来回摆动自己的腹部。"8"字舞中，食物的距离通过直线轨迹的持续时间和摆尾的频率来说明（右边的图用来解释它们如何说明方向的）：摇摆身体，以及伴随着这一动作的高频的嗡嗡声相结合，用来告知食物的质量。

追随者们通过用触角碰触舞者，并

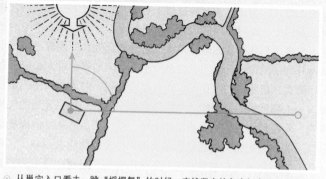

◎ 从巢穴入口看去，跳"摇摆舞"的时候，直线竖直的角度与食源和太阳之间的角度相关联（图中是90°）。

且对空气振动（声音）的感受性接受这些信息。而在舞者身上留下的花朵的特殊气味也很重要。因此，蜜蜂的舞蹈语言是一种多通道的信息系统。

么长，位于洞口的一端可以自由进出，另一端则是封闭的小凹洼，食物堆放在那里，幼虫就躺在食物上。虽然我掀掉了天花板，但丝毫没有碰屋子里的东西，一切还都是井然有序，少的只是一个遮挡阳光的屋顶而已。现在这个隐庐暴露在了光天化日之下，沐浴在阳光中，目之所及，屋子里所有的一切都一览无余：前庭、巷道、尽头的卧室，堆成一堆的双翅目猎物，幼虫安然地躺在其中。做完这些准备工作之后，我耐心地在原地等待着泥蜂回来。

　　泥蜂终于回来了，径直走向已经不存在、只剩下门槛的门口。我看到它长时间地在表面上挖掘，打扫，把沙子掀得漫天飞舞，仿佛要挖出一条新的巷道似的，不屈不挠地始终要寻找那扇活动的门。其实泥蜂只要头一拱，这扇门就可以塌下来让它进去，可是它遇到的不是活动的材料，而是还没有被翻动过的坚实的土地，坚硬的地面让它警觉起来，于是它回到地表继续探索。接下来的这段时间里，它始终在偏离洞口至多几法寸的范围内，来来回回打扫了不下二十次，没有走远，执拗地相信它的门一定就在这附近而不是别处。我用草茎轻轻地将它拨到另一个地方，它立即又回到它的门所在的地点。再把它拨走，它还是一样回来，说什么也不上当。过了许久，它似乎注意到了原来的巷道变成了一条露天的渠道，但只是稍稍注意到而已，它试探着向里面走了几步，不停地扒沙子，有两三次，它几乎走到了那条沟的尽头，到了幼虫居住的小凹洼处，但它显然漫不经心地扒了两下，就急急忙忙地返回身，回到入口处继续执拗地寻找着。一个多小时过去了，泥蜂的执著让我都不耐烦了，但泥蜂由于徒劳的寻找变得更加固执，还是没有任何成果但又毫不动摇地在大门处寻找着。

　　即使找不到熟悉的大门，那么泥蜂总该认识自己的幼虫吧？这可是它捕捉猎物的根本目的啊！我对这个问题同样感到好奇。但是眼前这只泥蜂显然已经被突发的无法解释的状况弄晕了头脑，它被一种想法纠缠着，困惑不解，只能沿袭着本能做下去，丝毫没有注意到在小沟的尽头，幼虫在灼热的阳光的炙烤下，在已经咀嚼过的一些食物上面焦躁不安地扭动着。它的表皮是那么娇嫩，刚刚从温暖潮湿的地下骤然暴露于酷热的阳光下，它可是习惯于生活在黑暗当中的啊！可是母亲却丝毫没有改变自己的行为。它就停在原来的大门所在处，不间断地挖掘打扫，有时候会在周围掘两下土试试看，但很快又回到原地，就是不往巷道里探索，仿佛丝毫不操心自己饱受煎熬的孩子。对于母亲来说，这就跟散乱在地上的小石子、土块、干泥巴之类的东西没什么两样，根本不值得注意。母亲的一门心思全都放在找到它所认识的通道上，它只需要找到入口的门，门对它而言比什么都重要，是它已经习以为常的东西。但是，这条路其实是畅通无阻的，没有什么能阻拦母亲，孩子就在母亲的眼前受着煎熬，它才是母亲做这一切的最终目标啊！如果母亲足够理智，那么它应该赶快挖一个新窝，至少也是一个简单的竖井，把婴儿藏在里面免受太阳的炙烤，但它却固执地寻找一条早就已经不存在的通道。

　　经过了长时间的试探和犹豫，也许是模模糊糊的记忆的指引，也许是堆积的猎物散发出了香味，泥蜂慢慢走进了已经成为小沟的过道里。它一下往前，一下往后，漫不经心地东扫扫西扒扒，终于走到了巷道的尽头，见到了自己的幼虫。让我极度惊奇的事情发生了，泥蜂母亲根本认不得它的孩子！它急急忙忙地走来走去，从幼虫身上踩过，毫不留情地践踏自己的婴儿，一下把幼虫踢到旁边去，一下又推搡、撵走它，仿佛它不是自己的骨肉，只是一块妨碍它工作的没有生命的大石头。幼虫受到母亲粗暴的对待，本能地想要自卫，于是它抓住母亲的一条腿，像吃自己的猎物一样咬了上去。惊慌失措的母亲激烈地挣扎着，终于摆脱了凶狠的大颚，扑扇着翅膀逃走了。我所想象的温馨的相会，殷切的关怀，母子之间浓浓的亲情的展示完全被眼前这景象击溃了。

　　在动物所具有的所有情感中，母爱无疑是最强烈也是最能激发才智的。但我看到的泥蜂母亲，不但冥顽不灵，而且对自己的孩子漠不关心，甚至粗暴对待。如果不是我对节腹泥蜂、大头泥蜂以及各种泥蜂都反复做过多次测试，真不敢相信自己的眼睛。特别是儿子咬母亲或者企图吃母亲这样的情景，如果不是观察者的插手，是不会产生这种有悖伦常的事情的。

知 识 链 接

最著名的猎蜂是泥蜂总科中的9个亚科的成员，包括7600多种，捕食各种昆虫，孤立的几种会捕食蜘蛛。有些高等的角胸泥蜂科种类，会逐步训练发育中的幼虫进食，根据需要，母亲会向其提供能飞的猎物，而不是批量供应食物。美国猎毛虫蜂，雌性不仅要训练幼虫进食，还要同时照顾好几个巢穴，而且每一个巢穴中的幼虫都是不同龄的。

泥蜂家族大约是白垩纪早期（1.44亿年前）出现的，其他种类的昆虫在这一时期也趋于多样化，为泥蜂提供了新的食物来源。现代泥蜂捕猎的对象反映了这段历史：低等的黄蜂倾向于捕食低等生物，而较高等的猎蜂会捕食那些高度进化的昆虫。

母亲在受到攻击后逃出了过道，又回到了它习以为常的家门口，继续进行着劳而无功的挖掘。而幼虫呢？它被母亲强壮的腿甩到了一边，挣扎扭动着，直到死去也不会得到母亲任何的救助。母亲已经完全不认得它了。如果我们第二天再到小沟那里去，就会发现幼虫已经被太阳烤成了一具干尸，成为蝇的食物。

泥蜂母亲要找的到底是什么呢？自然是幼虫。但是要找到幼虫，就要进窝，而要进窝，就要首先找到门。本能行为之间的联系，即使是面临最重要的情况，依然无法打乱从前的顺序。所以即使洞口已经打开，巷道畅通无阻，幼虫近在眼前甚至正在承受着折磨，母亲却视若无睹。对它来说，至关重要的就是找到熟悉的门，否则接下来的一切都没有意义。本能和智慧的区别，就在于是否能够认识到行为的终极目标和意义，如果由智慧指引，泥蜂母亲会抛开所有不重要的细节，毫不犹豫地扑向自己的孩子，正如我们人类所能做到的一样。但由于它受到的只是本能的指引，所有行为就像是被按照某种固定顺序排列好的一样，如果前一个行为没有完成，后面的所有行为就都不会继续。

第三章

砂泥蜂的故事

　　砂泥蜂的形状和颜色与黄足飞蝗泥蜂非常接近，它身材纤细，体态轻盈，腹部末端非常狭窄，身穿黑色服装，肚子上装饰着红色丝巾。这就是它简要的体态特征。但它的习性却和黄足飞蝗泥蜂大不相同。黄足飞蝗泥蜂捕捉直翅目昆虫作为食物，包括蝗虫、蟋蟀等，可砂泥蜂却以幼虫为野味。猎物不同，那它们捕捉猎物的方法和策略自然也就不同。

　　砂泥蜂的意思是"沙之友"，但我一直觉得这个名字并不适合它。沙真正的朋友应该是捕捉苍蝇的泥蜂，而不是我即将要介绍的砂泥蜂。砂泥蜂并不喜欢那流动的、干燥的、粉状的沙，甚至还要离这些沙子远远的，因为这样的沙只要轻轻一碰，就会坍塌。在把食物和卵放到蜂房以前，它们的竖井应当一直畅通无阻，所以挖竖井的地方应当比较坚实，免得时候未到，井就被堵住了。砂泥蜂需要的是一块易于挖掘的沙土，那里的沙用一点黏土和石灰就能黏住。

　　山间小路边长着稀疏草皮的朝阳斜坡是砂泥蜂最喜欢的地方。在这些地方，春天的时候，就有毛刺砂泥蜂了；九十月份，沙地砂泥蜂、银色砂泥蜂和柔丝砂泥蜂也会在这里现身。这四种砂泥蜂的洞穴都是钻出来的一个垂直的洞，像一口井似的。井的内径还不如一根粗鹅毛管那么粗，深度也才只有5厘米。井的底部是一间蜂房，蜂房很小，看起来很不起眼。这简陋的建筑并不用费砂泥蜂多少力气，很容易就挖成了，所以它的保暖效果自然不会太好。幼虫就只能靠它那像黄足飞蝗泥蜂一样有四层壳的茧来抵抗寒冷的冬天。

　　我们来观察一下砂泥蜂建造住房时的样子吧。它非常审慎而且认真地对待着这项工程。前跗作为耙子，大颚作为挖掘工具。如果碰到很难扒出来的沙粒，昆虫的翅膀和身子就会使劲颤动，仿佛在使劲吆喝着一般，那尖锐的沙沙声从地底一直传到上

◎ 有些黄蜂是高度发达的社会性昆虫，图中是欧洲普通黄胡蜂建造一个新的巢穴。蜂房中是胖乎乎的幼虫。在夏末，这个巢穴的体积会变得非常可观，内层蜂房中住着幼虫，受到一层宽敞的纸质外壳的保护，其结构如鳞片状，就像图中显示的那样。

面，好久都没有停下来。过不了多久，它就会咬着挖出来的沙粒，嗖的一声从地底飞出来，然后用大颚用力地把这没用的沙粒丢向远处，以免它阻塞现场。而有一些形状和体积特殊的沙粒，则会得到砂泥蜂的优待，它们不仅不会被丢远，还会被砂泥蜂小心翼翼地用脚搬运到井边放好，这些可是优质的建筑材料，再将来建造封闭场所时会起到很大的作用。你看，砂泥蜂的身子翘得高高的，腹部挂在长长的肉茎末端，需要转身时，它要费劲地调整好身子，然后一点点移动过来。为了避免翻转身体，节约时间，砂泥蜂总是头最后从井里出来。

沙地砂泥蜂和柔丝砂泥蜂工作起来总是一丝不苟。它们的腹部鼓得像梨子一样大，吊在一根带子的末端。由于转身的动作很难控制、肉茎又细，稍微一用劲肉茎便会断掉。也就是出于这个原因，它们的动作总是很慢，走起来十分谨慎，飞起来也尽量倒着飞，以免要经常地翻身子。可毛刺砂泥蜂就不一样了，它腹部的肉茎比较短，在挖地穴时没有太大的阻碍，就可以像大部分掘地虫一样，动作潇洒而敏捷。

住宅很快就挖好了。别以为砂泥蜂就闲下来了，它还有很重要的任务要做。到了晚上，甚至只要是太阳照不到刚挖好的洞的时候，它便会出发，到挖掘过程中储存下来的小砾石那里巡视一番，选一块中意的石子；如果找不到满意的，就到附近去找，总是很快就能找到。这是一块扁平的小石子，直径比井口略大一点。砂泥蜂用大颚把石板搬过来，暂时放在洞口上，以保证自己家的门不会被坏人破坏。

第二天，如果天气晴朗的话，砂泥蜂便会出门捕猎。在暖洋洋的阳光下，它轻轻松松就找到了自己的食物。它们先把猎物麻醉，然后用嘴咬着它的颈，用腿把它拖回窝里。砂泥蜂有一项特殊的技能，就是总能够辨清自己的家。在我看来，放在它家门口的小石板和其他的石板并没有什么不同，但它就是有这样的本事，能够在众多石块中找到自己的家。它把猎物放进井底，把卵产下来，把留在附近的泥巴扫进竖井里，然后就可以把竖井永远地封闭起来了。

沙地砂泥蜂和银色砂泥蜂有时候会暂时把住所封闭起来，那是因为太阳已经下山了，它们必须把储备粮食的任务留到第二天再进行。它并不在自己挖的小洞里面过夜，而是用小石板暂时把洞封起来，然后走开到别的地方过夜。砂泥蜂跟朗格多克飞蝗泥蜂一样，喜欢到处游走，并把卵产在各个地方。它偶然走到什么地方，喜欢那里的土壤，便会在那里挖洞。现在，谁也不知道它又飞到什么地方去了，只知道明天一早，它还会回到那未完成的洞穴里，继续它未完成的工作。为了能继续我的观察，我还必须在它的洞穴旁边做个标记，插几根树枝作为标杆，这样我才能找到砂泥蜂的小房子。

砂泥蜂的记忆力令人叹为观止。它不像蜜蜂那样有固定的住所，长期的往返可以使自己很清楚地知道路线；砂泥蜂是自由自在的漂泊者，它从来不会固定在一个地方。在这种情况下，它还能轻易地找到自己曾经挖过的房子就很不容易了。

去找石板不是容易的活。有的时候它会犹豫很久，寻找很多次。这时候，它就把猎物扔在高处，放在一丛百里香上或一束草上，这样等它匆匆忙忙地搜寻归来，便能很轻易地看到自己的猎物。我用铅笔描出了砂泥蜂的行走路线。那简直可以组成一个复杂的迷宫，线条互相纠缠打结，凌乱不已。是不是这复杂的路线暗示了砂泥蜂的惶恐不安呢？答案只有它自己知道。

砂泥蜂好像迷路了。它站在一个地方来来回回地走，很难回到猎物那里。它自己好像也知道，虽然已经把猎物放到了很明显的地方，把猎物拖回去时还可能遇到麻烦。所以如果寻找住所的时间太长，砂泥蜂会在中途停止探索，回到猎物那里去，确保自己的财产还在，然后再接着上路摸索。一般情况下，砂泥蜂还是可以直接回到昨天挖的井里的。这地点会记在它的脑子里，对它归家起到了重要的作用。如果是我的话，可不敢靠自己的记忆力去找它的窝，我必须用笔把这路线和坐标描出来，再借助我多年的地理学的知识才能做到。

　　四种砂泥蜂里，我只见过沙地砂泥蜂和银色砂泥蜂用石板把洞穴封起来，而其他两种砂泥蜂似乎从来都不会用这种方式去保护自己的住所。对于毛刺砂泥蜂，封盖似乎完全没有必要，因为它总是在捕捉到猎物附近的地方挖个洞，随时把猎物储存起来。而柔丝砂泥蜂不用封闭物可能另有原因。据我猜测，柔丝砂泥蜂是因为猎物太多的缘故。别的砂泥蜂一般在一个洞穴里放一只猎物，而它会放五只，这就意味着它在短时间内至少要下到井里五次，那么封住住所显然就没有必要了。

　　蛾的幼虫是这几种砂泥蜂幼虫的口粮。柔丝砂泥蜂选择的幼虫细长长，走路时像圆规似的一开一合，被人们称为量地虫。柔丝砂泥蜂的幼虫应该说是几种砂泥蜂幼虫里面最幸福的了。它自己就可以享用五只猎物，虽然这些猎物的体积都不太大。如果没有量地虫，它还会捕捉其他种类小不点的幼虫。被麻醉针蜇刺的量地虫缩成一团，这五条虫便被一只只层叠着放在蜂房里。所有的食物都准备就绪，卵便产在最后一条虫子身上。

　　其他三种砂泥蜂的幼虫的食物则简单得多，每只幼虫只被分配到一只小虫。不过这些小虫体积很大，也就弥补了数量上的不足。这些小虫体态丰满肥胖，鲜嫩可口，完全可以满足幼虫的食欲。要知道，这猎物可是猎手体积的十五倍呢！这几种砂泥蜂要咬着比自己重十五倍的东西，克服千难万险，才能把巨大的猎物拖回到洞里，给自己的幼虫享用，这是件多么了不起的事情啊！任何别的膜翅目昆虫跟它的猎物放到秤上称，掠夺者和战利品之间都没有这么不成比例的。

　　从地里挖出来的或者从砂泥蜂爪下看到的食物千变万化，这说明这三种砂泥蜂对食物并没有什么特别的偏好，见到什么便逮什么，只要幼虫身材合适，又属于夜蛾一类就行。这其中最常见的猎物还是身着黑色衣服、在浅浅的土下面啃食植物根茎的幼虫。

　　夜蛾的幼虫和我们至今见到的其他猎物有所不同。它由一系列类似的环或体节组成，前三个环上有真正的足，这些足将变成夜蛾的足；其他的环上有膜状的足或者说假足，这些足只有幼虫才有而夜蛾则没有。每个环都有神经核或称神经节，是产生感觉和控制动作的中枢；不包括位于头颅里类似大脑的神经节，神经系统有十二个彼此隔开的不同的中心。象虫和吉丁的神经比较集中，只要刺一下就可以全身麻醉，飞蝗泥蜂一个个刺伤蟋蟀的胸部神经节，便可以使它无法活动。而夜蛾的幼虫则与它们不同，它不是只有一个神经集中点或三个神经中枢，而是有十二个由于体节相隔而彼

知 识 链 接

"利他主义"——已解决的矛盾？

　　根据查尔斯·达尔文关于自然选择的理论，社会性昆虫的存在面临着严峻的挑战。但既然工蜂自己不能繁殖后代并传递它们的特性，自然选择是如何在工蜂阶层中促成"利他主义"这种特性（比如照顾幼虫或其他同伴）的呢？达尔文用一个例外条目解释了这个互相矛盾的问题：社会性昆虫是一个特殊的案例，自然选择作用的并非个体，而是群体。

　　膜翅目昆虫中，高度的社会习性至少独立经过了11次的进化，但只在所有具有这种特征的其他昆虫（白蚁）中进化过一次。但现在看来，工蜂这种"无私"的习性实际上并不是真正的"利他主义"，而是与一种最不寻常的性别决定方式有重要的联系。在大多数昆虫和其他动物中，雄性和雌性都来自受精卵，拥有两组分别来自父母亲的基因，称为"二倍体"，兄弟姐妹得自父母的基因各有1/2相同。但是在膜翅目昆虫中，所有的雌性都是二倍体，但来自非受精卵的雄性只有一组基因，是单倍体，因此雄蜂们只有一个共同的外祖父，却没有父亲。

　　由于雄蜂是单倍体，因此雄蜂所有的精子所含的基因是一致的。假定一只雌蜂只交尾一次（在高度社会化的昆虫中并不总是这样的）的话，那么所有它的雌性后代会从它们单倍体的父亲那里继承同样的一组基因。但因为它们的母亲是二倍体，所以拥有相同的另一半基因的各占50%。把从父亲母亲那里得来的基因加在一起的话，很明显，膜翅目的姐妹们从共同的父母亲那里接受的基因平均有75%（50%来自父亲，25%来自母亲）相同。从母亲那里得到一半相同的基因后，如果自己还会有女儿的话，也只会给女儿50%的基因。

　　根据它自己本身传递给下一代的相同基因的数量，使得雌性膜翅目昆虫没有自己的女儿，却会帮助母亲抚养妹妹，其中有些会成为蜂后并承担繁殖后代的责任。这种代价就是它自己那另外的25%的相同基因以这种方式永久保留下来。至此，这种"血缘淘汰"理论为昆虫社会性的演化提供了最合理的解释，同时也解决了达尔文的难题。

此分隔的神经节。这些神经节位于腹面的中线上，像念珠似的排列着。这些神经核彼此具有相当大的独立性，每个神经核只影响一个节体的活动，如果一个节体失去了活动和敏感性，那么其他节体仍能保持完好无损，能长时间活动自如。

膜翅目昆虫捕捉猎物的手段具有高度的研究价值，但观察它们的难度也很大。砂泥蜂都是一只只散居在广阔的地方，而不像朗格多克飞蝗泥蜂那样大规模聚居。我们必须长时间地等待着合适的机会，才能得到有价值的观察资料。但偏偏这样的机会少之又少，需要年复一年的等待。我就凭着一股韧劲等了那么多年，终于有一天机会出现在了我的眼前。

我曾两次目睹砂泥蜂残害夜蛾幼虫的情形。它把螫针刺向猎物的第五或第六体节上，这动作非常迅速，而且只要一针便大功告成。我想了一种方法来检测螫针到底刺在了幼虫的哪个体节上：用一根细针尖探测幼虫身上的每一个体节，从昆虫所表现出来的疼痛迹象来检测它的敏感程度。幼虫安安静静的，我把针尖刺进了第五和第六体节，它没有表现出丝毫的疼痛感，我一使劲，把它身子整个戳穿了，幼虫也还是一动不动。可是当我把针移向远离第五或第六体节的地方时，幼虫开始痛苦地扭曲着身子，不断地挣扎着。并且刺得体节离第五六节越远，幼虫挣扎得越用力。特别是靠近腹部末端的地方，只要稍稍一碰，幼虫便会乱扭乱动。由此可以证明，砂泥蜂的螫针只有一次，受刺的部位是第五或者第六体节。

砂泥蜂的卵会产在失去知觉的那个体节上，而且地点永远都不会变。只有在这个部位，砂泥蜂的幼虫可以啃食猎物而不会担心猎物身体的扭曲会伤害到自己，也只有在这个地方，毒针的蜇刺不会使猎物产生任何反应，幼虫的啃咬也不会刺激它。

我经常会想，沙地砂泥蜂，尤其是毛刺砂泥蜂，它们捕捉的猎物身形庞大，有的甚至是自己的十五倍，它们对待猎物也像普通的砂泥蜂那样只蜇一针吗？这一针如果没能使猎物麻痹，那么当猎物用它那强有力的臀部撞击蜂房的墙壁时，幼虫该多么危险啊。我不敢想象，刚刚孵化出来的小生命，跟这只还可以自如卷起和伸直弯弯曲曲身子的巨龙，面对面地待在地穴狭窄的房间里会发生什么事。

我曾有机会看到砂泥蜂用它的手术刀给粗壮的猎物动手术。那次，我跟我的朋友一道从安格尔高原下来，给圣甲虫设置陷阱，考验它的智慧。这时，一只毛刺砂泥蜂突然出现在我们的面前，它在一丛百里香下忙碌地干着活。砂泥蜂看到我们俩过去，并没有露出惊讶的样子，还大胆地在我的袖子上歇了一会儿。它看到我们对它并没有什么恶意，就飞回到百里香下面去了。我们猜测砂泥蜂正在忙着某件重要的事情，于是便在离它很近的地方趴下来，静静地观察着它。

砂泥蜂扒着百里香根茎处的土，拔出植物细细的侧根，把头钻到掀起来的小土块下面。它在百里香里面跑来跑去，检查所有能使它进入到灌木下面的裂缝。它可不是在挖住宅，而是在捕捉猎物。你看，一条肥大的黄地老虎幼虫不知道头顶上发生了什么事，便惴惴不安地爬了出来。这下它可完蛋了，砂泥蜂立刻扑向了它，牢牢地抓住它的后颈，然后整个身子都骑在了这庞然大物的背上，翘起腹部，在受害者的负面，从第一体节到最后一个体节整个儿都刺了一遍。这场景就像一个对解剖学了如指掌的外科大夫正有条不紊地操着手术刀，给患者身上划下一道道的痕迹。

砂泥蜂的动作精确地连科学也会艳羡不已；它知道人类可能永远不会知道的事情；它了解猎物完整的神经器官；它的行为完全受到天启。我想，它的行为都是在无意识的情况下做出的，是在天启的指示下进行的。我被这真理之光深深地打动，眼眶中潸然流出一种无以名状的感慨的眼泪。

第七巻

黑蛛蜂与长腹蜂的食物

我国各地其他的一些膜翅目昆虫，单从本能和习性看和我前面刚刚研究过的蜂巢建筑工没什么区别，它们都以蜘蛛为食。因此它们才是真正意义上的泥瓦匠、制陶者。现在我介绍一下生活在本地区的两位制陶艺术家：斑点黑蛛蜂和透翅黑蛛蜂。

它们个头不高，仅比蚊略大，看似弱小却才华横溢。凭瘦弱身躯，一己之力竟然也能制出相当完美的陶器。其陶器规则之完整令人惊叹。但两种黑蛛蜂的蜂巢也是有所不同的。斑点黑蛛蜂的"坛子"体积比樱桃要小，外形似一只椭圆的短颈广口瓶；而透翅黑蛛蜂的蜂巢则为圆锥形，口宽底窄，颇似古代的小盅。长腹蜂的蜂巢比起黑蛛蜂的来虽然平坦固定彼此相依，且外形优雅，但是仍稍逊一筹。黑蛛蜂的蜂巢独立且互不相干，它以一点为支撑，从一端到另一端规则隆起，好似迷你碟里的许多精美小盅。因而黑蛛蜂比长腹蜂更配得上筑巢工程师的称号。

黑蛛蜂的蜂房外部粗糙不平，就像建筑工人装修时草草了事一般，根本就没把外表的泥巴抹平整。外壁裸露的粗泥渣也没有经过任何的精加工，等制陶工塑完坛口，外边这片泥渣依然如故。尽管外部这样不美观，但是蜂房内壁却相当光滑，真可谓是精心装饰过。它们在蜂房的内壁上，产卵储存食物，最后将蜂房封口。黑蛛蜂的坛坛罐罐杂乱无章地聚在一起，没有任何保护措施，蜂巢看起来也就不堪一击。

然而雌黑蛛蜂却有自己独特的保护措施，那就是它们蜂房内壁的防水性。如果往长腹蜂的蜂房里加一滴水，则水珠立刻会软化内壁；若往黑蛛蜂的蜂房里加一滴水，则水珠会停留在原处，不会渗透到内壁。这黑蛛蜂蜂房内壁为什么会有防水性呢？这得益于它们对内壁的装修。它们用于加工内壁的材料是粗粒的方铅矿中所含的硅酸铅，正是这一特殊材料，才使得内壁具有了防水性。

为什么只有蜂房的内壁具有防水性呢？现在我们做一个实验，如果把一个黑蛛蜂蜂房，放置于一个水珠上，那么水珠很快从底部渗透到顶端，随即出现的是坛子的倒塌，但奇怪的是只有薄薄的内壁保存完整，这也就证明了一个道理，只有蜂房内壁具有防水性。防水剂来源于黑蛛蜂的唾液，由于它体态纤细，唾液含量有限，从而它优先装修自己的内部，也直接造成了内壁和外壁有着很大的区别。黑蛛蜂采集干燥的泥土，混合自己的唾液，不断进行搅拌，使这些泥土成为可塑性的黏土，这些黏土就是内部的装修材料。而外部所用材料是自然湿润的泥土，它不能再吸收唾液了，因此质地也就相对差一些。对于内部材料是用纯净的唾液水，而外部材料则是用普通水浇盖的，这也就不难解释为什么外部遇水即化而内部的防水性好了。黑蛛蜂还有两个贮液罐：一个是腺体，类似储存防水化学反应物质的细颈小瓶；另一个是嗉囊，好比注满水的干葫芦。有了这两个贮液罐，它就能更好地筑坛了。

特别专题
SPECIAL FEATURE

用泥土和纸筑巢

1. 为了保护自己的后代，陶蜂亚科中独居的陶蜂成为胡蜂科中的建筑大师。图中这只以色列沙漠里的雌性陶蜂正在以高度的精确性将一个轻巧的向外展开的壶口加盖在筑在石头上的巢穴上。它利用前肢和上颚将一块球形的泥巴"滴"到准确的位置上，同时用触角测量直径。

2. 有些陶蜂收集干燥的建筑材料，然后用嗉囊的唾液将材料混在一起。其他，像南非的陆蝰蠃为了做好工程的准备工作，会跑到池塘或水坑的边缘去找小泥球。

3. 许多种类的陶蜂，雌性会用泥土做一批蜂房，然后将蜂房一个挨一个排在一起。一旦第一个蜂房完工，它就会出发去找毛虫，找到后用刺将毛虫麻痹。当蜂房中存有数只这样的猎物后，它会产下1枚卵，用泥土将蜂房封闭。此后，它接着开始做第二个相邻的蜂房，并重复之前的步骤，直到4~6个蜂房排成一列。蜂房中的卵孵化后，幼虫就以其中储存的猎物为食。

黑蛛蜂是怎样选择筑巢的材料的呢？我不知道，只是依据习惯猜测而已。长腹蜂收集的泥土不需作任何加工；而石蜂却是对每一粒水泥经过悉心筛选并用唾液调和成糊状，形成自己的筑巢材料。那么黑蛛蜂又是近似于哪家呢？我无从得知。所筑蜂房颜色各异，远远看去白的如路上的灰尘，红的又似我门外的一片沙砾，灰的仿佛附近地区的泥灰岩岩床。黑蛛蜂到哪里去收集这些各色的建筑材料呢？但从色泽上看肯定是来自不同地区，但谁又能想象得到，采集的那一刻究竟是呈糊状还是粉状。

黑蛛蜂有保护自己的秘诀，但是长腹蜂却不懂这样的科学方法。它是如何使自己的住宅具备防水性的呢？正因为它没有黑蛛蜂聪明，所以它用的是最普通的老办法。它把外壁用粗水泥涂抹得厚厚的，用来保护其容易浸水的住宅。它们各安天命，侏儒用清漆釉面，巨人用黏土涂层。

虽说黑蛛蜂内壁光滑有涂层，但是也经不起水的侵袭，且它本身并不牢固，裸露在外就更不安全了，因此它们得为自己找一个安全的栖身之所。这些栖身之所不必太豪华只要能遮风挡雨就好。墙角下的墙洞，树桩下的一个洞穴，石子堆下一只破旧的蜗牛壳，天牛在橡树上留下的旧居，一只条蜂遗弃的蜂巢，一条肥大蚯蚓缓慢爬过留下的甬道，蝉蛹所居的洞穴，这一切看来都不错。在选择住宅上斑点黑蛛蜂没透翅黑蛛蜂那么讲究，因此在日常也就容易见到。虽然常见但也仅仅来拜访过我一次。它们对蜂巢的支撑物并不关心，还常常选择一些奇怪的场所来筑巢。这样的行为让我想起长腹蜂将蜂房筑在一堆账簿上或窗帘上，每每想来很是纳闷。

长腹蜂的坛坛罐罐筑在小圆锥形的纸袋里，这些纸袋用来储存食物。这些食物都是什么呢，让我们来看看吧。长腹蜂和黑蛛蜂一样都是以蜘蛛为食，这是它们最爱的美味。尽管这样，同一蜂巢，就是同一蜂房，储存的种类也不尽相同。只要不超过储存容积的蜘蛛目动物都可以列入它们的食谱。下面我为黑蛛蜂的食物列了个一览表，这上面都是它的最爱。它最主要的食物是圆网蛛，它包括冠冕圆网蛛、梯形圆网蛛、铁钱圆网蛛、苍白圆网蛛、角形圆网蛛，但最常见的仍然是背部有花纹呈三个白点十字的冠冕圆网蛛。其他就是类石蛛、满蟹蛛、管巢蛛、跳蛛、球腹蛛、狼蛛，如果有必要列下去，我想肯定还有更多的食物。

长腹蜂是敏锐的巡视者，它能轻而易举地捕捉任何一只蜘蛛，虽然它有一大堆的食物，但是冠冕圆网蛛仍是最多的一类。尽管它经常食用这类蜘蛛，可一点也看不出它对此种食物有任何偏好，可能是这种蜘蛛更常见罢了。巡猎时，它不会飞得太远，尽量不远离自己的居所，也就是出门探访一下邻近的旧墙、篱笆、小花园，捕捉眼前飞过的食物。在朴素的村舍门前，用芦竹围起的小花园里，围绕一片白菜地的山楂树的篱笆上，都能看见围坐在网中央等待猎食，或身披十字架的蜘蛛在织网。它们的身影如此常见，也就难怪会经常成为长腹蜂的美味大餐了。

长腹蜂比较挑剔，因为它比其他蜂类更懂得哪种蜘蛛有营养，而且吃起来口感还不错。它对那种肉质肥嫩、口味鲜美的蜘蛛有种特殊的激情，往往遇到自己喜爱的就特别兴奋，喜欢一种甚至其他的。这种特殊偏好也使得它对其他一些只能填饱肚子的蜘蛛不屑一顾。不像方头泥蜂和砂泥蜂兼收并蓄，从不挑食，对它们而言只要能捕捉到，不管是填饱肚子还是一顿美味大餐，只要是双翅目昆虫就可以了。

长腹蜂的近邻家隅蛛就住在我家厨房的天花板和谷仓的托梁上，它们在泥巢附近张着自己织的丝网，一切显得那么悠闲，其实它们不知道危险就在眼前。长腹蜂不必劳师远征，门前的野味就数不胜数，只要在周围邻近巡猎那么几圈，丰盛可口的美味就能手到擒来。但它为什么不好好利用呢？难道是此种蜘蛛不合它的口味，要说原因还真难讲清楚。不管怎样家隅蛛好歹也是能填饱肚子的，可长腹蜂宁愿舍近求远也不去捕捉它。我多次留意观察它的食物，发现其中就是没有家隅蛛。它对家隅蛛的蔑视也看出来它对食物的质量要求还是比较高的。由于长腹蜂对家隅蛛不采取捕食行动，对于我们来说甚是可惜。你想如果有一个专门的巡猎者每天为你消灭织网的蜘蛛，那该省去家庭主妇多少烦恼呀。并且长腹蜂因此博来的英名，必将被录入益虫宝典，到那时无论到哪里它都会被奉为上宾，就算把泥巴弄得满屋都是也不会被人赶出屋门。

捕食性昆虫传记最显著的特征是介绍昆虫如何捕食猎物，因此我也特别留意观察。长腹蜂与猎物搏斗场面不算宏大，稍纵即逝，还没来得及细看，长腹蜂已经衔着食物飞走了。我曾在它的捕猎处，如荆棘丛前或旧墙下，耐心驻足，但往往收获不大。我曾看见它以迅雷不及掩耳之势，扑向仓皇逃窜的蜘蛛，将蜘蛛捆好后带走。这一系列动作不带丝毫停顿，简直一气呵成。而其他捕猎者先要摆好架势，然后准备武器，不慌不忙稳中求胜地展开攻击。我想优美的姿势势必是这样的沉稳。长腹蜂则不然，它迅捷机敏，不拖泥带水，讲究的是快准狠。它冲击、捕捉、离开，这一连串的动作颇有泥蜂的作风。长腹蜂在飞扑的过程中可能只使用了螯针和大颚，因此才能敏捷地掳走猎物。这种捕猎方法算不上高级，一旦遇见以两只螯牙为武器的强壮猎物，那恐怕带来的危险是致命的。这也是长腹蜂偏爱捕食体形弱小者的原因吧。由于欠缺更强的捕食方法，因此，我常常怀疑那被捕捉去了的蜘蛛是否真的死了，尽管它们一下子就着了长腹蜂的道，没来得及看清是谁就被捉走了。

长腹蜂是不具备与强敌过招的能力的。如果遇到体魄强健，且有尖锐螯牙的蜘蛛，长腹蜂一定会避而远之，否则就会招来危险。当它希望猎捕一只又肥又大的蜘蛛，它就必须在蜘蛛成年之前将其猎捕。长腹蜂就是这么对付冠冕蛛的。一旦等到冠冕蛛成年，那么它装满卵的肥胖身体，是可以和环带蛛蜂中的狼蛛相匹敌的。这对长腹蜂来说太可怕了，因此就只能是在它未成年、体态弱小的时候，将其猎食放进储粮罐中。除了自身的能力不具备捕食大型的蜘蛛外，再者就是其狭小的蜂房也制约着它这么做。因而它只捕食一些个头中等，且外形不太彪悍的蜘蛛，只有这样捕食来的食物才能放进坛子进行储存。不像环带蛛蜂向来以肥美的蜘蛛为食，它把猎物存放在墙角边，或是某个建筑物废弃的现成的洞窟里。此外，不同猎物，体积大小不等，但是只要能储存进自己的坛子就行。如一间蜂房能塞进 12 只蜘蛛，而另外一间可能只能放进 5 ~ 6 只，但一般来说每间蜂房能放 8 只。因此说猎物的大小导致了每间蜂房所存食物数量的差异。

长腹蜂是如何来储存自己捕获的猎物的呢？对此我曾借助放大镜对长腹蜂的蜂房进行了多次观察。放进去的食物尚未孵卵，说明是新放进去的，但是无论怎么看，食物从触角到跗节纹丝不动，难道捕捉来时就是死的吗？我想这样的食物必不会长久保存，果不其然，十二天的时间里，我看着它们发霉腐烂。也许长腹蜂的捕食方法不够先进吧。它只知道如何捕食，却没有办法使它在捕食时能保证不伤及性命；而只是一个为了快些达到目的，而使用简单粗暴的手段的刽子手。这时这些蜘蛛已经死了或差不多要死了，猎物的迅速变质为我们提供了强有力的佐证。而环带蛛蜂它的手段就要高明得多，它对狼蛛施以麻醉手术，这样一周之内，就能享用新鲜食物。为什么长腹蜂不采用这种方法呢？兴许它根本就不知道自己有这种功能吧。

长腹蜂为什么先要取猎物的性命呢？我实在猜不出个中缘由。就像刽子手一样用简单粗暴的方法，杀死自己的猎物；然而其他的"刽子手"是用螯针顷刻刺向猎物，用以毙敌性命。它们的夺命手段和某些昆虫的麻醉本领有异曲同工之效，这不得不令人惊叹。也许是动物的本能使它一上来就要毙伤敌人的性命；或许是它们在生理结构和解剖学上有过人的天赋吧。

长腹蜂食用腐烂变质的尸体肯定也有其合理性。带着疑问我进行了观察，发现它采取的方法合乎逻辑。蜂房里堆满了猎捕来的食物，当幼虫饥饿的时候，它会啃咬一只蜘蛛，先用大颚将其捣碎，然后甩扔到一边，过会儿再从另外一边重新啃咬，如此反复，没过多久死蛛肢体就四分五裂，非常容易腐烂。虽然易腐烂但由于食物本身体积小，也许还未来得及腐烂就已经被吃完了。幼虫还有个特殊的习惯，它喜欢一只只地吃，不喜欢挑挑拣拣，这里咬一下，那里啃一口，非得把一只吃完才去吃其他的。这个好习惯使得其他食物暂时保持完整无损，因而短时间内也就容易保鲜。幼虫将死蛛有序地吃掉，才得以使蜂房内的大部分食物保持不变质，虽然之前它们都是尸体。

如果要享用一只肥美的蜘蛛，前提必须使它麻醉，不能动弹，而且进食者还要有特殊的进食方法。它们需要先保留食物的重要器官，逐步消灭不太重要的各部分，就像土蜂和飞蝗泥蜂一样。假设有一只肥大鲜美的蜘蛛供幼虫来食用，那么结果肯定是非常糟糕的。这顿丰盛的大餐，被幼虫这里咬一口，那里来一口，不一会儿就会腐肉满地，血流成河。这对幼虫来说也是很危险的，满地的脓血和伤口流出的汁液还会把幼虫毒死。对于麻醉技术的无知和不知道如何享用体积大的食物，因此长腹蜂总是给自己的幼仔提供小而多的食物。储存仓库容量不大并不是选择猎物大小的主要原因。如果那样，当初筑巢时为什么不修筑得大一点呢。依我看主要还是保存死蜘蛛，保护幼虫，所以养育期间它只捕捉小型蜘蛛。

长腹蜂开始产卵时，第一只蜘蛛对它很重要。这只蜘蛛担负着作为它产卵的产房的重任。如果我打开一些新近封闭的蜂房，那么我总能找到长腹蜂产的卵，不是在一堆蜘蛛的最上面，也不是在新放进去的蜘蛛上面，而是在最底层的蜘蛛上面。它将卵产在蜂房里储备的第一只蜘蛛上面，这个习惯从未更改过。在重新出去捕食之前，它总是要立刻把卵产在第一只蜘蛛身上。产卵用的第一只蜘蛛该有多大，长腹蜂从不讲究，捕到什么就算什么。

泥蜂也和它有相似之处，随着幼虫渐渐长大，泥蜂从外边辛苦地每天带点食物回来。它可以很从容地飞越只有一层流沙作屏障的洞穴；但是长腹蜂就没那么便利的交通条件了。一旦泥坛被封口，它需要先砸开干硬的泥盖，这对于这位小个子来说是要费很大力气的。再说，每次打开盖子，飞回来之后还得重新封好，这又是一个力气活。

长腹蜂将卵产在第一只蜘蛛身上，还是十分明智的。这跟它捕食有着很重要的关系。它捕食持

蜜蜂中的大多数过着独居的生活。在北美西南部的沙漠地带和地中海盆地地区，这类蜜蜂数量非常多，并且种类多样。蜜蜂从泥蜂祖先那里继承了巢居习性，其中包括寻找返巢路径的本领。附加在这项遗传特征上的是身体结构方面的，如有长长的舌头、枝枝权权的纤毛，以及花粉刷（"刷子"），这些都是为了适应采集、运输花粉和花蜜的。有些专家型种类还能采集植物油。

蜜蜂的筑巢习性包括两种主要的类型。短舌头的雌性花蜂用它们腹部的杜氏腺的分泌物给地下哺育蜂房做一层内衬，这层内衬既防水又抗菌，对维持蜂房内部所需的湿度非常重要，而且即使土壤遭遇水涝，蜂房和蜂房里面的东西也不会被水淹。这一种类中，只有少数的幼虫在化蛹之前会给自己织一个茧。

第二种类型主要出现在切叶蜂科中。这类蜂使用四处收集来的材料，而不是腹部腺体的分泌物筑巢。而且大部分种类都会利用现成的洞穴——昆虫在死木头上钻的老洞、空心树枝、蜗牛的壳，有时候还常利用老墙的灰泥碎屑，这样就省下自己在土里挖洞了。有的种类也会在石头上或灌木上建筑暴露的巢穴。不同种类使用的建筑材料包括泥土、树脂、咀嚼后粘在一起的树叶、花瓣、树叶和植物的碎片、动物的毛发，或者以上这些的混合物。那些会使用柔软且有延展性材料的蜜蜂常被称为石巢蜂。切叶蜂的幼虫也会织坚韧的丝茧。

由于切叶蜂的巢穴会筑在任何合适的洞穴中，尤其是木头和茎秆中，因而有许多种类都因人类的商业活动偶然地被带往更广阔的天地中去了。如一种原籍非洲的石巢蜂现在在美国东南部和加勒比海岛地区很常见，人们猜测这种蜂是通过奴隶贸易被带到新大陆。首蓿切叶蜂是另一种被偶然引进的种类。这种蜂原籍欧亚大陆，20世纪30年代首次出现于美国，现在被美国的农场主们主要用来给首蓿或紫首蓿授粉。

切叶蜂科中包括世界上体型最大的成员。直到最近，这种著名的蜂的生物特性仍然不为人所知。实际上，人们仅仅是从唯一的一个标本中得知它的存在，这个雌性的标本是阿尔弗雷德·拉塞尔·华莱士在印度尼西亚摩鹿加群岛的贝茨安岛上采集到的。标本现存于牛津大学自然历史博物馆中。除了它巨大的体型（39毫米长）之外，雌性还以其巨大的颚部著称。

最近的研究显示这种蜂栖息在摩鹿加群岛中的几个岛屿上，雌性用它们巨大的颚部在构成白蚁蚁丘侧面的坚实泥巴中开凿筑巢的洞穴。雌性的蜂巢属于公社型，数只共用一个巢穴入口。它们还会用结实的颚去刮取木头碎片，再混以树身伤口处流出来的树脂，为哺育蜂房和洞穴做一个衬里。

续时间多久无关紧要，长或短视情况而定。如果野味不充裕，外界条件又不好，要填满蜂房就需要持续几天；如果天气好，一切顺利，半天就可以完工。喂食不是每天都要进行，因此它尽可能多的储存食物。食物按照捕获的先后顺序，一直堆积到蜂房口，最早捕猎到的放在最下面，新鲜的放在上面。食物足部的粗糙纤毛，会剐蹭到蜂房的内壁，因此常常发生坍塌，导致新旧食物混合在一起。但是幼虫从来不管这些，它只是蹲在下面，好好享用自己的美食，心无旁骛地一只只吃下去，从陈旧到新鲜，直到用完餐它仍能找到没来得及变质的食物。

长腹蜂产的卵呈白色，圆柱状，略带弯曲，长约 3 毫米，宽略小于 1 毫米。卵附在第一只蜘蛛身上一般不会变动，待在腹部，偏向一侧。卵头部附着的地方正是食物汁水最丰富的地方。因此当幼虫咬第一口的时候，正是蜘蛛的肚子，接着它就开始吞噬蜘蛛的胸脯，最后轮到蜘蛛的足部。尽管没什么肉，但它依然不嫌弃，吃得津津有味。从最精美到最粗劣，用餐完毕则一堆蜘蛛尸骨无存。这种无节度的暴饮暴食大概会持续 8 ~ 10 天。

幼虫随着时间推移开始建造蛹室，蛹室开始是一只纯丝的袋子，幼虫像一位隐士一样藏身于此。但这个袋子看上去相当娇弱，起不到真正的保护作用。这位昆虫纺织女工织出光亮的塔夫绸，可这精美的布匹不是织出来的，而是得借助一种特殊的漆才能完成的工程。昆虫纺织女工为了增加丝绸的韧性，它们常常通过以下两种方法：一方面它们要在丝织物中嵌入无数的沙粒，目的是要做凝结沙石的水泥，这样才能为蛹室建造一个矿物质的外壳。比如像泥蜂、大唇泥蜂、步甲蜂都有这样的功能。另一方面它们的乳糜中还会释放出一种液体，这种液体叫做清漆，一旦将清漆吐入丝织物的网眼中后，清漆就会使丝织物变硬，那么将会形成一只完美的漆器。飞蝗泥蜂、砂泥蜂和土蜂就是这样给蛹室的内壁刷上好几层清漆，用来起保护作用的。但是方头泥蜂、节腹泥蜂和大头泥蜂，仅为弱小的蛹室简单地涂抹上一层清漆。在胃里产生的清漆发生化学反应后，所残留的余渣就是它们的粪便。这些一团团又黑又硬的粪便随后被幼虫扔出蛹室。

蛹期长短依情况而定。根据当地的条件，气温不同，蛹期的长短也不同；此外，还有其他的条件影响着它，但具体是什么条件，我目前尚不能做出结论。有些长腹蜂是在七月织茧，茧织好后好似一块琥珀色的丝织物，细腻而且透明，令人不禁想起洋葱的外膜。从外观上看，茧的上端很圆，下端像被什么削去一段，黑色的粪便使得它更加坚硬而且也不透明了。茧的长度大于宽度，一般与成虫后和蜂房的容积非常吻合。七月织茧，八月就能羽化成虫，幼虫的活跃期过后两三个星期，成虫接着羽化。有的八月织茧九月羽化；还有的，无论夏季哪个时候织茧，也得过了冬季来年六月才能羽化。

综观长腹蜂的生活史，我们不难发现它一年之中能产出三代。虽然它一年能产三代，但也不是绝对如此。第一代在六月底出生，它们的蛹都是过了冬的；第二代出生在八月；第三代则在九月出生。只要有足够的时间保持高温，那么幼虫就会很快变态。三四周的时间，它们足可以完成一个周期的循环。九月一来，温度随之下降，蜂巢中的幼虫也开始终止了自己的活动；那么最后一批幼虫只能等待来年酷暑到来时才有可能变成成虫。

土蜂的问题

鞘翅目昆虫似乎都格外喜欢那些身披铠甲、看上去仿佛刀枪不入的昆虫，比如鞘翅目的节腹泥蜂最爱捕捉象虫和吉丁，这两种美味的昆虫除了都拥有坚硬的甲壳之外，还有一个共同点：神经器官比较集中。土蜂也往往把这一点作为选择猎物的依据。

对这些神经器官集中的猎物，泥蜂或土蜂只要奋力一刺，并精准地刺中要害，就能立刻将其神经麻痹，使那些控制运动的神经节无法正常运转。但猎物又不会立刻死亡。随后，鞘翅目的狩猎者们就可以把自己的卵产在猎物的身上，把那半死不活的庞大昆虫当成一个天然的幼儿孵化器。

土蜂捕捉猎物的难度更大一些，因为它们在地下活动，视野有限，并且行动常常受阻，相比之下，能在阳光下觅食的泥蜂就不会遇到这么多困难，它们可以自由行动，能根据眼睛所见到的实际情况作出判断。但是，泥蜂也会像土蜂一样面临棘手的问题——如何一枪击中要害。

猎物有盔甲的保护，土蜂和泥蜂的螫针再锋利也很难直刺进去，所以只能选择关节处下手。如果针戳在脚上的关节上，只会造成局部的瘙痒，受到刺激的庞大猎物就会因愤怒而复仇，到时候不仅制服不了它，反而会被它所伤；虽然刺在颈部关节上能够将之制服，但猎物会因脑部神经受损而迅速死亡，鞘翅目昆虫不能利用这即将腐烂的食物孕育后代。

胸腹之间的关节成了它们最好的选择，只要一针刺中那里，猎物就会被麻醉而无力挣扎反抗。象虫和吉丁之所以成为首选，是因为至少有三个控制运动的神经节连在一起并且集中于它们胸节上的某一点，只要刺中这一点，狩猎者的任务就基本完成了。

有人可能会想，土蜂完全可以不必把择食的条件规定得这么苛刻，只要选择那些皮肤柔软、无法阻隔螫针的猎物就行，只要土蜂清楚地知道对手那些关键的神经节在哪里，就可以一个接一个地去戳刺，没有了甲壳的阻挡，这个过程应该比寻找神经器官集中的猎物更简单，比如飞蝗泥蜂就是因此选择蝗虫、距螽和蟋蟀作为食物。

这种观点并非毫无道理，事实上土蜂的猎物确实有着柔软的皮肤，它最爱的金龟子幼虫并不像穿着钢铁铠甲的铁面战士，土蜂的螫针可以随意穿透它们身体的任何一个位置。但是，我们还必须考虑现实环境的制约。土蜂在地下活动，它们只能选择一针制服敌人这样最小规模的战斗，否则，个头比土蜂还大的金龟子的幼虫就可能拼命反抗，或者遁

⊙ 土蜂

迹于漆黑的地下。所以，土蜂的每次出击要么就是胜利，要么就是失败，几乎没有发动第二次进攻的机会。

土蜂总是能够准确无误地击中对方的要害，它简直是通过数学计算确定了金龟子幼虫身上最敏感的那一点。它究竟是怎样做到的呢？难道它拥有世界上最精密的瞄具吗？

让我们来听听达尔文学派是怎么回答的吧。他们认为，无论是在食物的选择，还是袭击位置的确定上，土蜂都经历了漫长的犹豫、探索和尝试，由于一个偶然的机会，它们终于找到了最好的方法，目的、手段、结果，这三者终于有了一个完美的契合点，于是土蜂祖先们就把这一切一代一代传承了下来。

"偶然"真是语言宝库中最有力、功能最多的一个词汇啊！有些人爱极了这个词，他们自称最具科学精神，却又习惯用"偶然"这样毫无严谨性可言的词语解释那些不易看透的现象，面对他们，我只好耸耸肩表示无奈，多么讽刺！

按照这些人的观点，土蜂捕捉金龟子幼虫是一种本能，但这本能却不是从它们祖先那里开始拥有的，而是经过代代相传才确定下来的。这复杂的学说背后有着一个漫长的演化过程：土蜂一开始并不知道什么昆虫更适合它的幼虫的孵化和成长，所以它只好不停摸索，它根据自身的能力和幼儿的需要，毫不犹豫地扑向所遇到的任何一种猎物，或者捕杀对方，或者为对方捕杀，几个世纪或者更漫长的时间里，一代又一代土蜂做着同样的尝试，直到某一天它们遇到了金龟子幼虫，这个寻觅的过程终于结束，经过多次选择而固定下来的习惯也最终变成了本能。

如果以上假设成立，那就意味着古代土蜂的猎物与现在不同。既然土蜂的祖先们曾经依靠着某一种食物繁衍生息，并且不曾因此招致种族的危机，那么莫非是后代吃厌了这种食物，于是决定更改的吗？这个理由放在人类社会或许适用，但在昆虫界未免显得牵强。如果土蜂最初选择了错误的食物，那么这个物种很可能已经陷入窘境甚至灭绝；既然繁衍非常顺利，那么它们通常都会把最初的选择当成最好的选择。那么，那些聪明人对本能的一套解释是否还讲得通呢？

又有人说了：土蜂的祖先是一种没有常性，喜欢变化的生物，随着环境、地域、气候条件的变化，土蜂祖先的习性、外形也不断改变，并因此分成了不同的小种族，比如一些常常在腐质土层活动的土蜂，无意间在土堆里发现了花金龟，它们热爱这种美食，于是就成了后来的双带土蜂；另一支也爱挖掘土堆的土蜂遇到的却是蛀犀金龟，后来它们成了花园土蜂；还有一支喜欢柔软的沙土，它在沙粒中发现了害鳃金龟，这就是沙地土蜂的祖先了。当然，我们也可以认为这些不同的土蜂拥有同一位祖先，很可能还有更多分支将和它们共享这份家谱。

这一套庞大的土蜂谱系让我不得不努力去相信这位善变的祖先的存在。"祖先"具有和"偶然"同样的魔法，它简直就是进化论的解围之神，任何一个棘手的问题都会因为千姿百态的祖先的出现迎刃而解。这个想象中的生物面目模糊不清，随便戴上一个面具都能让心存疑者无话可说。

权当土蜂确实有这样一位祖先吧。我在劝说自己相信这套理论的过程中，对这位想象中的祖先油然产生了一股敬意，在漫长的历史中，它必须每一步都走对，绝对不出任何差错，才能将它的种族维系下来，这比走迷宫还要困难，迷宫中陷入困境后还有沿原路返回重新再来的机会，但土蜂祖先只要走错一步，它的整个族群就会遭受灭顶之灾。

第一步，它必须对挖掘沙土和腐质土有浓厚的兴趣；第二步，它必须在土堆里遇到花金龟、蛀犀金龟和害鳃金龟的幼虫（前提是这些昆虫的祖先也几乎同时选择了在土里生活）；第三步，它认为这些肥胖的幼虫味道非常鲜美，且适合用来养育后代；第四步，土蜂拥有在地下挖掘土壤所必需的强健体魄；第五步，当某位胖邻居经过时，土蜂选择发动攻击；第六步，土蜂选对了针刺的那个微小的点，掌握了只麻醉猎物而不将猎物杀死的技艺；第七步，土蜂将卵产在猎物上；第八步，土蜂幼虫生来就知道如何依附着金龟子幼虫存活……一步步地，土蜂终于成为我们今天所熟悉的样子。

沉下心来思考就会发现，每一步都可能出现无数种意外，但凡这位伟大的祖先走错一步，它的整个种族和它们的本能就会和今天截然不同，甚至，它们都不再拥有今天。

如果非要让我相信这一套假设成立，那么我只能继续设定另一个假设：那就是在这个复杂的过程中，土蜂遇到的都是一些非常有利的条件，并且这有利条件会随着这种有多种可能性的危险繁殖方式的成熟而越来越多，最后，土蜂变成了现在的土蜂，并且固定下来。

这些模糊的措辞实际上是懒惰的衍生物，在漫长的时间过后，很多事实很难再去考证和确定，这让一些信马由缰者随意地玩起了假设的游戏。虽然很多勤劳的研究者对此表示摒弃和怀疑，但是很多同样模糊不清的概述还是被一些人奉为日常准则，并因这些观点的流行放弃了对真理坚持不懈的探索。

这样的现象很多，很多人因为基础知识、研究方法、判断依据的错误和对错误的偏执而变得短视，事实并不像我们想象的那样简单，建立在不牢靠的基础上和狭小的适用范围内的一般化往往并不科学。

这类人群中最多的就是孩子。当他们用一般化的视角看待世界时，就会认为所有在地上爬行的都是蛇，所有长着羽毛的都是鸟，好在他们的错误是因为年幼时的无知，缺乏经验和知识，因此还没有能力看到事物的复杂，只能把一切都简单化。随着观察能力的提升，他们就会知道麻雀和灰雀、朱顶雀和翠雀都是不同的。虽然他们会一天天地发现事物的不同个性，但这并不意味着他们可以完全避免做一些不合适的归类。

我认识一个叫法维埃的老兵，他几乎不识字，就连数数都也只能数个大概。虽然他曾周游四方，有着开阔的视野，但每每谈到动物时，他都会犯一些令人无法理解的错误，例如蝙蝠就是老鼠，不过长了双翅膀而已；又如杜鹃其实和鹰是一样的，不过更加老实些；更荒谬的是他认为夜鹰是"披着羽毛的癞蛤蟆"。从法维埃的这套说辞可以看出，在他眼里，任何两种或多种动物都可以联姻，理由是你看看它们多像啊。很多成年人都会犯类似的错误，我觉得既无奈又可悲。

让人们经常争论不休的问题是关于人类起源的，在类似的争辩中也常有人用一种一般化的观点作为自己的论据。有人说人类的祖先猿人被雌猴的体形所吸引，也有人说人是从猕猴变来的，而我的一位朋友对人体结构有着更加奇特的看法，他说："人具有猪的内部器官，以及猴子的外表。"如果有一天人类的祖先是猴子这种观点

知识档案

土蜂科昆虫常见于植物的花上，取食花蜜。多数寄生于金龟子幼虫（蛴螬），也有寄生于象甲虫幼虫的。成虫钻入土中，寻找寄主蛴螬，有时亦可沿蛴螬的隧道下到土下十到数十厘米深处做穴，将寄主麻痹产卵，产卵后即封闭土室。大多数土蜂将卵产在寄主幼虫腹部的腹面，孵化后幼虫将头部深埋于寄主体内，取食寄主体液。至寄主的内含物被吃光，土蜂幼虫即进入成熟阶段，在土中结茧化蛹。成虫羽化后破茧而出。在温带一般为一年一代，在热带可连续繁殖，一般以成长幼虫在茧内越冬。土蜂科昆虫可以作为金龟子类幼虫的天敌加以利用，如美国曾引进白毛长腹土蜂防治日本丽金龟。

不再流行，那么我的朋友的这句话或许可以作为人类祖先是野猪的论点。把相似的内部器官作为亲缘关系的证明，很多人不都在重复同样的研究吗？

这就像我们在一个烤肉叉上使用的旋转铁和布雷盖马表用的齿轮之间画上了等号，仅仅因为齿轮的形状很相似。但事实上呢，前者是用来在炉火上翻动烤肉的，后者则是以秒计算时间的，我们怎么能只看到零件的相似，却不顾及功能的区别呢？

参照骨骼、皮毛，或者翅脉、触角来确定生物的系谱树和这个齿轮游戏一样，都不够严谨，因为除却器官之外，生物是由更上层的能力（如精神上的能力）控制的，这也是将动物区分开来的重要特征。所以无论猩猩和人类在结构上多么相似，也不能完全忽视它们之间无法跨越的鸿沟，至少应该看到人类拥有制造工具和保存、使用火种的能力，这或许比脊椎骨和臼齿的数目更加重要，是否拥有这两种能力是比结构器官更明显的人类独有的特征。

由于存在难以逾越的障碍，那些热衷于人类起源的研究者不急于证明原来的野兽通过什么方式获得了工具和火，只是一味设想人类现在的外形、内部的器官是怎样演化而来的，比如为什么从四腿爬行变成了直立行走，浓密的体毛为何消失了一部分又保留了一部分……他们为了避免落入自己无法解答的问题陷阱，便选择了绕路而行，以至于忽视了能力比毛发更重要的事实。

我们前面已经提到了同一位土蜂祖先至少演化出了三种我所熟悉的物种，它们为了从出发点跨越到终点必须要战胜很多困难。人类从某种野兽演化成现在这个样子，所经历的挑战必然是土蜂所面临的困难的数倍。人类经历的难题我不敢妄测，但可以比之前更加仔细地推敲一下土蜂的演化过程，那些单独看时就很巨大的难题都只是土蜂要经历的困难链上的一环。接下来，你可以不断地重复这句话：正确的选择只有一个，错选则有无数个，这样一来你就会了解我为什么对这位臆想中的土蜂祖先肃然起敬了。

首先，大自然里有无数种昆虫，土蜂祖先怎么就偏偏选择了那些神经系统集中的金龟子幼虫呢？这些幼虫在昆虫界里是那么特殊，数量也不像随处看见的蚂蚁或者苍蝇一样可观，得有多好的运气才能不差毫厘地得到这种极易受伤的猎物呢？

土蜂和金龟子幼虫终于在地下相遇了，在它们彼此擦肩而过很多次之后，土蜂终于对金龟子幼虫的味道产生了好奇，于是第一次发动了攻击，被攻击者不得不反抗来自卫，它蜷缩成一团，只留下一处螫针蜇过并无大碍的地方。毫无经验的土蜂必须把螫针刺入隐藏在猎物身体皱褶处的那一点，才能制服它，否则它就会被那只怒火冲天的金龟子切成碎片。即使它侥幸保存了性命，也会因为未能给后代寻找到合适的食粮而无法繁殖。面对猎物体表的无数个点，未经任何指导的土蜂一定第一针就刺中了要害——那个微小到难以辨别的圆点。

幻想游戏继续进行着，金龟子幼虫已经被麻醉得不能动弹，土蜂该产卵了。但是，卵是应该产在猎物的背面、腹面、

◉ 蜂巢的制作过程

侧面、胸部、还是腹部？如果选错了地方，幼蜂一旦钻出来就会不顾一切地顺着打开的伤口钻进去，很可能会损坏金龟子的主要器官，金龟子迅速死亡并开始腐烂，而幼蜂在成年之前离不开母亲把它产下的位置，腐烂食物中含有的毒素对它来说也是致命的，土蜂幼虫就会随着金龟子的腐烂一起死去。通过观察那些从土堆里挖掘出来的金龟子幼虫的空壳，我发现土蜂无一例外地把卵固定在了猎物腹部。一定有某种神秘力量的引导，否则土蜂母亲要有何等的运气才能将它的卵附着在这一点，而且始终是这一点呢？更加令人难以置信的是，相对于整个猎物的庞大体积而言，这一点只占了 2 ~ 3 毫米的地盘。

◎ 幼蜂从卵发育为成蜂大约需要 21 天时间。

我们还没有达到游戏的最后关卡。幼蜂孵出来之后，会从指定的点上钻透金龟子幼虫的肚子，把颈部牢牢探入猎物体内并挖掘食物。如果它随意乱咬，那么它必定会损坏使猎物保持生息的器官，器官一旦受损猎物就将迅速死去，幼蜂也会被毒死或饿死。所以它们生来就懂得进食的一套程序和挖掘新鲜虫肉的技术，先吃哪一点，后吃哪一点，哪个部位要留到最后才能吃，它们都清清楚楚。即使我们把这个程序写在纸上，也未必能不出差错地分辨出猎物的心肝脾肺都在什么位置，但幼蜂是个天生的解剖专家，它对这一切都知道得清清楚楚。

进行到这一步，你是不是也开始佩服起这位祖先的聪明和伟大了呢？以上的这些条件必须同时实现才能成功，否则就完不成繁衍后代的任务；即使只克服其中一个困难，而其他障碍得不到解决，结果就会一事无成。所以四个条件要么就全都具备，要么就一项都没有。但我们清清楚楚地看到，每个条件实现的机会几乎都接近于零啊。完成这个任务的难度究竟有多大？如果从数学的角度分析成功的概率，就会发现这个游戏实在太过于荒谬！这种复杂的概率，其因数是四种可能性极其微小的事情，或者说就是四种不可能的事。或许我们就只能将之归因于"偶然"二字了，很多习惯了偷懒的人都是这样做的。但"偶然"也可能导致另一种结果，那就是土蜂在一步步的失败中灭绝，现实生活中仍然存在的土蜂后代亲自推翻了这个假设，但我们并不能因此就认为前一种"偶然"就是正确的。

当我们研究过达尔文主义者和土蜂之间的矛盾后，可以再看看他们对土蜂猎物的那一套无法自圆其说的论调。

金龟子有很多种，我们已经提到过的是花金龟、蛀犀金龟和害鳃金龟。这些昆虫的身体构造、居住环境、食物、活动方式都没有太大区别，连蛹室的结构和形状都几乎一样。但是其中花金龟的幼虫却有个特别之处，这不仅区别于它的同类，甚至在昆虫界都是独一无二的：它以背部行进。一只有足的昆虫，居然把健全的足当作朝天的摆设，翻过来行走，并且长期只保持这一种姿势，这是多么有趣而值得研究一下的事情。

对于这只虫子另类的行为，科学家们赠给它一个时髦的短语：适应环境。他们说花金龟幼虫生活在狭小的地道里，那里空间非常有限，幼虫想行走就得贴着地道的土质墙壁爬行，就像通烟囱的工人一样，必须用背、腰、膝作为身体的支撑，所以，花金龟通烟囱的时候会把身体蜷缩起来，用腹面和背部贴着地道的壁面，通过这两个支撑点的移动才能前进。时间久了，它的腿就会因为从不使用而退化，甚至消失，但背部却不断得到强化，变得越来越强壮有力，甚至长出了一些利于爬行的钩子。

如果说花金龟是为了适应狭小的地道空间而不得不改用背部匍匐前进，那么为什么生活在同样环境中的蛀犀金龟、害鳃金龟就没有因此丧失用足行走的能力？它们为何不采用这种用背行走的方式呢？难道说它们就不需要去适应环境的要求吗？

或许会有人认为我对前人的理论成果不够尊敬，这并非因为我的狂妄，因为我也没有能力对这些事实作出合理的解释，如果我不懂，我宁肯不说，也不会像那些人一样摆出会对相同的情况导致两种不同结果的理论，如果不能自圆其说，那就不要说。否则，自诩高明的理论家就可能因其幼稚成为他人的笑柄。

有人将老虎披着条纹状毛皮归因于它要适应丛林环境——当阳光透过枝叶时地上会出现光影，老虎为了保护自己就采用了和环境相似的色彩，我拒绝接受这样的观点。在理论家们的眼里，拒绝接受他们的解释的人是难缠的，比如像我这样的。如果这些假设和分析都只是茶余饭后的闲聊，那我会开开心心地接受，说不定我会讲出比这还要荒谬、还要有趣的段子，但是很遗憾，这些问题都是正式而严肃的，就像所有其他科学命题一样不容戏谑。

那些不够严谨，甚至自相矛盾的推测已经够多了。环境不能造就昆虫，是昆虫生来就与环境相适合。所以花金龟幼虫用背行走不是为了成为一名合格的烟囱工人，而是因为它始终就是这样行走的。以上种种我想起了古希腊哲人苏格拉底的那句名言："我知道得最清楚的东西，那就是我一无所知。"如果人们都能发自内心地承认这一点，那些容易对他人产生误导的稚言就会少一些吧。

第三章

树蜂的问题

　　樱桃树上生活着一只小个子天牛，它黑如炭精，这便是栎黑天牛。这种天牛家族中的小个子，也和神天牛一样具备靠啮噬树干维持生计的本领吗？如果昆虫的结构决定其本能的话，那么应该也能从它们身上找出这两种天牛的相似之处。一旦结果相反，本能就只是昆虫结构派生出来的一种特殊功能，那么本能就应该是千变万化的。正好我可以借此机会好好研究一下天牛幼虫的生活习性，了解一下在昆虫外形和身体结构不变的情况下，本能是否会改变。我不由得再次思索，是工具支配职业还是职业决定工具的使用；本能是身体结构的派生还是身体结构为本能服务。我为此疑惑不解，但是一株年迈将死的樱桃树为我答疑解惑了。

　　和神天牛一样，天牛科昆虫的幼虫期大多都是三年。栎黑天牛的幼虫期也有三年，下面的情况给了最好的证明。一株樱桃树树皮斑驳，看来似乎很有些年头。我用平铲将其树皮剥开，发现在树皮下寄居着一群昆虫的幼虫，有的体格弱小，有的身强体壮，此外还伴有一些蛹，它们就是栎黑天牛的幼虫。我劈开树干，再把它们劈碎，我惊奇地发现，树干内部无论什么地方，一只栎黑天牛的幼虫也没有，所有的幼虫都寄居在树干和树皮之间。它们在那里挖了一个迷宫，这个迷宫一头连接树木的韧皮部分，另外一头通向树木的边缘表皮。看上去，迷宫蜿蜒盘绕，理不清头绪，蛀痕紧密交织，纵横交错，有的地方窄如里弄，有的地方又豁然开朗。神天牛幼虫喜欢藏身于树干内部寻找自己的庇护之所并就地取食，而栎黑天牛幼虫以树皮为隐蔽只啮噬树干薄薄的外皮。这些现象表明，栎黑天牛幼虫的生活习性还是和神天牛幼虫的生活习性有区别的。

　　栎黑天牛幼虫以樱桃树为食，当它离开树的皮层，钻入树干内约两个拇指深的地方时，身后就留下了一条宽敞的通道，随后用完整无缺的树皮把通道口小心细致地遮蔽起来。这个宽敞的通道就是将来成虫逃出树干的出路，通道尽头的树皮像一道帷帐一样遮掩着路的出口。最后，幼虫在树干内部还为蛹挖了一个房间做准备。在进入蛹期之前所做的准备工作，正是两种天牛幼虫主要区别的集中体现。栎黑天牛幼虫房间的出口，首先会被一层纤维质木屑堵塞，然后又用一层矿物质的东西作封盖，但与神天牛的封盖相比较起来则略显小一些，接着在钙质封盖的凹面上覆盖一层厚厚的细木屑，这样壁垒就筑造成功了。这是一个橄榄形巢穴，长约 3～4 厘米，宽 1 厘米，房间四壁没有什么装饰，显得光秃秃的，这和以橡树树干为食的神天牛幼虫用木纤维作为绒毯来装饰房间不一样。两种天牛的房间封盖结构相同，都是矿物质且呈新月形。总之，无论从化学成分还是到类似栗壳的结构特征，两种天牛幼虫所筑封盖一模一样，除了大小不同，其他别无二致。据我所知，还没有其他天牛做得像它们这样天衣无缝。还有

◉ 天牛

就是，我还想补充一下它们的共性，天牛的蛹室都是用钙质封板堵住的。在这里我还有必要提到一个细节，幼虫在蛹期睡卧时头也是朝着门的，我想它们是不会忽略这个如此重要的细节的。

以橡树为食的神天牛喜欢居住于树干深处，以樱桃树为食的栎黑天牛则喜好居住于树木的表皮。在天牛幼虫变态以前所做的准备工作中，神天牛由树干深处爬到树表，栎黑天牛则由树表钻入树干之中。神天牛勇敢地面对危险，栎黑天牛则害怕地逃避躲闪，在树干内寻找自己的庇护之地。神天牛以木纤维为绒装饰居所极尽奢华，栎黑天牛则简约质朴忽略繁琐的布置。这样看来虽然说结构相似，可两种天牛的生活习性还是有着很大的区别。假如说工作结果相同，方式却大相径庭，那么看来工具并不能决定职业行为。这也是从两种天牛现象中得出的结论。

天使鱼楔天牛的幼虫居住于树干与树皮之间，它一般不往外爬而往里钻。在与树表平行、相距不到一毫米的边缘，挖凿一个圆柱形、两头呈半球状的洞穴，这样做完全是为了变态做准备。它们用木质纤维简单地布置了一下洞穴，没有门厅，入口处只有一大团木屑作壁垒。天使鱼楔天牛的成虫把堵在门口的木屑清除掉，就可以看见薄薄的树皮，接下来只需用大颚把树皮层轻轻地钻开就行。天使鱼楔天牛和以樱桃树为食的栎黑天牛同树而居，它善于模仿栎黑天牛的生活习性，在此我又看到了同样的现象，两种昆虫拥有相同的挖掘工具，却以不同的工作方式进行工作。

天使鱼楔天牛在樱桃树中生活，轧花天牛则生活在黑杨树上。虽说二者具有同样的身体结构组织和同样的挖掘工具，但是它们却属于不同种的昆虫。这是我在其他天牛那里找到的一些证据。我没有说非要选择谁，只是随着我的发现做了一些随机的描述。轧花天牛以杨树为食，它的生活方式与喜食橡树的神天牛有些相似。它居住在树干内部，蛹期快要来临时，在距离树心约20厘米的地方，为进入蛹期挖一个洞穴，洞穴没有经过特殊布置，防御敌害的手段也就是一条长细木屑。临近蛹期时，它还需要向外挖掘一条长廊，长廊的出口畅通无阻，找些尚未凿开的树皮作为遮挡，然后重新返回用木屑作壁垒将通道堵住。一旦它需要从树干中逃走，只需要用足轻轻推开木屑，通道就在它面前畅通无阻了。假如通道出口还有一层树皮作窗帘遮盖，这树皮可谓轻薄柔然，只需用大颚轻松地将其除去即可。

青铜吉丁是吉丁科昆虫的一种，它栖居在黑杨树上，它的幼虫钻入树干内部取食。为了化蛹，幼虫在靠近树表的地方，建起了一个椭圆形的扁平居室。卧室前方伸向一个弯曲度不大的门厅，门厅的尽头有一层不到一毫米厚且完整无缺的树皮，此外没有设置壁垒也没有堆放木屑，再没有其他任何防御措施。卧室后面则是一条已经塞满木屑的长廊。一旦想要出去，吉丁成虫只需戳穿薄薄的无足轻重的木层，然后咬破树皮就可以来到阳光下。同天牛科目昆虫一样，吉丁科昆虫都非常热衷于啮噬、破坏树木，无论是健康的好树还是病树残枝都无一幸免。它又向我重新演绎了一下神天牛和楔天牛的论证。

八点吉丁喜欢居住在户外的老松树桩里。这些老松树桩外表虽然十分坚硬，但是中间却非常柔软，像火绒一般松散。八点吉丁喜欢这柔软的、散发着浓郁树脂香味的生活环境，因此在这根老树桩里安居立业。为了完成变态，幼虫离开了中间的肥美之地，钻凿入坚硬的木层之中，挖掘了一些橄榄形略带扁平的洞穴，洞穴长约为25～30毫米，且长轴与地面垂直。一条宽敞的通道一直延伸到居室，通道笔直或略微弯曲，这是由通道出口的位置不同造成的。它的通道出口有的设在树桩的横截面上，有的处于树桩的一侧。几乎所有的通道都是畅通无阻的，连用于逃生的通道窗口都是对外开放的。只有在极其特殊的情况下，开凿出口的工作幼虫才会留给成虫来完成。由于通道口的木层薄得可以透过光来，因此，开凿出口这项工作一点都不难。成虫必须有一个方便的通道出口，这对于它来说是非常重要的。同样，对于蛹而言，防御用的壁垒对生命安全也是非常有必要的。于是，幼虫所用的木屑与普通木屑有着明显的区别，它是用咬得很细的木屑粉来堵住通道的出口的。在通道底部，用一层木屑糊将幼虫蛀的扁平长廊和卧室分隔开来，这些都是幼虫分内的工作。通过放大

◎ 吉丁

镜我还观察到，它卧室的四壁还挂有一张很细的木质纤维制成的绒毯。啮噬橡树的神天牛已经为我们展示过这种以木质纤维为内衬的装饰方法，我认为无论是吉丁科还是天牛科昆虫，只要是在木栖昆虫中，这种情况还是很常见的。

九点吉丁与八点吉丁生活习性还是有区别的，九点吉丁所选的生活场所是杏树而八点吉丁所选的是老松树桩。九点吉丁幼虫胸部较宽，其他部位很是窄小，看上去像一条带子。在杏树树干内部它的幼虫开凿了一条非常扁平的长廊，这条长廊一般与树轴平行。接着，幼虫突然改变通道的方向，使它在距离表层三四厘米的地方，弯曲成肘形并通向树表。在身体的前方它开凿出一条笔直的

通道，不是像以前那样弯曲不规则地前行，而是通过最短的路线前行。这是由于对未来敏感的预测，才使得它在实际施工过程中改变了自己的蓝图。吉丁幼虫为了未来的成虫，而突然改变了通道的结构工程，使得我再一次领略了它精准的预见能力。成虫身体呈圆柱形，因为身上的甲壳无法折叠，因此它需要一个像它身体形状一样的通道。而幼虫需要的是非常扁平的通道，这个通道顶部还必须使得幼虫背部得以借力，于是幼虫才改变当初的工作蓝图，按照新的要求来开凿通道。往日，幼虫开凿的通道，简直像一条裂缝，狭长且高度很低，也只适合它在树干深处漂泊不定的流浪生活。今天，重新改建后笔直的圆柱形通道，就算是打孔机也没有达到像它这样的精准程度。圆柱形的垂直通道与水平通道之间，很多时候是用一个半径很大的圆弧连接起来的，能让有坚硬甲壳保护的吉丁成虫畅通无阻地通过。它的通道出口则是沿直线以最短的距离穿透表皮纤维。通道的尽头是一条死胡同，离树皮不到2毫米，穿透这层完整的树板和外面树皮的工作就交由成虫来完成。当一切准备工作完成之后，幼虫就按原路返回，并用蛀咬下来的细木屑加固通道尽头的木窗帘。它回到圆柱形长廊的尽头，并在沿途用细木屑把通道完全堵住。在那里，它无须再精心布置自己的卧室，头朝向出口倒地而卧就行。

吉丁科昆虫中有一个小个子，喜好啮噬樱桃树，这便是露尾吉丁。它和那些喜欢从树干内部爬向树皮的昆虫有所不同，它喜欢由树表潜入树干内部。它的幼虫居住在树干和树皮之间，幼虫首先啮噬树皮之下的木头，挖掘成一个通道，并为通道口保留外层树皮作为帏帐。接着，它在树干中凿出一个竖直的井状卧室。最后，用不太坚韧的木屑将通道出口堵住，以便将来弱小的成虫能够毫不费力地离开洞穴。当蛹期来临时，这个小个子开始为将来和目前的需求而操心工作。这些工作都是为了帮助将来的成虫。幼虫用黏性液体将细木屑粘成一层封盖，它在井状卧室顶部花的工夫要比其他部位多得多。这就是它建好的蛹室。生活在樱桃树的树干和树皮之间的吉丁科昆虫中，要介绍的第二种就是铜点吉丁。虽然它是如此强壮，却不见它为蛹的工作花了多少力气。它的卧室是通道的延伸和扩展，而且只在卧室的地上简单地铺了一层漆。由于它对枯燥的工作很是厌烦，因此，它不挖掘木层，只是在树皮中挖掘一间陋室，甚至不挖开树皮，打开出口的工作还得由成虫亲自来做。

每一种昆虫都有自己特有的工作方式、特有的职业技巧，这都是在上述叙述中给我们做了展示的，仅仅以工具的因素来解释它们这种行为是有些含混不清的。当然我们也从这些细节当中得出了一些

重要的结论，我需要补充更多的细节，才能使我所研究的主题更加明确。因此，我决定再去走访一下天牛科昆虫。

松树桩天牛喜欢居住在老的树桩内，就像它们的名字一样。它的幼虫修建的通道，出口向外敞开着。在大约两个拇指深的地方，幼虫用一个大团粗木屑做的长塞子把通道堵住。接下去是蛹的卧室，它内部用木质纤维绒装饰过，呈圆柱形，扁平状。再往下就是幼虫制造的迷宫，消化过的木屑已经把这迷宫密密地阻塞了。我们再来看看出口的路线，出口有的在树桩的横截面，有的在树桩侧面。倘若出口在树桩的横截面，通道就一直延伸到横截面；倘若出口在侧面，起先通道与树轴是平行的，随后幼虫就细心地将通道弯成肘形，并以最短的距离通到外面。我还留意了一下，一旦整个通道畅通无阻，那么树皮也会被挖掘开来。

还有一种叫做绞天牛的昆虫，它喜欢居住在剥去皮的绿橡树圆材内。它和其他天牛一样，有相同的逃脱方法，相同的弯曲成肘形的通道，并同样是以最短的距离通向外界，同样是用木屑封堵住屋顶。不过只有一点我弄不清楚，那就是它的通道也像其他天牛一样穿透树皮吗？我不太了解的是因为它居住的圆材是被剥去了树皮的。还有两种天牛也很相似，蜂形天牛是英国山楂树的挖掘工，热带天牛是樱桃树的钻探者，它们修筑的出路也是圆柱形，而且被急转成肘形，在外端以剩下的树皮作窗帘，或是保留一毫米厚的木层为遮挡。卧室与通道之间被幼虫以密密麻麻堆积的木屑分隔开来，在离树表不远的地方，通道被扩张成蛹室。

通过上述例子，我总结出一个普遍的道理，那就是天牛科和吉丁科这些木栖昆虫的幼虫，为成虫修建逃出升天的路，而成虫只需要钻开薄薄的木层或树皮，或者清除木屑所建成的屏障，就可以重见天日。成虫与幼虫完全是颠倒的，有悖伦常。幼虫身强体健，且拥有强大的挖掘工具，不知疲倦地承担了繁重的劳动任务。成虫不想工作，贪图安逸，不懂技艺，整日游手好闲。幼虫用自己强壮的大颚辛苦地挖掘着通道的洞穴，为成虫避免了敌害的攻击，并使它不费吹灰之力就可以穿透挡板，引导它来到充满欢乐的阳光下，为它创造出无比舒适的生活环境。孩子本应该得到母亲温柔的呵护，过着天堂一般的生活，谁知却成了母亲的监护人。我不想再继续下去，再多的连篇累牍也只不过是重复早已经证明的结论罢了。

幼虫拥有各种天赋，为了成虫任劳任怨地工作。耐力是成功的重要条件，它用持之以恒的耐力啃啮着通道，它开凿通道时的韧劲令我十分诧异，这对于体魄强健的成虫是办不到的。它预见自己的未来身体形态会变成圆形或是橄榄形，于是就在挖通道出口的时候，把长廊建成圆柱形或是椭圆状。幼虫知道成虫非常急切地想看看外边的世界，就把通道到出口的距离建得最短。幼虫把大把的时间都花在了在树中漫长而随意的征程中，而成虫却惜时如金，日子也是屈指可数，它必须尽快地重见光明。因此，它的通道尽可能短，障碍物尽可能少，很容易到外界去就行，但要保证自身的安全。幼虫一生大部分时间游历于树中，它钟情扁平而弯曲的仅容自己身体通过的通道。但也不完全是这样，一旦有更适合它胃口的木质，它也会歇歇脚，把那个地方挖大一点。而现在幼虫开凿规则、宽敞、短促的出口，并且弯曲成肘形通向外界。幼虫明白，一旦连接横向和纵向通道的接口转弯过急，成虫就无法通过。因为成虫身体庞大，僵硬不能够弯曲。因而，通道要建成像一个缓慢弯曲的肘形通向外界。对于从树干深处爬出来的昆虫，改变方向是很普遍的。倘若幼虫修建的卧室离树表近一些，工程量就不算太大；倘若卧室在树干深处，那么就得需要较长时间才能完工。在这种情况下，我产生了一种冲动，想要用圆规测量一下，那如此规则完整的弯曲弧线。

身披坚硬盔甲的成虫看上去非常强壮，这些家伙真的这么无能吗？为此，我做了些实验来求证我的疑问。我将手中收集来的各类昆虫的蛹，放入与天然居室一般宽度大小的玻璃管里，而且在玻璃管里我还用粗纸屑为它做了一层内衬，这就为成虫挖掘提供了一个强有力的支撑点。它们要钻穿的障碍物也是各式各样的。

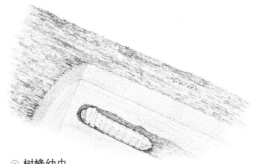

◉ 树蜂幼虫

有因腐烂而变软的杨木塞，有1厘米厚的软木塞，还有正常木质的圆木片。逃亡开始了，大多数成虫都能轻易地穿过杨木塞和软木塞，这些障碍对于它们来说，容易得就好比是逃出时要钻透树皮窗帘或是钻开薄薄的障碍物一样简单。当然并不是所有的成虫，都通过了这些障碍。可是在圆木片障碍前，所有成虫无一生还，尽管它们一如既往的强大，但它们的努力与挣扎还是徒劳的。在这些实验里，无论是在我人造的橡树居室内，还是在仅用隔膜封住的芦竹茎中，无一例外，它们都尽数死去，即便是最强壮的神天牛，也劫数难逃。从上述实验可以得出，成虫是那样的缺乏力量，更准确地说是缺乏坚忍的耐力。

天牛和吉丁通道中的拐弯太短，用圆规根本无法测量，况且我也只是观察过天牛和吉丁开凿的通道，还缺乏足够的资料，因此在拐弯的问题上我在心里画了一个大大的问号。幸亏老天帮忙，让我有了意外的收获，我发现了理想的研究对象。一株死去的杨树，在高高的树干中，千疮百孔地被钻出了许多笔杆粗细的洞穴。这株杨树真是难得，枯萎了还依然植根于土壤之中。为了我的研究真是应该感谢它。

我把它连根拔起，运回家里，虽然树干还保持着原来的结构，但是已经变得松软不堪了，因为在其上面生长着一种叫杨树伞菌的真菌丝。昆虫蛀食了树干的内部，无数的肘形弯曲通道在树干里面，外层则还有十几厘米厚，所以保持了完好的生长态势。我用工具将其沿纵向锯开，用刨子将截面刨平。在树干的截面上，原先幼虫居住时留下的通道非常美丽，看上去好像麦捆。几乎笔直的通道相互平行，不断向高处延伸，并且呈弯曲的肘形缓慢展开，在树干中心，通道集成一束，然后发散开来，每一条都有一个通向树表的出口。这束通道在不同的高度像数不胜数的放射线那样向四周发散开来，并不是像麦捆一样只有一个末端。

这么好的研究对象使我非常高兴，每刨去一段树干，就能发现大量的弯道，这也大大超出了我研究的需求。这些弯道十分规则，终于可以用圆规准确地测量它们了。用圆规测量之前，我需先了解这些美丽长廊的建造者。这些居住在杨树树干里的居民，看来似乎有些年头了，树干里生长的伞菌菌丝就是明证，因为昆虫不会在有伞菌菌丝的树干里钻孔掘道，而且也不会以这样的树干为食。我曾发现一些死去的昆虫，骸骨上缠绕着一些真菌，这些成虫很可能是因为无法逃走而死在了树中。这些昆虫尸体被伞菌像又细又密的襁褓一样包裹起来，因此它们没有解体。缚在这些干尸身上的绑带下面，我发现了一种钻孔的膜翅目昆虫的成虫，它就是堂树蜂。而且，我还有一个惊人的发现，那些遗留下来的成虫，无一例外地被阻在无法同外界联系的位置。它们有的位于树中心笔直通道的末端，由于通道里有木屑的阻断而无法向开口延伸；有的位于弯道的开端，上面的木层未被钻开。所有这些由于找不到路的出口而遗留下的残骸，明确地告诉我们，吉丁科和天牛科昆虫从来没有试过像树蜂那样挖掘出口的方法。

树蜂幼虫一生都离不开树干的中心，不太受外界气候环境的影响，它在那里过着平静而安逸的生活。幼虫居住在长廊里，并用木屑堵塞住通道，只是在笔直的通道和还没有完全筑好的弯道交接处完成它的变态。树蜂的幼虫并不修建自己逃生用的通道，挖掘穿透树层的通道的任务由成虫来完成。这是我亲眼所见，下面我可以给大家讲述一下大致的经过。当树蜂成虫渐渐恢复了体力后，便在自己身前挖掘一条穿透十几厘米厚木层的出路。我发现成虫所修筑的通道内并不是自己消化后的厚实木屑块，而是堆积在通道里松散的粉末状木屑。我发现的遗留在伞菌菌丝里的昆虫，大都是半路上失去力气死在途中的，所以它们前方根本就没有畅通无阻的出路。

在树干内尽情享受，安静休息后，幼虫会为未来的成虫提供所需的帮助，替它挖开出口吗？这个问题又迫切地摆在了我们的面前。成虫生命短暂，又十分急切，极其渴望，想要逃离关押自己的黑暗牢笼，因此，也就不会由它来挖掘这个通道。然而，成虫又是十分清楚如何通往阳光之路的，为了早日离开黑暗的地狱去到光明的世界，它放弃了沿直线前进，而是选择了所有路线当中最短的那条。诚然，用圆规测量，确实是直线最短，但是对于挖掘者来说也许不是最短的。挖掘的长度并不是昆虫的全部，它也不是完成工作的唯一要素，它还必须要考虑到挖掘时要克服的阻力。影响阻力大小有不同种情况，比如，各种树木的硬度不同，则阻力大小就不同；挖掘木纤维的方式不同：如有些木纤维横向被撕开，有些木纤维纵向被撕裂，那么阻力的大小也会不同。由于阻力大小不能确定，为了钻透木层，可能会有一条曲线能使昆虫的工作量减到最小。

我曾经利用我比较匮乏的微积分知识来寻求答案，看看阻力值是如何根据不同深度、不同方向而变化的。可是，一个简单的道理很快就把我辛苦的研究成果给颠覆了，微积分计算变量在这个简单的道理面前显得毫无用武之地。动物虽说不是数学家，但是它自身的条件支配着其他条件。它身体的力量和要穿越的环境的硬度决定着要行进轨道中的质点。由于成虫有坚硬的外壳，因此，它丧失了像幼虫那样身体可以随意转动方向的权利，它像极了一段坚硬的圆柱体。为了便于记述，我干脆就称它是一段不可弯曲的直圆木。

树蜂成虫被我比喻成一根直圆木，它的变态在离树干中心不远处完成。成虫头朝上方，纵向睡在树干中的通道内，但有时候也会头朝下，只是情况极其少见。成虫在身体的前方挖掘一个浅而足够宽的孔，使身体略向外倾斜，这全是为了满足它早日到外界去享受阳光。但这只是它完成的一小步计划，接下来它又开凿了同样的第二个孔，身体再次向外倾斜。总之，每一步小小的移动都伴随着身体向外略微倾斜，它利用小孔狭小的宽度向外倾斜的方向始终朝外，就像一根偏离了方向的磁针，在有阻力的情况下，以匀速前进，以便恢复到原来的方向。就这样一个比磁针略粗的通道随之被挖掘出来。树蜂大概就是这样工作的，随着它不断地啃噬树干，在始终朝向外界光明这个磁极的引导下，树蜂缓慢地倾斜身体，朝着光明又大踏步向前迈。

现在该来看看树蜂的轨道是个什么样子的了。简单来说，树蜂的轨道是一条切角线恒定不变的弧线，这也正是圆周的特点。树蜂的轨道被分成许多均匀的部分，每部分所构成的夹角角度不一样，就像一条相邻切线之间的倾角一模一样的弧线。为此，我选择了二十来条通道，适合进行圆规检测，且通道长度足够长。我这样做就是为了要弄清楚，真实情况是否与推断相吻合，甚至我还用一张透明纸准确描出每条通道的图样。结果表明，推断与实际情况恰恰相符。有一些长达十几厘米的通道，树蜂开凿的通道轨迹与圆规的轨迹吻合得非常好，尽管有很微弱但比较明显的差距。这些差距与抽象理论的绝对精确不太相容，也许是因为没有料到这小小的差距而使人们不太高兴吧。

树蜂的通道上端沿一条水平或者略微倾斜的直线通向树表，下端同幼虫所挖的走廊相接。它的通道实际上就是一条宽敞的圆弧形拱廊，成虫在这宽阔的连接拱廊里自由转向。树蜂的身体原来与树轴平行，随之就慢慢转到与树轴垂直的方向。接下来，它开始挖掘最短的通向外界的笔直通道。倘若幼虫在蛹期的准备阶段就有方法定向，将头转向距离树表最近的点，而不是转向与树轴垂直的方向，那样的话成虫逃跑起来就方便多了，只需要向前钻开并不厚的表皮即可。但是，只有幼虫才能准确地判断什么时机最适合，也可能是出于不堪重负的原因，所以，垂直通道在水平通道之前就早早竣工了。成虫通过宽阔的拱廊来转向是为了从垂直通道进入水平通道，一旦身体转向成功，成虫便直线向前一直挖到出口。它这样做所要完成的工作量是最小的，也确实是没有办法，在那样的条件下昆虫也只能如此。

◎ 有些雌蜂直接在树上钻孔产卵。

树蜂坚硬的身体状况决定了它必须逐渐转动自己的身体方向，它不能根据自己的意愿随意地挖掘，它还得受到机械力的限制。下面我想从树蜂成虫起步点的角度来做一下评论。树蜂成虫可以以自己为轴自由地转动，它可以尝试不同方法，从不同角度凿木开路，以一连串的连接拱廊来随意转动自己身体的方向，不用非局限于某一个平面之内。它完全可以绕自己转动，将通道凿成螺旋形或是方向逐渐变化的环柄形曲线，没有任何阻力可以阻止它这样做。但是一旦这样做，结局就会很糟糕，它会迷失方向，这里试试，那边闯闯，长期的摸索终究也不会有成功之日，最后自己迷失在自己建造的迷宫里。

树蜂要想工作量达到最少，就必须使它的走道几乎总是在同一平面里，也只有这样，它才会无须摸索便可逃出升天。此外，倘若一开始就处在离心位置，那就会有多个垂直平面。在这里，穿过树轴垂直平面的一侧阻力最小，反之另一侧则阻力最大。其实，也没有什么阻力阻止它在其他平面上挖掘出口，只不过那样它的工作量就会介于最大和最小之间。树蜂总是拒绝采用这种折中的办法，它总是穿过树轴的平面，选择路径最短的一侧。简单来说，树蜂的通道在平面的两个区域中，通道穿过区域的面积要小一些，这也是它的通道处于树轴和出发点之间决定的。所以，隐藏在杨树树干内的树蜂，虽然看起来笨拙不够灵活，但是它仍然能用最少的工作量逃出它那个蜗居很久的杨树干。

树蜂所在平面和弧形通道是任何障碍物都无法改变的。之所以这样，是由于它的方向不容改变。一旦有必要，树蜂可以啮噬金属，也不会改变身体的方向，背对着它所察觉到的靠近光线的地方。下面我们来看看这种昆虫的执著。在研究所所有记录昆虫的档案中有着这样的描述，如古幼树蜂钻穿弹药盒内的子弹；在格勒诺希尔的弹药库中，巨树蜂如法炮制地挖掘出路；在弹药箱中的树蜂，由于执著地执行自己制定的逃跑路线，便在铝块上凿洞逃跑，因为它断定最近的光明就在障碍物后面。

木栖昆虫是如何在黑暗的树干当中导向开路呢？水手会利用手中的罗盘在浩瀚无边的海洋中寻找航线；矿工同样利用自己的专业罗盘在地下深处掌握方向、寻找矿藏的路径。那么木栖昆虫有自己的专业罗盘吗？辨别方向的罗盘当然存在，这是毋庸置疑的。无论是对于那些帮助成虫完成开辟出路的幼虫，还是对于那些必须自己开路的成虫，都是别无二致的。幼虫时期，它长期徘徊于弯曲、无序的迷宫，总是漫不经心地散步。现在树蜂必须找到最快速的通道，寻找光明的出口。为了达到目的，它拒绝再继续蹉跎下去，断然选择省力、平坦的路线。为了便于翻转身体，它将连接处弯曲成肘形，一旦垂直朝向邻近的树表层，它就沿直线钻向最近的树表。

在确定了树蜂也有自己的专业罗盘后，疑问又来了，那么它的罗盘究竟是什么样的呢？我还未拥有足够精准的感觉器官，无法来推测是什么因素指引这些动物的方向。因此，这个问题还处在无法探知的黑暗当中。这很可能是因为我们的器官无法去感知另外一个感觉世界，一个对我们来说是完全封闭的世界。就好比是麦克风的薄膜可以感觉到我们听不到的声音；我们在暗房里用肉眼无法观察到的事物，可以借助于紫外线来摄录才能发现的东西。化学化合物，精密的物理仪器，这些都超出了我们的感官所能感觉到的范围。在科学上我们无法探知，认为昆虫灵妙的生理结构也具有类似的才能，甚至超出了我们所能感知的范围，这么说是不是显得太过于草率？对于这个问题，没有肯定回答，至少有时候我可以摒弃我脑海里会出现的一些错误观点，对此我也只是心存疑虑罢了。

昆虫的罗盘究竟是化学反应、热场效应还是磁场效应呢？关于它们我们还知道些什么呢？看来这些猜疑都不成立。在挺拔竖立的树干中，昆虫挖掘的通道不仅有朝向北面、终年处于树荫当中的，还有朝向南面向阳的一侧，朝着最靠近外界的地方打开出口。虽然背对阳光的树荫一侧温度不高，但是在朝向阳光的南面，同样也非常受昆虫的喜爱。难道说这是由温度决定的吗？我看不是。那就是由声音来决定的吧？我看也不是。在幽静的树干里不会有什么声音，况且来自外界的声响要穿透一厘米厚的树干也不会对它有什么影响。难道是重力因素在指引吗？因为我曾在杨树干中观察到头朝下爬行的一些树蜂，而且还没有改变弧线轨道，得出的结论也不是。

难道幼虫或成虫是通过树木的结构来指引方向的？昆虫可能通过某一种方式，感知周围环境进行横向啃噬树层；它有可能又通过另外一种方式，感知周围环境进行纵向啃噬树层。就真的没有一种给钻孔工导向的因素吗？看来确实不存在，我可以观察到，在植根于土壤的树桩中，昆虫是根据光线的远近程度来挖掘通道的。它们有时则是通过拱形通道进行横向挖掘，并在树桩侧面开凿出口；有时是沿直线纵向向上进行挖掘，并在树桩横截面上开通出口。

那么它的向导究竟是谁呢？我无从得知。在研究三齿壁蜂如何走出蛰伏的芦竹时，我就发现了物理书所留下的空白，因而上述问题，也不仅仅是我第一个不能解答的问题。在无法得出答案的情况下，我认为是一种特殊的空间感觉能力，即自由空间感知力。当我从天牛、吉丁科昆虫和树蜂那里得到了无数的启发后，我才不得不又求助于这个结论。我并非非要坚持讲述我这个答案，任何未知事物，无论用什么样的语言都不能恰如其分地表达出来。黑暗中的隐士知道通过最短的距离找寻光明，这就是无声的证明。我想所有信奉真理的观察家都会勇于承认。一批又一批的观察者，在用达尔文的进化论解释昆虫的本能无果后，才对阿纳夏格尔的思想有了深切的体会。为此，我对我的研究做了一个简练的总结，那就是我们曾经努力过。

第四章

蜂类的毒液

现在化学问题也带来了一定的麻烦，化学观点一般认为膜翅目昆虫的毒液各不相同。蜂类的毒液虽说成分复杂，但总的来说也就两大类，一种是酸性的，另一种是碱性的。捕食性昆虫大多数只拥有酸性毒液，使猎物保持生命活力，并不是所谓的捕食性昆虫的智慧，而恰恰是这种酸性的毒液。

我将各种溶液注入昆虫体内，这溶液包括酸性的、碱性的、氨水、中性溶液、酒精、松节油等，观察到的结果与捕食性的昆虫蜇刺的结果完全相同，被麻醉的猎物却依旧保持着一定的生命活力，这活力是通过触角和口器的活动表现出来的。在承认化学反应真实有效的前提下，我试图探究它们所导致的结果，但看起来都是一无所获。昆虫的蜇针是经过反复试验后，才能显现出无比的自信和准确性。但我们的实验并不总是成功的，我用蘸过这些毒液的针刺入昆虫时，所戳的伤口过大，且极不稳定，根本就无法与昆虫蜇针准确的攻击及细小的伤口相提并论。另外，我还要加上一点，我们对实验所研究的实验对象是有一定要求的，那就是使它们的神经链相对集中，譬如说，像象虫、吉丁、金龟子等一类的昆虫。只要在昆虫的胸部和胸部节间膜刺一下就能麻痹它们，这与节腹泥蜂麻醉猎物是一样的。在这种情况下，无论是注入刺激性极强的液体，还是注入少量的液体，成功的概率都非常小。对于那些神经节相对分散的一类昆虫，就需要专门地逐个进行麻醉手术，我这种方法是根本行不通的，一旦那样，昆虫就会因过度腐蚀而死亡。权威人士一直反复使用一些古老的实验方法，也许能使我解除化学家的批评和非议，因此，我羞于向他们求助。

如果光明那么容易得到，我们还有必要对深奥莫测的黑暗进行探究吗？如果简单地求助于真实情况，就可以证明一切，那么我们还要做什么也证明不了的酸碱反应吗？如果肯定了昆虫的酸性毒液能使食物保鲜之前，那么我们来了解下家蜜蜂的蜇针或许能在酸碱毒液的作用下，产生麻醉一样的效果，虽然那样做，会否认蜜蜂蜇刺的灵巧性。我们的化学家也许没有想到这一点，因为简单明了的方法，在实验室里并不受欢迎。现在我的职责就是弥补这一小小的缺憾，于是我打算研究蜂类的首领蜜蜂，看它是否擅长麻醉且不会杀死对手的外科手术。蜜蜂蜇针必须刺进一个确定的部位，这个部位恰恰是捕食性昆虫刺入的地方，我希望刺入的部位却从来都不如我所愿，因为那些不听话的俘虏总是疯狂地扭动、乱刺。结果我的手指，受伤的次数比要刺对手的多得多。于是我一剪刀把蜜蜂腹部剪下来，再立刻用小镊子夹住它，将腹尖靠近蜇针要刺的部位，

特别专题
SPECIAL FEATURE

蜜蜂给人类的宝贵礼物

——授粉的重要经济价值

对那些彼此依赖的地球生命来说，作为授粉员的蜜蜂是地球上的关键物种之一：从赤道雨林到北美的沙漠地带和中东地区，从地中海附近长有繁茂的花朵的疏灌木丛到英国乡村的灌木树篱，我们视觉所见的世界上的各种不同的栖息地都有来自植物和授粉的蜜蜂之间的相互关联及由此形成的网络的作用。

当我们的祖先离开他们的森林栖息地去开拓东非的热带稀树大草原时，他们发现，以蜜蜂和植物间互相依存的进化关系为基础的生态系统使得原始狩猎的生活方式具有了实现的可能。这一事实已超越了理论上的阐释：今天，我们每一口的食物中，有1/3依赖于蜜蜂的授粉服务。

像我们人类一样，显花植物也分两性，其中大部分种类是自花不育的，要结果实并繁衍下去的话，它们必须要得到同种类的其他个体上的花粉（雄细胞）。基于这一点，它们需要第三方作为授粉的媒介。许多植物种类，如针叶树、橡树、草本植物，可以简单地通过风授粉。这些植物简单开放的花朵能产生数亿颗又轻又干燥的花粉粒，能轻易地被风带起来在空气中传播。但是，大部分植物都是依靠昆虫来为它们授粉的，而这其中的大部分又是专门吸引蜜蜂来授粉的。

蜜蜂授粉植物产生的花粉的数量总是多过于它们实际繁衍的需要，那些富含蛋白质的额外的花粉对蜜蜂来说非常具有吸引力。作为奖赏，显花植物还会提供花蜜，这是一种含高热量的糖分混合物，是蜜蜂的"高能燃油"。花朵鲜艳的色彩在我们看来是如此迷人，有时还带有花香，其实二者都是为了吸引蜜蜂前来的一种策略。

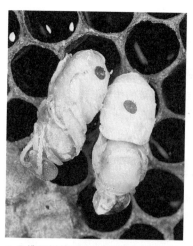

⊕ 瓦螨是幼年和成年蜜蜂的体外寄生虫。它们给养蜂业带来了重大的冲击，危害着全世界的蜜蜂群。这张图中显示的是瓦螨正在侵害两只处于蛹期的雄蜂。

新西兰农场主的经历戏剧性地说明了蜜蜂作为授粉员的重要经济价值。19世纪的定居者开始大量饲养绵羊和乳牛，同时种植车轴草作为饲料。然而，新西兰本土的蜜蜂种群非常稀少，而且都是一些低等的、短舌头的种类，无法为车轴草授粉，结果19世纪的大部分时期中，新西兰不得不每年进口数百吨的车轴草种子。到了20世纪的80年代，有人建议从英国引进4种长舌头的熊蜂来完成为当地的车轴草授粉的任务，于是在此后的5年中，新西兰不仅不用再每年进口车轴草种子，而且成为车轴草的净出口国。

在全世界，约有150个农作物品种大部分或全部依赖蜜蜂授粉。仅在北美，这些农作物的年产值就达到近19亿美元。其中有些授粉是由驯养后的蜜蜂群完成的。实际上，蜜蜂授粉是一种理想的授粉方式：一旦某个地方有需要，那些可以四处活动的养蜂人就可以把蜂箱搬到目的地去，数量庞大的蜂群便开始施展它们的才华，为农场提供授粉服务。农场主们向养蜂人支付授粉的报酬，养蜂人也同时在蜂蜜和蜂蜡上

获得了丰收，形成共赢的局面。

　　尽管蜜蜂由于能制造蜂蜜、蜂蜡和蜂胶而具有极高的经济价值，但每年的蜂蜜的产值据估计仅仅占那些由它们授粉的农作物的产值的1/5。在北美，指望蜜蜂来授粉的面积中，真正能得到蜜蜂的服务的实际上只有1/3。北美的大部分庄稼只能依赖蜜蜂和本土蜂群偶发的授粉服务，这种可能产生严重后果的情况在世界上许多其他农业地区差不多都同样存在。很明显，对于本土的蜂群以及如何驯养它们成为庄稼授粉员，我们还有很多知识需要了解。

　　来自北美和西欧部分地区的有力的证据说明，那些重大的农业和生态环境的破坏或分割现象对野生蜂群具有不利的影响。例如，英国本土的254种蜜蜂中，现在已有25%被列入世界自然保护联盟英国濒危动物红皮书的名单中；在欧洲中部的部分地区，情况甚至更加严重，500多种中有45%被列入当地的濒危物种名单中。这意味着每年我们都在和地球打赌，即随着生态环境和农业的破坏，以及因此带来的筑巢地点和花卉品种的减少的情况，我们仍然期望下一个季节蜜蜂为我们赖以生存的授粉服务尽责。

⊙ 辛勤工作的蜜蜂

这也是唯一的办法，才能稍稍控制一下不驯服的螫针。

看来我刚才捕捉的那只昆虫，根本就不可能用来做实验，无数次毫无成功的实验，耗尽了我的耐心。尽管困难重重，可这也不是我应该放弃的理由吧！

蜜蜂在毫无征兆的情况下死亡之前，它不需要来自头部的命令，就能为自己的死亡复仇，因为它的腹部还能再螫刺一会儿。我正是利用了它这种执着的复仇心理，使蜜蜂带刺的螫针停留在猎物的伤口中，这样我就能准确地观察到螫针的攻击点。螫针的长时间停留，我就能把握螫针螫刺的效果。倘若猎物的组织透明，我还能够辨别螫针攻击的方向，符合我意图的是直线刺入，毫无效果的则是斜着刺入。这些就是这种方法的优点所在。讲完那些优点，我们来谈谈缺点。蜂腹虽然被剪下来，但是比起整只蜜蜂来还是容易驯服，但有时候也不能随我的心愿，它仍有些小任性，螫刺点也是不可确定的。我想它从这一点刺入，它偏不，根本不理会我的镊子，偏要刺入那一点，看起来离得不远，但是要想不伤害到神经中枢，就必须离得很近。我想它垂直刺入，它也不，大多数情况都是斜着刺入，可仅仅刺穿了猎物的表皮层。失败乃成功之母的例子，已经数不胜数。

我自认为我的皮肤敏感度并不比别人差，一旦被蜜蜂螫针螫一下也不会有多痛，而且对此我也没有什么感觉。我触摸飞蝗泥蜂、砂泥蜂、土蜂，根本不用防范它们的螫针，看来大多数情况下，被捕食性昆虫的螫伤其实也无足轻重。为了把事情讲清楚，我想再提醒一下读者，在不知道它是什么化学性质或其他已知性质的情况下，我们只有一个办法，那就是比较它们的毒液。至今只能比较它们被螫刺的伤痛程度，而其他的一切仍是一个谜。我想以以下各种实验，来得出不同的结果，比如用力过大、对抽搐的腹部注入不等量的毒液、螫针不容易驯服、刺得或深或浅、或正或斜、神经中枢被攻击或周边组织受到影响等。我将蜜蜂的螫针作为进攻武器，就像是捕食性昆虫一样螫刺猎物，蜜蜂一螫所造成的伤痛应该等同或数倍于后者。此外，无论哪一种毒液，哪怕是响尾蛇的毒液，至今也没有弄清它到底会产生怎样可怕的后果。

诚然，上述实验结果非常混乱。蜜蜂所螫刺的对象有的麻痹、偏瘫，有的行动失控，有的则一直间或暂时性残废，有的遭刺后马上又回过神来，也有的很快就死掉。这一百多次的尝试所形成的报告会白白占据我的篇幅，倘若没有从中提炼出规律来，那么连篇累牍也无助于研究，因而，我试着进行归类，找几个例子来进行说明。

我们地区有一种巨型的白额螽斯，它比较强壮，前足所在的前胸中心被螫刺，螫针会直穿而入。蟋蟀和距螽被螫的也是这个部位。被螫之后，这只庞然大物会暴跳如雷，竭力挣扎，最后跌落一旁，无力再站起来，此时前足呈麻痹状，其他的足都不能动。不一会儿，它侧身而卧，变得不再那么焦躁，此时只剩下触角和唇须的颤动、腹部的痉挛和产卵管的伸缩，只有这些现象表明它还活着。然而，只要你稍稍轻触一下它，它后面的四只足还是会有反应，其中第三对足粗壮的大腿，还会时不时地进行着蹬踢。到了第二天，没有什么变化，只是麻醉程度加重，已延伸到中足。第三天到来的时候，它的六只脚已都不能动弹，只有触角、唇须和产卵管还能活动。朗格多克的飞蝗泥蜂螫了距螽胸部三次，其状态也和上述一样，残存的生命力也更加衰弱。第四天一到，螽斯就死了，从它深黑的体色就明显能看出来。

由此我得出了两个明确的结论。其一，蜜蜂的毒液极其厉害，无论再怎么庞大，体格再怎么健壮的昆虫，只要对着它的中枢神经一螫，四天内必会死于非命。其二，最初的麻痹只影响神经节所控制的前足，而后才会向中足缓慢延伸，最后波及后足。麻醉在捕食性昆虫的受害者中非常容易扩散，但在捕食性昆虫的进攻中，扩散却起不了任何作用。产卵期将至，所有控制运动的神经中枢被螫时，很快就会被毒液所摧毁，因为这时的猎手要求猎物是完全失去知觉的。

　　倘若捕食性昆虫的毒液和蜜蜂的毒液一样强，一蜇便会夺去猎物的生命，否则猎物的剧烈运动对于狩猎者尤其是对于卵是极其危险的。然而它却不是这样的，它凭借温柔的动作将毒液慢慢注入神经中枢，猎物就会立刻动弹不得，就像对付幼虫时一样。尽管它也有许多伤口，可也不会立刻变成死尸。这些优秀的麻醉师还有令人赞叹的另一才能，它们将毒液用力注入，结果却生效很慢。这也是为什么捕食性昆虫的毒液几乎毫无痛感的有力佐证。蜜蜂为了复仇，加大了它所排出的毒素，而飞蝗泥蜂为自己的幼虫捕食时，将毒素减弱到最低限度。

　　现在我再来讲一个类似的例子。我把直翅目昆虫找来作为研究对象，它个头适中，表皮精细，便于实验时进行蜇刺，看来它比其他昆虫更适于这种细致的操作。我失败的因素往往是吉丁的胸甲，或花金龟幼虫肥胖的身躯，还有那难以驯服的螯针。现在我捉来了一只巨大的雌性绿色蝈蝈儿来做实验。我让蜜蜂蜇刺它前足纹路的中心点，蜇刺的结果令人惊诧，瞬间，蝈蝈儿抽搐扭动，而后侧身倒下，除了触角和产卵管，其他则一动不动。只要不碰它的头，它就不会再动；倘若我用刷子轻触它的头部，它四只后足便剧烈摇动，甚至还会夹起刷子。无法动弹的前足说明它的中枢神经已然受损，随后的三天都会保持这种状态，随着第五天的到来，麻痹开始扩散，只剩触角来回摇晃，腹部抽搐和产卵管伸缩，第六天一到，蝈蝈儿开始发黑，它就命丧黄泉了。除了它的生命力比较顽强外，与白额螽斯的状况一模一样。

　　如果不在胸部神经节上蜇刺，那将是怎样一种情况呢？我找来一只雌距螽，在它的腹面中部刺了一下。整个过程中，它似乎不太注意自己的伤势，只是在玻璃钟形罩的四壁英勇地攀爬，甚至还啃起了葡萄叶，就像当初那样活跃，这表明它已经从我为它制造的伤势中恢复过来了。当几个小时过去后，它仍没有显露出其他情绪，看来已经完全康复。我在它的腹部两侧及中央又进行了三次蜇刺。第一天，距螽看上去没有任何感觉，也看不出它有什么行动不便。这些禁欲主义者好像完全没有痛苦的样子，可我并不怀疑它们的伤口也会灼痛。第二天，距螽步履稍缓，只能慢慢爬行。又过了两天，让它仰面朝天，它竟无力翻转了。直到第五天它就一命呜呼了。也许这次实验连蜇三下的分量实在有些太重了。

　　我用这个办法也试用到了娇弱的蟋蟀身上。我只在蟋蟀腹部蜇了一下，它竟用了一整天才从痛苦中恢复过来，又啃起了生菜叶。一旦给它多来几个伤口，很快它就会命丧黄泉。这些在我残忍的好奇心中丧生的昆虫里，有一个例外，那就是花金龟幼虫在三四下攻击后依然能抵抗。一旦它们变软、摊开、松弛下来，我曾天真地以为它们死了，或是麻痹了，谁知过不多久这些小虫又复活了，它们缓缓爬行，钻进腐殖土中。看来我没办法掌握明确的情况，诚然，它们有了自己的屏障，那就是它们稀疏的纤毛和肥厚的胸膜，用这些来抵御螯针的刺入，这样总也刺不深，或刺歪到一边。这些难以制服的虫子，最终使我放弃了实验，只能回到易于实验的直翅目昆虫上。倘若螯针正对着胸神经仅只一下就能将猎物蜇死，如果对准的是其他部位，那么只会造成昆虫的短期不适。因此，毒液是通过对神经中枢的直接作用，发挥其可怕的毒性。

　　要对"胸神经节被刺，死亡马上来临"这个结论作出肯定，还为时尚早。虽然这种情况时常发生，可还是有很多例外，也许是无法确定的因素所致。对于螯针要刺的方向，刺入的深度、排出毒液的剂量等方面，我无能为力，也无法使切下的蜂腹让它自给自足，实验中也不会再现剑术高超的剑客。蜂腹的刺入不可预知，没有规律可循，不讲分寸，所以从最严重到最轻微，各种意外都可能发生。下面我来讲几个很有趣的例子。

　　蜇刺一只修女螳螂锋利前足所在的胸部，倘若伤口的正中央，得出的结论已被多次证实，因此，我一点都不会感到惊讶和激动。螳螂胸部锋利刀般的前足骤然麻痹，如同一架机器的粗大发条突然折断，也不会停顿得更加突然。一般，麻痹了的锋利前足，一两天内就会影响其他的几只足，一周不到它就会一命呜呼。一旦螯针刺入了右足，眼前的刺伤偏离中心不到一毫米。就在这条足麻痹时，另一条由于没有受损，它就用这条足末端的钩子将我的手指钩出血来。第二天，钩伤我手指的那只足也麻痹了，不过还没有扩展到其他的部位，强悍的蟑螂，像平时一样神气地挺着前胸，缓慢地前行。锋利的铠甲而今却分别垂于两侧，已无力攻击。我一直保留这只残废的蟑螂12天，由于它自己无法把食物放进自己嘴里，长久拒绝进食，所以就丧生了。

第二个例子说的是行动失调。我记录过一只距螽，它在胸部中线外的位置被刺入，虽然六只足还能动，但不能走，不能爬，行动缺乏协调性。它不能肯定是向前或是退后，朝左还是向右，其动作极其古怪、笨拙。还有个瘫痪的例子我也说说。一条花金龟幼虫被从偏离前足的部位刺入，而后右半边身体开始松弛，摊开，无法收缩，左半边身体变得浮肿，皱纹突起，蜷缩起来。由于左右动作不再协调，幼虫就不会像往常那样蜷成环形，而是一侧缩成一圈，另一侧则半舒展。显然，毒液把神经器官的集中点纵向的一半给感染了，这就可以解释实验室里经常发生奇特现象的原因了。

我认识了腹蜂无规律的蜇刺，甚至找到了问题的关键，因此认为再举多少例子也无济于事。蜂类的毒液能使猎物达到捕食性昆虫要求的状态，这里有实验为证。这样的实验有一次成功就够了，因为得到证据需要耐心、牺牲品，还必须有残忍的态度，其代价甚是惨重。如此艰苦的条件下，我使用一种剧烈毒液就能成功一次，虽说只发生一次，但足以证明还是有可能发生的。

一只离前足极近的雌性距螽的胸部被刺。它抽搐着挣扎了几下，随后跌落，腹部搏动，触角颤抖，足还能轻微地动几下，跗节紧紧地把我伸出的镊子勾住。我就将它翻转朝天，它始终保持姿势不变，情况与朗格多克飞蝗泥蜂所蜇过的距螽一样。在三周中，无论是从地下洞穴中挖出的还是躲开猎人的猎物，我熟悉的每个细节的剧目又即将上演。长长的触角在抖动，大颚半开，唇须和跗节轻微颤抖，产卵管在跳动，腹部隔很长时机就能抽动几下，一旦用镊子轻触，它就会有活动的迹象。第四周，生命的迹象愈来愈微弱，直到逐渐消失，可距螽始终保持令人惊奇的新鲜状态。一个月后，当麻痹后的距螽开始变成褐色，那么一切都已结束，它一命归西了。

无论是蟋蟀的实验还是修女螳螂的实验我都取得了成功。在这些实验中，它们都有轻微的动作表明生存迹象的存在，且长时间保持新鲜的状态。飞蝗泥蜂和步甲蜂都接受了我所提供的受害者，这说明它们情况非常相似。蟋蟀、距螽、螳螂都和捕食性昆虫的猎物一样，在相当一段时间内都能保持新鲜状态，这对于幼虫变态是非常有利的。蜂类曾明确地向我证明过，如今又向读者证明，它们的毒液效力与捕食性昆虫很是相仿，不同的是毒液的性质。而毒液到底是酸性还是碱性，看起来已是一个多余的问题。两者都能毒化、刺激、摧毁神经中枢，只是感染方式不同，但最终效果都是使其麻痹或死亡。情况就是如此，剂量很少的毒液都能产生可怕的后果。毒液的作用虽说尚未完全了解，但是我已经知道捕食性昆虫保存幼虫的方法，不是毒液的特性而是取决于它猎捕对手时高超的剑术。

⊙ 虽然蜘蛛是高效率的捕食者，通常武装着可怕的毒牙，但它们很少能逃过蛛蜂科的雌性猎蛛蜂的捕食。正如图中这只蜘蛛被黄蜂的刺弄瘫后，被当作黄蜂幼虫的食物拖向蜂巢。

达尔文还提出了最后一个异议，我认为比其他的更不确定。他认为，昆虫的本能并不是像化石那样一成不变地保存下来。假使如此，那些本能又昭示着什么呢？不过是现在的本能展示给我们的东西罢了。地质学家不正是在当今凭借对原始骨骼的想象来对它们进行复原的吗？凭借想象，他们告诉我们，在侏罗纪某种蜥蜴是如何生活的。那些并非一成不变的习俗，他们讲的一点都不少，而且还使人非常信服，因为昭示着过去。如今，我们何不像他们一样来试试呢。

如果一只蛛蜂的祖先栖息在煤页岩中，它的猎物是某种丑陋的蝎子，蛛蜂是怎样制服可怕的对手的呢？通过类比，它和当今的狼蛛一样，先解除对手武装，在某一点用毒针刺下去，麻痹对手。这个攻击点是可以通过解剖来确定的。如果不采用此法就会落败，很可能会因为刺伤而被吞噬。是蛛蜂的祖先深谙此道呢，还是它的种族和如今的狼蛛刽子手一样？如果没有一刺置敌于死地的本事，那就无法繁衍后代。因此，我还不能得出结论。第一只蛛蜂用高超的剑术将石炭纪的蝎子刺伤。第一只蛛蜂与狼蛛短兵相接，也非常清楚颇具杀伤力的手术法则，倘若犹豫不定，徘徊不前，它们就会失败，开创者就不会有再传弟子来继承和完善它的技艺了。

也有人认为本能会为我们提供前进的媒介和阶梯，会给我们指明渐进的过程，会使偶然、无规律可循的尝试达到完美，并积累成几世纪的成果。本能的多样性，为我们提供了从简单到复杂的可比性内容。大师呀，别再固执于此了吧。假如你认为本能是多样的，可以从简单到复杂的起源中寻找原因，那么我们还何必在板岩层去翻找那些旧时代的档案呢？当今时代给我们的思考增添了源源不断的丰富材料，一件事只要有可行性就能实现。短短半个世纪的研究，对于本能，我只是看到了一个不起眼的角落，我所得到的结果也因为本能的多样性而难以处理，至今也没有发现与捕食性昆虫一模一样的捕猎方式呢。

有的蜇一下，有的两下、三下，还有的十下。这一只蜇这里，另一只蜇那里，第三只又不一样，会蜇别的地方。有的不伤害对方只将其麻痹，有的却对准对方头部神经将其杀死，有的咬住对方神经节使其造成暂时性麻木，有的根本不知道攻击胸部的效果，还有的使其吐出蜜汁，因为蜜汁会毒害它的后代，而大多数则没有任何抵御功能。有的先解除拥有毒刺对手的武装，一旦遇见没毒的对手，那就用不着操太多的心。在预备的战斗中，有的昆虫逮住对手的颈项，有的抓喙，有的抓触角，有的抓尾部。我知道有的昆虫将猎物翻转朝天，有的与猎物胸顶胸竖立，有的就采用最一般的方法，有的纵向或横向攻击，有的爬上对手背部或腹部，有的挤压腹部使其胸部铠甲出现裂痕，有的以腹部末端为楔子，打开对手拼命蜷缩成的环。还有什么呢？它们把剑术一一演练了一番。也许我还没有提到卵。有的卵悬吊在从天花板上垂下的像钟摆一样的丝上，下面是扭动的食物，有的卵放置在仅够吃几餐的食物之上，有的卵放置在被麻醉的猎物身上，有的卵被放置在一个事先确定的地方，这对于食客和食物来说都非常安全，而为了保持食物新鲜，幼虫就必须得用特殊的技艺来吞食肥大的食物。

这千变万化的本能又是如何告诉我们它的渐进过程的呢？从泥蜂和土蜂的一蜇到蛛蜂的双击，再到飞蝗泥蜂的三蜇，最后是砂泥蜂的数蜇吗？是的，但倘若我们只考虑数字化进程，那么一加一等于二、二加一等于三这样简单的数目累加就成了。但是这能解决问题吗？算术有什么用呢？难道就没有一个不用数字来表达的论据吗？因为猎物在变化，所以解剖方式也在变化，每个捕猎者总要了解猎捕的对象吧。简单一蜇是刺向神经节集成团的对手；狼蛛的双击，一次是解除对手的武装，另一次是则麻痹对手；多次蜇刺是刺向神经节分散的猎物。其他昆虫可依此类推。总之，每种猎手都十分了解猎物的生理结构，都能凭借本能，找到猎物神经组织的秘密。

土蜂虽然只有简单一击，但是并不比砂泥蜂一连串的蜇刺逊色多少，它们都掌握了猎物的命运，依我们的学识来看，它们都采用了一种最为合理的方法来处置猎物。在这些深奥的令人费解的科学面前，一加一等于二的论据就显得那么的苍白无力了。数目的简单递增又有什么用呢？一滴水能展

⊙ 黄边胡蜂是一种群居型胡蜂，它的刺有剧毒。

现一个宇宙，在螯针合乎情理的一击中，则反映了普遍的逻辑。

如果把土蜂看做是这一技巧的基本原理的奠基人，那么我们所做的这种大胆假设是成立的。它的一蜇，紧扣可怜的论据，一到二，二到三，这是毫无疑问的。由于意外地采取了某一种方法，它清楚地知道在花金龟幼虫的胸部，只要简单的一击就能将其麻醉，这是它学会的技巧。某一天，不经意或很偶然的情况下，它蜇了两下。除非是猎物有所改变，否则重复一击就毫无价值，因为它制敌仅需一击即可。那么又会是哪个新猎物将丧命于敌手呢？既然狼蛛都要被蜇两下，我想新猎物应该是一只肥大的蜘蛛吧。而新手土蜂的成功令我不敢相信，它先从颈部机智巧妙地刺入，第一次尝试就解除了对手的武装，然后顺着正下方靠近胸部的地方，寻找致命的攻击点。一旦螯针失手或是刺偏，我就只能眼睁睁地看着它被吞噬掉。虽然我认为成功是不可能的，但还是暂时认为它成功了吧。我有幸看到这次事件，认为这一科的昆虫还是保存了对食物味道的记忆，尽管以花汁为食的昆虫会把消化肉食性幼虫的记忆留在脑海中。那么我认为这一科的昆虫在希望渺茫的情况下，会有第二次进攻的灵感，为了自己和后代，它们每次都必须冒着生命的危险。承认这种种不可能积累起来的结果，大大超出了我轻信的能力。尽管一确实能到达二，可捕食性昆虫并不会由一击变为双击。

捕食性昆虫依靠其卓越的天赋技能而生存，以此看来，每只昆虫必须找到自己生存的条件，这是可以和拉·巴利斯那首有名的歌谣相比拟的事实。倘若没有娴熟的技艺，那么种族就无法繁衍下去。关于本能亘古未变的看法，过去隐藏在愚昧无知当中，而今也像其他伪论一样，在巴利斯真理阳光的曝晒下消失了，在强大事实的冲击下崩溃了。

第五章

隧蜂与寄生蜂

隧蜂是蜂蜜的辛勤制作者，也许人们每天品尝着新鲜的蜂蜜却对隧蜂毫无了解，但这并无大碍。不过对这些没有历史的、卑微的隧蜂的探究确实让我们知道了一些奇特的信息。既然我们现在有空闲的时间，那就让我们来研究一下它们吧，因为这些隧蜂的确值得我们去了解。

比起蜂房里的蜜蜂来，隧蜂的身材要修长苗条得多。在隧蜂这个庞大的群体中，各只隧蜂的体型和色彩都有不同。在大小上，有的隧蜂甚至比一般的胡蜂还要大，但也有的隧蜂与家蝇差不多大小，或者比家蝇还要小些。虽然隧蜂家族庞大，品种也十分繁杂，但是它们却有一个共性的特征，这个特征使得新手们对它们的研究有了着手点。在隧蜂背部的最后一个体节，也就是隧蜂的腹部尾端那里，有一条光亮的线盒纤细的沟槽。这就是隧蜂家族所有成员共有的标志，无论身材还是体色，这道沟槽就是隧蜂的共性特征。当隧蜂采取守势来防御时，它的螫针就会沿着这条沟槽向上滑行。除了隧蜂以外，其他的带有螫针的昆虫都没有这道特有的沟槽。

⊙ 青蜂科的大绿青蜂具有闪亮的金属般的色泽。同大多数种类一样，图中这只欧洲的大绿青蜂是蜜蜂和黄蜂幼虫的独居型体外寄生虫。

　　我的实验对象是三种不同类型的隧蜂，而且我与其中的两种隧蜂还是邻居，我与它们非常熟悉。它们每年都要到我的荒石园中光顾并且住下来，事实上，它们占领这块地方的时候我还没有来到。作为隧蜂的邻居，我可以每天都去看望它们，在这一点上，我是个幸运者。我小心地与它们相处，避免侵占它们的领地。我应该很好地利用与隧蜂之间的邻居关系。

　　我的第一个研究对象是斑纹隧蜂，它是隧蜂家族的代表成员。斑纹隧蜂有着优美的身材，就像黄蜂一样。它穿着朴素但不失优雅。它的腹部很长，在那里有一条淡红色与黑色相间的肩带所形成的环形条纹，非常漂亮。

　　斑纹隧蜂群体性地在我的荒石园中采集修筑地道所用的泥土。它们所使用的泥土是红色黏土与细小卵石的混合体，这样的材料非常适合隧蜂所修建的工程。斑纹隧蜂修筑地道往往选择在坚实的土地里，这样可以有效地避免由于受干扰而发生垮塌事件。斑纹隧蜂群体中的成员数目并不是固定的，有时候多，有时候少，多的时候甚至达到一百来只。斑纹隧蜂的群落各自建立起自己的小镇，每个小镇之间互不干扰，各个群体独立地进行劳作。

　　每只斑纹隧蜂之间都是邻里关系，而不是合作关系。这样的关系让斑纹隧蜂的世界里弥漫着祥和安定的完美气氛。每只斑纹隧蜂都有属于自己的独立的房屋，任何其他一只斑纹隧蜂都不能擅自闯入进来，否则房屋的主人就会以猛烈的推搡来警告这位大胆的私闯民宅者，让它以屈服告终。确实，莽撞的行为在隧蜂中是决不允许的。

　　四月是斑纹隧蜂为自己挖掘地道的时间。它们在自己的隧道中忙碌地工作着，很少会有隧蜂将自己的身体露出地面。这样一来，虽然斑纹隧蜂在地下进行着热火朝天的工作，但是在地面上看来却毫无热闹的迹象可言。工程浩大而不惹人注目，只会在地面上显露出一些小土丘。总体来讲，斑纹隧蜂的地道挖掘工程进行得非常隐蔽。

　　我用芦苇秸编织了一个小栅栏，用来保护斑纹隧蜂正在进行的紧锣密鼓的地道挖掘工程。我在小栅栏的中间放了一个警示的牌子，上面写着"禁止通行"的字样。这种做法可以防止过路人将隧蜂努力修建的工程踩踏，我的家人也不会去那里。栅栏里面，斑纹隧蜂依旧挖着它们的地道。由泥屑所堆成的小土丘有时候会因为泥屑的下滑而震动起来，这时候位于顶端的泥屑就会沿着土坡滑下去。斑纹隧蜂在运输挖掘出来的泥土时也不会让自己的身体显露出来。

　　挖掘工程在四月结束，等到五月，斑纹隧蜂已经由挖掘工人转变为采集工人。阳光和暖地洒在每朵鲜花上面，这是让所有生命欢愉的月份。斑纹隧蜂满身铺满了花粉，我看到它们在小土丘上面飞来飞去，这时的小土丘已经变得像火山口一样。接下来我想要了解一下斑纹隧蜂的居所，我拿了铲子和三尖头，这是能够帮助我有效地进行探测的工具。斑纹隧蜂对于自己居所的布置会让我们采集到更多的信息。

　　进入隧蜂居所的前厅隧道大约有 3 分米长，直径差不多与粗铅笔相当。这条隧道的内壁并不光滑，因为光滑细腻的内壁在这里并不适用。相反，这条长长的前厅隧道表壁凹凸不平，斑纹隧蜂可以在这种高低不平的隧道里很容易地找到支撑点。这条前厅隧道循着由卵石碎屑合成的土地，尽量垂直地往里延伸，但有时候也显得弯弯曲曲。隧蜂母亲对于这条前厅隧道的全部要求就是能够让它顺利快速地上下行动，所以粗糙的壁里比较合适。

　　在隧蜂居所的底部，每间小蜂房都以不同的高度横向层叠起来。这些是挖掘在大土堆里的椭圆形洞穴，大约 2 厘米左右，它的尾部是很短的细颈。细颈的口端逐渐扩大为一只双耳尖底瓮口，非常精致，就像是一只用来做顺势疗法的小玻璃瓶，小巧细腻。在地道里的任何东西都宽阔地敞开着。与粗糙的前厅隧道不同，用来供隧蜂孩子居住的房间则建造得精致细腻。在一间间小住所的内部，被粉饰得非常亮丽光润，小巧细致的菱形标志泛着光芒，就连我们技艺最精湛的粉刷工看见了这样的住所都会心生嫉妒。这种精致的表层时由一种近乎完美的抛光技术制成的，这种抛光技术就是由隧蜂的舌头所完成。斑纹隧蜂的舌头就像是一把镘刀，这把镘刀通过有秩序的舔舐能够把室内抛得光亮。

还有最后的一道平坡，它在修建之前就有过粗略的加工，显得精致且漂亮。蜂房在储备食物之前，内壁上铺满了许多用大颚做出来的类似针孔的小洞。大颚通过颚尖来把黏土压得严实，然后往后推动，使黏土中没有沙质的细粒。完成了的作品就好像由细粒状花边围成似的，而被磨光的那层则会与滚边很好地进行黏合。斑纹隧蜂通过对黏土精心的筛选，然后经过过滤、纯化和参拌，最终把它们小块小块地粘连在一起。

在隧蜂使用自己镘刀般的舌头进行抛光之前，它必须用自己的唾液使糊状的物质具有弹性，并且要等唾液干燥，因为干燥的唾液具有防水漆的功能。在下雨的时候，由于土壤的湿度能够使得小泥土制成的凹室在脱落后化为泥浆，而唾液的防水功能正好能够防止这样的危险发生。唾液涂层非常细腻微小，我们根本无法看到它们，而只是知道这层唾液的存在。但是我们看不见并不表示它的功能不显著。我在一个凹室内灌满了水，我看到里面的水没有一点渗漏的迹象，可见唾液的防水功能多么强大。

就像被漆了一层铅矿粉似的，小小的凹室一点也不漏水。陶瓷工用烈火熔炼各种矿物的方式来让陶器不漏水，而隧蜂则用它那镘刀半的舌头以及唾液来防水。幼虫有了这层防水保护层就能够安心舒适地躺在自己的槽室内，即便外面正下着倾盆大雨。其实这层唾沫涂层也容易被弄下来，只要我想，我就能够用破布将防水膜隔离开。我们可以把挖了蜂房的那个小土块的底部放在水中，让水把这个土块渐渐地融为泥浆，然后我们就可以拿刷子的尖部开始清扫泥浆。当然清扫时必须仔细小心，因为只有这样才能让那层唾液薄膜脱离它粗糙的外表。唾液涂层非常纤细，无色透明。假如蜘蛛所织成的不是网而是布料，那么只有蜘蛛的布料才能够与这层唾液薄膜相媲美。

通过观察，我发现斑纹隧蜂修建自己的居所是一项比较浩大的工程，要花费很长的时间。隧蜂首先要做的是在黏土地上挖出一个巢穴，这个巢穴要求呈椭圆弧形状。这项工作虽然进行得粗糙但困难仍然存在，因为它需要用狭窄的细颈来完成，这个细颈刚刚能够让挖掘器械通过。隧蜂在挖掘时把自己长着小爪的跗骨作为耙，而把大颚当作镐。被挖出来的泥土在很短的时间内就堆积起来，形成一个土堆，占了不少地方。隧蜂把这些泥屑集中到一起，然后让自己的身子向后退，而前爪合拢起来放在土上。隧蜂把泥屑通过通道运到上面，土堆逐渐堆得很高。

隧蜂的第二项工作是对居所进行细致的装修，这些工作都是陶瓷技术的代表作，其中包括壁里的细粒状轨花滚边、用质地好的黏土修筑的毛粉饰涂层、用镘刀般的舌头对各个部位

寄生蜂

大部分寄生蜂既不是寄生性，也不是肉食性，不像真正的寄生虫——它们在幼虫阶段总是把宿主杀掉并以之为食。而仅需要一个单一的宿主（猎物）来完成它们全部的发育过程这一点也不像食肉动物。因此，寄生部的成员被更确切地称为"拟寄生蜂"。

雌性成虫在宿主身上取食。产卵的时候会利用产卵器把卵产在宿主体内、体外或附近。此后它就表现得跟自己的后代或宿主没什么关系一样。孵化后，幼虫就开始进食，但此时带来的危害很有限。然而到了发育的末期，它们开始大量食用宿主的身体组织，并导致宿主死亡。最后，幼虫在宿主遗体的内部或外部化蛹。

体内寄生虫在宿主体内生长；体外寄生虫在宿主体外生长，通过对宿主表皮造成的伤口进食。体外寄生虫特别喜欢和住在隐蔽环境中的宿主如潜叶虫或虫瘿共同生活。差异也存在于那些独居和群居的拟寄生蜂之间。

有些体内寄生虫在宿主受到攻击的初始阶段完成其生长过程，即它们利用一个非生长状态的宿主，比如卵或蛹，而其他的（卵—幼虫、卵—蛹、幼虫—蛹、幼虫—成年拟寄生蜂）则利用一个处于生长状态的宿主来完成它们此后的发育过程。相反，大部分体外寄生虫会在宿主受到攻击的初始阶段完成其生长过程，雌性拟寄生蜂在产卵的时候会麻痹宿主，也是因为幼虫的生长速度非常快。

进行的抛光工作、唾液防水薄膜以及双耳尖底瓮口。所有的程序都需要几何学般的精确程度。在封闭蜂房的时刻到来之前还需要做一个塞子，用来关闭房门。

隧蜂幼虫房间的完美程度让它看起来根本不像是每天临时修筑的，也不可能随着成熟的卵脱离卵巢。隧蜂在三月末和四月的时候进行修建房屋的工作，这个季节气温比较低，隧蜂在这个时候就长期地做着这件事，因为等到下雨的时节来临时，这样的活儿就干不了了。隧蜂母亲耐着寂寞独自做着这项工作，它花费大量的时间和精力来为自己的孩子建造精美的房间。

气候宜人的五月到来了，各种生命重新绽放出活力。百花争艳，草坪碧绿。蒲公英成千上万地盛开了花朵，层层叠叠。雏菊、萎陵菜与羊日花也同样不甘示弱。就在这个优美的季节，隧蜂的房屋修筑工程已经完成得差不多了。在把食物存储在房屋内之前，隧蜂还要进行细致的勘察工作，可见准备工作之漫长。不过这样的工作排序十分正确，因为把小屋先修建完整能够让隧蜂母亲在日后收获和产卵时无须再干修筑的活儿。没有隧蜂居住的房屋显得非常空荡，将近一打左右的蜂房已经修建完毕。

蜂类昆虫在盛开的花朵上尽情地玩耍着。隧蜂的爪子被花粉沾满了，它的嗉囊中也因充满了蜜而膨胀起来。隧蜂在返回小镇的途中几乎是掠着地面飞行的，飞得很低。在返回小镇的旅途中隧蜂有时候也会迷路，这好像是由于弱视造成的。它在突然间拐弯，身体摇摇晃晃，历经重重困难之后才在村子的那些茅屋中间重新找到了回家的路。

小镇里的土堆非常多，一个个儿都相互挨着，很难进行分辨。不过隧蜂却能够很轻易地就认出自己的土堆，因为每个小土堆都有特有的标志。隧蜂一边飞行一边寻找着自己的土堆，最后终于找到了自己的居所。在找到房门之后，隧蜂将自己的爪子放在门槛上，之后便让身体迅速地钻入洞中。回到巢穴中的隧蜂把自己采集来的花粉卸下，然后再把身子翻过来，把嗉囊中的蜜吐在土堆上。隧蜂的这些工作与其他的蜂类昆虫并没有什么区别。之后隧蜂又重新飞回到花丛中开始采花粉，这样的重复工作要做好几次，直到自己蜂房中的食物已经足够食用。

接下来是制作糕饼的时间，隧蜂母亲掺拌着蜂蜜揉搓面团，制作丸状的食物。隧蜂制作糕饼的方式虽然节俭，但是却非常细致有层次。如果将这个糕饼比作我们所食用的面包，那么与面包所不同的是，隧蜂所做的糕饼外层相当于我们的面包心，而里层则相当于我们的面包皮。也就是说，越往外面，糕饼越好吃。这种制作糕饼的方法也是按照隧蜂幼虫的成长发育制定的。当幼虫还处于体质较弱的时期，它就啃食外面的柔软部分，这层糕饼是由含蜜的粥状物制成的；当幼虫长大后，它就有足够的力气吃到里层的干燥小骰子，这层糕饼是用干燥的花粉做成的，也是最后的食物。

食物制作完成后，一般蜂类昆虫所要做的事就是把房屋封闭起来。无论是条蜂、墙石蜂还是其他的一些小昆虫，它们在把自己的房屋堆满食物之后就开始产卵，最后把房间紧闭，日后就不需要再回来进行看管了。不同的隧蜂种类拥有自己独特的方法。隧蜂的蜂房中堆满了丸状食物，我看到一只卵横卧在隧蜂母亲制成的丸状食物上。每粒圆面包上面都爬着一只卵，这只卵弯曲成弓形，横着卧在食物上。蜂房与进入蜂房的隧道连通着，这样的布局方式能够让隧蜂母亲很容易地上下飞行。它每天都能够回家看望自己的孩子，了解自己家庭中发生的变化，而且对于自己手头上的工作也不至于贻误。隧蜂母亲应该还会时而再运送些食物到蜂房中去，因为类似面包心的食物看起来非常稀少。不过这只是我的猜测而已。

像泥蜂这样的膜翅目昆虫，它们喜欢把食物按照份数留给孩子们吃。为了能够让自己的孩子吃到新鲜可口的美味，泥蜂母亲每天都会把幼虫的容器填满。隧蜂的食物比较容易储存，隧蜂母亲能够在幼虫食欲最旺盛的时期根据需求把植物粉末运送到家中。除了这个原因，我找不到保持蜂房与外界畅通无阻的其他原因。隧蜂幼虫由于得到母亲精心的照料而成长得很快。等到幼虫将要转变为蛹的时候蜂房就被关闭了。隧蜂母亲用一个由黏土制成的盖子堵在喇叭形状的口子上。之后隧蜂母亲就不再管自己的孩子了。

以上我们看到的是隧蜂家族中和谐温馨的一面，但是在温暖的同时，隧蜂也会遭到其他昆虫的骚扰。这种入侵者就是寄生蜂，它们会对隧蜂家族进行疯狂地抢夺。在五月的每一天，上午十点左右的时候，我坐在椅子上观察隧蜂居住最为密集的小镇。我弯着背，把手臂放在膝盖上面，静止不动。我保持着这个姿势直到中午吃饭的时间。这时候我发现一只寄生蜂，虽然在我眼里它显得那么微不足道，但是对于隧蜂来说，寄生蜂可是位残暴的侵略者。

我不知道这种寄生蜂叫什么名字，它们应该是有名字的。不过我认为名字并不重要，我也不愿意把大量的时间浪费在对寄生蜂名字的咬文嚼字上。只要我把它们的习性叙述得合情合理，我想这种描述比冗长而枯燥的专业名词要明确多了，也更受人们的青睐。我相信对于这只妨害隧蜂的家伙，只用几句话就能将它的体貌特征描述清楚。这种寄生蜂的身长大约有5

◎ 隧蜂

厘米，它属于双翅目昆虫的种类。寄生蜂的脸孔呈灰白状，眼睛是暗红色的，前胸也比较灰暗。它的爪子是黑色的，灰色的腹部下端逐渐变为白色。寄生蜂的身上还长着黑色的斑点，总共有五行，斑点很细小。这里也是寄生蜂尾部纤毛长出的地方。

寄生蜂躲在自己的洞中等待着隧蜂回家的时刻，它们成堆地聚集在坑洼中。在阳光的照射下，我看到了满谷满坑的寄生蜂。隧蜂在采集花粉后把自己的爪子染得很黄，这个时候寄生蜂就开始跟踪隧蜂。隧蜂在返回自己家中的途中迂回，寄生蜂也穷追不舍。直到隧蜂这只膜翅目昆虫钻进自己的房子，寄生蜂这只双翅目昆虫也同样地落在隧蜂的房门口。寄生蜂在那里保持静止，等着隧蜂再次出洞。

隧蜂再次出来的时候也在自己的房屋门口停留着，它的胸和头部都露在洞外。两只蜂相互对峙，互相观察着对方，一动也不动，它们之间隔了一小段距离。从隧蜂的举止上好像可以看出它对这位入侵者并没有太大的兴趣，寄生蜂也并没有因自己的侵略行为受到隧蜂的反攻。寄生蜂在隧蜂面前显得十分渺小，隧蜂只需要用自己的一只爪子就可以将寄生蜂踩住。不过寄生蜂在强大的隧蜂面前保持得相当镇定。隧蜂并没有意识到自己的家庭将要遭受一场侵袭，而寄生蜂也没有表现出任何惧怕的行为。看来我等待寄生蜂表露害怕的情绪是一种浪费时间的做法。两只蜂依旧相互对望。我不知道隧蜂为什么会表现得如此自如，这是愚蠢的表现吗？只要它愿意，就可以用它那强大的爪子将对方的肚子弄破。它也可以用自己的大颚把眼前的寄生蜂钳得粉碎，把它的身体刺穿。但是隧蜂并没有这样做。

由于通往蜂房的道路非常畅通，所以等到隧蜂再次出去采集花粉的时候，这只寄生蜂就开始肆无忌惮、毫无阻碍地进入隧蜂的房间进行偷食。寄生蜂有着准确计算时间的能力，它能够估算隧蜂回到洞中的时间，因此偷食活动显得更加猖狂。寄生蜂还会在蜂房中产下自己的卵，没有什么东西会打扰到它。隧蜂在外面干活儿需要的时间比较长，因为把爪子沾满花粉以及把嗉囊装满蜜都是耗费时间的事情。寄生蜂也因此能够在蜂房中停留更长的时间。等到隧蜂返回到自己家中的时候，这只偷食的寄生蜂早就消失得无影无踪了。不过它并没有走得太远，它就躲在不远处，还等着隧蜂再次出洞后重新进入蜂房偷吃。

⊙ 至少有50只寄生蜂幼虫（茧蜂科）在这只蛾毛虫的身上取食，它们已开始织白色的茧，并在宿主的皮肤上化蛹。当幼虫转变为成虫时，它们就完成了这样的最后一次变形。在成年的蜂从茧中羽化而出之前，那只毛虫通常已经死掉了。

假如寄生蜂在偷吃的时候被隧蜂发现了，那也不会遭受到什么严重的后果。我亲眼看见一些胆子过大的寄生蜂在隧蜂还停留在蜂房的时候就尾随着进入到里面。这时隧蜂正在用花粉和蜜制作者丸状食物。寄生蜂在这时并没有机会上去抢夺食物，所以它再次飞到洞口，等待隧蜂出来采花粉后再进入洞中偷食。寄生蜂看起来非常平静，没有任何受到惊吓后表现出来的行为。可见它们刚才在蜂房中并没有遭受到隧蜂的什么攻击。隧蜂驱赶寄生蜂的唯一行为就是拍打一下寄生蜂的颈项，这也是在遇到那些过于胆大妄为的家伙的情况下才有的举动。两只蜂之间根本没有过激的争斗行为。寄生蜂从蜂房中上来后仍旧在门口镇定地待着，它的身上完好无损，没有任何受伤的迹象。

隧蜂在返回自己家的途中总是采取迂回前行的方式，无论这只隧蜂是否采集有花蜜。它时而向前飞行，时而又会后退，总是在犹豫一小会儿后突然地快速飞走。飞行的路线蜿蜒曲折，几乎是贴着地面前行的。隧蜂的这种无序混乱的飞行方式让我想到一个问题，它会不会用这种飞行方法来迷惑跟随在后面的寄生蜂呢？假如它这样做真的是为了迷惑寄生蜂，那这的确是一个谨慎的举动。事实上，隧蜂并没有如此聪明的头脑。

隧蜂之所以会迂回前进，是因为它要考虑如何才能正确地返回家中，它会经常迷路。隧蜂聚集的小镇上堆满了小土堆，隧蜂在这些零乱的土堆上面要寻找属于自己的那个，因此它会变得犹豫不决。而且小土堆会因为塌陷而变得一天一个样貌，所以对隧蜂在辨认方面造成的困难就更大了。游来游去的隧蜂每隔一小段时间都会消失，直到它认出属于自己的那个小土堆之后就快速地钻进自己的洞中。这时候寄生蜂就停留在门槛上，把头部朝向洞的入口，等着隧蜂出去后进去偷吃。

等到隧蜂准备出洞的时候，寄生蜂就会让自己的身子略微地向后退一下。这样一来，隧蜂就能够顺利地飞出洞口。两只蜂在洞口的相遇显得是那么平静和谐，以至于假如没有情报员透露消息，大家根本都不知道隧蜂就是寄生蜂的牺牲品。隧蜂在洞口的突然现身不但没有吓到寄生蜂，相反，寄生蜂对隧蜂的出现表现出了一副不理会的神情。若是这个不劳而获的家伙在空中将隧蜂追逐，那么隧蜂就会来个急刹车，然后猛地飞走。

同隧蜂甩掉寄生蜂的方法一样，被弥寄蝇追逐的泥蜂或是其他的猎捕昆虫者也会采取同样的方式。泥蜂并没有因为受到弥寄蝇的骚扰而感到烦躁，相反，它以平静的方式对待出现在自己家门口的偷食者。然而与寄生蜂不同的是，弥寄蝇不敢随意地闯入泥蜂的蜂房中去。它只能够谨慎地徘徊在泥蜂的洞口，等待泥蜂出去以后再潜入蜂房。等到猎物即将消失在地下的时候，它就会把卵贴上去。

但是寄生蜂在隧蜂那里却没有这么容易。由于隧蜂在回家的时候把花粉涂在了自己的爪子上，把花蜜装在嗉囊之中，因此寄生蜂很难靠近蜜，而且花粉也没有固定的支撑物。此外，隧蜂来回往返于花丛与自己的家中，囤积原料来制作丸状食物。等到拥有足够数量的原料后，隧蜂就会用自己的大颚把这些东西进行搅拌。然后用自己的爪子把它们揉捏成丸状的食物。如果寄生蜂这个时候出现在隧蜂的蜂房中，很可能会被隧蜂连同原材料一起搅拌进食物当中，处境非常危险。

但是为了能够让自己的卵待在隧蜂的蜂房中，寄生蜂还是会冒着生命危险进入蜂房。寄生蜂这种大胆的行为让人无法想象。就算是隧蜂还在蜂房中工作，寄生蜂也敢于闯入。它会把自己的卵放置在丸状食物上面。而隧蜂这个时候却对寄生蜂的行为无动于衷，听之任之。隧蜂的这种不管不顾的态度或许是因为胆小，也可能是由于愚笨，或者是对寄生蜂的忍让。

其实，寄生蜂胆大妄为的行为并不是为了它自己，而是为了它的子孙后代。寄生蜂进入隧蜂的蜂房后会很有节制地吃一点食物，但是并没有以危害隧蜂为目的。寄生蜂只需要食用一点东西就能够让自己的生命维持下去，所以它所偷食的食物并不很多。这与小偷的行为相比花费的气力小了很多。寄生蜂下到蜂房中有着比偷食更重要的目的，那就是安顿自己的孩子。

在挖掘由花粉制成的食物的时候，我发现了大量被弄碎了的食物。一些黄粉洒在了蜂房的地上，有两三只蛆虫在上面扭动。这些蛆虫正是寄生蜂的子女。隧蜂的孩子有时候会和寄生蜂的子女混住在一起，但是因为隧蜂的孩子不吃东西，导致它们的身体得不到营养，很快地就在羸弱中死去。死后的尸体就成为寄生蜂子女的食物，这是一颗微小的颗粒，它和其他的食物混杂在一起。其实寄生蜂的子女也没有抢尽隧蜂孩子的食物，只是吃掉了最为优质的那一部分而已。

在自己的孩子正遭受厄运的时候，隧蜂母亲在做些什么呢？它只要把自己的头放在隔巢的细颈那里就能够把蜂房中所发生的事情看得一清二楚。只要它愿意，它随时都能够进入蜂房中探望自己的孩子，把捣乱者弄死或者是赶出自己的家门外。然而隧蜂母亲却无动于衷，这使得寄生蜂的子女更加肆无忌惮地欺负着隧蜂的孩子。

比起这件事，隧蜂母亲更为可笑的行为还在后面。蛹期来临时，隧蜂母亲会把自己的蜂房关闭，那些被寄生蜂洗劫一空的蜂房也同样会被关闭。这种做法对于保护蜕变的隧蜂来说是极其有用的。然而让人无奈的是，当寄生蜂从那里穿过后，隧蜂依旧会将蜂房关闭。这种行为实在是与逻辑相悖，不合情理。因为这样的蜂房早就被寄生蜂吃得精光，而且狡猾的寄生蜂蛆虫也会在房门关闭之前就逃走。好像寄生蜂的蛆虫有着苍蝇没有的预见能力，因为苍蝇在不久后就会遇到一张无法穿越的障碍。寄生蜂在这方面却非常狡诈，它们担心年幼的孩子会在蜂房被关闭后受到监禁，于是都提前离开了。虽然蜂房里有着很好的防水涂层，对于隐居者来说非常适合。寄生蜂绝不会在这里多逗留一秒钟，它们最终会分散到井巷周围。

根据寄生蜂虫蛹的这种习性，我在寻找它们的时候不会到蜂房中去，而是在蜂房以外的领域进行搜罗。我看到它们分别贴在黏土里面，这是从蜂房中迁徙出来的寄生蜂为自己搭建的房屋。等到春天来临的时候，它们就可以轻易地从倒塌物中钻出去。

除了上面所说的一种原因之外，促使寄生蜂搬迁的原因还有另外一种。寄生蜂只会产一次卵，七月时，这些后代正处于蛹的状态，它们等着第二年春天的时候发生蜕变。但是隧蜂却在七月份的时候进行第二次产卵，它们在产后会重新回到小镇上干活儿。第一次生育前所修筑的蜂房保持得很完好，所以这次隧蜂的工作就会少很多，也轻松很多。它只需要将原来的蜂房稍微地进行装饰就可以了。不过，隧蜂这种昆虫是非常爱干净的。假如它在清扫蜂房的时候发现了寄生蜂的虫蛹，那么接下来会发生什么状况呢？显然，隧蜂会把这些蛹当作废弃物一样清理掉，它会用自己的大颚把这些蛹弄得粉碎，然后扔到外面的泥屑中去。这样一来，寄生蜂的虫蛹就会在外界受到磨难，最后死在泥屑中。

我对于寄生蜂迁移的行为非常赞赏。它们居然能够为了长远的打算而牺牲掉眼前的利益，我很是佩服。假如它没有在恰当的时刻离开蜂房，那么就会死于非命。但是聪明的寄生蜂选择了离开，它们避开了两种危险：第一种是像苍蝇一样被关在小匣子里；第二种是被隧蜂的大颚弄得稀巴烂。

六月是查看寄生蜂最终归属的时候。我们一行四个人对隧蜂所居住的小镇进行了一次全面的探查。我们用指头在挖出的泥土中搜寻。第一个人检查过后再由后面的人继续检查，丝毫没有放松过。这里总共有五十多个巢穴，我对地下面所发生的灾难非常清楚。然而让我们倍感失望的是，连一只隧蜂的蛹都没有找到。隧蜂的领地全部被寄生蜂所侵占了。相反，寄生蜂的后代倒是繁衍得非常兴旺，所有的地方都堆积着它们的虫蛹。我将这些蛹收集起来，为的是更好地观察它们的成长过程。

寄生蜂的虫蛹呈褐色的小筒形状，它们在一年之后并没有什么动静。这是包含着潜在生命的小筒，刚开始的蛆虫在蛹里变硬、收缩。就连烈日当空的七月都没能让它们苏醒过来。同样是在七月，隧蜂开始生育自己的第二代。刚好这个时候是寄生蜂休工的时节，这对隧蜂后代的繁殖大有益处。假如在隧蜂繁殖第二代的时候寄生蜂仍旧拼命地进行抢掠，那么隧蜂就难逃灭绝的厄运了。寄生蜂的暂时休工使得一切都恢复了正常的秩序。隧蜂与寄生蜂的行动日期协调得是多么好啊。当斑纹隧蜂在荒石园中四处寻找挖掘洞穴的合适地点时，寄生蜂则已经在孵化了。然而这样完美的日期协调又显得非常可怕。当隧蜂开始活动的时候，寄生蜂的准备工作也做好了。一场抢掠的战争即将上演。

关于战争，假如只发生在个别族类身上，那么人类肯定不会花那么多的时间去思考它。因为一只隧蜂的生死与世界的和平并没有什么紧要关系。可惜的是，战争已经成为几乎所有生命得以生存下去的手段，它俨然已经成为终生存活的一条规律。无论是低级动物还是高级动物，都是如此。人是最高级的动物，这种等级原本应该让人脱离残酷的战争，与动物们做出区别。但是人们却说出了这样的话："做事嘛，就是把别人的钱归为己有。"就好像寄生蜂说"做事嘛，就是让隧蜂的蜜归我所有"是一个道理。战争是人类为了更好地进行烧杀抢掠所发明的一种手段，它让大规模的杀人看上去十分光荣，让大规模的杀人变成了艺术。假如杀人的规模过小，那么杀人者就会被绞死。

⊙ 隧蜂不知道自己养育的孩子有的是寄生蜂的后代。

　　假如只有人类之间会发生战争，那么战争很有可能在未来被和平所代替。因为人们拥有较高的智慧和阔达的心胸。然而就连渺小的虫子之间也会发生战争，更可怕的是，这些虫子并没有任何智慧，它们的行为根本不会受到理性思维的制约。看来战争开展于芸芸众生之间，它无法彻底清除。让我们担忧的是，今后的生活还会像现在一样，在永无止境的杀戮中度过。礼拜天在村子里的小教堂中所歌唱的梦想将永远只是梦想，它永远不会实现：至高无上的荣誉归上帝所有，而尘世间的善良人们则拥有和平。

　　战争的频繁发生让人们不得不付诸于想象，想象出一个玩弄宇宙于股掌间的巨人。他是正义和权力的化身，他有着超凡的力量，无法抗拒。这个巨人对地球上所发生的一切了如指掌，战争、杀戮、纵火、无理的胜利等等，他通通知晓。就连我们的炮弹、鱼雷艇、炸药、装甲车和一切能够致死的机器他都了解。他甚至知道上帝所创造出来的最小的生物间也存在着这样那样的残酷竞争。

　　假如这位拥有无穷力量的正义化身把地球放在他的大拇指下，他会有怎样的举动呢？他会把地球砸得稀巴烂吗？不，他会犹豫，他不会将地球砸碎。他只会遵循万物发展的规律，让地球自生自灭。他会告诉自己说："古时候的信仰并非没有道理。现在的地球只是个被蛀虫咬过了的果核，地球还没有开花，它还只是处于粗胚的状态。我相信一个拥有秩序和正义的地球最终会来临。现在的地球只不过是迈向未来那个地球的阶梯而已。就让我们顺其自然吧。"

第六章

隧蜂的守护者

现在的我们每天都在忧虑与烦恼中度过，与童年的快乐纯真相比，现在的时光却往往不被我们记住。童年时代因美好而被多数人回忆，这其中就包括我。我清楚地记得儿时的我是如何用那双纯真无邪的眼睛观察每一样东西，然而如今的我却再也没有了那清澈的双眸，我无法再以一颗童真的心去描绘这个礼拜在我眼皮下发生的所有事情。生命的旅程将我运载到一座崭新的城市，然而过后的我却对它们没有太过深刻的印象。相反，我那童年生活过的村庄却无时无刻不在我的心中停留。尽管那是个与贫穷挂钩的村子，现在的我依旧对它情有独钟。我甚至想将自己的尸骨埋在那里。故乡与我们之间经由一根神奇的纽带相连，就像植物一样，只要还没有断裂，我们就永远不会忘怀初生的故土。

当一个人还是孩子的时候，离开他的家乡并不是一件苦闷的事情。相反，对于一个孩子来说，走出故土去看看外面的世界未必不令人激动。新鲜的事物往往能够引发孩子们的兴趣。然而，经过岁月的磨砺之后，孩子已经长成了大人，慢慢地在生活中老去，也慢慢地开始回忆。儿时生活过的村庄又浮现在脑海间。由于童年时的我们还有着清澈的思想，所以现在回忆来看，那时候的村庄已经被美化了。高于现实的、理想中的故乡让人赞叹，让人怀念，古老而不久远。我们开始喜欢谈论那个村子，回忆村子里发生的事。生命最终在回忆中悄然结束。

三十年后的我，即使是紧闭着双眼也能够找到童年走过的那块平坦的石头。那时的我就是在这块大石头上欣赏着铃蟾的歌声。只要这块石头不被移动或是破坏，即便是其周围的任何东西都已经找不到，即便已经没有了铃蟾的叫声，我也一定能够找到这个地方。我甚至还能够把癞蛤蟆居住的地方找出来。

在春天的一个阳光灿烂的清晨，我在一棵白蜡树下面发现了一个美丽的小动物。我在乱七八糟的枝杈中看见一个白色的小球，毛茸茸的，这个发现使得我的心情极不平静。我隐约地看见那只小家伙戴着一顶红色的遮阳宽边软女帽，脑袋缩进了茸毛中，它害怕极了。这是一只金翅鸟，它正在自己的集中孵卵。这个发现让我激动得很。而今天的我不假思索地就可以重新把那棵白蜡树找出来。

我能够回忆起桤木坐落在哪个方位，它们就位于小溪边上。桤木的根部错综复杂地盘在水下，那里正是虾子的隐居地。虾子长着长长的触角，它有着肥美的臀部和像卵一样的大大的螯，丰满得很。就是在这棵桤木树下，我钓上来肥美的虾子，也因此获得了无穷的乐趣。那种感觉真是难以形容。

刚刚所描述的那些童年的记忆一旦遇到了父亲的园子就立刻黯然失色，就让我先把那些无足轻重的回忆放下吧，我现在想要让父亲的园子再现出来。那是个约十步宽、三十步长的小花园，悬空地位于村子的最高处。一小块空旷的地带平铺在那里，空地上毅然地矗立着一座古老的城堡，鸽子们在城堡的四个角落搭建起自己的屋舍。站在那片空地上可以对四野的事物一览如云。这座古老的城堡与一条小巷子相通着，沿着巷子走到尽头，那里就是我家。洼地呈漏斗形延伸着，每家每户的小园子按照阶梯的形状向上排列着。我家的园子就位于阶梯的最高处，山顶的位置，不过面积是最小的。

父亲的园子简直就是个菜园子，有萝卜、莴苣和甘蓝，满满地长在菜畦之间。与后院紧挨着的是一座挡土墙，那里有一排拱形的葡萄架，像一个碧绿的长廊。这是白葡萄架，它生长得很慢，即便是阳光充裕也需要很长的时间才能够长出白葡萄。这个角落阳光很充足，所以才能够种植葡萄。邻居们也因此非常羡慕。小园子里有一棵硕大的苹果树，它几乎将整个园子都遮住了，根本无法再种植其他的树木。

在前院的土台上有一排栏杆，那是由一排醋栗形成的篱笆，可以防止土方坍塌。我和弟弟经常会趴在篱笆旁边看邻居家墙角下的那条深深的沟槽，当然要选择父亲对我们放松警惕的时间。公证人先生的花园就位于墙内。这座墙由于泥土的推压而变得凸出来了。我们一向是从上面俯瞰着这座墙的，这简直就是天堂的所在地。因为墙边种着梨树，是那种真的可以结出很大个儿的梨的梨树。秋天快要结束的时候，这些梨子便以草垫为依托长着，它们已经成熟了。除了梨树，墙边还种着一些黄杨木。有着这么多可口的梨子，还有这样宽阔的空间，那里能不是天堂吗？

墙缝中长出一小簇灌木，看起来非常孤单，好像同我家的醋栗齐平。这些灌木的叶子很大一部分都铺在了公证人先生的蜂房上面，不过也有少部分是往我家的田土下面延伸过去的。那些属于我们，不过收获就很困难了。蜂房周围的蜜蜂正在勤劳地干活儿，它们好像一股炊烟似的在一棵大檎树下徘徊着。有一根比较粗的树枝露在半空中，我就坐在树枝上面移动着自己的身体。树枝一旦断了我就会丧失支撑物而掉在蜂群中，那时我肯定会摔断骨头。不过树枝不曾断过，我当然也没有被摔断骨头。弟弟把一根钩形的竿子递给了我，我用它将一串果子钩到我够得着的地方。等到满袋子都装满了果实之后，我便坐在树枝上面小心地向后移动，然后回到地面上去。那时候的我竟然会为了几串果子而爬到危险的树枝上去，一不小心掉下去就会没命啊。现在回想起来那段时光是多么的令人留恋。

好了，回忆暂时停止吧。无论我的回忆多么让我神往，但是读者对这些并没有多少兴趣。我没有必要再去将类似的回忆通通地唤醒，

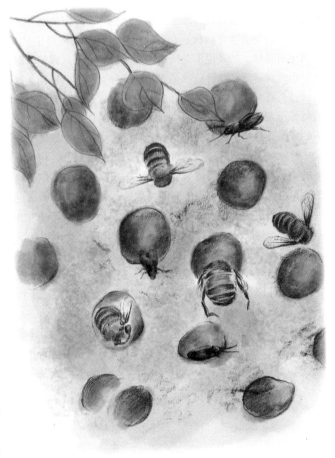

◉ 隧蜂母亲的住宅很讲究。

我只需要知道那时候的我有着怎样清新的思想。那种思想就好像最初透进黑暗小屋的那缕阳光一样，让人无法忘记。岁月的磨砺不但没有让我忘记这些，相反，它让我记得更加清楚。

昆虫会不会像人们一样，会从它最初见到的东西那里得到历久弥新的记忆呢？大多数游居不定的昆虫不是这样的，它们无论在哪里，只要有特定的条件满足它们，它们就会在哪里停留。那么对于定居的、群居的昆虫来说，情况又是如何呢？它们会对自己初生的地方流连忘返吗？它们同我们一样也会对故乡有着深刻的记忆吗？没错，它们会回到母亲住过的地方进行修补与装修。斑纹隧蜂就是大量例子中的一个证明。它们对于自己初生地的喜爱程度超乎了我们的想象。

隧蜂的子女在春天出生，大约两个月后它们就长成成虫了。这些小隧蜂在六月的时候要第一次离开自己的家，走向外面的世界。岁月的流逝并没有让我忘记童年时的癞蛤蟆，它蹲在石板上、醋栗护墙上，在公证人先生的园子中。那些琐碎的事情成了我的生命中最为美好的回忆。那么对于隧蜂来说也是如此吗？它们会在踏出家门的那一刻记住第一眼所看到的事物吗？那第一眼所映入眼帘的事物又会在岁月的洗礼中变得更加深刻吗？当然，隧蜂会记住它第一次飞翔时在那里休息过的一株小草，也会记住它第一次在石井栏上攀爬时爪子碰到的沙砾。就像我对故乡的深刻记忆一样，隧蜂也会牢固地记住自己的初生地。隧蜂在一个温暖的上午熟悉了那个它出生的村落。

小隧蜂第一次去往花丛中采集花粉与蜜，它们在那里进食与休养，并且察看着日后将要多次进行收获的地方。虽然花丛与自己的家比较远，但是这并不能让小隧蜂迷路，因为第一次飞行给了它深刻的印象与记忆。在那个布满了小土堆的隧蜂小镇上，小隧蜂很快就找到了自己的家，那是它出生的洞穴。这是它在日后的生活中永远也不会忘记的地方。

隧蜂每年会生育两次，在春天出生的那一代隧蜂中只有雌蜂，而在夏天出生的隧蜂中有雌蜂，同时也有雄蜂。如果说不是所有的隧蜂种类都是这样的情况，至少在我所饲养的三种隧蜂中都是如此。由此我猜测，这种规律是多数隧蜂种类共有的特性。这个令人奇怪的现象我会在后面通过专章来讲述。春天的时候，隧蜂母亲孤单地修建着自己的房屋，但是夏天到来后房子里居住着的并不只有隧蜂母亲。这所房子成了所有家庭成员的住所。因此隧蜂母亲并不是这个家的唯一主人。虽然地下的蜂房数量差不多有一打左右，但是这些蜂房中却只有雌蜂。

隧蜂母亲修筑的房屋绝对不是一个破烂的地方，相反，那里有着出入通畅的地道，这是构成住宅的主要部分。这个地道只要经过一番扫除瓦砾的工作后就可以被重新使用。繁忙的隧蜂有了这样的地道可以节省很多宝贵的时间。此外，洞穴底部的蜂房也不需要重新修建，它们都是由黏土制成的小隔间，只需要用舌头重新毛粉饰就可以了。由于寄生蜂的原因，隧蜂家族的成员并不是很多，差不多有一打左右的雌蜂。它们都在勤劳地劳作，而且在没有配偶的情况下就能够进行生育。

根据死亡率的不同，在幸存的隧蜂姐妹中大约有六七只可以继承母亲的财产，它们拥有同等的继承权。隧蜂母亲所修筑的房子是所有隧蜂子女的共有财产，它们之间不会为了这座房子而发生争斗，大家在这一点上有着清晰的认识。隧蜂姐妹们互不干扰地做着自己的活儿，它们通过同一个地道出入这所房屋，并不会发生争执。

当既有的蜂房已经不够全部隧蜂使用的时候，新的蜂房就会被建造出来。因此，在地下的每只小隧蜂都拥有一间自己的小房子。这些蜂房都是隧蜂母亲独立的创造物，每位隧蜂母亲都在一旁辛勤地劳作。洞穴内部各个角落都畅通无阻。隧蜂母亲对于自己所修建的房屋非常珍惜，它们喜欢独居的生活。

隧蜂们朝气蓬勃地做着各自的活儿，场面热闹红火。它们在洞口饶有兴趣地进进出出。当隧蜂们干活干到最为起劲的时候，我们会发现一些让人赞赏的举动。雌蜂在花丛中采集了花粉和蜜，花粉被涂抹在它们的爪子上。这使得它们必须在尽可能短的时间里回到自己的蜂房中，将花粉卸下，否则这些涂在爪子上的花粉很可能被一些意外碰掉。在家门口的停留很可能就会让辛苦得来的花粉丧失掉。因此，只要家门口没有任何阻拦，那么隧蜂就会一鼓作气地飞到蜂房中去。但是事情有时候会发生变化，很可能会有几只隧蜂接连不断地回到家门口。狭窄的过道对于两只隧蜂来说都算是拥挤的，更别说是好几只了。而且轻微的碰撞就会让隧蜂爪子上的花粉掉落。我们会发现，每当遇到这种情况的时候，隧蜂们都会在洞口排好队，以先来后到的顺序逐个进入洞中，非常有秩序。每只隧蜂都会尊重其他隧蜂的权利。

另外还有一种情况也能够让我们欣赏到隧蜂的这种有秩序的活动。这种情况发生在一只将要出洞口和一只即将回到洞中的隧蜂之间。在这个时候，即将回到蜂房中去的那只隧蜂会后退几步，为那只想要出去的隧蜂让出足够的空间来。两只隧蜂相互谦让，彬彬有礼。我还看见有些刚刚想要飞出洞口的隧蜂在看到已经落在门口的隧蜂后，就让自己先缩回到洞中，给那只回到家门口的隧蜂让出道路。隧蜂之间这种有秩序、有礼貌的谦让使得隧蜂的家族非常和谐地进行各自的劳作。

除了隧蜂出入洞口时所保持的良好秩序以外，只要我们细心观察，还会发现比这些更加吸引人的事情。我看到当一只隧蜂采集完花粉返回家中时，家门口会有一扇原本关着的门突然间就打开了。然后这只返回的隧蜂很顺利地进入到蜂房中去。等到隧蜂进入到洞中后，这扇门又会立刻关闭。同样地，假如有隧蜂想要从洞中出去，那么这扇门也会很自然地打开。然后在隧蜂飞走后又重新关闭。总之，每当有隧蜂将要进入或是出洞口时，都会有一扇活板门随时为它打开。这扇圆柱体似的门就像一个活塞一样在洞口上上下下地来回活动。

那么又是什么东西在控制着这扇门呢？答案就是隧蜂，一只作为看门人的隧蜂。这只看门隧蜂用自己的脑袋作为堵塞大门的物体，它粗大的头部在前厅上面形成了一道无法逾越的屏障。隧蜂看门人非常敬业，在没有隧蜂出入的时候，它用自己脑袋把门口塞住，一动也不动。除非是有什么家伙想要打扰它，否则它会一直保持着这个姿势。等到有隧蜂想要出入的时候，看门人就会后退到一个能够待下两只隧蜂的地方。等到隧蜂出入以后，看门人又会回到原来的状态。

我们可以利用这只隧蜂看门人短暂地出现在洞口时的机会，来好好地对它进行一番观察与描摹吧。比起一般在花丛中采集花粉的隧蜂来，这只看门的隧蜂在身材上并没有什么不同。不同的是，看门人的衣着并不光鲜，而且头部是秃的。它身上的毛几乎脱掉了一半，在普通隧蜂身上所看到的那些斑马纹带子在这只看门隧蜂的身上几乎找不到。那些斑马纹带子是由非常漂亮的褐色和暗红色附着的。看门隧蜂身上的毛之所以脱落，就是因为它在坚守岗位时磨掉了。

这只守护家园的伟大隧蜂就是隧蜂母亲，它在洞口一刻不懈息地看守着家门。隧蜂母亲比其他隧蜂的年龄都要大，正是因为它才有了这个家，它是家庭的创始人。三个月前的隧蜂母亲还是年轻的，那时候的它孤苦伶仃地建造着自己的家园，非常劳累。当它不能够再进行生育的时候，它就获得了休息的机会。当然，"休息"这个词用在隧蜂母亲身上是不恰当的，因为作为看门人的它依旧在劳动。隧蜂母亲用自己一生的力量为隧蜂家庭做出了巨大的贡献。

隧蜂看门人在看护家门的时候非常仔细谨慎。这个时候的它非常多疑，就像小羊羔对门外的狼说："让我看看你白色的爪子，否则我绝不会把门打开。"隧蜂看门人会对想要进入洞中的人说："让我看看你隧蜂状的黄色爪子，否则我是不会把门打开的。"想要进入洞口的隧蜂必须经过隧蜂看门人的检查后才得以进入，假如不是隧蜂家族的成员，那么看门人是绝不允许它进去的。一只过路的蚂蚁从隧蜂的洞口附近经过，这个胆大妄为的家伙想要知道蜜的香味为什么会从下面飘上来。然而隧蜂看门人却对这个家伙怂了耸肩膀，颈背一动，呵斥道："喂，好好地走你的路吧，不然你可得小心了。"看门人发出的呵斥足够让蚂蚁远离，假如这只蚂蚁还是不走，那么隧蜂看门人就会毫不犹豫地向它扑去。在对这只可恶的家伙进行了一番惩治之后，隧蜂看门人又会立刻地返回洞口，继续守护家园的工作。

在春天来临的时候，寄生蜂的入侵使得斑纹隧蜂的地道中空空如也。这个时候对于一种叫做切叶蜂的蜂种来说是非常有利的机会。由于切叶蜂的行为比较笨拙，所以它们无法建造出像隧蜂那样的居所。介于这样的原因，切叶蜂选择了模仿自己的同类，那就是入侵。正好在春天，隧蜂的过道显得空旷，切叶蜂开始趁机进入。

它在隧蜂小镇的上空飞行着，伺机寻找入侵的隧蜂居所，那里可以堆放切叶蜂用刺槐小叶做成的羊皮袋似的东西。好像看到一个比较合适的隧蜂洞穴，切叶蜂准备冲进去。可是切叶蜂在进入洞穴之前发出的嗡嗡声已经让看守洞穴的隧蜂看门人听见了。看门人见势立刻冲了出去，对想要入侵的切叶蜂做了几个动作，这些威胁的动作足以让切叶蜂退却了。切叶蜂这个时候也懂得了隧蜂看门人的意思，它们知趣地飞走了。有的时候切叶蜂没等隧蜂看门人出来就已经把自己的头伸入了洞口，这个时候它才看到看门人。隧蜂看门人看到切叶蜂之后便立刻堵了上来。它们之间会发生争斗，不过并不是很激烈。切叶蜂知道自己侵犯了隧蜂的住所，它不会再赖着不走。转眼间就去别处寻找驻地了。

有一种叫尖腹蜂的偷盗老手，它是切叶蜂的寄生昆虫。我亲眼看到了它由于认错了房门而遭受到隧蜂看门人的猛烈攻击。原来这只尖腹蜂以为自己闯入的是切叶蜂的洞穴，它简直是大错特错了，它闯进的是隧蜂的居所。隧蜂看门人在看到这个冒失鬼后立刻对它进行了攻击。尖腹蜂最终狼狈地逃离了。另外一些误闯到隧蜂洞穴中的昆虫也会遭受到同样的下场。

隧蜂与其他种类的入侵者势不两立，同样地，隧蜂之间也互不相容。七月，隧蜂小镇一片繁忙的景象。熙熙攘攘的小镇中有两种隧蜂很容易就被分辨出来。一种是年轻且富有活力的隧蜂母亲，它们有着轻盈的舞姿、光鲜的外表，欢乐愉快地往来于花丛与自己的住所之间。另一种是隧蜂祖母，它们由于年老体衰而显得没有精神。它们慢吞吞地从一个洞口飞到了另一个洞口，看起来是找不到家门了。无家可归的隧蜂祖母显得非常沮丧。

春季的时候，由于寄生蜂的可恶行径，隧蜂家族变得冷清不堪。当夏天来临后，醒来的隧蜂母亲已经成为真正的孤独者。它原本的家园已经没有成员需要它在门口守卫。于是，隧蜂母亲离开了自己建造起来的住所，而去别的有需要的地方寻找看门人的职位。然而别的洞穴早就有了看护者，这些看门人对于前来的隧蜂母亲施以冷淡的态度。是啊，两个看门人一定会让洞口堵塞。原来的看门人对岗位坚守不放，而这位孤独的流浪母亲也觊觎着这个职位。这时候我会看到两只隧蜂母亲的争吵。合法的看门人用自己的爪子和大颚对前来寻找职业的隧蜂母亲加以威胁。当然，这只流浪者也不会示弱，它同样会进行反击。不过最终的结局依旧是以流浪者的失败而告终。之后这位失业了的隧蜂母亲又开始寻找别的洞穴了，新一轮的争吵也会到来。

诸如此类的小场景让我了解到斑纹隧蜂某些习性的细节方面，颇有趣味。春天的时候，隧蜂母亲将自己的居所修建好后就不再出洞了。它可能会干些比较粗的活儿，待在洞穴的底部。也可能迷迷糊糊地度日，看着自己的孩子终日忙碌着。夏天到来的时候，隧蜂家族开始热闹了。隧蜂母亲这个时候已经没有什么可做的事了，于是它来到洞穴做起了看门人，只允许自己的孩子出入。作为看门人的隧蜂母亲恪尽职守，对于那些想要闯入自己家门的外来者绝对不客气。只要没有经过隧蜂母亲的检查，任何人也不能进入洞穴中去。

看门人在看守门户的时候思想高度集中，我没有看到过任何一只看门人会擅自离开自己的岗位。我也没有见过它们会飞到自己房屋上面的花上去吃东西以补充体力。看门人的活儿并不劳累，这对于年老的隧蜂母亲来说不需要耗费太多的体力。或者它的孩子们会时不时地往母亲的嘴里送一点食物。不过有一点可以肯定，那就是隧蜂母亲无论吃不吃东西，它都不会离开自己的家。

作为看门人的隧蜂老人比其他家庭成员更加需要家庭的关爱与欢乐，但是它们却逐渐地失去了这些。寄生蜂破坏了它的家庭，让它们变得无家可归，可怜兮兮。这个时候的隧蜂母亲或者选择待在自己的房子中，或者会出去进行短途的旅行。但是第一种情况会比较常见。它们的性情开始变得暴躁，与自己的同行作对，经常把它们赶走。由于年龄逐渐增大，身体也不如年轻时候强壮，隧蜂母亲的数量一天天地消减下去，它们最终都因年老体迈而孤苦地死去。死去的隧蜂母亲是小灰蜥蜴的美食，小灰蜥蜴一口就能够把隧蜂母亲吞到自己的肚子中去。

隧蜂母亲为自己的女儿们看护着家园，它们高度集中的精神和细心谨慎的态度着实让我钦佩。我对它们的了解越是加深，这样的敬佩就越发深刻。早晨太阳不够强烈的时间，由于花粉没有被晒得炽热，这个时候的隧蜂是不需要出洞进行采集的。隧蜂母亲在这个时候就让自己的头部与地面平齐，堵在洞口以避免外来者的入侵。假如我对它们的观察过于亲密，那么隧蜂母亲就会往洞中稍稍地退几步，它在我的影子的映射下等待着我的离开。从上午八点以后，一直到中午，这是隧蜂劳作最为活跃的时间。隧蜂孩子们在洞口进进出出，隧蜂母亲也不辞辛劳地工作着。它不间断地将门打开又把门关上，忙得不亦乐乎。

下午时分由于天气酷热，隧蜂劳作者不再外出采集花粉，取而代之的是待在蜂房中制作丸状食物或是对住所进行毛粉饰。然而隧蜂母亲并没有停止工作，它依旧不计劳苦地在洞口看门，即便炎热的天气已经快让人窒息。为了家庭的安全，隧蜂母亲绝对不会午休。傍晚的时候，也可能是更晚一些，我回到家中后打着灯笼观看着隧蜂的活动。这些因在白天劳作到疲倦的隧蜂已经在休息了，然而隧蜂看门人却依旧坚守岗位。隧蜂母亲一定是担心它的离开会让入侵者乘虚而入，它知道危险的存在，而且只有它才知道。那么，隧蜂母亲最终会回到洞穴的底部吗？根据了解到的信息来看，它会这么做的。

假如隧蜂的洞穴自始至终都能够得到隧蜂母亲如此敬业的守护，那么它们在五月就一定能够免于遭受寄生蜂的入侵。胆大妄为的寄生蜂如果这个时候来到隧蜂的洞门口，隧蜂母亲一定会将它们赶走的。假如它们赖在门口不肯离去，那么隧蜂母亲就会让它们死得很难看。可是它们现在是不会来的，因为在春天之前，寄生蜂都还处于蛹的状态。

虽然寄生蜂在这个时候不会出现，但是像它们一样通过抢掠他人的东西来过活的家伙却大有人在。然而我在七月对隧蜂洞穴观察的过程中，并没有看到任何一只这样的侵略者。这些不劳而获的家伙对于隧蜂母亲的习性太过了解了，看来它们今天是不会再出现了。

年老的隧蜂母亲不用再为年轻时的任务而苦恼，这个时候的它只需要在门口守卫家园。隧蜂母亲的这种职位的转变告诉我们一些信息，那就是由本能而突然产生的新行为。无论是隧蜂母亲年轻时的行为，还是它的孩子们的行为，我们都不能看出隧蜂母亲在年老时会从事看门人的工作。这的确是一种在突然间拥有的才能。五月时的隧蜂母亲精力充沛却同时也是个胆小的家伙，但是到了它年老的时候却变得胆大起来，这个时候的它虽然已经体力衰退。年老的隧蜂母亲孤独地待在自家的门口守卫着儿女们，它的行为变得轻率鲁莽，做着年轻时所不敢做的事情。

让我们来回想年轻时的隧蜂母亲。它们终日往返于花丛与自己的蜂房，对于尾随它们的寄生蜂什么都不敢做。那个时候的隧蜂母亲每当与寄生蜂面对面的时候，它们只是采取置之不理的态度，对寄生蜂不理不睬，任凭寄生蜂为所欲为。它们是有能力制裁寄生蜂的，但是

◎ 蜂类凭借自己的本能行事。

271

它们却没有这么做。年轻的隧蜂母亲总是老老实实地进行劳作，它们不能让寄生蜂产生畏惧的心理。这个时候的隧蜂母亲简直是愚笨到家了，它们根本没有什么危险意识。

然而，就在七月，这位年老的隧蜂母亲却好像是在一夜之间明白了危险的存在似的，它对看门人这个职位熟悉得不得了。就在三个月之前，它们还是对危险一无所知的愚钝者啊，真是难以想象这种突然间的转变。任何一个想要入侵的家伙，无论它属于哪个族类，也无论它的身材是高是矮，通通都会被隧蜂母亲挡在门外。假如这些不知趣的家伙仍然赖在门口不肯离去，那么隧蜂母亲就会毫不客气地立刻出击，向它们扑去。年轻时胆小的隧蜂母亲在年老后居然变得胆大起来。

那么，隧蜂母亲这种转变是如何完成的呢？我想要给它们一个崇高的解释：它们在春天遭受到了从未有过的苦难，之后便学会了提高警惕，它们在经验的教导下学会了守卫者的优点。然而事实上，我却不得不把这种解释抛到脑后。因为如果隧蜂是通过自己的经验掌握了看门的技巧的话，那么它对于入侵者为什么还会有时候恐惧，而有时候却又不再惧怕了呢？还在五月的时候，由于任务的繁重，隧蜂母亲孤单地建造着自己的房屋，它们没有时间去充当看门人。但是经历了被入侵者破坏家庭的它们，应该对寄生蜂的习性有一定知晓了。当这些可恶的家伙再次出现在自己面前时，按理来说，隧蜂母亲应该毫不犹豫地扑向它们，或是将它们赶走。然而事实却并非如此，隧蜂母亲依旧对这些寄生蜂态度漠然，不闻不问。

前辈所遭受的苦难并不能够让隧蜂原本安静祥和的性格得以改变，隧蜂母亲的转变与它们经历过的事情没有任何关联。昆虫与人类同样都会享受快乐，也同样会遭受苦难。然而昆虫却对快乐情有独钟，而对苦难却没有任何思考。这种生活也正是野兽般的享受方式。隧蜂母亲的转变完全是因为本能的启发，这种本能让隧蜂能够在一定程度上降低自身的苦难以及保护种族。但是隧蜂母亲作为看门人的经验却不会因此而传递给它的继承者。

等到终日在花丛中采集花粉的隧蜂们已经把足够的食物储存在蜂房中的时候，它们就不再出去进行劳作了。然而年老的隧蜂母亲这个时候还在门口坚守自己看门人的岗位。因为蜂房中有一窝小隧蜂需要保护，所以它们一点也没有放松警惕。直到洞穴被关闭的那一天，隧蜂母亲才会离开自己的家园。它们会找一个僻静的地方，度过自己的余生。劳碌一生的隧蜂母亲恪尽职守，最后却死在了异乡别处。

九月是第二代隧蜂活跃的时候。这一批隧蜂中除了雌蜂之外还有第一批隧蜂中所没有的雄性隧蜂。在菊科植物那里，也就是飞廉和矢车菊，我曾经看见过雌蜂和雄蜂在上面玩耍，它们看起来非常快乐。隧蜂在这个时节不需要采集花粉，它们只需要在花丛中把自己的肚子喂饱就可以了。这是雌蜂和雄蜂进行婚配的季节，大约两周过后雄蜂就会消失不见。雄蜂完成了自己的任务后就辞世了，隧蜂的世界中从此只剩下辛勤劳动的雌蜂。它们负责繁衍后代，熬过寒冷的冬季，迎来四月的劳作时刻。

我原以为隧蜂会在冬天的时候躲进自己初生的住所之内，因为那里确实是很好的避难营。然而我在一月份所做的调查告诉我，这种假想是完全不正确的。隧蜂的洞穴中空空荡荡，连绵不断的阴雨天使得这些洞穴变得泥泞不堪。斑纹隧蜂有很多地方可以躲避，有阳光洒进来的墙上，还有一些碎石堆上，还有别的避难所。总之，在隧蜂小镇到处都分散着本地的隧蜂。

四月是隧蜂们开始建造房屋的时刻，它们纷纷从四面八方聚集在小镇上，挖掘自己的洞穴。它们选择了花园的小路作为洞穴的地址，那里的土地被人们踩得非常坚实。建筑工程开始了。隧蜂们接连着挖掘泥屑，在洞口处堆起一个个小土堆。有时候在一步宽的地面上，这些小土堆能达到五十来个，而且彼此靠得很近。隧蜂在第二年选择的土地与第一年选择的地方截然不同，反正我没有见过有两年内选择了同一块土地的隧蜂。这种行为与人们所联想的不同，人们原以为隧蜂会根据自己对初生地的记忆在度过寒冬之后重返家园。事实并非如此。隧蜂在每一个新的春天都想要发现一些新鲜的东西，而且新鲜的东西也总是多得能够满足它们的这种欲望。

人们倾向于认为隧蜂的聚集是为了家庭的延续以及与邻居的交流。当然，没有什么证据能够驳倒这样的想法。那么，居住在同一个隧蜂小镇或是相同洞穴中的隧蜂们彼此相识吗？它们是不是喜欢一起劳作，而不喜欢与其他小镇或是洞穴中的隧蜂一同干活儿呢？隧蜂当然可以为了这样的原因而相互交往，而且在那些不好争斗的昆虫中，有这种习性的昆虫非常多。这些小虫子由于吃得很少，所以它们无须为争夺食物而发生争斗。这点与其他大块的动物族类有着很大的不同。一些体积稍大的昆虫会为了一块田地或是几只猎物而跟同类争得头破血流，狼就是其中的一种。此外，人类也属于其中。人们在自己的疆域边界树立起大炮，并且还竖起了树桩，在树桩上面写着："边界这边是我的地盘，那边是你的地盘。我们可以拿起机关枪相互开战，就是这样。"这场不停歇的战争最终以改良了兵器的那一方的胜利告终。

⊙ 有些蜂不筑巢产卵，具有"寄巢"特征。图中这只极小的钝腹广肩小蜂的幼虫正在橡树上的一颗豌豆上产卵，它的主要食物就是其中的营养组织，而且同样也会把虫瘿的占有者，即瘿蜂科成员的幼虫吃掉。

看起来对和平情有独钟的隧蜂是非常幸福的。它们的聚集并没有带给它们什么好处，因为它们不会为了驱赶敌人而共同建筑起一座堡垒或是防御体系。相反，隧蜂根本就对邻居的事情不闻不问，漠不关心。它们一般都是各扫门前雪，对它人的麻烦并不关心。隧蜂不会跑到别人的洞穴中去，也不允许别人来自己的洞穴。隧蜂有着自己的苦难，它们也独自承受着一切。对于他人的苦难，隧蜂显得无动于衷。当看到同类发生了争斗时，它只会躲得远远的。

当然结伴成群的隧蜂也有着自己的好处。看到邻居干活干得起劲，自己也会更加卖力地进行劳作。集体活动往往能够让个体活动的能量放大，集体的力量也能够激励个人能力的发展。隧蜂群体的劳作能够激发起一种竞争的精神，这让隧蜂的生命更加具有价值。显然，隧蜂是明白这些的，它们聚集在一起劳作就是很好的证明。有时候隧蜂群体的数量之大会让我们想起蚁穴。一个巨大的土堆在地面上出现，看到它能够使我们想起疯狂而忙碌的工作场所：巴黎、伦敦、罗马、迦太基、巴比伦和孟菲斯。当然，前提是我们暂时忘记了事物的相对伟大。

二月是扁桃树开花的时节，这棵原本枯死的树又在树汁的滋润下重新复活了。枯死的那层树皮是黑色的、腐朽的，枝干变成了白色的缎子，呈现为辉煌的穹形状。我喜欢去田野中寻找春天的气息，因为我对春天这种让万物复苏的魔法非常着迷。冬日里满脸愁容的树皮在被春天施以魔法之后忽然绽放出了笑容。我在这个美妙的时节走向田间的扁桃树，观看着它们的欢庆。

在我到达田野之前已经有一些昆虫前往了。有角的壁蜂和穿着黑红相间衣服的壁蜂正在花骨朵上的玫瑰色芽眼上进行访问，它们正在寻找甜美可口的浆液。一种个头儿很小的隧蜂映入了我的眼帘，它们穿着很简朴的外套，在花朵之间飞行着。它们忙碌地干着活儿，数量非常多。这种隧蜂的学名叫做软体隧蜂。我对给它们命名的人感到疑惑，我觉得他在取名的时候没有得到什么灵感。软体隧蜂的臀部很富有柔软性，但是它柔软的臀部又会起到怎样的作用呢？为什么命名者会让这种隧蜂的名字中将臀部突显出来？我认为给这位造访扁桃树的客人取得比较恰当的名称应该是早熟隧蜂。

知 识 档 案

隧蜂隶属于膜翅目细腰亚目蜜蜂总科隧蜂科隧蜂亚科隧蜂族，目前全世界已知隧蜂属约250种，隧蜂除作为自然界重要的传粉昆虫外，它与隧蜂亚科其他属的种类共同构成研究蜜蜂社会行为进化的较好模式生物，在研究蜜蜂社会行为进化方面具有重要的价值。

二月是异常寒冷的时节，这个时候其他昆虫还都躲避在自己过冬的场所。然而软体隧蜂这个时候已经出洞开始干活儿了，它们的勇气真的可嘉。它们跟斑纹隧蜂一样，喜欢把巢穴选在乡村的小路上，而且是那种被人们踩得坚实的土地上。在产蜜的蜂种中，没有哪一种蜜蜂能够与软体隧蜂的早熟程度相比。至少在我家附近是这样的。

软体隧蜂挖掘地洞时也会在地面上堆起一个小土堆，用一个鸡蛋壳能够装进两个小土堆的土。这些土堆在小路上堆积着，数量很多。带着博物学家的好奇心的我走在乡间的小路上，这条小路已经被骡子和带篷的小推车压得很坚实了。小路大约有三步宽的样子，在旁边有一片低矮的绿橡树林子，可以防止小路遭受北风的侵袭。软体隧蜂所堆起的小土堆以很快的速度增加着，它们在这片宁静的乐园中修建着自己的家园。土堆的数目太多了，以至于我每走一步都会将其中的几个小土堆踩踏。当然隧蜂在下面没有受到伤害，它们一会儿就会从下面爬上来，对自己的门槛进行修补。

我试图去测量隧蜂群体的密度。我的居所差不多有一公里的长度，宽约三步。而我的测量结果是，每一平方米的地面上就有差不多四十到六十个小土堆。这样算下来，我根本不敢想象这里的隧蜂到底有多少。

在谈论斑纹隧蜂的时候，我用隧蜂小镇和隧蜂村庄来描述它们的聚集地。对斑纹隧蜂的这样描述是很恰当的。然而对于软体隧蜂来说，"隧蜂小镇"这个词似乎不太适合它们，因为它们的聚集地远远地超出了小镇的规模。这里有数不清的居住者，我想只有一个理由能够解释这种庞大的群居阵营，那就是集体生活的巨大吸引力。社会最初就是由聚集在一起的群体而形成的。虽然隧蜂之间并没有相互帮助的习惯，但是它们也模仿着海洋里的大西洋鲱鱼和沙丁鱼，过着集体的生活。

第八卷

第一章

天牛和它的幼虫

在我年轻时曾经对肯迪拉克的雕塑非常崇拜。他认为天牛的嗅觉极其有天赋，它们仅仅依靠嗅着一朵玫瑰花的香味，便能产生各种各样的念头。我曾深信这种形式上的推理达二十年之久，听取这位教士富有哲学思想的神奇说教，我感到十分满足。我也曾天真地以为我只要嗅一下，雕塑就会活过来，甚至产生视觉、记忆、判断能力和所有心理活动，就像在平静的湖水中投入一粒石子那样激起无数涟漪。可最终还是在良师昆虫的教育下，我放弃了不切实际的幻想。昆虫所提出的问题比起教士的说教更加深奥，就像天牛即将告诉我们的那样。

寒冬来临，天空时常显现灰色，这时候我便开始准备储存冬天取暖用的木材。我日复一日地写作，让这忙碌带来了一点点消遣。我再三叮嘱，要伐木工人为我在伐木区内选择年龄最大且全身蛀痕累累的树干。他们认为优质的木材更容易燃烧，因此觉得我的想法非常好笑，可能还在暗地猜测我为什么会选择蛀痕累累的木材。这些忠厚的伐木工人，最后还是按我的叮嘱为我提供了相应的木材。他们或许不懂，但这样做当然有我的道理。

现在我就开始观察这些虫蛀的木材。一条条清晰的蛀痕留在了漂亮的橡树树干上，有些地方甚至开膛破肚，带着皮革气味的褐色眼泪在伤口处闪闪发光。树枝被咬，树干被啃噬，树干的侧面又会发现什么呢？我发现了一群被我视为财富的研究对象。你看干燥的沟痕中，已经有各种各样的昆虫做好了越冬的准备。走廊是扁平的，这是吉丁的杰作；壁蜂已经用嚼碎的树叶，在长廊中筑好了房间；切叶蜂也在前厅和卧室里用树叶做好了休息用的睡袋；在多汁的树干中，则休憩着神天牛，它们才是毁坏橡树的幕后真凶。

相对生理结构合理的昆虫，天牛幼虫该是多么奇特的呀！它们就像是蠕动的小肠。每年中秋时节来临，我都能看见两种不同年龄的天牛幼虫，有一根手指粗的是年长的幼虫，粉笔大小的是年幼的。此外，我还看见颜色深浅不同的天牛蛹和一些天牛成虫，它们的腹部呈鼓胀状，一旦天气转暖，它们就会从树干中出来。天牛在树干中大约要生活三四年，天牛是如何度过这漫长而又孤独的囚徒的生活呢？天牛幼虫在橡树树干内缓慢地爬行，挖掘通道，用挖掘留下的木屑作为食物。修辞学中有"伯约的马吃掉了路"的比喻，而天牛就恰恰是吃了自己的路。

◉ 天牛幼虫

它黑而短的大颚极其强健，像木匠的半圆凿，虽无锯齿却像一把边缘锋利的汤羹，用它来挖掘通道。被钻下来的木屑经过幼虫的消化道后被排泄出来，堆积在幼虫身后，留下一道被啮噬过的痕迹。幼虫吃完筑路工程所挖出的碎屑后，就有了前进的空间，幼虫边挖路边进食。幼虫不断前进，不断消耗碎屑，随着工程进展，道路就被挖出来了。所有的钻路工都是这样工作的，既可获得食物同时又可以找到安身之所。

天牛幼虫将肌肉的力量集中于身体前半部分，这时候头呈杵头状，这样做恰恰是为了使两片半圆凿形的大颚能顺利工作。吉丁幼虫也是很优秀的木匠，它也是以同样的姿势进行工作。吉丁幼虫的杵头更为夸张，猛烈进行挖掘坚硬木层的那部分身体，有着非常强健的肌肉；身体的后半部分跟在后面，因此显得比较纤细。大颚可作为支撑，它强劲有力，是很好的挖掘工具。天牛幼虫嘴边有黑色角质盔甲围绕，它可以加固半圆凿状的大颚。此外，就是它有像缎面一样光滑细腻，像象牙一样洁白的皮肤。这光泽和洁白来源于幼虫体内营养丰富的脂肪层。昆虫饮食如此缺乏，却还能有这样的脂肪，简直令人难以相信。是啊！天牛唯一的工作就是不断地啃咬、咀嚼，它只能从不断进入胃里的木屑那里找寻一点可怜的营养。

天牛幼虫的足分为三节，第一节是圆球状，最后一节是细针状，长仅仅只有一毫米。这些都是退化了的器官，对丁爬行没有任何帮助。又因为身体过于肥胖，它们够不到支撑面或是单独支撑身体。天牛的爬行器官是什么样子的呢？我们先进行一下对比。花金龟幼虫已经向我们展示了，它把普通习俗颠倒过来，用纤毛和背部肌肉仰面爬行。天牛幼虫与花金龟幼虫有些类似，只不过天牛幼虫则更为灵活，它既可以仰面爬行也可以腹部朝下爬行，这样用爬行器官来代替它胸部软弱无力的足。天牛的爬行器官非常独特，它有违常规，生长在腹部。

天牛幼虫腹部有七个体节，背腹面各有一个四边形的步泡突，步泡突可以使幼虫随意膨胀、突出、下陷、摊平。以背部血管为界，背面的四边形步泡突再分为两部分，而腹面的四边形步泡突却看不出是两部分。这就是天牛幼虫的爬行器官，类似棘皮动物的步带。倘若天牛幼虫想要前行，就必须先鼓起后面的步泡突压缩前面的步泡突，只有这样才能前行。由于表面粗糙后面的步泡突就可以把身体固定在窄小的通道壁上，后面步泡突此时可以用来支撑身体，压缩前面步泡突的同时尽量伸长身体，缩小身体直径，这样它才能向前滑行半步，当身体向前伸长后，还必须把后半部身体拖上来，这样它跨出的一步就完成了。为了实现这一目的，作为支点的幼虫前部步泡突就必须要鼓胀起来，同时后部步泡突放松，使其体节自由收缩。

天牛幼虫在自己挖掘的长廊里进退自如，就像是工件能在模子里进退自如一样，它只不过是借助背腹面的双重支撑，交替收缩和放松来办到的。可是倘若背腹面的步泡突只有一个可以行走，那么它就不可能前行。如果在光滑的桌面上放置一只天牛幼虫，那么它会缓慢弯起身体乱动，然后是伸长或收缩身体，可是却寸步难行。倘若把天牛幼虫放在有裂痕的橡树树干上，天牛幼虫就可以从左到右，又从右到左，缓慢扭动自己身体的前半部，抬起、放低，而后不断重复这个动作。这是它所能做到的最大幅度的动作。为什么前面假设就寸步难行，而现在却可以做出最大幅度的动作呢？那是因为放置的位置不同，橡树树干表皮粗糙，凸凹不平，像被撕裂一般。观察天牛幼虫扭动时，我还发现一个很奇怪的现象。它退化的足始终没有动，看来是毫无作用。它为什么会有这样的足呢？如果真是因为在橡树中爬行使它丧失了最初发达的足，那么没有脚岂不更加完美？如果没有作用，还留下这样的残肢岂不可笑？是不是天牛幼虫的身体结构，不受生存环境的影响，而是服从其他的生存法则呢？看来还是环境的影响使天牛幼虫具有步泡突，这简直太神奇了。

　　天牛幼虫是不是有嗅觉呢？嗅觉一般作为寻找食物的辅助功能，可是天牛幼虫以自己的居所为食，以栖身的木头为生，根本不需要寻找食物，因此它也就不太可能具备嗅觉，各种情况也证明了这一点。为此我还做了几个实验。我在一段柏树干中挖了一条沟痕，沟痕的直径与天牛幼虫经常居住的长廊直径相同，这段柏树树干和大多数针叶植物一样具有强烈的树脂味。而后我把一只天牛幼虫放到气味很浓郁的柏树沟痕里面，它很快爬到了尽头，接着就不动了。对于长期居住在橡树树干里的天牛幼虫来说，这突然而来的刺激气味必定会引起它的不适或是反感吧。可经过实验证明，它并没有显现出丝毫的不快或反感，倘若真的有它应该会通过身体的抖动或夺路而逃来表现出来。然而，它却没有这样的反应，它只是在柏树中找到了自己合适的位置，便不再移动了。这难道不就能证明天牛幼虫不具备嗅觉了吗？为保险起见，我又做了更为贴切的实验。我将一枚樟脑球放进离天牛幼虫很近的长廊里，发现仍是没什么效果。我又用萘替换樟脑球做如上实验，发现仍是徒劳而返。通过这些毫无效果的实验，我认为，天牛幼虫是真真切切地不具备嗅觉功能。

　　在幼虫身上没有任何微弱的视觉器官，像成虫那般敏锐的眼睛在幼虫身上是没有丝毫雏形的。天牛幼虫在厚实而又黑暗的树干中挖掘通道，要视力有什么用呢？和视力一样它也不具有听觉。在橡树树干内生活，没有任何动静，听觉也就自然没有意义。没有声音的地方，要听觉还有什么用吗？倘若有对此持怀疑态度的人，我大可用实验来证明给他看。我剖开树干，留下半截通道，就能跟踪这个在橡树里工作的木匠了。天牛幼虫不时地挖掘着前方的长廊，累了就休息片刻，休息时就用步泡突将身体固定在通道内壁上，外界没有一点响动，环境很安静。我就利用它休息的时间来看看它对声音的反应。我先后试验了硬物碰硬物发出的声音，金属打击留下的回音，锉刀锉锯的声音，但是这一切对它来说毫无效果。天牛幼虫在这些实验中，既没有皮肤的抖动，也没有警觉的反应，甚至我用硬物刮擦它身旁的树干，模仿其他幼虫啃咬树干的声音，也没什么丝毫的进展。看来天牛幼虫对声音真的是无动于衷。人为所制造的声音，对于天牛幼虫就像是对于毫无生命的东西没有任何影响一样，它是听不到什么的。

　　天牛幼虫具有味觉是毫无异议的。那它有着怎样的味觉呢？天牛幼虫在橡树内生活三年，它没有其他的食物，唯有这橡树而已。那么天牛幼虫是如何用味觉器官来评判这唯一的食物滋味呢？新鲜而又美味多汁的橡树干应该是它的最爱，不过大部分时候还是干燥而没有任何调味品的树干，虽觉得乏味，但也是没有办法，可能这就是它对自己食物的品评标准吧！

　　天牛幼虫还是有触觉的，尽管它的触觉相当分散，而且是被动的。任何有生命的肉体都有触觉，如果用针刺也会痛苦扭曲。总之，天牛幼虫的感觉能力就只包括味觉和触觉，并且十分迟钝。这让我想起肯迪拉克的雕塑，哲学家心目中理想的生物，是和正常人一样的灵敏，尽管它只有嗅觉这一种感觉能力。可是现实生物中，就好比橡树的破坏者天牛幼虫那样，却有两种感觉能力，即便两者相加，与肯迪拉克能分辨玫瑰花的嗅觉比起来，却要逊色多了。看来现实与幻想还真是有天壤之别。

　　天牛幼虫虽说拥有强大的消化功能，却感觉能力很弱，像这样的昆虫，它的心里又是个什么状态呢？我脑海里时常出现异想天开的想法，比如用狗的大脑来思考几分钟，用蝇的复眼来观察一下人类。那么，事物的外表不知道会有多么巨大的改变呢！如果再用昆虫的智慧来诠释世界，那么变化肯定还要大。当感觉器官的触觉和味觉已经退化，

⊙ 天牛幼虫在粗糙的木头表面自如爬行。

它还能带来什么呢？很少，也许什么都不能带来。天牛幼虫的最高智慧，就是它只知道好的木块是什么味道，而未经认真刨光的通道内壁会刺痛皮肤。相比之下，肯迪拉克认为拥有良好嗅觉的天牛，是一颗闪闪夺目的宝石，是科学界的一大奇迹，是创作者精巧的杰作。它可以追忆往事，比较分析，甚至判断推理。可现实社会中，这个半睡眠状态下的大肚子昆虫，它会回忆吗？会比较吗？会推理吗？我给天牛幼虫做了一个诠释，把它定义为"可以爬行的小肠"。这个非常贴切的比喻也为我给出了结论：天牛幼虫所具有的感觉能力，只不过是一节小肠所拥有的全部罢了。

虽说天牛幼虫感觉能力一般，但是它却拥有神秘莫测的预测能力。尽管现在它对自己的情况一无所知，可是能很清楚地预知未来。对于这个奇怪的观点，我想我得解释一下，以使大家明白。天牛幼虫在橡树树干里流浪生活将近三年之久。在这三年里，它爬上爬下，一会儿这里，一会儿又是那里。可它始终不离开树干深处，因为这里温度适宜，环境安全，尽管有时候会为了一处美味而放弃正在啮噬的木块。当危险来临时，这个隐居者被迫离开自己的隐居之所，挺身而出勇敢地面对外界的危险。有时候光吃还不够，还必须迁移他处。天牛幼虫想换一个环境优良点的地方并不难，因为它有良好的挖掘工具和强壮的身体。但是成年的天牛，当来到外界时，在它有限的生命里会有这样的能力吗？

诞生在树干内部的长角昆虫，会为自己开辟一条逃生的道路吗？我想依靠天牛幼虫的直觉会解决这个困难的。虽说我有清晰的理性，可也比不过它预知未来的能力。因此，我只好求助于一些实验来证明它。从实验中我发现，天牛成虫利用幼虫所挖掘出的通道从树干逃跑，根本是不可能的。三年来，幼虫始终在树干中挖掘，它是根据自己的身体直径进行工作的。由最初进入时像麦秆大小，到变成成虫时已经长成手指般粗细了。因此幼虫进入的通道和行走的道路，已经不能作为成虫离开的出口了。况且幼虫的通道直径从尾部到前边逐渐缩小，而且还像一个比较复杂、漫长且堆放了无数坚硬障碍物的迷宫。成虫伸长的触角，修长的足，还有无法折叠的甲壳，在曲折狭窄的通道里会有无法克服的阻碍。对于天牛成虫来说，它必须先清理过道里的障碍物，还需要大大加宽通道的直径，毕竟开辟这样一条笔直的新出路要相对简单得多。可是，它具备这样的能力吗？我们拭目以待吧！

我在一段劈成两段的橡树干中，挖凿了一条适合天牛成虫居住的洞穴。我在每一个洞穴之中，放入一只刚刚羽化的天牛成虫。这些天牛是去年十月我储备过冬木材时发现的，现在派上了用场。我把装有成虫的两段树干用铁丝合围起来。六月一到，我听到了从树干中传来的敲打声。天牛成虫会逃出来吗？还是无路可逃？我想它们逃出来肯定不会太辛苦，只需要钻出一个2厘米长的通道就可以逃跑了。当树干不再响动的时候，没有一只天牛成虫跑出来，我将树干剖开，里面的所有俘虏全部毙命了。洞穴里只发现一小撮木屑，看来这便是它们的全部劳动成果，比起一小口烟的烟灰也多不了多少。

天牛成虫有像工具般的强劲大颚，但看来还是被我给高估了。我们都知道，好的工具并不能造就好的工人，虽然它们拥有如此优良的工具，但是这个隐居者缺乏一定的工作技巧，因此，全毙命于我的洞穴之中。于是我又为另外一些天牛成虫选择了比较缓和的实验，我找了些芦竹茎，内部用一块天然隔膜作为障碍物，膈膜约有三四毫米厚，并不坚硬。我把一些天牛成虫放入这些直径与天牛天然通道直径差不多大的芦竹茎中，最后实验结果，有一些从芦竹茎内跑出来了，另外一些不够勇敢的天牛则被膈膜堵住，没有跑出来，死在了芦竹茎内。倘若要求它们必须钻通橡树树干，那又将是怎样一幅景象呀！

尽管我深信即使天牛成虫体魄再如何强健，只依靠它自己的能力，是无论如何也逃不出升天的。开辟解放之路，还得靠小肠似的天牛幼虫的智慧。天牛的解放之路很像卵蜂虻的壮举。卵蜂虻的蛹身上有钻头，是为了以后长有翅膀却不能钻出通道的成虫所准备的。不知被一种什么样的神秘预感所推动，天牛幼虫离开了自己的家园，离开了无法被攻破的城堡。它们爬向树表，尽管外面危机四伏，它们的天敌啄木鸟正在寻找着美味多汁的昆虫。它们很是勇敢，冒着生命危险，执著地挖掘通道，直到橡树表层，只留下一层薄薄的阻隔作为窗帘掩护自己。这窗帘就是天牛成虫的出口，它只需用大颚和触角轻轻挑破这层窗帘，就可以逃生了。有些幼虫则似乎有些冒失，它们甚至捅破窗帘，直接就留一个窗口。如果窗口是畅通的，无须再多做无用功，就可以从已经打开的窗口逃走，这也是常有的事情。因此，身披古怪羽饰、笨手笨脚的天牛成虫，等到天气转暖，它就会远离黑暗的监狱，重获光明和自由。

为自己将来做好打算之后，天牛幼虫就开始着手眼前的工作。挖好窗户后，它退回到长廊中不太深的地方，并在出口处一侧凿了一间蛹室。天牛幼虫从房间壁上锉下一条条的木屑，这便是细条纹木质纤维的呢绒，天牛幼虫将这些呢绒贴回到四周的墙壁上，铺成一层约 1 毫米厚的墙毯。天牛幼虫把房间四壁都装布上了这莫列顿呢绒挂毯。这就是这个质朴的幼虫为自己的蛹所精心准备的杰作。我从来还没见过陈列如此豪华，壁垒如此森严的房间。蛹室是宽敞的窝，它呈扁椭圆形，长达 80 ~ 100 毫米，截面的两条中轴长度各不相同，横向轴长为 25 ~ 30 毫米，纵向轴长只有 15 毫米。这个尺寸比成虫的长度还长，因此，适宜成虫的足在里面自由活动。天牛幼虫为了防御外界敌害，还专门为房间加盖了封顶，这封顶就是所说的壁垒。它一般有两到三层，外边一层由木屑构成，是天牛幼虫挖出来的残屑，里边一层是一个矿物质的白色封盖，呈新月形。最内侧还有一层木屑壁垒与前两层连在一起，可这也不是绝对的。有了这么多层壁垒的保护，天牛幼虫就可以安安稳稳地待在房间里化蛹了。当打破壁垒的时刻来临时，这样的房间也不会给天牛成虫造成任何行动上的不便。

那层堵住入口的矿物质封盖，也许是壁垒当中布置最奇特的部分。这个白石灰色封盖呈椭圆形帽状，外面呈颗粒状突起，好似橡栗的外壳，内部光滑，其成分主要是坚硬的含钙物质。这层封盖是天牛幼虫用稀糊一口口筑成的，外表突起的结构就是证明。由于天牛幼虫触碰不到封盖外部，无法进行户外作业，修饰也就无从谈起，因此，外部凝固成突起的颗粒。内侧触手可及，且在其能力范围之内，所以内壁被锉得平整、光滑。天牛幼虫向我们展示的这个精妙的标本，奇特的封盖，它到底有什么性质呢？它像钙那样坚硬且易碎，不用加热就可以溶解于硝酸，并随之释放气体。一小块封盖溶于硝酸中往往需要数小时才能溶化，其过程是相当漫长的。溶解之后剩下的看上去，像是一些类似有机物的黄色絮状沉淀物。倘若加热，封盖就会变黑，这说明其中含有可以凝结矿物的有机物。在溶液中加入草酸氨后，溶液会清澈变浑浊，并留下白色沉淀物。从这些现象当中，我们大概可以知道封盖中含有碳酸钙。我还想试图从中找出一些尿酸氨的成分，但是无功而返，尽管这种成分在昆虫化蛹过程中很是常见。因而，我可以断定，封盖仅仅由碳酸钙和有机溶剂组成，这种有机物很可能是蛋白质，是它使得钙体变硬。

假使条件再好一些，我很可能早已经找到天牛幼虫分泌石灰质物质的器官了。天牛幼虫的胃是个能进行乳化作用的生理器官，对于它能够提供钙物质，我深信不疑。胃从食物中直接得到钙，或是经过分离得到，或是通过与草酸氨的化学反应获取。在幼虫期即将结束时，它将所有异物从钙中剔除，并把钙保存下来，留待设置壁垒时使用。我对这个石料加工厂并不感到

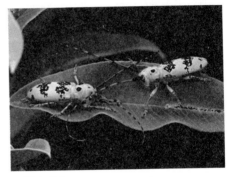

⊙ 天牛成虫

⊙ 天牛成虫在天牛幼虫的帮忙下爬出户外。

惊讶，工厂经过转变后，开始进行各种不同的化学工程。就如同某些昆虫一样，比如芫菁科昆虫，如西芫菁就是通过体内的化学反应产生尿酸氨的；飞蝗泥蜂、长腹蜂、土蜂则在体内产生生漆以供生产蛹室所需。今后我的研究将还会发现，不同器官还能生产更多不同的产品。

修好通道，用绒毯将房间装饰完毕，再用三重壁垒封起来后，灵巧的天牛幼虫便完成了蛹期前的一切准备。于是此时，它放弃手中的工具，便进入了蛹期。身处褴褛期的蛹非常虚弱，它躺在柔软的睡垫上，头始终朝着门的方向。从表面上看来，这些细节都无关紧要，可实际上却是极为重要的。由于天牛幼虫身体柔软，可以在房间里来回随意翻转，因而头朝哪个方向也就无关紧要。一旦，天牛成虫从蛹中羽化出来，它浑身就穿上了坚硬的角质盔甲，因而，失去了自由翻转的能力。天牛成虫无法将身体从一个方向挪到另一个方向，还甚至会因为房间狭窄而无法自由屈伸，为了避免自己不会被囚禁于自己所建造的房间里，因此它必须将头朝向出口处。倘若幼虫忽略了这个细节，倘若它将头朝向房间底部，那么，其结果必将是死路一条，它的生命的摇篮还会成为它无法逃脱的牢笼。

可我们无须为此担忧，这节充满智慧的小肠，还是会为自己的将来打算的，它不会忽略这个细节而头朝里就进入自己的蛹期的。暮春时节，体力恢复的天牛，开始向往光明，想参加那光辉灿烂的节日，于是它欣欣然地出发了。挡在它前面的是什么呢？无论什么都无法阻挡它要出去的心情。一些木屑，三两下就可清除；接下来就是一层石灰质的封盖，它无须打破，只要用坚硬的前额一顶或是用足一推，这层封盖便会整块松动，从框框中脱落，但我发现被废置的封盖往往都是完好无损的；然后，开始清除第二层由木屑构成的壁垒，它与第一层一样都非常容易。到现在为止，通道已经畅通了，天牛成虫只要沿着通道方向准确无误地往外爬即可。如果窗户一开始没有打开，没关系，只要它咬开一层薄薄的窗帘就可以出去晒太阳了。天牛一出来就激动不已，长长的触角不住地颤抖。

天牛对我们有怎样的启示呢？通过实验看来天牛成虫对我们没什么启发，但是幼虫却对我们有着非常重要的启示。这个小家伙虽说感觉能力差，但是它的预见能力确实很奇特，发人深省。它知道未来天牛成虫无法穿透橡树丛中逃走，就自己冒着生命危险，亲自动手为成虫挖掘逃生通道。它知道未来成虫身披坚硬盔甲，无法自由翻转身体，怕到时候找不到房间出口，就心甘情愿地把头朝向出口而卧。它知道蛹的肌体纤弱，就用木质纤维的绒毯为它布置房间。它知道在漫长的蛹期随时会有敌害来发动侵略，于是为了修建洞穴和壁垒，便在自己的胃里储存石灰浆。它能够预知未来，更准确地说，它是按照自己的预见来完成这些工作的。它这些行为动机从何而来呢？我想当然不是靠感觉的经验。它对于外界知之甚少，我不想再重复，它也就只是有一段小肠那么多而已。可这贫乏却令人拍案叫绝。那些所谓的头脑灵活的人，只想象出一种能够嗅出玫瑰花香味的肯迪拉克似的动物，却没有想象出一个具备某种本能的形象。对此，我十分遗憾。我多么希望他们也能很快认识到，所有动物，当然也包括人类，不仅仅是感觉能力，还拥有某些潜在的生理机能，某些先天具备的并非是后天学习的启示。

第二章

负葬甲

四月，大地回春，鲜花初绽，柳树在微风的呢喃中，抽出嫩黄嫩黄的新芽，这是一个多么令人陶醉的时节啊！然而，对于动物界的某些成员来说,这四月天的柔和春风中,到处弥漫着危险和血腥。刚刚换上绿色珍珠衣服的蜥蜴，被不懂事的顽皮鬼们用石头砸死；春耕的农民愤怒地用铁锹剖开鼹鼠的肚子，将尸体扔到路边；无毒蛇在踏青时意外身亡，被"正义的"过路人用脚后跟踩死；一阵大风刮过，还没长出羽毛的小鸟被狠狠地摔到了地上。

这些生命等不到夏日炎热的阳光了，它们变成了等待腐烂的尸体，人见人嫌。不过，这些尸体不会烦恼人们多久的，因为一支庞大的尸体清理队伍正在赶来。

蚂蚁作为先头部队第一个赶到，它们迫不及待地奔向尸体，将尸体分割成碎片。随后，其他昆虫，长着深暗色宽大鞘翅的葬尸甲、腹部涂抹得雪白的皮蠹、碎步小跑且鞘翅发光的腐阎虫、细瘦的隐翅虫等等，成群结队地匆忙赶来，似乎是约定好了一样。其实，它们之间没有约定，是尸体散发出来的野味香吹响了集结号，点燃了它们搜寻美味的热情。

真是难以想象，羊肠小道边一只死鼹鼠的身体下面到底遮掩着怎样的景象啊！这散发出恶臭的腐烂物令人恶心，但是对于热衷于观察和实验的研究者来说，它却是一种特殊形式的宝物。我克服自己内心的厌恶，将脚下这具肮脏的尸体拿起来。眼前的景象太让人震惊了！

鼹鼠尸体的下面一片嘈杂喧闹、哄乱拥挤的景象。这些不知道从来哪里赶来的大大小小、形形色色的虫子在下面乱作一团、你推我搡，就像是在哄抢打仗后的战利品。还有另一些体型更小的昆虫也风风火火地赶来凑热闹，也想从这个巨大的蛋糕中抢得一小块。

葬尸甲发狂似的奔逃，然后在土地的

◉ 负葬甲与鼹鼠的尸体

裂缝里蜷缩成一团；一只身穿浅黄褐色短披肩的皮蠹，努力地尝试飞走；腐阎虫身披一件闪闪发亮的黑衣，慌慌忙忙地碎步小跑，离开现场。但是，这些狂躁的虫子被脓血的味道所迷醉，飞不稳、跑不稳，摔倒在地，露出白色的肚皮，和它们身穿的深色服装形成了鲜明的对比。

这些狂热地奔忙的虫子到底在干什么呀？它们在执行大自然的法则：一切生命向自然索取，最终也都要回归自然。它们正在开发死亡，用来滋养生命。它们是自然的净化系统，它们将肮脏可恶的腐烂物变成生命的燃料。它们乐不可支地对尸体进行加工，它们耐心地利用尸体的每一根骨头、每一条韧带、每一点皮毛，它们一点点地汲干尸体的液汁，直到尸体干得酥脆作响。这些环境的净化者、大自然的执法者，它们疯狂地劳动着，直到所有生命的残渣都回归到生命的另一种循环。

春耕的这些受害者们，田鼠、鼩鼱、鼹鼠、蜥蜴、癞蛤蟆，它们的尸体被葬甲、皮蠹和其他昆虫大吃特吃，然而在这腐臭的野味欢宴中，有一位赴宴者吃得很少，非常少。它在这群大快朵颐的食客之中显得有些格格不入，它身穿一袭米黄色法兰绒衣，鞘翅上佩戴着齿形边饰的朱红色腰带，触角顶挂着红色绒球，浑身散发着着麝香气味。

它就是最享誉盛名、最刚健有力的土地维护者，负葬甲。它不是解剖实验室的研究者，它没有把实验对象的肉剪切下来，尽管它拥有锋利的大颚解剖刀。准确地说，它是一位大自然殡仪馆的工

知 识 档 案

甲虫家族的4个亚目

原鞘亚目

一个非常古老的群体，2科，即长扁甲科（35种，主要出现在2.8亿年前的下二叠纪化石中）和复变甲科（1种，幼虫会变形5次。）

肉食亚目

3.02万种，10科，除以藻类为食的沼梭科水龟虫和住在腐木中的条脊甲科铍树皮甲虫外，大部分成虫和幼虫都为肉食性。许多棒角甲科的种类住在蚂蚁的巢穴中。步甲科的昆虫全都住在地表，包括地甲虫、放屁虫和虎甲科。有些科的种类为水栖，包括两栖甲科、水甲科、小粒龙虱科、豉甲科、龙虱科成员。粗水虫科的昆虫住在潮湿的区域，幼虫水栖。

粘食亚目

22种。含球蚬科、单跗甲科、水缨甲科等。体型微小，幼虫水栖；多见于炎热地区。

多食亚目

约24.8万种，150科。以多种动植物为食。幼虫可通过附肢分6节的缺失辨认。有以下代表性的数科昆虫：

水龟虫 水龟虫科，是潜水的甲虫，栖息在潮湿的地方。

食菌甲虫 大蕈甲科、拟球甲科、圆蕈甲科、薪甲科。

食木甲虫 锹甲科（锹甲）、天牛科（天牛，包括古老的家螟虫或甲虫，以及斑花甲虫）、窃蠹科（家具甲虫和木蛀虫，包括烟草甲虫和报死窃蠹）、长蠹科（竹蛀虫）、粉蠹科（粉蠹）、赤翅甲科（红甲虫）和黑蜕科（漆皮甲虫）。

食肉甲虫 阎甲科（阎魔虫）、隐翅虫科（隐翅虫）、郭公甲科（方格甲虫）、萤科（萤火虫）、瓢甲科（瓢虫，包括双星瓢虫和七星瓢虫）都是肉食性。软翅花甲虫（拟花萤科）虽然是肉食性，但也吃花粉。

斑蝥 大花蚤科和芫菁科（芫菁或斑蝥）的幼虫均为寄生虫。

食粪甲虫 粪蜣科（粪金龟）、皮金龟科（皮蠹）和蜣螂科（金龟子和圣甲虫，包括独角仙和甘蔗蜣螂），都住在粪便上。

食腐甲虫 埋葬甲科（埋葬甲，或食腐甲）。

植食甲虫 小象虫科、象甲科（包括棉籽象鼻虫、浅褐象鼻虫或称药材甲、玉米谷象）有超过5万个种类，是动物王国中最大的科之一；豆象科的成员全为植食性象鼻虫。

食根甲虫 叩甲科（叩头虫，跳虫或吧嗒虫、线虫），花甲科和许多吉丁甲科（宝石甲）的成员。

食叶甲虫 叶甲科（叶甲虫），包括科罗拉多甲虫、黄瓜甲虫、墨西哥豆甲虫和玉米跳甲。

住在树皮中的甲虫 小蠹科（包括榆皮蠹），住在树皮下。

住在花卉中的甲虫 露尾甲科（花粉甲虫）、花萤科（花萤）和拟天牛科的成虫常见于花卉上。

住在树叶堆里的甲虫 苔甲科（石甲虫）和蚁甲科，见于土壤和树叶堆里；丸甲科的丸甲虫住在苔藓里。

家居害虫 皮蠹科（皮蠹、地毯圆皮蠹、灯蛾毛虫）和蛛甲科（蜘蛛甲）。

住在沙漠中的甲虫 许多拟步甲科（拟步甲、大黄粉虫幼体）都已适应了沙漠的环境。

作人员，它是掘墓者、是葬尸者，它那身庄重的衣服是葬礼的着装，是它对逝去的生命的哀悼，是它对自己崇高职务的尊重。

这位葬尸者将残骸就地掩埋在地窖里，待它在地窖中烘熟了之后，将成为它的幼虫的家产。它埋葬尸体是为了家庭，为了安顿好孩子的未来。而在这个过程中，它只是为了维持体力，吸几口野味的血浆。

其他昆虫在享用完野味之后，心满意足地撤退，留下被掏空的尸体，任生命的残骸承受风吹雨打、饱受苦难；而负葬甲这位有家庭责任感的掘墓者，它处理整个儿尸体，将其掩埋。它平常时候动作迟钝，在将尸体埋入地窖时，却手脚麻利，动作迅速。在几个小时之内，一具相当大的鼹鼠尸体，就被它整个儿掩埋在地下，不见踪影了。原来散发着尸臭的地方，一下子就被腾空，整理得干干净净，似乎这里从来没有发生过死亡和昆虫的食腐欢宴。唯一与之前不同的是，这里留下了一个被沙土覆盖的鼹鼠丘，这是亡者的墓碑，也是葬尸者的劳动纪念碑。

这位收殓葬尸工使用的方法简单快捷，是田野清洁队伍中的佼佼者。有人说，负葬甲在从事埋葬工作中，表现出了近乎理性的思考和推理的才能。而这种才能，就连收集花蜜和猎物的膜翅目昆虫，它们之中的出类拔萃者也不具备。让我们来看看拉科代尔在他的著作《昆虫学导论》中是怎样说的吧！

"克莱维尔报告说，他看见一只夜葬甲想埋葬一只死老鼠，但发现鼠尸所躺的地方泥土太硬，于是就去离该地有一段距离、土质比较疏松的地方挖洞。然后，它就试着把老鼠埋在洞穴里，但是没有成功。于是，它很快离开，不久后又返回，身边跟着四个同伴。这几个同伴帮助它运输和埋葬死鼠。"

拉科代尔还补充说，人们不能否认在这样的行动过程中，有思维在起作用。他还在书中写道：

"格勒迪希报道的下列行为，也具有理性起作用的所有迹象。他的一个朋友想风干一只死癞蛤蟆，就把它挂在一根插在地里的棍子上，以防负葬甲来把它搬走。但是，这项预防措施不管用。负葬甲无法爬上棍子，够不着死癞蛤蟆，于是就在插棍子的地上挖掘。棍子倒下后，它们就把棍子连同癞蛤蟆的尸体一起埋葬了。"

拉科代尔对负葬甲的这种才能赞颂有加，但是，以上这两则小事是否具有不容置疑的真实性呢？人们据此做出的结论是否放之整个负葬甲家族而皆准？如若将此作为具有普遍性的事实，从而推导出这种昆虫是具有智力的、是能够认识劳动目的与方法之间的关系的，这样的言论未免有些武断和轻率了。诚然，在科学研究的道路上确实需要某种意义上的异想天开，需要大胆和果断的推测，如果没有这种精神，或许我们就还会停滞在以地球为宇宙中心的谬误中无法自拔，或许我们的科学永远无法接近真理。但是，任何勇敢的结论，都必须建立在牢固的推理和实验基础上，才能在人们的质疑中屹立不倒，才能经受住时间的淘洗和历史的考验。

在认为昆虫会思考之前，我们必须先思考；在承认昆虫有理性之前，我们必须保持理性。轻言结论不可取。对于实验的结论应该反复加以验证，偶然的现象并不能成为普遍的规律。

但是，勤恳的掘墓者，我绝对无意贬低你的声誉，绝对没有。相反，在我的笔记本中，会集了你英勇和勤劳的事迹，它们将擦亮你名誉的光环。我在这里所说的，只是一个博物学家坚守的科学的严谨。历史是最开明也是最谨慎的评判家，它不盲目坚持，也不轻易相信，所有的结论都接受事实的引导。我只想问你一个问题，你是否像有的人所说的那样，拥有思维的指导、拥有人类理性的萌芽？

　　为了找到这个问题的答案，我开始了长时间的观察与研究。不过，在这之前，我要先准备一个笼子和住在笼中的实验对象。后者的收集十分令我苦恼，因为在我居住的地区，负葬甲的品种十分稀少，据我所知，只有一种残葬甲。而田野中的残葬甲又十分罕见，每次寻捕它们几乎都是空手而归，我从前最好的业绩也只是找到三四只而已。四月，这是实验最有利的月份，可是就快要过去了，捕捉残葬甲的结果如何，真是很难说。

　　在情势如此紧急的情况下，我需要的一打实验对象还没有着落。看来，我不得不采用布设陷阱的办法了。于是，我决定在荒石园中散布大批鼹鼠的尸体，残葬甲嗅觉灵敏，必然会被空气中散发的野味香气所吸引，它们会从四面八方循着气味来到我指定的地方。

　　好吧，现在我所急需的就是死鼹鼠，多多益善。到哪里去收集呢？我求助于邻村的一个园丁，他为我提供新鲜的蔬菜，每个星期要来我这儿两三次。在鼹鼠收集这件事上，他是再合适不过的提供者了。春耕时期，这些讨厌的家伙把他的作物弄得一塌糊涂，他对它们厌恶到了极点，每天都绞尽脑汁设置陷阱、拎着铁锹四处捕杀这些破坏者。他对我迫切的要求惊讶不已，不过还是答应了我。尽管他有自己的想法，他认为我大概是为了减轻风湿带来的痛苦，想要收集柔软的鼹鼠皮，为自己做一件温暖的法兰绒背心。随他怎么想吧，只要帮助我把死鼹鼠带来就行。

　　这位善良的老好人很快就履行了约定，我需要的诱饵被包在甘蓝叶子里，有时两只、有时三只地被带来，短短几天，我就有了三十几只鼹鼠，肥美的野味终于收集好了。我将它们散布在荒石园中光秃秃的土地上，接下来需要做的只是等待和查看。这对于没有激情的人来说，也许是一件令人恶心的苦差事。不过我有我的小保尔，这位能干的小助手用他明亮的眼睛和敏捷的小手帮助我捕猎这些虫子。

　　等待的时间并不长，风带着野味的气息召唤着这些葬尸工。它们从四面八方奔向太阳底下被晒熟了的尸体。很快地，我的实验对象由 4 只增加到 14 只，这可是我从未曾敢想象过的数目啊，我还是第一次拥有这么多的残葬甲呢！看来，这次布设陷阱、使用诱饵的计策取得了圆满成功。

　　实验对象总算是收集全了，我心里的一颗大石头也就落了地，在深入研究笼子中的虫子之前，让我们先谈一谈负葬甲的正常劳动环境条件吧。如果要是来评选一位田野卫生队伍中的先进员工，负葬甲一定当选。它不但工作效率高，更难能可贵的是，它对于大自然这位领导安排的工作从不挑拣拣、敷衍了事，它用一种近乎狂热的执著对待每次任务，大自然给它安排什么，它就接受什么。

　　在负葬甲遇到的尸体中，有小一点的，比如鼩鼱；有中号的，比如田鼠；也有大的，比如鼹鼠。这些动物的残骸比它的体型都大出许多，埋葬工作所需的力量也远远超过了一只负葬甲所能承受的负担。因而，运输是不可行的，负葬甲只能将尸体就地掩埋。

　　埋葬地点是不可选择的，而且变化无常。这一次幸运些，尸体躺在疏松的沙土上；下一次可能会异常艰难，碰到了布满鹅卵石的埋葬地。有时，挖掘地点在一片光秃秃的土地上；有时，在一片盘根错节的杂草中；甚至，有时会在布满荆棘的地方，刚刚被剖开肚膛的鼹鼠被农民用铁锹随便那么一扔，扔到了荆棘的托架上，离地面还有几法寸的距离。忙忙碌碌的负葬甲啊，永远猜不出下一次的工作地点会是在哪里。

　　这些变化无常的地点给埋葬工作带来的困难也是多种多样，如果负葬甲采用一成不变的方式方法来对待这些难以预料的困难，那么它也就无法成为称职的掘墓者了。它受偶然的条件所支配，在它那微小的一点辨别能力范围之中选择不同的策略。扫清、锯开、砸烂、震动、升起、移动，这些都是负葬甲的绝技，没有这些，它就会变成碌碌无为、死气沉沉的虫子。

　　谈到这里，大家就会了解，仅仅凭着一个偶然的现象就做出结论，是多么武断轻率的事情。在负葬甲的劳动过程中，我们有理由相信，其中存在着本能的行动。但是，昆虫是否有能力判断和策

⊙ 甲虫的代表性品种

1.蓝地甲虫捕食蛞蝓、蠕虫，以及橡树林和山毛榉林中的其他昆虫。2.大黄粉虫的幼虫靠储存的谷物生存。3.龙虱能从鞘翅下面携带的气泡中吸取氧气。4.叩头虫的身体底部有个"突槽"机制，利用这种机制，它们能跳得很远，以躲开敌人。5.遁甲住在腐烂的橡树和酸橙树里。6.芫菁会产生一种油状液体，人的皮肤接触后会起水疱。7.坚果象甲会把自己的喙埋进一个坚果中。

◎ 负葬甲会把小型昆虫的尸体埋葬起来，然后在尸体上产卵。

划这种行动呢？想要回答这个问题，我们必须充分了解负葬甲的劳动全过程，必须找到更多的资料和证据来帮助我们。

我将负葬甲安置在瓦钵的金属钟形罩中，为了欢迎这些新来到的寄居者，我在瓦钵中装满了压紧的新鲜沙土，一直溢到瓦钵的边沿。为了保证实验顺利进行，防止受野味吸引的馋嘴的猫来捣乱，我将笼子放在一个封闭的玻璃房里。好啦，一切都准备妥当啦！

让我们先说说负葬甲的食物问题。它在这方面毫不挑剔，对于任何散发着腐臭味道的尸体都欣然接受；如果没有这样，有那样也行。两栖动物挺好，爬行动物也不错；长羽毛的动物可以，穿皮毛的动物也行。它对所有遇到的尸体都同样尽心尽力地开发，一视同仁，都放在地窖里，给予同样的重视和关注，对于那些它们从未见过的、尚不了解的新鲜事物，也乐于接受。

一次，我将一只红色的鱼放进笼子里。这是一只中国的金鱼，是负葬甲从未遇到过的。但是，这些开明的掘墓者很快将其判定为好东西，用和埋鼹鼠一样的方法将其掩埋了。牛排骨、羊肋条在腐烂变臭时，也成为它们的新品菜肴，被迅速地埋到地窖里。总之，对于任何尸体，负葬甲都不会拒绝。

现在，让我们来看看负葬甲是怎么工作的吧！一只死鼹鼠躺在荒石园的中央，我为这些掘墓工选择的工作地点，土质疏松，易于挖掘。四只负葬甲，一雌三雄，已经赶到了施工现场。它们钻到鼹鼠尸体下使劲地摇动，那只失去生命的死鼹鼠仿佛复活了一般，如果不明情况的人看到一定会大吃一惊。

等了很久，有一位挖掘工，几乎总是同一只雄虫，它从鼹鼠的尸体下面爬出来，围着尸体转圈，它对施工对象进行了一番仔细的勘探。然后，它又急急忙忙地钻回死鼹鼠身下，接着又爬出来探测新的情况，然后再次钻回去。随后，这只死鼹鼠恢复了摆动，而且动个不停，像是中邪发狂了一样。与此同时，它周围的沙土被压紧，形成一个环形软垫。鼹鼠身下的泥土被破坏，它已经失去了支撑物，加上四位掘墓工的大力摇动和鼹鼠自身的重量，这具残骸陷入了地下。

这四位掘墓工此时还在地下进行着推土工作，不见踪影。不过它们没有休息，而是推动着那堆堆成环形的被压紧的沙土。沙土很快被推入坑中，将尸体掩埋起来。这具尸体就像是陷入沼泽一般，自动被吞没了。在我们看不到的沙土里，它将一直下降，直到我们的埋葬工认为深度已经足够为止。掘墓者一边挖洞，一边摇动和拖拽尸体。随着洞穴的不断加深，即使四位掘墓工停止摇动，墓穴也会由于沙土的震动、崩塌而自动填平。

负葬甲所使用的方法和工具都十分简单。它的爪端有锋利的铲子，帮助它迅速地挖好墓穴；它背部强壮有力，能够让沙土产生轻微的震动。这些工具就足够了。不过，它还需要一项必不可少的技能，这就是它必须频繁地摇动埋葬对象。这种摇动的目的是

北方负葬甲

体长约20毫米，全体黑色，头盾膜质部黄褐色，头部有两条纵沟，在头部后方会合，触角黑色球杆状，自基部到端部逐渐变红。前胸背板褐色近方形，中央的纵沟和约1/3处的横沟将前胸背板分成四部分，侧缘和后缘外延约1毫米的压边。背部稍特殊，比起身体，边缘有较深而密的刻点。鞘翅有密而深的刻点和两条不明显的纵棱，翅的后缘有密而长的刚毛，鞘翅在长3/4处有隆起并向下弯曲。腹部外露3~4节，每腹节末端具一排稀疏的金黄色刚毛。足的腿节和胫节具短而稀疏的刚毛，跗节具长刚毛。前足跗节的刚毛较中后足的长。雌性前胸背板的光泽不及雄性明显。

将尸体的体积压缩得更小，以减少它下降时所受的阻碍。这种技艺是负葬甲基本的任职要求，在它的工作中发挥着十分重要的作用。对于这一点，我们很快就可以看到。

鼹鼠的尸体虽然已经埋到了地下，但是，这只是全部工作的一个序曲而已。这四位殓葬工现在还在地下，从事着和之前我们所叙述的一样的劳动，我们还是等两三天再来吧。

时间到了，我和我的得力助手小保尔前来查看这个公共尸坑，我们看到的情况真是令人震惊！

鼹鼠已经找不到了，眼前出现的是一块让人看了感到恶心的东西：椭圆形；绿色；发臭；蜷缩着，好像是一块发霉的猪膘带；皮毛被拔光了，光秃秃的，这种皮毛处理的程度让人想起主妇手下的家禽。想必这块东西必定是经过了精心的加工，才会从一具巨大的、遍布皮毛的鼹鼠尸体变成现在这个光秃的浓缩品。现在，这个浓缩品被安置在一个宽敞、坚固的地窖里，它没有被触动过、没有被切割过。这是子女的嫁妆，不是父母的食物，只有当父母在准备嫁妆的过程中，为了补充体力，才吸几口尸体渗出来的脓血。

在这具尸体旁边，只剩下了两只负葬甲，一雄一雌，它们是一对夫妇，在那里看守和加工尸体。那其他两只雄虫呢？我看到它们已经到了地窖的顶端，在接近地面的地方休息。我所看到的这个想象并不是偶然的、孤立的。我曾多次观察到一群负葬甲共同协力合作，在将尸体顺利地入殓入仓之后，只有一对负葬甲夫妇留在了地窖里，其他的则爬上地面。在地面上的这些多数是雄虫，每一只都身怀绝技，干劲十足。它们干活时候的激情四射，和帮助那对夫妻埋葬猎物之后离开时的默默无语，形成了鲜明的对比。

没错，我们在这里看到的是父亲。尽管，我们在前面已经了解到了，昆虫界的父亲多数是无所事事、游手好闲的家伙。它们在洞房花烛夜之后，就变得冷若冰霜，将新婚的妻子抛到脑后，对它们还未出世的孩子的命运也毫不关心。

但是，我们在这里看到的是父亲中的先进、模范。负葬甲的族群中，所有的父亲都尽心尽力地干活；不论是为了帮助别人，还是为了自己，它们都不遗余力。每当一对负葬甲夫妇陷入劳动量超负荷的困难中，这些热心的帮手就会循着猎物的气味赶来，和猎物的所有者一起，挖坑、摇动、探测、掩埋，直至任务完成。当男女主人庆祝猎物成功入库时，它们就默默地悄然离去。到现在为止，我已经两次找到了尽心尽力为子女积攒财产的父亲，它们是推粪工赛西蜣螂和掘墓者负葬甲。这些可敬的父亲将被我铭记。

负葬甲的幼虫的生长以及变态，这是一个次要的问题，而且大家已经比较了解了，这样枯燥无趣的题目，我在这里就简单地讲一讲好了。

大概在五月末，我挖出了一只负葬甲埋了半个月的褐家鼠。这具令人毛骨悚然的尸体经过殓尸工的处理，现在已经变成了褐色的黏糊糊一摊。上面寄居着 15 只幼虫，其中大部分都已经接近成熟。从褐家鼠下葬到现在，最多也就过去了两个星期，负葬甲幼虫就已经接近变态了，如此的早熟令人惊讶。看来，地窖里那些腐烂的臭烘烘的东西，对人的胃是致命的，却十分有助于这些未来的殓尸工的生长。洞穴里还有几只成虫，想必是这些幼虫的家长了，产卵的任务已经完成，食物也已经准备充足，它们现在无事可做，就悠闲地待在它们的孩子旁边。

◉ 负葬甲虫寻找死去的动物，然后将之埋入松软的泥土下。图中的这些甲虫找到了一只死去的老鼠，同样将其埋到地下，作为自己幼虫的食物。

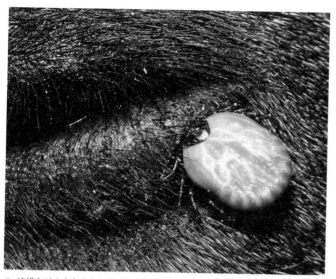

⊙ 蜱螨有时也会寄生在负葬甲的身上。

负葬甲的幼虫具有黑暗中生活的普通特性，呈白色、裸露、瞎眼。它的相貌有点像是螃蟹，呈披针形；黑色的大颚强健有力，是大自然赐予的履行环境净化工作的重要工具；腹部的腹面有一块狭窄的红棕色腹板，腹板上装有四根骨针，这四根骨针是幼虫在离开出生的小间、降落到地上时作为支撑点用的；足很短，但是在奔向猎物时迅速敏捷；胸部体节的护甲很宽，没有刺。

负葬甲家长此时陪着它们的幼虫，寄居在褐家鼠的腐尸里。记得四月时，它们在第一批鼠尸下面时，衣着整洁，全身发亮；而现在，七月临近时，它们身上盖满了寄生虫，丑陋不堪，令人恶心。这些寄生虫折磨着掘墓者，它们钻进掘墓者的关节，一大片一大片的，在负葬甲的身上形成了一件难看至极的衣服。

我认出这种寄生虫是蜱螨，这种蛛形纲动物坏事不少干，它们经常把粪金龟腹部美丽的紫晶弄得污秽不堪。我试图用画笔尖将它们从可怜的负葬甲身上扫除，被扫下来之后，它们身子有点变形，可是又爬到寄主身上，就是赖着不走。这些环境的净化者们，这些勤勤恳恳的掘墓工，它们从事有意义的工作，它们热心帮助同族，它们为家庭奋斗，可是现在，它们却要忍受这些害虫的欺侮！

此时，我的笼子里出现了奇怪的现象。六月中旬，负葬甲已经储备了足够的财产，就再也看不到它们埋葬尸体的忙碌身影了。有时，某个掘墓者从地窖里出来散散步，还带着懒洋洋的神情。对于我后来提供的老鼠和麻雀的尸体，它们毫无兴趣，一点没动。

除此之外，还有更加奇怪的事情。大批的负葬甲从地窖里爬上地面，它们大多身负重伤，这个少了一只胳膊，那个没了一条腿。我看到一个受伤者，它行动迟缓，一步一瘸地在满是灰尘的地面上费力地走着。它衣衫褴褛，满身虱子，就像是一个残疾的老乞丐。这时，一个步履矫健的同伴出现了，它不由分说给这个可怜的乞丐致命一击，然后将它开膛破肚，吃光肚肠。剩下的 13 只负葬甲也都惨死在同伴的屠刀之下，轻者被同伴切去几只附节，重者被同伴一刀毙命，成为美餐。真是难以想象，在两三个月前，那些不求回报、给予同伴无私帮助的昆虫，就是眼前这些吞食同伴的自相残杀者。

人类社会中也存在类似的现象，比如马萨热特人。这个民族认为，在父母白发苍苍的时候结束他们的生命，是子女的孝顺行为，是帮助父母摆脱老年的折磨的好事。负葬甲也有这种古代的野蛮习性。它们已经垂垂老矣，没有多少时日了，眼看着快要走到生命的尽头，延续这种丑陋肮脏的垂危岁月又有什么意思呢？于是，它们最终选择了爆发，选择了互相消灭。

我还想补充一点，负葬甲同类相食的原因与食物短缺毫不相干。由于我的慷慨，它们地下的储藏室里堆满了食物；七月份，地上还堆着它们懒得管的动物尸体。对它们而言，其他都不是理由，相互残杀只是它们对苟延残喘的痛恨，是它们对生命枯竭的极端发泄。似乎唯有如此，才能使无力无奈的垂暮之年得到彻底解脱。

这种在晚年爆发的狂暴事件，在其他昆虫中也存在。壁蜂在年轻时也是平和亲切的，但是当它的卵巢即将衰竭时，它就变得狂暴不已，到处破坏。它将蜂房里沾有灰尘的蜜弄散，把卵弄破吃掉；它砸碎别人的蜂房，甚至自己的蜂房也弄碎不要了。蟋蟀夫妇在产下后代之后，就爆发不可收拾的家庭战争，它们用刀相互剖开肚子，毫不犹豫。螽斯母亲一点一点吃掉它残废的丈夫的腿。螳螂在和情人缠绵之后，就残忍地将情人吞进肚子。生儿育女的任务完成了，剩下的日子都是挣扎和折磨，这时，昆虫们往往选择了破坏、暴力和屠杀。

我们还是不要说这些悲惨的事情了，回来看看负葬甲的幼虫吧。这只幼虫在身体刚开始变得结实时，就离开了出生的地窖，来到了地面。它用足和强健的背部硬甲，把身体周围的土向后推，为自己准备了一间变态时所需要的蛹室。然后，它就进入了半睡半醒的蛹期。它一动不动地躺着，仿佛死掉了一样；但是，一有风吹草动，它就又找回了生命，动了起来，围着自己的轴旋转。

负葬甲必须在夏季时达到成虫状态。就像食粪虫一样，它只有几天不必为家庭奔波劳累的欢乐日子。然后，寒冬将至，它躲在冬天的地下室里；等到春天来到，它就又回到阳光之中了。

大头黑步甲

　　步甲长得很漂亮，这点毋庸置疑。它有着纤细的身材，是我所收集的昆虫中最为耀眼的。有的步甲身着由金色、黄铜色和佛罗伦萨铜色镶嵌的华美外套。还有的步甲拥有一件黑色外衣，而且有紫晶光泽的折边修饰。步甲的鞘翅上描摹着一些凸起的纹饰和小链条，这些小链条上又有凹进的斑点作为装饰。鞘翅俨然一副护胸甲的样子。然而，我们千万不要被它美丽的外表所迷惑，因为除了这身姣好的装扮之外，步甲什么也不懂。它们只是一群爱好战斗的家伙。但即便就好斗这一点来说，步甲也毫无技巧可言。步甲只会依靠一身的力量来同对手作战。当然，打架对于精干的人来说也不一定就非常拿手。步甲的确是空有外表的家伙，就像大力神海格力斯被古代的圣贤们描绘成长了一颗呆脑瓜的家伙一样。

　　地位低贱的人总是很容易就被写进故事里。步甲虽然是徒有外观，然而我却忍不住想要对步甲们做一番探究。当然，这些家伙的身上可没有什么好的故事可以挖掘出来，因为在它们的身上只能找到残酷。我喂养了一些步甲，把它们装在一个笼子里关着，里面铺有一层新鲜的沙土。小笼子中总共饲养了三种步甲，它们分别是黑步甲、金步甲和紫红步甲。这三种步甲中以紫红步甲最为稀有，它们有着黑色的鞘翅，在鞘翅的周围还有作为金属色泽修饰的紫罗兰色。金步甲是这里的长居主人，也是粗俗的园丁。另外，黑步甲全身暗色，它们有很大的力气，属于不好应付的高丽亚绥斯黑步甲。

　　我找了几片碎陶瓷片作为它们遮蔽身体的东西，就像岩石下面的隐藏之地一样。我还在笼子的中央部位插上了一簇青草，看上去就像一片草地似的。蜗牛是我供给这些步甲的食物，我还把其中一些蜗牛的壳剥了去。这真是个适合生活的美好地方。步甲们在陶瓷碎片下散乱地蜷缩着，接着就有蜗牛主动送上门来。可怜的蜗牛将自己的触角伸出来又缩回去，好像对生活失去了信心似的。步甲看到蜗牛前来后就三五只地同时把外套膜上鼓出来的下垂的肉抢完，外套膜是含有钙质微粒的。步甲拥有钳子般坚固的上颚，它们就是通过这把锋利的工具来抢夺食物的，直到在撕扯中抢到自己的一份

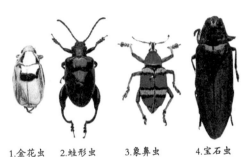

1.金花虫　2.蛙形虫　　3.象鼻虫　　4.宝石虫

⊙ 各种甲虫

才会向后退几步。步甲们最喜欢吃这些肉，而且吃得很享受。

　　几只步甲在原地啃食着美味的蜗牛肉，它们的身子前段都被涎沫弄湿了。还有一只步甲的爪子也全被裹着沙粒的黏液粘满了，好像穿着一副护腿套似的。然而这副重重的护腿套似乎并没有引起它的反感。这只步甲由于身体重量增加而掉进了泥坑中。不过它还是在一瘸一拐中来到了食物的面前，打算再撕掉一片肉下来。它还想要把自己腿上的那副护腿套脱下来呢。步甲的这顿美餐足足享用了好几个时辰，直到它们的鞘翅由于肚子的鼓掌而抬起来时，它们才停止了进食。这时候它们的尾巴根也全部露在了外面。

　　与其他步甲的习惯不同，高丽亚绥斯黑步甲在吃东西的时候不喜欢结群结伴。它们往往是以自己的族类为一伙儿，单独行动。它们会把蜗牛移进陶瓷碎片下面的小窝里，非常隐蔽地享用美餐。比起蜗牛来，这些黑步甲认为蛞蝓比蜗牛肉更好吃，因为小壳螺的肉质更为可口一些，而且螺肉的脊背后面有一块钙质鳞片，看起来很像弗里吉亚帽子。而野味肉的涎沫稀少，而且肉质也比较硬，黑步甲们觉得这种肉不太好吃。我将其中的一只蜗牛的壳去除掉，使它完全处于裸露的状态。步甲们看到了这么一只蜗牛，变得更加肆无忌惮起来。它们根本没有觉得这不是自己劳动的结果。

　　松树鳃角金龟是一种比步甲大很多的昆虫，然而当我把这只巨大的东西放在一只好几天没有进食的金步甲面前时，金步甲却毫不犹豫地向它发起了进攻，没有丝毫畏惧可言。松树鳃角金龟特别温顺，任凭金步甲这只恶狼的摆布。金步甲在松树鳃角金龟四周转绕着，它寻找着机会，冲上去立刻又缩回来，反反复复地尝试着这种攻击，直到眼前的猎物完全被制服。终于，松树鳃角金龟被金步甲打倒在地了。金步甲疯狂地啃噬着眼前的美食，剖刮着猎物的腹部，甚至将自己的大半个身体都扑了上去。假如这样的画面发生在比较高级的动物身上，那么场面将是多么令人毛骨悚然啊。

　　葡萄根蛀犀金龟比刚刚提到的松树鳃角金龟更加威猛，它如同犀牛一般强壮。我想要让这只昆虫与金步甲展开一场战斗。葡萄根蛀犀金龟在甲胄的掩饰下看起来一副战无不胜的样子。它穿着一身盔甲，头上还长着触角。然而它的弱点却被金步甲掌握了，那就是鞘翅保护下的薄皮。金步甲对葡萄根蛀犀金龟进行再三的进攻，直到后者的护胸甲被略微地撬起。这时候的葡萄根蛀犀金龟已经将自己的头部缩进了护胸甲下面。金步甲用自己的螯刺在对方的薄皮上面切了一刀，锋利地如钳子一般。葡萄根蛀犀金龟死了，金步甲啃食着这胜利的果实。

　　如果想要观赏到一场比挑战葡萄根蛀犀金龟更为惨烈的战斗，那就应该把目光投注到告密广宥步甲身上去。它是步甲中长相最为漂亮的王子，外表华美、身材魁梧，也是毛虫的致命杀手，而且对于那些臀部非常结实的毛虫来说也同样如此。让我们来观看一场在告密广宥步甲和大孔雀蝶毛虫之间的战斗吧。场面的惨烈让我战栗，假如昆虫学只有这种血腥的画面让我目睹，那我一定会义无反顾地将这门学科抛弃。现在让我对这场战争做一下简单的描述：只见大孔雀蝶毛虫的肚子已经被告密广宥步甲刺破，它躺在地上扭动着身体挣扎着。就在这时候，告密广宥步甲却在瞬间被毛虫托起来了。然而毛虫的这种行为却不能让告密广宥步甲有丝毫的让步，它仍旧死死地抓住毛虫不放，在毛虫受伤的部位吸着流出来的鲜血。毛虫摊在地上不断地扭动，像一堆绿色的肠子一样散开。

　　腆着大肚子的蝈蝈儿和白面螽斯也是告密广宥步甲应该认真应对的昆虫，它们都有着不好惹的下颌。我在第二天取了这两种昆虫作为观看告密广宥步甲厮杀的对象。之后这位步甲冠军又对葡萄根蛀犀金龟和松树鳃金龟进行了杀戮。厮杀的场面同样血腥、残忍。告密广宥步甲是步甲中对厮杀对象的弱点最为了解的一种步甲，无论是有鞘翅的昆虫还是有护胸甲的昆虫，它们通通了如指掌。

知 识 链 接

步甲有两种，一种是长着有力下颚的大嘴魔王；一种是长着纤长小头的小头强盗。虽然长相有点差异，但它们都是蜗牛家族的大克星。为了能够享用美味的蜗牛肉，步甲进化成了两种类型——"大嘴"和"小头"。大嘴魔王会挑选薄壳蜗牛来食用。而小头蜗牛会专找开口大的蜗牛来吃。这是生物界中一种非常典型的"平衡进化"。

可以这么说，只要摆在告密广宥步甲面前的昆虫不死，这位厮杀高手就一定全力以赴地战斗到底。

高丽亚绥斯黑步甲和告密广宥步甲在杀戮猎物时都能够释放出一种具有腐蚀作用的液体，这是一种酸性的物质，同时也是为了遇到敌人时能够进行防御。一些昆虫在遇到危险时会喷发出一种爆炸性的物质来将侵犯者的胡须烧着，而告密广宥步甲在这种情况下则会使自己的足趾变得臭味难忍。拥有这些天赋的昆虫通通都是战场上的高手，然而它们除了会厮杀抢掠之外，其他的技艺、技能却一无所知。这种无知在幼虫身上也是如此，钻在石头下面的幼虫每天也是在杀戮中度日。即便是这样，我也不得不跟它们接触。因为我想要从这些家伙的身上了解一些东西。

一只正在阳光下沐浴的小昆虫，它在树枝上静静地待着，无论它是拥着鞘翅的保护还是肢体已经不完整，只要你做出准备抓住它的架势，它一定会在你出手以前就已经跌落到了地上。当你在草丛中把它寻到时，这只昆虫会做出一副死去的样子，一动不动地摊在地上。由于有翅膀的它在你想要捕捉它的时候不能很快地将翅膀抽动逃走，所以只好选择掉落在地上。这是它在危急时刻所使用的伎俩，有人说这些昆虫懂得怎样装死。无论是我还是我的孩子，只要对它进行捕捉，装死都会照常出现。它似乎对于它的捕捉者是谁没有太大的兴趣，它只是知道自己已经处于比较危险的时刻。以装死的方式来迷惑敌人，这种伎俩使得鸟儿或是其他的捕杀者对它弃之不理，最终逃过一劫。

有故事相传说，从前有两个人做熊皮的买卖。他们在没有捕捉到熊之前就已经跟人做好了交易，然后再去对熊进行捕杀。他们之所以这样做也是为了生计。然而有一次情况却不一样。就在他们捕捉熊的过程中受到了熊的追击，其中一个人为了逃生就假装跌倒在地装死。他止住了呼吸，以此来迷惑熊。熊在他的周围乱嗅一通后认为这人已经死了，于是转身离去。这个人因此也从死亡线上挣扎了回来。这头熊真是傻极了。听说这个人就是因为有一次偶然看到了昆虫装死的过程，才能够在被熊追击的时刻逃过了大难。然而鸟儿面对昆虫的这种小伎俩却不以为然，它们绝对不会因为眼前这只昆虫一动不动而就此离开。无论是蝗虫还是苍蝇，翠鸟和麻雀们都不会放过它们。只要是能够下肚的美食，无论是死是活鸟儿从来都不放过。事实上昆虫装死的伎俩是能够被鸟儿们识破的。小鸟用它犀利的目光拆穿了昆虫的骗术，只要昆虫依旧流淌着新鲜的血液，鸟儿至少也会用嘴啄它几下。这些小鸟可比寓言故事里的鸟儿更加聪明。

人们相传昆虫会装死，这种说法同时也得到了专家学者们的肯定。我不知道得出这种结论是在怎样的证据下进行的，我对欠缺理性思考的这种说法非常怀疑。假如仅是靠一些逻辑上的推理来得出结论，我想是不够的，最重要的还必须依靠实验的证明。于是我开始了自己的实验。我首先需要做的是寻找一只合适的昆虫来作为我实验研究的对象。在对虫子的挑选中，我回忆了起了四十年前的时光。

那时候我刚刚通过了自然科学的考试，并且拿到了这门学科的学士学位。我对这样的成绩感到非常欣喜，在从图卢兹回家的路上，我在塞特稍作了休息。虽然拿到了学位，但是我知道自己在大自然这个学科面前还是个知之甚少的小学生，学位并不能够阻止人们进行深入的学习。相反，对于一个始终渴望知识的人来说，他在书本的面前，或是在世间万物的面前始终都只是一个小学生而已。就在几年前，阿雅克修海湾已经是让我难以忘怀的地方。这个时候如果能够再次前去对它进行一番欣赏，那简直是让我快乐无比的事情。

在这种想法的驱动下，我在七月的某一个清静的早晨出发来到了塞特的海滩。我在那里第一次采到了一种叫做高山钟花的植物，它们有着玫瑰红色的中性花朵，碧绿的叶子在浪花的敲击下闪闪发光，非常漂亮。还有一种比较奇怪的蜗牛，它们有着虽然平扁，却富有流线感的外壳。这些蜗牛们一群群地在禾本科植物上进行休息。此外，就像在雪地上留下足迹的小鸟一样，在海边干燥的流沙上也有着这样的痕迹，它们一列列地排着，像是缩小版的样式。如果说童年时看到这样的痕迹会让我兴奋不已，那么此时再看到这样痕迹会带给我什么样的东西呢？

我跟随着这样的痕迹前行，每当到达痕迹的尽头时我都会停下脚步进行挖掘。跟踪这些痕迹时的我就像一个猎人在跟踪自己的猎物似的。在痕迹终点处的挖掘工作让我发现了一种昆虫，它们在流沙上留下的脚步印迹与我在童年时看到的一样。我大概认出了这些昆虫，它们是大头黑步甲。这些黑步甲只在夜间进行活动，为了捕捉食物。天亮之前大头黑步甲就会返回自己的洞中。另外，黑步甲有一个非常能够引起我注意的习性。每当它们受到外界的侵扰时都会倒在地上，肚子朝天，然后一动不动。虽然我对昆虫的研究很浅显，然而就我的经验而言，还从来没有看见过其他的昆虫表演这种伎俩。大头黑步甲装死的行为让我印象深刻，这也是为什么四十年后的我在寻找有装死表演天赋的昆虫时第一个想到的就是它们。

黑步甲是非常残忍的刽子手。由于腰间部位非常紧缩，所以整个身体看上去就像被分成了两个部分。也正是由于这种紧缩，使得它的胸部后面的部分好像快要开裂似的。如同一枚煤玉饰品一般，它们全身被亮黑色包裹。黑步甲用以对猎物发起攻击的工具就是它那双尖利的螯，除了鹿角锹甲以外，基本上没有哪一种昆虫的大颚能够与这双螯相比。而且与其说鹿角锹甲的大颚是用来进攻的武器，倒不如说它们只是装饰性的物品，不是战场上派得上用场的有力武器。黑步甲绝对是皮麦里虫的天敌，每当遇到这位金牌杀手的时候，皮麦里虫无一例外地都要被黑步甲进行残酷的剖腹。黑步甲对自己拥有力量的多寡非常清楚，每次我对爬在桌子上的它们进行骚扰时，它们总会把身子向前面的短小爪子弯去，摆成弓形，俨然一副防御的样子。它把那双螯张得大大的，让人看着就害怕。黑步甲的头很大，它的胸廓长得很像心脏。凶残高傲的黑步甲再次将自己的身子抬了起来，我的手指还没有碰到它时就已经向我发起了进攻。在触动这些家伙之前我都会对它们进行仔细的观察。当然，它不可能把我吓倒。

在塞特的海滩上我曾经与一群黑步甲度过了快乐的清晨，现在一个朋友又特地从那个海滩上带了一打黑步甲给我。同时送来的还有一些皮麦里虫。昆虫们的状态看起来都还不错。只是皮麦里虫可怜极了，它们通通被黑步甲下了毒手，不仅肚子被剖开了，而且整个身体的内部都已经被黑步甲掏空。看来在这些小虫子从塞特运往塞里

知 识 档 案

步甲的其他分类

步甲科是鞘翅目最大的科之一，包括2万余种。步甲的特征为：足长，鞘翅黑或褐色，有光泽，在背中线上愈合呈脊状。多数种类后翅退化或无后翅。喜冷湿的地区，受惊时常奔跑而不是飞起逃避，夜间自石块下、裂缝和落叶层中多见出来觅食昆虫、蠕虫或蜗牛。幼虫细长，肉食性，但有的以种子为食。口器尖而突出。尾端有一对刚毛状附器。许多种类能分泌一种难闻的液体，以使鸟类等可能的天敌不敢靠近。

广肩步甲

或称毛虫步甲，是北美的常见种。长1.5寸，色彩艳丽，绿翅色或紫罗兰色，边缘红色，躯体有紫蓝色、金色或绿色斑点。本种及其近缘种在树上寻食毛虫。这些种能分泌一种酸性液体，使人皮肤接触后会起泡。北美从欧洲引入绿色、有虹彩光泽的臭广肩步甲用来防治舞毒蛾及棕尾毒蛾的幼虫。

螺步甲

是一个特化的类群，口器长、钩状，能把蜗牛肉从壳内取出。射炮步甲在腹部末端有一个小囊，能喷出有毒的液体，用以防范天敌；射炮步甲将液体在极高的温度下放射出，炽热的液体一经接触空气就汽化；液体内含有毒的醌类，醌类在昆虫体内与过氧化氢(亦系昆虫产生，贮存在体内某处)猛烈反应，射液时发出砰的一声，更使敌人吃惊。

大步甲

和射炮步甲相似，以科罗拉多马铃薯甲虫为食，是益虫。马来亚步甲属即提琴步甲属，长约4寸，体扁、头和胸细长，鞘翅宽，形似小提琴，用长头伸入小孔捕食；藏在裂缝中、树皮下或多孔真菌中。大多数步甲食害虫，故被认为是益虫。

昂的路途中,黑步甲把同行的皮麦里虫当成了瓮中之鳖,尽情地享用了一路。虽然说皮麦里虫有着一副盔甲,那是用粘连在一起的鞘翅组成的。但是这样的防御武器在遇到黑步甲的时候根本起不了什么作用。还有的皮麦里虫被黑步甲折断了肢体,总之没有受到伤害的皮麦里虫基本上不存在。

我用两种器皿安置着这些昆虫,它们分别被放在了铺有沙土的金钟形网罩和短颈大口瓶中。在沙土上的它们一经安顿好就立刻埋头苦干了起来,每只虫子都在挖着自己的洞穴。黑步甲们先是用力将自己的头部弯下去,这样它们的大颚就能聚拢在一起了,像铁镐一样能够大力地将沙土挖开。然后它们再用自己张开的前爪上面的钩把挖出来的泥屑聚集到一起,最后再把这堆泥屑推到外面去。被推出去的泥屑在黑步甲的洞口形成了一个鼹鼠丘。随着洞穴挖掘工作的深入,很快地,通过一道缓坡的延伸,洞穴与短颈大口瓶的底部连接在了一起。

在完成了洞穴深度的挖掘后,黑步甲开始了对洞穴宽度的开发。这个洞穴的宽度最终需要达到3分米。当黑步甲觉得这个宽度已经差不多了的时候,它就会对洞穴的入口处进行细致入微地再加工。最终这里会变成一个倾斜度不断变化的坑,深深的,像一个漏斗的形状。这个进口比蚁蛉的火山口形状的入口来说显得更加朴素,虽然在大小上二者不相上下。在进口处我们看不到丝毫的泥屑,而且整个斜坡都保持得很干净,特别是斜坡的下面,那是一个地道的前厅,非常平坦。这个前厅就是黑步甲等待抓捕猎物的隐秘之地,在等待的时间里它们总是让钳子呈半张开的状态,并且自己保持静止不动,伺机行动。

黑步甲所挖出来的地道由于是在玻璃瓶中的,所以整个过程我观察得一清二楚。同时透明的玻璃瓶也能够让我更好地跟踪了解黑步甲的生活习性。假如黑步甲跑到地下活动,那么我也只需要将笼罩稍微地抬起一些就可以看得很清楚了。这样做不仅不会打扰到黑步甲的正常生活,反而能让它们这些不喜欢光线的小虫子免于阳光的侵扰。

我给等待猎物到来的黑步甲们准备了一道美食,它是一只蝉。对于黑步甲来说,这道美食已经是难能可贵的了。我把它放在了黑步甲的洞口处,黑步甲好像听到了什么响声似的立刻从半睡半醒的状态中清醒了过来。它们摇动着自己的触须,非常谨慎地爬到了斜坡的上半部分。快要到达洞口

◎ 黑步甲

的黑步甲探着头看到这只蝉,它们突然从坑里面跳了起来,纵身一跃扑向了洞口处的蝉。由于这条通道呈漏斗形状,所以非常便于把大个儿的猎物拖进去。这个坡的倾斜度足以让任何想要逃脱的猎物致死,没有什么东西能够从这里重获新生。

因为黑步甲在洞口处设置了一些秘密机关,所以很快地就将这只蝉制服了。黑步甲不停地把蝉往洞中拉扯,蝉的头部向下,整个身体都陷在了深深的洞穴中。最终这只蝉被黑步甲拖到了一条地道之中,这个时候蝉已经完全不能动弹了。地道呈扁扁的圆形状,非常狭窄。这就是黑步甲对蝉进行肢解的地方。等到这

只蝉被黑步甲折磨到完全不能动的时候，黑步甲就会回到上面堆放猎物尸体的地方。现在到了享用美食的时间了。为了安心地吃下这只蝉，黑步甲用之前挖洞穴时堆起来的鼹鼠丘将洞穴的入口处挡了起来，这个洞口直到黑步甲肚子里的蝉全部消化完毕后才会被再次被打开。因为那时候的黑步甲又开始饥饿了。一切都就绪之后，黑步甲开始享用它的大餐了。

被我关在瓶子中的黑步甲让我对它们的生活习性有了非常深入的了解，这比之前与它们在海滩上度过的一个清晨要有价值得多。黑步甲的确是一个强壮的家伙，无论面对着多么彪悍魁梧的对手，黑步甲都不会有丝毫的害怕与退缩。这是个什么事情都敢干的家伙，鳃角金龟和金匠花金龟根本不是它的对手。即便是蝉和身体肥大的松树鳃角金龟，在黑步甲看来也不在话下。黑步甲用它那强劲有力的武器就能够将这些猎物治得服服帖帖，最终成为它们口中的美食。刚才我就看到黑步甲向蝉扑去的那一瞬间，它用爪子将蝉抓住，然后把猎物拖到自己隐秘之地进行肢解与享用。

黑步甲喜好宽阔的空间和自由自在的生活方式，因此它们能够在自然环境下生活得非常惬意，更加大胆。海滩上那股带着咸味的空气对它们来说简直就是刺激好斗本性的一粒兴奋剂。蚁蛉一般是在自己的洞穴的下面等候猎物自动送上门来，而且这些猎物都是由于在漏斗般的斜坡上行动不自如而掉下去的。黑步甲对于蚁蛉的这种小伎俩投去了鄙夷的目光，它们根本不屑于这样的捕猎方式。黑步甲捕获猎物的方式是围猎。它们在海滩的沙土上挖掘出一个洞口十分宽敞的洞穴。等到猎物被送进洞穴的时候，这个洞口就会被挖掘时所多出来的泥屑所掩埋。这种方式使得猎物根本无法逃脱黑步甲的掌心。

沙滩上长长的行迹告诉我们黑步甲在夜间进行巡逻，它们这种夜间活动是为了搜捕野餐。皮麦里虫或是一半带斑点金龟都是它们的盘中之餐。对于捕获到的猎物，黑步甲并不急着立刻把它们吞进肚子，而是带回家中细细品味。因为家里是个十分安全的地方，不必担心有居心叵测的家伙想要抢夺食物。黑步甲喜欢在黑暗和安静的地方进食。一旦猎物被送到了自己的安全隐秘之地，黑步甲就开始大胆放心地把猎物肢解，并且安心地享用自己的劳动成果。

金步甲的婚俗

　　我们知道，金步甲是灭杀幼虫和蛞蝓的斗士，是菜地和花圃的守卫者，从这一点来说，园丁这个光荣称号它确实当之无愧。如果说我的研究没有什么新的贡献，不能为金步甲那久负盛名的美誉增添新的光彩，那么至少在接下来的研究中，我将为人们揭示金步甲出人意料的一面。这个魔鬼能把比自己弱小的猎物残忍地吞食掉，而自己也会变成别人的盘中餐。那么它会被谁吃掉呢？就是被它的同类以及别的昆虫。

　　先来介绍一下它的两位敌人吧，也就是狐狸和癞蛤蟆。在找不到干粮、更别提是美味佳肴的时候，它们也能把那些瘦骨嶙峋、散发着怪味的猎物将着吃掉。狐狸粪便的主要成分是兔毛，但有时候也会夹杂着金色的鳞片，这就足以证明狐狸吃了金步甲；尽管这道菜分量实在少得可怜，也谈不上有什么营养价值，而且味道也很怪异，但是吃上几只金步甲总还是可以对付一下饥饿。

　　我也有相似的证据用来证明它也是癞蛤蟆的食物。在荒凉的石园的小径上，我在夏天常常会发现一些奇怪的东西。这些小黑肠细细的，跟小指差不多粗，被太阳晒干后很容易就碎裂了。我从中还发现了一堆蚂蚁头，除了一些纤细的爪之外，就别无他物。刚开始，我思前想后，总也想不明白，它们究竟是从哪里来的。这用成千上万个头压成颗粒状的奇怪的东西究竟是什么东西呢？会不会是猫头鹰在胃里将营养物质提取之后吐出的残渣呢？但是在一番思索之后，我否定了这个想法：猫头鹰是在夜间活动的，而且虽然它爱吃昆虫，但瞧不上这么小的点心。吃蚂蚁得有充足的时间和耐心，得用舌头把蚂蚁一只只粘起来然后再送入口中。那么，谁是那位捕食者呢？有没有可能是癞蛤蟆？我想除了它之外，在这个荒石园里不会有其他动物与这堆蚂蚁产生关系。实验将会帮助我们揭开谜底。我有一位老朋友，可我却还不知道它家住何处。我们曾好几次在夜晚巡察时相遇。从我身边经过时，它总是用它那金黄色的眼睛看着我，然后神情严肃庄严地去忙它自己的事去了。这只癞蛤蟆和茶杯垫差不多大，它是我们全家人都非常尊敬的智者，我们称它为哲学家。

　　我去问问它吧，看它会不会知道那堆蚂蚁头是从哪里来的。我把它囚禁在一个没有食物的钟形罩里，等待它把那胀鼓鼓的肚子里的食物消化掉。这段时间并不算太长，几天后，囚徒就排出了黑色的圆柱形的粪便，里面也有一堆蚂蚁头，和我在荒石园里的小径上发现的粪便没什么差别。我释放了这位哲学家。幸亏有它在，那个困扰我的难题才能够得到解决。我总算搞清楚了，癞蛤蟆会捕食大量的蚂蚁。没错，蚂蚁确实是很小，但是它的好处就是容易捕捉到，而且取之不尽。荒石园里的蚂蚁特别多，而其他的爬行昆虫却很少，因此它主要以蚂蚁为生。但蚂蚁并非癞蛤蟆最钟爱的食物，如果能够找到更大的猎物，那可就更好了。对癞蛤蟆来说，偶尔能吃到体积大一些的猎物就算是难得的佳肴了。我在荒石园里发现的一些粪便，完全可以证明它有时也能吃一顿大餐。有些粪便里几乎全部都是金步甲的金色鞘翅，其余那些呈糊状的黏着几片金色鞘翅，而主要成分是蚂蚁头的粪便，才是癞蛤蟆粪便的真正标志。从中就能够知道，癞蛤蟆也是会吃金步甲的。癞蛤蟆作为守护菜地的卫士，却捕食另一位和它同样值得尊敬的菜园园丁金步甲。一件对我们有用的东西，毁了另一件有用的东西。这个小小的教训能够帮助我们克服天真的想法，可别以为它们是为了我们才做这一切。更不幸的是，金步甲这位我们的花园和菜地的守护者，这位对幼虫和蛞蝓犯罪活动做密切监督的警察，居然还同类相残。

一天，在我家门前的梧桐树荫下，一只金步甲匆匆地经过，我非常欢迎这位来访者的到来，它能够壮大钟形罩里的居民们的力量。我把它放在手上，发现它的鞘翅末端有些微损伤。这是不是情敌之间发生争斗造成的？对此我没找到任何蛛丝马迹。经检查确认，它身上没有严重的损伤，能够为我工作，我就把它放进玻璃屋里，让它和那25只金步甲做伴。次日我去看望新来的寄宿者时，它已经死了。那天晚上，同个监狱的囚犯们对它发起了攻击。足、头、前胸全都完好地留在那里，没有支离破碎的痕迹，只有肚皮裂了一个大口，内脏被从那里拉出来。由于鞘翅有个缺口没有能够很好地保护它，它被掏空了肚子。我眼前是一个由两瓣合抱的鞘翅组成的金色贝壳，干净得连被掏空了软体组织的牡蛎壳也不能与之相媲美。这个手术做得真漂亮。这样的结果让我大吃一惊。我的金步甲们居然把一位鞘翅受伤、抵抗力弱的同胞给吃了，它们总不能说是因为自己的肚子饿了吧。要知道，钟形罩里从来都不缺少食物，我对此向来十分注意。我将蜗牛、鳃金龟、螳螂、蚯蚓、幼虫，以及其他一些受欢迎的菜肴，换着花样送上餐桌，而且供应的数量完全能够满足它们的需要。在它们那里是不是有终结受伤者的生命，看到尸体即将变质，就将其从腹中内脏掏空的习惯呢？昆虫不知道什么叫做怜悯，当它们见到一个垂死挣扎的伤残者时，谁都不会停下来试图去帮助自己的同类。而在食肉动物那里，情况可能会更加可悲。有时，行人也会跑向残废者，是想表示自己的同情与安慰吗？别做梦了，它们不过是想吃掉它。似乎它们认为吞食它是为了让它能够彻底摆脱残疾带给它的痛苦，这种行为是理所当然的。

说不定也有可能是那个伤残的金步甲，用它那带缺口的鞘翅部分所裸露出来的臀部去引诱了同伴，让它们发现这个受伤的同胞身上有块地方可以让它们大吃一顿。但是，要是那只金步甲没有受伤，它们之间会和平共处吗？从种种迹象来看，它们之间起初相处得很不错，一起进食的金步甲也从没有打过架，最多也就是从别人嘴上抢抢食物而已。在木板下长时间的午休期间，它们之间也从没有动过粗。25只金步甲半个身子埋在凉爽的土里，安静地躺在那儿边消化食物边打瞌睡，各自待在自己的浅土窝里，相互之间离得不远。要是把上面的木板掀开，它们就会醒过来，然后跑出去，但即便它们在跑动中相遇也没有

◎ 几只金步甲在分食一条蚯蚓。

发生打架的情况。玻璃罩里一片和睦安详的气氛，似乎会永远如此。

六月到了，天气开始变热了，我发现一只金步甲死了。这只金步甲被它的同类掏空时是很健康的。我细心地检查了一下那具残骸，发现除了肚皮上有个大口子以外，其他地方并没有遭到破坏。它没有被肢解，却成了掏空的牡蛎壳，身体缩成金贝壳状，和不久前那个残废者被吞食后的情景一模一样。几天后，又有一只金步甲被杀死，护甲没有半点损伤，同前面那些金步甲的死状一样。要是把它腹部朝下放着，看上去完好如初；把它仰面放着，就是一个空壳，在那个壳里半点肉质都没有了。没过多久，玻璃罩里又出现了一具被掏空的尸体，以后又不断地出现；金步甲一个挨着一个地死去，玻璃罩里的金步甲在迅速减少。如果疯狂的屠杀就此继续下去，那么很快玻璃罩里就空无一物了。是幸存者在瓜分那些老死的金步甲的尸体，还是它们靠牺牲依旧还活着的同伴的生命来达到减少数目的目的呢？要把事情查个水落石出不是件容易的事，因为这种事情主要发生在晚上。

依靠警觉，我终于有两次在大白天撞见了解剖的过程。六月中旬，我看到一只雌金步甲在拨弄一只雄金步甲——我能根据它微小的体形辨认出其性别。手术开始了，进攻者打开了它对手的鞘翅顶角，然后从背后用大颚咬咬住受害者的腹部末端，接着就是撕扯。被咬住的金步甲虽然年轻力壮，但它却既不自卫，也不还击，只是用全部的力气朝反方向拉去。为了挣脱可怕的齿钩，它随着拉来拉去的动作一会儿前进，一会儿后退，它做的全部反抗也就仅此而已。大概持续了一刻钟后，一些过路客突然冒了出来。它们停下脚步看着，仿佛在讷讷自语："该我上了！"最后，那只雄金步甲一使劲，挣脱出来狼狈地逃离了。要是它没能成功，那么很显然就会被穷凶极恶的雌虫给剖腹。几天之后，我再次看见了相似的场景，而且这次看到了完满的收场。这次同样是雄虫被一只雌虫从背后给咬住，而它除了企图挣脱之外，只是任凭雌虫摆布，同样没有作任何反抗。最后，它的皮肤被撕裂了，口子越开越大，内脏被拉出来，被那个妇人吞进了肚里。这个凶残的女人还把头埋在它的腹腔里，把它掏得只剩下一个空壳。可怜的遇难者双足一颤，表明它的生命已经完结。但这个恶妇并不因此而放过它，它沿死者的胸腔尽可能地继续往里挖。被挖干了的空壳被丢在了现场，只剩下抱成小吊篮形的鞘翅和没有被肢解的身体前部。那些金步甲就是这样死去的，死的总是雄性，它们的尸骸不时地在玻璃罩里被发现，而幸存者也一定会这样死去，这是早晚会发生的。从六月中旬到八月初，最初的 25 只金步甲锐减到只剩下 5 只雌虫。20 只雄虫全部都死了，它们先被开膛，然后身体被掏得干干净净。

杀手是谁？看来是雌金步甲。首先，我所看到的那两次进攻行动可以证实这一点。两次攻击都是发生在众目睽睽之下，我亲眼看见雌虫进到雄虫的鞘翅下，然后剖开雄虫的肚皮，将它吃掉，或者至少试图这么做。虽然我没能亲眼目睹其他的杀戮，但我却能拿出非常有力的证据。就如刚才所见，被抓住的那只金步甲既不自卫，也没有反抗，它只不过是拼命想挣脱出来逃走。如果这仅仅是平常所见的欲置对方于死地的争斗，那么那个强壮有力的被攻击者显然会转过身来。对于对方的挑衅，它会一把抓住对方，以牙还牙，给予还击。凭它的力气在搏斗中是有可能扭转局势占领上风的，但这个家伙却笨到让对方肆无忌惮地咬着自己的屁股，似乎有一种不可抑制的厌恶感在阻止着它的反抗，或者用大颚去撕咬对方。

这种宽容与朗格多克雄蝎子多么相似。当婚礼结束后，它任由自己被新娘咬死，也不使用那自卫式的武器毒针去伤害那个泼妇。它还让我想到了刚刚当上新郎的雄螳螂，它们有的已经被咬得只剩下半截身子，还是听任自己被一点一点地吃掉，不作任何反抗，继续义无反顾地履行着自己未完成的任务。这就是它们的婚俗，雄性对此无能为力。我的金步甲园里的雄虫，一个个全都被剖了腹。它们展示给我们的是同一种习俗，一旦满足了妻子交配的需要，雄虫就将成为牺牲品。从四月到八月每天都会有配对的夫妇，它们只不过有的时候只是尝试着在一起，而更多的时候则是有效的结合。对于这些性欲旺盛的配偶而言，这些还不能满足它们。

金步甲处理爱情的方式称得上是电光火石。根本无须酝酿感情，一只过路的雄虫就在光天化日之下扑过去，骑到了它遇到的第一只雌虫上面。被抱住的雌虫微微颔首以示同意，雄虫就开始用触角打对方的脖子，交配结束了。刚结束，双方立马就分手，去吃我供应给它们的

◎ 金步甲

蜗牛。随后就各自嫁娶，另觅佳偶。只要有单身的雄虫在，新婚的夫妇同样也会另找新欢。大快朵颐之后，便开始粗鲁地交配，之后又是一顿猛吃；对于金步甲而言，这就是它们全部的生活。

在我的动物庄园中，雌性配20只雄性，女性的数目与求爱者的数量不成比例。不过关系不大，这里大家平心静气地占有，滥用着过往的雌性，谁都不会为这种事情大动肝火。大家的心胸都很开阔，经过几次尝试，当然也靠碰运气，每一位的欲望都能够得到满足。

我那群金步甲的性别比例如果更合理当然更好。但出现现在这种情形完全是出于偶然，在自然环境下雄性并不是那么多，是因为偶然的因素，才造成了我的昆虫园里性别比例如此的不协调。因为我根本没有挑选，这是随意地捉到了这些虫子。我把附近的石头下找到的所金步甲收集到一块儿，也没去管它们是什么性别，要知道，仅从外表是很难看出它们的性别的。在玻璃罩里饲养一段后，我知道了腰围粗一些的是雌性。在自由的田野里，金步甲几乎都各自隐居着，很少见到两三只住同一个地方，而像我玻璃罩里那样的群体实在少见得很，因为这么大群的金步甲绝不会在同一块石头下面聚居。这里倒还算好，毕竟玻璃屋对它们来说已经够大了，这里有足够的地方让它们散步和或者嬉戏。想自个儿待着就自个儿待着，要是想找个伴很快也能找到。

它们每天都光顾着大吃大喝，反复进行交配，看来它们对监禁的生活似乎也并不感到烦闷。在野外自由自在地生活时，它们也未必会比现在看起来更精神，也许还不如现在呢，至少食物就没有玻璃罩里这么丰盛。至于舒适程度的话，在日常的生活状态下，这些囚徒完全可以保持它们的惯例。但在这里，同类相遇的机会要比在野外多得多。可能也是因为这个缘故，对雌性来而言，这是它们最好的机会去粗暴地对待那些被自己抛弃的雄性，咬住它们的屁股，掏空它们的内脏。因为住得近，捕杀旧情人的现象就愈演愈烈。

但这种习俗并不是刚刚才兴起的，也不是什么新鲜事，在野外，一只雌虫在交配结束后遇到雄性时，会把它当作猎物来对待，将它嚼碎以结束婚姻。每次翻开石头，我都没能见到这种场面，不过无所谓，在玻璃罩里所看到的情形已经足以使我坚信这一点。金步甲的世界

知 识 链 接

许多步甲科的地甲虫吃蛞蝓或蜗牛，它们有狭长的头部，即便蜗牛缩进壳里，也不妨碍这种甲虫把头伸进去。为了预先分解蜗牛的身体组织，它会把酶分泌物涂抹在蜗牛的身体上，然后蜗牛就变成了液体被它吸食掉。

真够冷酷无情的。当雌性在婚后受了孕，不再需要帮手时，竟毫不留情地把丈夫吞进肚里。在它们的生殖规则里，竟然如此作践雄性，如此任意地残害它们。爱过之后，接着便是相互残杀，这是不是很普遍的现象？目前，我所知道的三个最为典型的例子是：修女螳螂、朗格多克蝎子和金步甲。以爱人为食的这种可怕的行为，在螽斯家族中稍微好一些；因为它们并不是将螽斯活生生地吞食掉，而只是尸体，雌白额螽斯对死去的丈夫的大腿情有独钟，而绿色蝈蝈儿也有同样的习惯。这种饮食习惯是有原因的。它们都是食肉昆虫，雌性遇上雄性的尸体或多或少都会吃一些，至于它是不是自己从前的爱人则无关紧要。猎物就是猎物，爱人也逃脱不了这样的命运。

素食昆虫的身上又为什么会发生这种事情呢？在产卵期将要到来时，雌短翅距螽竟把它的配偶活生生地咬死，然后把它的肚皮剖开，吃得肚子鼓鼓的。雌蟋蟀原本是那么温柔顺从，突然间性情大改，变得暴戾乖蹇，居然对那位从前满怀爱意和激情地为它奏小夜曲的恋人大打出手，还砸烂它的小提琴，撕破它的翅膀，甚至撕咬音乐家。可见，雌性在交配期后对雄性的极其厌恶，可能带有一定的普遍性，特别是在食肉昆虫中。那么，这种凶残的习俗是如何出现的呢？要是条件许可，我一定会好好地做一番研究。

玻璃罩里饲养的金步甲到了八月初就只剩下五只雌虫。雌金步甲在对雄性发动攻击后，行为与以前大不相同。它们对食物已经失去了兴趣，不再理会我为它们供应的剥掉了一半壳的蜗牛，或者是它们以前爱吃的胖螳螂和幼虫。它们总是躲在木板下打瞌睡，很少露面。会不会是在准备产卵？我每天都去探望，希望能够看到出生在粗劣的环境下的、没有受到任何爱抚的新生幼虫。这样的情形并不难预见，要知道雌金步甲并不擅长照顾婴儿。那里并没有幼虫，我的期待落了空。十月份时，气温开始下降，四只雌金步甲死了，是正常的自然死亡，而活着的那只金步甲对此丝毫不理会，它甚至懒得吃它们。它的胃是为活活地被剖腹的雄性而专门准备的。它在玻璃罩里里蜷缩着身子，努力地想钻进贫瘠的泥土深处。当十一月来临，第一场白雪落在万杜山上时，它就在洞穴深处冬眠，在这里度过冬天，到来年春天产卵，它可以就此得到安宁了。

第五章

锯角叶甲

衣服无论对人来说还是对于其他动物来说都必不可少，然而绝大多数的动物都无须为自己的穿衣而费心，因为它们的皮毛与生俱来。也因此这些动物不具有在外衣上添加饰物的技能。蜗牛不用为自己身上有无甲壳而担心；螃蟹不用为它是否拥有一件齐膝的紧身外衣而苦恼；鸟类不会为自己身上有无羽毛覆盖而忧虑；生活在陆地上的爬行动物也不用担心自己有无鳞甲来防身。动物们身上的绒毛、螺钿质、下脚毛、鳞甲等无一例外地都是自然生长出来的。

动物们不会担心自己会被严寒击倒，因为它们身上的衣服已经足够防寒了。在能够抵御寒冷的动物外衣中，要属拥有皮毛的动物最为高贵。这些皮毛甚至比最高档的人造呢绒还要柔软。

爬行类动物身上的鳞甲却很少有保暖的作用，它们只是用来防止自身受到外界的伤害，相当于盔甲的作用。不过这些已经足够了。

鸟类因为需要在天空中翱翔，所以对体能的要求非常高，也非常惧怕寒冷。而它们身上覆盖着的整齐的羽毛就为此做了一大贡献，拥有着其他动物所不能比及的保存热量的能力。羽毛层层叠叠，在贴近皮肤之处还有一层绒毛，这可以当空气垫子来支撑身体。在鸟儿的臀尾部有一个比较特别的器官，长得好像脂肪疣、用来清洗的细颈瓶，更像是发蜡罐子。鸟儿为了把自己身上的羽毛弄得油光锃亮，就是从这个器官中汲取脂肪的，这样便可以防止羽毛受潮。

至于能够在水中游荡的鱼类，它们也不需要很多的措施来防寒。因为水是比空气较为稳定的物质，鱼儿在水中畅游时也无须消耗太多的体力。在这样的环境下生存，鱼类根本不了解空气中的炎热以及大地上的雾凇究竟是怎么回事。它们唯一需要做的就是让自己的身体在水中保持平衡。

生活在海洋中的软体动物也不需要外衣来使自己的身子变暖，因为它们的鳞片也是为了防止受到伤害。这点正如甲壳类动物的甲胄一样。

在我们以上所提及的动物种类中，无论是披着毛发的还是穿着硬壳的，它们身上所覆盖的东西都不需要自己制作，完全是生来就有的。如果我们想要找到一些例外的话，那就得跑到昆虫界了。不过在谈昆虫之前还是先看看我们人类自己吧。

人类与动物不同，每个人都是赤裸着身体降临到这

◉ 叶甲虫是一个外表高度瘤状化的群体，包括大概3.5万种代表性种类。有些，像具有破坏性的科罗拉多叶虫，是人们熟悉的品种，其他的则不是很常见，如图中这种是巴西瘤叶甲亚科中一个奇怪的成员。

个世界的。也正因为没有天生的外衣，人类才在严寒的气候下自己丰衣，并且形成了一套纯熟的制衣技术。从这点来讲，制衣技术是在苦难中产生的，而这种苦难正源于天气。

在严寒的冬日，冷得发抖的人们逐渐意识到动物身上的毛皮或许能够帮助自己御寒，因此那个第一个将皮毛从动物身上剥下而披在自己身上的人就是发明衣服的人。不过在天气较好的春夏之际，皮毛就派不上用场了。为了能够遮羞，聪明的人便想到了树叶。树叶可以说是装饰品的源头，类似的装饰品直到今天也依然有人使用。装饰头发的红羽毛、作为脖子挂饰的鱼骨、系在腰间的绳段以及防蚊虫的哈喇油，等等。而且金黄色的哈喇油还让我们有了更新的发明，那就是由蠕虫抵抗寄生虫所联想到的涂在身上的药膏。之后随着人类文明的不断进步，制衣技术也有了很大的发展，布料的发明就属于其中。

虽然人类已经拥有了高超的制衣技术，但是只要与动物的皮毛相比较，很多人还是对此不能满意。人类对于动物皮毛的热爱程度从来都不曾减退。当人们还以岩石为居的时候皮毛就是用来防寒的最珍贵的物件，可是直到今天，人们还是为能够拥有一件皮毛外衣而骄傲。大学教师想要一件能够装饰肩膀的白色兔尾，国王和司法官也想拥有白鼬皮。为了达到这个目的，很多动物都牺牲在了人类无止境的欲望之下。人类所制造的呢绒里面也含有动物毛的成分，人们认为这是最好的制造呢绒的材料。也为此，身披毛发的动物全都遭了殃。不过，动物的皮毛确实是简洁而又时尚的服饰。

我们人类居然会为自己拥有一件用绵羊毛皮制作的衣服而感到自豪，甚至还会因为一件衣服来源于毛虫的唾沫而傻乎乎地高兴，这是多么不可置信啊！

刚才我们提到在动物界也有着靠自己来纺织衣物的族类，现在我们就回过头来谈谈。在昆虫领域，发明衣服的首先要属叶甲，它们的服装是用粪便做成的。我们知道爱斯基摩人的衣服是通过刮取海豹的肠衣来获得的。我们的祖先——穴居人，他们的衣服来源于熊的皮毛。而叶甲制作衣服的技能绝对比爱斯基摩人要高明，甚至还会超出我们的祖先。因为当人类还为自己有树叶遮羞而感到高兴的时候，叶甲已经会自己搜集衣服原料了。它们的衣料除了搜集以外，自己也会提供一部分。没错，叶甲在制作莫列顿呢上的技巧已经很纯熟了。

百合花叶甲就会为自己做衣服，虽然它的衣服实在是有点不雅致。说不好看是因为百合花叶甲做衣服的原料是自己的粪便，不过这种粪便对于防止寄生虫的侵害却十分奏效。不仅如此，还能够有效地遮挡太阳的照射。在用粪便做衣服方面，没有什么动物能够效仿埃尔伯夫呢昆虫了。

寄居蟹也会根据身子的大小来为自己量身定做衣服。它的衣服材料来源于软体动物的外壳，而且这种外壳要被海水侵蚀到有缺口。然后寄居蟹会挑选一个适合自己体型的外壳住进去，不过只是肚子钻进去而已。至于它的两只肥大且长得不均衡的大钳子则会裸露在壳子外面，目的就是为了攻击与防守时能够派得上用场。寄居蟹的这种行为是很独特的，因为其他的动物很少有如此举动。

叶甲属于鞘翅目昆虫，它们的体形非常优美，色泽也很光亮。叶甲将原本低级和浅陋的制衣方法进行了精心的修饰，

◉ 一只进食的叶甲

因此成衣看上去还是很适合锯角叶甲和隐头昆虫族类。叶甲的幼虫刚出生时全身裸露，没有一处被包裹的地方，不过很快地它们就会为自己编织住所了。这种住所类似于蜗牛的壳，是一种长坛子，既是衣服也是房子。幼虫在坛子造好之后会让自己躲进去，它们不会轻易出来。假如遇到让它们惶恐的事情的话，它们就会把身子突然向后缩，整个身体都缩进坛子，然后再把自己平扁的头部当作坛子的封口。等到它们所认为的危险过后，它们就会让自己的头部还有长着爪子的三个体节伸到坛子外面。由于幼虫身体的主干部分比较脆弱，所以是绝对不会外露的，而只会让它靠着坛子底部。

更为让人惊奇的是，叶甲幼虫有着高超的技艺，它们会采用双耳尖底瓮的形式，这使得坛子看起来非常漂亮。不仅是外表光鲜，坛子本身的质量也非常经得起考验，我们用手指去按压是没问题的。坛子制作得细致精美，有着对称的脉络，而且它有一点倾斜，这些都是连续增长的痕迹。坛子内里的光滑程度可与皮毛相媲美，外表层为土灰色。坛子的底部会变得发圆，这是因为幼虫身子后面的部位稍微有些膨胀。此外，底部还有着装饰性的小花纹，呈双重凸状。整体上看过去，幼虫所居住的坛子完全是一种二元制作物，因为它实在对称极了。而这种对称的方式也是制造美的第一因素。像是被在斜面上砍截了似的，锯角叶甲的前段身体会变得细小。不过这样一来坛子就能够抬高，从而在幼虫的背上待着。坛子的口径是圆的，而且还有着受损的石井栏。

有一位叫做狄奥简内的哲人，他每到一处都要带上他那只大陶桶，因为那是他的住所。叶甲的幼虫跟这位哲人有相似之处。幼虫在行走的时候非常缓慢，小步前行，这也是由于长坛子负重造成的。而且坛子的重心很高，致使幼虫在行走时很容易会翻倒。不过幼虫这样摇摇晃晃的前行方式看上去还比较优雅，就像斜戴着一顶帽子似的。有一种叫做牛头螺的软体动物，它们在行走的时候也像叶甲一样跟跄，翻跟斗是在所难免的。

不知道第一个在橡树下的碎石堆中发现叶甲幼虫这种坛子的人会是怎样的想法？他会不会以为这是被田鼠掏空了果仁所留下的果核？还是一种不知名的树上掉下来的果壳？因为坛子看起来确实与漂亮的果壳有点像。不过我能肯定的是，这个人会非常疑惑。

假如此人真的了解到这是锯甲幼虫的坛子，他的疑惑也不会解除。坛子在遭受雨水侵蚀的时候不会变得柔软，更加不会四分五裂。同样地，它在受烈火炙烤的时候也不容易变形，只是会褪去原来的色彩而变黑。其实情况就应该是这样，否则一场大雨和一次烈火就会轻易地将坛子摧毁，那么锯角叶甲就没有衣服穿了。疑惑的人会猜测这种坛子的水泥材料性质究是怎样的，为什么它会水火不入？显然，坛子的基质物是矿物性的，但是关于黏合剂的问题依旧不解。

为了了解清楚这些疑惑，我们需要长时间地观察幼虫，因为幼虫胆子很小，外界有什么动静它都会把自己缩到坛子里面，而且在很长一段时间内没有动静。我相信我的坚持不懈一定会有成果的，事实上也真的获得了回报。有一次我在等待幼虫从坛子中露出的时候就突然看见它在干活。幼虫在刹那间将自己的身体缩回到坛子里，过了一段时间后又再次出来，而且还载着一个褐色的线球。幼虫将在坛子外找到的一些泥土与这个线球混合，并且揉捏线球，直至均匀。之后它会非常娴熟地把线球铺在石井栏上面，而且还要磨平，呈薄薄的片状。

幼虫只用自己的触须和大颚进行劳动，融合了泥刀、捏合器、轧机以及小桶等器具的作用。而它们的爪子却派不上用场。等到完成了第一回合的工作后，幼虫又会再一次地后退，然后开始第二个回合的劳作。这样的重复工作会进行差不多五六次，整个坛子的口径旁边就会呈现出一个卷边。

这个卷边是由两种物质揉捏而成的，就是我们刚才提到的泥土和线球。泥土的来源很清楚，是

⊙ 有少数甲虫属于胎生，直接产下活体幼虫。这只来自巴西的叶甲虫产下了一批小幼虫，而不是产下卵。

在坛子的周边找来的，具有偶然性，是黏土的可能性很大。但是那个线球又是什么东西呢？我看到幼虫是从坛子的底部将线球抬出来的，因为它每次由缩退的状态而再次露出时，它的牙齿上面都有着这样的褐色线球。虽然无法观测，但是我一直在猜，因为我对这个后方的库房十分感兴趣。

我可以确定的是坛子的后方非常严实，没有一丝漏风的地方。这样一来，幼虫排泄出的粪便就没有流到外界的可能性了，因为在坛子里的幼虫根本不会出去。原来排泄物都留在了坛子的底部，而幼虫每次所抬起的线球正是它自己的粪便。幼虫将粪便涂在坛子的内里，这样坛子就变得坚固起来，之后再为内壁增添一层光滑的表皮。等到幼虫的身体慢慢地变大时，它就会根据自己身体的尺寸来将外衣扩大。如何做呢？这就要用到黏合剂了，这种黏合剂比线球还要好。幼虫会把坛子内部清扫干净，然后掉转身体，用大颚尖的末端逐个儿地收集线球，再掺和上一些泥土，这样，优良的陶瓷黏土就做成了。

幼虫所做出来的坛子形状跟陀螺十分相似，前段小，中间比前面宽大，而尾部则呈圆凸状。宽敞的中间地段为幼虫提供了不小的方便，因为它在用粪便制作内壁表层时可以将身体翻转，也可以蜷曲。坛子的大小不能过大或者过小，当然也不应该过于狭窄。而且根据身体的成长而增加衣服的长度的同时也需要注意衣服的宽度，因为适当的宽度能够让锯甲幼虫在里面活动自如。

就像那些有着陀螺形外壳的软体动物一样，蜗牛在成长的过程中也会根据自己体积的变化来改变外壳的大小。它们通过增加螺旋斜面的直径来让自己的住所适应身体生长的需求。但是以前那些狭小的不适合身体停留的螺圈也不会因此而被废弃，因为这些空间也能够被回收利用，摇身一变成了储物站。蜗牛身体的主干部分会待在新做成的较大的空间里，而这些狭小的储物站则放置着比较次要的器官，大多数都是附属的身体器官。

不过牛头螺并不会这样做。牛头螺的身体是粗胖的，它们为了让自己的房屋更加实用，每当因为身体的生长而导致房屋不够宽敞时，它们就会毅然地舍弃原来的旧舍，之后会在前面重新建造一所新房子，然后用坚硬的隔膜堵隔后面原有狭小的屋舍，最后再用碎石片加以敲击以使它脱落。这样一来，房子就好像被切断了一截似的，显得不是太美观，不过这样的方式却让牛头螺减轻了不少负担。

牛头螺的这种做法好像有浪费的嫌疑，因此锯角叶甲对此嗤之以鼻。不仅如此，牛头螺的这种制衣方式还有可能引来不必要的危险，因为需要耗费比较长的时间和比较多的精力。就连人类中女裁缝的制衣方式锯角叶甲也看不惯：将不够大的衣服剪成两段，然后在中间加上一块新的布料，最后再将三块布缝在一起。锯角叶甲有着自己的独门绝技，它们不仅不用拆除原先的房子，而且还知道如何扩大自己的空间。

锯角叶甲的本事很高超，它们居然可以把衣服内里的那一层移动到外部。做法就是：在幼虫的身体长大了之后，它们就将内里刮下来，然后用黏合剂把这些刮下来的材料重新在外部黏合起来，这样就在外层形成了新的表壁。如此一来，里面的空间就变大了。而且锯角叶甲幼虫的背部十分柔软，它们很轻易地就可以将身体伸向外壳的尾部，因此连尾部都会被涂上新的一层。这种扩大房屋的过程是逐步进行的，步调周密而且协调，所有材料都得以回收利用，没有任何浪费的行为。旧材料会作为拱顶石一般的部分掺入新房子的顶部。而且锯角叶甲还为那一卷装饰性的滚边事先留好了空间。这是多么聪明啊！

也许有人会担心：锯角叶甲不断地将自己的房屋扩大翻新，而且是用原先的旧料来修葺新表层的，那么总会有旧料不够用的时候吧？这样的话，新的房屋表壁就会越来越淡薄，总有一天会因此而崩溃。我想这个担心是多余的，因为锯角叶甲早就想到了这一点。旧材料的回收利用当然没错，但是幼虫也会加入新材料，那就是家门口的泥土，再加上它们的黏合剂，随时都可以保持房屋的厚度。锯角叶甲幼虫的房屋兼衣服，大小始终合适，不松不紧，而且还够坚固。

寒冬的时候，幼虫会封闭坛子的口径，泥土和黏合剂又派上了用场。等到幼虫的身体开始要转化时，它就会掉转身体的方向，将原本朝着口径的头部扭转到坛子的尾端，而身体的尾部则朝向了口径。之后坛子的口径就不再被打开了。直至四五月幼虫成年的时候，它才会把坛子从后面再度破开，然后爬出。这个时节正是圣栎树长满新芽的时候，成虫可以在树叶上享受和暖阳光的滋养。

锯角叶甲的坛子制作的精致程度已经毫无疑问，但是我仍旧存有疑惑：在最初坛子没有任何雏形的时候，幼虫是怎样打造模型的呢？我认为这个问题非常重大，对于幼虫来说也十分困难。难道一只小小的锯甲幼虫可以在没有任何指导的情况下就能够自己将模型做成吗？虽然它拥有自己的支撑转动的花盘、确定坛子形状的工具以及车床。也许幼虫的母亲会遗传特殊的技艺给它，所以我觉得观察刚出生幼虫的行为是很有必要的。很有可能问题的秘密就存在于卵中。

我准备了一个钟形的金属网罩，在下面铺有沙土，还放置了一个装满水的小瓶子。小瓶子里浸泡着一些圣栎树的嫩枝叶，而且我会时不时地将枯萎了的旧枝换成新的。在这个钟形的网罩下面，我饲养了三种锯角叶甲，它们分别是：塔克西科内锯角叶甲、长脚锯角叶甲和四点锯角叶甲。它们喜欢橡树，经常在上面玩耍。除了锯角叶甲以外，我还饲养了长相貌似它们的隐头虫，也有几个种类：身披华衣的金色隐头虫、圣栎隐头虫以及两点隐头虫。我把金色隐头虫喂养在矢车菊的头状花序中，它们非常喜欢这样的生活环境；而把其余的两种放在圣栎的细枝叶上喂养。

这六种小昆虫的生活习性十分相近，都是在早上表现得安静无比，而午后就开始热烈躁动了。除了金色隐头虫以矢车菊花为食物以外，其余的五种昆虫都是以吃橡树叶为生。在午后阳光的照射之下，这些小虫会从树丛飞到金属网上，然后再从金属网飞回到树丛中去，来来回回却乐此不疲。

它们活得快乐自在，双双对对。虽然彼此间经常调戏对方，但是并没有交欢的意图，只是在短暂的欢愉之后迅速离开，没有一点惜别的情感，之后各自会寻找新的对象。不过有一些雄性的昆虫不甘心于调情，它们不愿意轻易地离开，而是爬在爱慕的雌虫的背上求爱。不过雌虫似乎对此不屑一顾，它们总是

⊙ 四点锯角叶甲的前肢很短。

低着头，看起来没有任何情欲。雄虫在这样的情况下依旧锲而不舍，不停地摇晃着自己的心上人，直到对方的情欲被点燃，两只小虫最终擦出了爱情的火花。

我们知道蝗虫和蝈蝈儿的后腿都比较长，它们的作用就是帮助跳跃。然而雄性锯角叶甲也具有这种特质，它们不是后腿长，而是前肢长，这对于它们来说又有怎样的作用呢？我看见它们在行走时这些长长的前肢没有起到任何的帮助作用，反而会显得碍手碍脚，很是不方便。它们还会收拢这长长的前肢，防止不必要的麻烦。

不过在我看过一对锯角叶甲的姿势后，想法发生了改变。这对锯角叶甲正在交尾，它们的身体呈现出 T 字的形状。雄性叶甲接近垂直角度站立着，直直地就像树枝一样；而雌性叶甲则像这个推翻的字幕的轴。两只虫子摆成了与正常姿势相反的形状。这时，雄性叶甲会将自己原本显得多余的长长前肢伸出来，然后抓住雌性叶甲的肩部、前胸或者是头部，这显然是一种支撑的方式，非常平衡稳定。原来雄虫怪异的前肢发挥着如此重要的作用。

锯角叶甲的这种长前肢在它们的名字中就有体现，如长脚锯角叶甲和长手锯角叶甲。塔克西科内锯角叶甲和六斑锯角叶甲的名字中虽然没有含有这层意思，但是它们在交尾时保持身体平衡的方式也是如此。锯角叶甲一生当中唯一的一次重要时刻正是因为有了长长前肢的帮助而变得更加成功。

不过雄性的四点锯角叶甲却不是这样，它们的前肢长得并不长。但是它们在交尾时也没有因此而受到丝毫影响，它们的身体倾斜着摆放着，交尾同样成功。所以说我们并不能肯定地说叶甲是因为交尾姿势的难度所以才把长长的前肢长出来的。隐头虫的所有肢爪都非常短小，但它们也没有因此在交尾时遇到困难。所以说每种昆虫都有自己的一套生活与繁殖方式，一些昆虫所具有的技能可能对于另一些昆虫来说是可望而不可即的，但是每一种昆虫都有合适的方法来解决自己的问题。

第九卷

第一章

粪金龟和公共卫生

　　很多昆虫的一辈子似乎一直在为了一个任务而生存，这个任务一旦完成，它们也就随之死亡了。就像步甲，很多人都认为它厚厚的胸甲可以所向披靡，殊不知，它一生的任务就是把自己的后代安顿在碎石下面，在做这些事情的时候它似乎还生气勃勃，可一旦后代安顿好了，它就立刻颓然倒地，再也没有力气了；还有蜜蜂，在人们眼中它是一个辛勤的小家伙，嗡嗡地飞来飞去，采蜜是它一辈子的工作，它的目标只有一个，就是把蜜罐装满，一旦蜜罐满了，它就好像立刻失去了生存的意义，一命呜呼了；蝶蛾也不例外，这样美丽的小家伙似乎也是为后代而活的，等到把自己一团团的卵固定好以后，就立刻死去了。但是在昆虫界却有一个小家伙是跟大家很不一样的，那就是食粪虫家族，它们在产完后代后非但不会死去，在来年的春天还会跟自己的子女们一起享受春天的生机，甚至还可以让自己家族的规模再扩大一倍，这是让人感到惊叹的。

　　研究昆虫的人很可能都会有这样的经历，就像我一样，起初我花费很多时间和精力去寻找那些让同行们啧啧称赞的昆虫，像是铺满层叠状黑绒的黄色衣服的天使鱼楔天牛；身上闪着黄金和铜器的光芒又有着绿色孔雀石的雍容高雅，能将二者结合在一起的就非那些火红的吉丁莫属了；还有拥有镶着紫水晶般滚边的黑色鞘翅的步甲。每当我们一起外出寻找昆虫的时候，如果能够发现这些稀有罕见的种类，发现的人会有些得意地惊呼一声，我们其他的人也会随之祝贺，当然，也有一点点的嫉妒情绪在里面，因为这些昆虫实在太稀少了，能够找到的人着实是幸运的。

　　到了七八月份的时候，这种情况更为明显，因为这个时候，很多昆虫都因为酷暑的原因不愿从自己的洞穴中走出来，这种高温会让很多昆虫都晕头转向，但是食粪昆虫就不一样，它们整天忙忙

1. 黑脚金龟

2. 红腹青铜金龟

3. 鲜蓝姬长脚金龟

　各种金龟子

311

碌碌地寻觅着粪便，并且乐此不疲，根本不去理会气温的变化，似乎在炎热的太阳下，它们工作得更加起劲了。后来我发现，我要是想大量地进行实验和观察，就要与这些成群结队的小东西为伍。因为当其他昆虫已经寥寥无几很难找到时，我依然可以不费吹灰之力地在一堆粪便下面找到成千上万的食粪虫，像是蜉金龟和嗡蜣螂，这些东西有时候多得会让我有一种直接用铲子把它们装进口袋的冲动。

这些小东西之所以能够有这么庞大的家族也有一定的原因，那些比较稀少的昆虫其实并不是因为母亲每次只产下很少数量的卵，而是因为高贵者只能保留少数的大自然规则而被无情地扼杀了。但是这些食粪昆虫就不一样了，也许自然界的操控者怜悯它们是地下的滚粪工人，是大自然的清道夫，所以它们躲过了大批的扼杀，在田野或者草原上开心地生活，畜牧业的发达使得它们一直过着满足的生活，所以都是小个头的老寿星。我之所以能够大规模地发现这些十分小的昆虫，跟它们的长寿是有很大关系的。那些比较少见的昆虫每次出游都只能跟自己的兄弟姐妹做伴，甚至有的时候只有自己。但是这些食粪虫就不一样了，它们出行的时候身边不仅有自己的兄弟姐妹，还有自己成群的后代，一簇一簇，尽管总能看见数量很多的群体，但是每当发现一个新的家族，我还是抑制不住地兴奋。

有时候我在想，大自然操控者是不是一个偏心的家伙，要不然为什么它对那些小乡村那么好，赐给它们两种很强大的清道夫。第一种清道夫就是我刚刚说的食粪虫，在小乡村里，似乎人们更加随性，更加自然一些。这里没有大城市那种干净清洁但是却有着浓烈刺鼻的氨气味道的厕所，可能有人会问，那这里的人想要方便的时候该怎么办呢？其实很简单，随便找一排篱笆，一堵围墙，只要蹲下去可以遮羞，那么这个地方就是他想要的。也许这会让很多城市里的人苦恼，他们选择乡村采风、放松，被开满牵牛花的篱笆吸引，被小围墙底下厚厚的青苔所吸引，慢慢地靠近这些吸引自己的风景线，等想自己欣赏的时候，可能脸色会大变，看见了那些恶心粗俗的东西，什么欣赏的心情都没有了。但是如果你第二天抱着侥幸的心理再来看看，就会惊喜地发现，这个地方现在只有让你满心欢喜的风景，只有美丽的花朵，没有任何肮脏的东西，你甚至会怀疑昨天是自己的眼睛出了问题。这些小东西不仅仅是勤劳的不嫌脏不嫌累的劳动者，也不仅仅是一个把粪料视为美味的贪吃鬼，它们的任务还有一个更崇高的目的，就是为人类的健康作出贡献。很多科学家通过研究发现，能威胁到人类健康的最恐怖的因素就在微生物身上，这些跟霉菌有些相像的东西处在植物界的最边缘。它们在动物的排泄物中不停地繁衍生息，生殖能力甚至让人感到惊叹。如果不及时处理，这成千上万的微生物会带着我们知道的和不知道的数不清的病菌散播到各个角落。空气、水、食物，它们能落到的地方都会被污染，人类很难在这种状况里健康地生活，大自然的操控者看到这种状况后，赐给了人类一个小家伙，就是这些小小的食粪虫，它们不知疲倦地工作着，为人们创造了一个健康的生活环境。

排泄物留在地面上到底是好还是不好？答案可想而知，当然是不好。因为不只大自然的操控者出了这个问题，为了生态的平衡制造了这个物种，其实很久以前的贤人们似乎也意识到了这个问题。东方人似乎更加懂得应该处理好这些垃圾，因为他们更容易受到流行病的危害。但尽管是这样，作为

古代以色列人的解放者也是立法者的摩西，大概是从古埃及这个神秘的帝国学到了一些预防传染病的知识，当自己的子民在阿拉伯沙漠流浪的时候，他制定了一条规矩：凡事想要方便的人，首先要带着尖头的木棍远离营地，至于为什么要带着尖头的木棍，就是在找好方便的地点后，用这根木棍在地上挖个洞，方便完之后，把挖出来的土盖在排泄物上。

还有一种清道夫是分解动物尸体的劳动者。可能有人会怀疑大自然哪里会有那么多等待分解的动物尸体，其实是很多的。比如一条正在休息却不幸被踩死的蛇，也许它并没有害过谁，甚至是一条无毒的家伙；还有像是农夫翻地时不小心用农具伤害致死的田鼠或是其他小动物；还有那些离开了父母的照看，不小心从树上掉落下来的小雏鸟，这些都是动物的尸体，只是很多时候我们没有注意而已。我们没有注意，不代表那些喜欢分解享受动物尸体的小昆虫们不会注意，像苍蝇、负葬甲、阎虫等这些昆虫，不等这些尸体发出腐烂的臭味，只要它们一嗅到死亡的气息，就会立刻成群结队地出现。它们首先会把这些动物的尸体分割切碎成自己可以承担消化的大小，然后细细地品味，等到完全消化后研磨出来的东西又是可以为生命提供养料的部分了，整个循环就这样完美地形成了。如果没有这些勤劳的小家伙，那么尸体腐烂后的恶臭和随之产生的病菌也是无法让人忽略的。但是现在不用为这个担心

◎ 粪金龟是大自然的清道夫。

了，这些小东西会很快地处理完这些尸体，把它们的肉都扒下来，很快一具尸体就变成了森森白骨，最算没有这么干净，最起码它们也会把尸体处理得看起来像一具木乃伊，时间很短，不到一天，尸体就不见了，原来那个令人恐惧的地方现在已经干干净净了。

有时候我会觉得，大自然这样有点偏心。乡村里有这样两种清道夫，恐怕永远也不用为了这些粪便或者是动物的尸体而烦忧。但是大城市该怎么办呢？有时候真的很担心那些大城市很快就会被各式各样的垃圾填满，到时候满城恶臭，疫情肆虐。这个大城市里的几百万人口费尽了人力、物力和财力都无法解决的问题，反而在乡村里却没有，功劳就在这些勤劳的清道夫身上。

这些清道夫们的工作意义是十分重大的。它们把我们眼中的脏东西视为美味的食物，并把这些粪料分解成小块搬运到地下，为自己后代的孵化提供养分，当然在非孵化时期这些粪料也是自己的食物。它就像是摩西训诫重视的拥护者一样，看见排泄物就忙忙碌碌地把它们搬运到底下，这样病菌就没有办法传播，人们生存环境的健康指数就得到了大大的提升。可是却有很多人非但不对我们可爱的劳动者表示尊重和赞扬，反而给它们扣上各种各样难听的名字，甚至还对它们施以更加暴力的行为，用脚踩、拿石头砸，这些可怜的小家伙辛辛苦苦地为我们创造良好的生活环境，但是到头来却连最起码的理解都得不到。更过分的是，有的动物似乎仗着人类不理解食粪虫这一点，也对它们进行大规模地杀戮，但这种行为却被很多愚昧的人认为是一个很好的行为，认为这些动物，像刺猬、蟾蜍、猫头鹰等，都是帮助我们消灭害虫的好帮手。

但似乎不管是别人的态度怎样或是对它们做了什么不可原谅的事情，似乎都影响不了这些食粪虫对粪便的兴趣。我们这个地区的环境主要靠的是粪金龟，说主要靠的是它们并不是说它们比其他的清道夫更加勤劳，而是它们强壮的体格使得它们所从事的劳动是最辛苦的。通常这种小小的躯体

◎ 粪金龟通常前脚着地，利用后腿团粪球。

能够完成的劳作量是很让人惊叹的。我家周围就有从事食粪工作的粪金龟。一共有四个种类，具刺粪金龟和变粪金龟以及粪堆粪金龟和黑粪金龟，相比较而言，前两种类型的粪金龟比较少见。所以我没打算选择它们作为我研究的对象，因为这会大大降低我实验的效率。后面两种粪金龟的外形有点相似，让我感到十分惊叹的是，在别人眼里从事着这样低下的工作的粪金龟却有着如此华丽的外表。这也许是造物者补偿它们的一种方式——胸前是贵气十足的衣裳，背部乌黑发亮，在这两种粪金龟脸部的下方都佩戴着华丽璀璨的首饰，黑粪金龟拥有的是有着黄铜般灿烂的珠宝，而粪堆粪金龟拥有的是紫水晶一样美丽的珠宝。

我想知道华丽的外表到底有没有让它们在工作中变得也同样娇气，于是我挑选了12只这两个种类的粪金龟，放在同一个饲养笼里。这次与以前不同的是，我没有放任饲养笼中的食物不管，而是把它们清理干净，因为我想计算一下一只粪金龟在固定的时间里能够处理的粪便的量。我把它们放进饲养笼中之后就开始在门口耐心地等待，傍晚时分，一头驴子经过我门前，并适时地排出了一大坨粪便。我把这些带回去放进饲养笼里，我估计粪便的分量是足够的，对于它们来说可能甚至是有些庞大的，因为这些粪便被我带回来的时候差不多装了一筐子。我本以为这样大的工作量可以够它们好好地忙活一阵子，事实证明我又低估了这些清道夫们。第二天早上我再去饲养瓶前看的时候，我真的怀疑自己昨天下午有没有放进去那么大的一坨粪便，此时玻璃器皿内的土地上只有那么一点粪便中的碎屑，这12位搬运工已经把所有的粪便都搬运到了地下。我大概估算了一下，要是把这坨粪便分成12等份的话，那么大概一只粪金龟要搬运到地下的粪料体积就有大约1立方分米那么大，这对于这个小东西来说简直是不可完成的任务，但是它就在这样短的时间内完成了，不但完成得很快，而且完成得干净利落。

有时候我在想，粪金龟在地下储藏了这么多可口的食物，是不是它们会在一段时间内不再走出地面了呢？当然不可能，盛夏的阳光可能不是它们的最爱，但是黄昏的静谧可是它们最喜欢的氛围。每每到了这个时候，它们就会成群结队地从自己的洞穴中爬出来，不管洞穴中的食物是不是已经对它们产生了极大的诱惑，这些小虫子似乎对外面的世界有着更大的眷恋，也许是因为这个时候也同样正是觅食的好时刻。黄昏一到，它们就齐齐地从洞里爬出来，我甚至可以听得到它们窸窸窣窣的爬行声，这些被我带回来的粪金龟并没有因为环境的改变就改变了自己的这一习惯。到了黄昏的时候，它们开始奋力地向外爬，有的时候我觉得这些小东西真的很执著，光滑的玻璃壁对于它们来说完全是不可翻越的障碍，但是它们却依然坚持向外爬。我在此之前早已在外面准备好了食物，因为我知道它们这个时候肯定会像往常一样雀跃。它们就这么窸窸窣窣地爬了出来，看见了我准备好的食物，又开始兴高采烈地忙碌起来。第二天早上，这里就像我想象的一样，又变得干干净净的了。

如果我手头都有很多它们喜欢的食物的话，我想每天的这个时候它们都会如此忙碌，有的时候我有些想不明白，它们要这么多的食物用来做什么呢？难道是它们的食量大到跟它们小小的身躯不成正比？粪金龟每晚都外出奔波，不管自己的洞穴中已经储藏了多少粪料，它们还是会辛勤地更新自己的仓库，这到底是为什么呢？眼看着饲养粪金龟的玻璃器皿中的土越来越高，我不得不重新挖开一些粪料，这样才能保证它们不从这里跑出去。挖开粪料的时候我也得到了我想要的答案，这些小东西的食量根本就不大，拨开表面的土层，下面是厚厚的粪料。实际上粪金龟每次吃的都不多，它们喜欢储藏很多的粪料，每天食用的时候就随机打开一个小仓库，取出其中的粪料作为可口的食物，吃掉一部分，剩余的部分就丢掉了。相比之下，它们丢掉的部分要远远多于吃掉的部分。所以我之前的疑问得到了解答，它们并不是因为自己过于夸张的食量才会这么频于寻找食物，恰恰相反的是，它们是食量很小的小家伙，每次所吃下的食物只是自己拿出来准备食用的很小的一部分，剩下的部分就全部丢掉了。我为了继续清楚地进行自己的观察，就

⊙ 天气好的时候粪金龟才会出洞寻找粪料。

必须把这个玻璃器皿先清扫一下，当然，在清理的过程中，粪料的减少是一个必然的结果，这也是我最初清理这里的原因，但是我留下的粪料还是足以让它们在往后的日子里清闲好一阵子的。可它们并没有因此而落得清闲，尽管白天的时候还是会兴奋地守着自己满仓的食物，黄昏一到，它们又窸窸窣窣地向外爬，开始了新的搜集、搬运和掩埋的过程。可见，它们对于食物的热情远远不及寻找食物的热情，在每天的黄昏中尽情地忙碌并不是以寻找食物为主要目的，它们更享受发现食物、搬运食物的乐趣。

整个自然界就像一个大家庭，所有的成员之间都有着或多或少的联系，事实上，动物们是给了我们很大帮助的，不管我们注意还是没有注意，它们都在以自己的方式为这个家庭做着贡献。从某个角度来说，我们是应该向它们学习的，就像我们会在已经饱经风雨而变得有些破旧的门楣上看见一个黄莺的小巢，整个门楣显得生机勃勃。襄蛾也一样，它们的幼虫一样会用自己的翅膀上的鳞片来修葺那些有点残破的小茅屋。其实食粪虫也一样，如果人类可以不用那种可笑的眼光看待粪金龟的工作，那么就很容易发现粪金龟的工作对人类有很大的帮助。首先来说，由于粪金龟对辛勤劳作的精神，使得地面上的清洁有了保证；其次的帮助是一个很奇妙的循环，如果细心地观察、联想，很容易发现其中的联系。一群大大小小的粪金龟把地面上的粪料忙忙碌碌地搬运到地下埋好，这块土地自然就变得比较肥沃，那么日后长在这片土地上的植物肯定就比较茂盛，就像那牛羊最爱的禾本科植物，这些一簇一丛的植物茂盛地生长起来后，牛羊就有了良好的食料，这样一来牛羊自然就长得很肥硕，这不正是我们所需要的吗？肥牛肉、羊腿肉，这又为我们的生活提供更多更有营养的食物。

粪金龟搜集粪便不仅仅是盲目地追求量的积累，它们也是一群有智慧的小东西。粪料其中有植

⊙ 粪金龟的产卵与孵卵过程

物需要的养分，也有这些食粪虫需要的养料，但是养料也有保存的条件。比如长期地处于潮湿的环境当中，或是长久地曝露在日光之下，这样的环境下粪料里的养分就会流失，不管是对植物还是对这些食粪虫来说，就基本没有什么利用价值了。当然这些小食粪虫们也知道这一点，哪样的食物对它是有利的、是美味的，它们都很明白。所以粪金龟在搜索粪料的时候，都会挑选相对来说很新鲜的，因为这样的粪料中富含氮肥、磷肥、钾肥等，这样的粪料对它们来说是美味松软的食物，它们会兴奋地窜来窜去，忙忙碌碌地把这些粪料埋在地下，干得热火朝天，可是对于那些被雨水浸泡已久的粪料，或是那些在阳光下曝晒已久的已经变得干裂的粪料它们连看都不看，因为这样的粪料对于它们来说，根本算不得食物，更谈不上美味，就算埋在地下，也不会对自己或是对土地还有以后生长在这片土地上的植物有什么利益。

粪金龟在搜集粪料的时候不仅要考虑粪料的新鲜程度，还有一个大的环境因素，所以有很多人说，粪金龟是一个小的天气预报员。田野里的粪金龟只在太阳下山后才会从自己的洞穴中爬出来，但是它们爬出来搜集粪料是有前提的，如果天气很冷、刮起了大风，或是下雨的天气，它们都不会爬出洞来，因为这样的天气里粪料不会有什么营养，自己也没有办法在这种天气里好好地寻找粪料。它们需要热烘烘的空气，需要宁静的环境。这样的天气里它们会成群结队地爬出洞穴，热火朝天地开始寻找新鲜的粪料，有的时候看见一块上好的粪料，它们会急切地扑上去，有时候我会为它们憨厚的行为逗得很开心，因为它们急切的心理，会有点控制不好自己的平衡，有时候会踉跄地在粪料旁边翻滚，然后才会停下来，然后就兴奋地开始往自己的洞穴里搬运这些新鲜的粪料。

◎ 忙碌的粪金龟

这是田野里的粪金龟，那么我的饲养瓶中的粪金龟会怎么样呢？每天傍晚太阳下山后，我都会记录下它们的活动，第二天的时候再记录下当时的天气，然后对比前一天晚上玻璃瓶中的粪金龟的活动。对照之后我发现，在实验室里的粪金龟虽然看不见外面的世界，也没有什么先进的感应设备，但是实验的结果同样是惊人的。第二天如果艳阳高照，那么前一天的黄昏粪金龟肯定是窸窸窣窣地往外爬，开始把我准备的新鲜的粪料搬运回自己的洞穴里，或是再寻找一个仓库，大小根据自己寻找到的粪料来决定。相反，如果第二天天气不好，或是刮风下雨或是阴云密布，那么前一天黄昏，整个玻璃瓶里都很安静，这群小家伙们似乎集体给自己休假一样，安安静静地一动不动，当然，它们储藏的粪料是足以在天气不好的时候支撑它们很长一段时间的。有的时候，我想跟这些小家伙们较较劲儿，看看到底是谁的判断比较准确。有的时候，在晚上记录完粪金龟的活动后，我会出去观察当晚的天气状况，有的时候，黄昏的天气很好，我感觉第二天也会是一个好天气，但是这些小小的天气预报员却按兵不动，刚开始的时候我会暗自窃喜，心想这些小东西也有出错的时候。可是往往这种感觉到了半夜就会消失了，因为夜里就突然下起了雨或是起了大风。其中最值得提的一次记录是 1894 年 9 月份的 12 到 14 日这三天，这几天，玻璃瓶里的粪金龟比往常更为兴奋，我以为第二天会是一个好天气，似乎还是一个特别好的天气，我到自己的屋子外面去看了看，外面的粪金龟似乎因为活动的范围大而显得更为疯狂，到处急切地飞，有时甚至会撞到护栏上，栽了跟头又赶紧起飞，似乎比往常更为勤奋地搜集粪料。我以为这只是好天气的预兆。13 号依然如此，当时我还不知道其中的蹊跷，只是看着它们比往常更为忙碌地搜寻、搬运。直到 14 号傍晚，开始不断地有乌云在天空中聚集，在此之前，这些疯狂的小家伙还恨不得一刻也不肯安分地寻找着粪料，但是 14 号到 15 号晚上，它们骤然安静下来了。乌云布满天空后，紧跟着雨滴就掉了下来，一点两点到绵绵不断，这样的雨天一直持续到 18 号。这样的雨期对于粪金龟来说是没有办法外出觅食的，怪不得前几天它们异常疯狂地搜集粪料，这是对它们的天气预报的能力一个最好的肯定。

我像赌气似的连续观察了三个月，事实证明，这些小小的食粪虫身体构造里的确像安装了一个精密的水银气压仪一样，它们对于气压的感知是相当精确的。气压能够预报的不仅是晴天或是雨天的变化，像风暴这样的恶劣天气来临之前它们一样是不安的。粪金龟不仅是很棒的清道夫，为了我们的生存环境的卫生做出了很大的贡献，而且还能很好地对气压的变化做出反应，如果能加以科学的研究，将又是一个重要的科学应用。

穿金黄色衣服的花金龟

透翅蛾长得粗粗短短，它们身体的一部分穿着五彩衣，而另外一些地方则是一层透明的薄纱，没有任何鳞片的覆盖。虽然这种打扮看上去有些简朴，然而整体上则渗透着一丝华贵与优雅。

黑切叶蜂的肚子上扑着一层花粉，它们的翅膀在周边的芦苇上拍打着，使得芦苇上也沾染了一些花粉。在阳光的照射下，它们的翅膀就好像云母片似的，发出耀眼的光芒，非常漂亮。黑切叶蜂拥有一身天鹅绒衣服，一半是红色，另一半则是黑色。黑切叶蜂在花的海洋中沉醉着，等到喝够了美味的汁液后便飞到树荫下面乘凉了。

一群数量巨大的蜜蜂在看到胡蜂与长足胡蜂飞来时，通通都为后者让出了道路。这是一群爱好打斗的家伙，爱好和平的小昆虫们见到它们都会避而远之。就连不容易欺负的蜜蜂都在百忙之中绕道走了。

在同一朵盛满可口蜜汁的小花上，打劫者和被打劫者友好地相处着。条蜂就与毛斑蜂和平地饮用同一坛汁液，要知道，前者可是后者的杀戮对象啊。它们都把自己的舌头浸润在汁液中，在美食的引诱下，仇恨已经完全消失了。

粉蝶穿着洁白的圣衣在空中舞动着，它们拥有黑色的单眼。舞累了的演员会飞到旁边的丁香树上稍作歇息，顺便在花瓮中喝点东西。意犹未尽的粉蝶则依旧在空中跳着芭蕾，它们上上下下地飞着。相互玩耍，相互追逐。在花瓮中取水的粉蝶，看上去有些疲累。它们的翅膀软软地摊开，然后又竖起来，一直重复着这样的动作。

上面提到的昆虫都是一群"朝圣者"，它们来到我家附近的一个幽僻之地品尝美味。我家附近一条种着丁香花的、又宽又深的通道。五月来临，丁香花开始绽放。它们弯成尖拱的形状，整个丁香花通道就像一座小小的教堂一般，吸引着四面八方的朝觐者。

这是一个多么宁静的地方啊。虽然是昆虫的节日盛会，然而这里却没有礼炮的轰鸣，没有铜管乐的敲击声，没有醉酒的吵闹者，没有在风中飒飒作响的飘扬的旗帜，更没有人群的喊叫声。一切都是那么祥和与平静，这是普通昆虫百姓的节日。

知 识 档 案

花金龟

鞘翅目金龟科花金龟亚科甲虫，世界性分布，色彩鲜艳，灿烂光辉的种类则大多分布于热带。取食花粉的成虫体上多毛，有助植物授粉。熊蜂花金龟形似熊蜂，飞时也发嗡嗡声。北美的绿六月花金龟呈晦暗的丝绒绿色，边缘黄色、褐色相间；取食无花果等，危害很大。幼虫以背部肌肉蠕爬行，代替足移动。非洲巨花金龟可能是最有名的种类，白色，有粗黑条纹，鞘翅褐色，有黑色、革质的翅，比麻雀的翅膀还大。多数花金龟在头顶和前胸(头部正后方)处有一些小突起，有的则是有长角状结构。苏门答腊的花金龟是最美丽的昆虫之一，其颜色会随光照的变化而从黑色和金绿相间变成深橙红色。

　　我也是这个节日中的一分子，同时也是丁香花教堂的一名忠实信徒。每当我在一棵树下停留，我都会发出一声声赞叹的"啊"，这是我内心的祷告，是我内心无法用言语表达出来的激动之情。

　　金凤蝶长得非常漂亮，它们的身上长着新月形的蓝色斑点，还戴着橘黄色的带子作为装饰。由于金凤蝶的身体比较大，所以飞行起来不怎么快。我看到一群美丽的金凤蝶在花丛中翩翩起舞。大概是被这优美的舞姿迷住了，我的孩子们也跑来玩耍。

　　孩子们想要抓住金凤蝶。然而每次当他们的手刚伸出来时，金凤蝶就扇着翅膀飞到另一边去了。金凤蝶像粉蝶似的挥舞着自己的翅膀，一边舞动一边寻找着可以吮吸的花朵。在吸取蜜汁的金凤蝶，翅膀毫无气力地拍打着，这表示着它们对这些可口的汁液非常满意。安娜是孩子当中年龄最小的。她长着一双灵巧的双手，然而金凤蝶却不会为了这双手而有片刻的等待。于是，安娜放弃了对金凤蝶的抓捕，转而去抓花金龟了。

　　抓住了一只！比起金凤蝶来，安娜发现自己更喜欢手中的这只花金龟。花金龟穿着一件金黄色的外衣，它们在丁香花上乘凉，流连忘返。放松的休闲方式使得它们没有注意到危险的存在，所以很容易就被孩子们抓住了。由于花金龟的数量比较多，孩子们没用多长时间就抓住了五六只。孩子们把抓住的花金龟放在一个盒子里，底层还铺上了一层用花瓣制成的褥子。等到天变暖和了，孩子们就会在花金龟的脚上系一根线。孩子们拿着线头的一端，而另一端则是像风筝一样飞翔的花金龟。

　　儿童时代的我也会折磨昆虫，那时候觉得这是一件非常有趣的事情。随着年龄的增长和阅历的增加，我不再以这种方式来获取快乐了。然而，我依旧折磨昆虫。只是我的目的已经不再是获取快乐，而是从昆虫身上探索一些秘密。虽然说小时候与现在玩弄昆虫的目的不同，但实际上还是一样地对昆虫进行折磨。我制止孩子们，告诉他们不能再对花金龟进行捕捉了。处于幼小年龄阶段的孩子是无情的，他们把抓来的小昆虫玩弄于股掌之中。孩子们把折磨昆虫当作自己获得乐趣的方式，这是多么残忍的一件事啊。他们没有谁会对手中的昆虫表露出丝毫的同情之心。

　　我看不出我的实验和孩子们的玩耍对于昆虫来说有什么区别。就像人类还处于野蛮时期时，为了让敌人招供，我们会使用刑罚的手段，恶劣而残忍。而现在的人类为了获取知识，同样对昆虫实施了刑罚。看来，我的实验行为与野蛮的逼供者并没有什么两样。还是不要管孩子们了，因为我的脑子中也转着一些对花金龟的探索行为。这种实验甚至比孩子们对花金龟的玩耍还要残忍。为了伟大的博物史，我只好暂时将温情的顾虑抛去一边了。因为如果不对花金龟来点硬的，我想它们也不会轻易地展露出自己的习性。

　　花金龟的身材并不完美，它们上下都长得一般粗。然而肥大的身体却方便了我对它们的观察。在前来丁香花小教堂朝觐的昆虫中，花金龟是值得我们提一提的。它们穿着艳丽的外衣，表面光滑的程度就好像是铸造者用抛光机打磨出来的一样。那身绚丽的衣服闪着金黄色的光芒，像金子般耀眼，像黄铜般闪亮，又像青铅般凝重。

　　在我的院子里有很多花金龟，我根本不用费心去寻找就可以轻而易举地得到它们。另外，花金龟还混得个眼熟。即便是不知道它叫什么名字，我们也不会觉得它们陌生。躺在玫瑰花中的花金龟就像一颗绿宝石一般，玫瑰花在它的映衬下显得更加艳丽多姿。花金龟在这张舒适的花床上享受着，花香环绕在四周，更加让花金龟迷醉。除非有一道强烈的阳光射入，否

◎一只角花金龟正用自己的角从树干上取树液。

则花金龟根本不愿意离开这个舒适之地。花金龟不吃叶子，也不吃花瓣。那么，它们在一朵玫瑰花或者是山楂花里面能够吃到些什么东西呢？我们根本无法想象，这些肥大的家伙居然仅靠一小滴蜜汁就能够存活下去了。

对花金龟不了解的人可能不会想到，这些慵懒地躺在花朵上的家伙有多么贪吃。八月的头一个礼拜，被我饲养在瓶中的十五只花金龟破茧而出。我准备了一只笼子，把它们关了起来。这些花金龟属于金属花金龟这个种类，它们身体的上部分是青铜色，而下部分则是紫色。我用西瓜、梨、李子和葡萄等来喂养它们，并且考虑到季节的变化。

看花金龟吃东西可是非常大的乐趣。只要把头或是整个身子都钻进水果中，花金龟就不会再动弹了，甚至连脚尖都没有丝毫动静。它们在里面享用着美食，无论白天还是晚上，也无论阳光明媚还是阴暗潮湿。花金龟在丰盛的果汁中陶醉着，吃饱了的它们就躺着一动不动，只是嘴巴还微微地舔着，就像小孩在半睡半醒时的样子一样。酒足饭饱的花金龟看起来非常满意的样子。

花金龟为了享受美食而放弃了一切其他的活动。天气非常热，笼子被阳光照射得热热的。酒足饭饱的花金龟就躺在温暖的笼子中，惬意无比。它们当中没有任何嬉戏打闹，除了歇息与进食，没有任何其他的活动。这么得意的地方谁会想要离开呢？要知道，这个时候的田野可是已经被太阳晒得焦黄了啊。没有任何一只花金龟想要从笼子中飞走，它们没有张开翅膀，也没有爬到金属网纱上。

圣甲虫可以花上一整天的时间来享用自己的美食，这样的时间跨度已经算是它们的极限了。然而，连粪金龟这样的贪食者在花金龟面前都要显得逊色，可想花金龟的贪吃到了怎样的境界。它们对美食的享用已经持续了半个多月，而且乐此不疲。我不知道这样的状态究竟要延续到什么时候。更不知道它们的交配将在何时进行，在水果丰收的季节，花金龟不愿意为了产卵的事情而耽误了美食的享用。对花金龟这样的美食爱好者来说，交配与产卵这些事情是无关紧要的。这些事情可能要到第二年才会进行吧，反正今年是不会考虑了。花金龟看到这么多的水果就什么都不记得了，它们心里想的全是吃，流着口水。

天气逐渐地变得炎热起来。按照农民的话说就是："每天太阳的火盆里都会多上一捆柴火。"炽热的天气就如同寒冬一样，都会让生命暂时静止。无论是在寒冬中被冻僵的，还是在炎夏中被炙烤的，

所有的昆虫都会暂时躲避起来。被我关在笼子里的花金龟也同样如此。过热的天气让它们不能再安然地享用水果大餐，转而钻在了沙子下面大约两寸深的地方。天气的炎热已经战胜了水果的巨大诱惑力。花金龟到了九月份才会再次出来进食，昏沉的状态也会在那个时候被摆脱。九月的西瓜汁和葡萄汁都是不错的食物，不过花金龟不会再像之前饿死鬼那样享用了。它们在九月进食的时间比较短。

到了冬季，花金龟又会钻到沙子下面。虽然笼子四面透风，但是它们由于受到沙层的保护并不会遭受严寒的侵袭。花金龟非常耐寒，它们在寒冬里居然能够保持体质强壮，就像幼虫时期那样。花金龟的幼虫能够在冰

⊙ 花丛中的花金龟

块中冻僵，然而在冰雪融化的季节又能恢复生机。这样的状态与我之前认为的它们会害怕寒冷的猜想截然不同。真是让人惊诧啊！

第二年三月是生命复苏的时节，这个时候的花金龟也开始从沙子里面钻出来了。假如遇上阳光灿烂的日子，那么它们就会爬到铁丝网上，在那里晒太阳；假如天气有些凉，它们又会回到沙土里面去。我曾试着用蜜来引诱它们，然而花金龟对这种食物好像并不十分感兴趣。后来我将食物改换成来自别的地方的水果，一种叫做海枣的东西。海枣的肉质丰满，而且表皮很薄。虽然花金龟从来没有吃过这种新鲜玩意儿，但它们却一见如故，喜欢得不得了。

我用海枣一直喂养花金龟到四月末，正值樱桃成熟的时候。它们对樱桃这种常见的水果显然没有太多的热情，吃得比较少。看来花金龟对食物如饥似渴的时期已经过去了。我看到花金龟开始交配了，它们产卵的时节很快就要来临。我准备了一个坛子，以供花金龟产卵时使用。我把坛子放在笼子里，并且在坛子里面铺了一些干燥的枯叶。雌性花金龟在夏至到来之际纷纷走入坛子中，它们在那里面住了一段时间后又出来，想必产卵已经完成。产卵后的雌性花金龟又存活了一两个礼拜，之后就死在沙土里面了。

以前，还是在我对花金龟的研究刚刚开始的时候，有一种奇怪的现象让我迷惑不解。那就是花金龟的孩子比父母"出生"得要早！每年，当我在花园里一个有树荫的角落挖掘枯叶时，我都会发掘出很多的花金龟。奇怪的是，七八月时，我挖出了一些花金龟的茧。这些虫茧没过多久就会裂开。一些发育完全的花金龟在当天就能够蜕变成功。然而在这些成熟了的花金龟旁边，我还看到了一些花金龟的幼虫。这让我十分困惑。六月快要结束的时候，我所饲养的这些花金龟的幼虫已经在枯叶堆中开始成长。我对笼子里成虫与幼虫的观察，让我的未解之谜也终于有了答案。

其他一些昆虫都会按照常理行事，它们在交配之后都会为自己的后代操劳奔走。按照季节的变化来做不同的家务事对昆虫来说非常有利，它们必须利用短暂的兴旺时光来为自己的家族做好打算。然而，花金龟却不按常理出牌。七八月是花金龟虫茧开始破裂的时节。当雌性花金龟还处于幼虫的肥胖时期时，它们就为了美食而忘掉一切。当它们已经长成成虫后，也还是这副德性。除非是天气过于炎热，否则它们绝对不会离开自己的水果大餐。产卵的时间也因贪食的原因而被贻误，只好推迟到下一年。从一年的夏季到第二年的夏季，花金龟的成虫能够活足足一年的时间。

因为贪食而忘了产卵的花金龟，它们在冬季到来之后会随便找个藏身之处开始过冬。等到来年春天来到了，它们又会出来见光。由于这个时候没有什么水果可供它们享用，所以在进食方面花金龟显得有点控制自己的嘴巴了。这种在饮食方面的变化或许是因为季节的关系，因为没有那么多的水果可吃；或许是它们的身体习性本来就是这样吧。没有了水果大餐的享用，花金龟们只好在小花上吸取一些汁液，可怜兮兮的。在有成虫不久之后就要破茧而出的茧旁边，雌性花金龟产下了自己的卵。这也就是我之前疑惑的源泉。

花金龟的卵堂而皇之地摆在旁边，而成虫则稍后从另外一些虫茧中蜕变出来。这也是"儿女先于父母出生"的前因后果。其实，这是两代花金龟。第一代花金龟在春天的时候破茧而出。它们已经度过了寒冷的冬日，它们在玫瑰花上享受生活。到了六月份，这一代花金龟会产下自己的卵，然后就等待岁月的告终。而第二代花金龟则不同。它们在秋天出生，那是水果丰盛的季节。刚刚离开了蛹茧的它们因为贪恋美食而贻误了产卵的时机。于是它们不得不等到来年再进行产卵。这一代花金龟需要过冬，它们要到第二年的夏天才会产卵。

夏季的白昼最长，这也是花金龟产卵的时节。半腐烂的枯叶是花金龟产卵时的好去处。靠着围墙的松树荫那，就有一堆去年落叶堆积起来的烂树叶。枯叶堆即使在寒冷的冬季都显得比较温暖，花金龟的幼虫就在这堆烂树叶上面蠕动着。它们在这里寻找食物。最常见的四种在枯叶堆里产卵的花金龟分别是金匠花金龟、金色花金龟、灰黑色花金龟以及裹尸布花金龟。其中又以金匠花金龟最为常见，有关它们的资料也最为丰富。在我的好奇心驱使之下，我打扰了这些花金龟。然而它们好像并没有因为我的干扰而受到任何影响，繁衍依旧兴旺。

雌性花金龟在产卵时往往显得很随意，我必须密切地对其加以关注才能抓到这个时段。好几次都由于疏忽而错过了它们产卵的时间。在上午的九点、十点左右，我就要仔细开始观察了。我看到一只雌性金匠花金龟从不远处飞到了枯叶堆上空，它在上面盘旋着，好像在寻找最佳的降落点。不一会儿，这只金匠花金龟就俯冲了下来，到了枯叶堆上。它开始用自己的头和脚进行挖掘工作，然后自己就钻了进去。在一开始的时候，我还能够听到花金龟挖掘树叶的声音。然而没过多长时间就什么都听不到了。这只雌性花金龟去向何处了呢？我想只有潮湿的地带才是它的藏身之地。因为那里是产卵的好地点，而且幼虫一旦出生就有现成的细嫩的食物可吃。这只雌性金匠花金龟要产卵了，我们暂且不去打扰它，等两个小时以后再来探望吧。

让我们来比较一下花金龟产卵前后的行为吧。之前，花金龟在玫瑰花中享受阳光和醉人的芳香，更有丰厚的水果大餐供它们食用。然而处于产卵时期的花金龟则毅然离开了这些雍容华贵的事物，转而投向一堆腐烂的枯树叶。这是为什么呢？是不是花金龟拥有对自己童年的记忆呢？是不是它知道自己的孩子喜欢在枯树叶中寻找食物呢？花金龟为了自己孩子的幸福而与自己的幸福毅然决裂，一头扎进烂树叶中？我想应该有一种更加强大的力量促使花金龟母亲这样做，那是一种源自本能的、盲目的驱使力量。正是这种看起来失去理智，实则蕴涵逻辑的力量推动着花金龟母亲的行为。

干枯树叶碰撞的声音让我们大约知道花金龟产卵的位置，现在是回到枯树叶那里的时候了。我需要很谨慎地追踪花金龟的踪影，因为那样才可以知道它究竟在哪里产卵。花金龟在爬行时会留下一些痕迹，我顺着那些痕迹终于找到了它产卵的地方。花金龟产卵很随意，每个卵都被七零八落地放置着。显然，这位花金龟母亲事先没有进行过周密的安排，它只需要把卵产在烂树叶的周围就可以了。花金龟的卵呈大约3毫米的球体状，是一种象牙色的小泡，在被产出的12天后就会孵化。孵化出的花金龟幼虫全身都是白色，而且还有稀稀疏疏的短毛。花金龟幼虫的行走方式很是特别，它们一离开腐殖土就靠背部走路，四脚始终朝天。

对花金龟的喂养非常容易。只需要在枯叶堆中选取一些腐烂了的树叶，然后再把这些烂树叶放入一只能够防蒸发以及保鲜的马口铁匣子中就可以了。匣子中的烂树叶需要时不时地进行更新。这样，在之后的一年当中，花金龟的幼虫就会健康强壮地成长，直到蜕变时刻的到来。花金龟本身就体质健壮，而且它们食欲也比较强，我甚至没有见过比花金龟更好养活的昆虫。

花金龟幼虫的成长速度出乎我的预料。差不多到了第四周的时候，也就是八月初，幼虫的身子就相当于成虫的一半粗壮了。我拿了一个盒子，里面装有做粪肥的秕谷，想要测试幼虫的食量到底有多大。据我计算，从幼虫进的第一口食物算起，它一共吃掉了11938立方毫米的秕谷。这个食量相当于幼虫身体的几千倍，多么难以置信啊！

花金龟幼虫的一生都用来为腐殖质沃土作贡献，它们始终都在把那些枯叶磨成粉状物。好像一个磨面厂似的，厂里配置着高性能的机器。花金龟幼虫从已经腐烂了的枯叶中摄取出一些无法分解的渣滓，然后再用自己锋利的工具把它们磨碎，最终吃到自己的肚子中去。这些渣滓在幼虫的肠道中溶解，最后以浆液的状态来浇灌土壤。被花金龟幼虫磨成粉的枯叶不计其数，粉状物的数量可以用大碗来衡量。

除此之外，花金龟幼虫的相貌也很奇特。幼虫长得白白胖胖的，大约有一寸的长度。它的腿长得很短小，看上去弱不禁风，与肥胖的身体不太协调。花金龟幼虫的背部凸出，上面还有褶痕，褶痕处还有一些稀稀疏疏分布着的细毛。幼虫的腹部呈扁状，非常润滑，是个大大的废品袋。它的皮肤也比较细嫩，腹部的皮肤下有一些小斑点，呈棕色状。

当幼虫做出一种半弧形的运动时，那说明它是在防御外界的侵袭。幼虫使出浑身解数让自己的身体弯成蜗牛的形状，整个身子好像快要被折断了似的。摆出这个姿势的幼虫内心其实惶恐不安，而不是因为想要休息。假如这个时候我们伸手去掰，那幼虫的内脏肯定都会被挤出来。如果这个时候不去触碰这只幼虫，那么过上一会儿它就会自然地将身子展开，然后匆忙地逃离。

花金龟幼虫的行走姿势比较特别，它们腿朝天地用背部前行。这个事实让我难以预料。可能大家会认为这是幼虫在受到惊吓之后的特殊表现，实则不然。花金龟幼虫的这种腿朝天，用背部行走的方式对它们来说是正常的前进方法。假如我把一只幼虫放在桌子上，它一定会做出腿朝天的姿势。如果我把它翻过来，它还会再次让背部朝下。我不可能让花金龟幼虫用腿走路。这种特殊的行走方式也正是花金龟幼虫与其他昆虫的不同之处。

⊚ 花金龟吸食蜂蜜，但很少有人知道它们用自己的粪便做虫茧。

我把一只花金龟幼虫放在桌子上，我没有去触碰它。它开始前进了，似乎想要到枯叶堆那边去，以躲避我这个骚扰者。幼虫行走的速度很快，它背部有一层强劲有力的肌肉在不停地收缩，以促使整个身体前行。另外，背上的毛刷也能够为幼虫的前行提供帮助。毛刷能够产生一种很强劲的牵引力，由于数量多，所以即便是在表面非常光滑的平面上也具有此功效。移动中的幼虫有时候会稍显颠簸，这是因为它的背部是圆形状的，平衡力并不十分好。不过这个缺点丝毫不能阻碍幼虫的行走，它的腰部只要稍一用力，就能够让平衡再次回来。另外，花金龟幼虫的头部在行走时也很有韵律地上下起伏着。如果把幼虫比作一只小船，那么它的头部就相当于船首。

幼虫的双颚在行走时呈现出张开的状态，好像咀嚼着什么东西似的。这是由于双颚没有一个支撑物，幼虫大概是想要咬住一个支撑的东西吧。在腐烂的枯叶堆里，由于太过漆黑，我看不清楚一些情况。于是我在一个半透明的地方为花金龟幼虫的双颚准备了一个支撑物，那是一根两头都开着口的玻璃管。玻璃管的内直径不断缩小，整根管子的长度也很适中。幼虫从口径较大的一头钻到玻璃管中，如想要从另一头出去，那便是徒劳。

在玻璃管的内径比幼虫的身体宽的地方，幼虫用背部行走得很方便。如果前行到了玻璃管与自己身体一般粗的地方，幼虫的前行就更加没有什么阻隔了。这个时候的幼虫可以用各种方式行走，无论是腿朝天还是侧着，或者是卧着。花金龟幼虫的身体像波浪一样向前蠕动，就好像一块小石子在平静的湖面上激起的涟漪一般。幼虫背部的细毛也时而弯下，时而竖起，就像麦子在风中起舞一般，非常好看。前行中的幼虫，头部有节奏地上下浮动。而它的双颚也起到了保持身体平衡的作用，双颚的尖部就像一把拐杖似的。然而我却不知道花金龟幼虫的脚有什么作用，因为无论我怎样摆动这只玻璃管，幼虫始终没有什么活动，即便是它的脚触碰到了玻璃管壁。

其实，花金龟幼虫用背部行走的方式很容易做出合理的解释。那根半透明的玻璃管便于我们对这只在里面枯叶堆中的幼虫进行观察。幼虫的身体因为钻进枯叶堆，所以四周都有支撑物。在这里，幼虫无论用什么姿势都能够前进，爬着走，抑或是腿朝天。由于幼虫的背部在枯叶堆中始终都能够找到支撑物，所以多种行走方式是可能的。然而，假如我们把幼虫放在只有桌面是支撑物的桌子上，那么它就不得不利用唯一的支撑物前行。被放置在桌面上的幼虫，它的背部唯一可以接触到的物体就是桌面，所以它才会以腿朝天的方式前行。了解到这一点，我们就不会再觉得幼虫在桌面上的行走方式奇怪了。花金龟幼虫行走方式的变化完全是根据生存环境的变化而改变的。除了花金龟幼虫，其他的一些如独角仙幼虫以及鳃角金龟幼虫，这些也都是挺着大肚子的短脚幼虫。假如这些幼虫有能力将自己肚子上的钩子伸出来，那么它们肯定也会向花金龟幼虫一般行走的。

花金龟的虫茧虽然在结构上稍显简陋，然而总体来说它还是漂亮的。它们的茧大概有鸽子蛋大小，呈球体状。六月是花金龟产卵的时节，已经过了一个冬天的幼虫都开始准备蜕变了。这些年长幼虫的虫茧与新出生的幼虫的虫茧混在一起。在我所饲养的四种花金龟中，体积最小的要数裹尸布花金龟。这种花金龟的虫茧也是最小的，大约有樱桃那样大小。无论哪种花金龟，它们的虫茧都长得很相近。除了裹尸布花金龟的茧因为娇小而容易分辨外，其他几种花金龟的虫茧我根本无法认出，只能等到它们蜕变之后我才能知道这些卵到底是属于哪一种花金龟。

然而也有例外情况。例如，金属花金龟和长吻花金龟的虫茧上一般都粘有枯叶的碎屑；而金色花金龟的虫茧外面裹着的则是它们的粪便。不过这种区别也只是因这些种类的花金龟所处的生活环境不同所导致的，与它们自身所拥有的独特建造风格无关。也就是说，或许金色花金龟就喜欢用自己的粪便作为卵的生产地，而其他的花金龟则喜欢比较干净一点的物质。

通常情况下，裹尸布花金龟拥有比其他种类花金龟更为稳定的产卵地。它们喜欢找到一些比人指头还小的石头，然后在这些小石头上修筑它们的小房子。这样就可以达到加固卵的作用。当然，有时候裹尸布花金龟也找不到这样好的条件，于是就凑合着将卵产在没有支撑物的地方。这种粗陋的生产方式也是其他种类花金龟所惯用的。由于没有物体作为奠基，所以卵很不稳固。

花金龟虫茧的内壁非常光滑，这也是为了保护幼虫稚嫩的表皮。虫茧比较结实，以至于我们可以用手指去按压它。对于花金龟虫茧的制作材料我非常不确定，或许就像粘陶器所用的黏土那样，有可能是花金龟任意加工出来的一种柔韧性较强的浆状物。很多书上都写到花金龟的虫茧是由一种沃土制成的，然而我却对这种说法表示很大的怀疑，因为花金龟所生长的环境中，除了枯树叶以外，根本找不到所谓的黏土。除了花金龟，很多书中甚至认为独角仙、鳃角金龟以及其他一些种类昆虫的虫茧也都是用黏土制成的。其实很多书都是在相互抄袭，作者根本没有认真地对昆虫的习性做出研究。因此我们不能太相信书上所说的话。我的观察告诉我这样一个事实：花金龟用来制作虫茧的材料正是自身的粪便。

连我这个自由人都无法在枯叶堆里找到丝毫的黏土物质，更何况花金龟呢？它们在为自己作茧的时候，整个身体都不再动弹。花金龟只能对自己身边的物质进行采集，而这些物质只是一些黏性很差的腐殖土以及枯叶碎屑。想要靠这些物质来修筑自己的虫茧是根本不可能的。我想花金龟一定有其他的办法来修筑虫茧。我的这种想法很简单，也很朴实，但很有可能遭到别人的责骂。他们会骂我是一个没有羞愧感的唯实主义者。无论谩骂声怎样存在，我仍然要亲力亲为地对花金龟进行研究，因为这是了解昆虫的最好的方式。在困难面前我们不应该退缩，相反，应该奋力向前。因为不管我们喜欢不喜欢，事实就是事实。大自然赋予我们的事实不可改变。

花金龟幼虫需要为自己作一个虫茧来完成身体的蜕变，这是一个细致的工作。一旦花金龟幼虫将自己的身体用虫茧包裹起来，那么它就再也无法利用外界的材料了。然而花金龟幼虫还需要为自己做一个小箱子。那么，没有任何材料的花金龟幼虫将怎样完成这个工程呢？不必担心，我们的花金龟幼虫当然拥有自己的法宝。就像毛虫一样，花金龟幼虫身体里面也储藏着喷丝头。花金龟幼虫的喷丝头也位于肠子里，不过与毛虫的喷丝头位置正好相反。花金龟幼虫通过不停地拉屎来制造虫茧。我们可以看到，在幼虫走过的地方都有粪粒留下。这些粪粒的数量很多，它们都是棕色的。等到快要蜕变的那些日子，幼虫便不再大量地拉屎了。它们要把自己的粪便储存起来，然后做成一些黏性较好的浆状物。在花金龟幼虫腹部的尾部有一个大大的黑点，那其实是一只装着黏合剂的袋子，我们可以隐约地观察到。

或许有人还是不相信这样的说法，那么就让我做一个实验来进一步证明吧。我拿了几只小的短颈大口瓶，分别在里面装了几只花金龟的幼虫。这些幼虫都是已经发育成熟了的，马上就要作茧的小家伙。为了让在瓶子里的幼虫找到支撑物，我又分别在里面装上了一些不同的物质。我对放在里面的材料没有精打细算，只是手边有什么就往里面放什么。第一个瓶子里我放了一些碎棉絮，第二个瓶子里是纸屑，第三个瓶子里是香芹子，而最后一个瓶子中则放入了萝卜颗粒。这些作为支撑物的材料都非常轻便，移动起来也不费劲。

我让我饲养的花金龟幼虫进入到了这陌生的环境当中，而这种人造环境对于大多数花金龟幼虫来说是从来没有居住过的。这里面根本没有任何书中所宣称的黏土。假如花金龟要作茧，那么它就必须利用自己体内的物质来完成。事情按照预想的结果发展下去，花金龟果然结出了自己的虫茧。这些茧与我从枯叶堆中看到的一样，都很漂亮，也很结实。只是比枯叶堆中的虫茧更加好看。

我的实验方法让花金龟幼虫制作出了更加漂亮的虫茧。装着纸屑的瓶子中的虫茧，其外表就像附着了一层白色的瓦片，洁白如雪花；盛着碎棉絮的瓶子中的茧，外壳上粘了一层像羊毛一般的絮状物；另外两只瓶子中的虫茧，从表面看上去就好像肉豆蔻一样，还带着细粒制成的花边。作为覆盖物的棉絮、纸屑以及种子或者果实粒很好地黏合着，而花金龟真正的虫茧就隐藏在这些漂亮的覆盖物下面。除了这个实验以外，我们会看到金色花金龟虫茧的外部也覆盖着一层类粒，看上去也很好看。或许有人会认为，花金龟的幼虫制作的这些虫茧装饰品是有意而为的，但事实上却不是这样。花金龟的幼虫用自己的圆屁股把松散的材料聚集到身边，然后靠着自己身体的重量来把这些材料压平。之后幼虫会用浆状物把这些材料黏合起来，这样固定好的材料就形成了一个卵形的小窝。花金

◎ 图中这只马达加斯加的雄性长颈象鼻虫的颈部出奇地长，这是求偶竞争带来的结果。

龟幼虫在此之后还会不辞辛劳地为这个小窝一层层地上浆，直到自己不再生产粪便才罢休。

由于花金龟幼虫在很隐蔽的地方为自己作茧，所以想要看到它们制造虫茧的整个过程是非常困难的。不过对于一般的操作过程我还是可以观察到。为了了解情况，我挑了一个半成品的虫茧。这只茧摸起来还比较柔软，显然是一个没有完成的茧。我必须在这个茧上打开一个口子才能看清楚里面发生的事情。但是这个洞口又不能开得太大，因为那样的话，花金龟幼虫会由于觉得没有支撑物而放弃修补洞口，那么我的良苦用心也就白费了。

于是，我用刀尖在这只虫茧上面很小心地挖了一个口子。我能够看到里面幼虫的状态。它把自己的身体蜷缩成一个钩子的状态，几乎是完全合拢的钩子状。幼虫把头偏向了我打开的口子一边，它似乎想要知道发生了什么事情。很快地，幼虫就知道应该怎么做了。它把自己的身体又弯成钩状，脑袋和尾部粘在一起。然后幼虫用力一挤，就有一些粪便从它的尾部出来了。花金龟幼虫就是利用这些粪便来修补洞口的。更神奇的是，幼虫的粪便可以由自己随心所欲地生产。无论什么时候，只要幼虫需要，它就会很自然地将粪便拉出。

之前我们提到过花金龟幼虫的脚，好像在行走的过程中并没有起到什么作用。那么，现在就让我们来了解脚的用处吧。对于结茧时的花金龟幼虫，它们的脚已经变成了灵活的手，可以帮助它们完成作茧的工作。脚的作用就是在幼虫的双颚咬住粪粒之后将粪粒扶稳，而且让粪粒在脚上面打转，最后再摊开，将粪粒放在合适的位置。这种方法非常经济实用。幼虫的双颚就相当于一把镘刀，它能够把粪粒一点一点地取下来，然后再将其磨成浆状物。幼虫会把这些浆状物涂抹到刚刚被我打开的一个口子上面去。等到浆状物用完了，幼虫又会弯起身体，从肠道中挤出一些粪便作为新的黏合剂。

花金龟幼虫修筑虫茧的方式再一次让我们见识到了拥有这种技能的昆虫的特别之处。它们不需要额外的材料，只需要从自己的体内就能够生产出所需的物质。这是大肚子的幼虫所独具的本领。它们的腹部都有一条褐色的腰带，这也是拥有这种本领的标志。通过精心的制作与管理，它们善于把卑贱的事物变成高雅的。这种经济型的生产制造方式让我十分佩服。

第三章

朗格多克蝎子的栖息所

古罗马诗人卢克莱修常说恐惧造就了诸神。蝎子的遭遇就恰好能够证明卢克莱修的论断，据说它之所以成为年历中十月的象征，正是因为众星畏惧它的恶毒与可怕，因而对其大加赞美，以至被神化。节肢动物门中，蝎子也是最值得人们为它写下传记的动物，民间的传说使它被载入黄道十二宫。我是如此希望蝎子能够被人们了解。可是，蝎子的本性几乎无人知晓，它沉默寡言，没有一位观察家敢坚持观察它隐秘的生活习性。被人们所熟知的只有那些在酒精中浸泡以后被解剖的生理结构。

知识档案

蝎子

蝎亚纲

1500种，16科。广泛分布于热带和温暖的温带地区。从沙漠到雨林，甚至高海拔地区都有分布。住在石头下面、裂缝中，或者挖洞而居，有少数住在岩洞中。有些小型种类栖息在潮间带地区。

体型： 10～200毫米长。

食性： 以其他节肢动物为食。

我与朗格多克蝎子的初次见面是在半个世纪前。那时，最幸福的时光就是周四，我有一整天的时间在罗讷河畔，阿维尼翁对面的维勒尼弗山冈上。我兴致勃勃地在山冈上，科学的魅力让我欣喜痴狂。从早到晚，我在山冈上翻石头，寻找蜈蚣，那是我博士论文的主题。有时翻开的石头下面，我遇上的是可怕至极、不讨人喜欢的蝎子，它的尾巴冷峻地向背部卷起，毒针上正滚出一滴阴谋的毒液，两只螯钳顶在洞口上。这可不是我渴望的阳光与幻想的外出啊！我把石头重新压回洞口，匆匆地带着捕获的蜈蚣离开了这个可怕的家伙。

当时幼稚单纯的我，在享受科学给我带来的快乐的同时，隐隐觉得，总有一天我会再回头研究这种动物。果然，50年以后我终于在我们地区重新见到了这位老相识。

我家附近有许多朗格多克蝎子，但我从来没见过一个地方像塞里昂山冈的斜坡，聚集了那么多的蝎子。那是一个向阳、多岩石的山坡，生长着野草莓和野石楠。蝎子怕冷，对它来说那里就像高温的非洲，还有容易挖掘的沙土，简直成了它的乐园。我想，这应该是它向北移的最后驿站。

蝎子仿佛对住宅条件要求很低。别人都不喜欢植物稀少的地方，可是它却偏偏热爱那被太阳烧烤的页岩，遇上坏天气页岩被连根拔起，最后坍塌下来碎成了石片。虽然那里通常能碰到大片的蝎子殖民地，但千万不能认为蝎子是一种群居动物。孤僻的性格和过分的苛刻让它们总是独自一室。当我们翻开那些较大较扁平的石头时，如果发现一个广口瓶颈那么粗，几法寸深的洞，就意味着这里有蝎子。俯下身你就能看见蝎子在家门口，张开螯钳，翘起尾部，一副紧张的防御表情。有的时候主人会躲在比较深的小屋里，我就看不见它了。一块石头下从来不会同时住着两只蝎子，当这种

⊙ 蝎子

情况发生时，必然有一只正在吃掉另一只，而我们不必惊讶，因为这是凶狠的隐修士结束婚礼的方式。

为了把躲在深处的蝎子引到亮处，我选择使用随身携带的小铲子。果然它凶神恶煞地爬上来了，挥动着武器表示它的愤怒。这是一种分布在地中海沿岸大部分地区的普通黑蝎子。秋天的雨季，它会潜入我们的家中，甚至钻进我们的被窝。这个可悲的动物主要是令人讨厌，危险倒在其次，因为它并不一定会伤人，也很少会在公寓里造成任何严重的后果，但是见到它挥舞着武器的样子，人们心中难免会感到恐惧。我用镊子夹住它的尾巴，将它头朝下放进一个牢固的纸筒里，与其他囚犯隔开，然后再把这些可怕的家伙们全部放进一个白铁皮盒子里。这样我就能安全地携带和收集它们了。

我要描述的朗格多克蝎子，生活在地中海沿岸省份。这是一种特别令人害怕又鲜为人知的动物。与黑蝎子相比，它算得上是巨蝎。长到最大的时候，身长有八九厘米，颜色如同金黄色的稻谷。不过，它绝不会跑到居民的家中，反而愿意在荒凉僻静的地方居住。

它的螯肢是口器的帮手，被用作打仗和打探情报的工具，而与行走、平衡、挖掘毫不关联。爬行时，蝎子把螯肢伸向前方，两指张开，以便摸清前方的障碍。攻击时，螯肢会死死地抓住敌人，使其动弹不得；这时，尾部的毒螯就会从背后向前刺过去。最后，螯肢发挥了手的作用，当蝎子要享受美食的时候，把猎物夹住送到嘴里。

行走、平衡、挖掘等功能离不开步足。步足胫节平切面上有一组弯曲的活动小爪，跗节是一根短而细的尖刺，就像一根拇指，在这个发育不全的跗节上布满了粗毛。小爪和跗节组成了一个精妙的钩爪，能够让笨重的蝎子在纱罩的网纱上攀爬并长时间头朝下停在网上，甚至还能在垂直的墙壁上攀爬。

紧接步足基节的是一个蝎子独有的奇怪器官。它由一长排小薄片组成，一片挨着一片，就好像我们平时用的梳子，因这样的结构而得名为栉板。解剖学者认为，栉板的作用如同一个转动齿轮的机械，专门用来把两只交配的蝎子连在一起。另外一个作用，能使蝎子腹部朝天在网罩上爬行。蝎子不动的时候，两块栉板紧贴在与步足基节相连的胸腹面，当蝎子行进时，两块栉板便分别向左右两侧抛出，与身体轴线垂直，很容易让人想起尚未长出羽毛的鸟翅。它们轻轻地摆动，有时微微向上升起，有时略向下，很像不熟练的走钢丝演员手里拿的平衡物。当蝎子停下来的时候，栉板会立即收缩，折向胸腹面，不再动弹。等到再次行走的时候，它们又马上伸出来，开始轻轻地摆动。所以，对于蝎子来说，栉板是一种平衡器。

蝎子的尾部，实际上应看作它的腹部，由一个个的棱锥组成，就像桶板拼接成棱凸的小酒桶，一共有五个，连在一起像一串美丽的珍珠。它螯肢的上钳肢和下钳肢也有同样的棱凸纹，将腿节切成许多狭长的面。其他的线条在背上面蜿蜒，就像护胸甲上用细粒状轧花滚边缝制的一块块皮料的接缝。这些突出的颗粒成了坚固的原始武器，并构成了朗格多克蝎子的特点，它就像一只被刀削出来的动物。

尾部第五节之后，出现了一个光滑的带状尾节。这个囊袋像一个葫芦，是制造和储存毒液的仓库。囊袋的尾端有一根用放大镜才能看得见的十分尖利的深色弯钩形毒螯，毒液就是通过这个小孔注入猎物的伤口。毒螯又硬又锋利，我用手指捏着毒螯，能像针一样轻松地把纸皮扎破。

蝎子几乎总是翘着尾巴，不管行进还是休息，很少把尾巴展开伸直。因为毒螯呈弯钩状，当尾部平伸的时候，毒螯的针尖是朝下的，蝎子必须翘起尾巴，自下而上地向身体前部拍打。当敌人抓住它螯肢的时候，只要把尾巴弯向背部，向前伸就能刺伤对方。

在蝎子的头胸部这个怪异的位置，长着分成三组的八只眼睛。有两只闪闪发光、又大又鼓的眼睛，看上去像是很严重的近视眼，有点像狼蛛那绝妙的凸透镜。曲线形的结节状脊线构成了睫毛，为它又增添了几分凶狠。而它的光轴近乎指向水平方向，几乎只能看见两侧的物体。另外两组眼睛均由三只小眼睛组成，位置更加靠前，差不多是在口器上方弯拱楣的平切边上，左右两边的三支小凸眼排列在一条短直线上，光轴直直地射向两边。所以，蝎子看不清前方的物体，不管大眼睛还是小眼睛。这让我们担心蝎子的行走，严重的近视和斜视，让它像瞎子一样摸索着前进，伸向前方的螯肢和张开的跗节成了蝎子探路的手。

让我们来看看饲养在露天网罩里的蝎子吧。一只蝎子正在游荡，跟在后面的另一只蝎子一直往前走，好像看不见它的邻居一样。同类相遇没有一点愉快的气氛，有时甚至是危险的，一旦它的螯肢碰到对方，因惊吓而哆嗦一下，随即后退并拐到另一条道上。要证明它易怒的特点，我只要触动它一下就可以了。

要探索蝎子的神秘生活习性，只靠翻石头和偶然到附近的山冈去观察是不够的。我准备用人工饲养的方法，在荒石园里为它们建立一座小镇，为它们提供舒适的条件，使它们像生活在自己的家园里一样。这种方法不仅能让蝎子得到充分的自由，免去我喂养的辛苦，又方便我随时进行观察。

在年初的头几天里，我在荒石园深处比较僻静、朝阳，而且有厚厚的迷迭香阻挡北风的地方建立了蝎子的殖民地，在那里为每位移民挖了一条容积为几立升的坑道。由于掺杂着石子的黏性红土不适合蝎子的挖掘工作，我特意从它的老家找来沙土把坑填满，再用土稍稍压实，以防挖掘时坍塌。我在压实的土里挖了一个短短的门厅作为挖掘工作的开端，并在洞口盖上一块大石板，而且石板要比土坑大些。然后，我在正对门厅的地方打开一个缺口，这就成了大门。我从山上抓到一只蝎子，装在纸筒里带回来，放在洞口边。它果然把我精心布置的场地当成了它熟悉的家，自动就爬了进去，再不也出来了。

通过这样的方式，我所建立的蝎子小镇有了20户

⊙ 蝎子外部形态示意图

居民，挑选的居民都已经成年。那些小屋彼此间都隔着一定的距离，以免邻里间发生冲突。即使在夜里靠提灯照明，我也能一眼就看见小屋里发生的情况。而且，我的客人不需要我操心食物问题，因为这里的猎物和它们的出生地一样多。

仅仅在荒石园里养那些蝎子是不够的，我在实验室的大桌子上建立了第二个蝎子园，方便我进行严肃的观察。在那张桌子的周围，已经安置了很多动物园，我这种动物园还会继续延伸好几公里。我找了一些惯用的大罐子，每个里面都装满了筛过的沙子，放了两块花盆的碎片，再将两块大瓦片半埋在土里作为屋顶，代替石头下的陋室，最后把圆拱形的纱罩罩在沙罐上。

饲养危险的动物是一个学习的过程，这里有一些细节可以提供给今后打算从事同样研究的人们。我们应该关注蝎子住所的卫生，并且注意便于携带，可以根据观察时的需要，放在阳光下或者阴暗处。而且，住所里缺少食物，尽管蝎子很节省，但依旧需要我定期供应食物。我在网纱的中间开了一个小孔，每天把抓到的活猎物放进去，喂完食以后，再用一个棉团把天窗堵上。

同时，严格的安全防范措施也是必不可少的。如果蝎子逃出笼子，又碰巧触到了你的手，这可不妙了。为了避免这种情况，我把钟形纱罩插入沙罐直到容器的底部，用黏土把网罩和容器之间留出的一圈空档填满，并加水夯实。这样，蝎子绝对跑不出来了。嵌入泥土的网罩不能被摇动，容器也不会有细缝让蝎子跑出去。要是蝎子按捺不住，从它占据的那块地的边缘向深处挖掘，要么碰到金属罩，要么碰到容器，是绝对不可能逾越这些障碍的。

做好这些准备以后，我依照自己的判断，把雄性和雌性蝎子配成对放在罐子里。因为没有任何外部特征可以区别雌雄，我又不能把蝎子的肚子剖开看，只能把肚子大的当作雌性，肚子小的当作雄性。但是这种方法不够精确，肚子的大小与年龄也有一定的关系。我把蝎子两只一对配在一起，一只比较肥胖、颜色较深，另一只身材苗条、呈金黄色。这样一来，我相信一定会有真正的配偶。

蝎子刚刚移民到网罩里面，就迫不及待地向我展示了它们的挖掘工作。朗格多克蝎子为了住上自己建的小房子，它们各自找了一大块安家所需的弧形瓦片，瓦片插进沙子里形成了一个地道口，一条简单的拱形裂缝。接下来蝎子要继续进行挖掘，特别是在烦心的太阳下，工作更是一刻都不能耽误。它们靠第四对步足支撑，用其他三对步足耙土、耕地，轻巧敏捷地把土块碾碎、刨松，就像狗刨土埋骨头一样麻利。快速把土辗碎以后，蝎子开始了清理工作，它把用力拉直的尾巴贴在地上，就像我们用胳膊肘推开障碍物一样把土堆往后推。强有力的螯肢始终没有参与挖掘，因为螯肢的作用是往嘴里送食物、打仗和提供信息，如果用它去工作，哪怕是捡捡沙子，就会失去灵敏的感觉。

这位清洁工十分负责，如果清出的杂物推得还不够远，清洁工还会回过头来用弹棍式的尾巴推几下，直至完成任务。蝎子用步足交替挖土，再用尾巴把挖出来的土推到外面，最后这位挖掘者便消失在大瓦片下了。我看见一个小沙丘堵在地道口上，不时的震动使一些细沙滚落下来，说明劳动一直都没有停止；新挖出的砾石不断被推出来，直至地洞达到了需要的高度。当蝎子想从洞里出来的时候，毫不费力就可以把那个不时有沙土滚落的障碍物推倒。

而我们住宅里的黑蝎子，常常出没在墙根下脱落的砂浆灰里，因受潮而裂开的护墙板以及阴暗处的废墟堆里。它们从来不会建造地下室，甚至都不会对现有的隐蔽所进行改造。黑蝎子不会挖土，看来是因为它的尾巴又细又光，像是无力的清洁工具。朗格多克蝎子的尾巴则要强壮很多，不但粗壮，而且还长着粗硬且高低不平的圆齿状叶缘。

我在荒石园里的石板下平实的沙土里挖了一个门厅，那里的居民一下子就钻进洞里不见了。洞口渐渐堆起来的沙丘，证明它们在努力完成这项工程，我准备几天之后来检验成果。

三四法寸的地下藏有蝎子的洞穴，通常居民们在夜间频繁出入，然而在白天也能见到蝎子，特别是天气不好的时候。有时那陋室被猛地推一下，就能进入到一个宽敞的大房间。这座豁然开朗的庄园里，一进入石板下就是前厅，那是蝎子取暖的地方。它喜欢在一天中最炎热的时候，独自待在门厅，享受透过石板慢慢蒸发进来的热气。它认为我掀开石板的来访打扰了最愉快的蒸气浴，很不高兴地挥动多节的尾巴，跑进避开阳光和人的视线的房间里去了。只要我把石板盖上，半个小时后又会在洞口看见它，阳光把那里照得暖暖的。这也正是蝎子过冬的方式。虽然白天黑夜都不出门，但只要天气晴朗，它们就来到洞口，把背靠在晒热的石板上取暖；天气凉爽时，它们退回到洞底。隐修士的生活在长期的静思中度过，时而在潮湿的洞穴，时而在屋子的挡雨板下，时而在沙丘后面，无论是哪一种，它们从来不会冬眠，相反时刻保持警惕，尾巴翘起，摆出威胁的样子。

四月来临，蝎子好像得到了什么召唤，开始变得不安。网罩里的蝎子离开了瓦片下的洞穴，在场地上团团转。它们爬上网纱，整天待在上面不下来，甚至有几只彻夜不归。荒石园的小镇上还有更贪玩的。几只小蝎子夜半离家，再也不回来了。大蝎子也同样染上了爱游荡的习气，最后小镇上的居民大量移居他乡，快要一个都不剩了。

我还指望着它们逛完以后赶快回家，因为其他地方再也找不到适合它们的石头了。然而，我要与倾注心血的方案说再见了！这些逃亡者一个个都消失不见，只留给我一个没有居民的空镇。我得赶快想一个办法才行。于是，一堵不可逾越的围墙矗立起来了。我有一个冬季存放肉质植物的花棚，墙基上粗粗地涂了一层灰浆。我当起了泥工，用抹刀和湿布尽可能地将墙面仔细抹光，然后在地上铺上了细沙并分散了几块大石板。这座围墙圈住的范围比网罩大得多，能不能指望它留住我的蝎子呢？

我把剩下的蝎子和当天早上新抓来补缺的蝎子，一只一只分别放在棚子的石头下面。到了第二天，我伤心地发现新的和老的蝎子都不见了，12只蝎子全部不知去向。这些家伙居然越过了一道和普通砂浆涂面一样光滑、高达一米的围墙，全部骄傲地逃了。我怎么能没想起这一点呢？在连绵的雨季和秋天，平时躲在荒石园阴暗角落里的黑蝎子，为了躲避潮气，顺着墙壁粗糙的小颗粒爬到我家，一直爬到二层楼的窗缝里。朗格多克尽管身体胖一些，也和黑蝎子一样是攀登的好手啊！

既然不能指望露天饲养，现在只剩下网罩里的那些蝎子了，我就这样守着实验室大桌子上的十几只罐子度过了一年。我细心地照料它们，连外出都不行，提防着那些夜猫子可能的袭击。再说，每个罩子里的居民数量都有限，因为地方不够大，最多能容纳两三只。由于邻居不多，又缺少它们家乡的山冈上的强烈日照，大部分时间它们都无精打采的。这一年来，我为找到一个更好的蝎子园采取了不少对策，蝎子对我的等待几乎没有任何的回报，我急切地希望得到更多有价值的资料。

来看看我想到了什么好主意吧。我找木匠搭了一个木架，玻璃匠给框架安上了玻璃。这形成了一个玻璃围墙，光滑到根本不能给蝎子提供攀岩的踏脚，为了万无一失，我还在细木护墙上涂了柏油。从外表上看，这个建筑像横卧的窗框，地面是一块木板，上面铺着一层沙土。顶盖完全盖上的时候，我可以根据天气情况开大或开小，这样一来，我就不用担心天冷或者水患等危害了。

在这个围墙里面，有足够的地方建造24间瓦片房，每一间都有一位宅主，还有宽阔的道路和十字路口供蝎子散步，不至于造成拥挤。我很满意这样解决了蝎子的住房问题。可是这个时候我发现了新的问题。

蝎子不泄气地在玻璃上乱抓，并试图用尾巴这根绝妙的杠杆作支撑直立起来，可这样的无用功让它们刚离开地面，就重重地摔下来。当它们试图往木头上攀登的时候，情况就更加糟糕了。距地很窄的木条已经涂上了柏油，让那些顽强的攀登者万分吃力。有时它们贴着夺彩杆爬得很快，随后又恢复老样子一点一点慢慢地往上。有些已经爬到了顶，我只能用镊子把它们夹回房子里。又因为一天中的大部分时间里，天窗都要开着通风，如果我不盯牢，它们又会再次离我而去。于是我又再次进行尝试，油和肥皂混合涂抹在木头上，但这些打滑的手段只能减慢逃跑的速度，蝎子用细细的小爪透过涂料插进木头的小孔里，要逃跑也不是不可能的事。还有一种贴在立柱上的没有细孔的屏障玻璃纸，让那些大腹便便的蝎子望而却步，但难不倒身体轻盈的蝎子。

最后我在这种玻璃上涂了油脂，才把这些不安分的蝎子制服了。这些擅长攀登的肥胖蝎子，终于在我的玻璃棚下屈服了。现在我有了三个蝎子基地：荒石园的自由小镇，实验室里的网罩，还有玻璃蝎子园。三种居所各有利弊，我挨个逐一查看，特别是最后一个。

我把在蝎子老家翻石头时，所得到的零星材料，补充到三种安置所供给的材料中。豪华的玻璃宫殿成了蝎子的卢浮宫，我把它当作收藏品，展览在花园的露天长凳上，经过那里的人，无不瞧它一眼。沉默冷峻的蝎子，我能让你开口说话吗？

第四章

朗格多克蝎子的婚恋

四月，天空中又有了燕子的倩影，布谷鸟也开始放声歌唱。荒石园里的蝎子小镇似乎也听到了春天的召唤，好多蝎子离开家园，再也没有回来。这些游荡家伙，会不会误闯入邻居的家中，引发同类相残的可怕结果呢？

这种假设仿佛得到了证实一样让我心慌不已，因为许多次我在同一块石头下面发现两只蝎子，一只正在吞食另一只。如果擅闯者敌不过主人，就会在那里失去生命，然后在未来几天里被一口一口地吃掉。被吞食的蝎子全部都是中等个子的雄性蝎子，相较之下，颜色更加金黄，肚子较小。而个头较大、更肥胖、颜色更深的蝎子，就没有这样悲剧的命运。

所以，这绝对不是邻居间的打斗，它们并不是因为渴望独居才加害所有的来访者，以如此残忍的方式来拒绝这种情况的再度发生。我怀疑这是一种婚礼的形式，随着交配的结束，雄蝎的生命也画上了句号。

一直到了第二年的春天，我才终于做好了所有的准备。宽敞的玻璃屋里住着25个居民，各自占用一块瓦片。每晚约八九点钟，我在玻璃前挂上提灯，里面的一切都清晰可见。全家人在白天操劳以后，就像看戏一样全部聚集到这个玻璃王宫前，甚至连看家犬汤姆也来了，不过它只是过来凑热闹，在我们脚边懒洋洋地打瞌睡。

玻璃屋里一片乱哄哄的欢闹景象，好几个群体聚集在那片柔和温馨的灯光下。那些随处可见的孤独散步者，从黑暗处走出来；夜蛾也往光亮处跑。又有一些新来者加入了群体，而前台有一些退回到暗处，等休息够以后，又精神饱满地回到前台。我的蝎子也按捺不住寂寞，似乎被这个欢乐的舞台所吸引，一本正经地从阴暗的远处走出来，突然一个滑步，轻巧地一跃进入灯光下的那群伙伴。

蝎子的动作很敏捷，就像小老鼠细碎小步子的奔波。它们希望相互亲近，可是一被别人的指头碰到就马上逃开了，好像被火烫了一样。另一些蝎子已经和同伴纠缠在一起，也立即害羞似的逃到黑暗里，冷静下来以后

⊙ 鞭尾蝎通常体色很深，有长长的鞭状的鞭节。它们的第一对附肢很长，但并非用来爬行，而是起感觉器官的作用。图中，一对鞭尾蝎正在互相献殷勤。

再回来。我实在不能理解蝎子的行为是友谊还是敌对，它们的步足踩来踩去，螯肢咬在一起，尾巴卷起来相互碰撞，一片纠缠的场面。

不论是年长的还是幼小的，几乎所有的蝎子都加入了殴斗，这像一场殊死搏斗，更像嬉闹的游戏。从有利的光线入射角度看，一对对深红色的宝石在混乱中闪闪发光，那是蝎子额前像反射镜一样的两只中眼。不久，这些蝎子就分开了，散落到玻璃房的各个角落，它们当中没有一个受伤。

过了一会儿，它们又重新聚集到灯光旁边，来来回回的走动经常让它们互相碰撞。蝎子的世界里，它们的殴斗就像我们平常挥挥拳头一样，绝无恶意。行色匆匆的那一只竟然从别人身上踩过去，被踩的蝎子只是稍稍地动了一下臀部，没有丝毫的不高兴，最多用尾巴拍对方一下。它们还会有更奇特的姿势。两只打架的蝎子头对着头，螯肢对着螯肢，它们用上身支撑，下半身竖起来，笔直地就像一棵树。垂直的尾巴相互摩擦、触摸，而尾巴尖却勾在一起，友好地连起来又再次分开。突然，这个像铁塔似的建筑崩塌了，两只蝎子就像不认识对方似的，匆匆离开了。这是一种搏斗的姿势吗？可是，我并没有发现它们的接触有一点敌意。

我把每天的观察结果都记录在表格上，可是，这种方法不是完美的，虽然记录相对快捷，但是每次的情况都有细微的不同，难以分类归纳，很多细节会因此而流失。蝎子的故事值得我好好记录，不应该有一点疏漏。每天夜晚都有一些特别的情况，能让我找到一些能够证明和补充前例的特征。于是，我决定采用日记的形式，依据时间的先后顺序叙述，记录下所有的新情况。

1904 年 4 月 25 日

我从来没见过这样的情景：两只蝎子面对着面，一只身体较小、颜色也较深，是雌蝎；另一只是雄蝎，比较瘦小、颜色也浅。可是接下来不是挑战，而是用螯肢友好地握住对方的指头。它们将尾巴盘成螺旋形，迈着整齐的步伐沿着玻璃墙散步。雄蝎子倒退着前进，不仅面向雌蝎子，而且紧紧牵着雌蝎子的手，让对方顺从地跟随着。它们停停走走，一会儿走到这里，一会儿走到那里，看上去让人摸不着头脑。它们一直手牵着手，就像礼拜天的晚祷后，在我们村里的树篱边，总能看见一对对年轻的情侣在散步。

雄蝎子一直是这次散步的引导者。它们不断地改变方向，整整一个小时中，它们没完没了地一直来回走动。但是，不管往哪个方向，总是雄蝎子决定。它紧紧握住女士的手，优雅地侧转身和对方并排站立。这时，它用平放下来的尾巴，温柔地抚摸一下雌蝎子的背。而雌蝎子保持了一贯顺从的作风，一动也不动。

我们一直都集中注意力，不想放过任何一个细节。保持警惕的观察是一个艰苦的过程。这个时候，我的一位家人发现了一个重大的奇异现象，甚至连有观察眼光的人也没有见到过的现象。

知 识 档 案

鞭尾蝎（有鞭亚纲）

鞭尾蝎有一个长长的鞭节，但上面没有刺。由于第一对细长的附肢起着触角的作用，因此它们用于爬行的附肢只有6个。大大的须肢像钳子一样长在身体末端，用来捕捉猎物，还能协助螯肢将猎物弄碎以便于食用。鞭节的基部有一个腺体能发出"臭味"，这种气味里面含有氯，有的则是甲酸或者乙酸（因此鞭尾蝎俗称"醋蝎"），遇到敌人的时候会将"臭味"喷出去。

雄性用须肢上的一个突起将精囊推进雌性的生殖孔中，由此完成对雌性鞭尾蝎的受精。某些种类中，这个过程非常简单。但有的种类则会有一个长而复杂的求偶过程。比如，学名为巨鞭蝎的鞭尾蝎，双方会表演一场长达5小时的"舞蹈"，然后雄性才会挤出精囊，并且从头到尾它都会轻柔地指导对方。接着它会花上2个小时或更长的时间将精囊挤进对方的生殖孔中，大概是为了更好地确认雌性受精。而马来西亚的一种鞭尾蝎，复杂的受精过程是自动完成的，当雌性被压在精囊上面的时候，精囊就自动进入它体内。

时间已经很晚了，大约十点钟，蝎子终于结束了散步。那只雄蝎子带着女士来到了一个瓦片上，在这个隐秘的地方，它想做什么呢？它牢牢牵着对方的双手松开了一只，同时开始了清理工作。它用腿扒了几下，再用尾巴扫土，终于打开了一个地洞。它先钻进去，然后慢慢地、动作轻柔地把雌蝎子带进了新家。沙堆封闭了洞口，我们什么都看不见了。要不要打扰它们呢？还不到时候。前期的准

⊙ 在交尾前，蝎子会来一场精心设计的"舞蹈"，在此过程中，雄蝎子会找机会设法将自己的精囊传递给对方。

备工作很可能要持续大半夜，可我这个八旬老人已经双腿开始发软，眼皮也在打架，对长时间的熬夜已经力不从心。我选择去睡觉，但是一整晚都在做梦。还是和以往一样，经常梦见奇怪的事情，梦里蝎子钻进我的被窝，爬到我的脸上。

第二天，天刚亮，我就忍不住掀开了那块石头。只有雌蝎子一人在家中，雄蝎子不见了，附近也没有它的踪影。有了第一次的教训，以后会比较顺利一点吗？

5月7日

快晚上七点，满天的乌云告诉我们，马上就要下雨了。玻璃屋里又出现了一对幽会的蝎子。它们面对面，手拉手，静静地待在一片瓦片下。我小心地掀开瓦片，暗中监视它们，决不会给这对情人造成任何的影响。可是，不妙的事情开始了，天空下起了阵雨，我不得不离开。一小时以后，雨停了，我赶紧跑回玻璃屋。没有了华盖的床果然留不住蝎子，它们手拉着手，重新找了旁边的一块瓦片。雌蝎子在外面，雄蝎子在洞里收拾。我们全家轮流守候，为了不错过蝎子交配的那一个瞬间，每十分钟换一班。可是，八点左右，这对情侣因为不满意那间新房，又要再次出征。我们的努力又白费了。

就像我4月25日看到的那样，雄蝎子倒退着在前面做向导，雌蝎子顺从地跟在后面。终于，它们总算找到了一块满意的瓦片，雄蝎子先钻进去，用尾巴扫了几下，新房就收拾妥当以后，雌蝎子在雄蝎子的牵引下钻进洞里。在此过程中，它们的手一直紧紧握在一起。我等了两个小时再去拜访它们，给它们充分的时间做准备。可当我掀开瓦片的时候，它们依旧面对着彼此，手拉着手，看来什么事都没有发生。

这种状态一直持续到第二天。它们仿佛老成的思想者，一动也不动地持续着无聊的约会。太阳的落山也意味着这段爱情的终结，雄蝎子离开了瓦片，雌蝎子还在那里。没有任何新进展，也不会有什么新情况了。

但是，在这次观察中，我知道了两个有用的信息。散步之后，情侣对藏身之所的要求是很严格的。它们不喜欢在露天地，在人多的地方举行婚礼。所以，不管是在白天还是黑夜，洞顶的瓦片被掀走时，这对未婚夫妇就会离开目睽睽的地方，去另外寻找一个新家。而且，它们会在有石板的洞穴里待很长时间，就像刚才那对蝎子，经过了24小时的思考，还是没有任何决定性的结果。

5月12日

今夜很热，没有一点风，我们会再看到情侣的结合吗？这里有一对情侣，个子矮小的雄蝎子牵着肚子肥胖的雌蝎子，尾巴卷成喇叭状，正在倒着走。它们沿着玻璃墙走了一圈又一圈，有的时候朝一个方向，有的时候掉头朝反方向走。它们也经常停下来，额头挨在一起，头时而偏左，时而偏右，好像在讲悄悄话。细小的前足不停地晃动，好像在狂热地抚摸对方。我们全家人惊喜地看着这一对套在一起的蝎子，我们的出现一点都没打扰到它们。

在灯光下，它们的身体变成了半透明，优美的样子就像用琥珀雕刻而成的雕塑。它们把胳膊伸得直直的，尾巴卷成可爱的螺旋状。它们的动作缓慢，正在慢慢的征途中一步一步前进着。它们似乎没有受到什么阻碍。这里有一只夜晚出来游荡的蝎子，在沿墙根行走的路上遇见了这对情侣，居然闪身给它们让路，也许察觉到它们之间微妙的关系了吧。晚上九点时候，它们终于在一块瓦片下安身了。

第二天早晨，我发现了昨天晚上的悲剧。瘦小的雄蝎子已经被杀，而且它的头部、一只螯肢和两条腿已经被吃掉了。雌蝎子还待在瓦片下，守着丈夫的遗骸。我把尸体放在洞口看得见的地方，整整一天，它都没有出来碰一下。当暮色降临时，它终于从家里出来，遇见了那具尸体，便将尸体搬到远处，以便把它吃完。

是不是雄蝎子完成了交配的职责以后，如果不及时脱身，就会被整个或部分吞食掉呢？如果需要它繁殖后代，雌蝎子是不会吃掉它的。这种吞食同类的行为，和去年我在露天蝎子小镇上看到的情况一样。我时常看见，石头下的雌蝎子正不以为然地吃着昨夜柔情蜜意的丈夫。昨晚我追踪一对情侣到一块瓦片下，今天早上我去查证，妻子正在啃食它的丈夫。

这一对夫妇的进展很快，但是也有好事多磨的例子。有些蝎子互相表达爱意，经过 24 小时的考虑以后，终于还是没有结为连理。周围的环境、电压、温度和蝎子本身等不确定的因素，在很大程度上会影响交配的进度。对于观察者来说，准确地把握时机，是一件很困难的事。

5 月 14 日

我给蝎子准备了很多丰盛的食物，有肉质细嫩的小蝗虫，有直翅目昆虫中味道最鲜美的小螽斯，还有截去翅膀的尺蠖蛾。以后我还会给它们提供美食，因为我曾在它们的洞穴中发现过类似蜻蜓的蚁蛉的尸骸和翅膀，所以给蝎子提供蜻蜓一定没错。

所以，蝎子一定不是因为饥饿才每晚都有兴奋的状态，它们也从来没有对这些丰盛的食物表现出什么兴趣。面对跳跃的蝗虫、扑腾的尺蠖蛾、颤抖的蜻蜓，它们无视地来回走动，并厌烦地把这些食物踢翻，用有力的尾巴扫到一边去，仿佛在告诉我，它们不需要这些食物。它们是如此的烦躁不安，几乎全部沿着玻璃墙走，用尾巴支撑着站起来，脚下一滑便狠狠地落下来，它们痛恨地用手去砸玻璃，恨不得赶紧逃出这个牢笼。这个蝎子园明明很大，几乎每只蝎子都有自己的地盘，散步的地方也不少。可是，它们就像荒石园里的移民一样，对远方的世界充满着好奇。如果它们自由的话，应该也会离开家园，毫不犹豫地去流浪吧。

在美丽的春天，爱情的力量让它们不思茶饭，急匆匆地踏上寻找伴侣的征途。在本土范围的石头下面，同类云集，常常能遇见自己的心仪的对象。

如果不是怕天黑摔断腿，我真想去满是岩石的山冈上去，看看蝎子们充满爱意的婚礼。我想象着，在朦胧的月光下，雄蝎子牵着新娘，手拉手地在薰衣草丛中漫步。它们跟玻璃房里的蝎子没什么不同，只不过提灯发出的昏暗光换成了月光罢了。

5 月 20 日

有一对蝎子手拉着手，彼此面对着沉思不语。天黑的时候，它们又开始沿着玻璃墙散步，这个散步是什么时候开始的呢？也许是前一天，也许更早。好多蝎子从石头底下出来的时候就已经结好对了。不一定每天晚上都能看见雄蝎子邀请雌蝎子散步的场景，很多时候我都不知道它们是在什么时候，也不知道是怎样结合在一起的。有的蝎子在幽深的小路上碰到彼此，当它们终于走到我的视线中时，我已经错过了它们相遇的时刻。今天，幸运终于降临在我头上。一对蝎子在我的眼前，在提灯的亮光下牵起了手。

　　它们的相遇很简单，一只雄蝎子急匆匆地从一群蝎子中间穿过，突然一只雌蝎子吸引了它的目光，就这是所谓的一见钟情吗？它兴致勃勃地发出了邀请，对方没有拒绝，事情非常的顺利。于是，就像之前描述过的一样，它们额头对额头，螯肢勾在一起，两条尾巴都垂直起来，支撑起整个身体，轻轻地抚摸着彼此。这个铁塔形状是蝎子结合的表现。这种姿势在同性相遇时也会出现，不过没有那么标准，更重要的是，这种情况下，它们用尾巴相互撞击来表达不厌烦的情绪，而不是温柔的抚摸，与爱意无关。

　　这个结构很快就解体了，它们终于手拉手地开始散步。那只雄蝎子满怀胜利的表情，倒退着行进。不过，它们浪漫的散步竟出现了情敌。几只嫉妒的雄蝎子经过它们的身旁，其中一只扑向被牵引的雌蝎子，拼命拖住它的腿，不让它们结合。雄蝎子实在太累了，它既推不动也拉不动，只能放弃了它的未婚妻。不过，它似乎没有感到丝毫的不愉快，立即转向身边另一位姑娘，连适当的表白都没有，直接拉起它的手，邀请它去散步。这位姑娘似乎很不满意对方无礼的纠缠，逃也似的离开了。

　　这个花心的小伙子，根本不在乎这样的结局，姑娘有的是，何必只留恋某一个呢？它又以同样直截了当的方式，邀请了另一只雌蝎子，这次成功了。不过，接下来还有很漫长的道路，谁也不知道这个姑娘会不会中途离开。小伙子带着被征服的姑娘一路走来，时常要休息片刻，有时还会持续很长时间。雄蝎子很耐心地牵引着雌蝎子，如果爱人拒绝前进，它就会用使出浑身解数，拖着爱人走；如果爱人顺从，它也会很温柔。

　　这时，雄蝎子开始认真地做起了一套动作。它收回螯肢，然后再向前伸直，并强迫爱人也学着做。这对蝎子面对面，组成了一个四边形，边框反复地收拢、打开。做完这套动作以后，它们各自把螯肢收回去，静止在那里，仿佛又进入了思考状态。

　　接下来，我不知道怎么形容这对爱侣的亲密。雄蝎子对着爱人的脸庞，用最纤细的前腿轻轻地拍着，并温柔地咬，雌蝎子也用下颌抚弄着雄蝎子的脸。传说是鸽子发明了接吻，准确地说，蝎子也是。其实蝎子的脸就像被刀削过一样平，根本就没有头、脸、唇和面颊，我们只能找到一张由丑陋的下颌构成的脸。就算如此，那是蝎子认为最美丽的部位。现在，它们的额头顶在一起，两张嘴贴在一块儿，充满无限的爱意。

　　爱侣间的小争执是不能避免的。现在的雌蝎子温柔天真，听凭摆布，然而，只要对方的亲热超出了它的忍耐范围，它就会使用断交的手段，用尾巴当作棍子狠狠地打在雄蝎子手腕上，那位就立即松开了。

知 识 链 接

　　雌蝎的怀孕期较长，它们在交尾后短则1～5个月，长则15～18个月才会产卵。或许是因为蝎卵来之不易的原因吧，雌蝎对这些小宝宝特别爱护。在即将产卵的时候，雌蝎会小心谨慎地找到一个隐蔽的地方，将产下来的卵放到前螯足围成的"摇篮"中进行孵育。当然，也有1/3的蝎子的幼蝎并非卵生，而是从母体中直接生出来。

　　但不管是否卵生，幼蝎自出生之日起便会被母亲放到背上，细心呵护养育。此时的幼蝎还没有独立谋生的本领，它们就利用附肢上的吸盘与母体相连，从母体身上吸取营养。

　　雌蝎每胎可产下20～40只幼蝎，所有的幼蝎在刚出生的一段时期都伏在母亲背上，由母亲带着行走，这真是一种壮观的景象。由于幼蝎在这个阶段容易脱水，不宜到干燥的空气中去游走，所以雌蝎不能带着这么多孩子到处乱走，只能留在洞穴中。

　　幼蝎在母亲的背上会待3～14天，直到第一次蜕皮过后。这时候触肢开始长出爪来，螯针也具有了一定的威力，表明它们基本上可以独立谋生了，雌蝎便将孩子们一个个地"请"下背来，宣布它们的童年期已经结束，应该自己出去闯天下了。幼蝎告别了母亲的脊背，由此过上了独立的生活。

◎ 母蝎背子

⊙ 雌蝎子经常反抗雄蝎子的求爱。

第二天，只要雌蝎子消气了，它们又会和好如初。

5 月 25 日

雌蝎子用棍子驱赶对方，还会断然拒绝雄蝎子的求爱，突然闹离婚。今天记录的故事就告诉我们，温顺听话的新娘也会有任性的时候。

今晚，它们两个正在体面地散步，雄蝎子找了一块合适的瓦片，准备当作它们的新房。它松开一只螯肢，用腿和尾巴把门口打扫干净，钻进瓦片下面，洞穴慢慢形成了。

突然，新娘顺从的脚步停下来了，也许是时间和地点不合它的意。它急匆匆地倒退出去，半截身体又露在洞口。它们发生了激烈的争执，新娘想往外走，新郎却在里面使劲地拉。这一场搏斗，实力相当的双方僵持着，到底谁会赢呢？

结果，雌蝎子猛地一下把雄蝎子从洞口扯了出来。但是它们并没有分手，而是继续散步。它们在玻璃围墙边走了整整一个小时，一会儿向这边，一会儿又拐向那边。最后，它们居然又回到了刚才那块瓦片旁。洞已经挖好了，雄蝎子当机立断拖着爱人就往里面走，根本不顾雌蝎子的反抗。倔强的姑娘把腿绷直不动，脚在地上拖出了一道道清晰的痕迹，尾巴用力靠在拱起的瓦片上，有一种决不屈服的态度。

雄蝎子软硬并施，终于把雌蝎子安抚好了。十点的时候，它们终于进了洞房。我对下半夜的守候有很大的信心。等到适当的时候，我会掀开石头看看下面发生的情况。

但是，我的希望又落空了。才过了半个小时，气冲冲的新娘终于从洞穴中出来，它实在不能忍受了，飞快地跑掉了。可怜的新郎急急忙忙从洞里追出来，试图挽回这段婚姻。它在家门口四处张望，都不见爱人的身影。它默默地回到家中，一副心灰意冷的样子，我又何尝不是呢？

朗格多克蝎子的家庭

书本的知识似乎成了一道无形的枷锁，越深入就越被禁锢。在广阔的大千世界，书籍就显得太渺小了。我宁愿无知地去接触一切新鲜的事物，放任思想去遨游。最近的一次类似的体验，是通过观察朗格多克蝎子的生活而得到的。

我曾经拜读了一位名师的解剖学论文，大作中提到，朗格多克蝎子九月开始繁殖后代。而我们地区的朗格多克蝎子，早在这之前就已经完成了交配。幸好这篇论文没有给我太多的教导啊！如果我乖乖地等到九月，那就什么都看不见。如果我意志坚定，非要看到这个过程，也许就要再等一年，再等一年，直到我实在没有信心了，便放弃了这个课题。

这是多么令人郁闷的事情的啊。很久以前，一位非常有名的、不屑书本知识的大师告诉过我无知的好处，它能带领我在未被开垦的土地上找到新的宝藏。

某一天，我在简陋的家中接待了一位知名的来访者。他是巴斯德，永远推翻了自然发生论的伟人。就像这个时代有进化论，以前出现过自然发生论。他的实验材料仅是那些无菌的或是故意放了繁殖能力很强的圆底烧瓶，简洁又不乏谨慎。从此人们就认清了腐败物质中的化学反应，彻底抛弃了这种荒唐的生命起源理论。

我很早以前就听说过他的名字，拜读过他关于酒石酸的分子不对称性的论文，也曾热切地关注过他关于纤毛虫繁殖研究的动态。对于这位名人的到访，我感到非常高兴。他把我当作一个物理和化学方面的同行来请教一些问题，但我那些无为的研究怎么能跟他相提并论呢？

客人告诉我，他回到阿维尼翁地区是为了养蚕。近几年养蚕场遭受瘟疫，那些可怜的蚕莫名其妙就得了病，腐烂发臭，然后身体就变得像石膏一样硬。那些蚕农心力交瘁，他们最主要的收入来源之一没有了，精心饲养的一房房蚕都死去了，不得不痛心地丢到肥料堆里。巴斯德介绍了一番之后，终于开始了提问。

"您能帮我弄一些蚕茧吗？我只是听说过，还从来没有亲眼看过呢。"客人说。

"没问题，我的对门邻居正好是做蚕茧生意的，您稍等，我马上给您取几个过来。"我马上跑去邻居家，装了满满一口袋蚕茧，回到家，拿给一脸好奇的学者。

他用手指夹着翻来覆去地看，这对他来说确实是一个新鲜的小玩意儿。他把蚕茧放在耳边摇晃了几下，好像发现了什么重大的事件。

> **知 识 档 案**
>
> 蚕，是蚕蛾的幼虫，丝绸原料的主要来源，在人类经济生活及文化历史上有重要地位。原产于中国北部，主食为桑叶，也可用鹅菜补充。茧是由一根长度为300~900米连续的丝织成的。家蚕的虫及蛹可以食用，并有食疗功效。成虫的蛾不能飞，只是用于产卵以繁殖后代。

"它发出声音了！是不是有东西在里面？"

我奇怪这位大学者怎么会提出这样的问题，便回答他："当然。"

"是什么？"他继续追问。

"蚕蛹。"

"什么是蚕蛹？"

"它就好比是一具木乃伊，蚕必须在里面完成变态发育，才可以变成蛾。"

"每一个蛹都独占一个蚕茧吗？"

"对，蚕茧的作用就是为了保护蛹啊。"

"啊！"大学者终于不问了。面对这个新鲜事物，我真不知道他的自信心是从何处而来。他不认识蚕、蚕茧和蚕蛹，不具备基本的常识，竟然还想拯救这种昆虫，甚至还想帮助养蚕场的农民脱离困境。我非常震惊，据说古代的体育教练赤膊上阵参加格斗，与我们的这位学者也不相上下。

他把蚕茧小心翼翼地放进口袋，准备回去好好了解这个重要的新发现。然后，他突然对我说："让我参观一下您的酒窖吧。"

我知道他的另一个研究问题，是通过加热来改善酒的品质。可是，我这个穷教师的酒窖实在是不好意思展览给他看。我试图回避他的请求，可是他却非常执著地要进去参观。我微薄的收入啊，只能拥有寒酸的酒窖。我倒宁愿他把注意力放在我的酒桶上，还有那些标有年份和产地、布满灰尘的酒瓶，可是他偏偏要看我的酒窖！等他一进去就会发现，红糖和苹果渣正在坛子里发酵，酝酿了一种带酸味的劣质酒！天啊，我有多么的尴尬！

我指指厨房角落里一把没有椅垫的椅子，上面放着装有 12 升酒的大肚瓶，硬着头皮介绍："这就是我的酒窖。"

"这就是您的酒窖？"大学者看起来有点不信。

"我没有别的酒窖了。"

"就这些？"

"唉！是的，就这些。"

"啊！"我的客人又再次不说话了。他不明白贫穷到底是什么。他在我那个由一把旧椅子和一个大肚瓶组成的酒窖里，没有获得想要的情况。不过，我看得出来，他完全没有想到，这里存在着一种微生物的作用。

1

蚕在树叶间找到了一个合适的位置，准备吐丝结茧。丝由蚕腹部的腺体产生，由其头下的吐丝器吐出。

2

蚕先结一张网，然后在网上织茧。此时的蚕茧还很松，我们可清晰地看到工作的蚕。

细丝上有许多点粘在树叶上

3

蚕在树叶间来回吐丝，蚕茧越来越厚，但蚕丝一直没断过。

4

一个厚密的丝墙组成一个完整的蚕茧

这时的蚕茧厚度已可使蚕免受大部分掠食者的捕食。

5

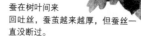

每一个蚕茧都是由一条细丝织成，如果不断，大约有 805 米长

受到充分保护的蚕开始蛹化

在能受到充分保护的蚕茧里，蚕开始蛹化，进而变成飞蛾。

◎ 蚕吐丝的过程

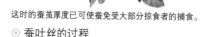

虽然这是一段不愉快的插曲，但是巴斯德还是给我留下了深刻的印象。他根本不知道蚕的生活史，不知道这小东西将来会用茧包裹自己，最后变成飞蛾。在这一方面，他还比不上我们南方农村的小学生。尽管如此，这人丝毫没有被未知的世界吓倒，他在知识的山冈上攀爬，并下定决心，一路拾取那些蚕、蚕茧、蚕蛹、蚕蛾，以及昆虫学里的成千上万的小秘密。将来，他还想拯救养蚕场的瘟疫，还想在医学领域、卫生领域，引起一场革命。也许，不知道这些，对他的研究会更有好处。只有打破已知，思想和行动才会更加自由。

⊙ 蝎子

我从巴斯德那里受到了启发，决定作为一个无知的人去接近昆虫。我不去请教别人，也很少翻阅书本，就算有时我打开书本，也会在开垦好的土地上留出一块长满杂草和荆棘的空间，便于进行思考和提出问题。

我静静地守着研究对象，直到它们愿意对我开口说话。我喜欢这样的方法，可以每天都从不同的角度考虑问题，而若不是采用这种态度，我就会相信书本，九月跑去看朗格多克蝎子的繁殖，极可能会浪费一年的时间。如果我偶然在七月瞥见了它们的繁殖，还会感到吃惊。

提供这个信息的雷翁杜夫是这方面的权威，但我仍然坚持把这种时间的误差归结在气候上，因为我是在普罗旺斯观察，而大师在西班牙观察。我不能因此而抛弃了主见。

我要感谢黑蝎子为我的实验提供了信息。与朗格多克蝎子相比，它们的个头小，也不购够活跃。我把它们养在实验桌上的普通广口瓶里，作为对照组。它们数量少，便于观察，每天早上我都要掀开盖在瓶口上的硬纸皮，看看这些小家伙昨晚都做了些什么，然后再对着它们完成日记。这个方法只需一会儿工夫就能完成，但绝对不能使用在大玻璃屋里，因为里面有很多房间，如果一间间地观察一定会引起混乱，接下来再恢复原状更是一个麻烦的过程。

7月22日清晨六点左右，我照常掀开硬纸皮盖，顿时欣喜的感觉油然而生。我看见了什么呢？一只雌蝎子背上爬满了小蝎子，这是多么壮观的景象啊！它就像披上了一件白色的风衣。这只雌蝎子一定是在夜里生下了孩子，因为昨晚我并没有发现它身上有什么东西。

幸运降临在我头上了。第二天，另一只雌蝎子背上也爬满了它的孩子，第三天又有两只雌蝎子也加入了分娩的队伍。上天对我太好了，我怎么才能形容这四口之家给我带来的快乐？我简直喜出望外了。黑蝎子完全超出了我的预期目标，我贪心地想看看大玻璃屋里的朗格多克蝎子，是不是也会给我带来惊喜呢？

我这个八旬老人激动了，简直就像二十岁的小伙子一样血气方刚。我把25块瓦片都掀开了，成果辉煌啊！我在三块瓦片下面发现了雌蝎子带着孩子的温馨场面。其中一只蝎子的孩子已经开始长大，依据后来的观察，它们已经出生两周左右了。其他两个家族的母亲小心翼翼地护着肚皮下的残余物，说明它们的孩子都是当晚刚诞下的新生儿。

黑蝎子和朗格多克蝎子都在七月下旬完成了繁殖。此后的八月、九月，我就再也没有见过小蝎子的出生。玻璃屋里，有些雌蝎子的肚皮还是有孕妇的样子，直到冬天来临，我终于确信这些都是欺骗我的假象，想要再增添几个蝎子家族，只能等到明年了。在低等动物中，这么长的妊娠期是很少见的。

我为每一个家族都准备好了一个狭小的容器，让雌蝎子和它的孩子们生活在里面，方便我的观察。早晨，我发现昨晚分娩的雌蝎子肚皮底下还窝着部分孩子。我用草秸拨开雌蝎子，在那些还没有爬到母亲背上的孩子中发现了一些东西。结果与书上描述的相差太大了！书本告诉我，蝎子是胎生的。仔细一想，确实不对。如果是胎生，伸直螯肢、叉开腿、翘着尾巴的小蝎子怎么可能进入产道呢？狭窄的产道也不可能让这么大的蝎子通过，所以，小家伙们出生时，一定不是我们熟悉的那个样子，它肯定被包裹了，而且体积适中。

我曾经解剖过临产期的蝎子子宫，里面的卵形状与雌蝎子腹部底下发现的一些残留物相似，那正是蝎子的卵膜。虽然它们都在夜间产卵，但是遗留下来的卵膜足够说明，蝎子实际上是卵生动物。朗格多克蝎子腹下有三四十枚卵，黑蝎子较少。

小小的卵膜里就是新生儿的世界。卵的表面细滑，没有凹凸不平。在微型的空间里，小蝎子被压缩得只有米粒那么大，腿紧贴在身体两侧，尾巴靠在肚皮上，螯肢折叠在胸前。它在一滴被薄膜包裹的温润液体中生长发育，在外面还可以看见深色的小点，那是它额头上的眼睛，仿佛迫不及待地要来到外面的世界。我在绝妙的观察条件下，见证了它获得自由的过程。

雌蝎子用大颚尖温柔地咬破了薄薄的卵膜，并将它撕破，吞进肚子里，小心地把胎膜剥掉。尽管它的工具一点都不精细，但母亲却决不会擦伤孩子幼嫩的皮肤，或者扭到它们的手脚。当然，如果母亲不把卵膜咬破，柔弱的小蝎子就会被困在薄膜里。有时我看见一些小蝎子的卵膜没有完全被撕破，可怜的它们被黏液粘住，怎么都挣脱不出来。小蝎子永远需要母亲的帮助，就像母山羊和母猫，必须用舌头去舔孩子的胎膜，才能真正让它们获得生命。

蝎子的接生动作，与我们人类差不多。在遥远的石炭纪，从第一只蝎子出现开始，卵作为生育方式，就开始传承下去。首先是爬行动物和鱼类，不久又有鸟类和几乎所有的昆虫。高等胎生动物就这样一点一点进化而来，随着生物体越来越精巧，卵的孵化也慢慢脱离了体外的不安环境，来到了母腹中。然而，我相信，生物的进化，并不是一直遵循着从低级到高级这样的规律发展的，它应该是跳跃式的。就像海洋，有的时候涨潮，有的时候退潮，生命也一样有前进和倒退。或许它还有其他的发展方式，但是谁又能说得准呢？

原来，我一开始看见的白色小蝎子，已经被母亲剥去了胎膜。白色的朗格多克蝎子长9毫米，黑蝎子长4毫米。它们干干净净地顺着母亲平放在地上的螯肢一路向上爬，高高兴兴地登上了母亲的背。它们一个一个聚集起来，用小爪紧贴住母亲，如果不用力还很难用画笔把它们扫下来。于是，雌蝎子尾巴翘起，背上布满了白乎乎的小家伙，就像一条披风。这时，它们都不动了。

但是，只要我用一根草秸靠近小蝎子，雌蝎子马上会摆出战斗的姿态，两只螯肢就像拳击手，钳子张开，准备勇猛地回击。原来，它一直保持着警惕的状态。但是，它不能挥舞尾巴，因为突然伸开尾巴会引起背部的不平衡，一些小蝎子可能会摔下来，所以它只选择了勇猛、迅速、让人惧怕的拳头作为武器。

我做了一个小小的实验，让一只小蝎子跌落在离雌蝎子一法寸远的地方。母亲似乎一点都不关心这个孩子，依旧保持原来的姿势。小蝎子勇敢地蹬蹬腿，扭动了几下，终于够到了母亲的一只螯肢。年幼的小家伙动作尚不灵活，比走钢丝的狼蛛的孩子差远了。顺着母亲的螯肢，它迅速地重新回到背上，那里有它的兄弟姐妹。

虽然小蝎子有能力重返家园，但我想试试雌蝎子对此是不是真的放心。我让一部分小蝎子摔下来，散落在不远的地面上。小蝎子们迟疑了一会儿，似乎开始害怕，不知要走到哪个方向。雌蝎子终于着急起来，用螯肢的跗节贴着地面一刮，把散落下来的孩子重新带回了自己身旁。这个举动，比起母鸡温柔地呼唤走散的小鸡，不知要粗暴多少。但是小蝎子们一点都没有受伤，惊惶失措地赶紧跑回母亲的背上。

雌蝎子充分表现了它的粗心大意。这一刮同时带回了一些陌生人，但雌蝎子就像对待自己的亲生孩子一样把它们搂起来。我用画笔把

⊙ 雌蝎子要背着小蝎子一周左右。

一只雌蝎子背上所有或部分孩子扫下来，让它们掉在另一只雌蝎子旁边，它们就被这位母亲糊里糊涂地收走了。但是，雌蝎子绝对是用心尽责的母亲。生下孩子以后，它们便在很长一段时间里不出门，即使晚上大家都出去散步了，它也不思茶饭地在家中照料孩子。

小蝎子要在母亲背上待一周左右。尽管它们已经初具轮廓，但是只有把身上这件外套脱掉，才可以变得更加清晰分明。它们安静地等待，然后获得新生。

这是一个表皮开裂的过程，我暂且把它叫做蜕皮，但实际上是不准确的。在以后的日子里，小蝎子会经过几次真正的蜕皮，皮肤从胸部裂开，小蝎子从唯一的裂缝里钻出来，蜕下一层干巴巴的皮，这层皮与蝎子的形状一模一样。

而现在蜕下的皮全都是碎片。我把几只正在蜕皮的小蝎子放到玻璃片上，它们一动不动，样子很痛苦。它们的皮肤从前后左右好几个不同的地方裂

知识链接

蝎亚纲的蝎子的特征是它们大而令人畏惧的钳状须肢，以及身体末端上翻的窄窄的"尾巴"。尾巴的顶部是一根刺，刺上的孔通向毒液腺。蝎子的刺一般用于防身，但有时也会用于征服比它大的猎物。事实上，蝎子不到万不得已不会用毒刺，多达150种蝎子会利用发出的响声取代毒刺去吓跑可能的敌人。

蝎毒的效力不一，有的对人类无害，如爪哇的蓝金蝎；有的则是致命的，如墨西哥的杜兰哥蝎。所有的危险种类都出自钳蝎科。欧洲西南部的地中海黄蝎蜇了人后只会引起很轻的中毒反应，但是北非和中东的这种蝎子的毒液却会要人命。蝎毒引起的症状和世界上许多其他有毒物种造成的症状相似，患者首先出现情绪上的焦虑不安和激动，被蜇的部位剧痛，伴随口吐唾沫和大量出汗的现象，心跳也变得没有规律，体温开始波动。最终，患者的呼吸变得困难，肌肉开始抽搐，有些患者紧跟着就会出现痉挛，直至死亡。

开，身体各个部位的旧皮纷纷脱落下来，没有先后顺序。沉重的外套脱掉以后，它们依旧是白色的身体，但明显灵活了很多。它们迅速地跑下去，在母亲身边不知疲倦地玩耍。

同时，我发现它们长大了。它们什么都没吃，体重减轻了，体积却出乎意料地变大了。朗格多克蝎子原来身长 9 毫米，现在是 14 毫米；黑蝎子从 4 毫米长到了 6 ~ 7 毫米。长度增加了二分之一，体积几乎是原来的 3 倍。它们好像受热膨胀一样，这是怎么回事呢？这是身体内部的变化，游离的分子聚合成大分子，体积虽然增加，却没有带来新的物质。我缺乏一系列的条件不能深入研究，但是非常希望有耐心、有工具的人可以继续研究这种结构的突变，也许能得到一些有价值的信息。

小蝎子把蜕下的皮落在母亲背上，那是一些白色条状和光滑的块状，正好给小蝎子提供了一条舒服的毛毯，蜕完皮以后的它们可以在这里休息。小蝎子上上下下的时候，也因为有了这层皮而更加迅速。母亲是坐骑的话，这层皮就是最棒的鞍具。这条毯子也像一根悬绳，小蝎子用它来练习攀登。每当我用画笔轻轻把小蝎子拨下去的时候，那些摔下去的小家伙立即不服输地跑回来。它们抓住鞍褥的边边角角，用尾巴作为杠杆，使劲一跃就回到了原来的位置。在大约一周的时间里，小蝎子离开母亲之前，这层皮一直牢牢地贴在雌蝎子的背上不会脱落或错位。当小蝎子纷纷了来到地面，这层毯子就像受到了某种刺激一样，整块或一片片地脱落，最后雌蝎子的身上又变得光秃秃的。

你绝对会喜欢上眼前这温馨的一幕，雌蝎子和小蝎子依偎在一起打瞌睡，就像母鸡和小鸡休息时一样可爱。有一些调皮捣蛋的小蝎子，爬到母亲的尾巴上，好像比赛谁跑得快似的，一直爬到涡旋顶，胜利地往下俯瞰。突然有几个兄弟上来，毫不客气地把前面的小蝎子赶走，仿佛那个位置能够满足任何的求胜心理。大部分小蝎子都乖乖地趴在地上，紧紧靠着母亲，有一些比较娇气，躺在白色的鞍褥上，懒懒地不肯下来。

此时，小蝎子身上有了明显成长的痕迹，它们有青春的亮丽，金黄色的肚皮和尾巴，螯肢闪着柔和的光，像半透明的琥珀。小朗格多克蝎子真的很美丽，如果它今后不会用毒囊作为武器，一定会成为人们喜爱的宠物。

大部分的孩子依偎在母亲身边，乱动的孩子会钻到母亲的肚子下面，缩成一团，只露出闪烁着

黑眼睛的额头。那些特别好动的孩子在母亲的大腿上玩得不亦乐乎，它们把荡秋千等项目玩了个遍。不久，小蝎子们开始向往自由。它们利索地从母亲背上下来，跑到附近的地方去玩耍。如果它们跑得太远，母亲就会生气地发出警告，并用螯肢一把将它们搂回来。嬉戏之后，孩子们不慌不忙地重新回到母亲背上坐好，它们又一动不动了。

小蝎子在母亲背上待了两周，它们开始变得成熟，身体发生了巨大的改变。我总是对此表示怀疑，不吃不喝的两个星期中，它们蜕了皮，变得更加敏捷，总该补充点食物吧？雌蝎子有没有把最鲜嫩的美餐留给孩子们呢？

我试着给了雌蝎子一只小蝗虫，如果母亲有心，一定会把这顿美餐分给正在长身体的小蝎子。可是，它丝毫就没有想到孩子们，当它大口大口嚼着蝗虫时，一个好奇的孩子跑到母亲的额头上，想看看到底发生了什么事。可是它的腿碰到了母亲的下颚，逃也似的跑回去了。它害怕那张咀嚼的嘴，万一在不经意之间把它咬住吞下去，那可就不妙了。母亲正在啃咬蝗虫头部的时候，另一只小蝎子吊在那只蝗虫的尾部，也想尝尝滋味。可是，不管它费了多少劲，连一块都咬不下来，蝗虫的肉太老了。当小蝎子能够吃下东西的时候，如果母亲能稍稍给它一点合意的食物，它会很高兴地享用。但是，这个粗心的母亲从来都是只顾自己埋头吃。

可爱的小蝎子们，你们给了我多少的快乐与惊喜啊！如果我能有时间给你们捕捉猎物，我愿意继续饲养你们。但是，我看见了你们蠢蠢欲动的表情，你们想离开，到远方去享受新鲜刺激的生活；你们开始畏惧母亲，它也很快不再有温柔的亲情。

对啊，你们不应该留在这里。你们身边的那些老家伙们，一点都不懂得爱惜幼小，甚至会把你们吃掉。不久，你们都成了它们的外来敌人；来年，它们会在婚礼上把你吞下肚去。所以，尽管我恋恋不舍，你们必须离开这个美丽的玻璃屋。

最近我就会抽出一天时间，把你们带回那烈日炎炎的岩石山冈上。那里才是你们的家园，那里有年纪一样大的同伴，它们单独住在小石头下，有的住在还没指甲盖大的石头下。加油吧，美丽的小蝎子们，道一声"再见"以后，请你们为了生存，坚强地奋斗下去。

第六章

老朋友绿蝇

　　我从没有像现在这样喜欢独自去思考生活。我钟情于幻想着有一个自己的天地，这个天地独立而有空间，一个能够让我稍微避开尘世打扰的地方。这个地方长着灯心草，中间是一个池塘，水上还漂浮着着水浮莲。在我闲暇的时候我可以在美丽的杨柳树下，微风轻抚着我的双臂，看着水中它们的生活，那是纯粹的自然生活，充满了荒蛮和温馨但不失质朴。

　　我对软体动物的栖息地进行观察，赞赏着欢快玩耍的豉甲、在水中滑行的迟蝽、跳水的龙虱、逆风滑行的仰泳蝽。特别是仰泳蝽，它慵懒地划着它的桨板，而把用来捕捉猎物的前腿放在胸前，守株待兔。其实钻研扁卷螺产卵也是一个很有意思的事情，你会发现原来生命就孕育在这看不清的润滑的分泌物里。它们闪闪发光，似乎是星星之火，运动给了生命延续的条件，它不停地旋转着，渐渐地留下了痕迹，这个痕迹的延续就是将来要诞生的贝壳，略懂几何的人们就会发现，这些痕迹尽然构成了天体运动的轨迹。

　　常常到水塘边游玩使得我产生了很多深重的思想，可是天不遂人愿，人世间好多事并不是你想怎样就怎样，心里的想法最终只是水月镜花。我只能依靠工业文明的东西来满足我心里美好的构想，人工的水塘并不能真正实现某种类似于新陈代谢的东西，而人为建造的空间却始终不能超越自然的法则，它们还是自然而然地形成了适合自己生存的巢穴，生命就在这里诞生了。

　　阳春时节，紫色的英格兰山楂树鲜花盛开，夜莺蟋蟀陆续鸣叫，我的第二个愿望隐隐约约在我脑海里时时闪现。我恰巧在路上碰见了令我难以释怀的悲惨故事，一只死鼹鼠和一条被人打死的游蛇，它们的死因可想而知。我们完全可以想象：一只正在寻找食物的鼹鼠，当然它的主要食物就是田间的害虫，而田间劳作的

知 识 档 案

蝇

纲	昆虫纲
亚纲	有翅亚纲
目	双翅目

已知约12万种，155科，2亚目。

分布： 全世界各种栖息地。

体型： 成虫体长0.5毫米至5厘米，翅展最大可达8厘米。

[图：蝇的结构，标注有"大眼睛""中胸""跗节"]

特征： 1对膜质翅；后翅特化为棒状平衡器；第二胸节明显变大，第一和第三胸节退化；口器适合进食流质，但也能刺、吸、舔。

生命周期： 属于全变态发育；幼虫和成虫期之间有蛹期。幼虫无附肢。

农夫们在田间地头发现了它，惯性的思维使得他们看见鼹鼠就无情地将其用锈钝的铁锹砍死，随手丢在路边。游蛇的命运似乎和鼹鼠一样，温暖的阳光使它们很早就苏醒过来，新的生命轮回开始了，它们脱掉旧皮，换上新装，可惜却被愚昧的路人发现，它们打着除害的幌子把正在帮农夫除去田间害虫的益虫打死，其无辜可想而知。

腐烂的尸体开始发臭，从旁边走过的活物都没有理会两具尸体的意思。研究者从这里经过，看见两条逝去的生命体上蠕动着一群虫子，这些小东西紧张有序地处理着两具尸体，也许最好我们不要去打扰这些负责殡葬的劳动者。

把尸体分解的过程依然约定俗成，忙碌的分解者在按部就班地将分解的物质转化成了另外一种存在形式。而对这一切的观察成了我另一个久未实现的梦想。我要走了，虽然我不忍离去，但我却不能在这里看惨死的鼹鼠及它的分解者。这里并不适合我去讲大道理，我要离开这发臭的现场，如若不立即离去，过路的人们会怎样看待我的行为呢？

如果书本上的知识就在现场，我们会将关注点放在哪里呢？我们有无坚定而明确的立场？是可怜遇难者还是鄙视分解尸体的啃尸者？其实，我们并不需要从这个角度来思考问题，我们最应该关心生命从开始到结束这个短暂的过程，生命由微生物慢慢累积而来，可是宿命却是注定的。我们谁也逃脱不了被另一种物质分解的命运。到这里我的问题的答案也就有了。水塘里的扁卷螺明确地回答了我的第一个疑问。而可怜的鼹鼠也恰当地诠释了我的第二个疑问。总结起来，一切都是熔化的过程，熄灭即开始，我们无须惺惺作态！让不了解生命的人们尽早离开不属于他们的空间吧。

我的第二个愿望已见端倪，我似乎找到了一个适合隐居的地方，这里很安静也没有人来打扰我，有一个独门小院对像我这样的研究者来说再合适不过了。

但是像猫这样捣蛋的家伙还是让我很担心，它们游手好闲，要是被这些家伙发现我的研究场地，后果可想而知。被破坏掉成了最有可能发生的事情，我事先预料到了这一点，因此我着手建造了一个空中楼阁，只有那些专门用来制作腐烂物的才能飞到的地方。

知识档案

蝇的亚目

长角亚目（丝角蝇）

35科。身体细长灵巧，附肢和翅膀长。触角细长，像身体一样常覆盖有长而细密的茸毛，触角分节（多于8节）。幼虫（通常4龄）长有坚硬的头壳和咬合式下颚，上颚能水平运动；幼虫多为水栖，蛹也一样。包括：黑蝇或水牛蚋（蚋科）、大蚊、长足虻（大蚊科）、蕈蚊（菌蚊科）、瘿蚊（瘿蚊科）、摇蚊（摇蚊科和蠓科）、蚊、蚋（蚊科）、冬蚋（毫蚊科）。

短角亚目（短角蝇）

120科。触角短而粗（少于8节）；体型多样。幼虫的头壳仅部分坚硬或退化，口器能垂直移动。5个次亚目归入2个主要的群。

直裂短角蝇（4个次亚目，21科）

体型较大，鲜有小型品种。触角粗短；体色鲜艳。幼虫（5～8龄），头壳部分坚硬，有些为水栖。包括：蜂虻（蜂虻科）、马蝇和牛蝇（虻科）、长足虻（长足虻科）、盗蝇（食虫虻科）和水虻（水虻科）等。

高级蝇（家蝇次亚目）

蛹被包在末龄幼虫的表皮内（蛹壳）。触角通常短，分3节；幼虫为结构简单的蛆，用"口钩"进食。分2类：无缝类和有缝类。

无缝类（8科）包括食蚜蝇，或称花蝇（食蚜蝇科），以及棺材蝇（蚤蝇科）等。

有缝类（2组91科）其中一组（75科），大部分属于体型较小、难以辨认的蝇类。包括：胡萝卜蝇（茎蝇科）、果蝇（果蝇科、实蝇科）、潜叶蝇（潜蝇科）、海藻蝇（水蝇科、扁蝇科）、突眼蝇（突眼蝇科）、黄蜂蝇（眼蝇科）等。

另外一组（16科）较常见，身体粗短，一般有较多的刚毛，包括丽蝇和蓝丽蝇（丽蝇科）、食蚜蝇和食根蝇（花蝇科）、粪蝇（粪蝇科）、肉蝇（麻蝇科）、家蝇和螫蝇（蝇科）、寄生蝇（寄蝇科）、皮瘤蝇和马蝇（狂蝇科和胃蝇科）等。

在该组中，蛹蝇类（3科）体型扁平，寄生在鸟类和哺乳动物身上；雌蝇会照顾幼虫。这一类中包括夜蝇（蛛蝇科）、鹿虻、绵羊大吸血蝇和虱蝇（虱蝇科）等。

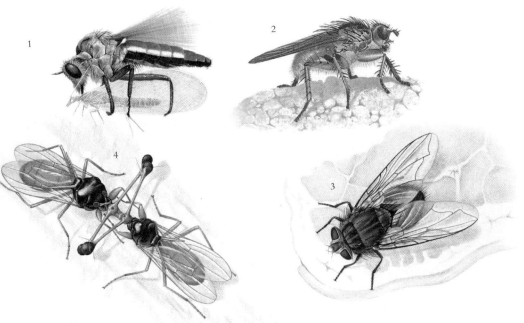

◎ 各种类型的蝇

1. 盗虻抓住了一只飞行中的草蜻蛉。2. 粪蝇。3. 青蝇。4. 处于领土争夺战中的两只雄性突眼蝇正用它们的眼柄作为标尺比较它们的体型大小。

具体的制作过程其实很简单，我把三根芦苇枝绑在一起，形成一个三脚架的形状并将其布局在院子里不同角落，支架的高度大约有一人那么高，上面吊着一个装满沙子的罐子，为了在下雨的时候将多余的水排出，我在罐底钻一个小洞。我把收集到的各类生物的尸体放在罐子里，当然条件允许的话，我会首选游蛇、蜥蜴、癞蛤蟆，原因是这些东西都有一个共同的特点，它们都是皮肤没有毛，这样更容易看清入侵尸体的不速之客。我收集来的东西主要来自邻家小孩的辛勤劳动，这些小孩子会用我给的工钱来买自己喜欢的东西，一到了夏天，我的货源更为充足，经常有用棍子挑来的蛇、有用菜叶包来的蜥蜴、有用捕鼠器补来的褐家鼠、没有水喝导致死亡的小鸡、被打死的鼹鼠、被过往车辆压死的小猫，还有被有毒的草毒死的兔子。我的买卖公平交易、童叟无欺，这样的交易很新奇，也可谓之：前无古人后无来者。时间长了罐子里的东西慢慢地多起来了，为了不让一些讨厌的家伙来访问我的作坊，我才用心良苦地把罐子吊得如此之高，但是嘲笑者还是来了，一只蚂蚁顺着芦苇秆爬了上来，真是贪婪的家伙啊！这只刚死的动物，并没有什么味道显示出其已死亡。但是猎食者却发现了它，如果胃口合适，它们就会在这附近居定下来直至将这个食物吃完为止。

蚂蚁在属于自己的季节是最忙碌的，它们会在第一时间发现死尸，并在死尸已确定没有任何可以啃的东西后再缓缓离去，这个到处觅食的蚂蚁在自己并不能看见的高处发现了这具死尸，可是它并不是最专业的分解死尸者，这就是蚂蚁嗅觉灵敏的缘故。当死尸真正开始发臭，专业部队就蜂拥而至，这里面包括：皮蠹、腐阎虫、扁尸甲、埋葬虫、苍蝇和隐翅虫。就是它们把死尸完全彻底地消化了。

这里面不得不提的就是比其他分解者更为高级的苍蝇，从苍蝇的活动习性上我们可以去观察研究苍蝇，我们不妨用绿蝇和麻蝇。

绿蝇，大家熟知的双翅目昆虫。它的颜色很特别，而且光泽亮丽，和金匠花金龟、吉丁一样美丽。我常常感叹这么美丽的外衣却穿在了分解死尸的清洁工身上，是那么的不相称。屡次来我作坊的三种绿蝇分别是叉叶绿蝇、食尸绿蝇、居佩绿蝇。叉叶和食尸绿蝇的颜色是金绿色，而居佩绿蝇的颜色是铜色。但是它们有一个共同点那就是它们眼睛的颜色都是红色，周边还有银边环绕。单论绿蝇的个头，食尸蝇是绿蝇中个头最大的，我无意中碰巧发现了处在生育期的它，它找的地方很温暖，然后把卵产在了羊的脊椎上，我似乎看见了它的红眼睛以及银白色发亮的面孔，我很容易就收集到了这些卵。一共约有157个蛹，根据绿蝇的生产规律这只是它产下卵的一部分而已。如何得知绿蝇分次分批进行产卵呢？这个场景应该可以作为例证。一只鼹鼠已多日平躺在沙滩上，经常暴晒，它肚皮出现可一个鼓胀的部位，我们知道，绿蝇及双翅昆虫都不会把卵产在裸露的表面，它们会选择比较阴暗的地方以避开暴晒对胚芽的破坏。那么死动物的皮是较好的栖息地，前提是想办法进去。

仔细研究发现，进入皮的入口就是肚皮下褶皱。它们在这里进行了生产建设，它们非常喜欢这个地方，也是因为这个地方的质量很高，不停地有出来的还有匆忙进去的，进出的过程显得井井有条。细心的你还会知道，这个排卵是一个系统的过程，有工作的时候以及休息的时候，但是总的要把握的就是生产的卵是否进入输卵管了，一旦进入了它们才会松懈下来。

为了更为细致地进行观察，我小心地将产卵的动物拿起，当然不会影响到它的产卵活动。整个过程依然那么紧张有序，唯一的目的就是能将卵放在卵堆的深处，插曲自然会有，灵敏的蚂蚁还是会来扰乱，它们会来抢一些卵拿走，当然这并不影响到整体的产卵数量，绿蝇有理由不去阻止这种抢劫行为，因为它们的肚子里还有卵来弥补这些损失。当然存活下来的卵足以保证绿蝇的延续，我们在死尸中发现，奇臭的脓血里有蠕动的生命迹象，蛆虫在脓血里一动一动的，最终还是把尸体的中间部位掀起，这个景象足以使人害怕。

在我的作坊的罐子里，有一条游蛇，它那弯曲身体以及爬行动物身上一圈圈的纹理成为产卵的最佳去处，这里一直有前来产卵的苍蝇。它们有时会奋不顾身，因为得拼命把腹部及输卵管往更深的地方塞。产卵的过程极为复杂，时而会有中断，但是速度还是可以保证的。三四个小时你就会发现这个密密麻麻的产卵地真的布满了一层卵。我用纸做的小铲子采集了一些白色的卵，把它们放在玻璃管里，然后补充一些必要的食物。快要孵出的形状呈圆柱形，此后24个小时我将会注意产出的这些东西。产出的幼虫是如何进食的，它们独特的吃法是否真的在吃？如果仅从吃的角度考虑，它们其实有道理的。

对于那些头部稍大的幼虫来说，它们的身体造型更为有趣，身体的整体构造大致为长的锥形，

知 识 链 接

当蝇飞翔的时候

几乎所有的昆虫都要依靠阳光来飞行，它们与许多脊椎动物不同，它们自己无法产生足够操纵翅肌肉的身体热量。通常体型大的昆虫比体型小的昆虫能吸收更多的辐射热，体色深的昆虫比淡色和有光泽的昆虫能更快地吸收热量。因此小型的、身体发亮的蝇很少能在黎明或黄昏时分见到，这两个时段对它们来说气温太低，无法进行有效的飞行。但体型较大的深色蜂蝇、肉蝇或家蝇在这两个时间内也很常见。不过体型较大的蝇在炎热的夏季会有热度过高的危险，而小型且色彩鲜艳的食蚜蝇、水虻和长足虻

则正好适合生长。那些有许多蝇类频繁出入的地方，比如伞形植物（如豕草）的花冠，或被日光照射过的小树枝或大树叶等方便休息的位置，蝇类造访者白天的出行顺序和该处的小气候条件对其体温的影响有密切的关联。

但是，对这种行为模式的观察会让你发现一些有趣的异常现象——基于它们的体型和体色，当你预计它们如果出现在某个时间的话会让自己冻坏或过热的时候，它们却偏偏会选择那个时间出现。比如，有些食蚜蝇和马蝇在缺少来自太阳的重要热能的情况下，能简单地通过"颤抖"自己的胸部肌肉使自己暖和起来；其他一些

蝇能通过血液分流机制控制热量在毛茸茸的胸部和不绝热的、散热器一样的腹部之间的分配。但是，我们仍然闹不明白冬季的小型蚋是如何在正下着雪的日子里飞行的！

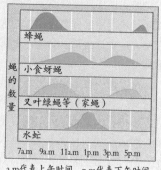

a.m代表上午时间，p.m代表下午时间

具体说来就是头部很尖，头部以下较宽，尾部为截面状。如果注意的话你会发现，它的尾部有棕红色的点，谓之气门。头部其实是它的肠道入口，里面有两条黑色的爪钩，可以伸缩但是我们不能把它理解大颚。因为它们的作用不同而且大颚的两个爪钩是不能碰在一起的。

◎ 果蝇以含糖的树液为生，也会食用酵母——一种自己合成糖的微观真菌。酵母会在有些水果表面形成一层薄层，看起来像上了蜡一般。

　　我们把爪钩理解成咀嚼器官其实有失偏颇，它真正的作用是用来移动的，而反复的伸缩能够使其产生行走的动力。如果你细致地观察整个过程的话，你可以在显微镜下观察蛆虫的行走全过程。试验是这样的：我们把蛆虫放在一块肉上面观察，就会发现蛆虫的移动细节，时而低头时而抬头还不停地用爪钩去碰触一下肉，从肉的数量并没有减少上我们也可以说它从未吞下用爪钩带走的肉。

　　这就更奇怪了，既然蛆虫在一天一天地成长，而我们却没有发现它消费食物的过程，如果没有吃固体的食物，那么它就是消费了液体，或者把固体的东西液化了？

　　我们必须去研究蛆虫消费食物的过程，首先我们选用一块经过处理确已干燥的肉，把肉放在一个试管里，然后把从游蛇身上收集来的卵放在这块肉上面。另外选同样条件的另一块肉但是不需要放卵，以此作为参考。

　　试验的结果是非常惊人的，有蛆虫的这块肉已经变得非常湿润了，而且所有蛆虫经过的地方的玻璃上都留下了很重的水汽，而那个参照试管的肉仍然是干燥的，可见凡是蛆虫运动经过的地方的肉变湿的缘故并非是肉本身而是来自蛆虫。随着蛆虫的运动，研究试管里的肉一点点全部融化了，而是完全变成了液体，这个液体的名字叫做李比希提取液。也许有研究者会认为是肉本身被氧化成为液体，但是答案是否定的。因为我们参照试管里的肉除了颜色的味道变了以外，并没有发现质的变化。因此蛆虫对肉的质地产生了化学反应，也许这个作用类似胃液的作用。

　　为了更进一步证明这一点，我在对熟蛋白的研究中进一步得到了更为有力的证据。熟蛋白在经过绿蝇蛆虫作用后变成了无色的液体，以至于连蛆虫都会被这些液体淹死，当然是因为尾部的呼吸系统使其窒息而死。为了参照，我们在另外一个试管里放进熟蛋白但是不放蛆虫，结果是熟蛋白越放越硬，更无从谈起液化现象。

　　当然，试验最终推广到装有谷蛋白、血纤维蛋白、酪蛋白及鹰嘴豆蛋白，结果都发生了同样的现象。蛆虫吸收了蛋白生长得非常之好，只要不是真正液体，即使蛆虫真的掉进液体里也不会被淹死。

　　由于蛆虫无法食用固体食物，所有食物对蛆虫来讲必须使固体变为液体才能食用。流质的食物是其生存的保障，我们可以把蛆虫的进食过程称为喝汤。蛆虫利用自身的这种溶液来分解食物使其由固体变为液体，爪钩提供了这些溶液，这些溶液的主要成分就是蛋白酶，也就是说蛆虫先进行初步的消化，然后进食。

　　而研究胃液作用的人们却从我的试验里得到了惊人的启发，我们并不需要用小嘴乌鸦做胃液作用的试验了，我仅仅用蛆虫就使得这些物质变成了流体，但是我们要知道的是胃工作是在一个身体器官里，而蛆虫却是在我们看得见的地方进行这么复杂的工作。

　　其实回想起来，当蛆虫把头伸进液体的时候，你就会不禁去想它们这种方式真的是咀嚼吗？看着它们着实光滑的皮肤，你就会有这样的错觉，难道它们的皮肤可以用来吸收食物？我们可以用金龟子和食粪虫卵的变化来推理绿蝇蛆虫的生存方式。

　　还有一个极为简单却能说明问题的例子，也可以说明蛆虫先消化后进食的现象。首先我们将鼹鼠、游蛇或者其他动物死尸放在露天的沙罐子里，为了防止其他分解者来侵袭，我们可以在上面套上一个纱罩，时间一长，死尸会被烈日暴晒成干尸、硬尸，会渗出液体但是会被干燥空气和热气迅

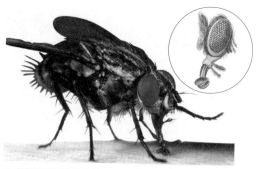

⊙ 蝇的嘴巴属于舐吸式口器,当遇到液体时,它可以直接用嘴吸;而遇到固体食物时,它则用嘴去"舐",把固体食物溶解在自己的唾液里,然后再吸食到肚子里。

速蒸发掉。但是如果去掉纱罩,让分解者随意进入的话,就会看见另外一种情形,尸体会出现发臭的液体,而且沙土也会变湿,这就是液化的开始。

令我记忆深刻的是,有一次我的试验品是一个长达 1.5 米,直径有沙罐瓶口那么粗的游蛇,试验的过程令人震惊,由于游蛇的体积很庞大,很多绿蝇幼虫完全浸泡在了类似沼泽的这个狭小空间里了。罐子里越来越湿,好像刚下过雨一样,罐底的小孔里不时有液体滴下,这条游蛇在这个罐子里慢慢地被蒸发掉了,泥土黏黏糊糊,上面

仅剩下一些骨头和鳞片。

蛆虫看上去是一种不起眼的存在,但是它的作用却不可忽视,它将死尸的残体进行最大限度的分解,成就了亡灵,存活了自身,它提取了能量又转化成另外一种能量表现形式,最终都归入了土地,变成了植物的乐园。

第十卷

第一章

蝉和蚂蚁的寓言

　　似乎人类很愿意以传言的方式去了解事物，不管是关于人还是关于动物或是关于某一件事情，大家可能往往都会一直相信从书本上、从别人嘴里或是从各种各样的渠道得来的信息，似乎没有人愿意再去印证一次，这些久为流传的事物当中，有很多其实都是很可笑不科学的。

　　比如关于蝉和蚂蚁的故事，这个寓言可能很多人在很小的时候就听过了。整个夏天，蝉都在树上高声歌唱，当看到小蚂蚁们成群结队地往洞里搬运食物的时候，它觉得这一切很可笑，还问蚂蚁："现在正值夏季，有这么多可口的食物，为什么要这么着急储藏食物呢？而且现在天气这么炎热，在这种天气里劳作是一件多么痛苦的事啊！"蚂蚁很诚恳地告诉蝉："夏天很快就会过去了，秋天到了的时候，就没有这么多的食物供我们储藏了，如果是这样，那么到了冬天，我们会饿死的。"但是蝉听了这些却不以为然，甚至还觉得蚂蚁的担心是多余的，于是继续在树上高声歌唱。很快夏天过去了，万物萧瑟的秋天到来了，蝉每天忙着找吃的都没有办法填饱自己的肚子，更不要说储备食物了。到了冬天，蝉忍冻挨饿，终于有一天，它受不了了，来到了蚂蚁家，祈求蚂蚁施舍给它一点食物，可是蚂蚁却说："过去在我们辛勤劳动的时候你在唱歌，现在你可以去跳舞呀！"这段寓言在很多小朋友的童年里都留下了很深的印象，并且深深地记住了一件事，那就是蝉是懒惰的家伙，我们不能向它学习，否则就不会有一个好的结局。

　　这个寓言在之后很长的一段时间里，甚至一直到现在，还对人们有着深远的影响，大家现在还是认为，蝉是一个爱炫耀自己歌喉的懒家伙。可是事实真的是这样的吗？当然不是，蝉生活在有橄榄树的地

⊙ 蝉和蚂蚁

353

区，事实上，这个地区很少有人会听见蝉的叫声。但是大家还是觉得它是个只会唱歌的懒虫。因为人们通常很信赖于来自小时候的记忆，就像很长一段时间都相信大森林会有吃掉小红帽的大灰狼一样，当我们钟爱的书本上出现这样一个寓言以后，儿童就会发挥他们的本性，把这些讲给身边的人听，大人们也认为这些牙牙学语的小精灵是不会骗人的，更何况这样的寓言是自己从小就学过的。于是，蝉的声望就这么被破坏了。它是人们口中到了冬天就会被饿死的可怜虫，是向蚂蚁乞讨的小乞丐，偶尔还要靠偷食我们庭院中的麦粒来维持生命，蝉在我们的眼中真算得上是毫无优点了。

可是真正的情况是，冬天的时候根本就没有蝉，就像我们不会在夏天看见雪一样；蝉也不会去偷吃我们遗落在庭院里的米粒，因为吃这样的食物会毁了它较弱的吸管；更不会去向小蚂蚁乞讨，让你去和小鸟对话行得通吗？尽管这么多不争的事实摆在眼前，可还是会有很多人说蝉是一个会鸣叫不停的懒东西。

造成这样一个甚至有点可笑的错误，使得蝉背负了一个莫名的坏名声，始作俑者到底是谁呢？只能说是这篇寓言的作者——拉·封登。当然首先要承认的是，在他的寓言中，对于其他动物的很多描写都是很细腻的，像对乌鸦、黄鼠狼、山羊、猫、狐狸，还有狼，等等这些动物的描写都很生动，加上是用寓言的手法来描述，所以他的故事都让人觉得既细致入微又生动活泼，加上他对很多动物的习性、品行的描写都是正确的，所以人们对书中的内容很少产生怀疑。

⊙ 蝉并不是靠蚂蚁的帮助度过寒冬的，人们对它们有误解。

但是人们没有想过，这些动物都是他见过的，细心观察过的，甚至会成群结队地出现在他家门前，它们的生活习性拉·封登自然很清楚。可是蝉这种昆虫，对于他来说可不是熟悉的物种，他只是凭借自己平时听见的叫声和从前得到的关于蝉的印象，就错把蝈蝈当成了蝉，这个错误在他看来不是什么大事，可是蝉却因为这个寓言一直背负了很多误解。

这个寓言传播范围的广泛程度是让人很惊讶的，这位法国的寓言家的故事很受欢迎，简单易懂，并且能让小孩子们学到很多知识。其实早在拉·封登之前，就有人写过了这个寓言，那就是希腊寓言，所以早在古代的希腊，孩子们就知道蝉是一个只知道享乐的懒家伙，最后有一个悲惨的结局。当他们背着草编的小筐，装满了无花果和橄榄，蹦蹦跳跳去上学的时候，他们就会高声地温习着课本上的寓言，虽然情节听起来没有后来拉·封登描写得那样生动，但是大致的内容是一样的。还是说蝉在夏天没有辛勤劳作，最后在冬天被冻死的故事。

⊙ 春蝉身长 35 毫米。4～6 月间，会在松树林里"格侬——格侬——"地鸣叫。

还有人为了让拉·封登的寓言看起来更生动，还有人为他的寓言添加了插画，就是同样生于法国的画家格兰维尔。但可惜的是这位想象力丰富的画家犯了同样的错误，画面中的情节应该是寓言中冬天里发生的一幕。蚂蚁就像一个勤劳的主妇一样，好像是已经开始忙活着把潮湿的麦粒搬出来晾晒了，而可怜的蝉这时候就低声下气地站在门口，把自己长长的手伸进蚂蚁的家，想求得一点施舍，但是蚂蚁却说出了最让孩子们铭记的话："夏天的时候你在唱歌，那么现在你就去尽情地跳舞吧。"为了让这个画面更具讽刺意义，格兰维尔让蝉穿戴上了漂亮的衣帽，甚至还赐给它一把艺术家的吉他，向人们暗示这个在夏天高声歌唱的懒家伙现在遭到了应有的惩罚。可正是这把吉他显示了他在这个问题上的错误，他肯定也跟拉·封登一样，把蝈蝈错贯上了蝉的大名。

但我更不可原谅的还是希腊的作家，拉·封登不了解蝉，仅从解剖学家那里听了一些言论，加上自己的分析和天马行空的想象，才把蝉写成了一个整个夏天都在歌唱而不去觅食、最后在冬天饥寒交迫的状况下死去的可怜虫。但是希腊的作家不一样，他们天天都能看得到蝉，只要稍加留心，甚至只是随便看一下，也不会创作出那么荒谬的寓言。如果说他们是根据古印度关于蚂蚁和蝉的故事而继续承袭，那更是让人不可原谅，因为这代表了他们不仅没有没有细心观察自己的生活，只知道一味地去遵循传统，更揭露了他们理解寓言时的肤浅。文明的古印度在流传开这则寓言的时候，旨在告诉人们要有居安思危的思想，做好充足的准备来应对以后的日子，以免苦难发生时没有防备。所以，最初故事里的主人公很可能根本不是蝉，只是随便一种什么昆虫都可以。人们甚至因为这个故事产生了许多深刻的思考，就像后期人类第一次意识到水的重要性之后开始大力倡导要节水一样，这个故事在古印度河两畔广为流传，并时刻提醒着人们要为一些灾难做准备。故事一代代的流传，没有人去刻意地告诉谁有这样一个寓言，但是不管大人还是孩子都知道这个故事，并且他们讲出的故事基本上也都是一样的。但并不是所有的人都能清楚地记得故事的原貌，当一个走形的技艺开始往下继续的时候，就注定了错误的开始，而流传到最后，到了古希腊人的记忆中时，已经没有人知道这个故事最初所蕴涵的哲理，只知道这则寓言要告诉人们的是，曾经只知道享受美好时光的蝉最终得到了应有的报应。可怜的蝉为这个寓言背上了一世的黑锅，并且似乎再也没能翻身。

当然，现在我做的一切是想为这个可怜的小家伙平反，还它一个清白。但是有一点我还是很肯定地承认的，它们的确是比较聒噪吵闹的，我为什么这么了解，因为它们正是我的邻居。我家门外有两棵法国梧桐树，每年夏天，郁郁葱葱的枝叶就像在对它们进行某种有魔力的召唤的一样，它们成群结队地扑向这里，好像来晚了就没有安身之地一样，然后就开始放声歌唱，一只蝉的歌唱也许还会让你有心情去聆听，以美好的心情去欣赏。可是当数百只这样的歌唱家一同在你的窗外鸣叫的时候，是不会有谁还可以感受到其中的美妙的。所以我只能早早地起床，抢在它们还没有准备开始歌唱之前，只有那段时间我可以清醒进行我的工作。等到它们也渐渐地苏醒，然后就又是高声地歌唱，有的时候我真的觉得这种声音可以用震耳欲聋来形容，我觉得自己的耳膜在接受前所未有的冲击。整个脑袋里没有任何的想法，都是乱哄哄的聒噪，更不要谈什么写作。可能很多人还会把这种小东西养在家中，只为了在心情不好的时候能够听它们欢快地鸣唱，可我却不一样，或许只有一只的话我也会很喜欢，但是现在的问题是成百的蝉一起在你耳边高声歌唱的时候，真的是让人很难以忍受的。

可能我和它们之间无法沟通的原因，我们都觉得对方是有些不讲情理的。现在，我每天要起得很早，才可以趁它们在歌唱之前求得一段安静的时间，潜心我的工作。要知道，我这么努力地表达出来的文字，可是在为它们鸣不平啊，它们就不能识相一点，配合一下，给我一段安静的时间吗？可是从蝉的角度上来讲，如果它们能够听得懂我在说什么，恐怕也会觉得我是不可理喻的吧。因为早在我住在这儿之前，这两棵高大的法国梧桐就已经存在了，这里早就成为它们聚会的场所，对它们来说，恐怕我才是不速之客吧？所以我根本没有理由命令它们安静。

尽管我带着一点点的怒意，但是还是愿意去寻找事实的真相来还这些可怜的家伙一个清白的。尽管我感觉它们的声音快要震坏了我的耳膜，但是我还是在树下坐了几天，对这群小东西进行了观察。首先我可以肯定的是，它们并不是懒惰的家伙。这里的七月是一个热得让很多人都无忍受的时节，更不说这些小小的昆虫，在酷热的天气里，它们甚至失去了往日的活力，一动不动，想去寻找甘泉，又怕死在寻找的途中，所以只能焦急而又无奈地等待着。可是蝉似乎丝毫都不害怕这样炎热的天气，它们就那样轻松地停在树干上，然后用自己坚硬的小喙像电钻一样在树皮上扎一个小洞。看起来十分坚硬的树皮下面其实早已被太阳晒得充满了汁液，这些对于它们来说无异于甘醇的佳酿，它们畅快地饮用着，高声地歌唱着，仿佛自己跟这个炎热的夏天没有一点关系。

这样高调的行为自然很快就引起了其他昆虫们的注意，我很高兴自己没有早早结束自己的观察，因为接下来发生的一幕，正是我为蝉平反的有力证据。所有的小虫子这个时候都很干渴，但是又不愿意盲目地出行去寻找水源，这样很有可能会断送自己的生命。于是它们只是原地不动地四下搜寻着，先确定了水源的位置它们才会采取行动。很快，蝉在树枝上钻开的小井就开始汩汩地向外流淌甘泉了，这很难不引起其他昆虫的注意，天上飞的、树上挂的、地上爬的，刚才还静悄悄的世界一下子变得喧闹起来了，大家蜂拥而至，蜜蜂、苍蝇、花金龟等等，当然来的最多的就是在寓言的最后大肆嘲笑蝉的蚂蚁大军。它们团团围住这口冒着甘泉的小井，汁液流过的地方都被舔食得一干二净，那些小蚂蚁起初不敢太靠近，因为在所有前来偷取蝉的劳动成果中的昆虫中，它们的体积是最小的，它们要确定上前没有危险后才会采取行动，所以起初，它们只是围绕着蝉，小心翼翼地喝一点。蝉倒是很大方，自觉地抬起自己的足，让这些小东西可以到井口边喝个畅快。但是这一举动似乎给了蚂蚁们莫大的鼓舞，它们大肆向前，完全变成了一群得寸进尺的掠夺者。开始的时候还不敢向前，现在胆子大一点的竟然开始一点点地啃咬蝉的足，它们甚至没有想过，要不是蝉刚才大度地抬起自己的足，它们根本没有机会靠近井口呢。甚至还有的蚂蚁可笑到爬到蝉的头上，抓住蝉的喙，

蝉也是不完全变态的昆虫。蝉喜欢将卵产在干的树枝上，每次约产三四百个。卵要经过一个漫长的冬天，直到来年夏天才会孵出幼虫。幼虫很小，像条小鱼。它用鳍一样的前足支撑纤弱的身体，从树皮的缝隙中爬出来，开始蜕皮。蜕下的皮形成一条有黏性的长丝，丝的一端连着小如芝麻的幼虫。幼虫在这根丝线上先尽情地享受日光浴，等身体变硬后，就顺着垂下的细丝滑落到地面，寻找柔软潮湿的地方，开始漫长的地下生活。此时，它靠吮吸地下植物根中的汁液生长发育。幼蝉在洞中等待上若干年，最长的可达17年。发育成熟的幼蝉，会在夏季七八月份的傍晚爬出地面，沿树干爬到树上，开始蜕皮。旧皮从背部裂开，头部先钻出来，然后是腿和翅膀，最后它们会在空中翻转，使最后的连接点脱离，同时前爪及时钩住旧皮，蜕化为带翅膀的成虫。

使劲地向后扳，它们一定以为，把蝉的喙拔出来以后，井里的甘泉就会喷薄而出。蝉被这群无耻的争夺者弄得失去了耐心，反正自己有钻井的能力，它决定放弃这口井，也省得被这些可恶的东西扰乱心绪，当然，临走之前它还教训了它们一下，在它们的头顶撒了一泡尿。尽管是遭受了这样的侮辱，蚂蚁们还是兴高采烈地围绕在小井的旁边，它们以为里面的甘泉会源源不断地向外流淌，其实它们不会知道，蝉的喙不仅仅是一个钻井的机器，更是一台小型的水泵，没有它，这口井很快就会枯竭。

看到这里，我想我可以为蝉平反了。我要否定的不是它们高声歌唱这件事情，而是它们去向蚂蚁乞讨这件事情。这则寓言故事从某种程度上来说是很荒谬的，蝉和蚂蚁在很多时候

是没有交集的，即便是有，也不是像寓言中说的那样，是蝉以一个卑微的姿态去向蚂蚁乞讨，然后蚂蚁并没有对眼前的这个可怜虫产生一丝一毫的怜悯，在一通冷嘲热讽后把它赶出了家门，甚至事实正好完全相反，寓言中的两个形象在现实中完完全全地颠倒了过来。在寓言中可怜巴巴去祈求食物的现在变成了自食其力的开拓者，而在寓言中趾高气扬的嘲笑别人的现在反而成了不知廉耻的掠夺者，这一点实在是有太多的人都不知道吧。更过分的是，这些掠夺者在不知廉耻的掠夺之后，根本没有一丝感恩之情。

⊙ 刚刚羽化的油蝉身体完全出来了。刚羽化的油蝉体色是白色的，和空气接触之后，颜色慢慢地变深。

整个夏季，蝉从自己的硬壳中奋力地挣脱出来以后，只能有五六个星期的欢闹时间，时间一过，它的生命就基本画上了句号。从树上掉下来，毫无活力的生命很快就会在太阳下化作一具干尸，此时来分解它们尸体的就是之前那群无耻的掠夺者。有的时候更让人觉得蚂蚁很无情的是，有的蝉只是生命的迹象在逐渐减弱，从树上掉下来，但并不是真正地死掉了，这时候蚂蚁一样会无情

⊙ 油蝉的成虫

把它们肢解，有的时候我甚至可以看到，它的翅膀还在微微地颤抖着，可是蚂蚁还是毫不留情地将它往洞口拖去。这时候的蝉应该是很伤心的吧，曾经那么不计较地把汩汩的甘泉分给它们喝，如今却落得个生生被肢解的下场。

　　曾有一位诗人在自己的诗中大肆赞扬了蝉，这个人就是被称为"希腊贝朗瑞"的阿那克里翁，他眼中的蝉是生于泥土之中、没有血而又不知道疼的家伙。原谅他的描述如此不科学，首先，他并不是一名严谨的科学家，不以一种科学家的眼光去看待昆虫也是可以理解的。其次，他的这种观念是遵循传统的，关于蝉的这种说法很可能在他出生之前就已经存在了。当然，我所知晓的也有关于蝉的很写实很科学的诗歌，也是关于赞美蝉的一首诗歌。诗歌是用普罗旺斯语写的，我在不改变诗歌原意的情况下把它用法语翻译出来，因为不是所有的普罗旺斯语在法语中都能找到相对应的词。

蝉和蚂蚁

一

　　我的上帝，天气很热！但对蝉来说可是件好事。
　　它兴奋到极点，在阳光下尽情地享受。
　　阳光如火球般炙热，一场大丰收就要到了！
　　在麦子金灿灿的波浪里，劳动者们
　　面朝黄土背朝天地挥洒汗水，世界很安静：
　　着火似的喉咙首先扼杀了它们的歌声。

　　但是可爱的蝉儿们，你们不怕这炎热的季节，放开音量
　　让你们的声音响起来。
　　尽情地摇摆自己的肚子，鼓起你们的身体。
　　田间的人们挥舞着镰刀，
　　刀来回地翻转着，刀刃
　　在金色的麦浪中也闪着光亮。

收割的人们把小水罐挂在腰间，
里面装满了水，用草把口塞住。
此时感受不到酷暑的只有磨石，静静地躺在木头盒子里，
时不时地还可以畅饮一番；
劳动者们却在毒辣辣的阳光下喘着粗气，
热气似乎都快钻进骨头里了。

可是蝉却有自己的解暑方法，你把自己的小喙扎进
小树那丰满多汁的树皮里，
钻一口小井，
甘泉从细细的喙向外涌出。
这时你才开始慢慢地靠上前
开始享受炎夏中冰凉的甘泉。

可一切都不会那么完美，绝对不会！因为有强盗
在你身边窥视的，漂泊至此的，
看见你尽情地饮用甘泉，也赶紧跑过来
想跟你一起享用甘甜的汁液。
你要注意了，它们是一无所有的强盗，
谦卑只是伪装，紧接着它们就会显现出无赖的本质。

从只求解渴，到要求一点满足感
然后就大肆地抬起头
想要全部。用它们尖利的爪子
开始撕扯你的翅膀。
甚至骑到你的身上；
按住你的嘴，踩住你的脚，向后拉你的角。

一群强盗还如此大胆，终于你不想再跟它们纠缠。
但是你生气地向它们撒了泡尿，
然后就远远地离开了，
这些无耻的偷水贼。
它们放肆地大笑，嬉笑打闹，
嘴边还有甘甜的汁液。

这些专门偷取别人劳动成果的窃贼中，
最得寸进尺的就是蚂蚁。
苍蝇、黄边胡蜂、胡蜂、害鳃金龟，
这些都是窃贼分子，
在火球一样的太阳下蹭到你的井边解渴
可蚂蚁却想鸠占鹊巢。

踩着你的脚，按住你的脸，
捅你的鼻子，
使尽各种无赖的手段就是为了赶走你。
甚至借助你的爪子向上爬，
放肆地爬到你的翅膀上，
想用散步惹恼你。

二

老人们以前说的原来是不对的。
因为他们说，
你在冬天里食不果腹。低声下气，
悄悄地前往
蚂蚁那储藏丰厚的地下室。

很多麦粒还没有搬进粮仓，
因为被夜晚的霜打湿，
现在正在太阳下被不断地翻弄着，
直到干了才会装好。
就在这时你突然来访，泪眼婆娑。

你跟蚂蚁说："实在太冷了，北风
在肆虐，我快要饿死了。
你们从巨大的粮仓中
分我一小袋粮食吧。
在下一次丰收的季节，我一定会偿还。"

"借给我一点粮食"还是你应该掉头离开，
因为它们根本不会在乎你怎么样，
别再让自己幻想了，那满仓的粮食中，
你休想得到哪怕一粒。
"滚开，去刮刮你装粮食的桶吧；
夏天你那么高声地歌唱，冬天饿死活该！"

寓言中的情节就是这样的，
让我们学习那些小气的家伙
幸灾乐祸地死守着自己的食粮
……让那些只会唱歌的蠢货
也知道什么叫做报应吧！

这些寓言让我感到愤怒，

因为里面说你冬天的时候去乞讨食粮，
苍蝇、小虫和麦粒，这从来就不曾出现在你的食谱上。
麦粒！你要它做什么呢？
别人饥肠辘辘的时候你自己钻井就已经足够了。

在你的世界里根本就没有冬天，那时候你的后代
正在酣眠，
而你也沉沉地睡去，不再醒来。
尸骸在阳光下化成碎片，飘落一地，
直到被四处抢夺的蚂蚁看见。

在已经干枯的皮囊上，
它们拼了命地争抢；
掏空你的胸腔，将你扯碎，
当作腌肉搬回粮仓。
这才是冬季的好食粮。

三

这才是真正的事实，
与我们之前所听到的根本不一样。
可恶的蚂蚁现在有什么想法？
这些到处偷窃，
顺手牵羊，大腹便便，
以为储藏就能够称霸的蠢东西。

你们还更加恬不知耻地说，
蝉儿们从来不劳作，
所以让它们吃点苦头是应该的。
不要诋毁别人了，
蝉儿在树皮上钻出甘甜的汁液，
你们去抢夺也就算了，现在它死了，
你们居然还这样居心不良。

　　这首诗歌虽然听起来很平常，甚至有点俗气的意味，但是我的朋友就是用这种畅快淋漓的方式，为那些被冤枉了不知多少年的小家伙们平反了。

第二章

蝉的动人歌唱

关于蝉的寓言故事其实有很多，可是关于蝉的一切，这些写寓言的人或是传言的人是不是真正地了解呢？就连 18 世纪初期法国著名的科学家、昆虫学家雷沃米尔自己都承认，他从来没有听过蝉的歌声，谁会相信写出《昆虫志》这样鸿篇巨制的昆虫学家，自己居然没有听过蝉的叫声。他只看过浸泡在跟消毒液有着相似功用的烧酒里的蝉而已。他们看过解剖后的蝉，在那些解剖者对蝉的发声器官做出准确的描述后，他们以此作为自己的理论源泉，然后创作出了让后人一直误会蝉的寓言。

大师已经把基本的方向定夺下来了，我们只能照着前辈的方向走下去。就像收割一样，大师把大捆的麦子收走了，我们只希望拾到的麦穗能够捆成小堆。就像雷沃米尔在听交响乐的时候，我能听到的可远远要比那隆隆作响的交响乐要多。也许我能让话题听起来更加吸引人一些，就像对那些已经存在的资料，我只有在做基本的讲述时才会翻来覆去地使用。

我想说说蝉的发音器，就紧紧地贴在它后腿的地方，在后胸部位，像两片半圆形的锅盖一样，很宽。这就是蝉发音器官的音盖，我们也叫它顶盖、制音器或者是护窗板。如果尝试着把这个器官打开来，就会看到两个小教堂，两个小教堂加在一起就是一个大教堂，也是一个巨大的音腔。音腔的前面有一层质地柔软细腻的膜，呈黄色的乳状，而后面又是一层很薄的虹色的膜，像干燥的肥皂泡一样，普罗旺斯人叫它镜子，只是一个器官而已，发音跟镜子相似，我只能这么叫。

这些可以看得见的器官就是很多人印象中的蝉的发声器官，但是如果你能忍心做这样一个实验，就会发现，这些一直以来的想法根本就是错误的。是的，我又当了一次坏人，因为我急切地想知道到底是什么样的构造使得它们有这样嘹亮的声音。我剪掉音盖，把薄膜撕破，甚至把镜子也打碎，我本以为这样一来，这些高声歌唱的家伙就会像失去创作灵感的艺术家一样，再也无法一展歌喉，可我错了，它们的声音依然存在，只是略微变小了而已。所以，大教堂也好，前后的薄膜也好，还是音盖也好，都不是它们发音的真正的工具，只是增强或是改变声音的辅助器官。那么真正的发声器官到底在哪里呢？

是的，我不得不承认，前几次的观察和寻找我并没有发现真正的奥秘所在，真正的发声器官是在两个小教堂的外侧，这里跟腹背交接的地方，有一个小孔，一个包着角质外壳像纽扣一样大小的小孔，音盖就罩在它的上面，所以我叫它音窗，

⊙ 蝉以树木的营养为食，为树之大敌。

361

⊙ 蝉慢慢地爬出洞。

它通向另外一个比小教堂要大得多的空腔。这里比较靠近后面的翅膀，并且也比小教堂要狭窄很多。外壁是一个很难让人忽略的地方，因为在一片闪着银色光泽的绒毛中，只有这里黑得几乎失去了光泽，而且像一个小丘陵一样微微地隆起，整个呈椭圆形。

真正的发声器官其实是音钹，想要找到这个器官就要在音室上打开一个大的天窗。接着你就会看清这个器官的全貌：向外突起的椭圆形薄膜，呈白色，上面还穿插着三四根褐色的脉络，这样一来，这里的弹性就更加出色。整个音钹固定在周围的框架上，框架很坚硬。很容易想象，当像橡皮筋一样的脉络受到拉伸的时候，自然会带动整个音钹向中间凹陷，但是坚固的框架让脉络无能为力，最终还是要弹回来，这样，音钹又迅速地恢复到凸起的状态，一个清脆的声音就这样产生了。

这让我想起了二十多年前的一种玩具，当时那种恼人的东西真的算是风靡了整个巴黎，其原理跟蝉的发声原理是基本一样的。制造商把一个短的钢片的一头固定在一个金属底座上，这样一来，当人们用手指将钢片挤压的变形的时候，突然放手，钢片就会迅速弹回去，然后发出一个响声，人们还为这种玩具起了一个名字，很形象，似乎是叫"噼啪"或者是"唧唧"，大概就是这样。当时我真的很不理解这种玩具怎么会风靡一时，我甚至害怕现在再来描述这样的玩具时，很多人都不知道我在说的是什么，我想这也足以证明它的存在的确没有给人们留下什么印象。

蝉的音钹的发声原理其实就是跟这个小钢片一致的，或者也许这个玩具的制造商正是受到了蝉的启迪。让我有些疑问的是，小钢片发声的时候，是因为有人用手指给它施力，可是蝉不一样，没有人会因为想让它发声而跑去用手指给它的发声器官施力。那么音钹是依靠什么来调节发音器官的凹凸的呢？让我们再回过头来研究教堂的原理吧，先说大教堂，一片黄色的乳状薄膜挡在前面，我们把它撕破，看，两根粗粗的肌肉柱子就这样显现了出来。这两根肌肉柱就像人拨弄钢片的手指一样，连接起来，成一个V字形。在蝉腹背的中线上，同时也就是V字形的顶点部分，而V字形两端的端口上，有点像被刀生生地截断了一样，在横截面上，又长出一根细细短短的系带，这样一共两根系带对应着跟两侧的音钹相连。这样真相就大白了，系带就相当于人们拨弄钢片的手指，音钹就相当于玩具中的钢片，而玩具的底座，就是蝉身上坚固的框架，这样一来，靠着肌肉柱一张一弛地伸缩，音钹就可以不停地做凹凸的变化，清脆的声音就这样回荡在它的教堂里。

也就是说，只要肌肉柱能够伸缩，蝉就能发出叫声。我找到了一只刚死去不久的蝉，小心翼翼地把它解剖，找到肌肉柱的存在，然后用镊子轻轻地拉动它，接着松开镊子。肯定是刚死不久的原因，肌肉柱还可以迅速弹回去，一个清脆的声音又响起了，很戏剧化的，眼前的发声器的主人已经毫无生气可言，但是在一段时间内，用我的方法，声音还可以源源不断地从它的体内传出来，尽管没有以前那样响亮，没有办法，我只能让这具尸体发音，却不能让它再去调节声音的大小。也就是说，真正的发声器是音钹。我们之前的实验想要找出蝉的发声器官，我们打碎了镜子，破坏了教堂，但是还是无法让这些小家伙安静下来，尽管它们看起来已经破败不堪了。现在做了这个实验之后，我们就知道了，要想让这个小东西不再唱歌，其实不用做这么大的破坏，我们只要一根细细的针就可以了。拿一根针从被我叫做音窗的地方伸进去，尽量地伸到音室的底端，这样就可以触及音钹，不用太用力，针尖就会刺破这个部位，这样一来，这只蝉就再没有办法高声歌唱了。也许它还可以像以前一样欢快，甚至还可以用自己细的喙来钻开树皮喝到甘美的汁液，谁也看不出它跟其他的伙伴有什么不一样，它却不能高声歌唱。因为音钹上面有了一个缺口，这样一来，整片音钹就不能做凹凸的变换了，就像船上的帆一样。本来帆是可以控制航向的，但是如果在帆上打上大大小小的洞，就算刮再大的风，帆还是一动也不会动，音钹也是同样的道理。

至于为什么之前把蝉的整个发声系统破坏成那种样子，它还是可以歌唱，只是声音变小了而已，原因就在于此，我们只是破坏了它发声的辅助器官。蝉的音盖是一个很结实的外壳，本身不会伸缩，但是却撑起了它的腹腔，使得腹腔可以做出伸缩。当蝉的肚子鼓起来时，就是里面小教堂的天窗打开了，这样一来整个共鸣腔就会骤然变大，声音自然会变得响亮无比。而如果此时拉扯音钹的肌肉柱同时运动，那么整个声音的音域也会顿时变宽，就像很快地拨动琴弓所发出的声音一样。但是如果肚子瘪下去的话，那此时的声音就会变得毫无气势可言，低沉，甚至有些沙哑。

因为支撑音钹的肌肉柱不能永远保持这种状态，所以我们在炎热的夏季听到的蝉的叫声往往是一阵一阵的，每段歌声中间大概会有几秒钟的休息。有时候我在观察一只蝉的时候，它会突然开始叫起来，声音洪亮，然后腹部快速地收缩，声音也随着这一阵猛烈的收缩而到了最高的音量，顶峰过后的声音就急转直下，腹部慢慢就瘪了下去，声音也开始变得低沉沙哑，甚至转变成了一种低低的呻吟。腹部在进行了几秒钟的休息后，又攒足了力量，紧接着，一段由低到高的歌唱又开始了。蝉儿们似乎不在乎自己每次的歌声都是一样的，它们整个夏天都乐此不疲地高声歌唱着。

当然它们的这种兴致是只有在阳光明媚的好天气才会有的，阴天或是吹着冷风的天气，它们就完全没有了唱歌的心情。有的时候，天气闷热，它们就会断断续续地唱着自己的小曲，时不时地休息一下，然后继续歌唱。但是有的时候，处在炎热的天气下反而会让它们异常地兴奋，从早上七八点太阳还没有完全发挥自己的威力开始，一时一刻都不会停止自己的歌唱，在肌肉柱需要休息的时候，也顶多是把高声的歌唱转为低声的呻吟，不会完全停止。这样的状况一直会持续到傍晚时分，甚至太阳下了山它们还不是很情愿收工，不知道除了它们还有哪位歌唱家可以每天唱 12 个小时。

跟南非熊蝉相比，红蝉要稍微小一点，跟其他的蝉不一样，它的翅脉里和身体的其他部分里流淌的血液都是红色的，而不是褐色的，所以人们才叫它红蝉。这种蝉在森林里并不多见，有的时候我要寻找好久才可能会碰见一只。它的发音器官跟南非熊蝉的不是完全一样，跟我们后来说到的山蝉也有一定的区别，确切地说，是介于二者之间的。因为它像山蝉一样没有音室和音窗，却懂得怎么像南非熊蝉一样靠伸缩自己的腹腔来控制声音的大小。它的音钹也是裸露在外面的，白色的音钹同样紧挨着翅窝，上面有八条相对较长的平行脉络，还有另外七条看起来短一些的，在八条较长的脉络上逐一排开。小教堂的上面有一个内边缘向下凹的音盖，音盖很小，只能遮住一半的教堂。上面还有一个小小的孔和一个叶片，这就是它的气窗。每次它都会把后腿贴着身体，抬起或降下，这样就可以控制气窗的开合，当然并不是只有红蝉才会这样做，其他的蝉也会，只是红蝉的附器要大得多。红蝉的镜子也没有南非熊蝉的那样大，但是外表看起来都是一样的。当腹部鼓起来的时候，声音就会变得很洪亮，腹部瘪下去的时候声音就会变得低沉无力。还有跟南非熊蝉相似的是，它的叫声也是一段一段的，因为它也是要靠调节腹腔的大小来变换声音的。不过每有不同的是，它的叫声不会一直那么响亮，因为它的音钹有一半是裸露在外面的，那么声音自然会向外扩散一些，声音发出来的时候就没有南非熊蝉那么响亮。但是它的肚子上却自带了一个很大的音箱，这也能从一定程度上弥补它相对较小的音量。

还有一种蝉，博物学家叫它们为山蝉，但是我们却叫它为"咯咯蝉"。我觉得我们的叫法更为贴切，因为这种蝉叫起来真的是毫无停歇。之所以叫它"咯咯蝉"是因为它的叫声听起来就是这样"咯！咯！咯！咯！咯！咯"，连绵不断，有的时候会让人觉得很心烦，因为它的声音并不是清脆的，而是一种几乎嘶哑的声音，每次叫起来都声嘶力竭的样子，扰得人心绪不宁。好在它们不像南非熊蝉一样，起得那么早，睡得又那么晚，否则每天用这样不悦耳的声音唱这么久，我是接受不了的。这种山蝉个头比南非熊蝉要小一半，因为体型较小，所以动作也比较敏捷，会给人很小心翼翼的感觉。我个人不是很喜欢这种蝉，或者说有点厌恶，它们的叫声只要响起，直至它们睡眠这段时间，是不会停歇的，尤其是当那两棵高大的法国梧桐树上落了上百只这样的噪音制造者时，我觉得这简直是一种折磨。就好像有人提着一大袋子的干核桃在你的耳边拼命地摩擦一样，感觉不是你的脑袋先爆掉就是它们先爆掉。

跟南非熊蝉相比，尽管基本的构造没有什么不一样，但是山蝉的声音还是跟它不一样，有自己的特点。它的音钹与后翅的翅窝紧紧地挨着，但是却裸露在外，因为它没有音室，所以就更谈不上音窗。暴露在外的音钹像一块白色鳞片一样干燥并且向外突出，其间横穿着五根脉络，褐色的中间夹杂着一点点红。腹部的第一节向前伸展出一个簧片，短宽却很有力量，簧片活动的一端跟南非熊蝉一样靠在音钹上，就像木铃的簧片一样，只不过山蝉的簧片没有搭在齿轮上而已。它们的簧片靠在微微震动的脉络上，这可能也就是它们的声音听起来比较嘶哑的原因，但是我又没有办法拿一只山蝉来做实验，它们的胆量似乎跟体积成正比，我一抓住它们，它们的叫声就跟没有危机时候的完全不一样了。

山蝉的音盖中间有一条比较长的缝隙，不像南非熊蝉那样是交叠在一起的。音钹被音盖和簧片遮住了一半，另一半就那样裸露在外面。有的时候我会用手指轻轻地压它，它就会把腹部和胸前的部分都微微地张开。但是唱歌的时候，它们是不会主动去调节这个部位的，这也就是为什么它们的声音不能像南非熊蝉一样有高低的起伏，因为它们不会急速地运动自己的腹部，这样一来声音就没有大小高低的调节。但是为什么它的声音没有办法增大或是提高，却让人如此不能接受呢？因为山蝉是会腹语术的蝉。我仔细地观察了它的腹部，惊奇地发现，前半部分居然有三分之二是透明的，那不透明的地方到底是什么呢？我用剪子把这一部分剪开，这样透明的部分就跟不透明的部分分开了，原来不透明的部分里装满了它们用来保存、繁衍后代的器官，这里被挤得满满的，丝毫没有空隙可言。但是剩余的腹部却空暇很大一块，一个占很大比例的空腔就这样显露出来，我之所以这么说，是因为它几乎占了整个蝉的身体的一半，一直延伸到外表皮，只有背面的地方有一层很薄的肌肉紧密地排列着，消化管就长在它的上面，只是很细，就好像丝线一样。而空腔尽头的音钹的肌肉柱就跟南非熊蝉的差不多了，都是呈 V 字形，两边有两面闪耀的镜子，之间就是前胸的尽头，都很空阔。

现在我明白为什么它的腹腔不能伸缩却能发出如此大的声音了，因为它们空空的腹腔就等于一个很大的音箱。南非熊蝉是因为腹腔内没有这么开阔的空间，所以要依靠暂时扩大腹腔体积以增大音量，可是山蝉的腹腔中本来开阔的空间就已经很大了，所以它不需要再去靠扩大腹腔来增大自己的声音。我试着用手指把刚才剪开的地方堵上，声音就变低了，如果在这个地方接上一个圆锥形的小纸袋或是一个小的圆柱，纸袋的尖的部分对准山蝉的发声器，这样就形成了一个简易的扩音器。安装了这个装置之后，山蝉的声音可不再是沙哑那么简单了，变得像牛叫一样。正在我的实验做得兴致勃勃的时候，几个小孩子经过我家门外，正赶上这只山蝉开始鸣叫了，我本以为几个小孩子会对这个现象感到惊讶，没有料到的是，他们直接被吓跑了。其实这是他们再熟悉不过的小山蝉的叫声，当然，被我安装了一些简单的装置。

做完这个实验我自己就在想，幸亏山蝉没有像人一样，是进化论的体现者，要不然，这样狂热的歌唱家，如果一代接一代地进化它们有着音箱效果的腹腔，那么过不了多久，山蝉就算离开了我的扩音装置，它们的声音还是一样会跟牛叫一样浑厚洪亮。试想一下，要是这样的叫声一刻不停地回荡在人们的耳边，那么整个普罗旺斯很快就会成了山蝉的世界，因为没有人会受得了。

当然我还是做了同样的实验，跟对待南非熊蝉一样，也许我更想让这个喋喋不休声音又不悦耳的家伙停下来。其实这比让南非熊蝉停下来更简单，因为山蝉的音钹外面没有一块完整的外壁来保护，所以我轻而易举地在这个地方扎了一个小洞，山蝉可能还不知道自己的身体发生了什么样的变化，它还想像往常一样高声鸣唱，却悲哀地发现自己再也发不出声音了。有时候我会突然很希望整个村庄就像这只山蝉一样安静下来，不过我知道，这只是一个幻想。

还有另外一种蝉，雷沃米尔和奥利维埃都称其为毛蝉，我不知道自己是否见过这种蝉，根据他们的说法，这种蝉在普罗旺斯很出名，当地人称之为小蝉，但是在我生活的地区，是没有人知道这种蝉的。所以我想，也许是他们把我们这个地区的另外两种蝉叫成了毛蝉了。根据他们的描述，我所在的地区有两种蝉跟书中的差不多，一种是黑蝉，还有一种是矮蝉，其中黑蝉我只见过一次，但是却收集了很多矮蝉。下面我再来描述一下矮蝉的情况吧。

它的确是很小的一种蝉，大概就像一般的虻那么大，大约 2 厘米长，应该算是我们这个地区最小的一种蝉了。有三根白色的脉络长在透明的音钹上，音钹虽然勉强能被皮肤上的褶皱遮挡上一些，但是还是可以看得见的，跟红蝉和山蝉一样，它也没有音室，或者说只有南非熊蝉才有音室。小教堂顶上的两块大镜子之间一样有大大的空隙，两面镜子像两颗四季豆一样，整个教堂就这样显露在

蝉的歌声

　　热带、亚热带，以及温暖的地中海地区，蝉的歌声是人们最熟悉的声音之一。蝉的发声机制和蝗虫摩擦发声的方法是完全不一样的。

　　蝉（右图）的发声器官是由外表皮内一对很薄的薄膜，即鼓室构成的，这一结构位于腹部第一节的两侧。每一个鼓室都会在一大块像罐头盖那样开合的肌肉的作用下变形或弯曲。通过连接的支撑杆，收缩肌肉引起鼓室膨胀，放松肌肉则鼓室恢复原

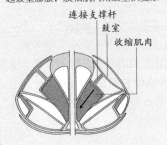

连接支撑杆
鼓室
收缩肌肉

形。每一次运动都形成一次脉冲或者滴答声，蝉的歌声就是由一长串的这种脉冲构成的。空气囊将腹部的这种声音放得很大。鼓室被膨胀的程度不同，声音在振幅上也会发生变化。

　　蝉的叫声通常非常响亮，在热带森林中，人的耳朵在1000米外都能听见它们的叫声。但只有雄性的蝉能发声，它们用声音来吸引同种类的雌蝉。

　　鼓室结构的变化以及与它们相连的盘状物是给蝉分类的基本依据。有些种类通过其声音来分辨其类别往往比通过检查它们风干的标本更容易。

　　虽然几个世纪前人们就已经知道了蝉利用空气来发出声音，但叶蝉和蜡蝉也能通过发出的声音进行交流是人们在50年前才发现的。这两种蝉成年的雄性，也包括很多雌性，具有像蝉的鼓室一样的结构。现在看来，所

有头喙亚目的蝉和跳虫都能利用声音交流。这种小昆虫产生的低强度声音通过它寄宿的植物传出去。有一些种类，雌性通过发出一系列简单的脉冲来吸引雄性，在交尾前，雄性会唱一曲更复杂的"求爱歌"。

外面。因为自己有音箱，所以唱歌的时候也不会变化腹腔的体积，所以声音听起来跟山蝉一样，没有起伏变化。但是它没有山蝉那样恼人，可能是由于体积比较小的原因吧，它的声音不是那种刺耳的响亮，所以即便是很多矮蝉一起鸣叫，也不会让人觉得十分心烦。通常如果你想听见一只矮蝉的鸣叫的话，可能要走到离它只有几步远的地方才可以。

不管叫声是大还是小，是动听还是让人心烦，我好奇的是，为什么它们几乎整个夏天都在不停地叫？很多人可能会毫不犹豫地回答，这是雄性蝉对雌性的吸引方式。如果我没有深入地去观察它们，也许我也会这样认为，但是我家门前的两棵法国梧桐每年都招来很多各式各样的蝉，15年来不曾间断，使得我也不得不走进它们之中，好好地了解一番。首先我可以肯定的是，它们的高声鸣叫不单单只是为了吸引雌性的注意力，如果真的只是为了吸引雌性的注意力，那么找到雌性的雄性就完全没有了鸣叫的必要，但是我所看的情况根本不是这样的。所有的蝉成群结队地把自己的喙钉在树皮里吸取甘甜的汁液，然后似乎就不再离开这棵树了，它们喜欢炎热的太阳，于是就跟着太阳旋转，让自己尽可能地暴露在阳光下。每过一小会儿，就换一个地方继续畅饮。就算在畅饮的过程中，它们还是没有停止过高歌，我对它们的群体进行过细致的观察，其中很多雄性的蝉身边已经有雌性蝉的陪伴了，按照高声歌唱是为了吸引异性的这个道理，它们此刻应该静悄悄地吸吮着甘露就对了。可事实并不是这样，它们的身边站着雌性的蝉，但是它们还是高声地歌唱着。所以因为吸引雌性才高声歌唱的这个理由是有些不妥当的，至少是有些片面的。

当地的居民说，蝉在这个季节高声歌唱是为了给辛勤劳作的人们加油鼓劲，人类这时候在烈日下拼命地劳作，它们却依靠自己的聪慧在大树上栖息却能丰衣足食，所以它们要在自己休息的同时为收割的人们加油打气。这种说法自然是没有科学依据的，甚至是有些幼稚的，但是看在人们如此善良如此童真的份上，我很愿意把这种说法收录进来。

那么为什么它们会这样高声歌唱呢？可能大家都知道，的确有很多昆虫会在栖息的时候发出叫声。但是只要感觉到危险的逼近，通常它们就会选择逃命了，蝉也一样。它有非常敏锐的视觉系统，较大的复眼和三只钻石般的单眼能让它们清楚地看到自己的周围是否有危险逼近，一旦有人接近或是有其他天敌靠近，它们会立刻逃命去了，哪还有时间高声歌唱。于是我想，要是换一种方式来惊吓它们呢？结果会不会一样呢？

于是我做了让我至今还难以忘怀的一个实验，我向镇上借了两个大炮，朝里面装上了满满的火药，当然是那种在过节的时候鸣放礼炮用的火药。我想这样的阵势真的是很隆重的，就算是政治家巡回竞选路过这里时都没有这样的阵势。我怕把自己家里的玻璃震碎了，事先把所有的窗户都大大地打开，然后让我的几个昆虫爱好者朋友们在窗台前做好记录：放炮前这些歌唱家们都以什么样的阵形在歌唱，数量是多少。然后我毅然地点燃了大炮，轰隆一声巨响过后，我本以为树上什么都没有了，可烟雾散去后我甚至对眼前的景象有点不敢相信。蝉儿们还在悠然自得地畅饮着，阵形没有变化，数量也没有变化，就像刚刚什么都没有发生过一样，继续欢快地高声歌唱。于是我大胆地做了一个猜测，或许这些视力超群的小东西都是聋子。它们只对看得见的危险才会采取行动，所以只要没有人打扰它们，就算再大的声音也不会惊吓到它们。

蝉到底是因为什么才会不停地高声歌唱呢？难道真的是因为在成功地吸引了雌性之后还要不停地向对方表达爱意？经过研究发现，很多动物在与异性慢慢靠近的过程中都会渐渐地安静下来。所以我只能把蝉的高声歌唱当作是对美好生活的一种欢愉的表达，也许并没有什么具体的意义。就像我们尴尬的时候会抹鼻子，兴奋的时候会不断地搓手一样，没有什么使它们高声歌唱，它们只是为了生活的美好，歌唱是它生命中的一部分。也许我的言论听起来有些可笑，也许也会有人认为我说得合乎情理，也许需要日后更多的人和更先进的科技来证明。

第三章

松毛虫的窝和社会

初冬来临，冷风已经开始耀武扬威，松毛虫开始修建过冬的住所。它们选择了一处松针密集的枝梢，用纺丝器织成一张网，将枝梢覆盖起来。这是一个半丝半叶的居所，丝网四周的松针都向房屋的中轴微微侧着身子，叶梢湮没在丝网中。十二月初，丝屋已经有拳头大了；临近冬末，它终于完工。丝屋体积两升，呈卵形，下部逐渐缩小，最下方包裹着支撑房屋的松枝梢。

每个天气好的晚上，松毛虫就成群结队地走出丝屋，沿着房屋中轴那根苗壮宽大的松枝，慢条斯理地挪动。然后，大部队逐渐拆分成小分队，各自前往临近的枝杈上，享用美味的松针晚餐，吃得饱饱的再回去。在这来回的路上，每一只松毛虫都没有停止纺丝器的工作，它们在往返的路上留下了双线梢。这是它们为了避免迷路而留下的路标吗？

事情应该不是这么简单。如果只是沿途的路标的话，那么一条线就够了。松毛虫日复一日地在这条路上来来回回，每次都毫不吝啬地留下两条带子，日积月累，这条路上便覆盖了密密麻麻的线，好像是一个鞘。这个鞘使它们住所的根基更加深厚，并与稳固苗壮的松枝连为一体。所以，它们的丝屋上部是卵形的居室，下部则是柄、蒂和这个缠绕着支撑物的鞘。

每晚的七点和九点之间，你会看到丝屋的表面聚集着数不清的松毛虫，它们把始终挂在唇上的丝线，粘贴在经过的路上。似乎每一只松毛虫对这加固加厚住所的工作都抱有极度的热情，它们如火如荼，毫不松懈。丝屋上的这番景象真是热闹非凡，就如同乡村的集市一般。

可是，这些未雨绸缪、使劲干活的松毛虫，难道已经预料到它们在寒风刺骨的冬日所要面临的苦难了吗？应该不是，因为生活并没有告诉它们。生活告诉它们的只是，在家门口就有美味的松针，在平台上可以懒洋洋地享受阳光中的午睡。什么是凶号怒吼的寒风，什么是寒凉刺骨的冰雪，它们一无所知。然而，它们却认认真真地加固住所，似乎对

⊙ 各种松毛虫

未知的苦难有一种警惕的本能。

丝屋的中央，露出一个不透明的白色大壳，它由密集的线编织而成。屋顶上半开着一些分布得毫无次序的圆孔，这些就是毛虫进出的门洞。白色大壳的四周，围着很多完好无损的松针，它们隐没其中，变成了厚厚的围墙。每根松针鞘都发散出一些轻柔的线，它们交织在一起，形成一张半透明的纱帐。

纱帐里面有一个宽广的平台。每天上午，松毛虫就离开丝屋，来到阳光照射的平台上。它们相互堆靠着，你挨我挤地在这里晒日光浴。它们每天都在这暖洋洋的地方睡午觉，一直睡到晚上六七点钟太阳下山，才慵懒地散开。

我用剪刀沿着经脉把它们的小窝刮开，现在，让我们仔细参观一下它们的房间布置吧。屋里围着的松针竟然完好无损，丝毫没有被啃咬的痕迹。面对近在眼前的美味，馋嘴的松毛虫为何不为所动呢？原因很简单，这些松针是住所的支撑物，一旦受损很快就会干枯，北风一刮，丝屋就会随着脱落的松针一起被拔离枝梢，顷刻坍塌。要保住寒冬时节抵御风雪的小窝，就必须保证这些绿色的屋架茁壮繁茂。所以，即使天气恶劣时，松毛虫们几天内都不能外出进食，它们也会强忍饥饿，不会打这些房梁的主意。

我在剪开的虫窝内部，看到一条松针形成的柱廊，它层层叠叠，稠密厚实，呈卵球形。松毛虫用丝制的编织物在柱廊上罩了一层薄纱，像是一个鞘；鞘上悬着破皮屑和一串串干粪，这个容纳废弃物的地方与它美丽的围墙极不相称。而此时，松毛虫正杂乱无章地聚集在柱廊绿色的柱子上休息。

为了在无需提灯照明和气候暖和的条件下，观察松毛虫的生活习性，我将半打虫窝移进暖房。虽然我的这个暖房十分简陋，并没有比外面暖多少，但也总算是能够遮风挡雨。作为饲养者，我的责任是将这些支撑着松毛虫住所的松枝在沙土上固定好，并为这些观察对象们提供新鲜而充足的食物；作为博物学家，我的职责是对松毛虫的饮食进行探究；而寄宿者们只要按照它们的本能生活，供我观察就可以了。

这些纺织工们在加固房屋的劳动之后，来到临近的树枝上补充能量。它们三三两两地趴在每一根松针上，默不作声，一动不动，安安静静地享受着美味的松针。它们的胃是多么的灵巧，消化的速度很快，以至食物的残渣像雨点般落下；第二天早晨，地面上一定会覆盖上一层这样的绿色细粒。晚餐持续的时间很长，一直要到深夜。它们吃得饱饱的，一直将自己盛丝的壶装满，才起驾回窝。回去之前，还都不忘在小窝的表面上再添加几根细丝。它们陆陆续续地返回，等到整个虫群都回到小窝的时候，已经是凌晨一两点左右了。

根据我在野外的观察经验，松毛虫对普通松树、阿勒普松树和海洋松树都十分喜爱，对其他松树好像不感兴趣，从未在其他松树上爬行过。不过，根据化学分析，它们似乎对含有树脂芳香的叶子情有独钟。

于是，我变换了菜单，给这些寄宿者们送上了许多新菜：侧柏、刺柏、冷杉、紫杉。虽然这些新菜都散发着树脂的香气，却明显没有受到松毛虫的欢迎。它们宁肯饿着，也不去吃一口新菜。只有一种叶子例外，这就是雪松叶；它们吃雪松叶就像吃普通松树的叶子一样，丝毫没有排斥。同样都是松树替代品，为什么松毛虫只喜欢雪松叶，而对其他树叶不感兴趣呢？我回答不出来。或许，松毛虫的胃和我们的胃一样，都有着自己独特的喜好和难以探究的秘密吧。

现在，我可能要打扰一下松毛虫的正常生活，对它们进行一项新的实验。白天的时候，松毛虫

⊙ 吃松针的松毛虫

都跑到有温暖阳光照射的平台上睡午觉；而这时，它们的房间空空荡荡，我就可以放心大胆地用剪刀实行我的新计划。我在虫窝的中部打开了一条裂缝，约有两根指头宽。出现了这么大的一个缺口，冬天的寒风冰雪轻而易举就能将虫窝毁灭。面对这突如其来的灾难，平常谨小慎微的松毛虫会如何应对呢？

它们根本没有应对，因为现在正是阳光好的时候，它们还在舒适的平台上午睡。松毛虫根本没有意识到，在它们甜睡的时候，居所已经被开了一个致命的大缺口。或许，到了晚上它们出来吃晚饭的时候，它们就会发现吧。我想，当它们从梦中醒来，熙熙攘攘地奔向嫩叶的时候，不会对这个大洞视而不见的，它们会用刚刚装满的丝壶，立即展开补救工作。

夜幕降临，我所期待的景象却似乎不会出现。松毛虫一点也不担忧它们屋子上的大裂缝，它们平静镇定，就像平常一样，在虫窝的表面来来往往、添加丝线。有几条松毛虫在纺织的路途中偶

食叶者

熊几乎是什么都吃的，但对于针叶树叶仍然是望而却步的。与其他大部分树叶相比，针叶树叶坚硬，外面裹有蜡层，而且含有气味浓重的树脂，不易消化。它们只适合森林中的专业食叶者，如飞蛾的毛虫和叶蜂的幼虫。松毛蛾是以针叶树叶为食的欧洲物种之一，成年蛾呈灰色或者棕色，但是幼虫则长有绿色和白色的条纹，与松针上的蜡光非常匹配。它们贪婪地食用嫩松针，把整个身体伸展在其食物上，这使得它们更难被发现。一只雌性飞蛾可以产下几百个卵，因此这种毛虫的传播速度非常之快。

松毛虫日夜不停地吃着松针，但是另外一个种类——列队蛾则有着不同的生活节奏：白天，它们的幼虫住在枝头自己结的丝巢中，这种丝韧而有弹性，动物很难将之撕开，即使用刀也很难切开。从巢中会引出一条丝，一直拖到其他长有嫩叶的树枝上。到了夜晚，这些幼虫会沿着这条丝成队而出，进食时排成一条线，这也正是它们名字的由来。

然来到了裂缝的边缘，但是，它们毫不惊慌，它们既没有一点修补缺口的意思，也没有去通知同伴，而只是想办法让自己从这个悬崖上过去。它们尽量远地把线固定起来，总算是越过了这个大缺口。之后，它们无忧无虑地在缺口边上继续前行，不做片刻停留。

随后，又有一些松毛虫来到了悬崖边，它们利用前面的伙伴留下的丝线，颤颤巍巍地通过了裂缝，并且也在那里留下了自己的丝线。它们也同样对这个裂缝无动于衷。就这样，一个晚上下来，所有松毛虫都以漠不关心的态度，对待可能使它们失去居所和生命的裂缝；也都像走过场一般在裂缝上留下了自己的丝线，使得裂缝下面出现一张薄纱。随后几个晚上，它们重复同样的事情，裂缝就被这张薄薄的丝网闭合起来。

这项实验我重复了两次，但是结果都是一样的，证明松毛虫丝毫没有意识到自己的住所出现裂缝及其带来的致命的危险。它们只是循规蹈矩地从事着与往常一样的劳动，用它们装得满满的丝壶，毫不吝啬地在没有必要的地方布满丝线，却集体对这个大缺口无动于衷。如果它们肯把这些用来加固已经牢固地方的丝，用来填补修缮缺口，那么房屋不用多久就会像其他地方一样结实。事实证明，幼虫的智力和技艺不足以使它们意识到这一点。

我通过观察发现，松毛虫的虫窝发展到最后，大小差别非常大，甚至最大的虫窝要比最小的大上四五倍。为什么会产生这种差别呢？让我们从虫蛾母亲的产卵量开始了解。一个虫蛾母亲能一次产下300个卵，如果这些卵都能够顺利成长，那么足够让一个大大的丝屋住满幼虫。不过，在人口过量的家庭中，命运必然将其中少量的精华留下。所以，松毛虫一旦孵化，数量就会减少。但是，当它们度过了秋天无忧无虑的日子，就要着手开始修建过冬的住所了；这时，兄弟姐妹越多越好，集体的力量是巨大的。

根据我的推测，或许能够用简单的办法将不同的家庭合并在一起。松毛虫在树枝上行进时，用它们唇中的丝线在路上铺设路标；当它们顺着这条丝线返回时，可能由于偶然情况找不到原来它留下的路标了，而是遇到另一条差不多的别人的丝线。它们迷途不知返，就顺着这条素不相识的丝带，

前往一个陌生的居所。就这样，松毛虫在行进时，意外的迷途将几个虫群汇集在一起。新组成的队伍将每只毛虫微弱的劳动力汇集成强大的建筑力量。

那么，这些不速之客来到别人的家里，会受到怎样的待遇呢？为了回答这个问题，我为暖房中的一窝松毛虫搬了家。晚上，当它们纷纷从虫窝出来享用树叶，我趁这时把一簇架着虫窝的绿叶枝杈整个剪下，将它插在挂着另一个虫窝的那簇枝叶旁边，并让两簇枝叶稍微混杂在一起。我要强调一点，这第二个虫窝早就已经满员了。

不过，枝叶上的原住民和移民之间没有爆发争执和骚乱。它们相处和睦，大家都用安详的姿态静静地享用鲜嫩的绿叶，吃饱了就像往常一样回家；它们在睡前也纺织，把居所加固、加厚。这是怎样一幅令人惊奇的景象啊！素不相识的虫群，就像相处多年的亲兄弟姐妹一样，一起吃饭、一起

知 识 链 接

毛虫的防御措施

毛虫很脆弱，它们几乎全都行动缓慢，而且常暴露在外，对鸟类和其他敌人来说，毛虫又圆又胖的身体是很容易到手的一小顿美餐。因此，毫不奇怪地，毛虫们拥有多种防御本领。

许多小型种类毛虫把自己藏在植物的根、茎、虫瘿、种子和其他组织中，间接地以这种方式保护自己。有些大型种类也同样从它们选择的居所中得到庇护。例如，蝙蝠蛾科的幽灵蛾毛虫住在树干或树根里；木蠹蛾（蠹蛾科）的幼虫会钻进树干中去。

"结草虫"（蓑蛾科）会做一个让幼虫（通常与无翅的雌性成虫住在一起）住的壳。壳用丝做成，幼虫会把它粘到沙砾、小树枝或叶子上去。有些体型较大的种类，如非洲的蛾的毛虫，做的壳非常坚硬，你很难把它撕开，脆弱的幼虫能在里面得到很好的保护。巢蛾科的很多种毛虫用自己吐出的丝织成又大又厚的网，然后大伙一起躲在里面。

在所有动物中，伪装是一种很普遍的防御手段，鳞翅目昆虫也不例外。最非凡的那些例子出现在尺蛾总科的毛虫中，它们中的许多与所取食植物的小枝惊人的相似，它们用后抱握器抱紧树枝，并使身体保持静止，完美地伪装成一根小枝。

其他有些毛虫像鸟粪，如燕尾蝶的一种，在它们幼虫阶段（龄）的早期，黑色的身体正中会出现一块白斑。刚孵化不久的桤木蛾也使用这种伪装策略。

有些昆虫用视觉警报器保护自己。身体上有"眼点"的大象天蛾幼虫一旦受惊，会把脑袋缩进去，然后突然把"眼点"露出来。有迹象显示，这种行为会把捕食者吓得立刻丢掉猎物逃之夭夭。

某种毛虫会把让人讨厌的气味和"闪动的"色彩结合在一起。欧洲的黑带二尾舟蛾毛虫不仅会摆出一个吓唬人的姿势，还会从胸腺中喷出强烈的刺激物（蚁酸）；此外，它们的腹部末端的"尾巴"附近能伸出一对亮红色的须，并且能舞动，据说这种方法能阻止寄生性的膜翅目昆虫靠近它们。

那些长有毒性纤毛的毛虫，大概也明白这些毛会引起讨厌的皮疹。有时候这种症状来得又急又猛，对人有不利影响。招致不良反应的纤毛被称为螫毛，主要有两种：一种是基部长有毒腺，向入侵者喷射毒液的；另一种无毒，但是有刺，如捕食者碰触到会有刺痛感。据说，一只末龄的黄蝎蛾毛虫身上就长有200万根螫毛，这种蛾属于毒蛾科，该科成员以其长有螫毛的幼虫而著称。委内瑞拉皇蛾毛虫会喷出一种强力的抗凝血剂，会导致严重的出血。

刺蛾科的"蛞蝓"虫常常被一簇簇尖锐的、针一般的刺，这种刺还常常武装着毒素化合物。"蛞蝓"这一名字既指它们短厚而宽的外形，也指它们波浪般起伏或滑行的动作。如果不小心碰到它们身上的刺，会引起剧烈的疼痛和肿胀。刺蛾毛虫一般为绿色，但也常有鲜艳的色彩点缀，大概是起警告捕食者的作用。

如果捕食者尚没有学着把特殊的颜色和不愉快的经历联系到一起，那么它们的猎物即使有毒或味道难吃，在被捕食者认识到这种联系之前，也会有性命不保的可能。因此许多幼虫都被警戒色，比如身体组织内含有氰化物的地榆蛾毛虫为黑黄相间的体色，而这两种颜色是自然界中最为常见的警戒色。

关于蝴蝶，在斑蝶亚科（王斑蝶就属于此类）中占绝大多数的黑黄相间的毛虫，从它们的食物（如马利筋属植物）中获取并储存心脏毒素，并一直保留到成虫时期。

燕尾蝶的毛虫在胸部长有一个叉形的突起（丫腺），当这个腺体被翻转过来时，会释放出一种辛辣的气味，据说这专门用来对付那些寄生性的昆虫。

睡觉、一起劳动。主人宽厚慷慨；而新来的似乎也不需要什么适应和过渡，它们对原来的居所没有丝毫的留恋和牵挂，从未尝试过要回到原来的家中，或许它们也懂得"既来之，则安之"的道理。

我就是这样，轻而易举地把第一个虫窝的居民全部塞进了第二个虫窝里。后来，我又采用同样的方法，把三个居所中的毛虫，都放进一个虫窝里，结果也和上面一样。松毛虫对新注入的劳动力十分欢迎，纺织工越多，工程进行得就越快越好。

⊙ 受到惊扰的时候，许多天蛾的毛虫（天蛾科）会露出显眼的眼状花纹，并开始左右摆动"头部"。这种演示使它看起来很像一条蛇，大概用来恐吓并阻止那些稍小的且比较胆小的捕食者。

松毛虫是有分享精神的昆虫，食物是可以分享的，房屋是可以分享的。这些青翠鲜嫩的绿叶是它们的最爱，每只毛虫都可以享用，而不会因为吃多吃少发生纠纷；它们的居所是遮风挡雨的避难地，就算满员了也会欢迎新加入的同胞，而当它们迷路时也会像走进自己的房间一样进入别人的小屋，并受到和主人同等的待遇。这是一个共享的社会，不论新友还是故交，大家平等地分享资源；这是一个包容的社会，不论是地主还是移民，都以同等的地位、身份成为这里的一员。

松毛虫是有奉献精神的昆虫，它劳动，不仅为了自己，也是为了别人。每天晚上，它们和成群的伙伴们一起，用自己那细薄的丝线，加固它们的居所。它们似乎深知团结的力量，也明白单凭自己是无法安然过冬的，于是它们将各自微薄的力量汇集在一起，成为一支有实力建造过冬大暖房的庞大队伍。它毫不吝惜地将自己的那一束细线铺在虫窝的表面，为自己，也为别人建造、加固房屋；而其他同伴也一样努力地为公共宿舍贡献自己的财产。

松毛虫的生活习性激发了我对人类社会的思考。有一些伟大的思想家，他们认为松毛虫的这种社会状态在人类社会也能实现，这就是共产主义。他们说，共产主义是我们的目标，也是许多许多世纪之后我们必然经历的、最后的、完美的社会形态。在这样的社会里，物资按需分配，人们忘记暴力，人与人之间没有等级之分。但是，这样的社会是否真的能够实现呢？如果一时回答不出，就让我们从松毛虫的社会中寻得一点思路吧。我们人类所有的需求虫子也有，那么它们是怎样建立或者说是保持着这种共产的状态呢？

第一个原因也是十分重要的原因：粮食。人们常说"民以食为天"，粮食问题从古至今都困扰着整个人类；对于个体来说，填饱肚子是每天的必要功课，是第一任务。而这个问题在松毛虫世界不是问题，它们的食物就在家门口，一出门就有鲜嫩的绿叶享用。大自然对它们是无比慷慨的，松树枝叶繁茂，一根松针或许更少，就足够成为松毛虫的口粮；它们无须绞尽脑汁去搜寻，也无须费尽力气去换取，更无须拼上性命去抢夺，粮食就在它们的四周，似乎取之不尽、用之不竭。既然粮食充足，与同伴分享又有何不可呢？

可是，并非每个族群都像松毛虫如此幸运。让我们想想肉食动物为食物所作的奋斗吧！它们要花费时间和体力去捕获猎物，但不是每次饿的时候都能碰到食物；就算碰上食物，可能半路还杀出个程咬金来抢夺这点可怜的口粮，想要活下去、想要获得食物，就必须拼抢、战斗。如果连自己都吃不饱、活不下去，凭什么要和其他人分享食物呢？

如果食物能够轻易取得，那么和平才有实现的基础。可是，在我们都不能预见的未来，人类真的能实现粮食的完全供应吗？我们每一个人，真的能不用耗尽心力为每天的面包拼命吗？从目前的情况看来，大地对我们并不慷慨，我们向它索取的东西它不能够都满足，因而制定了一条规则：物竞天择，适者生存。

种族的延续是又一个重要原因。昆虫界和人类世界一样，都将繁衍后代作为人生大事；许多昆虫也像人类一样，尽可能多地为子孙留下财产，尽可能让子孙能够健康成长、不愁吃穿。然而，这些忧虑松毛虫都没有，也没必要有，因为松毛虫几乎无性，对爱恋丝毫不懂，也不知家庭为何物。这是它们享受共产主义的重要条件。

可是，这个条件在其他种群中并不存在。在这里，母亲繁衍后代的职责使得共产主义不再可行。有人可能会提出棚檐石蜂的例子来反驳，那就让我们仔细看看，石蜂真的是共产主义社会吗？我看不是。每个石蜂母亲都为自己的子女制作蜜罐、储蓄财产；一旦有其他石蜂靠近它的蜂窝边缘，它就会狠狠冲撞来犯者，甚至进行激烈的战斗。种族的繁衍是头等大事，作为母亲，它不惜一切保卫子女的财产，这样就是在保卫种族的未来。这就是自然的法则。

除了以上条件以外，还有一点，就是所有成员的均等和平等。每一只松毛虫都有一样的身材、一样的体力、一样的口味和一样的技艺。虫窝里的常住人口也好，新搬迁的移民也好，它们各方面都完全一样；三三两两的虫群也好，成千只的庞大队伍也好，它们之间没有任何区别。它们的爱好相同，每个充满阳光的晴好日子，都在平台上午睡，谁也不多睡一会儿，谁也不少睡一会儿；它们的食量相同，每次走出家门啃食松叶，它们都吃同样多的晚餐就能装满同样大小的丝壶，谁也不多吃一口，谁也不少吃一口；它们的劳动相同，每当吃饱了晚餐，就来到虫窝的表面纺织、吐丝，大家的贡献都一样，谁也不多铺一根丝，谁也不少放一根线。松毛虫的世界多么均衡、多么平等啊！

第四章

豌豆象的产卵

　　人类对绝大多数植物根源的了解是非常少的，甚至是一无所知。例如我们最熟悉的小麦，它是禾本科植物，同时也是面包的供给者，但我们却不知道它究竟从何而来。古老的东方世界是农业的诞生之地，可是没有一个采集标本的人在还未被翻犁过的土地上找到过小麦的痕迹。无论是在国内还是在外国，人们除了能够细心地照料土地里种植的小麦之外，对于小麦的根源始终无从寻找。

　　豌豆是一种性格较为温顺的植物，只要人们稍稍给予它一点关怀，它就会给予我们很多的回报。因此豌豆也获得了人类很高的赞誉。瓦罗和科吕麦拉的年代已经离我们远去，小硬豌豆和紫花豌豆生长的年代也渐渐久远。从古至今，豌豆在人们精心的种植与呵护下，它的果实长得越来越大、越来越嫩，也越来越甜美。但是，它的起源在哪里？我们无法回答这个问题，我们也不知道第一个使用沿穴熊的半颌骨来犁地的人是谁。我们所生活的地带找不到与豌豆相同的植物，或许在其他地域可以找得到吧？模糊的可能性是植物学能够给我们的唯一的答案。

　　我们不了解小麦和豌豆的起源，同样地，我们对大麦、燕麦、黑麦、萝卜、小红萝卜、胡萝卜、笋瓜、甜菜等植物的起源也不是特别清楚。千百年来，人类只不过是对模糊不清的事物进行不断地猜测，而没有过确切的答案。大自然为人类提供了无数未经培育的野生植物，这些植物在最初的时候并不愿意为我们提供食物。大自然在赐予我们植物的时候，它们全都是未经栽培的，如桑葚和灌木丛的黑刺李。为此，人们不得

⊙ 一只豌豆象正在一颗豌豆荚上进食。

不通过辛勤的劳作和积攒下来的经验来精心地培育它们。而种植植物所留下的经验却是人类的一笔不断增加的财富。

　　豆类植物和谷物虽然是为人类供给食物的主要作物，但它们绝大多数都是经过人工栽培的植物。人类为了从它们身上获取更多的食物来源而不惜花费大量的精力对它们进行培育，最终这些植物也毫不吝啬地为我们提供了大量的食物。人类对小麦、豌豆等植物有着必不可少的需求，也正是由于这样的需求才促使我们不断地改进种植方式，从而有了盛产的植物。然而一旦我们对这些植物弃之不顾，那它们就不可能再成为人类的食物供给者。这是由于它们自身的力量无以抵挡自然界其他力量的攻击。就像没有羊圈的羊在很短的时间内会消失不见一样，没有人类精心照管的植物，尽管它们一开始有着无数的种子，也会在瞬间化为乌有。

　　大自然对待地球上的一切生物都是公平的，它在给予人类丰富食物与物质的同时，也为其他生命提供了同样的维持生命的原料。虽然能够提供食物的植物是在我们的精心培育之下才有的，但它们却不为我们人类所独有。在人类囤积的粮食和食物盛宴面前，来自四面八方的食客会纷至沓来。而且我们能够提供的食物越丰盛，那么来的客人就会越多。人类在生产充足丰富物的同时，也招来了越来越多的饿着肚子的虫子。粮食储备得越多就越对这些昆虫们有利，而对我们的贡税要求也就越沉重。

　　昆虫们不用在田间劳作就可以获得大自然给予它们的恩赐。它们在人类生产出来的粮食仓库中安营扎寨，还用灵活尖利的嘴一粒粒地啄食粮食，最终把我们辛苦耕作出来的粮食啄成糠。豌豆象无法了解田间耕作的艰辛与劳苦，然而在作物丰收的时刻它还是能够获得丰收物的一小份。大自然让豌豆荚成熟起来，这不仅是为了在田地里辛苦耕耘的人类，同时也为豌豆象做了这一切。不同的是，我们的皮肤被太阳炙烤成了黑红色，我们的腰背累到直不起来，而豌豆象却安然无恙。

　　豌豆象从哪里来？这个问题得不到一个准确无误地答案，我们只能说它是从隐蔽的场所里飞出来的。酷热的夏季使得悬铃树能够自行将树皮剥开，正是这种略微抬起的木栓质树皮为豌豆象和其他一些小虫子提供了躲避恶劣天气的场所。在严寒肆意横行的冬日里，豌豆象躲藏在铃木的枯树皮下面，以冻僵的状态度过寒冷的天气，直到这样的季节彻底过去。等到春暖花开的季节，第一缕温暖的阳光洒在铃木树上时，豌豆象就会从麻木的状态苏醒过来。豌豆象的本能让它知道豌豆开花的时期，只要到了季节，它们就会从四面八方哼着小曲欢快地飞到园丁劳作的地方，享受豌豆带给它们的快乐。

　　豌豆花有着白色的花边，像蝴蝶的翅膀一样美丽。豌豆象们就选择在这样美好的住所里繁殖后代。在产卵时刻到来之前，豌豆象们纷纷开始占领花瓣。有些豌豆象选择花的旗瓣下作为自己的住所，有些则将自己的房子安置在龙骨瓣的小盒子中，但是很多的豌豆象都在搜寻花序，并且将它们占为己有。婚配的时刻选择在上午进行，因为这个时候的阳光虽然强烈但是没有让人腻烦的感觉。豌豆象们双双对对地结合起来，享受温暖的阳光和美丽的豌豆花带给它们的欢乐。一队队的豌豆象时而分开，时而又重新组合在一起，好不快乐。等到正午到来后，由于阳光炽热，豌豆象们便藏匿在自己已经寻找好的豌豆花住所里，躲避强烈阳光的炙烤，待明日以及日后更多的上午时光，再度享受欢乐。这样的欢快日子一直能够持续到龙骨瓣的小盒子被鼓胀起来的豌豆果实弄破。

◉ 碗豆象及其卵和幼虫

豌豆象是繁殖茂盛的家族，在产卵的适当时节还没有到来之时，就有一些迫不及待的豌豆象将自己的卵产下。但是还没有成熟的豆荚显得非常细小且平扁，它们的花蒂才刚刚褪除。这些心急火燎的豌豆象们就把卵产在了稚嫩的豆荚里。这些卵看起来情况不大好，因为卵的所在地也十分脆弱，而且没有粉质堆。急急忙忙产下来的卵也许是被卵巢强制性地排除掉的，因为卵巢不能等待。豌豆象的幼虫一旦出生就必须有便利的食物供给，否则很快就会死去。这样看来，急忙产下的卵成活的希望是非常渺小的。在还没有成熟的豆荚那里，豌豆象不可能找到方便的食物，除非它们等待果实彻底长成。不过豌豆象并没有因为自己过急的产卵而导致家族的消亡，因为它们的繁殖率非常高。虽然大部分卵都逃脱不了死亡的命运，但是豌豆象的多产使得这个家族依旧热热闹闹。

五月末的时候，豌豆象母亲的主要任务便完成了。这个时候的豌豆荚也差不多成熟了，它们在籽粒的催化下变得多节。象虫类昆虫多是带嘴、带喙的虫子，它们拥有根尖头桩，这个东西同时也用来建造安放卵的地方。昆虫分类学家把豌豆象归到了象虫的科目，但是它们却只有一只短喙。虽然这只短喙能够用来收获甜食，而且十分灵巧，但是却不能作为钻孔工具来使用。也正是因为如此，我很想观看豌豆象以及象虫科昆虫干活儿的样子。

橡树象、黑刺李象以及熊背菊花象等象虫在安置家庭时有着非常灵巧细腻的准备方法，而与它们不同，豌豆象有着自己安置家庭的独特方式。豌豆象的卵被没有钻头的母亲产在露天的环境之下，它们的情况很危险，除非卵自身有着抗热、抗寒、抗干燥以及抗湿冷的能力。这种产卵方式极其简单，也使得卵不能受到保护，遭受着烈日和恶劣天气的侵扰。

上午的阳光温暖和煦，在差不多十点的时候，豌豆象母亲以自己混乱的步伐上上下下地行走着，从豌豆荚的一面转移到另一面。这位母亲在行走的过程中把自己的一根输卵管展露在我们眼前，这根输卵管不是很粗，来回地摆动着，好像想要把豌豆荚的表皮割破似的。输卵管在豌豆荚的绿色表皮上东一点、西一点地产下卵。卵一经被产下，豌豆象母亲就会对它们弃之不管。这位母亲让自己的卵在空气里暴露着，没有一点遮蔽措施。

豌豆象母亲以无章无序的方式随便将卵产下，好像播撒种子一样。由于母亲的不管不顾，豌豆象幼虫必须有自己寻找食物的能力。一些卵被产在豌豆种子已经膨胀起来的豆荚上，也有很多卵被产在了豆荚隔膜里面，这些豆荚就像贫瘠的小山谷一般。正因为卵被产下的位置不同，有的卵离有粮食的地方很近，而另一些则离得很远，因此豌豆象幼虫还需要有自己辨别方向的能力，让自己在最短的时间和距离内找到粮食。

除了产卵的杂乱和对幼虫的不闻不问之外，豌豆象母亲的产卵还有一件更要命的事情，那就是豌豆荚内的虫卵数量与豌豆荚的籽粒数不成正比。豌豆象幼虫所必需的食物供给比例是一条幼虫配有一粒豌豆，这是豌豆象存活的规律，不可改变。然而过多的幼虫使得豌豆的供给数目严重不足，哪怕是对于两只幼虫来讲都不够用。豌豆象母亲显然没有意识到繁殖数目必须根据豌豆果实的数量而定这个道理，它们依旧漫无边际地把卵产下，导致众多的幼虫为了一颗果实而你争我抢。

通过我的观察，我发现每粒种子起码有着 5~8 只觊觎的幼虫。在我所有的统计表上都显示着同样的现象：每个豆荚上的豌豆象卵的数目总是大量地多于豌豆籽粒的数目。无论那颗豌豆看上去有多么的平扁，里面所养的卵的数目总是非常多。而且没有任何迹象表明这样的产卵方式会因为豆荚的缺乏而终止，豌豆象母亲仍然乐此不疲地将自己的卵随意播撒。而那些没有抢到籽粒的卵最终会在饥饿中死亡。

豌豆象母亲往往把卵成双成对地产下，两只乱附着在一起，一只在上，另一只在下。而那只位于下方的虫卵一般情况下都会夭折，这或许是由于上面那只虫卵的遮蔽使得阳光不能够照射进来。缺乏阳光沐浴的虫卵很难拥有正常的生长轨迹，很快就会死去。不过也有例外的情况发生，那就是一对虫卵都会很好地成长起来。然而这样的情况却是少之又少的。假如这种二元制一直持续下去，那么豌豆象的家族成员就会减少一半。除非部分卵不以成双成对的方式产下，而是以单只的方式产下。虽然这样的产卵方式不利于豆荚的生长，但是对于象虫科昆虫的繁殖来说却是天大的好事。

每只豌豆象卵都用凝固生蛋白的细纤维网将自己的身体粘在固定的豆荚上面，这种黏附方式能够有效地防止风雨的吹打与侵袭。豌豆象的卵呈圆柱体，色泽黄润，鲜艳逼人。卵的长度不超过一毫米，两端呈圆形，看起来非常光滑。

一根带着白色的小带子是孵化出新幼虫的标记，这根小带子在卵壳的附近翘起，并且将豆荚的表皮弄破，为的是幼虫自己能够钻到豌豆荚下面。等幼虫找到了适当的钻入位置，它就会在那里把豌豆荚的表皮划破，然后让自己不到一毫米长的、白色的、有着黑色防护帽的身体钻到宽敞的豌豆荚里面。

我用放大镜观察幼虫活动的过程，探寻它们的豌豆球世界。幼虫选择最近的一颗豌豆籽粒住下来，并且在这颗籽粒上面垂直地挖一个坑。小坑挖好后幼虫就将自己身体的一半下入到豌豆籽粒中去。除了豌豆籽粒的下半部分，豌豆象幼虫在籽粒的任何一个部位都可以钻出口子。虽然进口很小，但是由于豌豆是淡绿色或是金黄色，而豌豆象是褐色的，色泽的差异使得它们很容易就能够被分辨出来。幼虫靠露在坑外面的那部分身体推动自己往下钻，只用了很少的时间，它就消失不见了，完全钻进了自己挖好的居所之中。

由于豌豆籽粒的胚胎位于下半部分，所以它的生长不会受到幼虫在上方钻洞的阻碍。豌豆能够很好地生长，但是豌豆象在上面钻洞为什么能够使得下面保持完好无损呢？豌豆籽粒是在什么情况下受到保护的呢？毫无疑问，豌豆象不会对园丁嘘寒问暖，因而也不会对园丁的劳动成果加以保护。豌豆为豌豆象提供了食物，但是豌豆象却不会为了表达感激之情就口下留情而不吃那能够导致种子灭绝的部分。它们没有吃那一部分有着其他的原因，并不是为了保护豌豆的生长。

由于豌豆在生长的过程中一粒紧挨着另一粒，这种紧密相连的排列方式使得豌豆象幼虫不能够随意地在豌豆上面行走。而且豌豆的下面比较厚，这是由于肚脐的瘰瘤所造成的。肚脐由于构造比较特殊，还会分泌出一些让豌豆象感到讨厌的汁液。这些对于豌豆象幼虫来说都是阻碍，而豌豆的上面却没有这些障碍物，所以幼虫的钻孔活动都选择在豌豆的上面进行。

由于豌豆象开发的是豌豆较为空阔的一面，而不受豌豆象开发的一面则是豌豆成长的最关键地带。也因此豌豆能够不受干扰地继续成长，虽然它们表面上看起来已经破败不堪。另外，由于整粒豌豆对于一只豌豆象幼虫来说实在是过于丰富的盛宴，所以幼虫只会在自己最中意的一部分上面活动，而另一面隐藏着生机的部分则不会被破坏。

但是在另一种情况下豌豆还是会被豌豆象所破坏，这种情况同豌豆的大小直接相关。假如豌豆的体积非常小，由于供给于豌豆象幼虫的食物过少，幼虫不得不将整粒豌豆啃个精光，这种情况

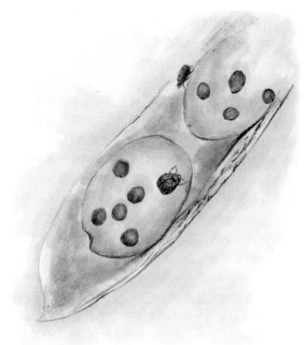

◎ 豌豆象和它们产在豌豆上的卵

下的豌豆将遭受灭顶之灾。但是如果豌豆的体积过于庞大，这种豌豆会吸引好几只幼虫前来分享。有时候由于缺乏体积大的豌豆，虫子们还会寻觅粗大的蚕豆和野豌豆来代替豌豆。这样一来，那些体积小的豌豆会遭到豌豆象幼虫的疯狂啃噬，最终只剩下一张空皮，内核则毁于一旦。而体积大的豌豆虽然里面住着很多幼虫，但是由于其他种子的分担，还是会正常地生长。

我们可以确认的是，当一只豌豆象幼虫抢占到一颗豌豆之后，这颗豌豆就成为这只幼虫的私有财产，而其他幼虫是侵犯不得的。豌豆荚里面所有的豌豆上都会有一只豌豆象幼虫将其占领。但是我在思考的是，由于豌豆象虫卵过多的数量而导致豌豆并不够所有的虫卵使用。那么当一些幼虫占据了自己的豌豆之后，那些没有占领到豌豆的幼虫又该如何是好呢？它们会因为没有抢到领地而死去吗？还是会继续与已经拥有了豌豆的幼虫展开斗争，最终死于对手的牙齿之下？现在就让我们来解释一下这个问题吧，其实刚刚猜想的两种结论都是不对的。

我用放大镜仔细地观察着，在一个有着大圆孔的老豌豆上，每只豌豆象成虫都会在上面留下斑点状的东西。这些斑点呈黄色，在斑点的中间还被穿了孔。此外，斑点的数量也不相等，每粒豌豆上大约有五个或者以上的斑点。由这些孔的数量我们可以得知里面所居住的幼虫的数量，其数量之大非常可观。然而就是这样一大堆豌豆虫，它们之中只能由一只幼虫最终长成成虫。那么其余幼虫的出路又是什么呢？让我们来继续观察。

我们在那些被豌豆象遗弃了的干瘪的豌豆上面已经观察到了很多斑点，这些斑点在嫩绿的豌豆上同样存在。差不多每粒进驻着豌豆象的种子上都有这样斑点，这些斑点俨然已经成为豌豆象聚集的标志。我将一颗嫩绿的种子壳打开，将它的子叶分开。在必要的时候还会继续细分。在被分开的豌豆壳中，有好多只豌豆象幼虫钻进里面的小圆窝当中。它们的身上现在没有任何遮盖的东西，它们看上去非常小，身子弯弯的像弓箭一般。由于有些肥胖，它们好像个个儿都懒得动弹。这群豌豆象幼虫显得非常宁静，毫无争吵的迹象。

每只豌豆象幼虫都有着足够的食物，它们开始享用了。每只幼虫都被豌豆子叶尚未碰触的部分形成的隔膜分开，每只小虫都有自己独立的卧室，因此它们不会为了抢夺食物而进行争斗。所有的幼虫都有着相同的力量、相同的所有权以及相同的胃口，每只幼虫都不会因为不小心或是故意去碰触另外一只幼虫。

我将那些确定住着豌豆象幼虫的豌豆剥开来放在玻璃试管内，而且每天都会剥开一些。我观察着试管内的情况，了解共栖昆虫的成长习性。我知道这些虫子在成长的初期都没有什么特殊的情况。每只幼虫都在自己的隔间里啃食周边的食物。但是，虽然每只豌豆象幼虫都拥有自己独立的小房间，它们啃食自己周边的食物。但是一颗豌豆的数量是固定的，到最后这颗豌豆总是会被所有的虫子吞噬殆尽。那个时候就是饥饿来临的时刻，只会有一只幼虫存活下来，而剩下的全部都会在饥饿中死亡。

位于豌豆中心的那只幼虫就是存活下来的幸运儿，它比其他任何一只幼虫的成长速度都要快很多，又大又壮。等到这只幼虫长

在八月或早或晚的那个时候，每粒豌豆种子上面都会有一些黑色的星状物出现，没有任何一颗种子是例外。这些黑色的星状物其实就是豌豆象外出的窗口。等到了九月，这些窗口就会完全打开，好像那个盖子已经掉落在了地上。这时候豌豆内部的空气与外部清新的空气相交融，豌豆象的居所里流入了新鲜的空气。豌豆象蜕变了，它穿着靓丽地从洞口走了出来，这身衣服也是它最终打扮的样式。

这是植物开花的好时节，骤雨将这些花儿全部敲打醒来。在如此美好的秋季，豌豆上面的移居者探视着花骨朵，呈现出一片秋天的喜悦之情。等到冬日来临的时候，这些移居者便在一般的躲避所度过寒冷的冬天。另外还有一些移居者，它们并没有急着离开自己从小到大的种子居所。它们在严冬到来后继续留在种子上，藏在盖子的后面，保持静止不动。小虫们小心翼翼地防止着这个盖子受到震动。盖子只有在阻力较弱的沟槽上才能发挥其特有的作用，那正是盛夏来临之际，也是早到者与晚到者重新碰头之时，它们都在豌豆花开的时节开始自己的劳作。

得比其他幼虫都要强壮的时候，周围的幼虫就会通通停下口中的啃食，不再进食。这些幼虫静止了，它们不再动弹。它们死得并不痛苦，生命在惬意的环境中不知不觉地逝去。

现在让我们看看那只位于豌豆中心的幼虫吧，它有着什么情况呢？我并没有准确的答案，我所知道的只是猜测。豌豆中心的位置能够得到比其他位置更加受呵护的阳光抚育。我不知道在这里是否有着适合娇弱的豌豆象幼虫吃的婴儿类食物，那些较为柔软的肉质。婴儿在能够吃成人们食用的面包之前，在能够喝下稀糊之前，他们只能吃乳品。那么在豌豆的中心部位是不是同样存在适合豌豆象幼虫的乳品类食物呢？或许那里有着更容易被豌豆象幼虫吸收的、更加细腻甜美的食物。

豌豆象幼虫在向巢穴行进时的路程非常艰辛，每只幼虫都有着同样的权利与意图，它们都朝着前方可口的食物进军。在到达最佳位置之前，它们也会停下来啃食东西，但是这种进食并不是为了增强体力，而是为了开发前行的道路。这些幼虫用自己的牙齿咬噬出一条能够继续前进的小道。然而最终只有一只幼虫能够占据豌豆中心的位置，从而能够获得类似乳制品的营养食物。它在占据了中心位置之后便停下来开始享用美食，而其他的豌豆象幼虫则停止了前行。

我对于其余豌豆象幼虫这种不再前行的行为非常敬佩，它们单纯、听信天意的举动让我欢喜。但是它们是如何得知豌豆中心部位已经被另外一只幼虫占领了呢？难道它们在一定的距离之外能够听到或者感觉到位于中心位置的幼虫因啃食而产生的震动吗？抑或是它们能够听到那只幼虫用自己的大颚敲打隔间的内壁？我想它们应该是知道了什么，因为从那一刻起其余的幼虫便停止了活动，等待它们的只有死亡。

第五章

椿象的美感

　　每个种类的鸟卵都有着自身独特的外表，鸟儿卵上面的浅浅的颜色正是它们的印记。就像豹子那身皮毛一样，海鸥与杓鹬的鸟卵上也布满了大大的黑色斑点。鸫的卵上面雕饰着一些非常雅致的线条，就像大理石的花纹，又好像看不懂的天书。鸠鸟和乌鸦的卵呈蓝绿色，上面还涂了一层没有规则的块状颜色。在伯劳鸟卵比较粗大的那一头，有一圈小斑点将其环绕。除了以上提到的这些鸟卵，其他种类的鸟卵也同样具有自己的特色。

　　鸟卵是所有生命给予物品的形状中最为简洁，也最为优雅的形状。它以自身独具的几何图形以及简朴的纹饰让观赏它的人有一种美的享受。除了鸟卵以外，没有任何一种圆形或是椭圆形能够拥有如此优美的形状与线条。鸟卵的形状堪称完美。它的一端是圆形面，这种形状非常实用，能够在最小的外壳内圈围出最大的面积。而另一端则是椭圆面，这种形状又恰恰为单调的圆面增添了一丝妖媚与优雅。

　　在颜色方面，鸟卵并不华丽妖艳。相反，鸟卵的色泽以浅色系为主。这种简洁、轻盈的色彩为原本就雅致的线条更显得丰满圆润。夜莺的卵好像浸泡在盐水里的油橄榄一样，呈现出深蓝的颜色。另外一些莺的卵则拥有肉红色的外表，就像蔷薇在绽放之前的花骨朵的颜色。有的鸟卵呈白色，但是缺乏表面的光泽；也有一些鸟卵不仅拥有象牙白的高贵颜色，而且也不乏光亮。

　　住在我家附近的一些小孩子为我提供了很多实验品，为了表示我对他们的感谢，我决定让他们进入我的实验室进行参观。他们从别人的口中听说，我这里有很多奇特并且富有奥妙的东西。我不知道当这些孩子真正踏足到我的实验室中后会有什么样的感觉。我的大壁橱里面装着很多的玻璃，有很多奇妙的玩

⊙ 雌性斑花椿象在它寄居的植物上选了一根小嫩枝安置它的卵，这些卵排成的形状好似给这根枝条戴了一个宽宽的项圈。然后，椿象妈妈会趴在这些卵的上面给它们担任警卫直到卵孵化。这个用卵排成的项圈对椿象妈妈来说太大（总共有100粒左右），但它还是尽力给予这些暴露在外的卵以有效地保护，因为它们大有可能受到寄生蜂的侵袭，所以母亲的保护是很必要的。

知 识 链 接

椿象成虫几乎全年可见，但冬季数量较少，广泛分布于平地至中海拔山区，为吸食瓜类的害虫。成虫较少有成群密集在同一植物上觅食的情形。寄主植物为豆科、葫芦科等多种植物，会吸食瓜类汁液。陆生椿因食性不同，所以栖息环境也不太相同，肉食性椿象并没有特别固定的猎物，因此在植物丛间都有机会见到。两栖与水生椿象则通常都生活在静水水域中，如池塘、沼泽、湖泊等环境，都很容易找到它们的行踪。

意儿。这是一些非常占地方的物品，假如有人在观看植物、昆虫或是石头，那么他很可能就被这些物品围起来了。而我所说的这些物品大多数都是贝壳类的东西。不知道这些天真无邪的孩子们能够从中看到些什么。

孩子们用手指头指向实验室中的各种贝壳。海蜗牛的种类非常多，而且拥有缤纷的色彩。一些贝壳拥有珍珠般的光泽，它们都很大，长得又像奇形怪状的指头，非常显眼。当孩子们在观看这些贝壳时，我有意地察看他们的动作和脸上的表情。他们的肩膀相互挨靠着，这是为了借同伴的力量来给自己壮胆吧，看样子他们比较胆小。从他们流露出的面部表情上，我看到的只有惊奇与诧异。

如果我能够揣测孩子们的心理的话，我想他们一定在说："这是些什么奇怪的东西啊！"由于海洋中的饰品在形状上有些复杂，所以对于这些不了解它们的孩子们来说，他们不可能发出另外一种类似"好美的物品啊"这种感叹。螺丝圈、螺旋梯等精美的海洋饰品已经将孩子们包围，然而它们却不能带给孩子们美的享受，因为孩子对这些奇怪的东西的确没有任何概念。孩子们不知道这是海洋中的宝藏。的确，在这些神秘的饰品中，有的还没有人为它们命名。

那么，当孩子们的目光转向盒子中时，他们的表情又会发生怎样的变化呢？盒子里装着的是鸟卵，而且是我所在地区的鸟儿所产下的卵。这些卵分别按照生产的日期被我一一地罗列与整合起来。光照不会打扰到它们。果然，孩子们露出了惊喜的表情。他们相互间交流着什么，神情非常喜悦。鸟卵能够让他们联想到鸟窝，那是童年时代快乐的印证。如果说海洋中的宝藏让这些小家伙们感到惊诧，那么这些漂亮的鸟卵就已经让他们有了美的享受。鸟卵的美丽震撼了孩子们的神经，显然，他们已经被这优美的线条以及淡雅的色泽所触动了。

与鸟卵的优雅相比，昆虫的卵绝对称不上美丽。一般情况下，昆虫的卵绝对不能够带给不了

⊙ 当卵开始孵化，母亲会退到一旁，免得自己的身体阻挡了子女的孵化。大约一天以后，这些体型微小的若虫会爬到附近的树叶上开始进食——标志着母亲会离它们而去。

解它们的人以美的陶冶。昆虫卵的弧线由于组合得不协调，因此整个卵看上去并不漂亮。有的卵呈纺锤形，有的呈圆柱形，而有的则是小的球体状。一些拥有华丽高贵外表的昆虫，它们的卵却其貌不扬。这种前后比较大的反差可以体现在一些蝶蛾的卵上，美丽的蝶蛾原来是从一枚铜色的卵中飞出来的。就像一个金属制成的小盒子，这就是蕴于优雅与美丽的生命的地方，让人不能置信。

⊙ 某些斑花椿象妈妈对子女长时间的照顾看来似乎不是很有必要，比如图中这种椿象在它生命的任何阶段都穿着极鲜艳的"警戒色"外套。因此这些二龄若虫所要面对的风险似乎很小。

在放大镜的观测下，昆虫的卵构造还有些复杂。也正是由于这样的复杂构造才让昆虫的卵丧失了由简单的线条而生出的美。比如锯角叶甲，它们就是用外壳来将自己的卵包裹起来。外面的卵壳有的呈斜着的流苏状，有的则被压成像啤酒花的球果那样的鳞片。另外，一些蝗虫也把自己的卵雕刻成螺旋的形状，这也算是一种雅致的事物。然而，昆虫卵的这种复杂的工序似乎与庄重的外形走得越来越远。昆虫修筑卵巢有着自己独特的想法，这种建筑方式与鸟类有着很大的不同。

不过，在昆虫的卵中也有能够与鸟的卵相媲美的，那就是椿象的卵。这种昆虫就是我们通常所讲的臭虫。椿象的体内可以散发出一种强烈的汁液的味道，让人十分讨厌。然而这种昆虫的卵却是个讨人喜欢的东西，精巧细腻，极具艺术之美感。

近几天我就发现了一个拥有30来只卵的椿象卵群，是在一根石刁柏的树枝上面找到的。椿象的家庭成员还没有分开，卵也是刚刚被孵化。椿象的卵都一粒粒地紧挨在一起，就像一件刺绣艺术品上面的珍珠一样，非常漂亮。卵被孵化后，空的卵壳会停留在原地不动，而且在形状上也没有变形，除了卵壳的盖子稍微地翘起。这些卵壳的颜色是淡灰色，而且是半透明的，很像是一只用白岩石材质加工出来的一只精美的小罐子，就如童话中叙述的那样。在孩子的王国里，小仙女就是把她们的椴花茶盛在这样的小杯子中喝的。椿象的卵非常别致，我们可以这样想象：把鸟卵的上面部分按规则去掉一部分，然后把剩下的那部分做成一个精巧的高脚酒杯，这就是椿象卵的形状，丝毫不缺乏优雅的弧线。在它那卵形的罐子腹部，还有着许多褐色细网，附着在多角形网眼上。

椿象卵与鸟卵的相似点就是上面我们提到的，此外就没有太多的类似了。如果把椿象卵比作一个小罐子，那么它也是只优雅别致的罐子。罐子的上面微微凸起，罐子的肚子上面还有网，分布着细网眼。另外，在盖子的边上还有一条带子，像白玉一般。椿象在孵卵的时候，这个盖子就绕着白玉带子旋转，然后脱离罐体。盖子有时候会略微地打开，有时候又会盖上。在卵罐的口处还有一些很小的、细细的齿状物，看上去好像有密封盖子的作用，像纤毛一般。

有一个细节让我不得不注意。椿象卵被孵化之后总是有一条线，那是用炭黑划出来的线。这条线呈现出锚形或是"丁"字形，"丁"字的两条臂膀还是弯曲的。黑线就位于卵壳之中靠近边缘的地方。我不知道这条黑线到底有什么样的作用，难道它是为了关闭卵壳而制作出来的锁头吗？还是椿象想要为自己的工艺留下一些凭证？一只小小的椿象卵竟然有这么多的奥妙，实在让人难以想象。

椿象幼虫刚刚从卵中被孵化出来。它们长得圆嘟嘟的，身材粗粗的、短短的。肚子下面是红色的，其余的部分都是黑色。椿象幼虫的胸部侧端还有着红色的带子作为装饰。幼虫们还没有从卵壳堆中走掉，它们一群群地聚集着，等待阳光和空气让它们变得健壮。之后才会与群体分散，各自去寻找自己的地方和美食。我不知道这些椿象幼虫是如何从它们的卵壳中出来的，也不知道那个罐子盖是如何被撬开的。我想我需要尝试着来解答这个疑问。

四月已经远去，五月来临。我的小园子中开满了鲜花，昆虫们闻到了花的芳香纷纷前来。迷迭香是椿象喜欢的栖居地，我可以随意地就在上面找到它们。然而，椿象的生活习性非常散乱，它们四处漂流，对于想要观察它们的人来说是件麻烦的事情。所以我还需要在金属钟形网罩下面来喂养这些小家伙，以达到观察了解的目的。

我在小灌木上面摘了几根带树叶的树枝，把它们放在了我的钟形网罩中。椿象们会在这些树枝上合理地安排自己的卵。由于我对这些被关押的昆虫们实行了隔离制，所以它们彼此之间也没有发生什么冲突，我也因此避免了不必要的麻烦。我每天都会更换一束迷迭香，而且保证我的实验室阳光充足。这些已经足够了。五月的前半月椿象就产下了卵，数量之多让我始料未及。我赶忙把这些卵分门别类地放置在小玻璃试管中，以便观察卵的孵化。我想，只要我认真细心地进行观察，一定会看出个所以然来。

鸟卵呈卵球形状，然而椿象卵却是不完整的卵球形。椿象卵那小罐子的形状就好像是一个古老的艺术品，一个圆柱形的小桶，一个来自东方的彩瓷鼓肚花瓶，一个精美别致的小柜子，甚至是一个小小的圣体盒。它的上面是一个平平的切面，一只略微凸起的盖子就盖在那里。椿象卵往往因为椿象的不同而有所区别。如果卵是空的，那么就会有一种流苏似的硬硬的纤毛在周边环绕。这种东西起到了固定卵的作用。等到椿象幼虫被孵化出来后，这纤毛就会向下翻。

我们需要借助放大镜才能够欣赏这群卵的美丽，它们的确可以与鸟卵相媲美。然而多数人却错过了这种优美别致的卵的形态，因为我们肉眼的视力实在微弱。这是一件多么遗憾的事情啊。在放

⊙ 末龄若虫体被金属光泽的蓝色和红色，与早期的黑红体色不一样。在成长的整个过程中，它们总是你挨我、我挨你地凑成一群，以强化它们"警戒制服"的效果，降低被捕食的风险。

大镜下看，椿象卵甚至比岩生虫那天蓝色的卵还要漂亮。在卵孵化成功之后，卵壳的里面都有一条黑色的线。我原以为这条线起着门锁的作用，或者是椿象留下的印证。然而，在以后的观察与了解中，我才发现起先的猜测是多么的不符合实际。

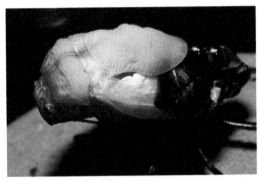

⊙ 在最后蜕皮成为成虫的时候，末龄若虫会摊开附肢，用附节上的爪紧紧抓住叶子。与其他椿象不同的是，一开始它不会采取那种头朝下的姿势。最初，成虫体表的橙色还很淡，但瞬间就会变深。

椿象幼虫离开自己卵壳之后，它们不会立刻走散。相反，这群幼虫相互紧挨着，整齐地站着队。在一片树叶上，这群整齐的队列时长时短，牢靠地抓着这片树叶。整体上看，就好像是用珍珠制成的一幅美丽图案。珍珠在画布上很牢地粘贴着，无论是用刷子还是手指，我们都无法将它们弄下去。幼虫离开后的卵壳依旧保持在原地，就好像小商贩的摊位上摆着的高脚盘子一样。

椿象卵在刚刚产下的时候呈一种稻草的黄色，卵的颜色会随着自身的成长而变得不同。之后卵又会由于里面生命的逐渐变化而呈现为带着红色三角形斑点的淡橘色。等到幼虫被孵化出，只剩下一个空着的卵壳，这个卵壳就呈半透明的乳白色了，非常漂亮。黑触角椿象的卵盖周边有一条很宽的环形条纹，是白色的。卵壳整体上呈一个圆柱形。有时候在盖子的中间会看到一些晶质的凸起物，就像高脚盘子的耳朵，又像一个把手。这个卵盖除了这些以外也没有什么其他装饰品了，整体上显得十分雅致，又不失简朴，外表也十分光润。

椿象飞行的速度很快，它可以在相距很远的不同地点分别产下卵，而且每个地方产卵的数量也有着很大的差别。有20个椿象卵群并不是一件稀奇的事情。这一点其实在一定的时候拥有它独特的价值。我所收集到的椿象卵中，有一次最多收集了九行卵块，每一行大概有一打左右的卵，总数超过了100只。然而，一般情况下，卵的数量都会在此基础上减去一半，或者比一半还要少。最开始吸引我的是从一根石刁柏树枝上收集来的卵，那个卵群大约有30多只椿象卵。我还曾经找到过一个拥有50只卵左右的椿象卵群。当然，也有一些收集到的卵群只有15只椿象卵。

椿象披着一身绿色的外衣，它们把自己的卵弄成筒子的形状，下面是球形，还有一张长着细网眼的网包裹着。椿象卵呈烟褐色，等到孵化后又呈现为褐色。浆果椿象的卵也同样如此，筒形，覆盖着一张网。这些卵在刚开始的时候并不透明，而且颜色很暗。等到卵成为一个空壳后，才会变得半透明，而且颜色也会转变为白色或是嫩红色。

在菜园子里种植着甘蓝，一种叫做华丽椿象的家伙就生活在这种植物上。它们的外表非常漂亮，用白红两种颜色涂抹着。卵的形状就像一个小木桶，两端都呈凸起状，特别是下端。如果用显微镜进行观察，我们会看到一些小小的洞窝，它们很有规则地排列着。小筒子的两端外面都有一条黑色的宽带子，没有什么光泽。侧面有一条较宽的环形带，白色的，上面还有四个黑斑，呈对称状。

看到这个卵我们可能会想到伊特鲁利亚葬礼时所用的餐具。卵盖周围有一圈雪白色的纤毛，边缘处还有一个白色的圈子。而盖子则膨胀为一个圆形的帽子，黑色的煤油边缘。中间却有一个白色的结状物。这种黑色与白色的反差，让这枚卵看起来就像是一个骨灰盒。华丽椿象的卵一般情况下都会排列成两行，数量上不超过一打。这种情况正好说明了椿象产卵的地方有所不同。其他种类的椿象产卵数目有可能达到100只，而生活在甘蓝上的华丽椿象，也能够产下相同数量的卵。

椿象孵卵的时间也不定，今天孵出一些，明天可能还会孵出一些。我把这些在不同时间段里孵出的卵通通收集到玻璃试管内，以便观察。五月还没有过去，这些椿象卵只需要两三周的时间就能够发育成熟了。这个时段是要求观察最为细致紧密的时段。要想知道卵壳盖子边缘的那三根黑色的锚形物，就必须在这个时间段内高度集中地对椿象卵进行观测。由最初的观察我能够得知，那个黑色的不明东西不是在早期时出现的。它是在卵的成长过程中才长出来的，或者是在更晚的时候，在椿象幼虫成熟时才出现的。

由于这个黑色物体不是在卵刚刚被产下时就有的，所以我之前的猜想也就泡汤了。因为如果这个奇怪的东西是作为门锁来使用的话，它就必须在卵刚刚被产下时就出现。而现在看来，这黑色的不明物却是在幼虫成熟以后才有的。现在，我们面临的问题不是盖子怎样关闭，而是怎样才能将盖子打开。或许这个黑色的不明物正是开启大门的钥匙。让我们继续探索。

孵卵的时刻已经到了，我使用放大镜来帮助我观察试管中的动态。卵盖的一端如同门在铰链上旋转，而另一端则在不知不觉中就升起来了。椿象的幼虫待在盖子边缘的下端，它们用脊背靠着卵壳。卵壳现在已经呈半开的状态了，这对于我的观察是非常有利的。椿象幼虫好像戴着一顶小帽子似的，帽子制作得十分精良。当这顶帽子在之后掉落后会更加吸引我们的眼球。幼虫一动不动地戴着，整个身体缩成一团。

帽子呈三面角的形状，看上去像是角质物。三根脊柱呈深黑色，而且很硬。在幼虫两只红色的眼睛之间有两根脊柱，第三根在颈背上。在这三根深黑色的脊柱上，我看到了一些韧带，这些韧带绷得很紧，起到固定这三根脊柱的作用，而且韧带还有着防止脊柱把角尖弄钝时进一步脱离的作用。这个帽子的凹面长着松软的肉质，使得椿象幼虫的额头没有办法破除阻碍。在幼虫额头的上面有一个推进装置，那是一个比较狭窄的地方，就像一个活塞一样，那里有着跳动速度很快的脉搏。这是由于血液的急速流动而产生的。那个黑色的不明物体也是因为这种血液的急速流动，被慢慢地顶起。差不多一个小时过后，卵盖就被开启了。整个过程显得有些困难。

就像榛子象幼虫离开榛子的方式一样，椿象的幼虫也以同样的方法离开自己的卵壳。它们身体内部的充血作用不仅让卵壳逐渐打开，而且让幼虫自身也开始膨胀起来，这是支撑身体的一个环形软垫。椿象幼虫逐渐从卵壳中显现出来了，它们的触角和爪子在腹部和胸部后面保持着静止的状态。卵壳在最后终于在黑色物体的帮助下呈半开的状态，它已经完成了自己的任务。那么，之后这个锚又会有怎样的作用呢？它再也没有使用价值了，慢慢地就会消失不见。最终，椿象幼虫离开了自己的卵壳。

开启卵壳的工具是一个"丁"字形状的东西，它的两个臂膀稍微地弯曲。这个工具在卵壳的内壁上粘着，而且离孔口很近。等到幼虫离开卵壳之后，这个三面体又在放大镜的帮助下被我发现了。它的形状并没有改变。总之，这个工具的作用很难被人们了解，除非我们是在孵卵期间对其加以仔细地观察。

我想再谈谈卵壳的打开过程。椿象幼虫的脊背是靠着卵壳内壁的，而且它要尽可能地离中央地带远一些。幼虫就在那里出生，额头上还戴着一顶薄皮的、圆锥形的帽子。之后幼虫会把这顶帽子从头上

⊙ 图为来自巴西的一种椿象的末龄幼虫，中胸节上薄片般的翅芽清晰可见。它下一次，也就是最后一次蜕皮后，翅膀会完全长出来，同时变为体色完全不同的成虫。

拿下来。那么，椿象幼虫为什么不跑到中央地带呢？难道在偏离中央地带的地方能够得到更好的保护吗？的确，幼虫在远离中央地带的地方能够得到理学方面的好处。而且这个优势是显而易见的。幼虫靠着额头的充血来将头顶的帽子摘掉，这时候一个由有生命的蛋白质微粒所凝固成的颅骨就会产生。人们往往会小看这个东西的推动力。事实上，这个颅骨的推动作用超出了我们的想象。它能够将卵盖掀翻。

假如这个颅骨从中央地带推动卵盖，那么它所施加的力量基本上是没有的。这种情况下，颅骨发出的力度会消失在整个圈上面。因此，推动中心地区的方式是不可取的。与这样的做法相反，椿象幼虫它把卵盖的周边退到外面。这样一来，从进攻的那一点开始，钉子就会一个个地接连倒下。对于椿象幼虫来说，这时候已经完全没有阻碍。

小鸟为了破壳而出，就用自己的嘴巴将外壳啄开。同样地，椿象幼虫有着自己的独门绝技来让卵壳打开。椿象幼虫打开卵壳的方式甚至要比鸟儿啄壳的方法高明很多。鸟儿出壳后，它的外壳最终需要裂开，而椿象幼虫的卵壳则不需要被破坏掉。幼虫钻出卵壳后，卵壳本身依旧是一个精美的艺术品。这时候的卵壳已经变成了半透明的乳白色，看上去更加美丽。椿象幼虫的这种技艺究竟是从哪里学来的呢？一些人说是偶然得之，而事实上并不是如此。

德·格埃尔是被人们称为"瑞典的雷沃米尔"的一位博物学家，在他的著述中，也有着对椿象的高度评价："七月刚刚来临，生活在桦树上的椿象就由自己的孩子们一同陪伴着。每只椿象母亲都有二三十只幼虫，有的甚至还拥有四十只。椿象母亲一般住在桦树的花序上，我发现它们与自己的孩子所待的地点并不相同。不过，每当椿象母亲离开的时候，孩子们都会跟在它后面一同前往。等椿象母亲停下来后，幼虫们也会随之停留。这种场面就像母鸡带着自己的小鸡一样。一些椿象母亲从来不与自己的幼虫分离，母亲始终给予幼虫们以精心的照料。有一天，我将一根桦树的嫩枝砍了下来。我发现生活在上面的椿象母亲十分惊恐，它不停地拍打着翅膀，想要让敌人离开。这是因为它没有可以选择的另一个栖居地，否则的话，它一定会飞走，而不是威胁敌人。椿象母亲是为了保护自己的孩子才在那里继续停留的。摩德埃尔先生通过对椿象的观察，认为母亲为了抵抗雄性椿象而不得不保护自己的孩子，因为雄性椿象总是想要将自己的幼虫吞进肚子。"

德·格埃尔描述出一个非常美好的椿象家庭，而布瓦塔尔德在他的《自然历史奇观》中，又进一步地将椿象家庭加以修饰："椿象母亲温和得很。刚刚下了几滴雨后，它就带着自己的孩子来到了一片树叶之下，想要给孩子们以保护。它会小心谨慎地用自己的翅膀把幼虫们遮盖起来，我们可以看出椿象母亲的不安。就像在雷雨时刻，母鸡用翅膀袒护着自己的小鸡一样。虽然椿象母亲保持这个姿势非常不舒服，但它还是照样做着。"

被美化了的椿象开始在人们的脑海中留下美好的印象，之后的编书者也不加思考地人云亦云。这种本身就是错误的东西在经过再三的转述之后便会在人们心中扎根，大家都觉得那是真的。真实的东西往往很简单，然而却被我们忽略了。在我所涉猎过的书中，还没有哪位作者讨论过孵卵机制所创造的奇迹。德·格埃尔是一位博物学家，这使得他的论述让人们深信不疑。然而，我却想通过自己的实验来验证这位大师所说的"事实"。

灰色椿象就是博物学家著述中的神奇昆虫。在我所居住的地区，这种椿象比其他种类的椿象数

⊙ 图中这只来自苏拉威西岛的椿象身体扁平，呈盾形，是蝽科昆虫的典型代表，俗称盾蝽或臭蝽。像这种体型较大、色彩艳丽的种类主要生活在热带，生有威力强大的臭腺。

量更少。我只在迷迭香上抓到了三四只灰色椿象，我把它们饲养在钟形网罩里面。它们并没有产卵，这让我非常失望。这些灰色椿象所表现出来的生活习性与我所知道的其他种类椿象并没有什么不同。我试着观察我所饲养的四种椿象，想要知道椿象母亲与幼虫之间究竟有着怎样的互动。我想四种椿象同样的表现一定能够让我拥有真正的答案。

与博物学家叙述的不同，椿象母亲在产下卵后对自己的卵不闻不问。这种表现与母鸡领着自己小鸡的举动并不一样。等到最后一枚卵被产下之后，椿象母亲就离去了。它不会回过头来关心自己的孩子，更不会精心地照料它们。这样的场景让我印象十分深刻。也许会有人认为，椿象母亲的这种行为只是因为它们被关在了钟形网罩之中。假如把它们放生，那么则会呈现出如同博物学家笔下的那种温情场面。不，请不要这么认为。在自由的田野中，我也看到过灰色椿象母亲。它们与囚禁在网罩中的椿象一样，对自己的幼虫不管不顾。

处于孵卵期间的椿象母亲，它们对自由的向往极其强烈。这时候的椿象母亲喜欢四处游走，而且容易飞行。在离开幼虫两三个礼拜之后，难道它们还会记得当初幼虫的所在地吗？难道它们还会凭着记忆找到自己的孩子吗？认为椿象母亲拥有超强记忆力的人真的非常可笑。我从来没有见过哪一个椿象母亲在自己的幼虫身边多停留一刻。有的椿象母亲还随意地产下自己的卵，致使自己的家庭四分五裂，都分不清楚哪些才是自己的亲生骨肉。由于产卵日期以及阳光充足程度的不同，孵卵的时间也随之变化。被分散开的椿象幼虫虚弱地行走在各个角落，它们不可能再次聚集到一起。

但是有一个事实是，假如椿象母亲偶然地再次看到一群幼虫，而且认出这些就是自己的孩子，那么它一定会给予孩子们细心的照料。而另外的几群幼虫可能就要遭到遗弃了。但是没有得到母亲照料的那些幼虫群，它们的存活率并不一定就比得到呵护的那个群体低。我不知道为什么椿象母亲会有选择性地对自己的孩子进行看护，德·格埃尔所提到的卵群中，有一些是由20多只卵组成的群体。这其实是一个被分裂了的家族，并不是椿象母亲所产下的全部的卵。不过可以肯定的是，这些卵是椿象母亲一次产下的。有一只椿象为我产下了100多只的幼虫，就在一块小薄片上。这种椿象比灰色椿象的个头要小。不同种类椿象的生活习性以及繁殖方式都一样，然而，除了那些受到母亲照料的幼虫以外，其他的幼虫将何去何从？

我们的确应该尊重那位博物学家。然而在同一片天空下，椿象母亲真的是温情脉脉的吗？椿象父亲也真的会对自己的孩子下毒手吗？当然不是。我并没有看到椿象父亲把幼虫吞进自己的肚子，我也没有看到椿象母亲在保护自己的孩子。椿象幼虫的双亲只是在迷迭香上休息，或者是在金属网纱上踱步。它们没有表现出对幼虫细心地呵护，当然，也没有表现出凶恶的一面。椿象幼虫可怜兮兮地待在双亲的旁边。它们是那么的弱小，以至于一只椿象爪子的轻微碰触，就可以让它们翻个底朝天。处于摔倒状态中的幼虫引起了椿象母亲的注意，然而，母亲并没有像博物学家著述中描写的那样表现出仁慈的母爱。一切期待都是徒劳。

虽然大自然是万物的生母，然而对于能够自力更生的生命，大自然绝对不会表现出任何仁慈。当椿象还在自己的卵壳中时，大自然对于它们来说的确是温柔的母亲。这位母亲给予它们温暖以及不受侵袭的房屋，给予它们保护。然而，一旦这些小家伙从卵壳中出来后，大自然这位母亲就对它们不闻不问了。这是多么残酷的生存法则啊。幼虫因为感受到了饥饿，它离开自己的群体而独自去寻找食物。其他的幼虫也在后面跟随。等到这群幼虫享受完美食之后，它们又会回到自己的出生地点，也就是空卵壳上面休息。等到幼虫稍微成熟后，它们就会离开自己的故乡，远走他乡。椿象幼虫将永远也不会再回到自己的出生地点了，它们已经拥有自由的生活。

幼虫群体在寻找食物的途中可能会遇到一个行走缓慢的椿象母亲。这时候，幼虫就会跟随这只椿象母亲，就好像之前它们跟随一只领头幼虫那样。博物学家大概就是看到了这样的场景才想起了母鸡与小鸡。然而，博物学家上当了。幼虫所跟随的那只椿象母亲不会向它们表现出任何具有母爱的行为，这只椿象母亲对身后的小家伙们毫不理睬。博物学家由于看到了偶然的一个场面，于是他发挥自己的想象，美化了椿象家族。这种美化到后来就被人们争相传颂，所以我们才将谬误的东西当成了事实。

笃蓐香树蚜虫的迁徙

知 识 链 接

　　蚜虫分有翅、无翅两种类型，以成蚜或若蚜群集于植物叶背面、嫩茎、生长点和花上，用针状刺吸口器吸食植株的汁液，使细胞受到破坏，生长失去平衡，叶片向背面卷曲皱缩，心叶生长受阻，严重时植株停止生长，甚至全株萎蔫枯死。蚜虫为害时排出大量水分和蜜露，滴落在下部叶片上，引起霉菌病发生，使叶片生理机能受到障碍，减少干物质的积累。

　　到了九月的末尾几天，有角的瘿就被蚜虫挤得满满登登的。由于空间并不够宽敞，所以蚜虫会根据探测器的长度来进行排列组合，它们会一层一层地排列起来：粗大的蚜虫待在最上面，中等的蚜虫排在第二行，而小蚜虫则排在中等蚜虫的爪子之间。这样的排列组合方式非常适用，假如蚜虫们是一只紧挨着一只插进吸盘地组成一层，那么这个瘿根本不够它们用。排列好的蚜虫全都安静地待着，它们保持静止不动，用嘴巴喝水。

蚜虫们喝水的时候也是很有秩序地轮流着。吵闹的蚜虫们在上面等候，它们各自寻找着自己的位置，场面热闹，而下面的蚜虫则正在喝水。然后喝完水的蚜虫会上升，而刚才还在等待中的蚜虫则会下降。蚜虫们就是通过这种持续的轮流方式来饮水，保证每只小蚜虫都有水喝。

　　想要在这样杂乱的环境中不被改变形状，那么蚜虫们就必须保持雅致的常态。由于蚜虫群的拥挤与混乱，白色的蜡质物被它们弄成了粉状物塞满了隔间。居所变成了一个来回攒动的团块，蚜虫将会在这个团块里进行身体的蜕变。这个团块中没有任何多余的空间，也完全得不到安宁。蚜虫们的皮肤在摩擦中被弄伤，它们的爪子也全部变了形。不过它们宽大的翅膀在展开后却没有褶皱。

　　终于，蜕变结束了，隐居的生活告一段落。橘色的蚜虫原本有着突起的肚子，但是现在的它俨然已经变成了漂亮的、类似蚊虫的小虫子。每只小虫子都有四只翅膀，身材修长，瘦瘦的、黑黑的。振翅飞翔的时刻终于到来，然而问题也出现了。由于这些小虫子们被一堵墙围着，它们没有任何工具，也没有能力在围墙上面打开一道口子。那么怎样才能出去呢？不用担心，虽然小虫子自己没有能力出去，但是这堵墙会让它们出去。蚜虫成熟的时候同样也是瘿成熟的时刻，两者的成熟时间配合得多么好啊。

　　球瘿由于成熟而日渐膨胀，侧端裂出一些星状的口子。而角瘿则在顶部才有裂口。这些瘿的爆裂并不温和，它们会在突然间将门打开。帽子护耳将着很多节瘤的厚嘴唇分开，褶裥将上面的薄层稍稍地抬起。纺锤也稍微地打开了，就像衬着玫瑰色绸缎里子的小包一样。门本身是靠汁液的作用为性急者打开的。

　　这是蚜虫大量活动的时刻。我挑选了一些角瘿，它们就快要整个断裂掉了，因为顶端的角已经裂开了。我贴近它们进行仔细地观察。我把它们放在我的实验室的窗户面前，它们与窗户的距离只有几步远。那里有充足的阳光，蚜虫们喜欢在太阳下面暴晒。第二天中午的时候，阳光非常充足，天气也很热。就在这个宁静的天气里，瘿的一只角稍微地打开，长着翅膀的蚜虫们飞了出来。就在前一天，它们飞出来之前，我在隔室里面放了一根笃蓐香树的小树枝，非常结实。我想要用这根小树枝来引诱蚜虫们起飞，它们或许会把这根小枝权当作可以乘凉的地方。

蚜虫的身上通通被粉尘所覆盖着，这些粉尘是毛簇的残留物质。小虫子们成群结队地飞出来，像是一股水流，非常平静。每只虫子爬到裂缝那里时就开始展翅翱翔。在准备飞翔的时刻，它们还会用震动着的双肩将一枚细小的灰土火箭抛投出去。蚜虫们飞行的路线呈波浪状，上下起伏。它们通通朝着阳光充足的玻璃窗子飞去，那里的阳光看起来比别处更加强烈。蚜虫们纷纷撞在了窗户上，滑下来堆积成群。它们享受着那里的阳光，没有丝毫想要离开的迹象。

蚜虫们的飞行路线让我感到惊诧，它们全都朝向玻璃的方向飞去，没有一只例外。而且是直直地飞去，没有任何一只蚜虫会向左或是向右偏离这条路线哪怕是一点点。其实屋内的每个角落都很光亮，但是蚜虫们却偏偏喜好有阳光照射的玻璃窗子。飞行的精确程度难以置信。假如我们把一个铅粒从高处扔下去，它也不会比蚜虫的飞行路线更准确，掉落在地上的时候总是有偏离的。如果说铅粒受到地球引力的影响落在地上，那么蚜虫就是遵从着阳光的意志而向玻璃窗户飞去。在被阳光充分沐浴的空间内自由地飞行着，全体蚜虫们都在享受阳光带给它们的快乐。

两天过去了，蚜虫们基本上已经迁移完毕，只剩下最后的缓慢飞行者。等到它们全都离开后，我也把瘿完全地打开了。是我精心挑选了这些蚜虫，它们刚开始的时候有两种。一种是有翅膀的黑色蚜虫，另一种是没有翅膀的红色蚜虫。现在黑色有翅膀的那群蚜虫已经全然离去，而红色的没有翅膀的蚜虫还在那里。这些依旧守着家园的蚜虫们看起来呈朱红色，又矮又胖，身材比较小，身上还有皱纹，跟过去的它们没有什么变化。这正是蚜虫们的母亲，它们有的背着裙裾，也就是蚜虫母亲的口袋。孤苦的蚜虫母亲在这个破烂不堪的瘿里继续挨着，它们也会继续产卵，但是这些卵都很羸弱，是短命的早产儿。最终蚜虫母亲会和这些早产下来的孩子一同走向死亡。整个瘿变成了一片废墟。

原本我以为那支临时放置的笃蓐香树的小枝权能够吸引蚜虫的眼球，然而事实却不是这样。我眼睁睁地看着蚜虫对这根小木棒不理不睬，这可是它们曾经最喜欢的东西啊。然而蜕变后的蚜虫却没有任何一只再在这根小枝权上停留片刻。假如有蚜虫不小心与矮树丛相撞而掉到树叶上面，它们也会立刻起身再次飞行，到窗户那边与集体会合。由于蚜虫的胃已经没有了欲望，所以它们不会再稀罕笃蓐香树。我的玻璃窗户挡住了蚜虫们的去路，它们通通在那里沐浴阳光。但是如果把这道屏障去除掉，它们会飞向哪里呢？当然不是笃蓐香树那里。

这些被窗户阻挡了去路的蚜虫们全都是一个模子刻出来似的，无论在外形、面貌还是颜色上，通通一样。好像全都是由一只蚜虫复制出来的。就是在这样一群没有任何区别的蚜虫当中，人们却期待着找出雌性和雄性两种蚜虫。的确，还是幼虫的它们，个个儿都像大肚子的虱子一样，动作非常迟缓。然而蚜虫们现在已经与幼虫时代告别了，它们刚刚有了自己作为昆虫类别的属性，像身材瘦长的蚊虫一样美丽。蜕变了的蚜虫们为自己拥有四只漂亮的红色翅膀而感到万分骄傲。拥有如此美丽的外表，假如是其他的昆虫，一定是要交配了。

◎ 蚜虫们长得几乎一样。

　　然而，这个蚜虫群体却没有性别之分，更别提婚嫁和交配了。它们虽然在成熟的年龄穿着华美的衣服，但是却没有婚姻的滋润。尽管如此，每只蚜虫也能独立地完成生育工作，就像它们的前辈将它们生出来一样，不需要交配就能进展得顺利。我想要验证这个事实。我拿了一根麦秸，用我的唾液把尖部弄湿。然后我用这根被唾液沾湿的麦秸尖将随便一只蚜虫的翅膀固定，然后用大头钉把它的肚子紧紧地按住。不一会儿，这只蚜虫就生出了五六个孩子。虽然我为它做的生育手术相当粗鲁，然而这并不影响它的生殖效果。之后我又进行了几次实验，每一只蚜虫都拥有同样的生育能力。

　　蚜虫生产所需的时间非常短，它的生育就像播种一样，能够在很短的时间内完成。蚜虫每胎平均可以产下六只小蚜虫。让我们来看看这些初生的孩子吧。大约两个小时后，我看到蚜虫们以任意的姿势、在任意的位置分娩着。它们有的趴在窗扇横挡上，有的则在窗洞木头上的灰泥层上，还有的在窗户后面的玻璃上。由于分娩迫在眉睫，所以它们也顾不上选择什么地点和优雅的生产姿势了。蚜虫将它的两只较大的翅膀抬起来，而两只小翅膀则震动着。在生育的过程中，蚜虫需要找到一个支撑物，这个时候就用到腹尖。它让腹尖弯曲起来，虽然这种姿势不太稳定，但却是必要的平衡方法。孩子们成功地生产出来了，它们垂直地落在了支撑物上。新生儿的头部在上，竖立着。大约两分钟过后，蚜虫孩子从襁褓中出来，它后退着将自己的爪子露出，自由地乱动着。如果小家伙是以卧姿被生出来，那么它就不能这么自由地活动了。

　　蚜虫幼虫接连地被生了出来，它们在乱动一番后就会躺下，然后开始在世间游荡。到处乱逛的幼虫其实很危险，因为人们并不会顾及它的年龄，幼虫会被行走的人们推倒。有些蚜虫因为被窗户角上的蜘蛛网挂住，它们就直接在那上面进行分娩。不过产下的幼虫会掉在窗洞的边缘，而且由于没有垂直着，所以它们根本没有办法蜕皮。另外一些幼虫从涂有树胶的柱座上被扔了下去，它们也因为不能蜕皮而死亡。

　　蚜虫和它们的幼虫们住满了窗扇的横挡，看上去一片热闹景象。由于蚜虫母亲有翅膀，而幼虫没有翅膀，它们混居在一起根本分不清谁是谁，场面看起来又非常杂乱。我不知道这些小虫子们在忙活什么，好像在寻找什么东西似的。也正是由于我的无知，最终导致了它们的全部死亡。蚜虫母亲由于生完了孩子，所以它们的任务也完成了，长着美丽翅膀的它们通通在两三天内死去。那么幼虫们怎样了呢？它们有着淡绿色的外衣，身体修长，大约一厘米左右。幼虫们动作灵敏，用小碎步跑着。它们的爪子也抬得很高，小家伙们看起来非常繁忙。然而没过多久，这些幼虫们也死掉了。我用刷子将这些死掉的蚜虫清理干净。

　　笃蓐香树五个瘿栖物的作用是相同的。拥有黑色翅膀的蚜虫在这个敞开着的房子中出生，它们在很短的时间里就能够生育，每只蚜虫大约能生五六只幼虫。同角瘿蚜虫一样，球瘿蚜虫一胎也能生下五六只。快到九月的时候球瘿就会裂开，这比角瘿爆裂的时间要早一些。它们的襁褓、帽子护耳和纺锤都稍微地打开。帽子护耳瘿里面出来的蚜虫长得身材粗短，像虱子似的。它们的身体后端比前面宽，穿着橄榄绿色的衣服。蚜虫的吸盘紧挨着它身子的下端，并且往后面突起，就像是飞蝗的产卵管。

　　这个吸盘最引人注意，就像是一把军刀或是利剑一般，蚜虫把这个东西竖起来的时候还会阻碍它们前行。那么这个东西到底是用来做什么的呢？蚜虫好像站在自己的爪子上一样，爪子的长度与探测器的大小非常成比例。蚜虫这样做是为了把这个利器插入有营养的植物当中去。我对观看这种机器的运转十分有兴趣。我给蚜虫们的鲜美的瘿和树叶，但是它们似乎对这些并不理会，只是在被塞了棉花的密闭的试管中缩成一团。我不知道它们想干什么，它们想要逃离吗？

　　小叶襁褓的蚜虫同球瘿里的蚜虫一样，它们的身材都比较粗短，蜷缩着的时候就像一只小癞蛤蟆。只不过前者身穿绿黑色的衣服，而后者则穿着黄褐色的外衣，略微发浅。它们的喙也不大，都向后凸，不动的时候就像尾巴的附属品。纺锤形状的瘿中的蚜虫也有类似的喙，不过这种蚜虫的身材稍长，穿着淡绿色的衣服。

我们之前提到了这些蚜虫的相似之处，这说明了它们的单一性。而现在所提到的蚜虫，它们确实有着这样或那样的差异：粗短的身子和修长的身子；喙的长短不一，有的正常，而有的喙却以尾喙的方式延伸着；各色的衣服，有的是嫩绿色，有的是淡黄色，而有的则是暗绿色。描述性的东西确实让人感到乏味，读者一定会把这页书以最快的速度翻过去。其实我们只需要知道笃蓐香树上的五种蚜虫是不同的种类，了解它们不是一种拥有多种职业的昆虫的亚种，这样就足够了。

天气异常炎热，而瘿在这个时候却频频地接受着我的检查。球瘿或是在唇瓣处裂开，或是在侧旁爆裂，而角瘿则在顶端裂开。裂缝的痕迹越来越大。穿着黑衣的蚜虫不管外面多么炎热，它们依旧逐个儿地从瘿中出来，不慌不忙。虽然它们生活在我的实验室中，但是这种环境并没有让它们的行动有所收敛。它们停留了一下就开始飞行了。蚜虫们张开翅膀，拍下一些粉尘状的物质，然后就飞走了。有时候一阵微风就会把它们吹到我看不见的地方。

蚜虫的迁移在几天内就能完成，它们成群结队地从瘿中飞出，只剩下没有翅膀的蚜虫母亲仍旧孤苦地待在里面。这些驼了背的可怜虫们将孩子生完后就变得孤独了，因为孩子们已经离它远去。蚜虫母亲有时候会爬到出口处晒晒太阳，不过很快就会回去。紧接着又有另几只蚜虫母亲前来晒太阳。不过它们并没有因为接受了阳光的沐浴而变得欢乐。相反，由于瘿遭到了破坏，再加上它们年事已高，大约两个礼拜后它们就在饥饿与孤苦中死去了。

现在让我们走出实验室，暂时忘记这些瓶瓶罐罐走进荒石园，去看看那里的笃蓐香树上有什么情况吧。事实上，园子里并没有为我提供比实验室更多的信息。甚至我在实验室所了解到的情况比笃蓐香树能够给我的信息更好，至少我观察到了有翅膀的蚜虫的活动，获得了宝贵的资料。而在园子里，由于蚜虫飞得比较远，所以我没能找到它们生育的地点。我想刚出生的幼虫一定散布在园子的各处，而且在离我很远的地方。不过我还是能够在笃蓐香树上找到这些幼虫，就像我在实验室中所看到的幼虫一样。

我想要再次强调一下蚜虫从瘿中出来的条件。我们知道瘿在成熟之前是一个封闭的场所，蚜虫

知识档案

蚜总科包含3个科，即球蚜科、蚜科和根瘤蚜科。目前，全球范围内已发现大约4700个种类，温带的种类最多，它们中许多都是主要的农作物害虫。蚜虫呈现出多态性：有翅或者无翅；单性生殖为主，也包含很多其他的繁殖方式。蚜虫的排泄物为蜜露形态，住在虫瘿里的种类还能制造出大量的蜡状物，防止蜜露浸湿和淹没自己。中空的蜜露会吸引很多种昆虫，包括蜜蜂。有一些种类的蚂蚁会看护蚜虫群，将蚜虫的敌人赶走并将这些蜜露的制造者搬迁到植物上营养最丰富的部位。在广大针叶林区，居住在树上的蚜虫的蜜露可能是蜂箱蜜蜂所酿的蜜的主要成分。这种"森林蜜"大受行家赞赏。

蚜科昆虫被认为是真正的蚜虫，身长2～6毫米，触角有4～6节，它们身体柔软，通常有两对透明的翅膀，身体颜色呈绿色、黑色，有时甚至是粉红色。翅膀像屋顶一样覆盖着身体，末端在排出蜜露的尾部。腹部有两对腹管，用来分泌蜡或防御性的化学物质。

不同亚科的蚜虫通常具有不同的复杂生命历程。有一些一年繁殖好几代，其中一种通过两性生殖产出越冬的卵。而另外一些则是单性生殖和卵胎生（生出小幼虫）。蚜虫经常变更宿主，尤其是蚜科，冬季的宿主主要是木本植物，春季和夏季则为草本植物。这些特性以及它们能够在短时间内繁殖大量幼虫的能力，使得蚜科成为一个非常庞大的群体。

桃蚜选择桃或者李作为它们的第一宿主，其他一些草本植物，包括马铃薯，是它们的次宿主。这类蚜虫是马铃薯真菌病毒（晚萎病菌）的携带者，曾于19世纪40年代造成爱尔兰马铃薯饥荒，致使大约100万人死亡。

球蚜科的50个品种俗称绵蚜或针叶蚜，几乎全部分布在北半球。球蚜可能是单性生殖，但是不能直接产出幼虫。无翅的雌性以及若虫通常覆盖着由腹部腺体分泌出来的软毛状的蜡。所有这类蚜虫都以针叶植物为食，有的种类会制造虫瘿。有的种类会给针叶树种植园带来严重的经济损失。

根瘤蚜科是一个只有70个种类的小科，主要出现在北半球。它们的触角分3节（呈翅形或翼形），没有产卵器。它们的生命历程同球蚜相似。根瘤蚜通常以落叶树木为食，也有一些以蔓生植物为食。其中一种，葡萄根瘤蚜，从北美进入后，成为19世纪晚期带给欧洲酿酒业近乎毁灭性破坏的罪魁祸首。

就像被一堵围墙包围了似的无法出去。虽然蚜虫的强壮能让瘿产生瘙痒的感觉，促使瘿膨胀，但是它们却不能将其打开。直到瘿成熟以后，从顶端或是侧旁裂开缝来，蚜虫们才得以出去。但是也有些情况不同。假如在瘿开口之前，或是由于干燥的气候使得瘿在该打开的时节没有打开，而被关在里面的蚜虫已经成熟到要生育的阶段，那么会发生怎样的情况呢？

被紧闭的瘿关在里面的蚜虫同样会进行繁殖。由于空间的狭小，它们相互挤压着，一只踩在另一只的身上进行生育。瘿里面杂乱无比，每只蚜虫都无法挪动自己的身体。蚜虫在生育的时候需要一个支撑物，而这些被关起来的蚜虫只有以同伴的翅膀作为支撑，由于拥挤，支撑物极不稳定。在这样混乱的场面下，蚜虫幼虫很多都被踩伤。由于无法蜕皮，它们最后都变成干燥的小颗粒。不过也有一部分，而且是大部分的幼虫都在苟延残喘中活了下来。它们在杂乱的环境中获得了新生。

十月份的时候我把一个干燥了的但却没有自行裂开的球瘿或角瘿打开。里面是已经死亡了的蚜虫，它们通通长着翅膀，穿着黑色的衣服。在瘿的内壁处，我用放大镜看到了几千只蚜虫。这种场面让我感到十分震惊。这些是蚜虫母亲产在瘿中的小蚜虫，它们一出生就被困在这里。不过在这个死气沉沉的瘿中还有一些朱红的蚜虫活着，它们是蚜虫的祖母。蚜虫祖母的行动很笨拙，不过听说它们还能够熬过冬天。我把那些样貌好看的蚜虫祖母保存了起来，不知道它们在玻璃的保护下会不会活下来。但是我清楚地知道，假如我把它们连同那些破烂的瘿扔在一旁不管，那么它们很快就会死去。

最初一段时间里，这些蚜虫祖母看起来情况还好。不过冬天刚来没几天，它们就不会动弹了。它们是死了，但是外观跟活着的时候没什么区别，依旧光鲜。这个样子看起来就像是会在春天来临的时候再活过来似的。其实它们在四月之前就已经死了，只不过我的看护让它们的生命延长了一些。这些蚜虫祖母活了半年的时间，而它们的孩子却只有几天的存活时间。我不得不对这些拥有顽强生命力的蚜虫祖母表示赞赏。

这些身着黑色衣服，在迁移途中的蚜虫，它们已经不需要靠食物来维持生命了。我放在那里引诱它们的笃蓐香树的枝杈就是最好的证明。蚜虫们对这根树枝不理不睬，不会停靠在上面休息。与对食物的不关心类似，蚜虫们似乎对自己的休息处也同样不关心。它们随便待在哪里都行，窗洞的灰泥土层、窗扇横挡木头以及窗格玻璃。它们不会觉得哪一处地方是陌生的而不选择那里，它们根

◎ 蚜虫

本不对自己的居所做比较与选择。这些穿着黑衣服、长着翅膀的蚜虫们显得那样平静，它们四处游荡，随处生育。

与在实验室中的蚜虫一样，在田野里的蚜虫在刚刚获得自由后就会将自己身上的蜡质物抖落，然后飞走。蚜虫们顺着主导气流的方向飞去，气流将蚜虫的翅膀推动。这样的场景与之前它们大腹便便的样子形成了鲜明的对比。蚜虫在阳光的照射下尽情地飞舞着，只要它们的翅膀能够支撑得到，它们就随意飞行。直到精疲力竭的时刻才不加选择地掉在任意一个地方，或是被什么东西碰到了而掉下去。蚜虫们开始生育，它们对生育的地点也同样没有要求。等到生育的任务完成之后，它们的前途就只剩下死亡了。

由于蚜虫对生育的地点没有经过精挑细选，这就导致它们孩子的死亡率会很高。这些可怜的幼虫会死在干燥的树皮上，或是光秃秃的地上，也可能死在石头上。刚出生的幼虫需要食物来补充体力，它们会把大大的吸盘插入植物中去汲取营养。然而由于降生的地点不同，所以有的幼虫由于缺乏食物而死去，而幸运的幼虫则因为获得了食物而活了下来。我在实验室中就亲眼看见过幼虫们由于没有吃饱肚子而死去的场景。最终仅剩下不到 15 只幼虫活着。

在寒冷的冬季，一些禾本科植物为蚜虫幼虫们提供了很好的过冬场所。幼虫将自己的吸盘插进植物中，吸取甜甜的汁液。在禾本科植物茂密的叶子的保护下，蚜虫没有遭受雨雪的袭击。它们拥有充足的食物，拥有很好的避难所，这些蚜虫因此存活下来。它们是第二年蚜虫后代的繁殖者，是笃耨香树蚜虫的接班人。然而，这些只是我的推测而已。因为在我所实验过的多种草本植物中，没有一种能够为蚜虫提供很好的避难场所。虽然没有直接的经验，但是我的推理似乎也不无道理。或许这些隐居者的生活真的就是这样吧。

第七章

吃蚜虫的昆虫

　　一个偶然的机会让我了解到了以蚜虫为食物的昆虫，在这之前我一直想要观察这些昆虫们的活动状况。生活在笃蓐香树瘿瘤里面的蚜虫们，只要瘿不被打开，蚜虫就可以在里面安乐地生活，不会受到外来者的侵略。然而由于干燥，瘿始终会产生裂缝，自动打开，而且这一点是蚜虫进行迁移的前提条件。瘿裂开后，等待在外面的、不能自行把瘿打开的食蚜者也有了机会。

　　在光合作用下，空气与土壤中的矿物质转化为化合物，这是储备热量的巨大仓库。动物就是靠着太阳能在这个仓库中所储备的能量来维持生命的。各种生命都以自己的方式对自然界的能源进行着提炼与选择的工作，而要想以简单的方式就把通过食物传递到食者体内的化学成分转化为有营养的物质，就需要非常仔细地工作。这项任务需要通过不断的合作才能完成，更好地体现在微小生物那里。这些小生命用自己的耐心把原本并没有价值的东西变为身体里的精华成分，它们一点一滴地加以提炼，然后把这些食物提供给鸟类或者昆虫。就这样经过一层又一层的食物链，最终大型的动物有了食物，而我们人类也拥有了自己的食物。

　　我所提到的那些小生命里就包括蚜虫。别看它们长得很小，然而它们的体内却拥有丰富营养的成分。嫩嫩的、丰富的蚜虫，数之不尽。蚜虫那鼓鼓的肚子里装着甘甜的露水，能够为其他生命提供水源。不过一滴甘露需要成千上万只蚜虫的贡献才能够提炼出来，不过蚜虫的繁殖能力旺盛到我们无须担心它们的数量不够。在被太阳光钙化了的岩石缝中生长着一些笃蓐香树这种灌木，在这贫瘠岩石缝中，灌木能够吸收到的养料非常稀少，只有少量的雨水以及岩石中分化的一些矿物盐，然而这些笃蓐香树却依旧繁茂。

　　生活在笃蓐香树中的蚜虫们以它们的方式为比自己高一级的动物们提供维持生命的养料。笃蓐香树的松脂会散发出一种奇怪的味道，并不是所有昆虫都能够接受这样的气味。然而蚜虫们却对这种味道情有独钟，它们不但不嫌弃，反而当成是非常美味的东西来享受。笃蓐香树对岩石中的矿物质进行初步的加工，这些经过粗加工的东西成了蚜虫们提炼的对象。它们从中吸取精华，然后进行再一次的提炼，最终这些东西成了高级养料。也许有一天会有小鸟吃到这些蚜虫，而这个时候原本粗劣的矿物质已经在蚜虫的腹中转化成了高级食品。这种动物界最低贱的虫子用

⊙ 大多数蚜虫是绿色的，这是它们在植物上的伪装色。

它的柳叶刀将笃蓐香树的树叶切开，鼓起来的叶片形成了一个像仓库似的东西。蚜虫们就在这里面进行繁殖，它们个个儿都吃得非常圆润。

到了八月底，我的那颗笃蓐香树上长得最好看的一些球瘿开始有裂缝了，这些球瘿是早熟的。没过几天，在烈日的暴晒下，我看到其中的一个球瘿已经裂开了三道缝隙，一些泪滴状的黏液从中流了出来。球瘿中的蚜虫们争先恐后地试图开始迁移，它们个个儿都长了美丽的翅膀，企图开始旅行。我看到它们一个一个地拍着翅膀来到了门槛上，然后做着预备飞行的动作，准备出发。

然而，一群不速之客却在旁边觊觎着这美味又丰盛的食物。这种昆虫叫做三室短柄泥蜂，它们的身体呈黑色，长得很瘦，属于膜翅目昆虫。我时常在蔷薇茎里找到它们，在它们的房子里，

我看到了一些储备好的黑色蚜虫或是叶蝉。在今天这个蚜虫迁移的日子里，八只三室短柄泥蜂来到了蚜虫的家门口。这些泥蜂不顾一切地钻进瘿里，它们也不担心自己是否会被里面的黏液粘住。这是多么好的机会啊，成群的蚜虫都在这里。没过多久就有一只蚜虫被泥蜂从瘿里面叼了出来，之后这只泥蜂就飞走了。它是回去储备食物了，这只蚜虫将要被它放回自己的巢穴中去，然后它会再次飞到这里继续捕捉蚜虫，直到自己房子中的蚜虫足够食用。

由于蚜虫们正准备展翅飞翔，所以它们很多都已经到了瘿的门槛处，这就给了泥蜂好的机会去捕捉它们。这时候泥蜂根本不用钻进瘿中就能够轻易地获得食物，而且也不必担心自己会被粘住，没有多大的风险。在瘿被掏空之前，泥蜂疯狂的捕捉工作就不会停止。在泥蜂回去运送食物的时间里，有大量的蚜虫逃脱了死海。蚜虫们凭借自己的翅膀离开了瘿，它们获得了重生。

有一个问题似乎让我感到迷惑不解：三室短柄泥蜂是怎样知道瘿瘤已经打开了呢？它们自己根本不可能把瘿打开。如果来早了，瘿不会自动裂开缝隙；如果来晚了，估计这里也只剩下空壳了。八只泥蜂同时到来，显然它们对瘿自动开裂的时间了如指掌。三室短柄泥蜂终于飞走了，因为瘿壳中已经没有蚜虫了，它们或许去寻找其他的瘿了。虽然有大批的蚜虫躲过了三室短柄泥蜂带给它们的劫难，然而它们却逃不过另一种昆虫的侵略，那就是毛虫。假如遇到了这个抢掠的高手，蚜虫们就会被彻底洗劫，难以逃脱。

穿着棕色和玫瑰红色相间的衣服，毛虫找到了一个完好无损的瘿，这是个还没有开裂的瘿，里面住满了大量的蚜虫，它们还没有翅膀。毛虫用力撕咬着这个瘿壳，有黏液从瘿里面流了出来，毛虫一点也不在乎这些酸涩的树脂，它把被它咬下来的瘿壳堆积起来。毛虫对着瘿边咬边拽，直到瘿被它破开一个洞。很快地，洞眼的周围就堆起了一道黏黏的坎，在这里树脂黏液中混杂着许多木质残渣。我观看着这条毛虫的动作，非常入神。它的头左右摆动着，在洞眼被打开后又把头弯下，钻进了瘿里。整个过程用了不到半个小时的时间。

这个洞眼与毛虫的头差不多大小，只要毛虫的头能够钻进去，那它的整个身体就一定能够进去。毛虫将自己的身体绷直，非常轻易地就钻进了这个小小的洞眼。进去之后，毛虫立刻将自己的头部掉转过来，朝着洞口的位置，然后在洞口处编织了一个用来遮挡的网罩，这也是用来遮挡洞口的唯一屏障。瘿里面的树脂不断地流出，这些黏液在网罩上凝固成一个盖子，坚固又安全。

瘿里面住着大量的蚜虫，这对毛虫来说是一个非常巨大的食物储备仓库，够它一辈子享用的了。随后蚜虫被一只一只地杀掉，毛虫会吸干它们的汁，然后将其抛弃。被吸干汁的蚜虫尸体很快就堆积起来，毛虫制作了一张丝质的黏质毯，把这些尸体堆积到一块儿，用毯子将它们与活着的蚜虫分开。这种形式也方便毛虫捕食自己身边的活蚜虫。

毛虫尽情地享受着，一点也没有节约的意识。假如它愿意节省着食用这些美味，瘿里的蚜虫足够它一辈子享用了。然而毛虫却不在乎这些，仍旧大手大脚地挥霍着。它杀掉了大量的蚜虫，好像杀戮这件事情比吃蚜虫更加有意思。瘿里面的蚜虫通通死在了毛虫的手下，没有一只能够逃脱。当全部的蚜虫都被这个杀戮者杀光的时候，毛虫还没有长大。这个时候它不得不从瘿中出去，再去寻找其他的瘿。假如毛虫的兴致较好，那么就会有两三个瘿中的蚜虫遭到它的侵袭。

那么毛虫是怎样从这个瘿里面再度出去的呢？它有两种选择：一种是把进口再度捅开，另一种是重新钻一个洞眼。这对于毛虫那好用的大颚来说是多么轻而易举啊。然而当毛虫蜕变为蛾之后呢？柔软的蛾子又是通过怎样的方式从已经被风干变硬的瘿壳里出去呢？毛虫用变质了的蚜虫为自己制作了一顶大大的帐篷，它住在帐篷里面，将自己用白丝围起来。它将会在这里度过漫长的冬季，然后就开始身体的蜕变，变成一只会飞的蛾。然而蛾子属于鳞翅目昆虫，它没有什么能力将瘿打开。而且由于蚜虫的死亡，这个如核桃壳一样硬的瘿壳也不会自行地膨胀到开裂。装满食物的瘿壳的确是一个隐居的好场所，然而当蛾子得知春天到来的时候，得知外面的世界一片欢愉的时候，它肯定会觉得瘿壳像囚牢一般。在这个封闭的瘿壳中，柔弱的蛾子又能通过什么办法出去呢？

其实蛾子在蜕变之前，它还处于毛虫的状态时就早已经为自己铺好了出路。毛虫会在自己蜕变之前将那个它进来时的口子重新打开。假如那里由于树脂的凝固而变得太硬而不能打开的时候，毛虫就会选择重新在瘿壳上钻一个洞，和自己脑袋一般大的洞。由于瘿壳早已经被风干，所以不会有黏液流出，因此也不必担心这个新开的洞会再次被粘住。在提前打开了出路之后，毛虫会再次钻进那个大帐篷，准备蜕变。蜕变成蛾后，由于蛾子的翅膀还未张开，而是紧紧地贴着自己的身子背部和两侧，弯曲成沟槽的形状，所以蛾子在出洞口的时候，它的翅膀不会被小小的洞口弄皱。

七月的时候，蛾子从瘿里面钻了出来。为了能够出去，它把自己的衣服卷了起来，呈半圆筒状，好像一个套子似的。看到它出来后，我已经完全清楚了。无论是从瘿壳里出来还是再次回去瘿壳中去，蛾子所使用的方法都是一样的。它将自己的身体卷成绸缎的样子，既漂亮又能够节省空间。多么高级的杀戮者，多么美丽的蚜虫灭绝者。蛾的身子大约有 12 毫米长，绸缎似的身体上印有白色、深红色以及棕色的斑点。一条前面是深红色，而后面是白色的线条从蛾子的背部穿过，就像一条漂亮的腰带似的。第二条白线在翅膀罩上画出一个尖拱指向了后面的第三条线，这第二条白线并不容易被看清。绸缎的后摆处有一条宽宽的流苏边，呈灰色状。蛾子的触须就像冠状的盔顶饰，尖尖地竖立着；而触角则呈丝状，垂在背上，很长。

◉ 花苞上的蚜虫

现在让我们来对蝇科类昆虫吃蚜虫的方法进行观察。这些昆虫不像之前的毛虫，它们并不能让坚硬的瘿壳破开洞口。介于此点，蝇科昆虫以及其他不会在瘿壳上打洞的小虫子就会选择由复叶合拢而形成的瘿。这种瘿的颜色有很多种，而且形状也各异。有的瘿呈纺锤状，有的是月牙状，而有些则是隆起的状态。有绿色的平扁的瘿，也有满身起了疙瘩的瘿。蛆虫们很容易就能在这些瘿上面找到裂缝，并且能够十分精确地在裂缝处产卵。由于蚜虫的不断成长，瘿变得越来越膨胀，到达一定程度后就会开裂出一些小的缝隙。这些缝隙哪怕是再小都会被蛆虫发现，而我们人类用肉眼是根本无法看到的。蛆虫在一处裂缝里只产一粒卵，因为产卵过多会导致瘿里的食物不够幼虫食用。

一旦瘿上面有裂缝的痕迹，在外面觊觎的昆虫就会立刻钻进去。它们或者用屁股用力往里拱，或者是用嘴把瘿撬开。进入瘿中的昆虫很快就被再度合拢的裂缝关闭起来了，它封闭在了一个可以享用盛宴的地方。等瘿

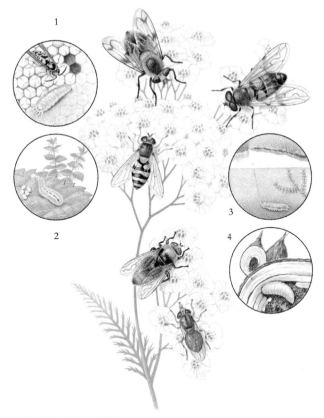

◉ 各种食蚜蝇的生活
1. 有些种类住在蜜蜂和黄蜂的巢穴中充当清道夫。2. 有的是食肉动物，比如吃蚜虫。3. 有一种食蚜蝇的幼虫甚至水栖，通过一根 15 厘米长的管呼吸。4. 鳞茎蝇幼虫会侵袭花卉的鳞茎。

里的蚜虫全部被它捕杀光以后，它就会从瘿中出来，而这时候的它已经不是进去之前那个小蛆虫了，而是变成了一只漂亮的小苍蝇。已经完全成熟的瘿由于裂缝很大，小苍蝇很容易就能够从里面走出来。这些小苍蝇们由于饥饿而对瘿内的蚜虫斩尽杀绝。它们在光天化日之下对蚜虫进行杀戮，这种暴露的行径倒是方便了我的观察。这可能也是我对它们较为忽视的原因吧。

在描述这些食蚜蝇们是如何对蚜虫们下毒手以及怎样享用野味之前，我想先回到刚才我们所提及的钻入瘿内的蛆虫、毛虫与三室短柄泥蜂上来。仅仅是这三种小虫子就能够为我们展示完美的有关生命承接的魔术。如果选择暴露在阳光之下进行蜕变，那么蛆虫和毛虫都可能变为过路小鸟的美食。而长在岩石中的笃蓐香树上的瘿恰恰为它们提供了很好的避难场所。蚜虫腹中可口的甘露变成食蚜虫胃中的美味，而食蚜虫从蛆虫变为小苍蝇，或是由毛虫变为蛾子之后，这些蜕变完成了的昆虫又为小燕子提供了更加富有营养、更加高级的食物养料。

蚜虫的聚集地小灌木中不仅有牲畜屠宰场和食物加工厂，如肉店、罐头加工车间和糖厂等，还有牛奶场与野生动物园。小灌木本身就是一个小世界，比起上面的由蛆虫和毛虫组成的小小的食物链条来，这个小世界有着更加完满的食物库存与取货计划。所有的工厂与企业都在为提炼更加富有营养的食物而工作，工艺完整且高级。这个小世界中的工厂所运转的场面非常壮观，嘈杂喧闹的氛围很有意思。这样的场景让人感叹。

就让我们来参观其中的一家工厂吧，这是一根六月里庞大的染料木，长在那块铺满石头的土地

上，让那片土地散发出更多的芳香。它那丝条状的小树枝像灯芯草般地散乱着。每个带花边的小花篮都被那黄色的花瓣装满了，花瓣上还点缀着鲜红的虞美人。这可是圣体瞻礼节里使用的圣树啊。在盛大的节日中，这些染料木如果长在山上，那么它所盛开的花朵则采摘不尽。这些花朵是天然的献祭物品，花匠们将其采下，并且向辅祭手中那摇晃的提香炉冒出的烟雾中抛去。而长在我家园子里那棵染料木却开满了知识的花朵，这些花朵带给我沉思。

黑色蚜虫在夏天的繁殖需要一丝清凉的空气作为帮助，一缕微风就能让这些蚜虫快速地成长起来。就像其他生活在露天环境之下的昆虫一样，蚜虫们也密密麻麻地在染料木绿色的树枝上挤挨着。两根空心的触角从这些蚜虫肚子下面长出来，这里面装的是蚂蚁喜欢吃的糖浆。并不是所有蚜虫都拥有这样的糖浆，而只有生活在露天环境中的蚜虫才有。那些由于在瘿里面待时间太长的蚜虫，它们已经没有了这样的器官，因此也就没有装满糖浆的腹部了。这些在露天中生活的蚜虫对蚂蚁来说就像是奶牛一样，蚂蚁们从蚜虫身上挤出牛奶来喝。这些蚂蚁通过抓痒的方式让蚜虫受到刺激，之后蚜虫就会分泌出糖浆。这些甜甜的美食刚刚流到管口就立刻被等在那里的蚂蚁喝掉了。

蚜虫们被蚂蚁像圈羊一样圈起来，羊圈是使用小块的泥土围起来的。染料木下的百里香居然变成了羊圈一般的东西。这样一来，蚂蚁们不用踏出房门就能够享受到好喝的饮品了。有的蚂蚁对于建造羊圈的方法并不熟练，于是它们选择了别的途径。虽然蚂蚁挤奶工的数量已经够多的了，但是蚜虫的数量却比它们更多，导致挤奶的速度跟不上。一些蚜虫的肚子中因为涨满了汁液，又因为它们等不到挤奶工的帮忙，所以就自行产奶了。这些蚜虫腹中的乳汁自动地流出来，粘了树枝上和树叶上。而这正好为不会使用羊圈方法的蚂蚁提供了食用美食的机会。除了蚂蚁以外，还有泥蜂、胡蜂、金匠花金龟、瓢虫以及各类苍蝇等前来的食客也是这些美味的享用者。这些昆虫里面最常食用蚜虫糖浆的就是腐尸蝇，它们身上覆盖着金绿的色彩，大批大批地前来，嗡嗡作响。这些苍蝇在舔完腐尸的血液后又来饮用糖浆，它们一刻也不停歇地舔着，直到这些糖浆被瓜分干净。

这个吸引多种昆虫前来品尝甜品的工厂是蚜虫们开建的，它们是工厂的主人。蚜虫们对前来的食客慷慨大方，在炎热的天气里为昆虫们解了渴。除了为一些昆虫提供水源之外，蚜虫们还是另一些昆虫的肉食品。在这些以蚜虫肉为食的昆虫面前，蚜虫做出了更加巨大的贡献。在这些昆虫当中，花虫就是非常著名的一个族类。

在染料木上生活的蚜虫们密密麻麻地聚集着，它们总共形成了两层。里面那层是年轻的小蚜虫，而外面那层则是年长的老蚜虫。这些蚜虫的臀部全都翘在外面。就像李子树的果实也裹着一层青绿色的粉一样这些蚜虫的身上同样覆盖着青绿色的粉霜，好似鞘套。它们的皮肤则是黑色的。

这时候一只花虫则在一旁觊觎着这些蚜虫们。这只花虫有着红白黑相间的三色外衣，它学着水蛭走路的样子来到蚜虫群的上面，然后用它那身体的宽大后端作为支撑，尖尖的脑袋在这个时候也竖了起来。花虫猛地将脑袋往前甩去，一边挥舞扭动，一头扎向那群蚜虫。由于蚜虫的数量很大，而且密密麻麻地分布着，所以无论花虫扎向蚜虫那一瞬间有多么不专业，它始终都能够获得成功。

之后花虫又用自己的叉子将蚜虫叉起来送到自己的嘴里。花虫吸食着蚜虫，就像用水泵抽水一样，可怜的蚜虫在花虫的嘴里挣扎了片刻就一动不动了。吮吸完之后，花虫又将头甩去一边，这只死了的蚜虫便被甩掉了。之后花虫用同样的方法将一只又一只的蚜虫吃掉，直到自己的肚子已经饱得吃不下。

吃饱了的花虫让自己的身体蜷缩起来，它在让肚子里的蚜虫慢慢消化。等消化得差不多的时候再继续捕食。在花虫捕捉蚜虫群中的一只蚜虫时，其他的蚜虫有怎样的反应呢？令我惊讶的是，其他的蚜虫居然像没事人似的毫无惊恐的表现。蚜虫们只顾着为自己的吸盘寻找一个合适的地方安放，至于身边这只花虫，它们并没有觉得有什么不安。是啊，或许生命的意义在蚜虫那里并没有那么重要，就像山羊在吃草的时候小草们也同样没有惊慌的举措。

不过被花虫粘起来的蚜虫很有可能再掉下去，这时候这只死里逃生的小蚜虫却以很快的速度跑走，然后再另寻安身之处。有时候它会爬到花虫的背部，它根本不了解花虫有多大的胃口。当花虫把一只蚜虫叼起来的时候，由于蚜虫的身体被扎破，所以流淌出来的黏液把其他的蚜虫也粘了起来。这些粘黏在一起的蚜虫挂在花虫的嘴边，虽然还没有被花虫损伤，但也是花虫的阶下囚了。在我们看来，这些蚜虫起码也应该尽自己的一些努力来逃离花虫的魔掌，然而它们却丝毫没有反应。

蚜虫一只一只地死去，间隔的时间很短，这主要是由于花虫对于眼前的食物并没有节省的打算，因为蚜虫实在是多得很。在花虫叼起来的蚜虫中有很多是不合它的口味的，不是肉质不好，就是花虫看不惯。花虫左选一只右选一只，直到选中它满意的蚜虫它才肯进行吮吸。而其他那些不符合口味的蚜虫则被扎死后扔在了一边。只要是花虫爬过的地方，就一定有成群的蚜虫成为死难者。

由于好奇心的作祟，我想要了解一下死于花虫口中的蚜虫数目。我找了一个玻璃瓶，把花虫和一根染料木的树枝放了进去，这根树枝上爬满了蚜虫。一个晚上过后，我再来看这个玻璃瓶中的情况时，眼前的景象令我震惊。仅仅一夜的功夫，这根长度为16厘米的树枝上的整整一层蚜虫都被花虫杀死了，差不多有三百来只。按照这样的计算方式，我估算出这只花虫在两到三周之内总共要杀掉成千只的蚜虫。而两三个礼拜正是花虫走向成熟所需要的时间。通过对蚜虫进行剖腹的方式长成成虫的花虫最终以小苍蝇的形象出现。它属于双翅目昆虫的种类，在昆虫学里面被称作食蚜蝇。这种名称并没有别的寓意，而只是说明这只昆虫是小苍蝇而已。雷沃米尔曾经就用了一个非常形象的名称来称呼这种昆虫，那就是食蚜虫的狮子。

食蚜蝇为了让自己的幼虫能够不被移动中的蚜虫伤害，所以把自己的卵悬挂在虫穴里垂下来的悬索的尾部。在空中摇曳的卵和食蚜蝇的这种产卵方式十分有趣且奇妙。而另一种叫做蝎蛉属的食蚜虫却与食蚜蝇的产卵方式正好相反。蝎蛉属用一根纤细的圆柱把自己的卵托举起来，卵位于高处的支架位置，而不是如食蚜蝇那样将卵挂起。蝎蛉属就位于距离染料木上的黑蚜虫不远的地方。那里有一些枝状的装饰物，而且每个装饰物上面的丝线端都有一个小小的绿色的球体，那正是蝎蛉属的卵，非常好看。我不知道蝎蛉属的这种产卵方式有什么作用，但是我对于这种美丽的形式却十分欣赏。也许就像实用的东西有它存在的理由一样，好看的事物也有自己存在的理由。一些卵被一个产卵的支架托举着，我的前辈们也跟我一样赞扬着这些美丽的装束。

蝎蛉属浑身长着一束束刺毛，这些刺毛很粗。蝎蛉属的脚也很长，踮起脚尖的它们往往显示出一副高傲的神情。不过用来支撑它们身体的却是自己的肛门，蝎蛉属就像是一个踩着高跷的双腿残疾者。作为一种可怕的昆虫，蝎蛉属仅仅缺少了一个高

◉ 蝎蛉这个俗称是因为蝎蛉科雄性昆虫球根状的微红色生殖球囊而得。球囊与蝎子的针非常相似。图中这只常见蝎蛉的球囊在尾部很醒目地向上翘着。

大的身体。蝎蛉属食用蚜虫的方式很简单，它们用自己的大颚扎向蚜虫的腹部，然后把里面的甘露吸干，这就完了。蝎蛉属的大颚可是像钳子似的，中间是空的，而尖端则呈弯曲状。除了蝎蛉属之外，龙虱和蚁蛉幼虫的管状钩也是用来插进蚜虫的肚子的。而草蛉属的后代则比它们的前辈更加残忍，它们会把被自己吸干后的蚜虫像衣服一样披在自己的身上。这种做法就好像林伦人一样，把从俘虏头上剥下来的带着头发的皮系在自己的腰间。

⊙ 一只蝎蛉，这种小型草蜻蛉以蚜虫为食。

"卡塔里奈多，请你告诉我，我的未来在何方，我什么时候会嫁人。"这是普罗旺斯的农村姑娘用瓢虫来占卜时口中所唱的歌词。普罗旺斯的农民们把俗称瓢虫的七星瓢虫叫做卡塔里奈多。七星瓢虫的身上有着七个黑色的圆点，它们有着红色的外壳。从普罗旺斯年轻的农村姑娘口中所唱的歌词来看，它们的名声还不错。假如瓢虫飞行的方向是朝着教堂，那么就意味着这位姑娘要进修道院，而当瓢虫是向相反的方向飞走时，那么就代表这位姑娘在不久的将来就要结婚了。七星瓢虫占卜术并不比其他的占卜方法差，这种纯朴的占卜法或许是由于人们对飞鸟古老崇拜的追忆吧。

我们现在要谈谈高贵的瓢虫家族。与它爱好和平的名声出入很大，瓢虫实际上是个真正的杀手。它能够迈着小碎步将一群一群的蚜虫吃掉，被吃掉的蚜虫能够将一片空地移出来。我们找不到比瓢虫更残忍的昆虫了，瓢虫与自己的幼虫一道扮演着树枝上面蚜虫杀手的角色。它们走过的地方，几乎没有一只蚜虫能够有存活的机会。

还有一种食蚜者，古老的自然主义者把它称作长卷毛猎犬。为什么取了这样的名字？我们先来观察一下染料木的状况。一只我从来没有见过的穿衣服如此讲究的幼虫藏在枯萎的落叶中。它穿着一件洁白的衣服，这衣服是它用自己身体里渗透出来的蜡制成的。蜡衣上面还有条纹状的装饰。在人们想要抓住这条小虫子的时候，它就会以小碎步一股劲地往前跑。跑步的姿势就好像是一滴奶水掉在了一粒沙子的后面。这只小虫子并没有什么优雅的举止，只不过它的外表让它看起来像一只卷毛狗。

这种昆虫也以蚜虫为食，但是它们是专吃从树上掉下来的蚜虫的。由于身上穿的衣服太长，而且袖子也很宽，这使得长卷毛猎犬在捕食蚜虫的时候不能很好地保持平衡。而位于树上的那些瓢虫以蚜虫的幼虫，它们在捕食大量的蚜虫时会导致一些蚜虫从树上跌落下去。这就让下面的长卷毛猎犬有了食物。当然，如果掉下来的蚜虫不够食用，长卷毛猎犬也会爬上树去与其他昆虫争抢蚜虫，只不过冒着较大的风险罢了。到了六月

知识档案

蝎蛉

纲　昆虫纲

亚纲　有翅亚纲

目　长翅目

总共不到400种，分属8科。其中，有些是真正的蝎蛉，有些则是俗称的蝎蛉，包括蝎蛉、雪蝎蛉（雪蛉科）和吊蝎蛉（蚊蝎蛉科）等。

分布：全世界都有发现，多见于凉爽潮湿的环境中。

体型：成虫大都12～26毫米长，通常有两对外形相似的膜质长翅，翅展最大可达5厘米。

特征：身体细长，小到中等体型，有向下突出的"喙"。成虫有丝状触角。蝎蛉科成员的雄性，其生殖器上翻，像蝎子的尾巴。

生命周期：幼虫像毛虫，前肢已长出，有特征化的复眼。蛹是裸蛹，上颚可以活动，附器露在外面。属于完全变形（全变态发育）；翅膀内生（内翅）。

⊙ 七星瓢虫幼虫是贪婪的食蚜虫者，能用来进行有效地生物控制，20 世纪 80 年代的时候美国曾使用过。然而时至今日，由于它们的过度繁殖，已威胁到本土的其他昆虫。

中旬的时候，长卷毛猎犬会钻进枯叶发皱的内壁中。现在的它俨然已经变成了一只蛹，蛹的一半身体露在像棉纱灯芯一样的外套上，蛹的颜色则呈铁锈色。大约两个礼拜过后，这只蛹就成熟了。这时候的它变成了一只浑身长满短绒毛的瓢虫。我想这就是橄榄树瓢虫吧。它们周身都是黑色的，而鞘翅上面却长着大大的、红色的点。

以上我们提到的昆虫都是残暴的食蚜者，包括蝎蛉属、食蚜蝇和瓢虫等，它们都对蚜虫进行了野蛮的屠杀。然而还有一些昆虫，与残暴的杀戮者不同的是，它们对蚜虫进行杀掠的方式开展得斯斯文文。这些昆虫是小膜翅目昆虫，属于小蜂科，拥有接种探测器。我能够举出两个例子，一个是生活在大戟上的小虫子，另一种则以蔷薇为家。说它们杀死蚜虫的方式斯文是因为这些小虫子们并不以蚜虫为食物，而是将自己的卵产在蚜虫的腹中。

大戟蚜虫周身呈棕红色，我拿了一根大戟枝梢，并把它放在了试管里。然后我又将蚜虫的敌人放入试管中，总共六只。这些小昆虫不会受到我的任何影响，我可以随意地摆动这根试管。在轻松的氛围中，我对它们进行着观察。树茎上铺满了密密麻麻的蚜虫，我看到一只它们的敌人正向它们爬去。这位敌人身材矮小，并且长着长长的丝状触角。它的肚子上有一个红色的肉柄，除此之外周身呈黑色。由于蚜虫太多，敌人不能靠近它们，后来不得已在一只蚜虫身上停了下来。它的接种探测器开始工作了。为了能够清楚地对探测器进行指导，它把肚子的尾端移到了前面。这样一来，等到探测器开始工作的时候，尖头就能够非常准确地进入蚜虫的身体，而且不会导致蚜虫死亡。成功了，一个卵被产进了蚜虫的腹中。为了表示自己的胜利，这位蚜虫的敌人不停地搓动自己的两条前腿，收缩了探测器的尖头，并且用被唾液沾湿的跗节把自己的翅膀擦得锃亮。紧接着一只又一只的蚜虫被实施了这样的手术，直到敌人卵巢中的卵排完为止。对于这些蚜虫杀手来说，手中拿着放大镜，正在对它们进行观测的我又是什么样的形象呢？也许矮小的、身长不到 2 毫米的它们根本无法将我这么大的物体看清吧。

比起生活在大戟上的蚜虫来，以蔷薇为家的蚜虫们个头要大一些。在这些蚜虫中，雄性蚜虫是纯黑色，它们的身材比雌虫小，而雌性蚜虫的脚和胸部以下的部位却都是红色的。大戟蚜虫在敌人的卵强行产入自己的腹中之后，它们依旧与群体一同生活，直到自己慢慢死去。死了的蚜虫变得干枯，共同形成了一层干干的壳。而小蜂科昆虫的幼虫就是从那层干壳上打一个小孔钻出来的。出来后的幼虫会把空壳留在原地，这个壳子看起来比活生生的蚜虫还要肥大，白白胖胖的。不同于大戟蚜虫，蔷薇蚜虫在被小蜂科昆虫强制把卵产在它肚子里面后就会离开自己的群体，独自来到毗邻的树叶上，等待着自己死去，然后变干。死去的蚜虫在树枝上牢牢地粘住，我必须用针才能把它们剥落下来，而使用毛刷是没用的。粘连的牢固程度让我不解，我不相信这是死去蚜虫的爪子在作怪，它的爪子也不可能钻进树叶里面。

被产在蚜虫腹中的卵不断成长，长大了的幼虫将蚜虫的肚子撑得大大的，在适当的时候蚜虫的肚子便裂开了一道口子。在口子裂开之前，蚜虫腹中的幼虫已经为自己编织好了一条毯子。这条毯

⊙ 七星瓢虫是人们熟悉的食蚜虫。

子不是皮革类的东西，而是一件丝织品。我们穿的衣服如果由于身体的长大而变小，我就会用一些布将它补大。这件丝织品显然也是一块类似布的物品。幼虫在蚜虫的裂口处吐出比别处更多的丝，这些丝在与树叶直接相连的地方形成了一条宽胶带似的东西，外界的风吹雨打对这块胶带来说没有任何破坏作用。看来蚜虫之所以能够牢固地粘在树叶上，还是靠着这块宽胶带的帮忙。

当我们的地球还处于原初形态时，只要上面住着植物和蚜虫，我想这就足够地球上其他生命成长了。植物会对它所生长的岩石进行开发，从中提取到矿物质，让自己的身体拥有养料。蚜虫通过食用这些植物又能够在自身的体内形成更加富有营养的物质。之后，其他以蚜虫为食的昆虫又会因为食用了这种养料而变得更加高级。生命就是这样在循环中繁衍生息，死亡了的生物也是新生命的奠基石。

通过上面的介绍我们可以得出：蚜虫的确是食品加工厂里最早的主人。好了，我对它们的探索就先到这里了。

第十一卷

第一章

树莓桩中的居民

　　道路上长满了荆棘，修剪篱笆的农夫把树莓的藤蔓剪下。茎干枯后只留下了膜翅目昆虫喜欢的树莓桩。这里极卫生，不必担心潮湿的树汁。树莓桩的髓质柔软，容易挖掘，而且可以直接从桩头挖起。因此，许多膜翅目昆虫遇到这种干枯的茎桩，只要大小合适，就会毫不犹豫地在里面安身。对于一个昆虫学家而言，这样的发现是有研究意义的。当冬天修剪篱笆时，手握剪枝剪，随意一剪就能剪下有许多叹为观止的精妙工艺的柴火。长久以来的冬天，我总是喜欢在浓密的树莓丛中打发时间。为了得到不为人知的事实，我宁愿付出皮肤被划破的代价。

　　虽然我的记录并不完整，但是我家周围的树莓丛中有的昆虫，记录在案的有 30 多种；有些更勤奋的观察者记录下来 50 种。这些昆虫凭借不同的天分，从事不同的职业。有些灵巧的昆虫擅长把干枯的树干里的髓质挖出来，然后把这截管子用隔板分成数个隔间，作为幼虫的卧室。有些技术和力量都不太行的昆虫利用别人丢下来的房子，把巷道里的茧屑、坍塌下来的碎地板扒掉，修理这所破房子，最后用黏土或者自己制作的水泥来当作新隔板。

　　要区分这两种住宅是一件容易的事情。那些亲手挖制的巷道非常节约空间。巷道里的每间房间的大小都一样，刚好够住。既能住下尽可能多的昆虫，又要给幼虫留下足够的空间。这要耗费昆虫

知 识 链 接

壁蜂是苹果、梨、桃、樱桃、杏和李等蔷薇科果树和猕猴桃等的优良传粉昆虫。生产上用的壁蜂是从日本引进的角额壁蜂。角额壁蜂，属膜翅目切叶蜂科的野生蜂，该蜂黑灰色，体长10～15毫米，雌蜂略大于雄蜂，比蜜蜂略小，经人工驯化，诱引其集中营巢，1年中有320天左右在管巢中生活，在管巢外生活40天左右。以茧内成虫在管巢内越冬，翌春气温上升至12℃时，成蜂在茧内开始活动，并咬破茧壳出蜂。

大量的体力，毕竟是整整几星期的勤奋劳动。所以，一切空间的安排都遵照规则。但是那些利用别人房子的膜翅目昆虫，就大肆浪费。比如制陶短翅泥蜂为了给自己的蜘蛛找个仓库，就把借来的大房间用黏土作隔墙，分为几个小房间。这些房间有的有一分米长，适合给幼虫用；有的长达两法寸，真是大小不一。可以看出来这个不费吹灰之力就得来房子的户主根本不爱惜这房子。无论房子是自己建的，还是后来借过来的，昆虫都有自己的寄生虫。这些寄生虫不仅不用自己挖掘房间，不用储备粮食，甚至可以把卵产在别人的房间里，合理地吃业主的粮食和幼虫。

在树莓桩中的所有居民里，要数三齿壁蜂的房间最精美，规模也最大了。这一章里，我会以它为主要研究对象。它的巷道深约一肘，内径有一支铅笔粗。巷道最初差不多完全是圆形，但是由于后来的不断修整，稍微有些改动。但是它们挖洞也没什么好看的。炎热的七月，三齿壁蜂在一节树莓上挖竖井，不断深入进去，背着大块的髓质出来，除非它碰到一块挖不动的木疤。

壁蜂从洞底到洞顶会做出一个一个的房间，用来储蜜、产卵和当蜂房。最尽头是一堆蜜，蜜上会有石蜂产的卵。然后一个造出来的隔墙用来把两个房间隔开。每只卵都有自己的卧室，长约1.5厘米。隔墙的材料是树莓髓质的残屑和壁蜂的唾液。但是为了节约时间，壁蜂并不会飞出去把自己扔出去的髓质捡回来，而是在巷道壁上保留着一些髓质——这是预先存留下来用来造墙壁的。它用大颚尖在巷道壁上削刮，中间宽而两边窄。这样被削刮的部分就成了一个卵球形的空腔，有点像小木桶，这就是第二间蜂房。

削刮下来的髓质就成了隔墙，既是前一间蜂房的天花板，又是下一间蜂房的地板。另一份蜜浆口粮就留在这样的地板上，然后是另一只卵。再从第三间蜂房的壁上刮下的髓质垒一层隔墙，封好第二间房间。这样，壁蜂充分利用挖掘剩下的材料来为下一间房间提供隔墙。最后到达竖井的末端，壁蜂用一大团跟做墙壁一样的灰浆把管子封住。然后它就跟这段树桩没什么关系了。如果卵巢里还有卵，它会去寻找另一段树桩。

蜂房的数量跟树桩的质量有很大关系。如果树莓桩整齐没有木疤，房间可以有15间——这也是我目前观察到的最多数量的树桩。为了看清蜂房的结构，一到冬天食物被吃完，幼虫包裹在茧里的时候，我就会把树桩竖直劈开。里面等距离轻微收缩，嵌有一个厚度约一两毫米的圆盘。每个小隔间里都有一只红棕色半透明的茧，里面的幼虫弓起身子像个钓鱼钩。整个蜂窝就像一条由削平的椭圆形珠子串起来的大琥珀念珠。

在这一串茧里，第一间房显然是尽头那个年纪最大的，最年轻的那个是最后一间蜂房里的。这些茧按照年龄，从底部排到顶端。在我看来，一个巷道的同一高度上只能住一只卵，每个茧都填满了属于它的那个楼层。而且壁蜂羽化之后，只能全都从树莓桩上端的唯一洞口出去。那里只有一个唾液黏结的髓质的塞子，对壁蜂的大颚来说，这不是个困难的障碍。而在下端，没有准备好的路。且不说树桩下面是无穷无尽的泥土，其他地方也都是木质的围墙，又厚又硬，无法凿穿。所以壁蜂只

◎ 劳作的蜂

有向上爬这一个选择。而且过道太狭窄，如果下层的壁蜂先出窝，上层的壁蜂又待在原地不动的话，它就无法通过。那么搬家必须从上到下，出去的顺序恰好跟出生的次序相反，最年轻的壁蜂先出去，最年长的最后出去。

处在底部的壁蜂第一个吃完蜜浆，织好茧，最早羽化，咬破丝囊，摧毁卧室的天花板。但是别的茧堵住了它出去的道路，它该怎么办呢？用武力戳个洞穿过去？这会毁了窝中其余壁蜂的命。为了一只壁蜂的解放却毁掉所有伙伴，它会这样不择手段吗？这看起来不可克服的困难，使我产生了一个怀疑：难道出茧，或者说羽化是不是按照长幼的次序进行的？会不会是年纪最小的壁蜂先咬破它的茧，年纪最大的最后呢？如果羽化的次序跟年龄相反，那么一切问题都解决了。每只壁蜂在咬破茧之前，前面的道路都已经畅通无阻了。但是这看似十分符合逻辑的设想，也许跟昆虫的做法不相符合，所以断言之前必须谨慎。

第一个研究这个问题的杜福尔就不是这样的谨慎。他向我们叙述了一种赭色蜾蠃的习性，这种昆虫在一个干枯的树莓桩巷道中，用土堆砌出蜂房。杜福尔满怀着对膜翅目昆虫的热情，说道："你怎么想象得出，八个水泥蛹室首尾相连，紧密地装在一个木匣子里，最下面的那个无疑是最早造成的，因此装着的卵应该是最早产下的，而根据通常的规律，应该是它最早羽化出第一只带翅膀的昆虫。我再重复一遍，你怎么想象得出，第一个茧的幼虫居然奉命放弃长子权，在它的弟弟妹妹之后才羽化呢？究竟需要有什么样的条件才会产生这种表面看起来与自然规律完全相悖的结果呢？面对这个事实，收起你的骄傲，承认你的无知，而不要用无谓的解释来掩饰你的尴尬吧！

"如果聪明的母亲产下的第一个卵，应该就是第一只孵化出来的幼虫，如果它想在长了翅膀后立即就看到光亮，那它就具备这样的能力，能够在牢房的双重墙壁上打开一个缺口，或者是打开一个洞，穿过它前面的七个蛹室，然后从树莓桩的桩头出来。然而自然没有赋予它从侧面逃走的手段，也不允许它强暴地直接挖洞，如果这样，为了仅仅一个孩子的性命，就不可避免地要牺牲同一个家族的七个成员。母亲善于巧妙地制订计划，又有的是办法，它应该预料到一切困难并采取了预防措施；它要让第一个新生儿最后从摇篮里出来，最晚的新生儿给第二个开辟道路；第二个给第三个开辟道路，依此类推。事实上，我们树莓里的蜾蠃正是按照这种次序出生的。"

是的，我完全同意树莓桩中的居民是以与年龄大小相反的次序，从它们的巢穴里出来。但是羽化——这里指的是从蛹室里出来，是不是也按照这样的次序呢？年长的发育必须比年幼的慢，以便给其他同胞以破茧的时间。我总是担心这样的逻辑会让我们的结论与事实相悖。亲爱的老师，从逻辑上来说，这样的推断是正确有力的。但是我必须反驳你这种奇怪的颠倒说。通过我测试过的几种膜翅目昆虫，没有一种是这样的。这个地区没有赭色蜾蠃，我对这种昆虫一无所知。但是如果蜂窝相似，那么出窝的方式应该也是相似的。我对居住在树莓桩里的其他昆虫进行研究，得出了不同的结论。

在研究过程中，我专门挑选了强壮有力的三齿壁蜂，在同一根桩中，它们建的房子总是最多的，非常适合进行实验。我第一个要测试的是羽化的次序。我从一段树莓桩中，取出十个左右的茧，严格按照自然顺序叠放在一个玻璃试管中。试管与壁蜂巷道是相同的，一端封闭，一端敞口。我把高粱秆切成厚约 1 毫米的圆薄片用来做人工隔墙。为了模拟自然环境，我把

⊙ 一只独居型的地花蜂和它的一串蜂房，每个里面都有一枚卵粘在蜂房壁上。孵化的时候，幼虫会落进下面花蜜和花粉的混合液中。

外面的纤维层剥掉，只留下了壁蜂大颚容易穿透的白色髓质。虽然这层隔膜比自然的隔膜要厚很多，但是这是有好处的。何况这些薄片要承受住把它们一个个放进管子里的压力，已经不能再薄了。之后的实验也已经证明，这个厚度对壁蜂来说是没有难度的。我用一个厚厚的纸套子套住试管，以避免光线扰乱必须在完全黑暗中度过的幼虫期。这个套子可以容易地套上或拿下。最后，我把这些试管口朝上悬挂在实验室的角落。这样一来，我就完全模拟了自然环境，而且可以随时摘掉套子，观察壁蜂羽化的情况。

雌壁蜂在七月初撕破茧，而雄壁蜂在六月底就能撕破茧。这时我得倍加关注才能记录下正确的出生情况。研究这个问题已经有四年多的我，不知见过多少次壁蜂的羽化。根据我的经验，壁蜂的羽化并不受次序的支配。每个茧都有可能第一个羽化。有时同一天，同一小时羽化出好几只，有的在最底部，有的在上面的楼层中，而且没有什么现象说明为什么它们同一时间羽化。总之，羽化不是一个接一个的，虽然每只羽化都有确切时间，但是并没有什么原因，完全出乎我们基于逻辑的判断之外。

如果不是先入为主地用上了逻辑，也许我们比较容易接受这个结果。毕竟相隔不到几天出生的这些卵，一年之后的什么时候会羽化跟精确的数学一点关系都没有。这是生命的力量。每个胚胎，每个幼虫都有自己的能量。也许有些胚胎得天独厚，羽化就顺利些。难道母鸡孵蛋的时候，最先破壳的一定是最先出生的吗？同理，年长的昆虫也不一定就会先破茧。再仔细想想，在一截树桩中，一窝茧里有雌有雄，两者在整个窝中的分布是随意的。然而，膜翅目昆虫中，雄蜂一般都比雌蜂羽化要早八天。所以羽化根本不可能从一个方向或者从相反方向有规律地进行。这个理由也动摇了我们对数学般严格次序的理念。

没错，我们根本不能从蜂房建造的时间先后来推断羽化的时间先后。那么杜福尔所说的放弃长子权的问题也就是不存在的。我曾经实验过啃屑壁蜂、肩衣黄斑蜂等树莓桩里的其他居民。它们的行为也是这样，因此赭色蜾蠃也是如此。杜福尔的观点只是从逻辑出发的一种幻想。

排除一个差错等于获得一个真理。但如果局限于此，我的实验也就没什么意义，我总想再得出些什么观点来修正破灭的幻想。

无论出茧的第一只壁蜂在窝里的什么位置，它要做的第一件事都是去啄天花板，在天花板上挖一个锥形的洞口。它们总是先随意挖，然后逐渐将挖掘的精力集中在一个面上，直到洞口刚好容许它通过为止。在自然条件下，蜂房的上部很小，几乎只有昆虫所需的宽度，而且隔墙很薄，所以隔墙都被彻底破坏了。但是我的高粱秆能让它们留下一个锥形的缺口，这对我研究它们向哪个方向行进大有好处。毕竟有些晚上我是看不到它向哪个方向搬家的。

这些出茧的壁蜂在天花板上凿出一个洞之后，会遇到下一个茧。当它的头在洞口处碰到了自己的弟弟妹妹的摇篮时，它会十分谨慎地停下来，退回到自己的房间里去，在一堆垃圾中间转来转去。等了一天，两天，三天，甚至更久。不耐烦的时候，它会试图在巷道壁和挡道的茧中间钻过去。从髓质被磨掉直至木头，而且木纤维墙壁也被咬噬了许多，我从这些地方可以推断它曾经顽强地去咬噬内壁以扩大间隙。为了更好地观察这一现象，我在玻璃试管内部的一半管壁上加了一层灰色的厚纸，裸露出来的部分还可以让我好好观察壁蜂。我看到壁蜂将纸一小片一小片地撕下来，拼命挤出一条路来。

知 识 档 案

壁蜂属于蜜蜂总科切叶蜂科中的一个壁蜂属。各种壁蜂的共同特征是：成蜂的前翅有两个亚缘室，第一个来缘室稍大于第二个来缘室，6条腿的端部都具有爪垫，下颚须4节，胸部宽而短，雌性成蜂腹部腹面具有多排排列整齐的腹毛，被称为"腹毛刷"，而雄性成蜂腹部腹面没有腹毛刷。这种腹毛刷是各种壁蜂的采粉器官，成蜂体黑色，有些壁蜂种类具有蓝色光泽，雌性成蜂的触角粗而短，呈肘状，鞭节为11节，雄性成蜂的触角细而长，呈鞭状，鞭节为12节，唇基及颜面处有1束较长的灰白毛。

这种斗争中，雄蜂凭借小巧的身型，比雌蜂更容易成功，钻过去之后，连茧都被挤变了形。

只要树莓桩中的圆井条件允许，雌蜂也会这样做。遇到一个茧又一个茧，直到精疲力竭为止。我设置的墙壁太厚，而雄蜂太弱，最多只能突破一层。但是在树莓桩中的老房子里，它要突破的阻力并不很大。那么它们是可以绕过还有茧的蜂房率先走到外面来的。很可能因为它们羽化较早，而选择这种出窝的方式，但并非尝试的都能成功。雌蜂拥有强有力的工具，在玻璃试管里走得远些，我曾经看见有的戳破了三四个隔墙，越过了它前面的好几层

⊙ 壁蜂

茧。特别是比较靠近洞口的房间，已经开辟了一条通道之后，底层上来的就可以继续使用。只要够宽，位于底部的壁蜂还是有可能这样上来的。

树莓中的管道直径跟茧的直径是一般大的，在那样的管道里，除非墙壁上的髓质相当丰富，才有少数雄蜂能从侧面逃脱出去。如果这种可能性消失了，壁蜂看到自己前面有个不可穿越的大茧，就会乖乖回到自己的房间里等待，这种耐心可是不会消失的。好在它等待的时间不会太长，因为一个星期左右的时间里，所有的雌蜂都羽化了。如果相邻的两只壁蜂同时获得自由，就会相互拜访，有时还会待在一个房间里共同等待。只要领头者把路打开出去了，其他的也会跟着出去。但总有一些在最底下的要等别的都出去之后才能出去。

这样看来，一方面羽化是没有次序的，另一方面，出窝是从上到下的。这是因为前面有茧挡路，后来的壁蜂不能前进的缘故。只要有机会从别的地方出去，壁蜂一定会利用这种可能性的。它们唯一不做的就是用大颚咬住前面一个茧。茧是神圣不可侵犯的。咬破弟弟妹妹的摇篮给自己打开一个洞口是绝对不被允许的。壁蜂真是有耐心，挡路的障碍可能永远不会消失。有时幼虫会死在茧里，有时卵没有孵化，这样的情况下，壁蜂会怎么办呢？

在我收集到的所有树莓桩中，有一些除了上头有一个出口之外，侧壁上也会有一个洞。我打开这些奇特的树桩来看看为什么会有这样的情况，就会发现一堆发霉的蜜，卵死在上面。这样的情况，通常的道路就出不去了。下层的壁蜂无法穿越这个障碍，只能从管子侧面挖出一条出路，下面几层的壁蜂也会利用这个天才的革新。三齿壁蜂、肩衣黄斑蜂的窝都曾出现这种情况。

我要用实验来证实这种情况。我选取了一截内壁尽可能薄的树莓桩，把树桩一劈为二，把茧取出来，再把树桩内部细心地刮干净，做一个内壁平坦的小沟。然后再把茧整齐地排在小沟里，用每个侧面都涂过封蜡的高粱圆片把茧隔开。这样壁蜂就无法突破它的天花板。我把两个小沟对在一起，用绳子绑住，用填料接缝，不让任何光线透入，再把它悬挂起来。如此一来，没有一只壁蜂能用常规的方式出去。为了走出去，它们只能为自己在侧面开一扇窗户。

七月份结果出来了，20只壁蜂中有6只通过在侧壁上开窗来解放自己。打开这个巢穴，我发现每只壁蜂都曾经试图从侧面逃走，只是不是每一只都幸运地逃出来。这个结果也是很有用的。如果壁蜂、黄斑蜂或者其他昆虫尝试了一切方法都不能从平常的道路中走出去，它们就会选择从侧面逃走。勇敢的、力气大的成功了，弱小的通常因为劳累过度而身亡。

壁蜂的本能会从侧面凿洞，假设所有的壁蜂的大颚都拥有从事这样的工程所需的力气，那么通

过一扇专门的窗户从蜂房里出去，显然比从通常的门里出去要方便得多。这样不必等待，更不至于死于长时间的等待。受情况所逼，所有的壁蜂都会采取这种极端的方法，只是鲜有成功者。只有那些得天独厚，最有坚韧精神和最强壮者才会成功。

如果说优胜劣汰这个说法是支配和改造世界的著名定律，有它的道理，那么最有天赋的就会把最没天赋的从世界舞台上排除掉。如果未来只属于最强者，那壁蜂家族应当把那些固执地要从通常的出口出去的那些弱小者排除，不是吗？这样以后的物种才能有长足的进步。壁蜂虽然接触到了，但是无法穿越那条把它隔开的狭窄的线。就算优胜劣汰需要选择的时间，可是失败的永远占大多数。强者的子孙也没有让弱者的子孙消失。优胜劣汰总是无法让我跟我所观察到的事实联系到一起，虽然它曾带给我那么强烈的印象。在理论上如此宏伟的优胜劣汰在事实面前空空如也。关于世界的谜底究竟在哪里，谁都不知道。

我们不要再把精力消耗在空洞的理论上了。回到唯一不会坍塌的土地——事实上来吧。壁蜂宁愿从茧和内壁的空隙中穿过去，也不愿意破坏相邻的茧。它宁愿死在自己的房间里，也不愿意暴力挖洞。如果那个茧里没有生命，壁蜂是不是也会作出这样的选择呢？我在玻璃管子的一层放入装着活蛹的茧，另一层放着因硫化碳的蒸汽中毒窒息而死的茧。两者彼此交替，中间仍然以高粱秆片隔开。羽化后，那些壁蜂没有长时间的犹豫，就开始向死茧进攻，从这些死茧中穿过，把已经干瘪死去的蛹踩成稀巴烂。可见，它对死茧是不会手下留情的，这些死茧对它而言不过是另一个障碍，是可以用大颚来咬碎的。这些茧的外表并没有改变，壁蜂怎么会知道里面的幼虫是死的还是活的呢？肯定不是靠视觉，难道是靠嗅觉吗？人们总是动辄把嗅觉搬出来，尽管我们都不知道它的嗅觉器官在哪里。

知 识 档 案

紫壁蜂

雌性成蜂的唇基正常，没有角状突起，腹部背板有紫色光泽，体毛及"腹毛刷"均为红褐色，腹部第1~5节背板的端缘边毛带红褐色，体长8~10毫米，以叶浆为筑巢材料。

凹唇壁蜂

雌性成蜂唇基突起，中部呈"∧"形凹陷，凹陷处光滑闪光，中央具有一纵脊，唇基两侧角，各具有一短的角状突起，体毛为灰黄色，雌蜂腹部腹面的"腹毛刷"为金黄色，腹部背板端缘毛带色浅，体长为12~15毫米。

角额壁蜂

雌性成蜂唇基光滑，端缘中央呈三角形突起，唇基两侧角各具有较长的角状突起，突起顶端呈平状，两角间相对，外侧稍凹陷，两角相距很近。

叉壁蜂

雌性成蜂的唇基两侧角的角状突起较长而且宽大，两角相距较宽，突起的顶端呈叉状（变化较大），大而尖的叉指向前方。

壮壁蜂

雌性成蜂唇基两侧角处突起短，两个角状突起的间距较窄，唇基光滑，端缘略呈圆形突起或中央稍凹，唇基端部表面稍凹。

现在我在管子里全部放上活蛹的茧，但并不是同类的。我用了两种羽化期不同的昆虫的茧。另外，这些茧的直径应当跟三齿壁蜂的茧相同，以便放入试管中内壁不会留下空隙。我选的两种昆虫分别是六月底很容易在树莓中找到的流浪旋管泥蜂和出来的更早一些的啮屑壁蜂。我在一些玻璃管和被劈成两半再合起来的树莓桩里交替放入两种茧。结果令我十分惊讶，壁蜂羽化早，从茧里出来了；而流浪旋管泥蜂的茧和里面的居民都变成了碎块，若不是到处都是这遇难者的头，我甚至都认不出来它们。可见，壁蜂是不会顾惜别种昆虫的活茧的。它应该像对待高粱秆一样对待别的昆虫。就这样，壁蜂要出来之前，消灭了路上的一切。动物对别的种族总是完全不在乎的。

嗅觉呢？嗅觉不是能够区分死活？这里的茧全是活着的啊，可是壁蜂就像是在全是死尸的洞里穿过一样。如果有人说，这两种昆虫的气味也许不同。那我就要回答，昆虫的嗅觉灵敏得完全超出我们的想象。那么，这两种事实我能怎么解释呢？说实话我完全没办法解释。我很容易地承认自己的无知是为了避免空话连篇地乱说一气。我完全不知道，在漆黑的巷道里，壁蜂是怎么区分同类的死茧和活茧的。

这根树莓桩差不多是垂直的，洞口朝上，就像在自然条件下一样。但是我可以改变这种状况，我可以把管子水平或垂直放置，既可以让洞口朝上或者朝下，又可以让管子两头都打开。这些不同的条件下又会有什么发生呢？我决定用三齿壁蜂来试试。

我让管子垂直悬挂，上头封闭，而下头敞开，相当于一截倒挂的树莓桩。为了让实验复杂些，各个管里的茧的放置方式不同，有些头朝上，有些头朝下。隔墙依然用的是高粱秆隔板。所有这些管子，实验的结果都相同。如果壁蜂的头朝上，它们就像在自然条件下那样咬噬上面的隔墙。如果头朝下，就自然地转个身去咬上面的隔板。不管茧怎么放，所有的壁蜂都要从上面出去。这应该是受到了地心引力的影响。它提醒昆虫，身子倒了要转过来。在自然条件下，它们只能受地心引力的作用往上挖掘，并且这样一定可以到达上端的出口。但是我的设置让它们上当。它们走向了没有出口的一端，全部堆聚在上面的楼层中死掉了。

不过，也有一些壁蜂企图开辟一条向下的道路，只是鲜有成功者，尤其是位于中上层的壁蜂。昆虫不太擅长朝与平常相反的方向走。另外，在往反方向挖的过程中会遇到一个巨大的问题：壁蜂把挖出来的碎屑往后抛，碎屑会受到自身的重力影响而落下来，于是壁蜂就陷身于没完没了的战场清理工作中。而且它对这种奇特的工作方法没有很强的信心，结果死在房间里。只有位于最底层的壁蜂，它们毫不犹豫地挖掘身下的隔板，就有那么两三只能够得到解放。

要想在保留自然条件下只改变茧的朝向也很容易，只要把树莓桩洞口朝下悬挂起来就行。我把两根住着壁蜂的树莓桩，口对口叠放在一起。结果所有的壁蜂都死在巷道里。相反，三根住着黄斑蜂的树桩，开口全部开在下部，它们全部安然无恙。难道这两种膜翅目昆虫对重力的感受力不同吗？难道天生要穿过棉袋子束缚的黄斑蜂比壁蜂更擅长在不断落下的瓦砾中开辟道路？这一切都有可能，因为我什么都不敢肯定。

现在我用两端开口的管子做实验，除了上部有开口之外，其他的全部一样。有些茧头朝上，有些茧头朝下。结果大致也与前一个实验相同，有几只离下面的洞口近的壁蜂，无论它们的茧是怎么放的，都是走朝下的路；其他绝大多数都是走朝上的路。无论从哪扇门出去的，都算是成功了。

通过这些实验，我们知道了，地心引力指引昆虫往上走，因为门开在上面。如果茧是反向的，地心引力会让昆虫在自己的房间里转过身来。其次，促使昆虫朝出口走的第二个原因是大气。不论哪个楼层的昆虫都会受到重力的影响，这是指引一窝壁蜂向上走的最大动力。但是当底部有出口的时候，处在出口处的昆虫也会受到大气的影响。由于隔墙的关系，外部的空气进入的很少，如果说在底层可以感觉到空气，随着楼层的升高，空气迅速减少。所以底层数量很少的昆虫在大气的影响下便掉头向下面的出口走。但是大部分的昆虫受重力的影响大过大气，还是往高处走。所以，如果有两个出口，上面的居民有双重原因向上走，但是下面的昆虫会听从大气的召唤向下走。

我还尝试了另一种情况，将两头开口的瓶子水平放在桌子上。这样壁蜂可以在同一重力条件下，选择向左走或者向右走。另外，碎屑也不会掉落到大颚底下以致影响壁蜂。我再多交代几句，也算是我的经验之谈。衰弱的雄蜂不是干这活的料，它们甚至不能横穿隔膜，只能在玻璃瓶里悲惨地死去。它们的尸体也会给实验造成不必要的困扰，所以最好选择外表看起来强壮、直径最大的茧。这些茧一般都是雌蜂的茧。不论从哪里的树莓桩里挑出来的都可以，把它们摆放好就开始实验了。

第一次我制备了一根两端开口的水平放置的管子，结果令我震惊！管里的10个茧，五只从左边出去，五只从右边出去。我试着将试管调转方向，结果还是一样。这样的对称是令人称奇的。在如此之多的排列方法中，这种排列的概率非常小。来算一下，假设壁蜂的数目为 n，每一只在可以忽略重力的条件下，任意选择自己的出口，有两个选项：左边或者右边。第二只也有两种选择，同理，每一只壁蜂都有两种选择。每一种选择都可以跟下一只壁蜂的两种选择中的其一进行组合，这样每多增加一只壁蜂就等于多了一倍的情况，那么 n 只壁蜂就有 2 的 n 次方种组合。

但是请注意，这些排列是两个两个对称的，向左走的排列与向右走的排列相对应。这种对应引起了对等，因为在我们要考虑的问题中，某一种排列与管子的左边或者右边无关，因此前面的数目应该除以 2。这样，n 只壁蜂根据它的头在水平管子中转向左边还是转向右边，排列的数目可以有 2 的 n-1 次方。如果像第一个实验那样，n=10，那么排列的数目就是 2 的 9 次方 =512。

10 只壁蜂出去的方式有 512 种，那么实验结果的对称性的确令人称奇。而且壁蜂没有反复尝试是该向左还是该向右。位于右边的壁蜂，每一只都是向右边凿洞的。位于左边的壁蜂也是每一只都向左边戳洞。只要查看一下洞的形状和隔墙表面的状态就能知道，壁蜂的决定是果断的：一半向左，一半向右。

壁蜂的排列还有一个更重要的价值，这样的排列除了对称之外，还符合花费力气最小的要求。为了让所有的壁蜂都出去，如果管子里有 n 个房间，那么首先就要有 n 块隔板被戳破。每只壁蜂戳自己的隔墙，或者同一只壁蜂为了减轻邻居的劳动量而戳开好几块墙，这些都不重要。重要的是壁蜂所花的力气与隔墙的数目是成正比的。

但是壁蜂要做的工作不止是挖开隔墙，还要从垃圾中为自己开辟一条道路。这是更困难的任务。现在，假设所有的隔墙都已经凿开，各个房间仅仅是被垃圾堵塞着。因为水平放置，每个房间的碎屑都不会跟其他房间的碎屑混在一起。为了少穿过一些碎屑，就要昆虫朝离它最近的洞口走去。这样所花的力气最少。壁蜂正是像实验中那样，以最少的力气走了出去。看到一种昆虫也会使用应用机械学的"最少动作原则"，真是有趣。

⊙ 蜜蜂把群居习性发挥到了极致。这个露天的蜂巢属于东南亚的东方小蜜蜂，由一个垂着的蜂房组成，这种蜂巢通常建于树上。

这种符合这个原则而且符合对称规律的排列，只有 1/512 的概率成功，这绝对不是偶然的。总有个原因让它成功。我反复实验了许多次，能找到多少树莓桩就做多少次实验。结果都是相同的，如果昆虫是偶数只，那么就一半从左边出去，一半从右边出去。如果是奇数只，那中间那只无论是从左边出去，还是从右边出去，都无所谓了。因为它要穿越的房间数是一样的，还是遵循"动作最少原则"。

我想其他的膜翅目昆虫和居住在树莓桩中的居民都是一样的。虽然它们住在不同的地方，但是在离开窝的那个时候，要面临的困难是一样的。除了那些死在试管里的幼虫和不太会干活的雄蜂之外，所有的实验结果都一样，无论我是用三齿壁蜂，还是肩衣黄斑蜂。只有制陶短翅泥蜂无法戳穿我的墙壁，我无法根据它的咬噬情况来判断走向，所以不发表意见。流浪旋管泥蜂是灵巧的钻孔者，与壁蜂不同，它们全部都朝一个方向出去。我还用棚檐石蜂来做实验。在自然条件下，这种石蜂只要钻透它的天花板就可以出去。虽然它对我制造的陌生的环境表示恐惧，但是它的答复也是一样的，10 只石蜂成行，五只向左，五只向右。束带双齿蜂是棚檐石蜂或者高墙石蜂在砌石建筑物中的寄生虫，它们没有提供任何明确的信息。斑点切叶蜂在高墙石蜂的蜂房里建造圆片叶子的小盅，它像流浪旋管泥蜂一样都朝一个方向走。

这份记录并不完全，却表明，三齿壁蜂的实验结果不能推广到所有的昆虫。如果说膜翅目昆虫，比如石蜂、黄斑蜂具有从两个出口出去的能力，别的一些，如流浪旋管泥蜂、切叶蜂，则跟着第一个幼虫走。昆虫的才能是不尽相同的。看出昆虫的能力需要敏锐的眼光。不管怎样，更充分的研究就会发现能够从两头出去的昆虫不止这些。于我而言，发现三种已经足够。

还需要补充的一点是，如果水平放置的管子也有一头是封闭的话，那么这一排壁蜂都会向一个方向走。让我们来想想原因。在一根水平放置的管子里，重力不再对昆虫起作用，那昆虫要怎么决定进攻哪边的墙呢？我总是怀疑这是大气的影响，大气可以从开口的两端感觉出来。这种影响是压力的作用，是湿度测定学的作用，是电波态的作用，还是我们初见的物理学所不知道的某些特性的作用？能够作出断言的人一定是相当大胆。当天气要变化的时候，我们内心不是也会产生某些说不清的感觉吗？但是如果我们身处跟膜翅目昆虫一样的生存环境下，那点对环境的敏感度是不够用的。要是我们身处漆黑的囚室中，有凿通墙壁的工具，但是从哪边凿呢，怎样最快地到达呢？空气的影响什么都不能告诉我们。

可是昆虫却受这种影响。大气透过多层隔墙，影响十分微弱。但是如果一边的障碍比一边少，那么对这边的影响就大些。而昆虫对这种差异十分敏感，能辨别出离空气最近的隔墙。总之，壁蜂能够感觉到自然的空间，这种感觉天赋，应当是自然赐予的。但是人类却没有，我们真的像许多人断言的那样，是从第一个形成细胞的生蛋白原子经过千万年的进化而变得尽善尽美了吗？

各种类型的寄生理论

　　根据自己的本能，毛足蜂做了它力所能及的事情，这一点我必须说明，明白这一点后，我们就不能对它大加指责。然而还是有人对它进行斥责，说它毁弃了最初作为劳动者拥有的劳动工具，没用而且偷懒。它不喜欢劳动，喜欢借助别人的力量来供养自己的家庭。逐渐地，劳动对它而言就越来越可怕。当越来越少地使用劳动工具时，它就会像无用的器官那样退化、消失。这样整个种族也就渐渐异化了。最终，毛足蜂从一开始的诚实的工匠，变成了懒惰的寄生虫。我现在说的就是这样一种简单又令人感兴趣的寄生理论。

　　某个母亲劳动之后，急着产卵，在附近发现了同类的巢，就把自己的卵托付在这里。对于办事拖拉的昆虫来说，没有时间筑巢和收获，为了救自己的家人，强占别人的成果就成了一种需要。这样就没必要耗费时间去辛苦地劳动，只要专心致志地产卵，并且让后代也学会母亲的懒惰。随着世代繁衍，这种特性在遗传中加强。对激烈的生活竞争来说，这种简捷的方式最适合为传宗接代的成功提供良好的条件。同时，既然没有机会使用劳动器官，那么就会逐渐废弃、消失。为了适应新的生活环境，身体形态和色彩的某些细节，会产生各种各样的变化。就这样，寄生一族形成了。但是如果将这个种族追本溯源的话，就会发现这个族系的某些方面的变化并没有人们想象中那么多。寄生虫保留了许多祖辈们劳动的特征。因此，拟熊蜂和熊蜂非常相像，而前者恰是后者的寄生虫和变种。暗蜂保留了祖先黄斑蜂的外貌特征，尖腹蜂也会让人想到切叶蜂。

　　进化论有许多俯首可拾的例子，不仅有外观上的一致，就连一些细微的特征也非常相似。我跟所有人一样确信，这些相似没有大小之分，我更倾向于以最细微的特征的相似作为理论的基础。我被说服了吗？不论有没有道理，我的思维方式并不满足于结构上的细微相似，一条唇须不会激起我的热情，一簇毛也不会使我觉得是无可指责的论据。我宁可直接向昆虫提问，让它们说说自己的爱好、生活方式和能力。听到它们的证词，我就会看到寄生理论会变成什么样子。

　　在虫子说话之前，我要先说出萦绕在我心头的话。首先我不喜欢懒惰的说法，这种所谓的对昆虫繁荣有利的懒惰。我过去始终相信，现在还坚持相信，是劳动保证了现在的强大，只有劳动才能使未来美好。不论对动物还是对人来说，劳动就是生命。一个族群拥有多大的能量与本身劳动的总和成正比。

　　我已经听到过那么多动物学上的不负责任的言论。比如人是猩猩变的，良心是天真者的诱饵，爱国是沙文主义，上帝是童话人物，有责任心的人是蠢货，灵魂是细胞能量的产物，人是为了互相残杀而存在，芝加哥贩卖腌猪肉的商人的保险箱就是我们的理想。够了！这样的话语完全是垃圾。如今进化论还不足以摧毁劳动这个神圣的法则；没有足够强健的臂膀来支撑这个即将倒塌的建筑，只能是尽力加速它的倒塌。我不喜欢这种把我们生活中的一切有尊严的东西都否定的做法。为什么要把我们的生活笼罩在物质这个可怕的罩子下面？就算只是一个梦想，我也想思考人性、责任、劳动和良心的尊严。不要禁止我思考！假如动物可以为了自己和自己的族群而去剥削别人，为什么人类在这个方面就表现得谨慎呢？母亲为了后代的繁荣就可以发扬光大与懒惰有关的准则吗？我要再一次让昆虫们来说话。

难道对懒惰的喜好就让它们产生了寄生习性吗？寄生虫觉得什么都做不好所以选择压根不做吗？它宁可放弃古老的习惯说明休息对它是这么重要吗？观察膜翅目昆虫这么久了，我没有看出什么表明它懒惰的习性，反而是过着一种比劳动者更加艰辛的生活。

在一个烈日曝晒的斜坡，我看到我的昆虫忙碌着在酷热的地面上来回奔走，无休止地寻找，可惜常常是无功而返。为了寻找一个合适的巢，它要上百次钻进无价值的洞里，钻到没有食物的通道里。就算寄主心甘情愿，寄生虫也并非会在寄宿处受到热烈欢迎。这种寻找产卵地的活动耗时耗力，并不比筑巢储蜜的工作轻松。而且后者的劳动有规律可循，并且保持一直在劳动，这样产卵条件就得到了最好的保证。而前者的劳动不是一帆风顺的，需要指望运气，又常常徒劳无功。只有一切偶然条件都恰好具备的情况下，才能产下自己的卵。只要看看尖腹蜂，它在寻找切叶蜂的巢时，为了知道占据别人的巢会不会很有困难，而显得犹豫万分，我们能够充分理解它的苦处。如果它真想让自己后代的生活更加方便而繁荣，这样的考虑真的有欠周到。它牺牲了自己的休息去进行艰难的劳动不说，还换来了不断缩减的家族，而非子孙满堂。

我要为这些模糊的概说加上一些精确的事例。暗蜂是高墙石蜂的寄生虫。当石蜂筑完巢，寄生虫就会突然出现。凭借自己赢弱的身体长时间在蜂巢外部挖掘，试图把卵植入这个水泥城堡里。这个蜂巢外面涂着一层至少有一厘米厚的粗灰泥浆，而且每个蜂房的入口还封着厚厚一层砂浆。它要想钻入这个关得严严实实的蜂房，简直像要穿透和岩石一样厚的墙壁一样。这个号称"懒王"的昆虫开始勇敢地干累活。它一小块一小块地钻探外壳，挖出一个恰好能让它通过的井来。它一下一下在蜂巢的外壳上啃噬，直到觊觎的食物出现。挖掘是一项缓慢而艰难的工作，虚弱的暗蜂累得筋疲力尽。我用刀尖都只能费力地将蜂巢的砂浆外壳勉强切开，简直像天然水泥一样坚硬。寄生虫用它那小小的锯子，要多么耐心地工作才能成功啊！

我不知道暗蜂为了挖掘通道所需要的确切时间。与其说我没有机会，不如说我没有耐心从头到尾看完它的工作。我只知道，高墙石蜂比起它的寄

⊙ 声名狼藉的猫跳蚤的正面照极佳地展示了它扁平的身体，这使它们能轻松地在宿主浓密的毛皮中滑行。它头部的颊梳也很明显。

◎ 就像切叶蜂科的所有切叶蜂一样，这只雌性切叶蜂切下叶片的半圆部分，以便将叶片折起来，并在身体下面调整至更加舒适的位置。

生虫，不知粗壮了多少倍。我却亲眼目睹它用了整整一下午的时间去摧毁一个前一天用砂浆封住的蜂房盖，而且都没有成功。我在白天快要过去的时候，帮了它一把，才使它完成了任务。石蜂筑巢用的砂浆，可以与一块石头比硬度。然而暗蜂不仅仅要穿透蜜库的盖子，还要穿透整个蜂巢的外壳。它得花多长时间啊？就算对劳动者来说，这个工程都浩大到难以承受。暗蜂的努力终于得到了回报，蜜露出来。暗蜂溜进去，在食物的表面，在石蜂卵的旁边，产下自己数量不定的卵。

对于石蜂自己的孩子和这些外来的孩子来说，食物是共同享用的。

被侵略的房子可以就这样向外界的偷食者敞开吗？不行！所以寄生者还要将挖开的通道堵死。于是暗蜂又从破坏者变成了建设者。它在蜂巢的下方，采集了一点我们种植薰衣草和百里香的红土。这种红土来自多石子的高原，它用唾液将土混合成砂浆。准备好以后，它变身成了真正的泥水匠，细心又富于艺术性地把通道的入口堵住。但是它完成的封盖在石蜂的蜂巢上显得十分突兀。石蜂只会在附近的大道上寻找水泥，大道上布满碎石，所以它们很少使用红土。显然这是结合材料的化学特性来考虑建筑牢固性的关系。大道上的碎石与唾液混合之后会具有红黏土无法达到的硬度。正是材料的关系，石蜂的巢总是灰白色的。如果在一个灰白色的底上，出现了一个几毫米宽的红点，那一定是暗蜂探访后留下的痕迹。打开红点的蜂房去印证的话，就能发现无数寄生虫。因此只要在我家附近出现了铁红色的斑点，我就知道石蜂的家遭到了侵犯。

最开始，暗蜂用大颚去迎击岩石，算是一个热诚的挖道工。随后它又变成了黏土搅拌工和用砂浆修复天花板的泥水匠。它的职业也是艰辛的。然而它在做寄生虫之前，又是做什么的呢？通过它的体型和进化论判断，它过去是黄斑蜂，从绒毛植物干枯的茎上采摘松软的绒絮加工成棉囊，然后用腹面的花粉刷将花上的花粉收集在囊里。或者这个棉布工出身的家伙，就在一只死蜗牛的壳上建造几层树脂隔墙。这应该就是它祖先的职业。

为了躲避耗时耗力的工作，过上舒服的日子，为了有空闲来建造自己的家，古代的织布工或者说古代的树脂采集工，会放弃舔花蜜而选择咬噬坚硬的水泥。可怜的家伙在用大颚碰触石头时，一定会被这痛苦的工作折磨到筋疲力尽。它花在打开蜂房上的时间可远远多于它加工一个棉囊再装满花粉的时间。如果它真的是为自己和家人的利益着想而放弃了过去纤巧的工作，那它真是大错特错。哪个碰惯了高级织物的手离开丝线，能习惯到大路上敲打石头呢？

动物没有愚蠢到自觉增加生活负担。如果它真的懒惰，就不会去从事一种更艰辛的生活，而且还让子孙将这个习惯延续下去。这是个代价昂贵的错误。暗蜂是不会主动选择放弃棉布工的精巧艺术而去敲打墙壁、捣碎水泥的。比起在花朵上采蜜的快乐，这种工作真是没有一点乐趣和吸引力。根据懒惰的理论，它就不会从黄斑蜂演变过来。它应该保持跟过去一样生活，这说明它过去就是这种特殊的有耐心的劳动者，固执地干苦活。

有人说过，过去忙着产卵的母亲突然发现闯入同类的巢里产下自己的卵是一种有利于种族繁衍的方法，尽管不正当，毕竟这样节省精力和时间。这种放松对它产生了很深的影响，以至于不断开枝散叶般将这个工艺继承下来，最终形成了寄生虫的习性。现在我要让棚檐石蜂和三叉壁蜂来告诉我们应该如何对待这个假设。我让一群石蜂定居在朝南的一个门廊的墙上，大约在一人高的位置。这样利于观察。我在这个位置吊着冬天从附近屋顶搬过来的瓦，瓦片上聚集着庞大的蜂巢和蜂群。五六年来，一到五月，我就聚精会神地观看石蜂如何工作。我从自己的观察日记中，挑选出了跟这个主题相关的材料。

当我让石蜂背井离乡，以此来观察它们重新找到自己老家的能力时，我发现，如果离开的时间太久，它们的房子就会大门紧闭。一些邻居完成建造和储粮工作之后，就会将其利用起来，把自己的卵产在里面。发觉自己的财富被人占有，看到自己的家园被侵犯了，远道归来的石蜂保持了最初的平静。它们很快就在自己家附近挑选一个蜂巢，开始咬破蜂巢的封口。而别的虫子对此充耳不闻。也许它们是在忙于自己手头的工作，所以对别人侵犯自己劳动成果的行为没有丝毫反抗。盖子打开之后，石蜂以牙还牙地开始筑巢、储粮，仿佛要重寻中断了的工作脉络。它毁掉里面的卵，将自己的卵放进去，并把蜂房关起来，这里倒是有值得深入研究的特殊习性。

石蜂的工作在上午11点干得最热火朝天。这时，我为了区分，就给10只石蜂分别涂上不同的颜色。不论它们忙着筑巢或者吐蜜，我把它们相应的蜂房也涂上颜色。刚等到涂在蜂房上的颜料干掉，我就把10只石蜂分别装在不同的纸袋里。所有的石蜂都被关到第二天才放出来。经过24小时的监禁之后，它们原来的建筑都已经隐没在一层新建筑之下，或者被关起来，被别人占为己有了。这10只石蜂中有9只很快回到了原来的瓦片处。尽管它们曾经被囚禁过，还是按照自己的记忆回到原来的地方把工作继续下去。曾经对它们来说很珍贵的蜂房现在已经被侵占，它们就小心翼翼地挖掘出蜂房的外壳。如果原来的蜂房隐没在其他蜂新建起来的房子下，它就会挖掘最邻近的一个。如果结局是最惨的大门紧闭，里面已经有了其他人的卵，石蜂便开始以牙还牙地报复。你偷了我的住宅，我就偷你的。它没有多加犹豫，任意寻找一个中意的蜂房，打开它的盖子。如果原来的房子还进得去，它也会回到自己原来的家里。但是更常见的是，它将别人的住宅据为己有，即便这所房子离它原来的住所很远。

当蜂房全部建好之后，石蜂会在上面涂一层粗糙的灰泥层。因此石蜂需要先毁坏蜂房的砂浆外壳，它们耐心地咬噬着，这可是艰苦而缓慢的工作。还好它们的大颚与这个工作强度旗鼓相当。它们安静地完成了整个撬门工作，成功弄碎了水泥大门。邻居们没有一个人会来干涉这个无耻的行为，也许它们都干过这样的事情。石蜂看起来已经忘记了原来的家，而全心全意爱上了目前的家。对石蜂来说，现在就是全部，过去和未来都没有任何意义。瓦上的居民平静地任这个破门而入者为所欲为，没有谁来保卫这个原本属于它的家。如果蜂房没有建造完成，事情会是什么样子呢？但是，那是昨天，甚至更早以前的过去的事情了，谁还记得呢？

好了，盖子被毁了，可以方便地进出。有时，石蜂斜躺在蜂房上，脑袋好像在沉思一样地半耷拉着。它先离开，然后犹豫不决地回来。最后它终于打定主意，把蜜上面的卵抓起来，将它抛在半路上，没有什么礼貌可言。石蜂是不容许自己的窝里有一点垃圾的。我得承认，为了看这样的场景，我曾经数次引诱石蜂这样做。当石蜂需要

知 识 链 接

寻找寄主

跳蚤生活在动物的身体外部，因此很容易就可以从一个寄主传染到另一个寄主身上。成年跳蚤将卵产在巢中或者被褥中，卵就会被孵化成小小的没有足的幼虫。经过2周后，这些幼虫会把自己绑进一个茧中，等待变成成年跳蚤。但是跳蚤的茧并不会因为跳蚤已经成年就立即打开，而是要等待几周甚至几个月后当一个动物或者人经过或者靠近时，因为受到震动而自动弹开，这样，新生的跳蚤便跳到它的寄主身上去了。

扁蚤寻找寄主的方式有所不同——它们爬到树枝或者草叶的末端，耐心等待动物的靠近。一旦感受到了靠近动物身上的热量，它们就会立即爬上这个寄主。像跳蚤一样，扁蚤也会带来疾病，因此如果在满是扁蚤的草丛里行走是很危险的。

产自己的卵的时候，就会变成没有同情心的恶棍，同伴的卵也不会顾惜。然后，我看到它们有的正在储藏食物，在已经装得满满的蜂房里吐出花蜜，刷落花粉；有的正在修补，用抹刀抹上一点砂浆，修补缺口。尽管事物和房子都已经趋于完美了，石蜂还是从24小时前它中断的地方开始重新干起。直到最后卵产下来，洞口也封起来了。

那些被我关起来的囚徒中，有一个不太耐心，它来不及等到外壳缓慢地风干，就决定根据弱肉强食的法则来硬抢。它将一个储藏了一半粮食的蜂房的房东赶了出去，然后在房门口守了好长时间，当它自我感觉已经成为房子的主人时，就开始准备食物。而那个被抢了房子的旧房主，则像那些被长期关禁闭的石蜂们，去占据了一个关闭的蜂房。

差不多每一年我都会看见这样的事情重演，而且总是成功。那些因为我的诡计而不得不重新筑巢的石蜂，有一些脾气非常好，仿佛什么事情都没有发生就马上开始新一轮的劳动。而有一些没那么大的决心，于是躲进另一片瓦片中，仿佛是为了躲避强盗的世界。还有一些衔来砂浆团，热情高涨地完成它们自家的蜂房的盖子，尽管里面关着外人的卵。然而最多的情况还是撬锁。还有一个细节，当把石蜂关起来一段时间，不必亲自介入就可以看到这些暴行。如果细心观察石蜂的工作，有一个奇迹会让你去许多麻烦。你并不知道为什么会有一只石蜂突然出现，而且它撬了一个门，并强占蜂房在里面产卵。通过它的行为，我可以判断，罪犯是个迟到者，因为有事远离了工地，或者被一阵风吹到远方。等它回来，发现因为自己的缺席，导致别人占据了自己的位置，自己的房子已经被别人所用。于是它就像那些被关在纸袋子里的石蜂一样，撬开别人的门来弥补自己的损失。在这些重复的事例中，我得出了这些结论。

最后，我想知道，在强占了别人的家之后，石蜂如何行动呢？它们刚刚破门而入，粗暴地赶走了里面的卵，用自己的卵取代。重新盖上盖子，一切又恢复井然有序。石蜂会继续自己的强盗行径，再用自己的卵取代别人的卵吗？绝对不会！石蜂可能也会有报复心，但是当它把一个蜂房强行撬开之后就宣告终止。一旦占据它精力的卵有地方安置，一切怒火都会熄灭。此后，无论是囚徒、因故迟到者，都跟其他石蜂一样混杂在一起，重新开始正常的生活。它们老实地建房储粮，再也不去想干坏事，把过去的灾难完全忘记，也不去想新的灾难降临。

我再回头说说寄生虫。当一位母亲偶然成为别的巢的主人，它利用别人的巢来产自己的卵。对母亲和整个种族来说，这种方法是如此便捷有利，以至于后代都接受了母亲的懒惰。一步步地，劳动者变成了寄生虫。这种说起来头头是道的理论是如此奇妙，顺理成章，只要我们把设想写在纸上就可以了。但是请参考一下事实，在论证可能性之前，请了解一下现实是什么。棚檐石蜂告诉我们一些特例。撬开别人房屋的盖子，把卵扔出去，并用自己的取而代之，是石蜂永远的习性。甚至不需要我去介入，它们就会这样干。只要它们自己长时间缺席后，它们就会认为自己有权这样做。自从它的种族用水泥筑巢，它便了解一报还一报的法则。对于进化论者来说，需要多少个世纪才能使它们养成强取的积习？此外，强占对于母亲来说是那样便利的条件，不必搅砂浆，不必砌墙，不必无数次地往返采集花粉，不必用大颚在坚硬的路上刮水泥。有什么机会比一切食宿都准备好，自己只需享清福更好的吗？那些劳动者又都是那样善良，没有人来反对，它们甚至对蜂房被强占完全无动于衷。它们也不必担心会有什么打斗和争吵，让自己耽于懒惰，再也没有比这个更好的了。

一旦选择的地方是最温暖、最干净，而且母亲可以将花在其他事情上的时间完全用来全心全意照顾卵，后代就能获得最优越的条件。如果强占别人财产的印象是这样强烈，以至于会代代遗传。那石蜂干坏事的时候，那种印象是多么深刻啊！那些优越的条件在记忆中历历在目，母亲要做的只是为自己和后代找一种最好的安居方法。可怜的石蜂啊，遵照进化论观点，放弃使你劳累不堪的工作，按照你的条件变成寄生虫吧！

但是它们没有这样做。它们只是报完自己的仇之后，就重新开始筑巢，收获者重新以一种不折不挠的热情来劳动。它们忘记了一时发怒犯下的罪过，是为了防止后代染上懒惰的恶习。它知道得很清楚，劳动才是生活，劳动是这个世界上最大的快乐。自它筑巢以来，它没有为了防止疲劳而选择撬开无数个蜂房。面对那么多绝好的机会，为什么它都没有加以利用呢？它生来就是为了工作，什么都无法说服它，它会选择继续工作，哪怕再苦再累。它没有生出一个分支，衍生出破门而入的蜂房入侵者。虽然暗蜂倒是有点这样，可是谁能确定暗蜂跟石蜂的关系呢？两者没有任何相像之处。我需要的是棚檐石蜂的分支，它依靠撬开天花板的技艺维生。在看到它之前，那种古代的劳动者放弃自己的职业而变成懒惰的寄生虫的理论只能让我付诸一笑。

由于同样的理由，我还得说说一种三叉壁蜂的分支，也是会毁坏隔墙的变种。我在下面将要说明，我是以何种方式使一大群三叉壁蜂在我的桌子上和玻璃管里筑巢的。我在这样的三四个星期里，看到了偷盗者的工作。这段时间里，每只壁蜂都谨慎地待在自己的管子里，管子里布满它们用土质辛苦隔开的卧室。我可以通过胸部的不同颜色来区分它们。每个玻璃试管都只是一只壁蜂的财产，别人不可以进入，不可以筑巢，也不可以储存食物。如果有个冒失鬼，在喧闹的蜂城里忘记了回家的路，到邻居门口看一眼就会马上被房主轰走。每个人都有一间独立的屋子，侵占别人屋子的行为是不被允许的。

一切工作都非常正常，直到工作结束。这时的管口都被一个厚土层盖上，差不多所有的蜂群都消失了。只有20来只衣衫褴褛的壁蜂还没有产完卵。它们都因为一个多月的辛苦工作而掉光了毛。这时我特意拿掉了一部分筑满巢的管子，代之以新的管子，这样空着的管子就显得有很多。只有很少一部分壁蜂决定占据这些新家，尽管它们与原来的家没什么区别。而且它们只在那里建造了很少

一部分蜂房，常常只有一些隔墙的雏形。它们需要别人的巢，它们来到邻居的管子边，钻探管口的软塞。撬开盖子没有多大的困难，软塞毕竟不像石蜂的水泥那样坚硬，只是一个干泥盖。打开盖子后，房子连食物带卵都露了出来。壁蜂用粗壮的大颚抓起卵，把卵剖开，扔到远处。更糟糕的是，有些蜂原地就把卵吃掉了。我必须看上好几次这种恐怖的场景，才对这样的场景深信不疑。难道这些被吃掉的卵不会是它们自己的吗？我对此感到十分惊讶。壁蜂一心一意惦记着自己现在这个家，于是完全忘记了过去的家。

现在我们可以叫它"恶棍"了，杀卵之后，它开始储粮。无论是什么样的蜂儿，都要退回到过去的活动中去，重新连接被中断的脉络。然后，它产下自己的卵，小心重新盖上个盖子。也许对这些破坏者来说，破坏一个居所是不够的，它们需要更多，两个、三个、四个。为了有最多的筑巢空间，壁蜂把所有挡在前面的房间都清除掉。推倒隔墙，吃掉卵或者扔掉，食物被清除到房间外面，甚至常常被搬到远

◉ 茧蜂科某些寄生蜂是具有破坏性的大菜粉蝶的天敌寄生虫。图中，一只新羽化的成年蜂立在茧上——在宿主毛虫的身上。

方。壁蜂身上沾满房屋拆除后的灰泥、花粉和破碎的卵，它进行强盗行径时的模样常常让人难以辨认。霸占一处地方之后，新的食物被搬进来取代被扔到路上的旧食物；产下卵来，每堆食物上一颗；隔墙又被建起来，蜂巢出口处的塞子也被翻修一新。一切又恢复了正常。我总是得介入这些不断发生的恶行，以保证蜂巢的安全，我可不希望它们被打扰。

我能怎么解释这种像精神传染病人、躁狂症幻想者的行为呢？首先并不缺乏场地，空空的管子就在旁边，那么适合产卵，可壁蜂就是宁愿选择做强盗也不愿要它们。这是因为它在一段时间的工作之后变懒了的缘故吗？不可能，因为当它把一群蜂房扫除之后，又重新开始正常的劳动。劳累不但没减轻，反而加重了。选择一个空的管子对继续产卵是更有好处的，但是壁蜂却有自己的想法。难道它有破坏别人财产的坏习惯吗？我知道有些人有这样的习惯，但是壁蜂的行为动机令我不解。

我可以确信，壁蜂在玻璃试管里的活动跟在自然环境下的活动是相同的。一旦工作接近尾声，就会有壁蜂开始抢夺别人的家。如果它在第一个房间里，不清空它继续到下一个房间去就可以利用现成的事物，并且省去最费时的那一部分工作。抢劫由大量的时间养成习惯，并且传到下一代身上。因此我想壁蜂会产生一个专门吃前辈的卵来为自己的卵安家的变种。

我只能说这个变种正在渐渐形成，而不能证明它。通过实验中存在的这种专门抢劫的现象，说明一种未来的寄生虫正在形成中。进化论在过去和未来都得到了证明，只是很少涉及现在。进化现象出现了，进化现象即将出现，最令人恼怒的是，它没有现在出现。在这三个时间的阶段中，一个我们最关心的、最无法被虚幻超越的时间段居然缺失了。进化论对现在的缄默总是令我不快，就像在一个乡村的教堂里看到那幅著名的红海的画一样。艺术家在画布上画了一道鲜红的色带，如此而已。

"是的，这就是红海，"神父端详许久之后，在付钱之前说，"这的确是红海，可是希伯来人在哪里？"

"他们已经消失了。"画家这样解释。

"埃及人呢？"

"他们属于未来。"

我们永远看不到现在的图景：一些进化现象已经过去，另一些进化现象即将到来。难道过去的真实和未来的真实会排挤现在的真实吗？我不明白。自从种族起源开始，壁蜂和石蜂的变种就在满怀激情地抢劫同类，并且热情地制造一种什么都不喜欢做的寄生虫。目前它们的目的实现了吗？没有。未来会实现吗？人们会证明这一点。至于现在？不行。今天的壁蜂和石蜂与过去的石蜂和壁蜂一样毁掉水泥和泥浆。到底过多久它们才能变成寄生虫呢？几个世纪？那太长了，我不得不感到气馁。

七月，我劈开三齿壁蜂用来筑巢的树莓桩。在一串蜂房里，已经有了壁蜂的茧和刚刚吃完食物的幼虫，还有一些附着壁蜂卵、仍原封未动的食物。卵是两端呈圆形的圆柱体，白色透明，长约 0.4 ～ 0.5 毫米。卵斜躺在食物中间，一端靠着食物，一端竖起来距离蜜有一段距离。当我频繁地拜访过之后，我有了十来次有意思的发现。在壁蜂卵自由的那一端，固定着另一枚卵。虽然那枚卵也是白色透明的，但是个头要比壁蜂卵小很多、细得多。而且形状完全不同，一端比较钝，另一端像锥子，长约2毫米、宽0.5毫米。这肯定是一枚寄生虫的卵，它那奇特的安家方式让我注意到它。

跟壁蜂卵比起来，这枚卵孵化时间更早。刚一出生，小小的幼虫就开始使寄主的卵枯竭，它占据着蜂房的高处，远离蜂蜜。消灭工作是迅速而利落的。我看到壁蜂的卵逐渐失去光彩，变得松软而皱缩。24小时之内，它就只剩下了壳。寄生虫排除了竞争的可能性，成为这个房间的主人。毁掉了卵的小寄生虫很活跃，每当它挖掘到危险的东西，就希望尽快摆脱它。它抬起头并选择增加攻击点。现在它躺在蜜上不动。随着消化管道的回流，它吃掉了壁蜂储存的蜂蜜。两个星期之内，食物被吃光，茧也织起来了。茧像树脂一样呈深褐色，形状是坚实的卵形，很容易跟壁蜂灰白色的圆柱体茧区分开来。这种茧里的蛹羽化期是在四月和五月。谜底最终揭开了，壁蜂的寄生虫是寡毛土蜂。

但是这个所谓的膜翅目昆虫应该归到哪一类呢？它应该是真正的寄生虫，消费他人的事物维生。它的外观和结构使它成为暗蜂的近邻，就算是对昆虫没什么研究的人眼里看来也是这样的。对特征研究比较谨慎的分类学者，同意把寡毛土蜂放到土蜂后面、蚁蜂前面。土蜂和蚁蜂都以猎物为食。而壁蜂的寄生虫，假使它真的是从一个祖先进化来的，那么它原来应该是食肉者，为什么现在变成了食蜜者呢？狼变成羊，它成了吃蜜的虫子。富兰克林曾经说过，从橡树的树栎里不会长出苹果树来。这里对肉感兴趣的昆虫居然进化成对蜜感兴趣了。这没有支撑点的理论显然是错误的。

人是永远不知道满足的提问者，如果我说出了我所有的怀疑就可以出一部专著了。就把这种寻根究底的习性代代相传吧！伊西斯神总是盖着面纱，今天的答案到明天也可能变成假的。

第三章

本能与鉴别力

为了研究昆虫的智力状况，我对长腹蜂做了一些实验。我把长腹蜂的蜂巢原址摘走，但是它依然把灰泥涂抹在墙上；我用镊子把它的卵和食物偷走，但是它依然往蜂房里填充自己捕捉来的食物，放完之后再出去巡猎之前会把那间蜂房关闭。通过这些实验我粗略地了解了它是什么样的智力。后来我又对石蜂、大孔雀蝶的幼虫做了同样的类比实验，结果它们都犯了同样的不合逻辑的错误。它们总是按照正常惯例，尽管有时会因为某种原因它们的行为像是做无用功，可是它们仍继续按既定的顺序完成它们的筑巢任务。看起来昆虫就好比是一台水磨的轮子，一旦发动，即使没有谷粒，它也不会中断自己的轮子，仍坚持做完这项无谓的工作。如果只简单地把昆虫比作永动的机器，这愚蠢的结论，我是不敢苟同的。

各种事实相互抵触，就好比是行走在疏松流动的沙地上，每走一步就可能会陷入各种阐述的泥沼之中，简直是寸步难行。虚伪的表象往往在事实面前是站不住脚的，因此我更加坚定了以我的理解来解释它们。在昆虫的心理中，有两个截然不同的范畴需要加以区别对待，一个是无意识的冲动，也就是通常意义上所说的本能。它引导着昆虫建造出精妙绝伦的巢穴，这个巢穴建得如此完美，完全是本能强行施加不可变更的法则的结果。在这方面，如果仅仅依靠经验和模仿是达不到如此完美的。就是这个本能，也只有这个本能才促使雌性昆虫为陌生的后代筑巢并储存食物；也是本能引导昆虫将螫针刺入猎物的中枢神经，使其麻醉瘫痪，并将其带回，以便储存；最后，本能还驱使昆虫作出不凭理智，也不凭经验的行为。虽然看上去并不合逻辑，但这是凭它自己的判断力来实施的。我想它的行为应该会有理智、远见和经验参与其中吧！

本能如果一开始不是完美的，昆虫就不可能顺利地传宗接代，对于某一种特定的物种，无论它的过去怎样，现在和将来依然不会变，时间也不会在本能中有所增加或删减，这或许是动物所有特征当中最特定的特征。它这种本能并不比肠胃的消化功能和心脏的脉动功能自由、自觉，各阶段的运作都像是预先注定的，且环环相扣。这容易让人一下子想起齿轮的转动，前轮的转动带动后轮，同样是那么*丝丝入扣*。这就是动物的机械性。正是这种机械性，也给出了长腹蜂来拜访我的实验室时犯下不合逻辑的错误的合理解释。就像是

◉ 有些黄蜂是高度发达的社会性昆虫，图为欧洲普通黄胡蜂在这个春天建造一个新的巢穴。蜂房中的是胖乎乎的幼虫。在夏末，这个巢穴的体积会变得非常可观。

小羊羔第一次把母亲的乳头含在嘴里进行吮吸时一样，它也不知道该如何来完成这项艰难的技艺，就更别奢求它自由、自觉，追求精益求精了。那么相对于更为艰巨的筑巢技艺来说，昆虫也并不比小羊羔高明到哪里去。

昆虫本身并不知晓自己刻板的经验，也就是通常所说的纯粹的本能。倘若仅凭本能，那么昆虫在面对外界无休止的冲突时无异于赤手空拳。世界上没有哪两点是完全相同的，有时实质看上去没有改变，但是次要的东西已经发生变化，到时候出现任何出乎意料的事情也就不足为奇了。在这些混杂在一起的意外事件中，如何理清头绪，利用有利因素，就必须有个向导来指导工作。这个向导昆虫当然拥有，且显而易见，它引导昆虫去寻找、接受、拒绝、选择，可以偏爱这个，忽略那个。这种向导就是昆虫心理的第二个范畴。在这个范畴里，昆虫凭借经验使自己变得自觉且精益求精。这种能力我不敢称之为是它的智慧，毕竟这样说是高看了它们，因此我称它为鉴别力。昆虫的最高特性之一也来源于此，用它辨别事物，把两件事物区别开来，当然必须是在它技艺允许范围之内。

昆虫对自己的行为有意识吗？也许有，也许没有。假如它们的行为属于"鉴别力"这一范畴就有意识存在；假如它们的行为属于"本能"这一范畴就没有意识包含在内。昆虫的生活习性可以改变吗？如果它的生活习性与鉴别力相关就可以改变；如果它的生活习性特征与本能有关那是肯定不能变的。因此人们一旦把纯粹本能和鉴别力相互混淆，往往会重新坠入无休止的争论之中，况且这激烈的论战，并不能从根本上解决实际的问题。

下面我举几个例子来验证一下这两种范畴的根本区别。长腹蜂把捕食来的蜘蛛给幼虫作食物，这就是本能。无论气候、经纬怎么变化，时间如何流逝，猎物是充足还是匮乏，它们的食谱都不会改变。它们祖祖辈辈都是以蜘蛛为食，继承者也是以此为食，将来它们的后代也不会改变这样的食谱。尽管有时候幼虫也会对我提供给它的其他食物相当满意，但是无论其他食物对它多么有利，也不会使长腹蜂相信小蝗虫能抵得上蜘蛛，整个家族也不会因此而乐意改变接受这种食物。看来本能的魅力还是很大，一下子就把它们束缚在出生时的食谱上了。如果缺少了长腹蜂最爱的圆网蛛，那么它就不能猎食哺育后代了吗？不，这绝不可能，它还是会捕食其他的蜘蛛来替代圆网蛛来填充满自己的储物室，因为在它看来只要是蜘蛛就是很好的美味。在无数纷乱复杂的野味当中，这位猎手总能为家人找到食物，而不必做本能以外的无用功。它是如何区分蜘

⊙ 群居型黄蜂的巢穴具有各种不同的外形和尺寸。来自秘鲁的胡蜂的巢穴，各自独立的蜂房一个接一个地连成一串"细绳"，从岩石或屋顶下垂下来。

⊙ 大部分群居的黄蜂（胡蜂科），巢穴是用"纸"（即将木质纤维混以唾液）做的。这种巢穴通常没有外层，蜂房暴露在外。图中这些巴西的阳伞蜂为夜行性昆虫，白天都聚集在巢中。

蛛目和非蜘蛛目的呢？它这种能及时灵活地弥补本能中太过呆板的能力，就是它的鉴别力。

长腹蜂用变软的泥土和成泥浆来建筑蜂巢，这就是本能。它一直是这样筑巢，现在如此将来也一样，这也是这位劳动者亘古不变的特性。即使时间过去几个世纪，也不会带给它什么教训，它依然不会用干燥的泥土做泥浆，就算优胜劣汰也不能使它效仿石蜂。它们建筑泥巢，需要一个可以遮挡风雨的屏障，因而，首先它必须在石头下找一个可以避雨的藏身之所。但是，一旦它能够在人类的居所之中找到更舒适的地方，那么这位制陶工匠就会占据此地，把家安在人类的居所之中。这种选择能力就是它的鉴别力，精益求精的原动力。

切叶蜂用薄薄的圆形叶片建造装蜜汁的羊皮袋；黄斑蜂往囊中填充植物绒毛做毡子，还有另外一些则用树脂雕塑蜂巢。它们彼此从来不会，也绝不会互换工作，只能是第一种用树叶、第二种用绒毛球、第三种用树脂，保持它们各自劳动的本色，这就是本能。如果说那位裁叶工最初裁的不是树叶是绒毛，如果说那位绒絮工能将玫瑰或丁香叶裁成小圆叶片，甚至说黄斑蜂糅合树脂是从糅合黏土开始的，那么又有谁敢做出这么大胆的假设？又是哪个具有冒险精神的脑袋冒出这样古怪的念头呢？看来每一种昆虫都不可征服地徘徊在自己的艺术范围之内。在昆虫的世界里没有工作革新，没有经验秘诀，也没有技巧可言，更不能使艺术逐步发展，由普通到优良，由优良到出色，现在的实践活动和过去没什么两样，将来也不会改变。虽然劳动方式一成不变，但是原材料还是可以变化的。切叶蜂能将某种植物的叶子切成一块块的，但是在不同的地点，它们会发现不同的植物；产绒毛的植物也会因为地域不同，而品种也随之改变；提供树脂黏合剂的树种也有很多，譬如松树、冷杉、刺柏、雪松、柏树，但是它们的外观却不尽相同。是什么引导昆虫来选择自己所需要的原料呢？我想一定是鉴别力的指引吧！

毛刺砂泥蜂将螫针刺入猎物的中枢神经，随之猎物开始麻醉瘫痪，它将这只猎取的肥美硕大的美味作为幼虫的食物。它的这种猎取食物的本领就是本能，它捕食时足以压倒一切的表现，证明这种技能并非是后天所学。倘若这门技艺从一开始就完美无缺，则后代便会一代代继承下去。那么有力的时机、遗传性、气候的改变又会在其中起什么作用呢？如果它今天享用一条黄地老虎幼虫，而第二天它又吃着绿色、黄色或者别的什么颜色的幼虫，是什么使昆虫在变化不断的外表下，还能准确地猎取自己称心如意的食物呢？我想这就是它无与伦比的鉴别力吧！

昆虫心理中纯粹本能和鉴别力存在的基本区别，通过以上介绍的细节已经非常明了。如果还像往常人们认为的那样，将两个范畴混淆起来，那相互理解的可能将不复存在，所得出的明晰结论都将会消逝在无休止的争论疑云当中。昆虫在筑巢技艺方面，就像是一位手艺工人。这项技能是它与生俱来的，并且是亘古不变的艺术。如果给一点智慧的微光点醒这位无意识的手工艺人，就能使得在无关要旨又不可避免的情况下明晰矛盾。在目前的知识水平下，只要这样做，我有理由相信我们可能会更接近真理。如果昆虫筑巢的正常顺序被打乱，导致本能出现差错后，我就会去探讨昆虫选择材料和筑巢点时，辨别力对它们这些活动有何作用。没有必要再在长腹蜂身上浪费更多的时间，接下来我将以其他各种不同的昆虫作为研究对象，介绍给大家。

我依据棚檐石蜂的生活习性为它起了这个名字，在我看来它完全配得上这个称号。它们喜好群居，大量居住在仓库内。它的蜂巢硕大、结实，经常建筑于瓦片的内面，有时甚至会危及屋顶。棚檐石蜂的工作热情一般不会到处挥洒，况且也没有更为理想的空间，让它来施展自己的筑巢技艺，它只有寄希望于自己世代相传的并逐渐扩建的巨型城堡。因为只有这里才有它施展的广阔空间，才是它干燥的庇护所，才是它宁静的隐居之处。但是瓦片下宽敞的空间也不是所有棚檐石蜂都拥有的，毕竟自由敞开、阳光充足的仓库还是少见，这么好的地方，老天也只会眷顾那些幸运的虫儿。那其他的虫儿又去哪里安家呢？经我发现，差不多到处都有。不出我的居所就能看到它们各种筑巢的基地：石头、木头、玻璃、金属、油漆及灰浆，简直五花八门。

棚檐石蜂经常光顾我的暖房，因为它在夏季保持恒温，且强烈的光照与旷野中的烈日相当。今年它们没忘记来我的暖房筑巢，几十一群，有的在暖房的钢筋架上，有的则在玻璃上。有一小群则安顿在门口的屋檐下、窗洞里以及百叶窗框边的墙缝里。还有一些离群索居单干起来，兴许是它们生性忧郁的缘故吧。有的干脆待在锁眼里或平台上的排水管里，有的则在门窗的线脚里或是墙基简单的装饰里。这些干劲十足的入侵者与长腹蜂正好相反，从不进入人类的居所内，只要隐身之所在户外，它们就会利用整座房子。但也有表面现象与事实不相符的例外，有的棚檐石蜂也会寄居在人的暖房里。棚檐石蜂通常对封闭的房间心存疑虑，虽然夏天这座敞开的玻璃大厦阳光明媚，但对于它来说只不过是光线好一点的仓库而已。因此，它通常把巢筑在最外面的一扇门的门槛上，占据门的门锁，它绝不会深入内室进行冒险的旅程，因为这里才是它藏身的最佳场所。

石蜂经常来人类的居所免费居住，它的筑巢技艺也取自人类建筑艺术的成果。除了人类的居所之外，它还有其他住处吗？它们有，这是毋庸置疑的，它们也会按照古法建筑自己的蜂巢。石头是石蜂经常选择的筑巢地点，有拳头般大小、树篱遮挡的石头，有光滑裸露的卵石等等。它们在上面建造了像核桃般大小的蜂房群落，或是无论体积、外形、牢固度，均不比同行高墙石蜂差的圆顶巢。

石蜂蜂巢的支撑物是石头，这再常见不过的了，但它也不是唯一的。也有一些石蜂，把巢筑在树干上或是粗糙橡树皮的凹坑里，只是我收集时里面的居民并不多。下面我介绍两种以活的植物为支撑物的蜂巢，之所以特意介绍是因为它们非常引人注意。第一个把巢筑在像大腿那么粗的秘鲁仙人掌的沟纹内，第二个把巢附着在印度无花果这种仙人掌的扁茎上。这两种硕大的植物，能够吸引石蜂的注意力，是否因为它们有狰狞的甲胄呢？是否它们身上一簇簇的刺对蜂巢有防御作用呢？我想也许吧，可无论如何，这种尝试竟没人效仿，因此我也就再没见过这种安家方法。虽说这两种植物长相古怪，在当地也可能是独一无二的，但石蜂在初次尝试筑巢时并没有迟疑不决、缩手缩脚。这是我从这两个发现当中得出的唯一可以肯定的结果。当一只石蜂来到这新鲜的玩意儿之前，就如同来到一个熟悉的地方，迅速占据了沟纹和扁茎。在同族当中也许它是第一个敢吃螃蟹的，并且它发现这两株来自"新世界"的植物，和它们经常光顾的树干一样非常适合它。

在我们地区，卵石石蜂选择的支撑物是从干燥高原上滚落下的石子，这也是它筑巢的唯一基石。因此它的选择没有任何灵活性可言，但是极个别的例外。在气温寒冷的地区，就有以墙为支撑物的石蜂，这样便于它能保护蜂巢度过漫长的雪季。灌木石蜂常以任意一株木本植物纤细的枝丫来支撑自己的泥巢，只要是适合它的支撑物，从百里香、岩蔷薇、欧石楠到橡树、榆树、松树都可以。这个支撑物清单，可以说成了本地区木本植物的一览表了。

巢穴选址的多样性证明了昆虫是靠鉴别力来选择巢址的。蜂房结构的多样性，使巢址的鉴别力更加显著，三叉壁蜂足以证明这一点。我发现三叉壁蜂选用作隐居之所的，主要还是石子堆底下的蜗牛壳和用以加固梯田的没有涂灰泥的石墙。另外，它还积极利用条蜂或是棚檐石蜂的旧巢。由于它们筑巢所用的泥土极易被雨水侵蚀，因此必须像长腹蜂一样为蜂房找一个干燥的隐居之所。这个隐居之所必须是现成的，稍微打扫一下就能居住的。

三叉壁蜂对芦竹这种稀罕物很是喜欢，倘若芦竹在适当的时候出现，那必定是备受欢迎的。其实，壁蜂对在禾本科植物上钻孔的技艺一窍不通，这种长着粗壮中空的圆柱形茎干植物对三叉壁蜂来说可谓无丝毫用处。芦竹的茎干间节必须要稍微裂开，壁蜂才会钻进去把它占据。此外，如果芦竹的横截面不是水平的，雨水就会使泥巢变软坍塌。如果这段芦竹还不能卧倒在地上，就必须使它与潮湿的地面保持一定距离。除非是人无心的介入或是实验者有意为之，否则壁蜂永远找不到一段合适的芦竹来安家。就当是一个意外的收获吧！也许在人类将它劈开做成晒无花果筛子之前，它的同族还不知道有这样的居所呢。

我们的枝剪使壁蜂抛弃了天然的居所，蜗牛壳内的螺旋形坡面被芦竹圆形的通道所取代。这到底是怎样实现的呢？随着壁蜂不断地衍生换代，它的居所从这种换成了那种，从尝试到舍弃，再到对结果的进一步确认。是这样一步步逐渐过渡的吗？又或者某一天突然有合适的芦竹出现，因为可以立刻安家而对长期居住的蜗牛壳而不屑一顾吗？这些都是我心中未解的谜团，但现在终于水落石出了。那么现在我可以给你们谈谈我是如何解开谜团的吧。

采石场位于一片几近荒漠的大高原上，人们很早就在塞里昂附近的这片采石场开采粗石灰岩，罗纳河谷中新世壤的特点就是这粗石灰岩。采石场的石料用于修建了奥朗日古老的纪念碑，还包括很火的、由知识界精英排演的索福克勒斯的《俄狄浦斯王》的那家戏院。它恢宏气势的正门，正是大量使用了这个采石场的石料。还有很多其他的证据，证明这些精心雕琢的石材，都是来自于这个采石场。漫步在阶梯形沟壑的碎石中，我时不时会发现一枚银质圆锥形上面印有四辐条车轮的马赛奥波尔，还会发现一些刻有奥古斯都大帝或是迪贝尔头像的铜币。我随意地在碎石中翻翻拣拣，古老的钱币比比皆是，似乎是回到了那些光辉岁月里。这片采石场气候干燥，在环境的影响下，恋旧的壁蜂才不会从石子堆迁往别处。在各种膜翅目昆虫当中，三叉壁蜂尤甚。自从那里有了碎石堆之后，它一直是以采石场上的蜗牛壳为自己的隐身之所。除了蜗牛壳，它很可能没有其他的居所，更不会离开蜗牛壳去寻找新居。所有一切证明，古壁蜂的直系后代就是现在的壁蜂，它的先祖和采石工人生活在同一时代，我们现在捡到的古钱币，也许是那时某位采石工人无意中落下的。所以情况似乎很肯定，采石场壁蜂只会因循祖传旧制，对芦竹压根就不了解，它只是深谙使用蜗牛壳的技艺罢了。既然这样，我们就给它个新居。

我将一段段的芦竹装配好，正面看就像凿有 40 只洞眼的小蜂箱，再把有壁蜂居住的蜗牛壳放

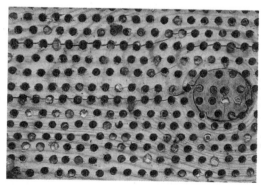

⊙ 在犹他州，雌性的苜蓿切叶蜂（左）住在农民为它们提供的木质蜂巢中，为了使巢穴完整，农民们会用树叶把蜂房封起来。而右图中的红巢蜂则是用泥封闭蜂房。这种蜂很乐意住在人工巢穴中——如果有人想得到这种蜂高效率的授粉服务，这个办法很有用。

在五排芦竹底下，为了使模拟自然环境更加逼真，我还掺杂了些小石子在里面。为了做好此次试验，我提前收集了二十多只还算蜂丁兴旺的蜗牛壳，放在实验室安静的角落里。我把收集来的各种蜗牛壳清理干净，放进石子堆，给壁蜂创造一个良好的居住环境。筑巢开始了，平时深居简出的虫子们在我出生的屋子附近将面临两种居所的选择。它们是选择这个族类从未尝试过的新事物圆柱形芦竹，还是选择继承祖先的老式宅邸呢？当它的蜂巢被精巧地筑好时，恰巧回答了我的问题。绝大多数壁蜂选择把巢建在芦竹里，但还是有一部分仍钟情于自己的蜗牛壳，或者分别在芦竹和蜗牛壳里产卵。前者开创了圆柱形建筑的先河，当它选择新居摒弃螺旋形建筑时，我看到的只有果敢，没有丝毫的犹豫不决。经过勘察之后，觉得可以使用，壁蜂便入室安了家。它无须学习，不用摸索，更不用理会先辈积累的经验教训，好像无师自通，一下子就成了建筑大师。在螺旋形洞穴不同的平面上，一座宽敞的蜂房笔直地被筑起。

壁蜂和它的祖先一样，似乎从来都不经过见习期，就能一下子成为建筑大师，也许它们与生俱来就具备这种筑巢的能力。虽说它们也经过几个世纪的漫长学习，积累了一定的经验教训，还有本身的遗传基因，但这些教化对壁蜂来说毫无用处。有些能力是不可以改变的，这属于本能的范畴；另一些则灵活多变，这属于鉴别力范畴。在一间客房内用泥巴把客房圈出好几个小间，在小房间产卵的地方，放上一些掺和了蜂蜜的花粉，母亲们为素未谋面的子女，有可能将来也见不着面的子女准备粮食，最后封闭蜂房，这大概就是壁蜂本能的一面。在这方面，一切就像是预先安排好的，如果不出什么意外，昆虫只要盲从就可以很容易实现目标。如果昆虫不会选择不懂组合，一旦偶然遇见卫生条件、形状和容量上多变的免费客房，仅凭本能也就不能实现目标，还很危险。为了应付复杂的客观情况，就需要壁蜂具备小小的鉴别力了。有了鉴别力，它就可以区分干燥与潮湿、坚固与脆弱、隐蔽与暴露，还能判断所遇见的居所是否有价值，并对蜂房的形态和空间大小进行分配。昆虫深谙此道，技术上的微调不可避免且必要，无须学习，也不靠已有的习惯。前面在采石场对壁蜂所做的实验就是证明。

虽说壁蜂的智力有限，但有时候还是有些许灵活。它的身上是有潜能的，某一时刻它所展现的技能并不能说明是它全部的本领。它的潜能可能接连几代都用不到，像是专门为某一特定时刻准备的，一旦情况需要，积存的能量突然爆发，跨越尝试阶段，就如同钻油井的石油井喷一样，一下子进射出来。一个人只知道麻雀在屋檐下筑巢，会不会想到树梢上还有麻雀筑的泥巢呢？一个人只认为壁蜂的巢穴是蜗牛壳，会不会料到有时它也会把一段芦竹、一根玻璃管、一根纸管作为自己的府邸呢？我的近邻麻雀振翅一跃便从屋顶飞到梧桐树上；采石场壁蜂抛弃自己出生时的陋室蜗牛壳，而选择来到我创造的芦竹巢穴安家。这两者不恰恰表明，昆虫筑巢技艺的改变很是突然却又自发的吗。